教育部高等学校电子电气基础课程教学指导分委员会推荐教材

电工学（上册）

——电工技术（第二版）

■ 雷　勇　宋黎明　主编

高等教育出版社·北京

内容简介

本书是按照教育部高等学校电子电气基础课程教学指导分委员会最新制定的“电工学”课程教学基本要求编写的。本书内容包括电路理论、电工测量、电机与继电接触器控制3部分，分为13章。第1章为电气工程简介，第2章和第3章是以直流电路为对象讨论电路分析的基本概念、基本定理和基本分析方法，第4章介绍电路的瞬态分析，第5章和第6章主要介绍正弦交流电路的分析，在第7章的电工测量部分增加了现代测试技术的内容，第8章介绍磁路、铁心线圈电路和变压器，第9至11章介绍电机，第12章介绍继电接触器控制系统，第13章介绍可编程控制器及其应用。

本书可作为高等学校非电类专业“电工学”课程的教材，也可供有关技术人员参考。

与教材配套的数字课程教学资源，可通过访问网站 http://abook.hep.com.cn/1235735 免费下载获取。

图书在版编目(CIP)数据

电工学．上册，电工技术/雷勇，宋黎明主编．--2版．--北京：高等教育出版社，2017.9(2023.11重印)

ISBN 978-7-04-048385-7

Ⅰ.①电… Ⅱ.①雷… ②宋… Ⅲ.①电工学-高等学校-教材②电工技术-高等学校-教材 Ⅳ.①TM

中国版本图书馆CIP数据核字(2017)第200736号

策划编辑 金春英　责任编辑 许海平　封面设计 赵 阳　版式设计 童 丹
插图绘制 杜晓丹　责任校对 李大鹏　责任印制 田 甜

出版发行 高等教育出版社
社 址 北京市西城区德外大街4号
邮政编码 100120
印 刷 涿州市京南印刷厂
开 本 787mm×1092mm 1/16
印 张 24.5
字 数 600千字
购书热线 010-58581118
咨询电话 400-810-0598
网 址 http://www.hep.edu.cn
http://www.hep.com.cn
网上订购 http://www.hepmall.com.cn
http://www.hepmall.com
http://www.hepmall.cn
版 次 2012年7月第1版
2017年9月第2版
印 次 2023年11月第5次印刷
定 价 45.20元

物 料 号 48385-00

与本书配套的数字课程资源使用说明

与本书配套的数字课程资源发布在高等教育出版社易课程网站，请登录网站后开始课程学习。

一、网站登录

1. 注册 / 登录　访问 http://abook.hep.com.cn/1235735，点击“注册”。在注册页面输入用户名、密码及常用的邮箱进行注册。已注册的用户直接输入用户名和密码登录即可进入“我的课程”界面。

2. 课程绑定　点击“我的课程”页面右上方“绑定课程”，按网站提示输入教材封底防伪标签上的数字，点击“确定”完成课程绑定。

3. 访问课程　在“正在学习”列表中选择已绑定的课程，点击“进入课程”即可浏览或下载与本书配套的课程资源。刚绑定的课程请在“申请学习”列表中选择相应课程并点击“进入课程”。

账号自登录之日起一年内有效，过期作废。

使用本账号如有任何问题，请发邮件至：abook@hep.com.cn

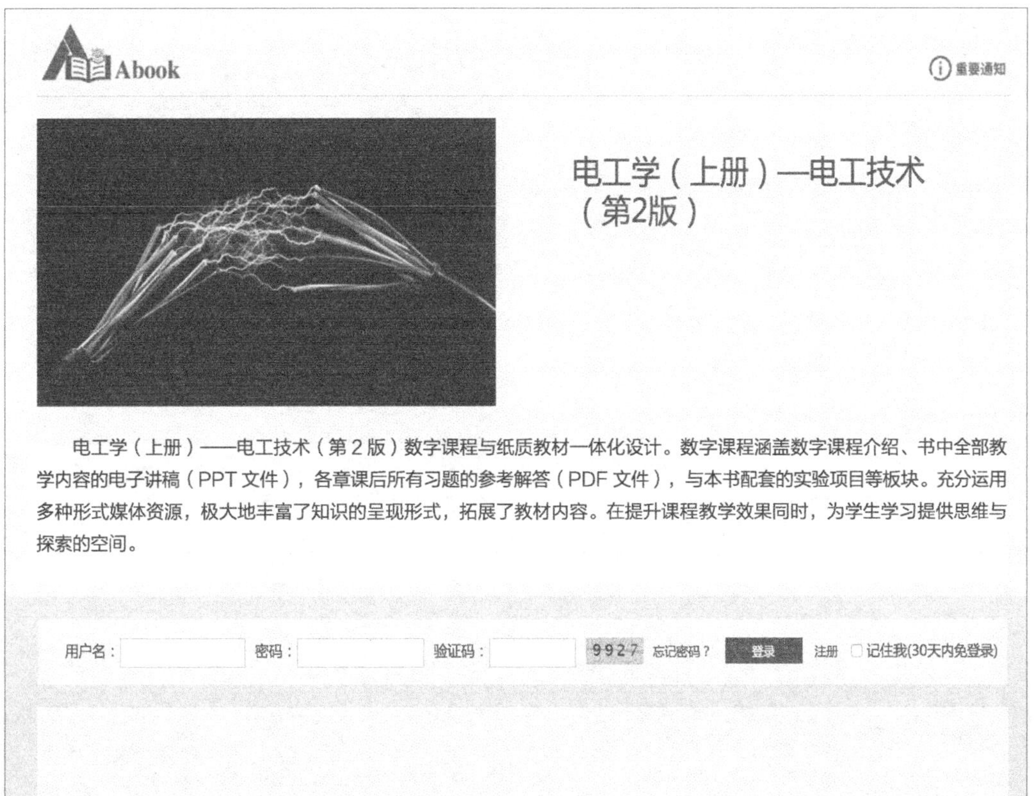

http://abook.hep.com.cn/1235735

二、配套教学资源包含的文件内容及使用说明：

1. PPT 电子讲稿

书中全部教学内容的电子讲稿（PPT 文件），可供教师授课使用，或学生学习复习课程使用。

2. 课后习题参考解答

各章课后所有习题的参考解答（PDF 文件）。

3. 本书配套实验项目

提供了与本书配套的实验项目共 27 个。

第二版前言

本书是为了适应电工电子科学技术的快速发展和21世纪高等教育培养高素质人才的需要而编写的，是十年来四川大学对电工技术课程进行教学改革的成果之一。编者在这五年使用第一版教材的基础上，结合近几年四川大学开展探究式小班课堂教学研究与实践的教学改革，总结提高，修订编写的，在内容上作了改写、调整和补充。

第二版保持了重视基本内容、基本概念和实用性的特色，考虑到信息技术的迅速发展及其在非电类专业越来越广泛的应用，在满足课程教学基本要求的前提下，适当增加现行工程中广泛采用的新技术、新工艺、新产品等方面的内容。

与第一版对比，主要的变动和调整有：(1)增加了有关基尔霍夫定律应用的例题和习题，并采用比较有效和精练的方式阐述基本概念和基本定理；(2)对直流电路分析的内容进行了重新编写和充实，加强了工程应用背景；(3)增加了正弦交流电路的例题和习题；(4)增加了变压器与交流电动机的例题和习题。

本书的修订依然采用多数章内容从"实例应用"开始的框架体系，首先提出问题，然后阐述相应的理论基础，最后建立实际问题的物理模型并对模型进行分析计算，从而进行综合知识的设计。使用本书作教材时，授课教师可根据学生能力、教学计划和学时等因素灵活选择素材，建议对每章后面的应用实例和应用设计部分可不讲，将应用设计部分的题目稍加修改作为学生电路设计的题目也可作为探究式小班讨论课题目；对实行小班化授课的班级，授课时可利用对偶原理，选择部分内容让学生课前自学，上课时学生上台讲授的方式学习。

参加本版修订工作的有：雷勇、宋黎明、孙曼、翁嫣琥、张行、张英敏、曾琦、沈晓东、朱英伟、舒朝君。其中，第1章和第12章由雷勇编写，第2章、第9章、第10章和第11章由宋黎明编写，第3章由孙曼编写，第4章由翁嫣琥编写，第5章由张行编写，第6章由张英敏和沈晓东编写，第7章由雷勇和朱英伟编写，第8章由曾琦编写，第13章由张行和舒朝君编写。由雷勇和宋黎明负责全书的统稿和定稿。本书承华南理工大学殷瑞祥教授认真仔细地审阅。殷教授对全书的体系结构、内容等方面给予了悉心指导，提出了许多宝贵意见和修改建议。由于编者能力有限，加之时间比较仓促，书中难免有错误和不妥当之处，殷切希望使用本书的师生及其他读者积极地提出批评和改进意见，以便今后修订提高。

第二版修订还配套了数字化教学资源，网站地址为 http://abook.hep.com.cn/1235735。

编　者

2017年4月于四川大学

第一版前言

本书是为了适应电工电子科学技术的快速发展和21世纪高等教育培养高素质人才的需要而编写的，是近三年来四川大学对电工技术课程进行教学改革的成果之一。编者在这三年授课讲义的基础上，经过整理补充，写成这本教材。

本书参考了国外优秀教材，并在此基础上，结合目前电工学教学内容的改革和电工电子新技术的发展趋势，从优化课程结构的总体要求出发，充分考虑到非电类学生学习电工电子技术的实际情况及教学特点，注重教材的适用性。本教材从体系结构、具体内容和写作风格上都与同类教材具有较大区别。

本教材突出教学实用性，每章首先由一个实际问题逐渐展开，讲述电路的基本元器件、基本原理及分析方法，每章的开头给出本章的“学习目的”，每章结束给出本章的小结，突出了教学重点。在例题与习题中，增加了大量的工程实例，大量采用实物照片或实物简图，每章后面有应用实例和应用设计，以增加本课程的工程实用性，解决“学与用”的问题，也便于学生了解工程实际和增加学生的学习兴趣。本书增加了对偶原理的内容，按结构体系将对偶原理放在第3章（直流电路分析）中，教师在讲授时可放在第2章中介绍，对电压源与电流源、串联与并联、结点电压法与网孔电流法、戴维宁定理与诺顿定理、*RC* 电路的瞬态响应与 *RL* 电路的瞬态响应等对偶的元素、方法或定理，可以只详讲其一，其对偶的元素可通过对偶原理略讲或让学生自学，这样既可解决电工学“内容多与学时少”的矛盾，还有时间进行拓宽，以利于学生开阔视野，并达到因材施教和培养学生自学能力的目的。

本书内容包括电路理论、电工测量、电机与继电接触器控制3部分，共分为13章。第1章为电气工程简介，主要介绍本课程学习的原因、学习内容及如何学习。第2章和第3章是以直流电路为对象讨论电路分析的基本概念、基本定理和基本分析方法，其中包含简单电阻电路分析，线性电阻电路的分析方法和电路定理，非线性电阻电路分析。第4章介绍电路的瞬态分析，主要研究一阶电路的瞬态分析、微分电路与积分电路。第5章和第6章主要介绍正弦交流电路的分析，包括相量法、功率因数的补偿、谐振、三相电路的分析等。第7章为电工测量，除介绍电量、非电量的测量外，还增加了现代测试技术的内容。第8章介绍磁路、铁心线圈电路和变压器。第9章介绍交流电动机，主要介绍三相异步电动机的构造、转动原理、机械特性以及使用。第10章介绍直流电机的结构、工作原理、机械特性及其使用。第11章主要介绍控制电机，另外还介绍了电动机的选型与应用。第12章介绍继电接触器控制系统，包含控制电器和控制电路等。第13章介绍可编程控制器的结构、工作方式及程序编制。为了学生在电子技术中更好地学习基本放大电路部分，在第3章中增加了含受控源电路的分析。

本书内容完全覆盖了教育部高等学校电子电气基础课程教学指导分委员会最新制定的“电工学”课程教学基本要求，可作为高校32～64学时电工学（电工技术）课程的教材或参考书。使用本书作教材时，授课教师可根据学生能力、教学计划和学时等因素灵活选择素材。每章后面的应用实例和应用设计部分可不讲，将应用设计部分的题目稍加修改可作为学生电路设计的题目；对实行小班化授课的班级，授课时可利用对偶原理，选择部分内容让学生课前自学，上课时让学生上台讲授,用这样的方式学习。

本书可作为高等院校非电类专业的教材,也可作为有关人员的参考书。

参加本书编写工作的有:雷勇、宋黎明、孙曼、翁嫣琥、张行、张英敏、曾琦、沈晓东、舒朝君。其中,第1章、第7章和第12章由雷勇编写,第2章、第9章、第10章和第11章由宋黎明编写,第3章由孙曼、舒朝君编写,第4章由翁嫣琥编写,第5章由张行编写,第6章由张英敏和沈晓东编写,第8章由曾琦编写,第13章由张行和舒朝君共同编写。由雷勇和宋黎明负责全书的统稿和定稿。曹晓燕为书稿的录入做了大量细致的工作,在此表示感谢。

本书承华南理工大学殷瑞祥教授认真仔细地审阅。殷教授对全书的体系结构、内容等方面给予了悉心指导,提出了许多宝贵意见和修改建议,谨致以衷心谢意。

由于编者能力有限,加之时间比较仓促,书中难免有错误和不妥当之处,殷切希望使用本书的师生及其他读者积极地提出批评和改进意见,以便今后修订提高。编者邮箱:yong.lei@163.com

编　者

2012年2月于四川大学

目　　录

第1章　电气工程简介

1.1　电气工程概述

电气工程是将物理学中的电磁基本规律模型和数学工具结合在一起的产物，它综合应用电磁的、电子的以及各种电与非电能转换技术，以电路的形式组成各种系统来实现它的工程目标。

从应用角度来看，电气工程可分为大功率的电能（强电）应用和小功率（弱电）的信号或信息处理两个部分。尽管它们的工程目标不同，但是在技术上却是相互融合、相互支持的。电气工程既十分传统，又极其现代。它的应用已经深入到工业生产和社会生活的各个方面，并始终引领工业与社会现代化的进程。

1.1.1　电气工程的强电应用

电气工程的强电应用是指电能的利用，包括电力能源的产生、传输和分配，电力传动，电气控制等。

1. 电力系统

电力系统主要用来产生和分配电力。电力是技术社会的基础，通常是由核电站、水电站及热电站（烧煤、油或气）大量产生的，并由跨越全国的电力网分配。电力系统主要由发电厂、输电线路、配电系统及负荷组成，通常覆盖广阔的地域。发电厂将原始能源转换为电能，经过输电线路送至配电系统，再由配电系统把电能分配给负荷（用户）。如将发电厂内的原动机部分也计入其中，则称为动力系统。原始能源主要是水力能源与火力能源（煤、天然气、石油、核聚变裂变燃料等），至于地热、潮汐、风力、太阳能等尚处于小容量发展阶段。电站中的锅炉将化学能转变为热能，核反应堆将核能转变为热能，汽轮机将热能转变为机械能，燃气轮机将化学能直接转变为机械能，水轮机将水位能转变为机械能，发电机将机械能转变为电能。输电线连接发电厂与配电系统以及与其他系统实行互联。配电系统连接由输电线供电的局域内的所有单个负荷。电力负荷包括电灯、电热器、电动机（感应电动机、同步电动机等）、整流器、变频器或其他装置。在这些设备中电能又将转变为光能、热能、机械能等。

2. 电力传动

与其他类型的动力机械相比，电动机具有性能优良、结构简单、价格低廉、使用和维护方便，以及控制精确、调节方便等一系列优点，所以，采用电力来驱动各种机械装置与设备仍然是当今首选方案。在生产领域，电动机应用于机械加工设备的驱动，包括机械加工机床及轧钢设备，以及连续生产过程中的泵、压缩机、风机、传送带等；在交通运输领域中，它用来驱动电力机车、动力车辆、磁悬浮列车、电动汽车等；在家用电器领域中，它用于洗衣机、烘干机、电冰箱、微波炉、电烤箱，以及影碟机、打印机、自动门窗之中。可见电力驱动广泛应用于各行各业中。

1.1.2 电气工程的弱电应用

1. 控制系统

控制是对对象状态或过程的精确调整，使之准确到达既定的目标或沿着既定的进程运行。用电信号控制生产过程，例如炼油厂里的温度、压力和流速的控制器，电子燃油喷射式汽车发动机里的燃料空气混合设备，电梯中电机、门和灯光的控制装置以及全方位立体智能交通装置。

2. 检测系统

检测是获取信号或信息的一种技术手段，它借助于传感器感受信号并将它转换为便于表达和处理的电信号形式。电信号经过放大、滤波等处理后，可供人们观测、分析和判断，或进行记录、存储和显示处理，或直接用来进行控制和调节，或进入计算机系统进行进一步的处理、分析、识别和决策。

3. 通信系统

通信系统是产生、传送、分配信息的电气系统。通信系统是一种经典的电子系统，是电子技术综合应用的产物。随着数字技术的普及，数字通信技术已经成为各类通信系统的核心技术。众所周知的例子包括电视设备、发报机、接收机、探测宇宙的电子望远镜、返回行星和地球图像的卫星系统、定位飞机航线的雷达系统以及电话系统等。

4. 信号处理系统

信号处理系统对表现信息的电信号进行处理。通过处理，使信号所包含的信息成为更合适的形式。处理信号有很多不同的方法。例如，图像处理系统收集到沿轨道飞行的气象卫星传来的大量数据，先把数据压缩到易于处理的程度，再将其转换为供晚间新闻播放的视频图像。计算机处理的 X 射线断层摄影（CT）扫描是另一个图像处理系统的例子，它获取特殊的 X 光机产生的信号，将它们转换成图像。尽管原始的 X 光信号很少被医生使用，但是一旦将 X 光信号处理成为可以识别的图像，它们包含的信息就能应用在疾病的诊断中。

弱电应用和强电应用只是从电能应用的角度对电气工程进行的一种划分。事实上，在强电领域中有弱电技术的应用，在弱电领域有强电技术的应用。具备强电和弱电双重知识和能力是电气工程师的基本要求；而熟悉强电和弱电的理论、方法和技术的要点则是一个优秀非电工程师的重要标志之一。

1.2 为什么要学电气工程

本书主要面向非电专业的学生，本课程只是他们在电气工程领域的一门必修或选修课程。他们的目的可能是为本专业后续课程打下基础，也可能只是满足自己专业领域学位对课程的要求。不管怎样，仍然有几条学习和掌握电气工程基础知识的理由：

（1）广泛学习基础知识，以便能在自己的专业领域领导项目设计。电气工程与其他工程领域的几乎所有科学实验和项目设计越来越多地交织在一起，工业设计中需要那些工程师——既能够高屋建瓴，又能够融入团队有效工作。

（2）能够操作和维护电路系统，比如大家所熟知的制造过程中的控制系统。应用那些基本的电气工程原理，能够迅速解决大量的电路故障。如果能够应用电气工程原理解决实际问题，那就说明你是一个多才多艺的工程师。

(3) 能够与电气工程顾问沟通。在职业生涯中很可能会与电气工程师一起合作,本书将可以作为高效沟通的桥梁。

1.3 电气工程课程学什么

电气工程包含三个层次:系统、部件和器件,这三个层次共同的部分就是电路。电路是实际电气系统特性的近似数学模型。它为学习电气工程提供了重要的基础,在后续课程中,作为工程师将学习设计和运行前面提到的系统的具体细节。模型、数学技术和电路理论将为未来的工程学探索构成智慧的框架。

"电路"通常是指实际的电气系统以及它的模型。在正文中,当谈到电路的时候,除非另有说明,否则总是指模型。它是跨越各个工程学科、有广泛应用的电路理论的结晶。

电路理论是研究静止和运动电荷的电磁理论的特例。尽管广义的电磁理论似乎是研究电信号的出发点,但是在应用的时候不仅麻烦,而且需要使用高深的数学知识,因此,电磁理论课程不是理解本书内容的前提条件,不过这里还是假定读者学过简单的物理课程,了解一些电现象和磁现象。

本课程学习内容主要分为两部分:电工技术和电子技术。电工技术内容包括电路理论、电工测量、电机及传动控制三部分。电子技术内容包含模拟电子技术和数字电子技术两部分。

1.4 怎样学电气工程

下面给出一般问题的解答步骤(多数属于在计算之前应考虑的问题),以便找到解决问题的方案和策略。

(1) 审题,确定已知量和待求量。在解答问题时,需要知道目的地,以便选择一条路径到达目的地。需要解答或求解的问题是什么?有时目标问题是明显的,有时则需要解释或者列出已知和未知信息清单或表格以便了解目标。

问题陈述中可能包含一些无关的信息,在解答前需要将其排除。另一方面,可能会出现不完整的信息,或者复杂程度超出已知的解决方法。这种情况下,需要做出假设来填补失去的信息或者简化问题的上下文关系。如果计算陷入困境或者产生的答案似乎无意义,就要准备回过头重新考虑那些无关的信息或假设。

(2) 画电路图。将口头描述的问题转化为形象的模型是解答问题过程中经常使用的步骤。如果电路图已经提供了,则需要在上面加一些信息,如标注、数值或者参考方向。也可以根据需要重新画一个简单、等效的电路图。在书中,将会学习简化电路和求等效电路的方法。

(3) 优化解题方案。本书将帮助你收集许多分析工具,每一种工具都可以解决一些问题。有的方法在解题时可能会比其他方法少用方程式,有的方法在解题时只用代数方法而不需要微积分。如果能采用这些方法,就会提高效率并能够有效地减少计算量。当用某种解决方法陷入困境时,要想到换一种方法,这时可能会指出一条继续前进的道路。

(4) 计算答案。根据已确定好的分析方法和正确的方程来解答问题。接着要求解方程,完成对电工学的实际计算。

(5) 发挥创造性。如果怀疑答案错了，或者计算好像没能接近解答，应该暂停并考虑替换方案。这时需要重新检查，或者选择另一种解决方法，或者采取一种非常规的解决步骤，例如从结果倒着推算。

(6) 检验解答。问自己得到的解答是否有实际意义，答案的数量级合理吗？解答能否在物理上实现？还可以进一步用其他方法重新解答问题，这样做不仅检验了最初答案的正确性，而且还帮助开发了你的直觉，总之要根据不同种类的问题找到最有效的解决方法。

当然，以上的解决问题步骤不能作为处方解决电路课程或其他课程的所有问题，有时可能需要跳过一些步骤，或改变一些步骤的顺序，或者详细制订某些步骤来解决特殊问题。可以使用这些步骤作为指南，形成工作中解决问题的风格。

第2章　电路的基本原理

本章主要介绍关于电路的基本概念(电流、电压与功率等)、主要元件、基本定律(基尔霍夫定律与欧姆定律),分析简单电路的方法(电阻的串并联等效变换、Y-Δ 等效变换),介绍安全用电的基本知识,在本章的最后,以设计一个可调电压源为例介绍设计简单电路的方法。

学习目的:

1. 识别电路的主要组成部分,分别是结点、回路、网孔、支路、电压源和电流源。
2. 应用基尔霍夫定律分析简单电路,导出电路方程。
3. 学会用电阻的串并联等效变换和 Y-Δ 等效变换来化简、分析电路。
4. 了解惠斯通电路的原理与应用。
5. 了解安全用电的基本知识。
6. 了解设计简单电路的思路与方法。

2.1　引例:用电安全

在工作中,用电安全(electrical safety)非常重要,有遭受电击和灼伤的可能,所以需要特别小心。当电压加在人身体上的任意两点时,人作为一个导体,就为电流的通过提供了流通途径,而电流会产生电击(electric shock);电路元件常发热,当皮肤接触到高温的电路元件可能被灼伤。更严重的是,电的不正确使用也有可能引发火灾。所以,我们需要了解用电安全方面的知识。

在学习用电安全之前,必须学习电压和电流是如何产生的,以及电压和电流之间的关系。由实际电气器件和设备连接而成的电路,称为实际电路。物体(如人的身体)的电特性非常复杂,我们不能完全了解。为了能够预测和控制电现象,常使用简化的模型[称为电路模型(circuit model),简称电路],即在一定的条件下,将实际电路模型化,忽略其次要性质,用足以反映其电磁性质的理想电路元件或其组合来模拟实际电路中的器件,从而构成与实际电路相对应的电路模型,以便采用简单的电压和电流之间的数学关系来近似实际物体的复杂关系。例如,白炽灯除了主要将电能转换成光能和热能,表现出电阻的性质,即消耗能量外,当通有电流时,还会产生微弱的磁场,即兼有电感的性质,当忽略这个微小电感量时,可认为白炽灯是一个电阻元件。由一些理想电路元件所组成的电路,就是实际电路的电路模型。

例如图 2.1.1 所示的手电筒由电珠、电池、开关、筒体和弹簧构成。电珠是电阻元件,其参数为电阻 R;电池是电源元件,参数为电动势 E 和内电阻 R_0;筒体、弹簧及开关闭合时的电阻忽略不计,等效为无电阻的理想导体。这样可以得到如图 2.1.2 所示的手电筒的电路模型。

在本章的后部将用一个简单的电路模型近似代替人体,来解释人为什么会被电伤或电击,受电伤或电击的生理反应,以及防止触电的措施。

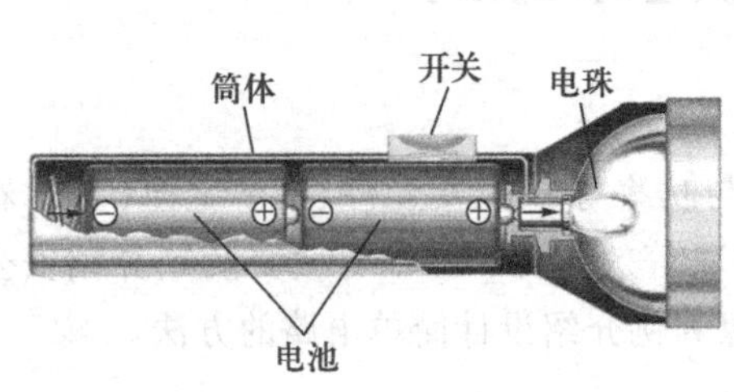

图 2.1.1 手电筒

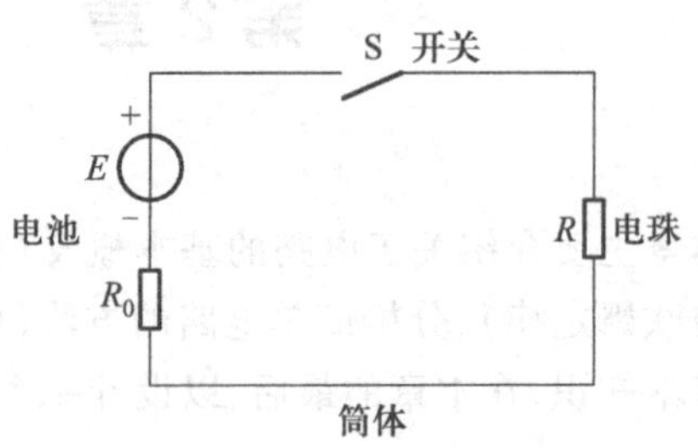

图 2.1.2 手电筒的电路模型

2.2 定义

本节主要介绍电路的主要变量:电荷、电流、电压、电功率以及参考方向等,这些都是电路分析的基础。

2.2.1 电荷、电流与电流的参考方向

1. 电荷

人类对静电现象的认识有悠久的历史,公元前4世纪,古希腊的哲学家柏拉图、亚里士多德等就在其著作中记录了摩擦过的琥珀能吸引细小物体的现象,而我国在公元前600多年就对磁石有记载。但人类对电和磁有系统地进行实验研究是从16世纪开始的。1600年,英国科学家吉尔伯特(1544—1603)发表了《论磁石》一书,总结了他对电和磁现象的研究,为研究摩擦起电打开了大门,此后有许多科学家投身到这个领域进行探索,人类对电的认识开始大步前进了。

1785—1786年间,法国科学家查尔斯·库仑(Charles Coulomb,1736—1806)通过一些巧妙的实验,对电荷(charge)之间的相互作用力进行了测量,他发现了电荷相互作用的规律,该规律被称为库仑定律。库仑定律表明,两个静止的点电荷之间的作用力的大小与它们所带电荷量的乘积成正比,与它们之间的距离的平方成反比,这是电磁学中的一个基本定律,电荷的单位C(库仑)就是为纪念这位物理学家而命名的。

Charles Coulomb

一个电子所带的电荷量是已发现的最小电荷量,即

$$q_e = -1.602 \times 10^{-19}\ \mathrm{C}$$

2. 电流

"电荷传输"或"电荷运动"的概念很重要,因为电荷从一处移动到另一处,就伴随着能量从一处移动到另一处。如跨越区域的电力传输线就是传输能量装置的一个实例。另外,由于电荷是用来传递信息的,可以通过改变电荷传输速率来实现无线电广播、电视和测距。

电流(current)是单位时间通过导体或电路元件任意横截面的电荷量。

数学上,电流可表示为

$$i = \frac{\mathrm{d}q}{\mathrm{d}t} \tag{2.2.1}$$

其中,电流的单位为A(安培),1 A(安培) = 1 C/s(库仑/秒)。1 A的恒定电流即1 s通过导体横

截面 1 C 的电荷。电流的单位是为了纪念法国科学家安培在这个领域的突出贡献而命名的。

André-Marie Ampère

安德烈·马里·安培(André-Marie Ampère)(1775—1836),法国物理学家。安培最主要的成就是 1820—1827 年对电磁作用的研究。1820 年 7 月,安培报告了他的实验结果:通电的线圈与磁铁相似;1820 年 9 月 25 日,他报告了两根载流导线存在相互影响,相同电流方向的平行导线彼此相吸,相反电流方向的平行导线彼此相斥;对两个线圈之间的吸引和排斥也做了讨论。通过一系列经典而简单的实验,他认识到磁是由运动的电荷产生的,并导出两个电流元之间的相互作用力公式。1827 年,安培将他的电磁现象的研究综合在《电动力学现象的数学理论》一书中,这是电磁学史上一部重要的经典论著,对以后电磁学的发展起了深远的影响。

物理学中规定正电荷运动的方向或负电荷运动的反方向为电流的方向,称为电流的实际方向,实际上电流是由负电荷而不是正电荷的流动产生的。

通过对式(2.2.1)积分,可以得到

$$q(t) = \int_{t_0}^{t} i(t)\,\mathrm{d}t + q(t_0) \tag{2.2.2}$$

其中,t_0是电荷已知的初始时刻。

例 2.2.1 通过一电路元件的电荷为 $q(t) = 0.01\sin(200t)$ C,试求通过这个元件的电流 $i(t)$。

解:由式(2.2.2)得流过该电路元件的电流为

$$i(t) = \frac{\mathrm{d}q(t)}{\mathrm{d}t} = \frac{\mathrm{d}}{\mathrm{d}t}[0.01\sin(200t)] = 0.01 \times 200\cos(200t) = 2\cos(200t)\ \mathrm{A}$$

3. 电流的参考方向(Reference Directions)

如图 2.2.1 所示,在分析与计算复杂电路时,若难以事先判定电路某元件中电流的实际方向,**为了分析和计算方便,常常任意假定一个方向为电流的方向,称为电流的参考方向**。实际方向与参考方向一致,电流值为正值;实际方向与参考方向相反,电流值为负值。所以,引入电流的参考方向之后,电流变成了具有正、负号的代数量。

电流的参考方向常常用箭头表示,箭头所指方向为电流的参考方向,也可以用双下标表示。例如 **a**, **b** 两点间的电流 i_{ab},它的参考方向是由 **a** 流向 **b**。如果参考方向选为由 **b** 流向 **a**,则为 $i_{ba} = -i_{ab}$。

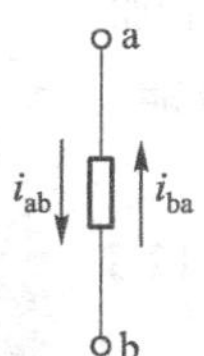

图 2.2.1 电流参考方向的表示法

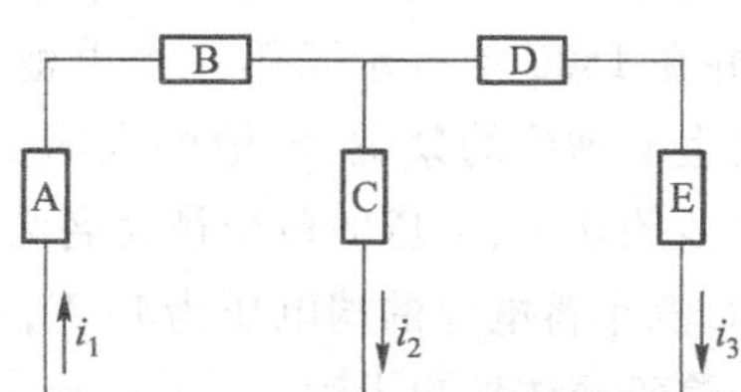

图 2.2.2 电流 i_1,i_2,i_3的参考方向

如图 2.2.2 中,A、B、C、D、E 表示电路元件。求得各电流值后,我们发现有些电流为负值。例如,假设 $i_1 = -2$ A,$i_2 = 1$ A,$i_3 = 1$ A,由于 i_1为负值,所以流经元件 A 的电流的实际方向与 i_1初

始假定的参考方向相反,即由上向下流经元件 A。

图 2.2.3 中显示了几种不同种类的电流。大小与方向不随时间变化的电流称为直流电流(direct current),简写为 DC,如图 2.2.3(a)所示。大小与方向随着时间变化的电流称为交流电流(alternating current),简称 AC。在生产上和日常生活中所用的交流电,一般都是指正弦交流电[见图2.2.3(b)]。以后在电子技术中还将遇到三角波电流[见图 2.2.4(a)]和方波电流[见图 2.2.4(b)]。

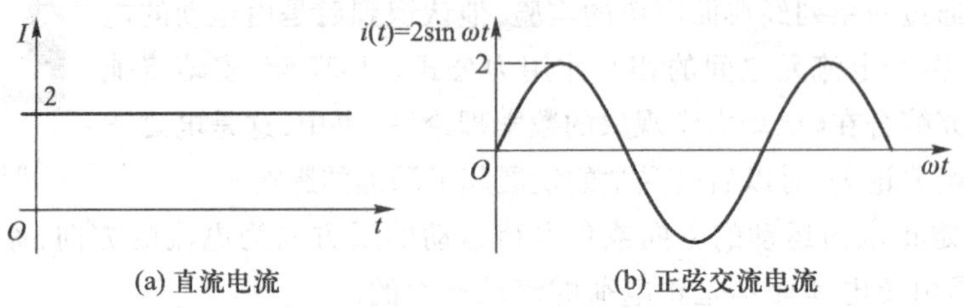

图 2.2.3 直流电流与交流电流

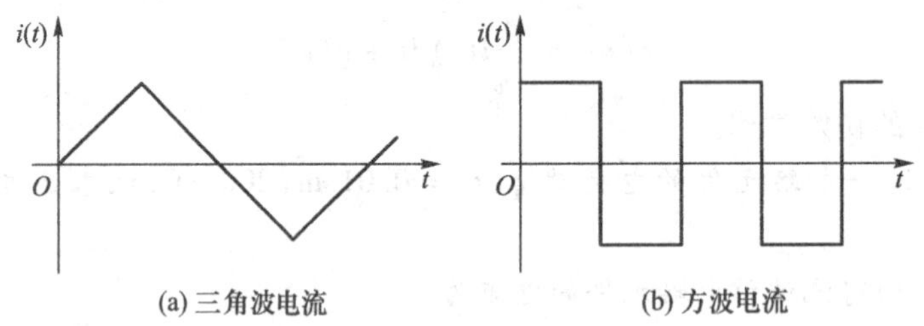

图 2.2.4 几种波形的交流电流

2.2.2 电压与参考极性

1. 电压(voltage)

电路中电荷的定向移动产生了电流,那么必然存在某些功或能量使得电荷在电路的两点间移动,如图 2.2.5 所示。例如,汽车的车头灯,在电池中储存的化学能被车灯吸收转化为热与光。我们把**单位电荷在两点间移动,电场力所做的功叫做电压**,电压的单位为 V。

$$1\ \text{V(伏特)} = 1\ \text{J(焦耳)}/\text{C(库仑)}$$

亚历山德罗·伏特(Alessandro Volta)(1745—1827),意大利著名物理学家。伏特是第一个试验并提出电压及放电概念的物理学家。伏特发现不用动物也可以产生电流,并在 1800 年展示了第一个电池。伏特的发现使人们摆脱了加法尼动物生电理论的禁锢,电池的发明更为人类利用电能提供了可能。为了纪念他的功绩,电压的单位被命名为“伏特”。

Alessandro Volta

例如,汽车蓄电池的端电压为 12 V,意味着移动 1 C 的电荷就有 12 J 的能量传输给或传输出电池。

电压可以存在于一对电极之间,电极间可以有、也可以没有电流流过。例如,无论汽车电池的电极上有没有外接负载,其两极之间都有 12 V电压。

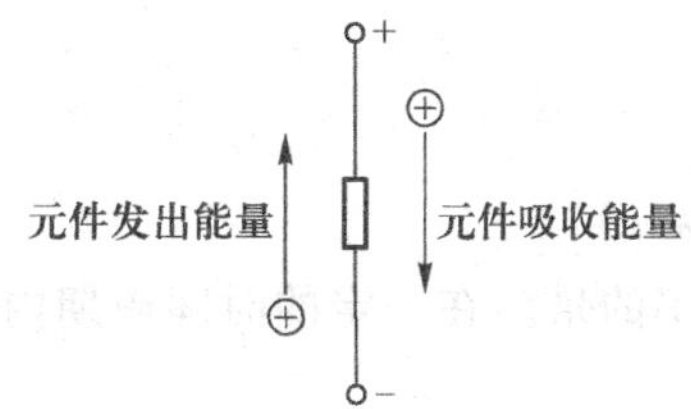

图 2.2.5　当电荷在有电压的元件中定向移动时能量的传输

电压也称电位差(或电势差)。电路中的电流和电压由电源电动势维持。电源电动势定义为电源内部把单位正电荷从低电位移动到高电位电源力所做的功。电源电压在数值上与电源电动势相等。

电压在电路中的作用类似于重力场中的重力作用。增加物体相对于参照面的高度可以增加物体的势能。当物体向参照面运动时,势能就会转化成动能。电压或电动势具有类似的作用,增加电路的电动势会使电荷在电路中定向运动,并将电动势能转化成电能。在此过程中,能量消耗还是产生与电压的方向或极性有关。

2. 电压的参考极性(reference polarities)

在我们分析电路时,常常不能预先知道电路中一些感兴趣的电压的极性。我们通常任意假定一个极性为电压的参考极性,如图 2.2.6 所示。

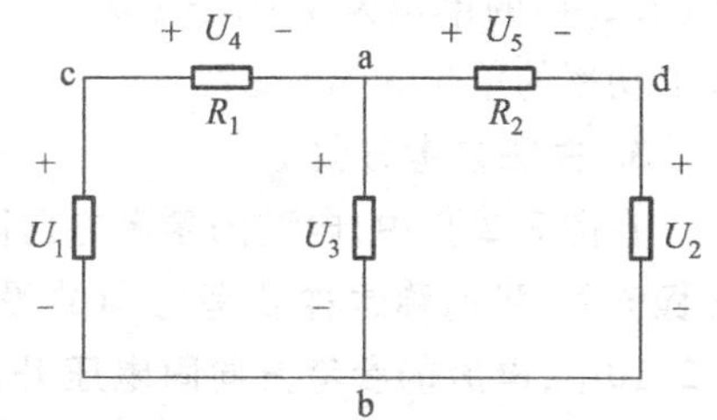

图 2.2.6　电压的参考方向

如果电压的实际极性与参考极性一致,电压值为正值;实际极性与参考极性相反,电压值为负值。所以,引入电压的参考极性之后,电压变成了具有正、负号的代数量。

分析电路时,在解题前先为电路中各未知的电压和电流任意设定一个方向,作为参考方向;再根据电路的定律、定理,列出物理量间相互关系的代数表达式;最后再根据计算结果确定实际方向:若计算结果为正,则实际方向与参考方向一致;若计算结果为负,则实际方向与参考方向相反。今后解题时一律以参考方向为准。

电压可以是不随时间变化的也可以是变化的。恒定的电压称为直流电压,大小和极性随时间变化的电压称为交流电压。

3. 电压的表示法

如图 2.2.7 所示,电压的参考方向除了用极性"+"、"-"表示外,也可以用双下标和箭头表示。例如 a,b 两点间的电压 u_{ab},a 点的参考极性为"+",b 点的参考极性为"-",参考方向为由 a 指向 b。如果参考方向选为由 b 指向 a,则为 $u_{ab}=-u_{ba}$。若用箭头表示电压的极性,箭头指向参考极性为"-"的方向(注意:国外教材用箭头表示电压的极性,箭头指向参考极性为"+"的方向,所以为了避免歧义,电压的方向最好用正负极或双下标表示)。

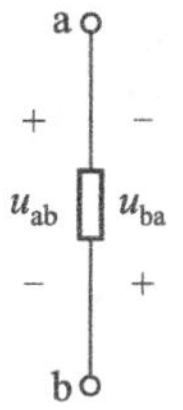

图 2.2.7　电压参考方向的表示方法

2.2.3 电功率与能量

1. 能量(energy)和功率(power)

功率是用来测量能量转换速率的量。在一定的时间周期内电阻元件会消耗的能量。

能量是做功的能力。

功率为单位时间所产生或消耗的能量。

$$p=\frac{\mathrm{d}W}{\mathrm{d}t} \tag{2.2.3}$$

例如:4 s 消耗了 80 J 的电能,其消耗的平均功率为

$$80\ \mathrm{J}/4\ \mathrm{s}=20\ \mathrm{W}$$

2. 电功率

考虑图 2.2.8 中的电路元件。因为电流是单位时间通过导体或电路元件任意横截面的电荷量,电压是单位电荷在两点间移动电场力做的总功,电流与电压的乘积即为能量传输的速率。换言之,电功率是电压与电流的乘积,即

$$p=ui \tag{2.2.4}$$

式(2.2.4)的单位为 V·A=(J/C)·(C/s)=J/s=W

故电功率的单位为 W(瓦特)。

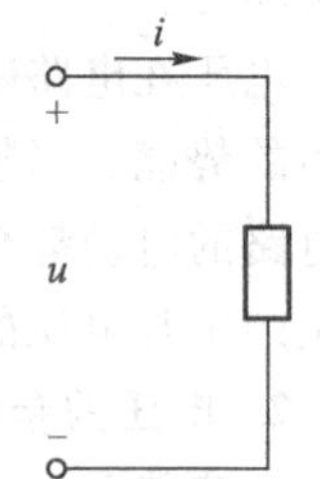

图 2.2.8 元件电压电流的方向

3. 关联参考方向

在图 2.2.9 中,**电流的参考方向同电压降低的方向相同,或者说电流的参考方向是从电压的正极流入,我们称这种参考方向的设定为关联参考方向(passive sign convention)**,反之,在图 2.2.10中,**电流的参考方向同电压升高的方向相同,或者说电流的参考方向是从电压的负极流入,我们称这种参考方向的设定为非关联参考方向(active sign convention)**。

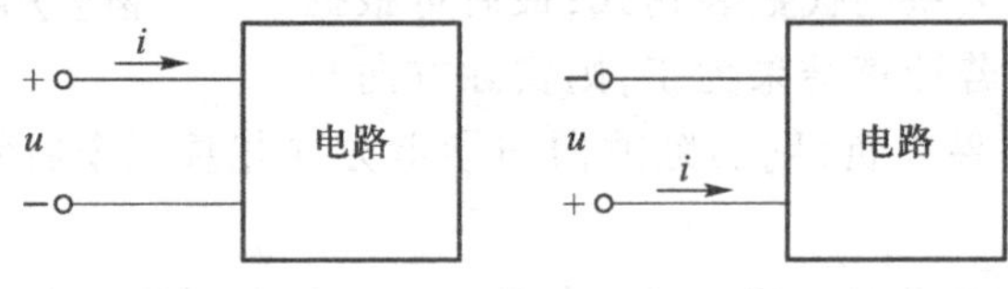

图 2.2.9 关联参考方向

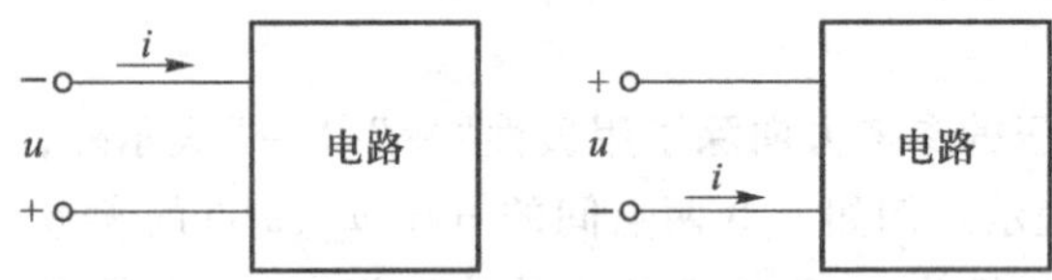

图 2.2.10 非关联参考方向

电路元件吸收功率或发出功率的判别。如果元件的电压、电流采用关联参考方向,则通过式 $p=ui$ 计算出该元件的电功率,如果元件采用非关联参考方向,则通过式 $p=-ui$ 计算出该元件的电功率。p 表示元件所吸收的功率,若 p 为正,则表明该元件吸收电能,如:电阻元件(电灯、加热元件)和电动机等;反之,若计算出的 p 为负,则意味着该元件将电能传送到电路中的其他部

分,如电池与发电机等。

请思考:在电动汽车充放电电路中,如图 2.2.11 所示,哪个电路代表电动汽车在加速?哪个电路代表在刹车?

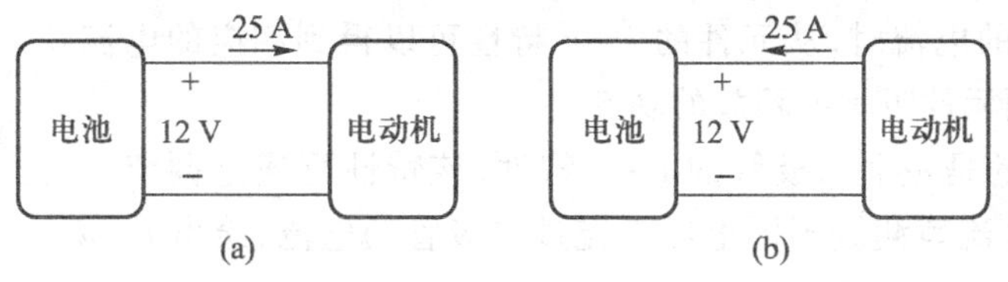

图 2.2.11 电动汽车充放电电路

4. 能量的计算

为计算在 t_1 与 t_2 时刻间输送到一电路元件的能量 W,我们将功率 p 积分

$$W = \int_{t_1}^{t_2} p(t)\,\mathrm{d}t \tag{2.2.5}$$

例 2.2.2 计算图 2.2.12 所示电路元件的功率随时间变化的方程,并计算在 $t_1=0$ 与 $t_2=10$ s 间转换的电能。

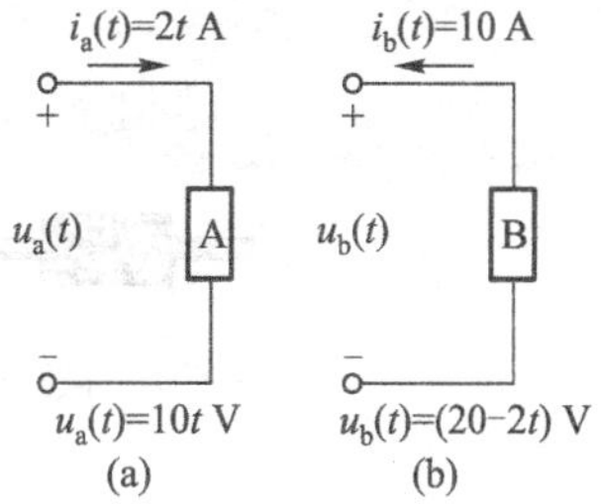

解: 图(a)该电路电压与电流采用的是关联参考方向,故

$$p_a(t) = u_a(t)i_a(t) = 20t^2$$

$$W_a = \int_0^{10} p_a(t)\,\mathrm{d}t = \int_0^{10} 20t^2\,\mathrm{d}t = \left.\frac{20t^3}{3}\right|_0^{10} = \frac{20\times10^3}{3}\ \mathrm{J} = 6667\ \mathrm{J}$$

图(b)该电路电压与电流采用的是非关联参考方向,故

$$p_b(t) = -u_b(t)i_b(t) = 20t - 200$$

$$W_b = \int_0^{10} p_b(t)\,\mathrm{d}t = \int_0^{10} (20t-200)\,\mathrm{d}t = (10t^2 - 200t)\Big|_0^{10} = -1000\ \mathrm{J}$$

$i_a(t)=2t$ A, $u_a(t)=10t$ V (a)　　$i_b(t)=10$ A, $u_b(t)=(20-2t)$ V (b)

图 2.2.12 例 2.2.2 图

练习与思考

2.2.1 一个 100 W 的白炽灯 2 h 消耗的电能是多少?

2.2.2 发电厂输出的电压电流的参考方向如图 2.2.8 所示,如果 $u=100$ kV,$i=120$ A。求该发电厂输出的电功率及每天输出的电能。

2.2.3 在电路中已经定义了电流、电压的实际方向,为什么还要引入参考方向?参考方向与实际方向有何区别和联系?

2.2.4 如何计算元件吸收的功率?如何从计算结果判断该元件在电路中起到电源的作用还是负载的作用?

2.3 电路元件及 $i-u$ 特性

2.3.1 电路元件的 $i-u$ 特性

在电路中,电路元件两端的电压和流过元件的电流之间的关系决定了元件在电路中的作用。假设给图 2.3.1 中的电路元件加一个已知电压,对应所加的电压会产生一个电流,从而形成一对电压电流值。如果改变元件上的电压，得到的电流会随之改变，这样可得到一个电压和电流之间的函数关系，这个函数关系称为 $i-u$ 特性。由电路元件的 $i-u$ 特性可得元件的性质，即当给元件加一定数值的电压或通以一定的电流时，从元件的 $i-u$ 特性可以得到相应的电流或电压，也可以得到元件吸收或释放的功率。

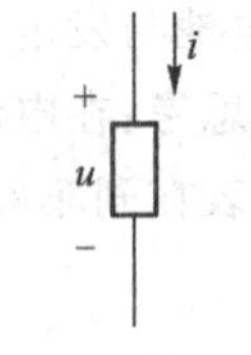

图 2.3.1 电路元件的表示

图 2.3.2 描述的是一个二极管的 $i-u$ 特性，该特性可通过调节二极管两端电压，用电流表测量不同电压下流过二极管的电流，绘出 $i-u$ 特性曲线。

理想的基本电路元件（简称电路元件）（circuit element）主要有：电源元件（source）、电阻元件（resistor）、电感元件（inductor）和电容元件（capacitor）。本章将讨论理想电源元件和电阻元件，在第 3 章中将讨论电源两种模型，在第 4 章中讨论电感元件和电容元件。

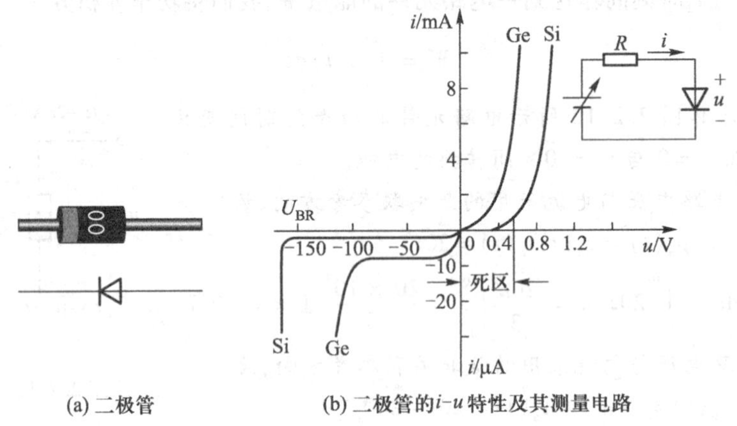

图 2.3.2 二极管的 $i-u$ 特性

2.3.2 理想电压源与理想电流源

一个理想电源就是能够提供任意数量能量的电源。理想电源有两种类型：理想电压源（ideal independent voltage source）和理想电流源（ideal independent current source）。我们比较熟悉的是电压源，图 2.3.3 所示为常见的电压源，有干电池、纽扣电池、燃料电池、太阳能电池、蓄电池、直流稳压电源、发电机、神经元，但都不是理想电压源。

虽然很难找到一个理想电流源的实例，但可以找到非常接近于理想状态的电流源，例如将一理想电压源与一个阻值非常大的电阻串联构成的电源，尽管电源提供的电流很小，但电流值基本恒定，此时电源的作用与理想电流源非常接近。蓄电池充电器就近似为一个理想电流源。

1. 理想电压源

理想电压源输出电压不受电路其他元件的影响，一直保持不变。换言之，理想电压源在其端子间产生一定的电压，这个电压完全独立于流过它的电流，电压源输出电流的大小决定于和它连接的电路。

理想电压源的符号如图 2.3.4 所示。注意理想电压源的输出电压可以是时间的函数。若强调电压源产生的电压是一随时间变化的电压，则用 $u(t)$ 表示。直流（DC）电压源可用大写字母

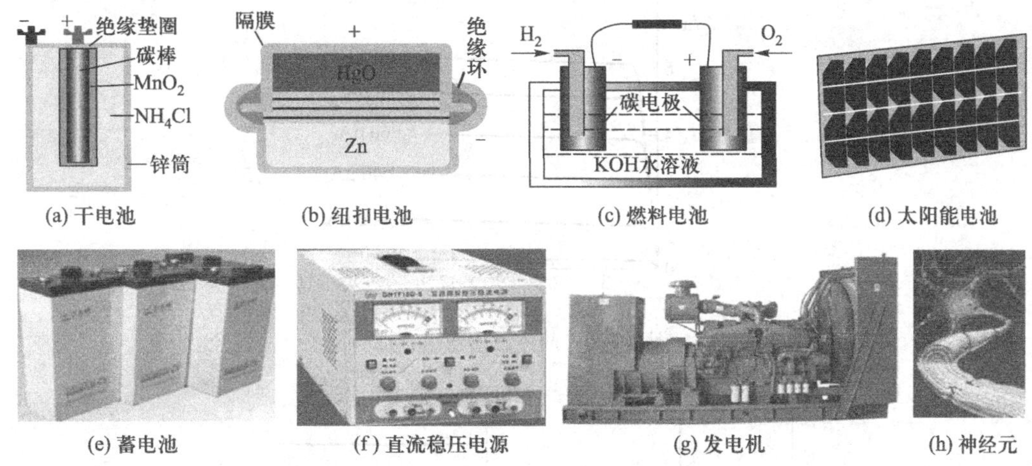

(a) 干电池　(b) 纽扣电池　(c) 燃料电池　(d) 太阳能电池

(e) 蓄电池　(f) 直流稳压电源　(g) 发电机　(h) 神经元

图 2.3.3　电压源

U 表示。注意电压源符号上端标注的正号并不一定表示上端电压的实际极性为正，只是一个参考极性，表示上端电位比下端电位高 U 伏。若 U 值为负时，该理想电压源电压的实际极性为上负下正。

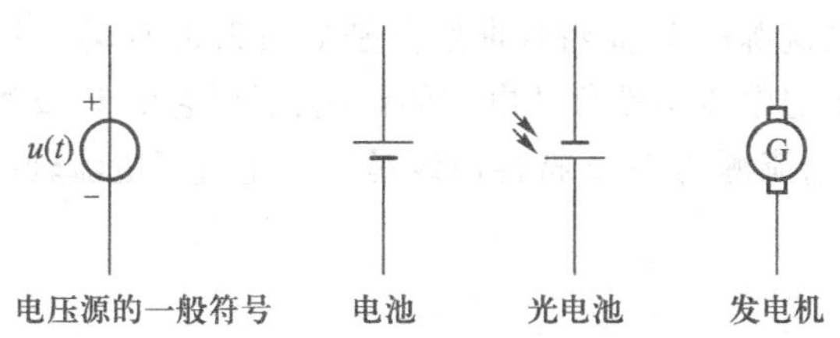

电压源的一般符号　电池　光电池　发电机

图 2.3.4　理想电压源符号

理想电压源是一种理想电源，不能严格表示任何实际物理器件，因为从理论上，理想电源可以提供无限大的能量。但确实有几种实际电压源可以近似为理想电压源。例如，汽车蓄电池有 12 V 端电压，只要流过的电流不超过 10 A，其端电压基本保持常数。其电流可以从两个方向流过电池。如果电流为正，且流出电池正极，则电池为汽车车灯提供能量，这时电池从发电机吸收能量而充电。家用电插座也可近似为一个理想电压源，提供近似 220 V 的电压。

2. 理想电流源

理想电流源输出电流不受电路其他元件影响，一直保持不变。换言之，理想电流源产生固定大小的电流，这个电流完全独立于它两端的电压，电流源端子间输出电压的大小决定于和它连接的电路。理想电流源符号如图 2.3.5 所示。

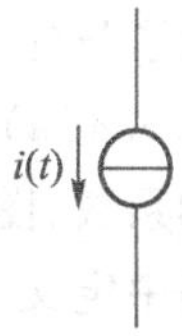

$i(t)$

图 2.3.5　理想电流源符号

同理想电压源一样，理想电流源只是一种物理元件的合理近似。由于它在端电压下产生一定的电流，理论上可以提供无限大的功率。在电子电路中，晶体管可以近似地被认为是一个理想电流源。因为从晶体管的输出特性（见图 2.3.6）可见，当基极电流 I_B 为一定值且当 U_{CE} 超过一定值时，电流 I_C 可以近似地认为不随电压而变。

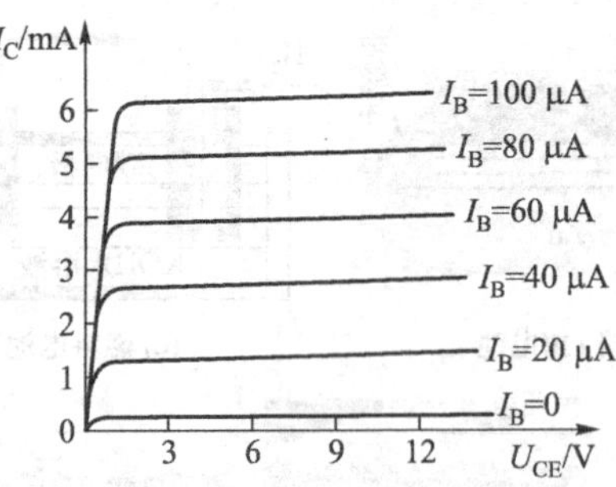

图 2.3.6 晶体管的输出特性

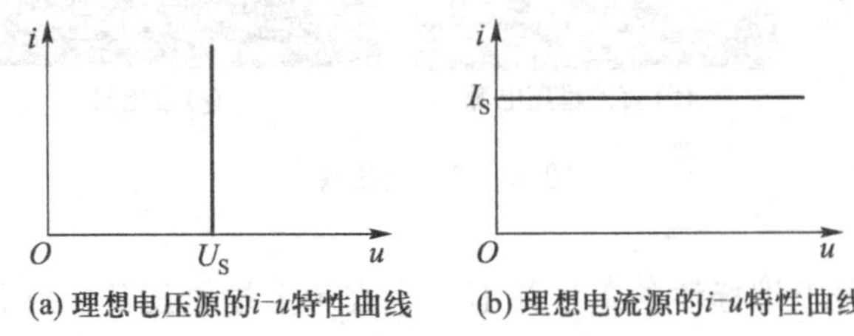

(a) 理想电压源的i-u特性曲线 (b) 理想电流源的i-u特性曲线

图 2.3.7 理想电源的 $i-u$ 特性曲线

理想电压源和理想电流源的 $i-u$ 特性曲线分别如图 2.3.7(a)、(b)所示。由于理想电压源产生的电压不受负载电流的影响,所以它的 $i-u$ 特性曲线是一条垂直于电压轴的直线。同样,理想电流源的 $i-u$ 特性曲线是一条垂直于电流轴的直线。

2.3.3 受控电源

前面讨论的两种理想电源都是独立电源,即理想电压源的电压和理想电流源的电流不以任何方式受到电路其他部分的影响。此外,还存在另一类电源,这类**电源的输出电流或输出电压是电路中其他部分的电压或电流的函数,我们将这类电源称为受控源(dependent source)**。当控制的电压或电流消失等于零时,受控源的电压或电流也将为零。受控源出现在很多等效电路模型中,比如晶体管、运算放大器和集成电路。

根据受控源是电压源还是电流源,以及是受电压控制还是受电流控制,**受控源可分为电压控制电压源(voltage-controlled voltage source,VCVS)、电流控制电压源(current-controlled voltage source,CCVS)、电压控制电流源(voltage-controlled current source,VCCS)、电流控制电流源(current-controlled current source,CCCS)四种类型。**

为了与独立电源区别开,受控源用菱形符号表示。四种理想受控源的模型如图 2.3.8 所示。在图 2.3.8(a)和图 2.3.8(d)中,μ 与 β 是量纲为一的量,图 2.3.8(b)中的 γ 是具有 V/A 单位的量纲系数,图 2.3.8(c)中的 g 是具有 A/V 单位的量纲系数。控制电压 u_1 或控制电流 i_1 必须在电路中定义。

如果受控源的电压或电流和控制它们的电压或电流之间有正比关系,则这种控制作用是线性的,系数 μ、γ、g、β 都是常数。

例 2.3.1 试计算图 2.3.9 所示电路中各元件的功率,提供或吸收的功率是否平衡?

解:$P_1 = -20\times5\ \text{W} = -100\ \text{W}$,由于电压源的电压与电流采用非关联参考方向,所以表示该

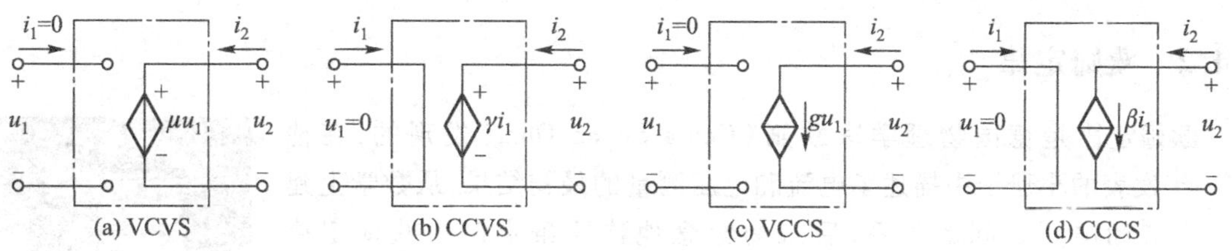

图 2.3.8 四种受控源类型

电压源提供的电功率为 100 W。

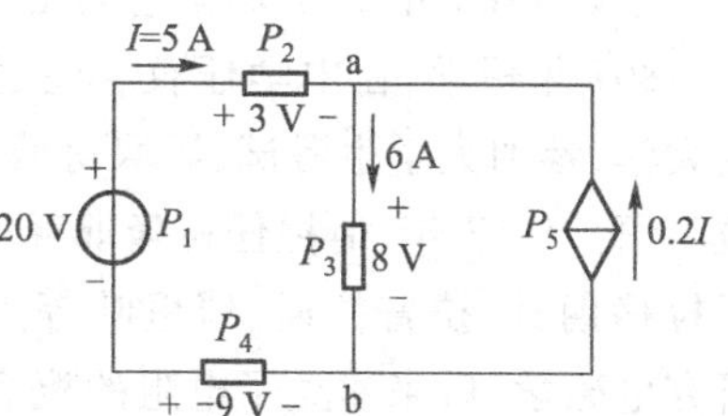

图 2.3.9 例 2.3.1 图

$P_2=3\times5$ W $=15$ W，该元件采用的是关联参考方向，所吸收的电功率为 15 W。

$P_3=8\times6$ W $=48$ W，该元件采用的是关联参考方向，所吸收的电功率为 48 W。

$P_4=-(-9)\times5$ W $=45$ W，该元件采用的是非关联参考方向，该元件吸收的电功率为 45 W。

由于电流控制电流源采用的是非关联参考方向，所以该元件上的功率为

$P_5=-8\times0.2I=-8\times0.2\times5$ W $=-8$ W，表示该元件提供的电功率为 8 W。

$P_1+P_2+P_3+P_4+P_5=(-100+15+48+45-8)$ W $=0$ W，功率平衡。

练习与思考

2.3.1 理想电压源中是否有电流？理想电流源两端是否有电压？

2.3.2 计算图 2.3.10 所示电路中每个元件吸收或提供的功率。

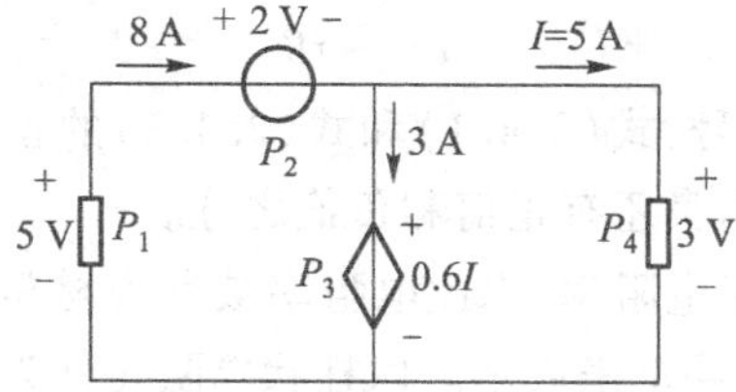

图 2.3.10 练习与思考 2.3.2 的图

2.4 电阻与欧姆定律

2.4.1 电阻

当电流流过金属导线或其他电路元件时会遇到一定量的电阻（resistance），电阻的大小取决于材料的电特性。在电路中对电流来说不希望电阻存在，如导线和连接电缆，但有些场合，又可利用电阻，如电炉等加热设备。电路中的所有元件均有一定的电阻，所以电流流经元件时会以热量的形式消耗能量。一个理想电阻是指这个元件具有线性的电阻特性，并遵循欧姆定律。

2.4.2 欧姆定律

Georg Simon Ohm

欧姆定律是德国物理学家欧姆(Georg Simon Ohm)发现的,在他1827年发表的小册子中描述了电流和电压测量的最初结果,从数学上建立了电流和电压之间的关系,后来为纪念他称这条定律为欧姆定律(Ohm's Law),将电阻的单位定义为Ω(欧姆)。

欧姆1780年3月16日生于巴伐尼亚阿兰根,1805年入学阿兰根大学,1807年辍学,在中学任教。他通过自学,于1811年又重新回到爱尔兰大学,参加大学生考试,后取得博士学位。1813年,他在中学教数学和拉丁语。1817年,他担任科隆耶稣中学的数学、物理教师,在这里他研究了拉格朗日、拉普拉斯、傅里叶等人的经典著作。自1820年起,他开始研究电磁学;后来建立了电阻的概念及建立了电流、电阻、电压的关系。1845年,欧姆被选为巴伐尼亚科学院院士。1849年11月23日,他被调到慕尼黑科学院物理学学术委员会工作,并担任慕尼黑大学教授。1854年7月6日,欧姆在德国曼纳希逝世。

欧姆定律,即元件两端的电压与流过的电流成正比。如前所述,为了进行电路分析,必须定义电压、电流的参考方向。采用关联参考方向或非关联参考方向,欧姆定律的形式不同。如果采用图2.4.1(a)所示的关联参考方向,即流经电阻的电流的参考方向是电压降低的方向,欧姆定律为

$$u = iR \tag{2.4.1}$$

(a) 关联参考方向　(b) 非关联参考方向

图2.4.1　欧姆定律的两种形式

当采用图2.4.1(b)中的非关联参考方向,即流经电阻的电流的参考方向是电压升高的方向,欧姆定律为

$$u = -iR \tag{2.4.2}$$

注意:欧姆定律有两套正负号,式(2.4.1)和式(2.4.2)的正负号是根据电压和电流的参考方向得出的,此外,电压和电流本身还有正值和负值之分。

一种材料的电阻大小取决于电阻率,因此电阻率被称为材料的一种属性,用符号ρ来表示;电阻率的倒数称为电导率,用符号σ来表示。以柱状电阻元件为例(见图2.4.2),电阻与物体长度l成正比,与它的横截面积A及电导率σ成反比,即

$$R = \frac{l}{\sigma A} \tag{2.4.3}$$

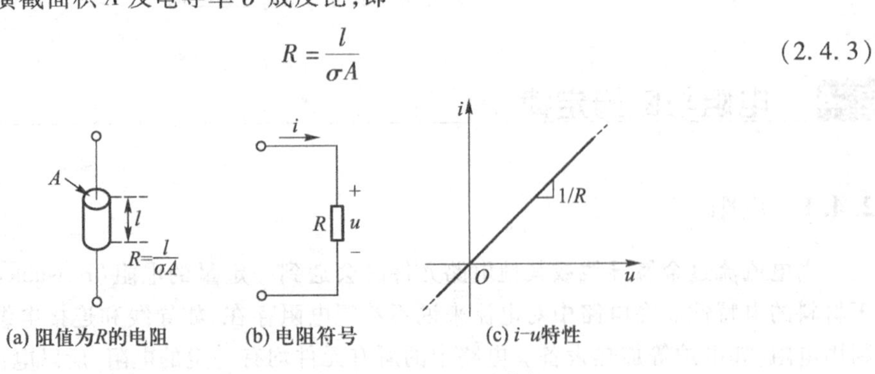

(a) 阻值为R的电阻　(b) 电阻符号　(c) i-u特性

图2.4.2　电阻元件、电阻的符号及$i-u$特性

有时将电路元件的导电性用电阻的倒数来定义，称为电导，用符号 G 表示，即

$$G=\frac{1}{R}\text{，单位为 S(西门子)，1 S = 1 A/V} \tag{2.4.4}$$

以电导形式表示的欧姆定律为

$$i=Gu \tag{2.4.5}$$

2.4.3 电阻中的功率

电路中有电流通过电阻时会产生热，这是由电能转化热能产生的。有些电路中的电阻主要用于产生热，例如电阻加热器。无论什么情况，都应该考虑到电路中的功率。

一个电路中总是存在一定的功率损耗，这是由电阻的阻值以及流经电阻的电流决定的，其表达式为

$$P=I^2R \tag{2.4.6}$$

通过用 U 代替 IR，功率的表达式还可以用电压和电流的乘积来表示

$$P=I^2R=(I\times I)R=(IR)I=UI \tag{2.4.7}$$

根据欧姆定律 $I=\dfrac{U}{R}$ 功率的表达式又可写成

$$P=UI=U\frac{U}{R}=\frac{U^2}{R} \tag{2.4.8}$$

1. 实际应用中功率电阻选择的要求

将电阻应用到电路中时，电阻的额定功率必须大于所要消耗的最大功率。一般情况下电阻额定功率应该为其实际可能消耗功率的两倍。

2. 常见电阻故障

当电阻的功率大于额定值(额定值是电气设备在给定的工作条件下正常运行而规定的正常允许值)时，电阻将因此变得过热，导致电阻开路或发生大幅度阻值变化。

当电阻因为过热而损坏时，电阻表面会发生变化或烧焦，由此可以发现电阻已经损坏。如果从外表无法判断，可以用万用表检测怀疑受损的电阻，测量其是否开路或有不正确阻值。测量电阻阻值时需要将电阻从电路中开路，这可以通过除去电阻一端或两端的导线来实现。

练习与思考

2.4.1 烤面包机的主要元件可以等效为一个电阻——将电能转变为热能，将一个有 24 Ω 电阻的烤面包机接在 220 V 的电源上，流过该烤面包机的电流为多少？

2.4.2 将一标有 220 V、40 W 的白炽灯接在 120 V 的电源上，问通过白炽灯的电流是多少？白炽灯的最大允许电流是多少？

2.4.3 试举出你所知道的家用电器中，哪些是具有电阻性质的。

2.5 基尔霍夫定律

结点(node)是指三个或三个以上元件的连接点(如图 2.5.1 中的 a 点和 b 点)。在实际电

路中,将多个支路端子焊接在一起的连接点就是电路的结点。在分析电路时,正确地识别结点是非常重要的。

将在电路中包含多个结点的闭合区域定义为广义结点(super node),如图2.5.2中点画线所示。在分析计算中,广义结点的处理方法与一般结点一样。

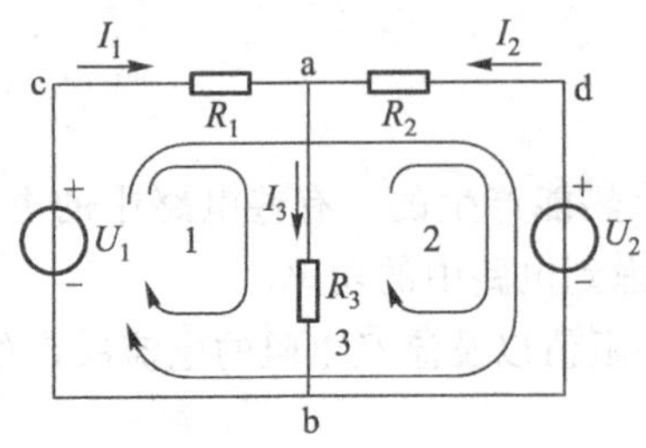

图2.5.1 电路举例

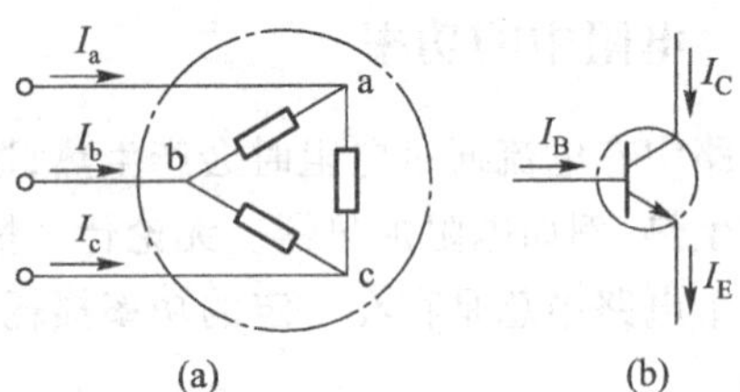

图2.5.2 广义结点

支路(branch)是指流过同一电流的每一个分支(如图2.5.1中的ab、acb和adb)。

回路(loop)是由若干条支路连接起来的闭合路径。如图2.5.1的回路1、2和3。**其中没有被支路隔开的回路称为网孔(mesh)**。图2.5.1中的回路1和2为网孔。

对一个电路网络的分析工作就是确定网络中每一条支路上的未知电流和每一个结点上的未知电压。所以,系统地、明确地定义所有相关变量是非常重要的。一旦确定了已知变量和未知变量,就可以按照有关定律、方法写出与这些变量相关的一组方程,再求解出这组方程得到各未知变量。故在介绍电路的分析方法前,必须了解电路分析的基本定律。电路最基本的定律有两条:欧姆定律和基尔霍夫定律。

基尔霍夫定律(包含基尔霍夫电流定律与基尔霍夫电压定律)是电路的一条重要的定律,是以德国物理学家、天文学家、化学家基尔霍夫(Gustav Robert Kirchhoff)的名字命名的。

基尔霍夫(1824—1887),德国物理学家、天文学家、化学家。当他21岁在柯尼斯堡就读时,就根据欧姆定律总结出网络电路的基尔霍夫电路定律,发展了欧姆定律,对电路理论做出了显著成绩。大学毕业后,他又把电动势概念推广到稳恒电路。他还建立了热辐射定律,这项工作成为量子论诞生的契机。在光谱研究中,他与本生合作,开拓出一个新的学科领域——光谱分析,采用这一新方法,发现了两种新元素:铯(1860年)和铷(1861年)。后来基尔霍夫又提出了天体的光谱分析法,带领天体物理学进入新纪元。

Gustav Robert Kirchhoff

基尔霍夫电流定律应用于结点,基尔霍夫电压定律应用于回路。

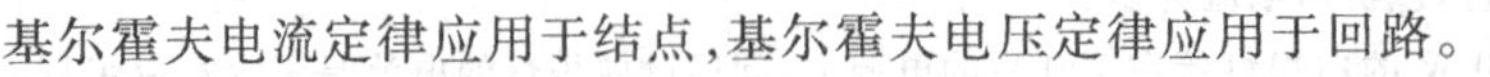

2.5.1 基尔霍夫电流定律

带有公理性质的**基尔霍夫电流定律**(Kirchhoff's current law,**简写为** KCL):**流向结点的电流的代数和为零**,其数学表达式为

$$\sum_{n=0}^{N} i_n = 0 \tag{2.5.1}$$

建立KCL方程时,首先要设出每一支路电流的参考方向,然后依据参考方向取符号。如果

规定参考方向流入结点的电流取正，则参考方向流出结点的电流取负。如果规定参考方向流出结点的电流取正号，则参考方向流入结点的电流取负号。但列写的同一个 KCL 方程中取符号规则需一致。

例 2.5.1 写出图 2.5.3 所示电路中的 a、b、c、d 四个结点的 KCL 方程，当 $I_1=2$ A，$I_3=1$ A 和 $I_5=1$ A 时，求其他几条支路的电流。

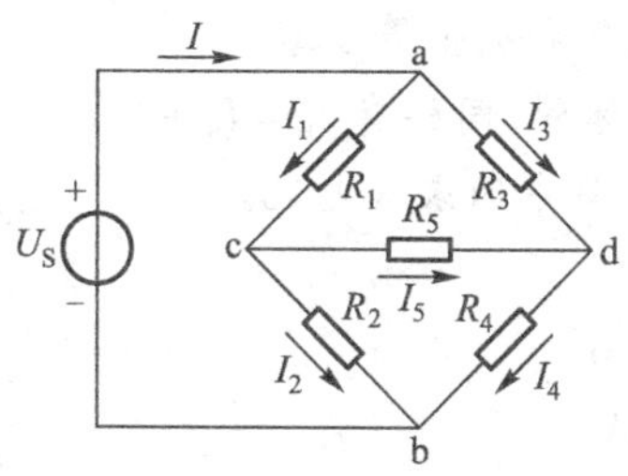

图 2.5.3 例 2.5.1 图

解：a、b、c、d 4 个结点的 KCL 方程分别为

结点 a：$I_1+I_3-I=0$

结点 b：$I-I_2-I_4=0$

结点 c：$-I_1+I_5+I_2=0$

结点 d：$-I_3+I_4-I_5=0$

其中结点 d 的方程可由结点 a、b 和 c 的 KCL 方程相加再乘以 -1 得到，即独立方程数只有 3 个。将已知的 $I_1=2$ A，$I_3=1$ A 和 $I_5=1$ A 代入上述方程，求得

$$I=3\ \text{A},\ I_2=1\ \text{A},I_4=2\ \text{A}$$

此例说明，根据 KCL 可以从一些电流求出另一些电流。一个电路的独立 KCL 方程数等于结点数减 1。

图 2.5.3 所示电路中，结点 b 处的电流关系可改写为

$$I_2+I_4=I$$

即

$$\sum i_{\text{in}}=\sum i_{\text{out}} \tag{2.5.2}$$

就是**流入结点的电流之和等于流出结点的电流之和**。

KCL 实质是电荷守恒定律和电流连续性在电路中任意结点处的具体反映，是"任何结点均不能累积电荷"的数学表达形式。结点不是电路元件，不能存储、消灭或产生电荷，所以电流的代数和为零。即流入某一结点多少电荷，就从该结点流出多少电荷，不可能产生电荷的积累，它"收支"完全平衡，故 KCL 成立。

注意：

(1) KCL 适用于任意时刻、任意激励源（电源或信号源）情况的任意集总参数电路。激励源可为直流、交流或其他任意时间函数，电路可为线性、非线性、时变、非时变电路。

(2) 应用 KCL 方程时，首先要设每一支路电流的参考方向，然后依据参考方向取符号，电流流入或流出结点可取正或取负，但列写的同一个 KCL 方程中取号规则要一致。

基尔霍夫电流定律通常应用于结点，也可以把它推广应用于包围部分电路的任一假设的闭合面（广义结点）。例如，图 2.5.2(a) 中所示的闭合面包围的三角形电路有三个结点。应用基尔

霍夫电流定律可列出

$$I_a = I_{ab} - I_{ca}$$

$$I_b = I_{bc} - I_{ab}$$

$$I_c = I_{ca} - I_{bc}$$

上列三式相加，得

$$I_a + I_b + I_c = 0$$

可见，通过任一闭合面的电流的代数和也恒等于零。

再比如图 2.5.2(b) 所示的晶体管，同样有 $I_E = I_B + I_C$。

例 2.5.2 求图 2.5.4 所示电路中的未知电流。

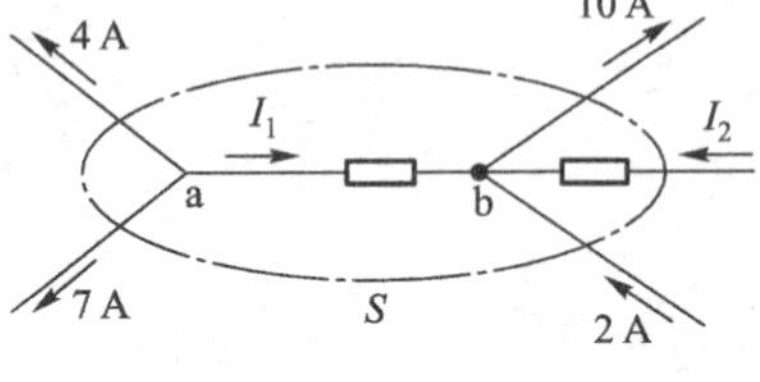

图 2.5.4 例 2.5.2 图

解：列结点 a 的 KCL 方程为

$$I_1 + 4 + 7 = 0$$

得

$$I_1 = -11 \text{ A}$$

列结点 b 的 KCL 方程为

$$I_1 + I_2 + 2 - 10 = 0$$

得

$$I_2 = 19 \text{ A}$$

求 I_2 时还可直接按假设的封闭面 S 列 KCL 方程为

$$I_2 + 2 = 4 + 7 + 10$$

得

$$I_2 = 19 \text{ A}$$

结点的 KCL 方程可以视封闭面为只包围一个结点的特殊情况。根据封闭面 KCL 对支路电流的约束关系可以得到：流出（或流入）封闭面的某支路电流，等于流入（或流出）该封闭面的其余支路电流的代数和。由此可得：当两个单独的电路只用一条导线相连接时（见图 2.5.5），此导线中的电流必定为零。

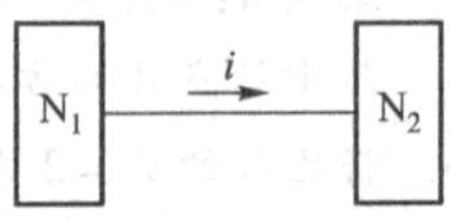

图 2.5.5 一条导线连接的两个电路

2.5.2 基尔霍夫电压定律

基尔霍夫电压定律（kirchhoff's voltage law，简写为 KVL）：沿任何闭合回路电压的代数和等于零，其数学表达式为

$$\sum_{n=1}^{N} u_n = 0 \tag{2.5.3}$$

式(2.5.3)称为回路电压方程，简称 KVL 方程。建立 KVL 方程时可规定顺绕行方向的电压（电压降）取正号，逆绕行方向的电压（电压升）取负号；或先遇到元件电压的正极写正，先遇到电压负极写负。其中，N 为回路内出现的电压的总数，u_n为第 n 段电压，$n = 1, 2, \cdots, N$。如图 2.5.6 所示，设回路的绕行方向为顺时针方向，则 KVL 方程为

$$u_1 + u_2 - u_3 - u_4 - u_5 = 0$$

上式又可改写为

$$u_1 + u_2 = u_3 + u_4 + u_5$$

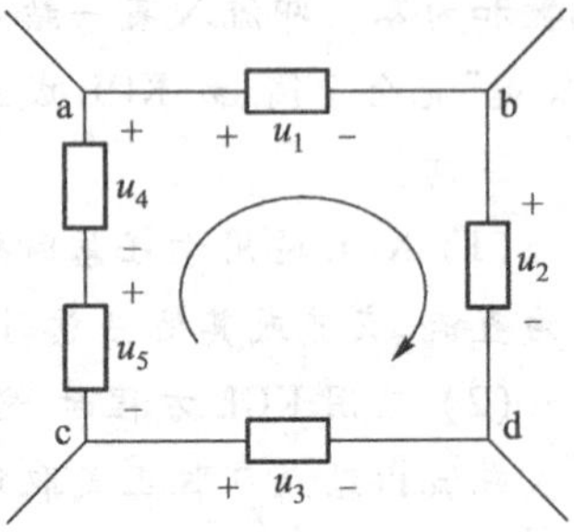

图 2.5.6 回路电压方程的列写

由该式可得 KVL 另一叙述方式：在集总参数电路中，任一时

刻沿任一回路的支路电压降之和等于电压升之和。图 2.5.6 中,对于顺时针绕行方向,u_1、u_2为电压降,u_3、u_4、u_5为电压升。

基尔霍夫电压定律可推广到电路中任意假想的回路(广义回路或虚回路,super loop)。

在图 2.5.6 所示电路中,ad 之间并无支路存在,但仍可把 abda 或 acda 分别看成一个回路(它们是假想的回路)。由 KVL 分别得

$$u_1+u_2-u_{ad}=0$$

$$u_{ad}-u_3-u_4-u_5=0$$

可得到

$$u_1+u_2-u_3-u_4-u_5=0$$

故

$$u_{ad}=u_1+u_2=u_3+u_4+u_5$$

可见,两点间电压与选择的路径无关。

需要明确的是:

(1) 沿电路任一闭合路径各段电压代数和等于零,意味着单位正电荷沿任一闭合路径移动时能量不能改变,这表明 KVL 的实质反映了电路遵从能量守恒定律;

(2) KVL 是对回路电压的约束,与回路各支路上接的是什么元件无关,与电路是线性还是非线性无关;

(3) KVL 方程是按电压参考方向列写,与电压实际方向无关。

应用基尔霍夫电压定律时要注意:

(1) 列方程前需要先标注回路循行方向;

(2) 应用$\sum u=0$列方程时,要注意项前符号的确定,如果规定电压降取正号,则电压升就取负号;

(3) 可用广义的基尔霍夫电压定律来对含开口电压的虚回路列方程。

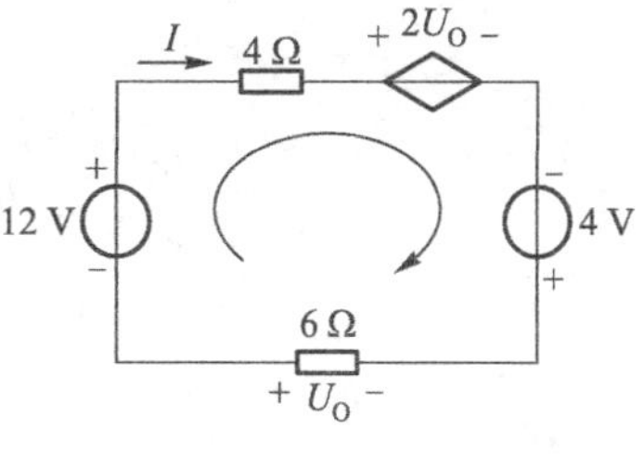

图 2.5.7 例 2.5.3 图

例 2.5.3 试求图 2.5.7 中电路的 U_O和 I。

解:对图 2.5.7 所示回路应用 KVL 列方程得

$$-12+4I+2U_O-4-U_O=0 \tag{2.5.4}$$

对 6 Ω 的电阻应用欧姆定律得

$$U_O=-6I \tag{2.5.5}$$

将式(2.5.5)代入(2.5.4)得

$$-16+10I-12I=0$$

$$I=-8\ \text{A} \qquad U_O=48\ \text{V}$$

例 2.5.4 计算图 2.5.8 电路中电流 I 和电压 U_2,计算所有元件上的功率,哪些元件是吸收功率的,哪些元件是释放功率的,并判断电路中功率是否平衡。

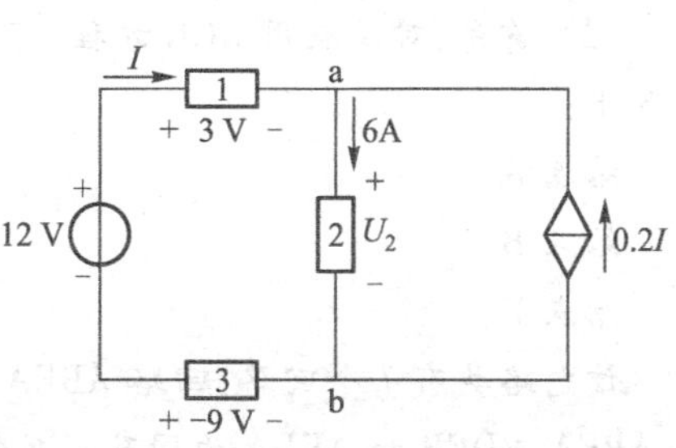

图 2.5.8 例 2.5.4 的电路图

解:对结点 a 列 KCL 方程

$$I+0.2I=6$$

故通过元件 1 的电流 I

$$I=5\ \text{A}$$

根据KVL列方程得

$$-20+3+U_2-(-9)=0$$

故元件1上的电压为

$$U_2=8\ \mathrm{V}$$

电压源：$P_{U_S}=-20\times5\ \mathrm{W}=-100\ \mathrm{W}$，释放功率。

元件1：$P_1=3\times5\ \mathrm{W}=15\ \mathrm{W}$，吸收功率。

元件2：$P_2=8\times6\ \mathrm{W}=48\ \mathrm{W}$，吸收功率。

元件3：$P_3=-(-9)\times5\ \mathrm{W}=45\ \mathrm{W}$，吸收功率。

元件E：$P_{I_S}=-8\times0.2I=-8\times0.2\times5\ \mathrm{W}=-8\ \mathrm{W}$，释放功率。

$$P_{U_S}+P_1+P_2+P_3+P_{I_S}=(-100+15+48+45-8)\mathrm{W}=0\ \mathrm{W}$$

可以得知功率平衡。

KCL、KVL小结：

(1) KCL是对支路电流的线性约束，KVL是对回路电压的线性约束。

(2) KCL、KVL与组成支路的元件性质及参数无关。

(3) KCL表明每一结点上电荷是守恒的；KVL是能量守恒的具体体现（电压与路径无关）。

例2.5.5 图2.5.9所示是一个晶体管放大电路的等效电路，$R_{B1}=100\ \mathrm{k\Omega}$，$R_{B2}=33\ \mathrm{k\Omega}$，$R_E=2.5\ \mathrm{k\Omega}$。$R_C=5\ \mathrm{k\Omega}$，$\beta=60$，$U_{CC}=15\ \mathrm{V}$，$U_{BE}=0.7\ \mathrm{V}$求(1)该电路的结点数、支路数及网孔数；(2)各支路电流和电压U_{CE}。

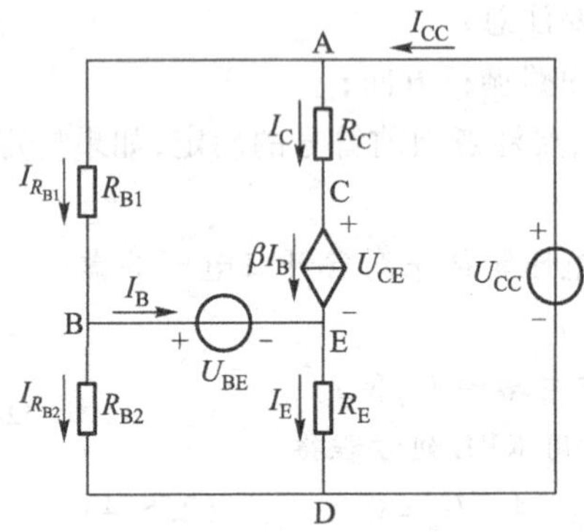

图2.5.9 例2.5.5图

解：(1) 该电路有A、B、E和D四个结点，6条支路，3个网孔。

(2) 首先，对结点用KCL方程，可以列4−1=3个独立的KCL方程，结点A、B、E的KCL方程如下：

结点A $$I_{R_{B1}}+I_C-I_{CC}=0 \tag{2.5.6}$$

结点B $$-I_{R_{B1}}+I_{R_{B2}}+I_B=0 \tag{2.5.7}$$

结点E $$-I_B-\beta I_B+I_E=0 \tag{2.5.8}$$

该电路共有7个回路，回路ABEA、BDEB、AEDA、ABDEA、ABEDA、AEBDA和ABDA，其中回路ABEA、BDEB和AEDA为网孔。我们分别对这7个回路列出如下7个KVL方程。

回路ABEA $$I_{R_{B1}}R_{B1}+U_{BE}-U_{CE}-I_CR_C=0 \tag{2.5.9}$$

回路BDEB $$I_{R_{B2}}R_{B2}-I_ER_E-U_{BE}=0 \tag{2.5.10}$$

回路 AEDA $$I_CR_C+U_{CE}+I_ER_E-U_{CC}=0 \tag{2.5.11}$$

回路 ABDEA $$I_{R_{B1}}R_{B1}+I_{R_{B2}}R_{B2}-I_ER_E-U_{CE}-I_CR_C=0 \tag{2.5.12}$$

回路 ABEDA $$I_{R_{B1}}R_{B1}+U_{BE}+I_ER_E-U_{CC}=0 \tag{2.5.13}$$

回路 AEBDA $$I_CR_C+U_{CE}-U_{BE}+I_{R_{B2}}R_{B2}-U_{CC}=0 \tag{2.5.14}$$

回路 ABDA $$I_{R_{B1}}R_{B1}+I_{R_{B2}}R_{B2}-U_{CC}=0 \tag{2.5.15}$$

可以发现式(2.5.12)可由式(2.5.9)和式(2.5.10)相加得到，同样式(2.5.13)、式(2.5.14)和式(2.5.15)也可由式(2.5.9)、式(2.5.10)和式(2.5.11)得到，所以该电路的7个回路的KVL方程只有3个独立KVL方程。

一般来说所能列的独立的KVL方程数等于网孔数。一般尽量选网孔来列KVL方程。但对于含电流源的回路列KVL方程时，会涉及电流源的电压[如式(2.5.9)中的U_{CE}]，而电流源的电压又是未知的，所以，列KVL方程时尽量避开含电流源的回路。

电流源所在支路的电流由电流源的电流决定，电流源的存在可以减少未知电流的个数，这样未知电流个数正好等于能列出独立方程的数量。该电路有6条支路，就有6条支路电流$I_{R_{B1}}$，$I_{R_{B2}}$，I_B，I_C，I_E和I_{CC}，由于支路ACE有电流源，受控电流源的电流βI_B即为该支路电流，即I_C，所以未知电流有5个$I_{R_{B1}}$，$I_{R_{B2}}$，I_B，I_E和I_{CC}，需要求出未知电流就要列5个独立的方程。

式(2.5.6)至式(2.5.8)为3个独立的KCL方程，只需2个独立的KVL方程就能求解出电流。可选择回路BDEB和回路ABDA这两个不含电流源的回路的KVL方程式(2.5.10)和式(2.5.15)。这样就可以求解出所有电流。

$$I_{R_{B1}}=0.117\text{ mA}$$
$$I_{R_{B2}}=0.1\text{ mA}$$
$$I_B=0.017\text{ mA}$$
$$I_C=1.02\text{ mA}$$
$$I_E=1.037\text{ mA}$$
$$I_{CC}=1.137\text{ mA}$$

由式(2.5.9)可得 $$U_{CE}=7.3\text{ V}$$

这种以支路电流为变量，根据KCL和KVL列写方程求解电路的方法，称为支路电流法。

支路电流法步骤：

(1) 以支路电流为变量。

(2) 对结点列KCL方程，独立KCL方程数等于结点数减1。

(3) 对回路列KVL方程，独立KVL方程数等于网孔数。如果电路不含电流源，尽量对网孔列KVL方程；如果电路含电流源，尽量避开包含电流源所在的回路。

(4) 联立求解方程，得到各支路电流。

(5) 根据所得到的支路电流求其他的电量。

支路电流法既要列写KCL方程，又要列写KVL方程，对支路数比较多的复杂电路，所需方程数较多，求解起来比较麻烦，所以对复杂电路该方法用得不多，而常用第三章中要介绍的结点电压法和回路(网孔)电流法。

2.5.3 电路中的电位

在电子技术中，常采用电位，即将电路中的某一点选作参考点，参考点的电位为零。电路中其他任何一点与参考点之间的电压便是该点的电位。在电力工程中规定大地为零电位的参考点，在电子电路中，通常以与机壳连接的输入、输出的公共导线为参考点，称之为“地”，在电路图中用符号“⊥”表示。

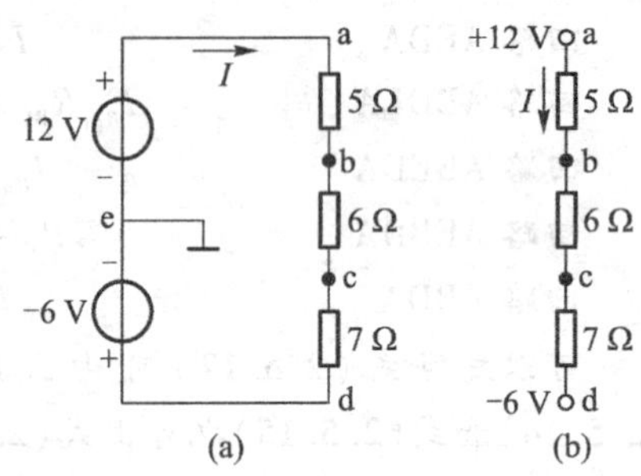

图 2.5.10 电路的电位

图 2.5.10(a)所示电路选择了 e 点为参考点，这时各点的电位是

$$V_e = 0\ \text{V}, V_a = U_{ae} = 12\ \text{V}, V_d = U_{de} = -6\ \text{V}$$

$$V_b = U_{bd} + U_{de} = (6+7)I + V_d$$

$$= \left[(6+7)\frac{12-(-6)}{5+6+7} + (-6) \right]\ \text{V} = 7\text{V}$$

$$V_c = U_{cd} + U_{de} = 7I + V_d = [7 + (-6)]\ \text{V} = 1\ \text{V}$$

参考点可以任意选择，如图 2.5.10(a)所示电路，如果将参考点选定为 d 点，则各点的电位为

$$V_d = 0\ \text{V}, V_a = 18\ \text{V}, V_c = 7\ \text{V}, V_b = 13\ \text{V}, V_e = 6\ \text{V}$$

可见，电路中电位的大小、极性与参考点的选择有关。两点之间的电压总是等于这两点间的电位之差，如 $U_{ab} = V_a - V_b$，电压的大小、极性与参考点的选择无关。

在电子电路中，电源的一端通常都是接“地”的，为了作图简便和图面清晰，习惯上常常不画出电源来，而在电源的非接地的一端注明其电位的数值。例如图 2.5.10(b)就是图 2.5.10(a)的习惯画法，图中正的电位值表示该端接正电源，即电源的正极接该端，负极接“地”。反之为负电源。图 2.5.11 为图 2.5.9 在电子电路中的习惯画法。

在分析计算电路时应注意：参考点一旦选定之后，在电路分析计算过程中不得再更改。

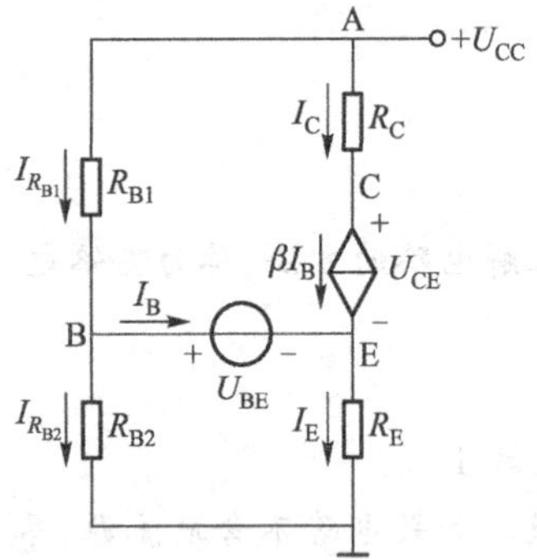

图 2.5.11 图 2.5.9 在电子电路中的习惯画法

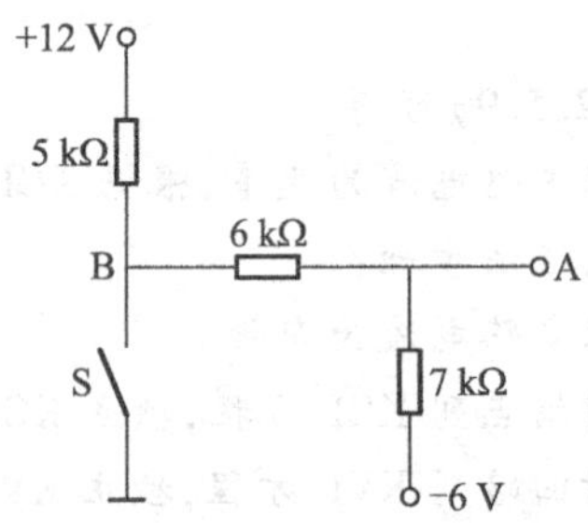

图 2.5.12 例 2.5.6 图

例 2.5.6 试求图 2.5.12 电路中，当开关 S 断开和闭合两种情况下 A 点的电位 V_A。

解：(1) 当开关 S 断开时，3 个电阻中为同一电流。因此可得

$$\frac{12 - V_A}{5+6} = \frac{V_A - (-6)}{7}$$

求得

$$V_A = 1\ \text{V}$$

(2) 当开关 S 闭合时，$V_B = 0$ V，6 kΩ 和 7 kΩ 电阻为同一电流。因此可得 $\frac{V_A}{6} = \frac{-6 - V_A}{7}$，

求得
$$V_A = -2.77\ \text{V}$$

练习与思考

2.5.1 图 2.5.13 所示电路中,已知 $I_{S1}=5$ A,$I_{S2}=3$ A,$I_{S3}=3$ A,$U_S=6$ V,$R_1=2\ \Omega$,$R_2=4\ \Omega$,$I'=4$ A。用基尔霍夫定律求 I_A 和 U_A,并确定元件 A 是负载还是电源。

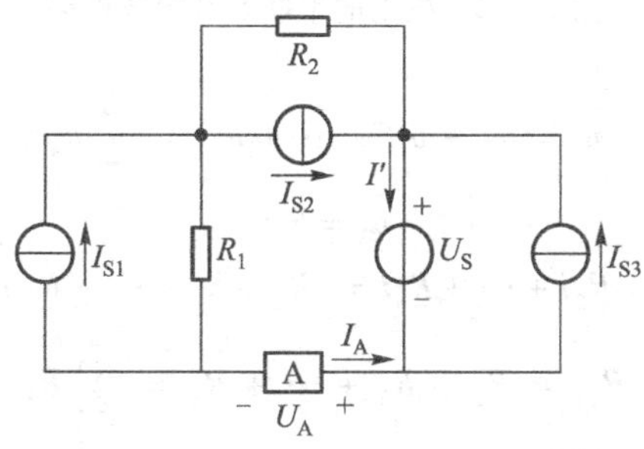

图 2.5.13 练习与思考 2.5.1 的图

2.6 电阻的连接及其等效变换

在分析计算电路的过程中,常常用到等效(equivalent)的概念。电路等效变换原理是分析电路的重要方法。

2.6.1 电路等效的概念

结构、元件参数不相同的两部分电路 N_1、N_2(如图 2.6.1 所示)**若具有相同的伏安特性** $u=f(i)$,**则称它们彼此等效**。由此,当用 N_1 代替 N_2 时,将不会改变 N_2 所在电路其他部分的电流、电压,反之亦成立。这种计算电路的方法称为电路的等效变换。用简单电路等效代替复杂电路可简化整个电路的计算。

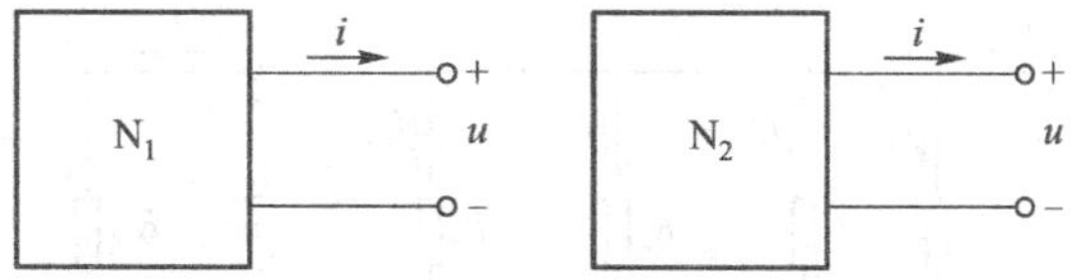

图 2.6.1 等效电路

电路等效变换的条件是两电路具有相同的电压电流特性(VCR),等效变换的对象是未变化的外电路中的电压、电流和功率,电路等效变换的目的是化简电路,方便计算。

2.6.2 电阻的串联和分压原理

当元件与元件首尾相连时称为串联(series connection),如图 2.6.2(a)所示。串联电路的特点是流过各元件的电流为同一电流。

根据 KVL,电阻串联电路的端口电压等于各电阻电压的代数叠加。

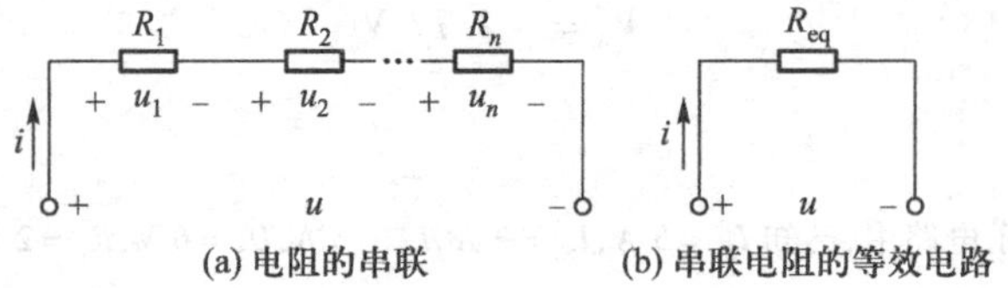

(a) 电阻的串联　　(b) 串联电阻的等效电路

图 2.6.2 电阻的串联及其等效电路

$$u = u_1 + u_2 + \cdots + u_n = \sum_{k=1}^{n} u_k$$

而

$$u_k = R_k i$$

所以

$$u = R_1 i + R_2 i + \cdots + R_n i = (R_1 + R_2 + \cdots + R_n) i = R_{eq} i$$

其中

$$R_{eq} = R_1 + R_2 + \cdots + R_n = \sum_{k=1}^{n} R_k \tag{2.6.1}$$

R_{eq}称为 n 个电阻串联时的等效电阻。

分配到第 k 个电阻上的电压为 $$u_k = R_k i = \frac{R_k}{R_{eq}} u \tag{2.6.2}$$

由式(2.6.2)可知,**串联电路中各电阻上电压的大小与其电阻值的大小成正比。该公式称为串联电路的分压公式(voltage divider)**。

电阻串联是电路中的常见形式。例如为了限制负载中过大的电流,常将负载与一个限流电阻串联;当负载需要变化的电流时,通常串联一个电位器。

此外,用电流表测量电路中的电流时,需将电流表串联在所要测量的支路里。

2.6.3 电阻的并联和分流原理

当两个或多个电阻连接在两个公共的结点间,这种连接方式称为电阻的并联(parallel connection)。当 n 个电阻并联连接时,其电路如图 2.6.3(a)所示。并联电路的特点是各元件承受相同的电压。

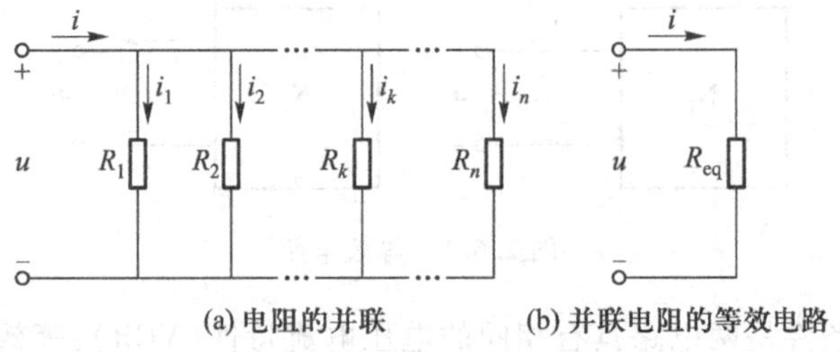

(a) 电阻的并联　　(b) 并联电阻的等效电路

图 2.6.3 电阻的并联及其等效变换

根据 KCL 知

$$i = i_1 + i_2 + \cdots + i_n = \sum_{k=1}^{n} i_k$$

而

$$i_k = \frac{1}{R_k} u$$

所以
$$i=\frac{1}{R_1}u+\frac{1}{R_2}u+\cdots+\frac{1}{R_n}u=\left(\frac{1}{R_1}+\frac{1}{R_2}+\cdots+\frac{1}{R_n}\right)u=\frac{1}{R_{eq}}u$$

其中
$$\frac{1}{R_{eq}}=\frac{1}{R_1}+\frac{1}{R_2}+\cdots+\frac{1}{R_n} \tag{2.6.3}$$

令 $G_{eq}=\frac{1}{R_{eq}}$为 n 个电阻并联时的等效电导,又称为端口的输入电导。

分配到第 k 个电阻上的电流为

$$i_k=G_ku=\frac{G_k}{G_{eq}}i \tag{2.6.4}$$

式(2.6.4)说明**并联电路中各电阻上分配到的电流与其电导值的大小成正比**。式(2.6.4)称为**并联电阻的分流公式**(current voltage divider)。

并联电路也有广泛的应用。工厂里的动力负载、家用电器和照明电路等都以并联的方式连接在电网上,以保证负载在额定电压下正常工作。

此外,当用电压表测量电路中某两点间的电压时,需将电压表并联在所要测量的两点间。

并联电路与串联电路相比的最大优势是:其中一条支路断开后,其余的支路不受影响。下面举一个并联电路应用实例:汽车的外部灯光电路。如图 2.6.4 所示,各灯的开关是相互独立的。当灯光开关闭合时,车头近光灯和尾灯都亮起。只有在灯光开关和远光灯开关都闭合的时候,车头远光灯才会亮起。只有在司机踩下刹车踏板使刹车灯的开关合上时,刹车灯才会亮起。无论哪一个灯被烧毁(开路),其他的灯都不会受影响。

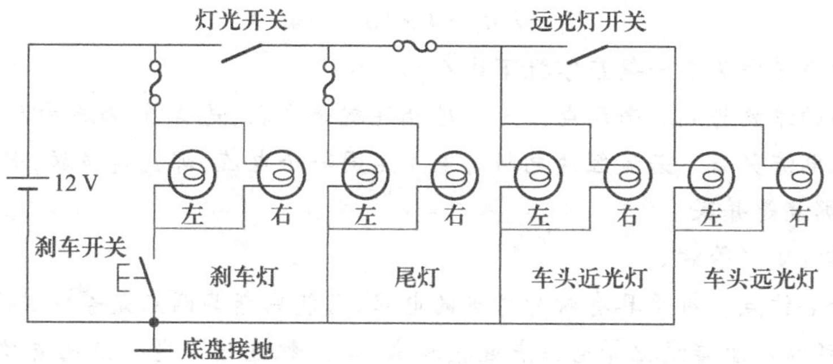

图 2.6.4 汽车的外部灯光电路

2.6.4 电阻的串并联等效化简

电阻电路中元件的电压、电流可以通过电阻的串并联等效变换来计算。用串并联等效变换(combining resistances in series and parallel)分析电路的步骤如下:

(1) 将串联或并联的电阻用其等效电路代替,常常首先从离电源最远处开始。

(2) 用第一步的等效电阻重画电路。

(3) 重复第一步与第二步,直到原电路化简到最简。

(4) 在最后的等效电路中求电路的总电压或总电流。

例 2.6.1 计算图 2.6.5(a)电路中的电压与电流。

解:首先,利用串并联等效变换化简原电路。先将离电源最远处的并联电阻 R_2和 R_3用其并

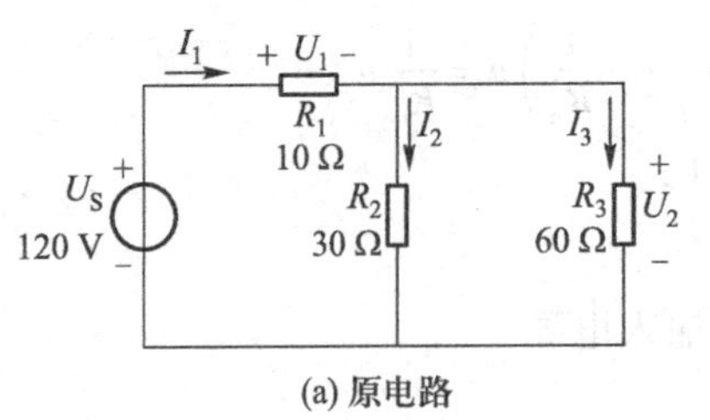

(a) 原电路

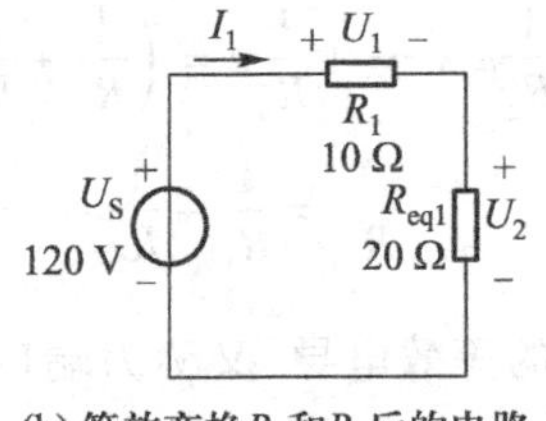

(b) 等效变换R_2和R_3后的电路

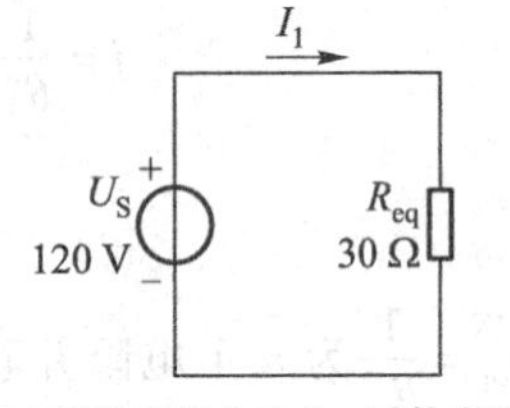

(c) 等效变换R_1和R_{eq1}后的电路

图 2.6.5 例 2.6.1 电路

联等效 R_{eq1} 代替，如图 2.6.5(b)所示，再将 R_1 和 R_{eq1} 串联成等效电阻 R_{eq}，得到图 2.6.5(c)所示的等效电路。

将原电路化简为图 2.6.5(c)所示的等效电路后，求各元件的电流。

首先，求 I_1，由欧姆定律得 $$I_1=\frac{U_S}{R_{eq}}=\frac{120}{30}\ \text{A}=4\ \text{A}$$

求得
$$U_2=R_{eq1}I_1=80\ \text{V}$$

最后，利用已求得的 I_1 和 U_2 求解其他的电压、电流

$$I_2=\frac{U_2}{R_2}=\frac{80}{30}\ \text{A}=\frac{8}{3}\ \text{A}$$

$$I_3=\frac{U_2}{R_3}=\frac{80}{60}\ \text{A}=\frac{4}{3}\ \text{A}$$

$$U_1=I_1R_1=4\times10\ \text{V}=40\ \text{V}$$

判别电路的串并联关系一般应掌握下述4点：

(1) 看电路的结构特点。若两电阻是首尾相连就是串联，是首首、尾尾相连就是并联。

(2) 看电压电流关系。若流经两电阻的电流是同一个电流，那就是串联；若两电阻上承受的是同一个电压，那就是并联。

(3) 对电路做变形等效。

(4) 找出等电位点。对于具有对称特点的电路，若能判断某两点是等电位点，则根据电路等效的概念，一是可以用短接线把等电位点连接起来，二是把连接等电位点的支路断开(因支路中无电流)，从而得到电阻的串并联关系。

2.6.5 电阻的三角形(Δ形)联结与星形(Y形)联结

当遇到结构较为复杂的电路时，就难以用简单的串、并联来化简。图 2.6.6 为一桥式电路，电路中电阻 R_2、R_3、R_4 和 R_4、R_5、R_6 三个电阻均首尾相连，电阻之间既非串联也非并联。当三个电阻的连接点分别与电路的其他部分相连时，这三个电阻的连接关系称为三角形(Δ形)联结[图 2.6.7(a)]。若其能等效为图 2.6.7(b)所示的星形(Y形)结构，即三个电阻的一端接在公共结点上，而另一端分别接在电路的其他三个结点上，则容易计算出电路中各支路的电流。

在电路分析中，如果将Y形联结等效为Δ形联结或者将Δ形联结等效为Y形联结，就会使电路变得简单而易于分析。

Y形联结的电阻与Δ形联结的电阻等效变换的条件是：对应端(1、2、3)流入或流出的电流(如 I_1、I_2、I_3)一一相等，对应端间的电压(如 U_{12}、U_{23}、U_{31})也一一相等，即变换后不影响电路其他

部分的电压和电流。该等效条件满足后，在 Y 形联结与 Δ 形联结对应的任意两端间的等效电阻必然相等。

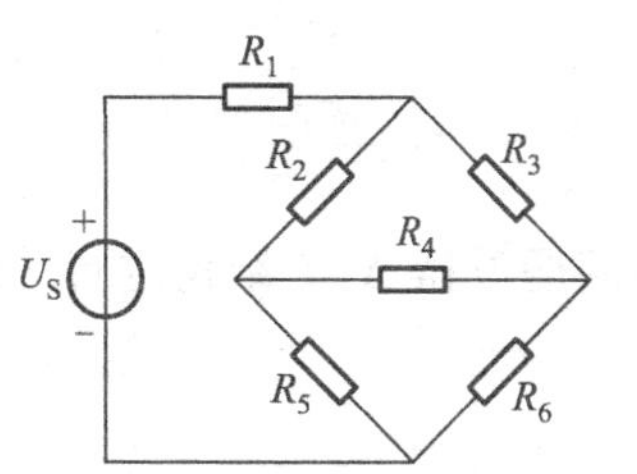

图 2.6.6 桥式电路

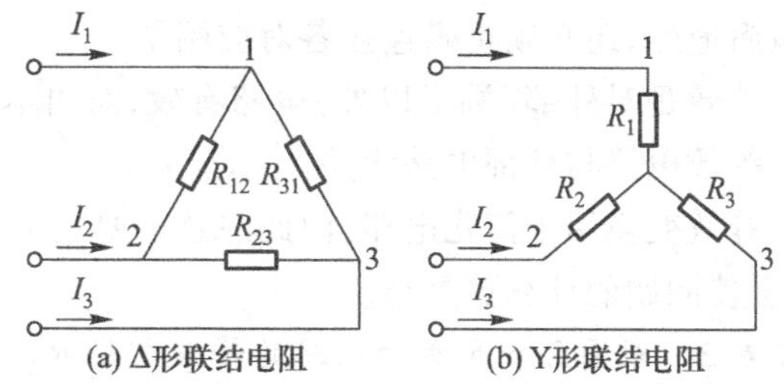

图 2.6.7 电阻的 Y - Δ 变换

当满足上述等效条件后，对应的任意两端间的等效电阻一定相等。设某一对应端开路时（如 3 端），其他两端（1 端和 2 端）间的等效电阻为

$$R_1 + R_2 = R_{12} /\!/ (R_{31} + R_{23})$$

同理可得

$$R_2 + R_3 = R_{23} /\!/ (R_{12} + R_{31})$$

$$R_1 + R_3 = R_{31} /\!/ (R_{12} + R_{23})$$

解以上三式得 Y 形联结等效变换为 Δ 形联结的表达式

$$\begin{aligned} R_{12} &= \frac{R_1R_2 + R_2R_3 + R_3R_1}{R_3} \\ R_{23} &= \frac{R_1R_2 + R_2R_3 + R_3R_1}{R_1} \\ R_{31} &= \frac{R_1R_2 + R_2R_3 + R_3R_1}{R_2} \end{aligned} \tag{2.6.5}$$

将 Δ 形联结等效变换为 Y 形联结的表达式

$$\begin{aligned} R_1 &= \frac{R_{12}R_{31}}{R_{12} + R_{23} + R_{31}} \\ R_2 &= \frac{R_{23}R_{12}}{R_{12} + R_{23} + R_{31}} \\ R_3 &= \frac{R_{31}R_{23}}{R_{12} + R_{23} + R_{31}} \end{aligned} \tag{2.6.6}$$

为了便于记忆式(2.6.5)和式(2.6.6)，可写成如下形式

$$\Delta\text{ 形联结电阻} = \frac{\text{Y 形中各电阻两两乘积之和}}{\text{对面的 Y 形电阻}}$$

$$\text{Y 形联结电阻} = \frac{\Delta\text{ 形相邻两电阻之积}}{\Delta\text{ 形各电阻之和}}$$

当 Δ 形联结的三个电阻相等，都等于 R_Δ 时，由上式可知，等效为 Y 形联结的三个电阻也必然相等，记为 R_Y，反之亦然。并有

$$R_Y = \frac{1}{3}R_\Delta \qquad \text{或} \qquad R_\Delta = 3R_Y \tag{2.6.7}$$

需要注意的是：

(1) Δ－Y 电路的等效变换属于多端子电路的等效，在应用中，除了正确使用电阻变换公式计算各电阻值外，还必须正确连接各对应端子。

(2) 等效是对外部（端子以外）电路有效，对内不成立。

(3) 等效电路与外部电路无关。

(4) 等效变换用于简化电路，因此注意不要把本是串并联的问题看做 Δ、Y 结构进行等效变换，那样会使问题的计算更复杂。

例 2.6.2 求图 2.6.8 所示电路的等效电阻 R_{ab}。

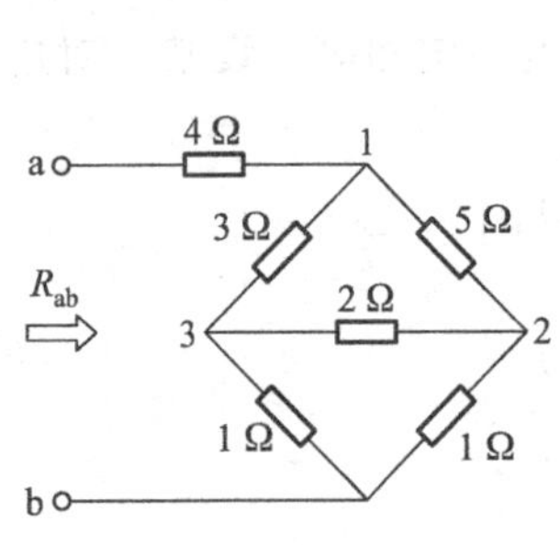

图 2.6.8 例 2.6.2 图

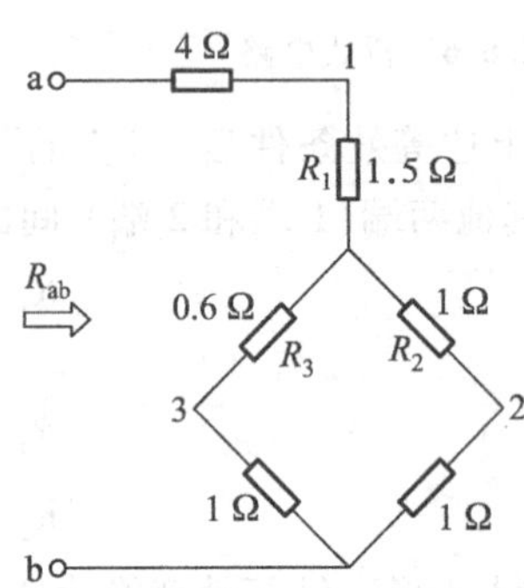

图 2.6.9 图 2.6.8 的等效电路

解：将电路上面的 Δ 形联结部分等效为 Y 形联结，如图 2.6.9 所示。其中

$$R_1=\frac{3\times5}{3+5+2}\ \Omega=1.5\ \Omega$$

$$R_2=\frac{2\times5}{3+5+2}\ \Omega=1\ \Omega$$

$$R_3=\frac{2\times3}{3+5+2}\ \Omega=0.6\ \Omega$$

$$R_{ab}=\left[4+1.5+\frac{2\times(1+0.6)}{2+(1+0.6)}\right]\ \Omega=6.39\ \Omega$$

另外，也可以将图 2.6.8 中 1 Ω、2 Ω 和 3 Ω 三个 Y 形联结的电阻变换成 Δ 形联结，如图 2.6.10 所示。其中

$$R_1'=\frac{1\times2+2\times3+3\times1}{1}\ \Omega=11\ \Omega$$

$$R_2'=\frac{1\times2+2\times3+3\times1}{3}\ \Omega=3.67\ \Omega$$

$$R_3'=\frac{1\times2+2\times3+3\times1}{2}\ \Omega=5.5\ \Omega$$

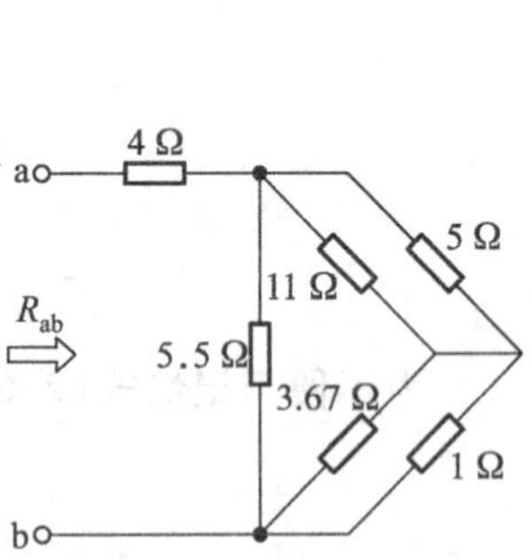

图 2.6.10 图 2.6.8 的等效电路

$$R_{ab}=\left(4+\frac{5.5\times\left(\frac{11\times5}{11+5}+\frac{3.67\times1}{3.67+1}\right)}{5.5+\left(\frac{11\times5}{11+5}+\frac{3.67\times1}{3.67+1}\right)}\right)\Omega=\left(4+\frac{5.5\times4.224}{5.5+4.224}\right)\ \Omega=6.39\ \Omega$$

两种方法求出的结果完全相等。

2.6.6 惠斯通电桥

惠斯通电桥(Wheatstone bridge)广泛用于精确测量电阻。同时,惠斯通电桥可以与传感器一起使用,进行物理量的测量,例如张力、温度以及压力等量的测量。传感器是测量物理参数变化(如电阻值的变化)并将这种变化转换成电信号的装置。例如,变形测量器在机械受到力、压强或是在不适当放置的情况下,表现为电阻发生改变;热敏电阻由于受到温度的影响而使得电阻发生改变。惠斯通电桥可以工作在平衡与不平衡的两种条件下,工作条件取决于应用所要求的类型。

惠斯通电桥中最常见的菱形结构如图2.6.11所示。这种结构包含四个电阻,一个连接菱形顶角和底角的直流电源,输出电压为a、b间的电压U_{out}。

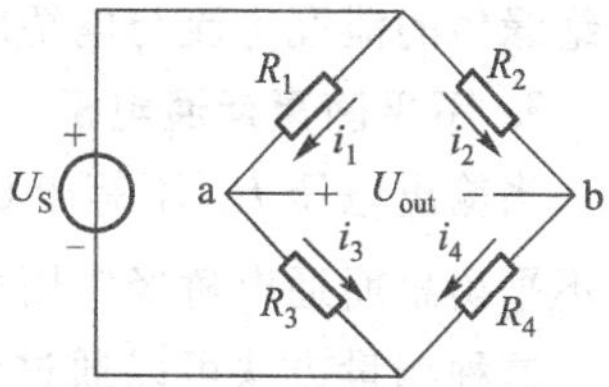

1. 平衡的惠斯通电桥

当电阻中性点a、b间的输出电压U_{out}等于0时,该惠斯通电桥为平衡电桥。

$$U_{out}=0$$

图2.6.11 惠斯通电桥

电桥平衡时R_1和R_2端电压相等,R_3和R_4端电压相等。所以,电压比例为

$$\frac{i_1R_1}{i_3R_3}=\frac{i_2R_2}{i_4R_4}$$

由$i_1=i_3$,$i_2=i_4$,消去所有的电流项,只剩下电阻比

$$\frac{R_1}{R_3}=\frac{R_2}{R_4} \tag{2.6.8}$$

可以解得R_4

$$R_4=R_3\frac{R_2}{R_1} \tag{2.6.9}$$

由此可得,电桥平衡时R_4的阻值可由其他电阻来求得。同时,也可以用相同的方法求出其他任意电阻的值。

2. 利用平衡的惠斯通电桥求未知电阻

惠斯通电桥电阻可以用来精确测量一定范围内的电阻值,测量范围从1 Ω到1 MΩ。惠斯通电桥的精确度可以达到±0.1%。电桥电阻包含四个电阻、一个直流电压源和一个检流计,如图2.6.12所示。带箭头的电阻R_1、R_2和R_3是可变电阻。直流电源通常使用电池。R_x是未知电阻。

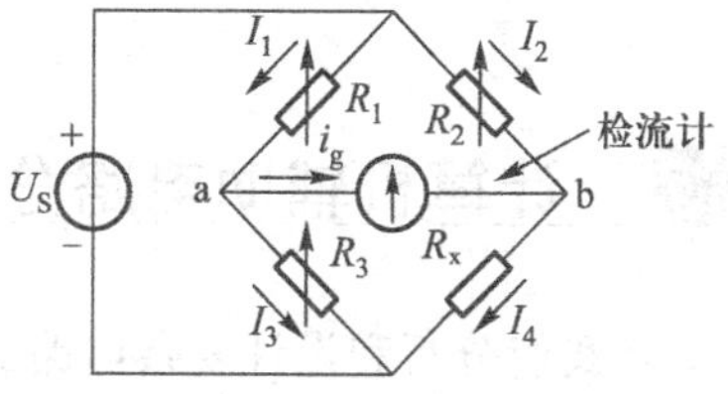

为了测量R_x,调节可变电阻R_2和R_3,直到检流计中的电流为零。然后根据下列表达式计算未知电阻

$$R_x=R_3\frac{R_2}{R_1} \tag{2.6.10}$$

图2.6.12 当检流计的电流为0 A时,惠斯通电桥平衡

在应用惠斯通电桥电路测量电阻时,有几点需要注意。如果$\frac{R_2}{R_1}$等于1,则未知电阻R_x等于

R_3。在这种情况下，电桥电阻 R_3的变化范围必须覆盖 R_x的值。例如，如果未知电阻是 1 000 Ω，而 R_3只能从 0 变化到100 Ω，这样，电桥就永远不会平衡。因此，为了能在很宽的范围内覆盖未知电阻，必须能够改变$\frac{R_2}{R_1}$。实际应用惠斯通电桥时 R_1和 R_2通常由开关控制的值为 10 的幂的电阻组成，比如 1 Ω, 10 Ω, 100 Ω 和 1 000 Ω，这样，$\frac{R_2}{R_1}$按十进制规律从 0.001 变化到 1 000。可变电阻 R_3一般从 1 Ω 到 11 000 Ω 按整数进行调节。

尽管式(2.6.10)意味 R_x可以在零到无穷大范围内变化，但是 R_x的实际范围大约是 1 Ω 到 1 MΩ。太小的电阻用标准惠斯通电桥测量非常困难，因为产生在不同金属连接点上的热电电压会产生热效应，即 i^2R 效应。太大的电阻用标准惠斯通电桥测量也非常困难，因为如果 R_x太大，电绝缘体的泄漏电流与电桥电路的分支电流数值会差不多。

3. 不平衡惠斯通电桥

当输出电压 U_{out}不等于 0 时，电桥称为不平衡电桥。这种不平衡惠斯通电桥经常用来测量拉力、温度和压强等物理量。这种测量方法可以通过将传感器接在电桥的一条支路上来实现，如图2.6.13所示。传感器电阻的变化与待测物理量成比例。如果电桥在已知点处平衡，可以通过输出电压来求得偏离平衡条件的量，并以此求得待测物理量的变化。因此，待测物理量可以由电桥不平衡量来求得。

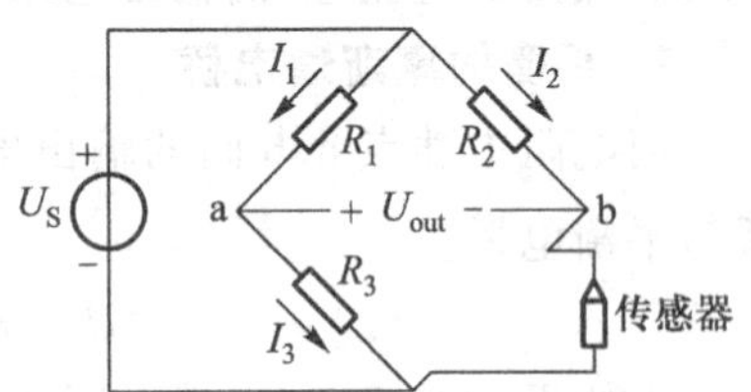

图 2.6.13 使用传感器测量物理量的电桥电路

练习与思考

2.6.1 求图 2.6.14 所示电路的等效电阻 R_{ab}。(答案：$R_{ab}=11.2\ \Omega$)

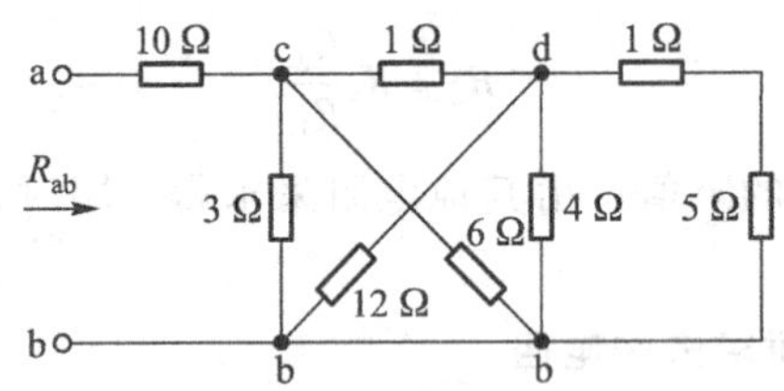

图 2.6.14 练习与思考 2.6.1 图

2.7 计算机辅助电路分析

当我们分析和设计复杂电路时，用手工验证非常耗时，而且容易犯错，采用计算机作为辅助手段可以对电路进行快速分析。对电路进行计算机辅助分析的软件很多，如 PSpice、MultiSim、Electronics Workbench(EWB)等。其中 PSpice 是非常著名的电子电路仿真软件。该软件自从问世以来，由于它强大的功能，在全世界的电工、电子界得到了广泛的应用，1988 年 PSpice 已被定为美国国家工业标准。在电路系统仿真方面，PSpice 是一个多功能的电路模拟试验平台。由于它收敛性好，适于做系统及电路的仿真，具有快速、准确的仿真能力。PSpice 是工科学生应掌握的分析与设计电路的工具，在科研开发部门，它是产品从设计、试验到定型过程中不可缺少的工具。该软件从诞生至今历经多次改版升级。较早由 MicroSim 公司开发，后被 OrCAD 公司兼并，后来 Cadence 公司又并购了 OrCAD 公司。随着软件不断升级，其功能也不断强大，目前软件名称为 OrCAD，主要包括 Capture（电路原理图设计）、PSpice A/D（模/数混合仿真）、PSpice Optimizer（电路优化）和 Layout Plus（PCB 设计）等组件。根据本课程的教学要求，在此仅简要介绍相关的 Capture 软件的使用。

1. PSpice 软件的特征

（1）提供一个对电路进行仿真的环境。

（2）分析验证设计的电路。

（3）对电路进行参数优化。

（4）对器件的模型参数进行提取。

2. Capture 软件设计过程

例如，如图 2.7.1 所示电路，包含一个直流电压源和 3 个电阻。用 PSpice 对该电路进行仿真可以得到流过电阻 R_1、R_2、R_3 的电流 I_1，I_2 和 I_3。图 2.7.2 是利用原理图绘制工具得到的。图 2.7.3 是电流、电压和功率显示按钮。图 2.7.4 是仿真运行后的电路。

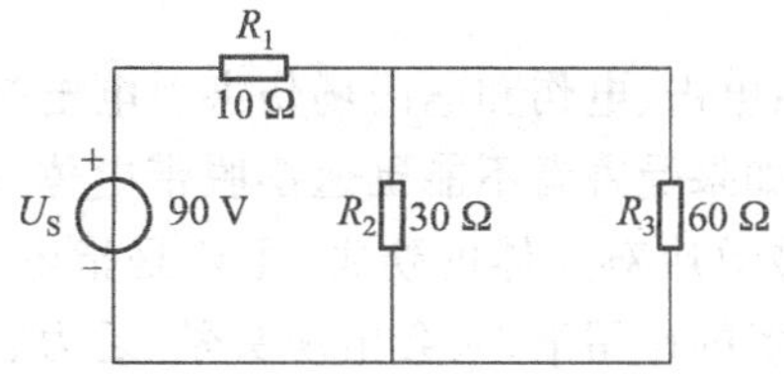

图 2.7.1 原电路

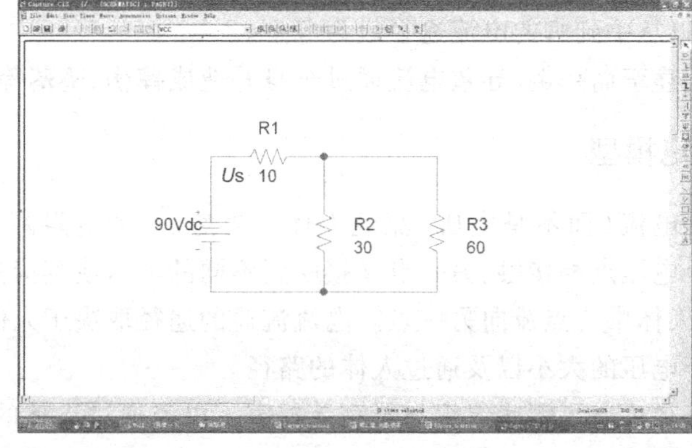

图 2.7.2 用 Capture 画出图 2.7.1 所示电路

图 2.7.3 电流、电压和功率显示按钮

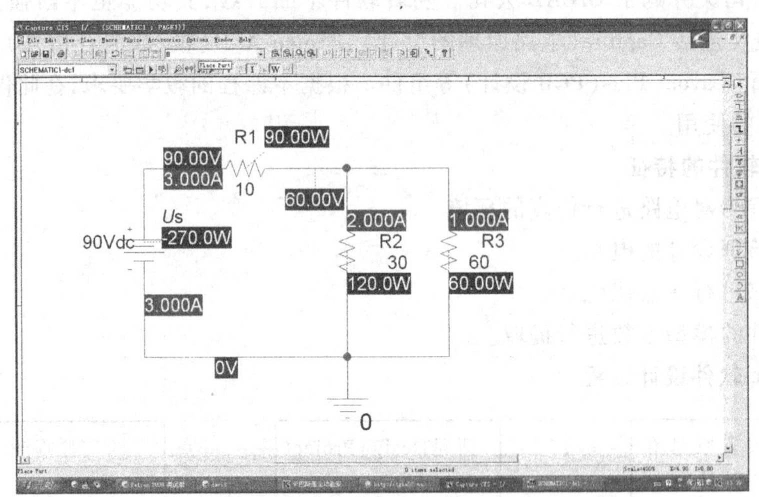

图 2.7.4 仿真运行后的电路，可以显示电流、电压与功率

2.8 应用实例：用电安全

2.8.1 电流对人体的伤害

电流对人体的伤害有三种：电击、电伤和电磁场伤害。电击是指电流通过人体，破坏人体心脏、肺及神经系统的正常功能，如果受害者不能迅速摆脱带电体，则最后会造成死亡。电伤是指电流的热效应、化学效应和机械效应对人体的伤害，主要是指电弧烧伤、熔化金属溅出烫伤等。电磁场生理伤害是指在高频磁场的作用下，人会出现头晕、乏力、记忆力减退、失眠、多梦等神经系统的症状。

一般认为：电流通过人体的心脏、肺部和中枢神经系统的危险性比较大，特别是电流通过心脏时，危险性最大。所以从手到脚的电流途径最为危险。

触电还容易因剧烈痉挛而摔倒，导致电流通过全身并造成摔伤、坠落等二次事故。

2.8.2 简单的人体电模型

电击产生的原因是电流（而不是电压）流经人体。当然，一个电阻两端承受电压会产生电流。当人体某处与一个电压点相接触，另一点又接触到不同的电压或直接接地，比如接触金属地盘，则必然会有电流在人体中一点流向另一点。电流流通的途径取决于人体与电压的接触点，电击结果的严重性取决于电压的大小以及通过人体的路径。

电流通过人体的路径决定了哪些组织与器官受损害。电流通过人体的路径可分为图 2.8.1 所示三种：接触电压（touch potential）、跨步电压（step potential）与接触/跨步电压（touch/step potential）。

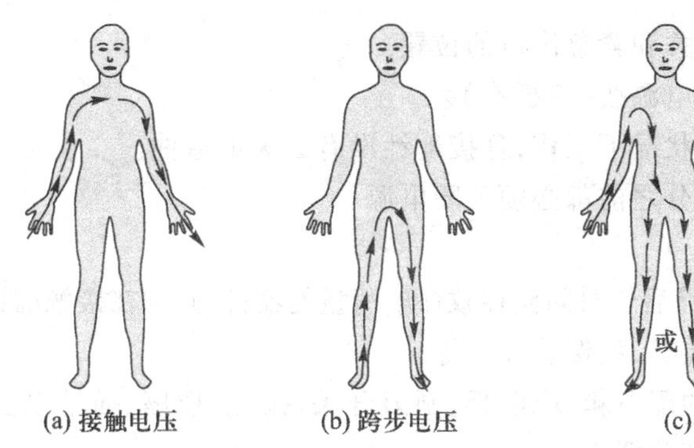

图 2.8.1 电流通过人体的路径

2.8.3 人体电阻的大小

人体的电阻取决于身体的情况、身体的被测两点所处的位置,以及被测两点间皮肤的湿润度。当皮肤有完好的角质外层且很干燥时,人体的电阻一般在 10～50 kΩ 之间;当角质外层破坏时,人体的电阻会大大降低。

2.8.4 电流对人体的影响

电流的大小是由电压和电阻决定的。表 2.8.1 列出了不同的电流下人体的生理反应。

表 2.8.1 不同的电流下人体的生理反应

电流/mA	对身体的影响
0.4	很轻微的感觉
1.1	有较强的感觉
1.8	震动,但不疼痛,肌肉没有失去控制
9	疼痛冲击,肌肉没有失去控制
16	疼痛冲击,摆脱阈值
23	强烈的疼痛冲击,肌肉收缩,呼吸困难
75	心室开始纤维颤抖
235	心室纤维颤抖,通常持续 5 s 或更长时间即可致命
4000	心脏停搏(无心室纤维颤抖)
5000	身体组织燃烧

2.8.5 防止触电的技术措施

使用电气或电子仪器时应该注意以下一些比较重要的安全预防措施:

(1) 了解并遵守所有实验室和工作车间规则。

(2) 不得随便乱动或私自修理车间内的电气设备。

(3) 使用仪器前必须了解正确的操作程序,而且要意识到潜在的危险。

(4) 清楚紧急情况下电源开关和紧急出口的位置。

(5) 使用仪器必须使用三线电源线(三插头)。

(6) 确定电源线是在良好的状况下工作,且接地针没有丢失或弯曲。

(7) 用手接触电路的任何部分之前都必须关闭电源。

(8) 避免接触电源终端。

(9) 对于电容等可在电源移除后长时间储存致命电荷量的器件,必须在接触前让其完全放电。

(10) 不要踩踏或拨弄安全装置,如保险开关等。

(11) 对于经常接触和使用的配电箱、配电板、闸刀开关、按钮、插座、插销以及导线等,必须保持完好,不得有破损或将带电部分裸露。

(12) 不得用铜丝等代替保险丝,并保持闸刀开关、磁力开关等盖面完整,以防短路时发生电弧或保险丝熔断飞溅伤人。

(13) 一直穿着鞋并保持其干燥,不要站在金属或湿地上。

(14) 手湿时不要接触仪器。

(15) 在连接电路时,与最高电压点连接总是作为最后一步。

(16) 一定要使用带有绝缘外皮的导线或带有绝缘套的连接器或夹子。

(17) 保持电缆或导线尽可能短。

(18) 汇报任何不安全情况。

(19) 如果有人无法脱离一个带电导体,应立即关闭电源。如果不能关闭电源,利用不导电的物体将触电者的身体与带电体分开。

2.9 应用设计

设计一个可调电压源。电路要求能提供一个可以调节的电压。电路的具体要求如下:

(1) 能提供 −5 ~ +5 V 之间任意值的电压,不能输出这个范围以外的电压。

(2) 可以忽略负载电流。

(3) 该电路的功率应尽量小。

提供的元件有:

(1) 电位器(可变电阻),电阻值可为 5 kΩ,10 kΩ 或 20 kΩ。

(2) 大量电阻值在 10 Ω 和 1 MΩ 间(误差在 2%)的电阻。

(3) 两个电压源,一个输出电压为 9 V,另一个输出电压为 −9 V,最大提供的电流为 100 mA。

电路框图与假设:

如图 2.9.1 所示电路框图,电压 U 是可调电压。假定忽略负载电流,所以 $I=0$。

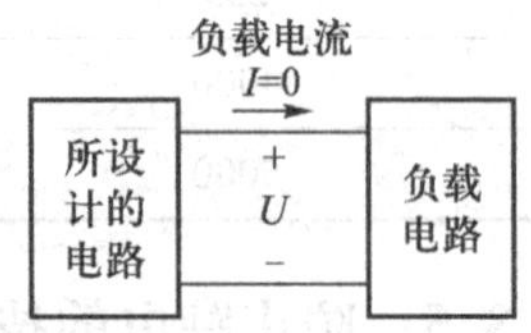

图 2.9.1　电路框图

目标:

使用所提供的元件设计一个电压可以调节的电路: $-5\ \text{V} \leqslant U \leqslant +5\ \text{V}$。

制定计划:

观察。

(1) 电位器用来得到可以调节的电压 U。

(2) 两个正负电源都得用上。

(3) 电位器不能直接连接在电源的两端,因为输出电压不允许大到 −9 V 或 +9 V。

由此,我们可以设计如图 2.9.2(a)所示的电路。将电位器模型化可得到如图 2.9.2(b)所示的等效电路。

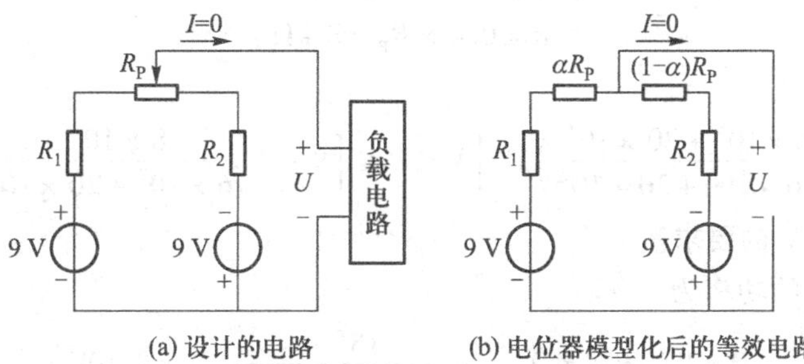

(a) 设计的电路　　(b) 电位器模型化后的等效电路

图 2.9.2　可调电压源的电路

首先,我们需要得到 R_1,R_2和 R_P的值。另外还需确定以下几个问题:

(1) 电压 U 能否调节到 −5 V 与 +5 V 之间的任意值?

(2) 电压源的电流是否小于 100 mA?

(3) 是否可能减少被 R_1,R_2和 R_P吸收的电功率?

开始设计:

R_1和 R_2可以取相同的值,取 $R_1=R_2=R$,图 2.9.2(b)所示的电路可以重画为图 2.9.3 所示电路。

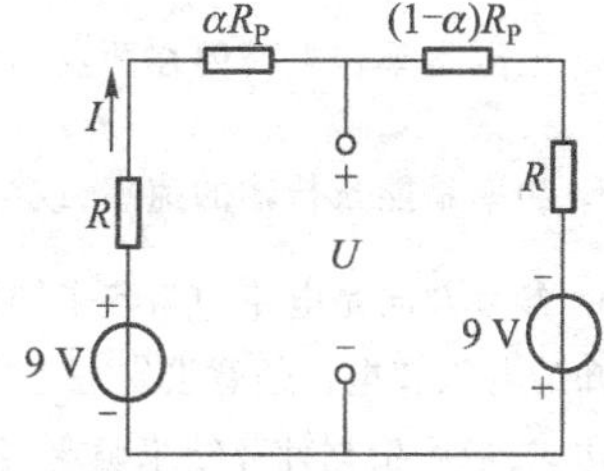

图 2.9.3　取 $R_1=R_2=R$ 之后的电路

对外面的回路用 KVL 列方程得

$$-9+RI+\alpha R_P I+(1-\alpha)R_P I+RI-9=0$$

所以

$$I=\frac{18}{2R+R_P}$$

对左边的回路用 KVL 列方程得

$$U=9-(R+\alpha R_P)I$$

将 I 带入得

$$U=9-(R+\alpha R_P)\frac{18}{2R+R_P}$$

当 $\alpha=0$ 时,U 必为 5 V,所以

$$5=9-\frac{18R}{2R+R_P}$$

解得

$$R=0.4R_P$$

假设在三个电位器的可选值中,选中间一个值 $R_P=10\ \text{k}\Omega$,则

$$R=4\ \text{k}\Omega$$

验证所设计的电路:

当 $\alpha=1$ 时,正如要求的 $U=\left(9-\dfrac{4\times10^3+10\times10^3}{8\times10^3+10\times10^3}\times18\right)\ \text{V}=-5\ \text{V}$,可以满足 $-5\ \text{V}\leqslant U\leqslant$

+5 V 的要求。

三个电阻所吸收的功率为 $P=I^2(2R+R_P)=\dfrac{18^2}{2R+R_P}$,所以 $P=18$ mW。

从上式可知,可以通过选用尽可能大的 R_P 来减小该电功率。所以,我们在三个电位器的可选值中,选最大的一个值 $R_P=20$ kΩ,则电阻 R 需选用新的电阻值

$$R=0.4\times R_P=8\ \text{k}\Omega$$

由于

$$-5\ \text{V}=\left[9-\left(\frac{8\times10^3+20\times10^3}{16\times10^3+20\times10^3}\right)18\right]\text{V}\leqslant U\leqslant\left[9-\left(\frac{8\times10^3}{16\times10^3+20\times10^3}\right)18\right]\ \text{V}=5\ \text{V}$$

即满足 $-5\ \text{V}\leqslant U\leqslant5\ \text{V}$ 的要求。

三个电阻所吸收的功率为

$$P=I^2(2R+R_P)=\frac{18^2}{16\times10^3+20\times10^3}\ \text{W}=9\ \text{mW}$$

最后,电源提供的电流为

$$I=\frac{18}{16\times10^3+20\times10^3}\ \text{A}=0.5\ \text{mA}$$

满足设计所要求的电压源最大能提供 100 mA 电流的要求。设计完成。

小结

1. 电流是单位时间内通过导体或电路元件任意横截面的电荷量,$i=\dfrac{dq}{dt}$。

2. 电压是单位电荷内在两点间移动电场做的功,$u=\dfrac{dW}{dq}$。

3. 功率是能量传输的速率,或为电流与电压的乘积,即为 $p=\dfrac{dW}{dt}$,或 $p=ui$。

4. 参考方向是电路中为各未知的电压和电流任意设定的一个方向。在分析电路时,在解题前先为电路中各未知的电压和电流任意设定一个方向,作为参考方向;再根据电路的定律、定理,列出物理量间相互关系的代数表达式;最后根据计算结果确定实际方向:若计算结果为正,则实际方向与假设方向一致;若计算结果为负,则实际方向与假设方向相反。今后解题时一律以参考方向为准。

5. 电流的参考方向同电压降低的方向相同,或者说电流的参考方向是从电压的正极流入,我们称这种参考方向的设定为关联参考方向,反之,电流的参考方向同电压升高的方向相同,或者说电流的参考方向是从电压的负极流入,我们称这种参考方向的设定为非关联参考方向。

6. 电路元件吸收功率或发出功率的判别:若采用关联参考方向,通过式子 $p=ui$ 计算元件的电功率;若采用非关联参考方向,则通过式子 $p=-ui$ 计算元件的电功率,计算出的功率都是该元件所吸收的电功率,即若 p 为正,则表明该元件产生电能,若 p 为负,则意味着该元件吸收电能。

7. 一个理想电源就是能够提供任意数量能量的电源。理想电源有两种类型:理想电压源和理想电流源。理想电压源在其端子间产生一定的电压,这个电压完全独立于流过它的电流,电源产生的电流大小只取决于和它连接的电路。理想电流源产生固定大小的电流,这个电流完全独立于它两端的电压,电流源端子间产生的电压大小只取决于和它连接的电路。

8. 受控电源的输出电流或输出电压是电路中其他部分的电压或电流的函数。受控电源可分为电压控制电压源(VCVS)、电流控制电压源(CCVS)、电压控制电流源(VCCS)、电流控制电流源(CCCS)四种类型。

9. 结点是指 3 个或 3 个以上元件的连接点，支路是流过同一电流的每一个分支，回路是由若干条支路连接起来的闭合路径，网孔是没有被支路隔开的回路。

10. 欧姆定律，即元件两端的电压与流过的电流成正比。

采用关联参考方向：
$$u = iR$$
采用非关联参考方向：
$$u = -iR$$

11. 电阻中的功率：
$$p = ui = i^2 R = \frac{u^2}{R}$$

12. 基尔霍夫电流定律(KCL)，即流向结点的电流的代数和为零($\sum\limits_{n=0}^{N} i_n = 0$)或流入结点的电流和等于流出结点的电流和($\sum i_{in} = \sum i_{out}$)。

广义的基尔霍夫电流定律：通过任一闭合面的电流的代数和恒等于零。

13. 基尔霍夫电压定律(KVL)：沿任何闭合回路电压的代数和等于零($\sum\limits_{n=1}^{N} u_n = 0$)。

14. 串联电路流过各元件的电流为同一电流。

串联电阻的等效电阻
$$R_{eq} = R_1 + R_2 + \cdots + R_n = \sum_{k=1}^{n} R_k$$
串联电路的分压公式
$$u_k = R_k i = \frac{R_k}{R_{eq}} u$$

15. 并联电路各元件上的电压相等。

并联电阻的等效电阻
$$\frac{1}{R_{eq}} = \frac{1}{R_1} + \frac{1}{R_2} + \cdots + \frac{1}{R_n}$$
并联电阻的分流公式
$$i_k = G_k u = \frac{G_k}{G_{eq}} i$$

16. 惠斯通电桥平衡条件
$$\frac{R_1}{R_3} = \frac{R_2}{R_4}$$

17. 将 Y 形联结电阻等效变换为 Δ 形联结电阻的表达式
$$R_{12} = \frac{R_1 R_2 + R_2 R_3 + R_3 R_1}{R_3}$$
$$R_{23} = \frac{R_1 R_2 + R_2 R_3 + R_3 R_1}{R_1}$$
$$R_{31} = \frac{R_1 R_2 + R_2 R_3 + R_3 R_1}{R_2}$$

将 Δ 形联结电阻等效变换为 Y 形联结电阻的表达式
$$R_1 = \frac{R_{12} R_{31}}{R_{12} + R_{23} + R_{31}}$$
$$R_2 = \frac{R_{23} R_{12}}{R_{12} + R_{23} + R_{31}}$$
$$R_3 = \frac{R_{31} R_{23}}{R_{12} + R_{23} + R_{31}}$$

习题

2.2.1 一元件上的电压和电流分别是 $u(t)=5\cos 2t$ V, $i(t)=10(1-\mathrm{e}^{-0.5t})$ A。计算：

(1) 在 $t=1$ s 时该元件上的总电荷量。

(2) 在 $t=1$ s 时该元件所消耗的功率。

2.2.2 图 2.1 所示为一电路元件中的电流与电压波形。试计算在 $0<t<4$ s 之间元件所吸收的总能量。

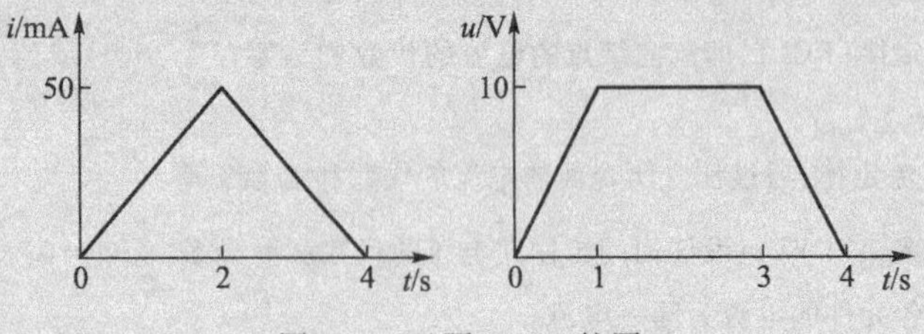

图 2.1 习题 2.2.2 的图

2.2.3 求图 2.2 所示电路中各元件的功率。

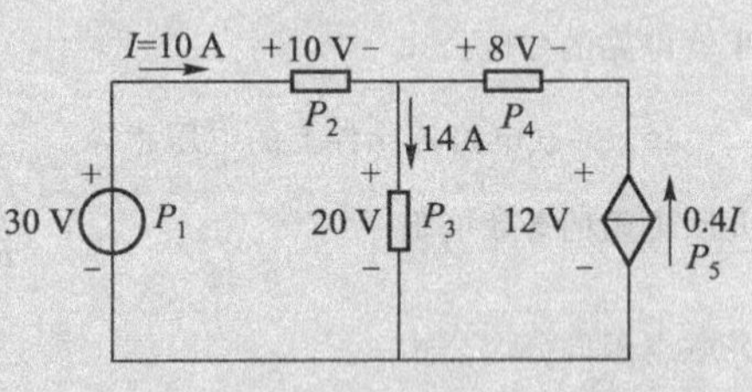

图 2.2 习题 2.2.3 的图

2.2.4 一辆电动汽车配有 400 马力电动机（1 马力等于 735 W）。

(1) 假定该电动机将电功率转换到机械功率的转换效率为 100%，这台电动机需要输入多大功率？

(2) 若电动机连续运转 3 h，消耗的能量是多少焦耳？

(3) 若单个铅酸电池的容量为 400kW · h，一共需要多少个电池？

2.2.5 若电能的价格是每度 0.5 元，而你家 30 天的电费开支是 100 元，假定 30 天内消耗的功率是恒定的，那么你家电器所用功率是多少瓦？如果功率的供给电压是 220 V，问流过的电流是多少？如果你家有一只 100 W 的白炽灯一直开着，如果把这只白炽灯换成 5 W 的 LED 灯，那么换白炽灯后一个月能节约多少电费？假设一个 5 W 的 LED 灯 35 元，问将这只白炽灯换成 LED 灯，购买 LED 灯的花销多长时间能收回？

2.2.6 二滩水电站向 600km 外的成都地区提供 900kV、1.2GW 的电力，二滩水电站输出的电压为 950kV。求：

(1) 供电的电路模型。

(2) 输电线的效率？二滩水电站输出的功率是多少？

(3) 线路上的能量损失是多少？

(4) 假设功率不变，每天输送的电能是多少？

2.4.1 一个 1000 W 的电炉，接在 220 V 电源使用时，流过的电流有多大？

2.4.2 标有 10 kΩ（称为标称值），0.25 W（额定功率）的金属膜电阻，若使用在直流电路中，试问其工作电流和电压不能超过多大数值？

2.5.1 试求图 2.3 所示电路的支路数、结点数以及回路数。

2.5.2 图 2.4 所示电路中，已知：$U_{S1}=20$ V，$U_{S2}=5$ V，$I_S=3$ A，$R_1=R_2=R_3=5$ Ω，$U=5$ V。用基尔霍夫定律求电流 I。

2.5.3 试求图 2.5 所示电路的受控源两端电压 U_{cb}。

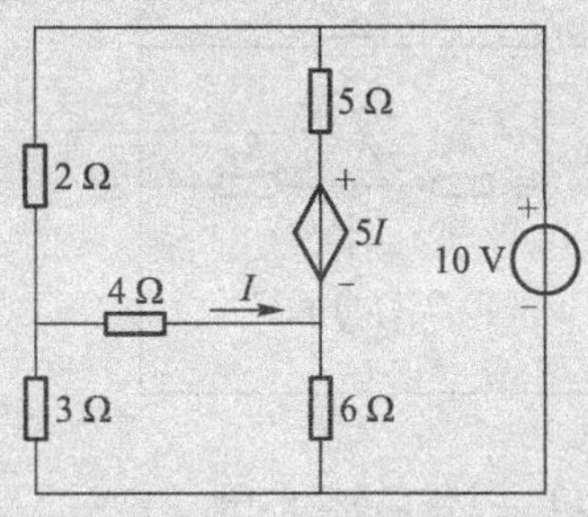

图 2.3 习题 2.5.1 的图

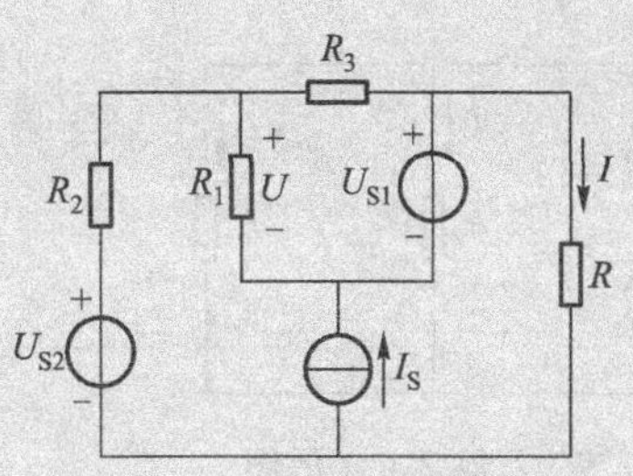

图 2.4 习题 2.5.2 的图

2.5.4 求图 2.6 所示电路中 U_0的大小。

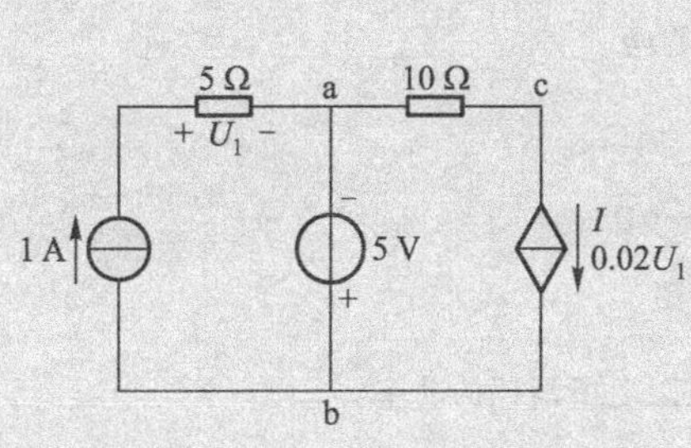

图 2.5 习题 2.5.3 的图

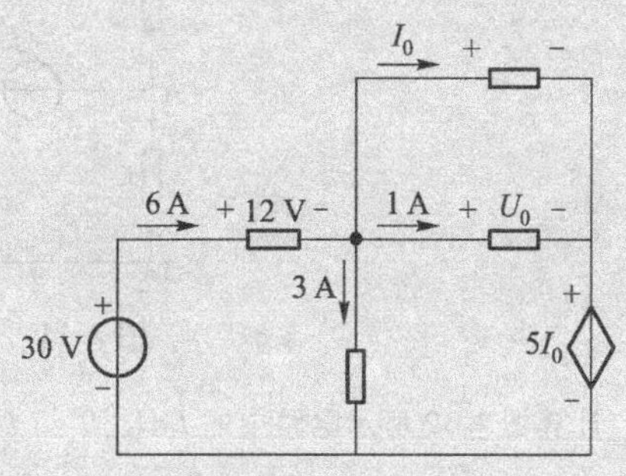

图 2.6 习题 2.5.4 的图

2.5.5 计算图 2.7 所示电路中受控源的功率。

2.5.6 图 2.8 所示电路中，已知 $U_{S1}=60$ V，$U_{S2}=12$ V，$I_{S1}=3$ A，$I_{S2}=3$ A，$R_1=3$ Ω，$R_2=4$ Ω，$R_3=5$ Ω，$R_4=10$ Ω。用支路电流法求各未知支路电流，并计算出电流源 I_{S1} 和 I_{S2} 供出的功率。

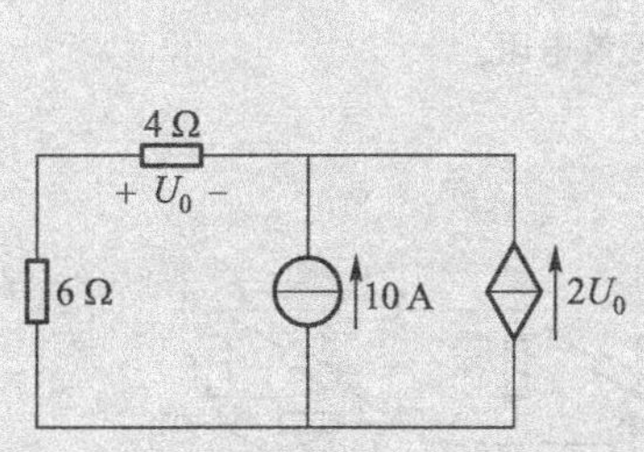

图 2.7 习题 2.5.5 的图

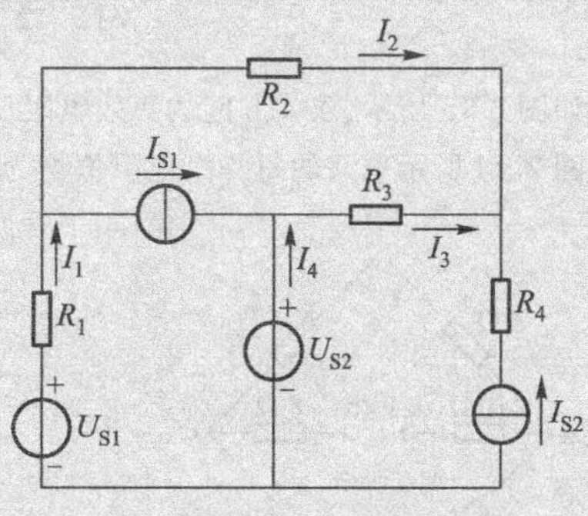

图 2.8 习题 2.5.6 的图

2.6.1 电路如图 2.9 所示，已知 $U_S=100$ V，$R_1=2$ kΩ，$R_2=8$ kΩ，$R_3=8$ kΩ。试求电压 U_2和电流 I_2，I_3。

2.6.2 图 2.10 所示电路中，白炽灯 EL 的额定电压和额定电流分别为 16 V 和 0.4A，$R_1=12$ Ω，$R_2=10$ Ω，$R_3=20$ Ω，$R_4=14$ Ω。问 U_S 为多大时白炽灯工作于额定状态？

2.6.3 图 2.11 所示为一测量电桥，已知 $R_1=R_2=20$ Ω，$R_3=30$ Ω。试问

(1) 当 $R=20$ Ω 时，为使输出信号电压 $U_{BD}=2.5$ V，U_S应为何值？

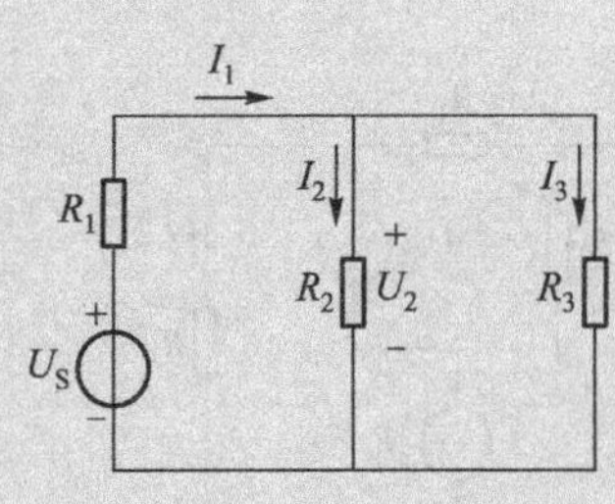

图2.9 习题2.6.1的图

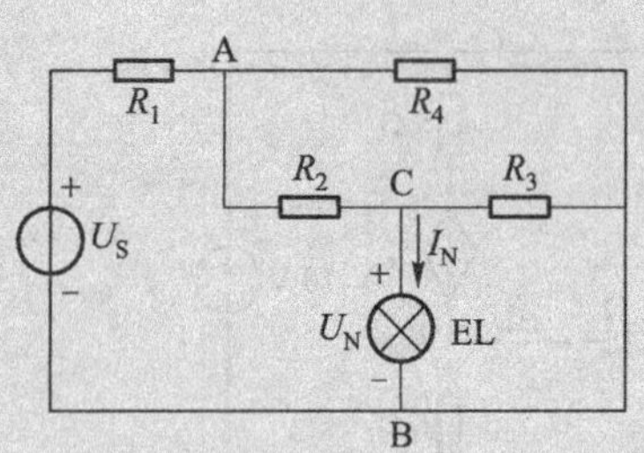

图2.10 习题2.6.2的图

(2) R 为何值时，输出信号电压 U_{BD} 为0？

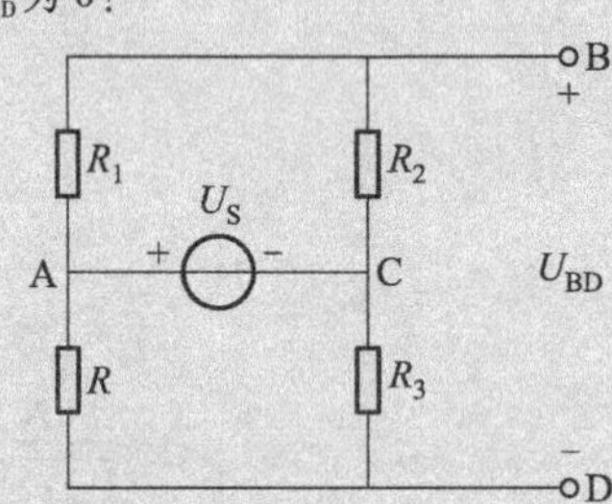

图2.11 习题2.6.3的图

2.6.4 计算图2.12所示电路中的 I_1、I_2、U_1 与 U_2，以及2 Ω电阻上所消耗的功率。

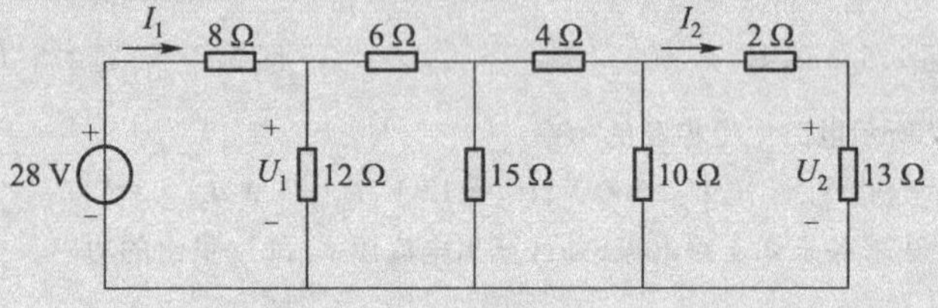

图2.12 习题2.6.4的图

2.6.5 如图2.13所示，求a、b间的等效电阻。

2.6.6 图2.14所示电路的每一个电阻值均为1 Ω，求a、b间的等效电阻。

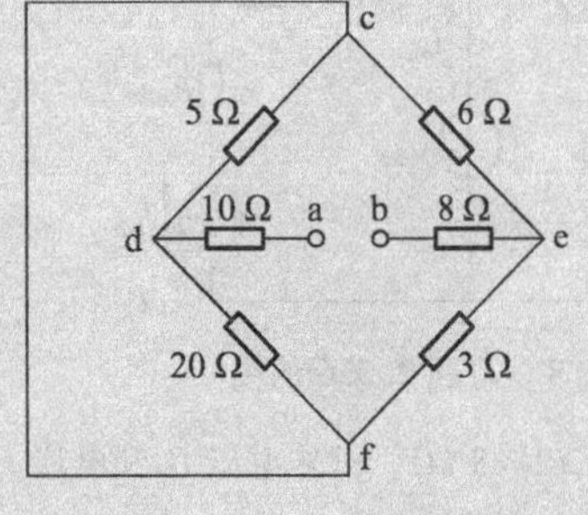

图2.13 习题2.6.5的图

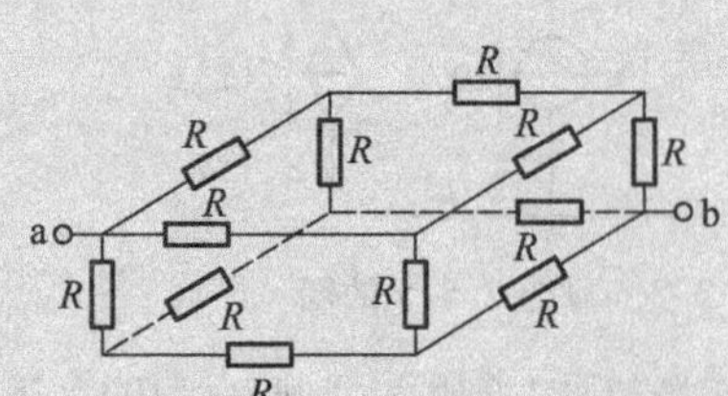

图2.14 习题2.6.6的图

2.6.7 图2.15所示电路中两个电压源和电阻分别为 $U_{S1}=1.5$ V，R_1 及 $U_{S2}=0.5$ V，R_2。当将它们连接成图(a)时，电压表读数为0.3 V，求连接成图(b)时电压表读数为多少(设电压表的内阻为∞)？

2.6.8 求图2.16(a)、(b)两个电路中a、b间的等效电阻。

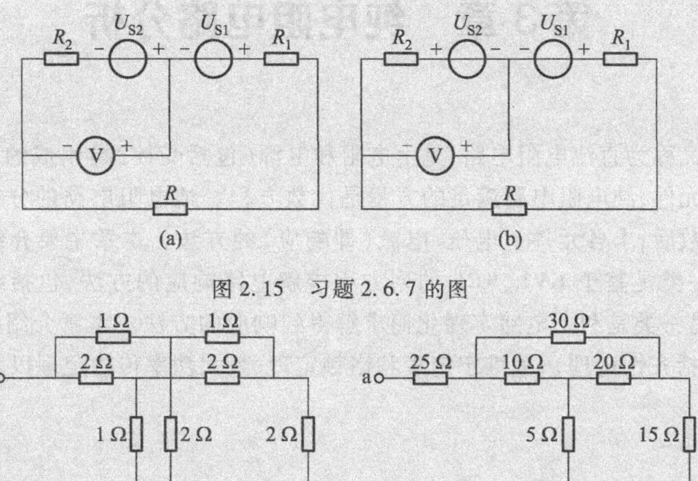

图 2.15　习题 2.6.7 的图

图 2.16　习题 2.6.8 的图

2.6.9　图 2.17 所示为一静态电阻应变仪的测量电桥电路，R_x 为电阻应变丝，其电阻值随所受的应力而变。U_{AB} 为输出电压，它与应力成正比，且 $R_2 = R_3 = R_4 = R$。试求

(1) 当应力变为 0 时电桥平衡，$R_x = ?$

(2) 若 R_x 受拉力作用，其电阻值变为 $R_x + \Delta R$，且 $\Delta R/R_x = 0.02$，求电桥的灵敏度 $U_{AB}/U = ?$

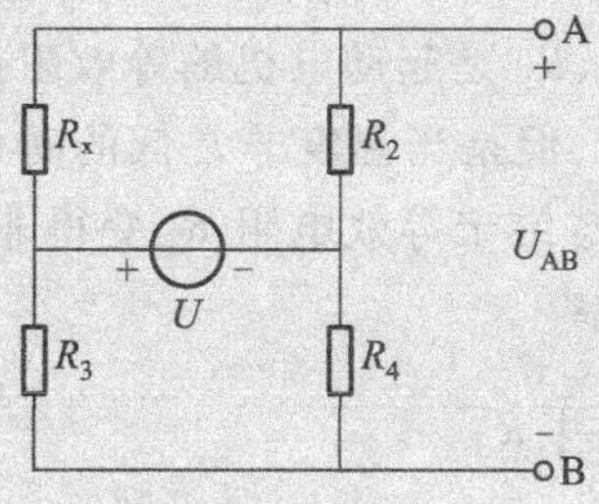

图 2.17　习题 2.6.9 的图

2.6.10　如图 2.18 所示，一额定值为 240 mW、6 V 的电子削笔刀接在 9 V 的电池上，为使削笔刀得到额定电压，需串联一电阻来降压，计算该电阻的阻值。

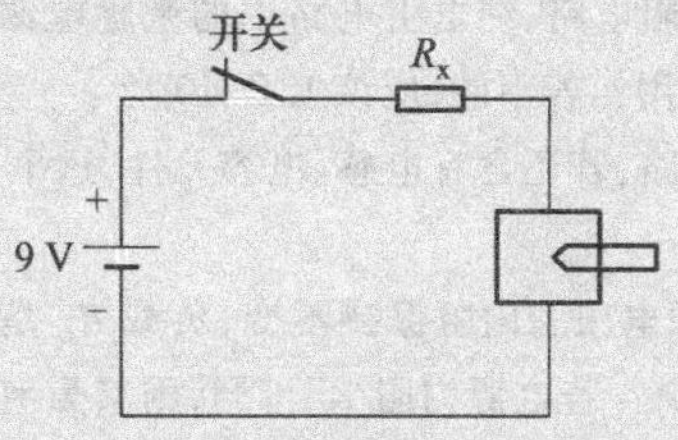

图 2.18　习题 2.6.10 的图

第3章　纯电阻电路分析

纯电阻电路又称为直流电阻电路，是由电阻和电源（包括受控源）组成的电路。由于电路中不含电容和电感元件，纯电阻电路满足的方程是代数方程。纯电阻电路的分析法是给定了电路模型图和元件参数后，求各元件上电压、电流（即响应）的方法。本章主要介绍了两类纯电阻电路的分析方法：一类是基于 KVL、KCL 的列方程求解电路响应的方法，包括结点电压法和网孔（回路）电流法；另一类是利用电路定理化简求解得到响应的方法。本章介绍的电路定理主要包括：叠加定理（包括齐性定理）、戴维宁定理和诺顿定理、最大功率传输定理以及对偶原理。

学习目的：

1. 掌握结点电压法和网孔电流法的基本原理，对于简单的电网络能熟练地列写出相应的方程。
2. 掌握叠加定理、戴维宁定理和诺顿定理以及最大功率传输定理，了解对偶原理。

3.1　引例：实际电阻电路

在寒冬的早晨，汽车很难发动。这种现象可以用最大功率传输定理来解释：汽车的电源可以用戴维宁等效电路来表示，如图 3.1.1 所示，其中 U_0 和 R_i 分别是汽车电源的等效电压和等效内阻，R_L 是起动电机的等效阻抗。电源 U_0 的值随温度变化波动不大，但是当温度非常低的时候，电源内部的化学反应非常慢，使得戴维宁等效电阻 R_i 变得非常大，从而电源传递给起动电机的功率

$$P=\left(\frac{U_0}{R_i+R_L}\right)^2 R_L$$

大大降低，故而汽车难以发动。

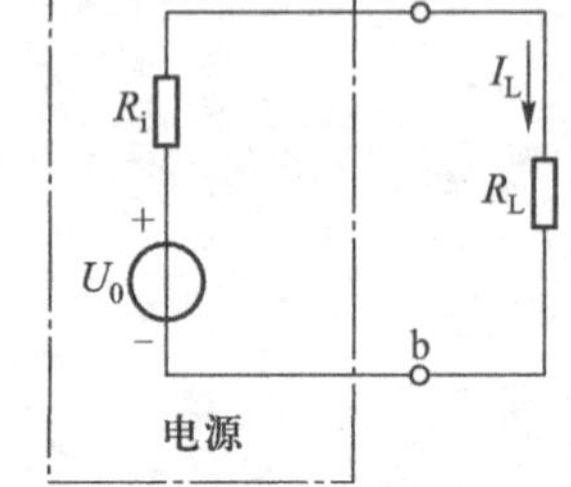

图 3.1.1　汽车电源的等效电路

练习与思考

3.1.1　纯电阻电路又称为直流电阻电路，纯电阻电路中的激励电源一定是直流电源吗？若激励是非直流电源，本章所讲的计算方法能否直接使用？若不能，应该怎么处理？

3.1.2　一个激励为直流电源的电路，若还含有电感、电容元件，这个电路能否用本章介绍的方法进行计算？为什么？

3.1.3　图 3.1.1 中，假设汽车电源电压和内阻保持不变，负载 R_L 是可调电阻，试利用数学知识推导 R_L 为何值时，可以获得最大功率，其值为多少？若电源内阻 R_i 可调，则其为何值时，R_L 可以获得最大功率，其值为多少？比较上述两种情况有何不同。

3.2　结点电压法

电路中三个或三个以上元件的连接点称为结点（或者节点）。选择电路中某一结点作为参考

结点后，其他结点（又称为独立结点）相对于参考结点的电位差为结点电压（node voltage）。一般来说，任意结点均可选择作为参考结点，但是适当地选择参考结点，比如选择电压源的一端所在的结点作为参考结点，有时可以使问题简化。例如，在图3.2.1所示4结点电路中，选择结点④作为参考结点，用接地符号表示，这时结点①的电压由电压源决定，为 U_S，只有结点②、③的电压未知。若选择其他结点为参考结点，则所有的3个独立结点的电压均未知（除参考结点以外的结点为独立结点）。显然，在此例中，选择结点④作为参考结点，未知量个数更少，求解更方便。

3.2.1 结点电压法

结点电压法（node voltage method）是指以结点电压为未知量，对每个独立结点列KCL方程求得电路响应（电压、电流）的方法。

利用结点电压法进行电路分析时，参考结点选定后，其他独立结点的结点电压符号，应在电路图上标识出来。如图3.2.1中，选择结点④为参考结点，独立结点①、②和③的电压分别用 U_1、U_2 和 U_3 表示。电压 U_1 的参考方向是以结点①为正极性端，参考结点④为负极性端。同理对其他结点：所有独立结点电压的参考方向均以参考结点为负极性端。

只要结点电压求出，电路中任意元件的电压、电流（响应）均可求得，所以结点电压法是完备的。例如在图3.2.1中，已知结点电压 U_1、U_2 和 U_3，要求电阻 R_3 的电压 U_{R_3}。因 R_3 连接在结点②和③之间，其电压用结点电压表示为

$$U_{R_3} = U_2 - U_3$$

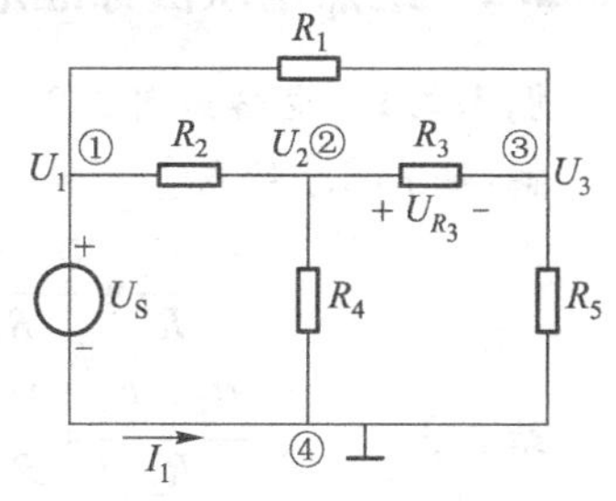

图3.2.1 结点电压法

假设电路的结点数为 n 个，选择了参考结点后，剩下 $n-1$ 个独立结点，每个结点都满足KCL，故结点电压方程数应为 $n-1$ 个。以电路图3.2.1为例分析。

对结点①，其电压已由电压源决定

$$U_1 = U_S \tag{3.2.1}$$

无须再列写KCL方程。

对结点②，一共有三条支路与其相连，其中 R_2 所在支路的电流为

$$\frac{U_1 - U_2}{R_2} \quad \text{方向:流进结点②}$$

R_3 所在支路的电流为

$$\frac{U_3 - U_2}{R_3} \quad \text{方向:流进结点②}$$

R_4 所在支路的电流为

$$\frac{U_2}{R_4} \quad \text{方向:流出结点②}$$

则结点②的结点电压方程为

$$\frac{U_1 - U_2}{R_2} + \frac{U_3 - U_2}{R_3} = \frac{U_2}{R_4} \tag{3.2.2}$$

同理，可得结点③的结点电压方程为

$$\frac{U_1-U_3}{R_1}=\frac{U_3-U_2}{R_3}+\frac{U_3}{R_5} \tag{3.2.3}$$

方程(3.2.1)、方程(3.2.2)和方程(3.2.3)是独立的方程，可联立求解得到各结点电压值。

在此题中，也可以对结点①列 KCL 方程，此时需注意电压源 U_S 支路有电流，假设该电流为 I_1，方向从结点①流向结点④，则结点①的 KCL 方程为

$$\frac{U_1-U_2}{R_2}+\frac{U_1-U_3}{R_1}+I_1=0 \tag{3.2.4}$$

此时，结点①、②、③的结点电压方程为式(3.2.2)、式(3.2.3)、式(3.2.4)共3个独立方程，但却有4个未知数：U_1、U_2、U_3 和 I_1。显然还需引入辅助方程式(3.2.1)，该方程组才能得到唯一确定的解。

以上两种方法，得到的解完全一样，大家可以试着自己求解一下。但是很显然，前者结点①的电压已知，我们实际要解的方程只有2个；而后者实际要解的方程数是3个，解题过程要复杂一些。

*3.2.2 结点电压法标准形式方程

例 3.2.1 电路如图 3.2.2 所示，列结点电压方程。

解：据 KCL，结点①

$$\frac{U_1}{R_1}+\frac{U_1-U_2}{R_2}+I_S=0$$

结点②

$$\frac{U_2-U_1}{R_2}+\frac{U_2}{R_3}+\frac{U_2-U_3}{R_4}=0$$

结点③

$$\frac{U_3}{R_5}+\frac{U_3-U_2}{R_4}=I_S$$

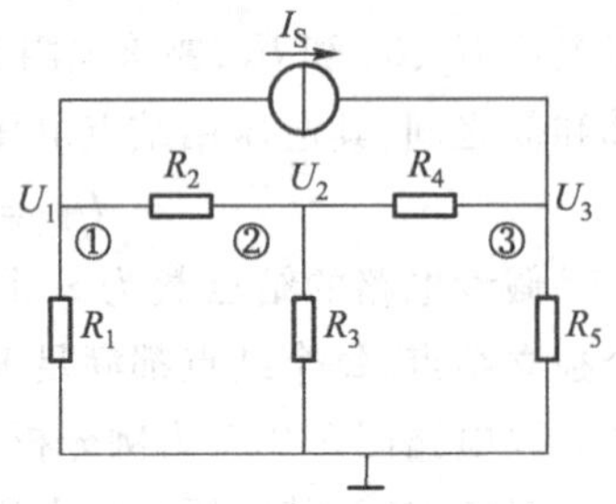

图 3.2.2 例 3.2.1 图

将上述方程组合并化简，将包含结点电压变量的项放在等号左边，而不含结点电压变量的项放在等号右边，可得

$$\left(\frac{1}{R_1}+\frac{1}{R_2}\right)U_1-\frac{1}{R_2}U_2=-I_S$$

$$-\frac{1}{R_2}U_1+\left(\frac{1}{R_2}+\frac{1}{R_3}+\frac{1}{R_4}\right)U_2-\frac{1}{R_4}U_3=0$$

$$\left(\frac{1}{R_4}+\frac{1}{R_5}\right)U_3-\frac{1}{R_4}U_2=I_S$$

此为标准形式的结点电压方程。以两独立结点电路为例，结点电压方程可化为如下标准形式

$$\begin{cases}G_{11}U_1+G_{12}U_2=I_1\\G_{21}U_1+G_{22}U_2=I_2\end{cases} \tag{3.2.5}$$

其中方程左边结点电压前面的系数均有电导的量纲，G_{11}、G_{22} 分别称为结点①、②的自导，其值为正；G_{12}、G_{21} 称为结点①、②之间的互导，其值小于或等于零，要根据两结点之间连接支路上的电导值而定。若电路中没有受控源，G_{12} 和 G_{21} 应该相等。标准形式的结点电压方程等号左边算的是由于电导引起的流出结点的电流，等号右边算的是由于电源引起的流进该结点的电流（以流

入为正)。

同理,对于三个独立结点电路,结点电压方程最终可化为如下形式

$$
\begin{aligned}
G_{11}U_1+G_{12}U_2+G_{13}U_3&=I_1\\
G_{21}U_1+G_{22}U_2+G_{23}U_3&=I_2\\
G_{31}U_1+G_{32}U_2+G_{33}U_3&=I_3
\end{aligned}
\tag{3.2.6}
$$

其中 G_{ii} 为结点 i 的自导, $G_{ik}(i\neq k)$ 为结点 i、k 之间的互导。自导总是为正值,互导总是非正值。

例 3.2.2 列写图 3.2.3 所示电路的结点电压方程。

解:选择电压源下端结点④作为参考结点,则结点③的电压为电压源电压 10 V,对该结点无须再列写方程。结点①、②的结点电压方程

$$\frac{U_1-U_2}{5}+\frac{U_1-10}{2}=1$$

$$\frac{U_2}{5}+\frac{U_2-10}{10}+\frac{U_2-U_1}{5}=0$$

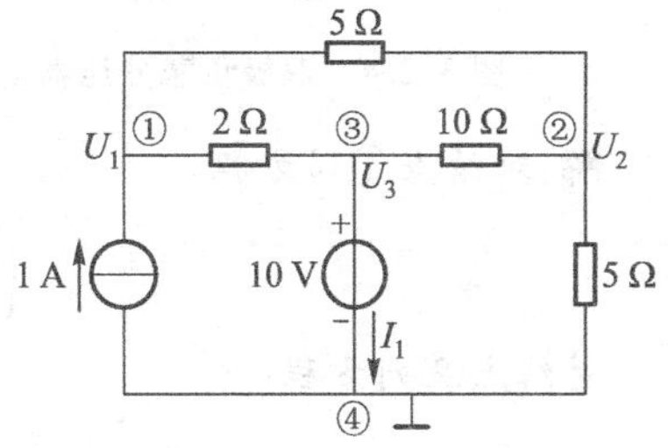

图 3.2.3 例 3.2.2 图

将其化为标准形式方程,可得

$$
\begin{aligned}
0.7U_1-0.2U_2&=6\\
-0.2U_1+0.5U_2&=1
\end{aligned}
\tag{3.2.7}
$$

此题也可直接列写标准形式方程

$$\left(\frac{1}{2}+\frac{1}{5}\right)U_1-\frac{1}{5}U_2-\frac{1}{2}U_3=1 \tag{3.2.8}$$

$$-\frac{1}{5}U_1+\left(\frac{1}{5}+\frac{1}{10}+\frac{1}{5}\right)U_2-\frac{1}{10}U_3=0 \tag{3.2.9}$$

$$U_3=10\ \text{V} \tag{3.2.10}$$

将式(3.2.10)代入式(3.2.8)、式(3.2.9),化简也可得到方程组(3.2.7)。

需要注意的是,上题中因结点③的电压已知等于 10 V,所以直接有式(3.2.10)。若要对结点③列写 KCL 方程,需要对 10 V 电压源支路引入一个新变量:该支路电流 I_1。假设该电流参考方向从结点③流向结点④,则结点③的结点电压方程为

$$\frac{U_1-U_3}{2}+\frac{U_2-U_3}{10}=I_1 \tag{3.2.11}$$

然后由式(3.2.8)至式(3.2.11)四个方程联立求解,得结点电压。

结点电压方程组列出后,便可联立求解得各结点电压变量,再根据待求响应与结点电压变量的关系求出相应变量。

例 3.2.3 利用结点电压法分析图 3.2.4 所示双极负载分压器电路,求负载上的电压。

分析:图 3.2.4 所示双极分压器是利用 +9 V 和 −9 V 的电压源,分别为 30 kΩ 和 15 kΩ 的负载提供参考电压。其中负载 1(30 kΩ 电阻)要求正的参考电压,负载 2(15 kΩ 电阻)要求负的参考电压。

利用结点电压法分析此类电路时,需注意:接地点电位均为零,是等电位点,等电位点可以用一根短路线连接起来,不影响整个电路的分析。将图 3.2.4 所示电路改画成大家熟悉的闭合回路形式,如图 3.2.5 所示。

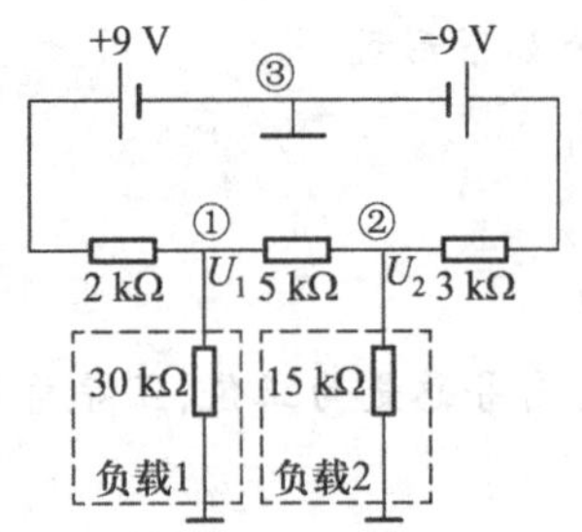

图 3.2.4 双极负载分压器电路

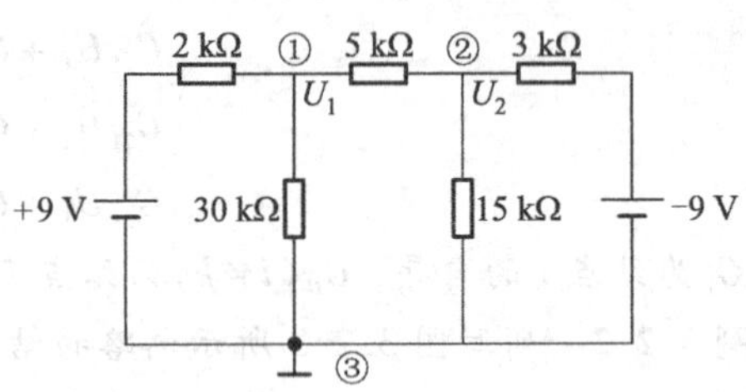

图 3.2.5 图 3.2.4 所示电路的变形

解:对结点①列方程

$$\left(\frac{1}{2}+\frac{1}{30}+\frac{1}{5}\right)U_1-\frac{1}{5}U_2=\frac{9}{2}$$

对结点②列方程

$$\left(\frac{1}{3}+\frac{1}{15}+\frac{1}{5}\right)U_2-\frac{1}{5}U_1=\frac{-9}{3}$$

解之,可得

$$U_1=\frac{21}{4}\ \text{V}=5.25\ \text{V}$$

$$U_2=-\frac{13}{4}\ \text{V}=-3.25\ \text{V}$$

答:负载 1 上的电压 U_1 为 5.25 V;负载 2 上的电压 U_2 为 −3.25 V。

例 3.2.4 求图 3.2.6 所示电路的电流 I,其中 $U_1=-5\ \text{V}$,$U_2=12\ \text{V}$,$U_3=5\ \text{V}$,$R_1=1\ \Omega$,$R_2=4\ \Omega$,$R_3=5\ \Omega$,$R_4=1\ \Omega$。

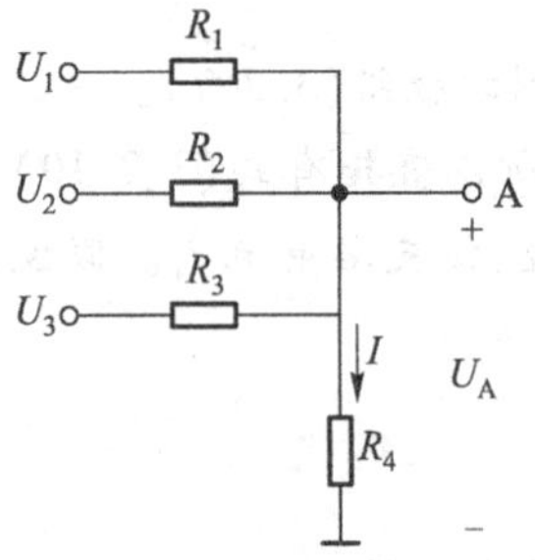

图 3.2.6 例 3.2.4 图

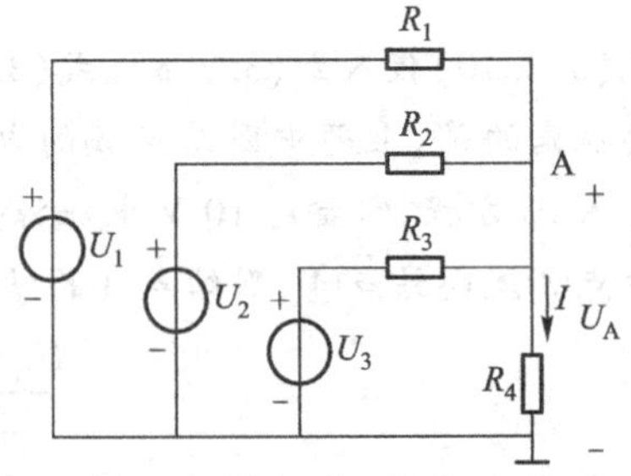

图 3.2.7 图 3.2.6 的等效电路

分析:图 3.2.6 所示电路是电子电路的习惯画法,其中电压源 U_1、U_2、U_3 并未画出,只在与电压源连接的元件 R_1、R_2、R_3 的左端标出,将电路化成大家熟悉的闭合回路形式如图 3.2.7 所示。

解:对结点 A 列 KCL 方程

$$\left(\frac{1}{R_1}+\frac{1}{R_2}+\frac{1}{R_3}+\frac{1}{R_4}\right)U_A=\frac{U_1}{R_1}+\frac{U_2}{R_2}+\frac{U_3}{R_3}$$

代入值,可得

$$U_A = \frac{\frac{-5}{1}+\frac{12}{4}+\frac{5}{5}}{1+\frac{1}{4}+\frac{1}{5}+1}\ \mathrm{V} = \frac{-1}{\frac{49}{20}}\ \mathrm{V} = -\frac{20}{49}\ \mathrm{V} \approx -0.4\ \mathrm{V}$$

$$I = \frac{U_A}{R_4} \approx -0.4\ \mathrm{A}$$

3.2.3 电源支路

使用结点电压法时，有些结点之间的连接支路是一个孤立的电压源（无伴电压源支路），或者是一个电流源和其他元件串联的支路，这种电路列方程时很容易出错，需要注意。

对于无伴电压源支路，该支路的电流不能忽略。

如图 3.2.8 所示电路，因 15 V 电压源连接在参考结点④和结点③之间，所以结点③的电压 $U_3 = -15$ V，只需再对结点①、②列写方程即可求解出结点①、②的电压。

在列写结点①的结点电压方程时，连接在结点①和结点②之间的支路是一个 10 V 的无伴电压源支路，假设该支路电流为 I（流出结点①），则结点①的方程为

$$\frac{U_1 - U_3}{R_1} + \frac{U_1}{R_2} + I = 0 \tag{3.2.12}$$

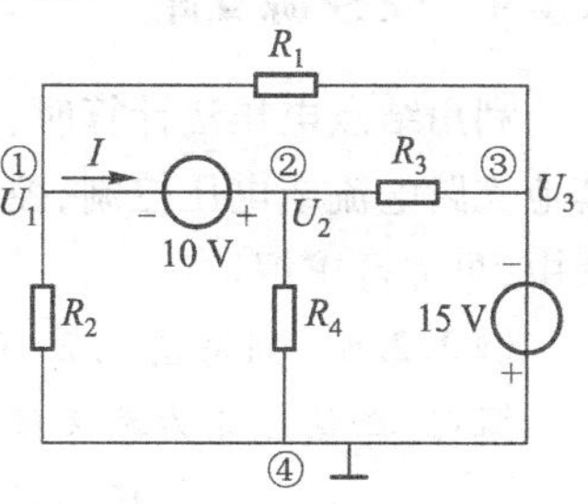

图 3.2.8 含无伴电压源支路的电路

结点②的方程为

$$\frac{U_2 - U_3}{R_3} + \frac{U_2}{R_4} = I \tag{3.2.13}$$

结点③的方程为

$$U_3 = -15\ \mathrm{V} \tag{3.2.14}$$

这里引入了一个新变量 I，故需再加一个附加方程，由电压源支路所决定的结点电压的关系方程

$$U_2 - U_1 = 10\ \mathrm{V} \tag{3.2.15}$$

以上四个独立的方程，可联立求解出所有的变量。

如果两结点之间的支路是一个电流源和其他元件串联的支路，因为该支路的电流已经被电流源确定，电流源串联任何元件，都不会影响该支路的电流。只要我们不计算电流源或与之串联元件的电压，这个串联的元件可以去掉。换句话说，这个元件的存在与否只影响电流源的电压，对电路中其他支路和元件没有任何影响。这种元件有些书上把它称为“虚元件”，计算其他支路的响应时可以将其去掉。利用结点电压法列标准形式方程时需要注意：如果与电流源串联的是电阻元件，这个电阻不能计入互导或自导。

例 3.2.5 列写图 3.2.9 所示电路的结点电压方程。

分析： 此电路与例 3.2.2 的电路相比，唯一的不同在于结点①和④之间的电流源支路多了一个电阻 R_S，很多同学在对结点①列标准形式结点电压方程时，直接把该电阻考虑成结点①的自阻，而得到方程

$$\left(\frac{1}{2}+\frac{1}{5}+\frac{1}{R_S}\right)U_1 - \frac{1}{5}U_2 - \frac{1}{2}U_3 = 1$$

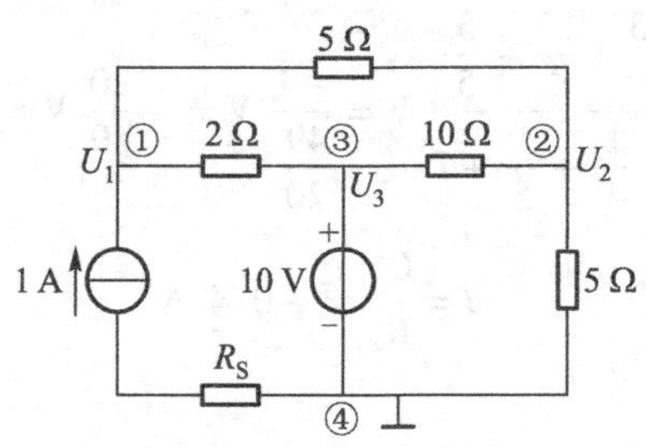

图 3.2.9 有电流源与电阻串联支路电路

与方程(3.2.8)相比:结点①的自导中多了电流源串联电阻 R_S 分量。很显然是错误的。根据以上我们对“虚元件”的分析,这道题与例 3.2.2 的解应该完全一样,结点电压方程也应该完全一样。请大家自己列写方程并与例 3.2.2 的方程(3.2.8)、方程(3.2.9)、方程(3.2.10)对比。

3.2.4 受控源支路

利用结点电压法计算时,含受控源的支路与独立源支路同样处理。由于受控源是受电路中其他支路电流或电压控制,控制受控源的变量应该用结点电压变量表示出来后,代入结点电压方程中,再进行求解。

例 3.2.6 列写图 3.2.10 所示含受控电流源电路的结点电压方程。

解: 选择结点④为参考结点,结点电压方程为

结点① $$\frac{U_1 - U_2}{R_1} = I_S + 2I_X$$

结点② $$\frac{U_2 - U_1}{R_1} + \frac{U_2}{R_2} + \frac{U_2 - U_3}{R_3} = 0$$

结点③ $$\frac{U_3 - U_2}{R_3} + \frac{U_3}{R_4} + 2I_X = 0$$

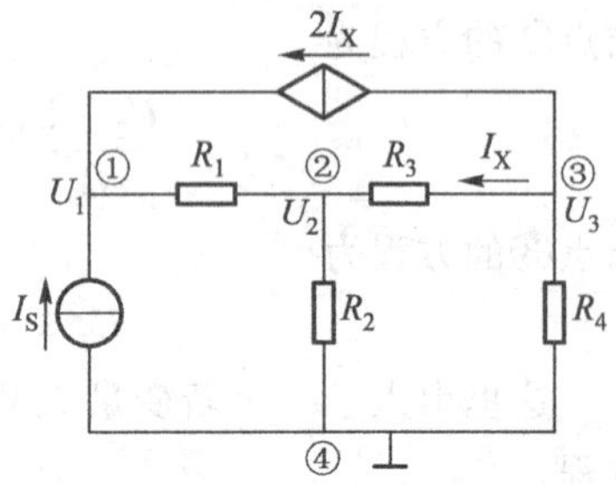

图 3.2.10 例 3.2.6 图

再将控制变量 I_X 用结点电压表示出来

$$I_X = \frac{U_3 - U_2}{R_3}$$

以上一共有 4 个变量:3 个结点电压变量 U_1, U_2, U_3 和一个控制变量 I_X,4 个独立方程,联立可求得唯一确定的解。

例 3.2.7 如图 3.2.11 所示晶体管放大电路的等效电路,利用结点电压法,求电压 U_b, U_c。

分析: 图 3.2.11 中,点画线框内为晶体管的等效电路。选择 d 点为参考点,a、b、c 为独立结点,其中 a 点电压已经由 12 V 电压源确定,只需对 b、c 两点列方程。

解: 对结点 b 列结点电压方程

$$\left(\frac{1}{1\ 000} + \frac{1}{1\ 000}\right)U_b - \frac{1}{1\ 000}U_a = -I_b$$

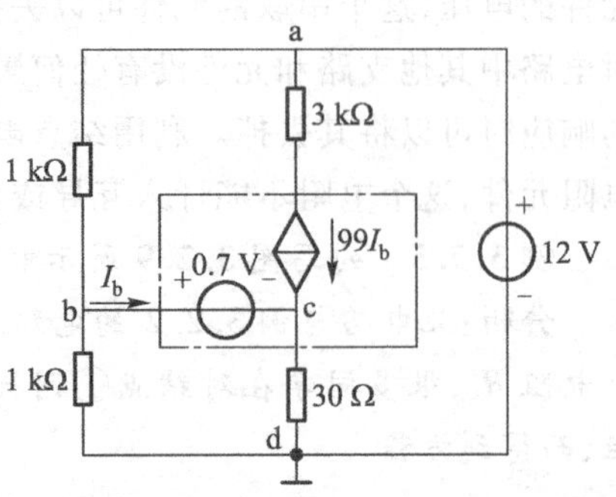

图 3.2.11 晶体管放大电路的等效电路

对结点 c,注意与受控电流源相连的电阻 3 kΩ 是“虚元件”,不能作为自导或互导列入方程中,列结点电压方程

$$\frac{1}{30}U_c = I_b + 99I_b$$

结点 a

$$U_a = 12 \text{ V}$$

辅助方程

$$U_b - U_c = 0.7$$

以上方程联立求解，可得

$$I_b \approx 1.51 \text{ mA}$$

$$U_c \approx 4.54 \text{ V}$$

$$U_b \approx 5.24 \text{ V}$$

练习与思考

3.2.1 电路中两个元件的连接点能否当作结点？为什么？一个电路中选择不同的参考结点，对同一独立结点列写的结点电压方程是否一致？解得的结点电压是否有所不同？为什么？

3.2.2 图 3.2.1 中，电阻 R_3 的电压 U_{R_3} 用结点电压表示为 $U_{R_3} = U_2 - U_3$，是怎么得到的？为什么不是 $U_{R_3} = U_3 - U_2$？

3.2.3 电路如图 3.2.2 所示，将各元件上的电压和电流用结点电压表示出来。

3.2.4 求例 3.2.2 中的结点电压 U_1、U_2。（答案：$U_1 \approx 10.32$ V，$U_2 \approx 6.129$ V）

3.2.5 列写图 3.2.12 所示含受控电压源电路的结点电压方程，并求 I_X。（$I_X = 0.5$ A）

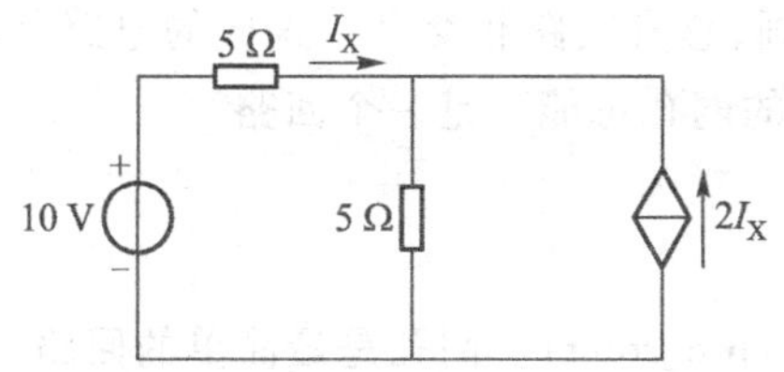

图 3.2.12 练习与思考 3.2.5 图

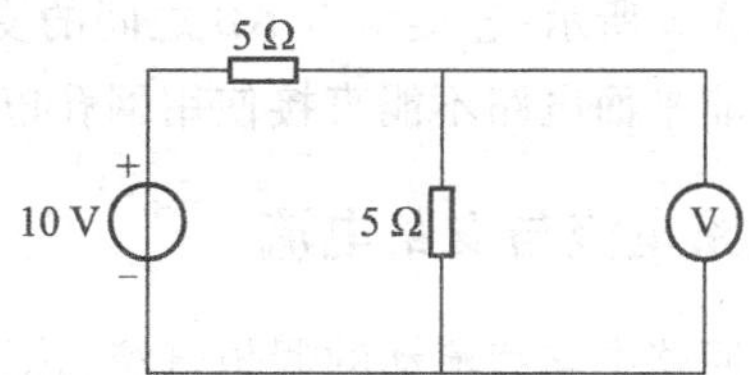

图 3.2.13 练习与思考 3.2.6 图

3.2.6 为了验证基尔霍夫电压定理，小明用一台磁电式电压表对图 3.2.13 所示串联电路各元件的电压进行了测试，发现电阻上的电压之和并不等于电源电压，试解释其原因。（提示：考虑电压表内阻）

3.3 回路电流法

电路中一些支路可以组成一个闭合的路径，沿这个闭合路径绕行一周，所有的支路和结点均只出现一次，这样的闭合路径称为回路。电路中最小的回路称为网孔。网孔一定是回路，但回路不一定是网孔。如图 3.3.1(a) 中，电源 U_a、电阻 R_1、电阻 R_3 构成网孔 1，电阻 R_3、电阻 R_2 和电源 U_b 构成网孔 2，电源 U_a、电阻 R_1、电阻 R_2 和电源 U_b 构成回路 3，回路 3 不是网孔。电源 U_a、电阻 R_1、电阻 R_3 和电源 U_b、电阻 R_2、电阻 R_3 组成一个倒 8 字形的闭合路径，如图 3.3.1(b) 所示，但是这个闭合路径不是回路，因为 R_3 重复出现了两次。

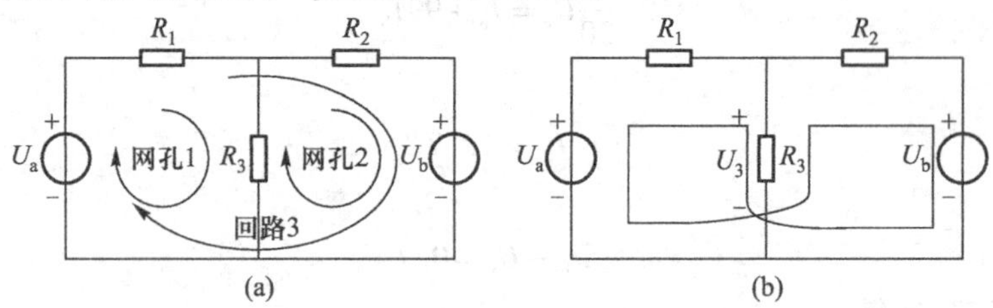

图 3.3.1 网孔与回路

凡是可以把所有元件都布置在一个平面上而连线不出现交叉重叠的电路称为平面电路，如图 3.3.2(a)所示，这个电路虽然看起来支路 AC 和 BD 有交叉，但是我们将其改画一下，将 AC 支路画到最左边，如图 3.3.2(b)所示，图 3.3.2(a)、(b)两个电路完全一致，而图 3.3.2(b)并没有支路相交叉，所以该电路是平面电路。对于平面电路来说，每一个网孔就是一个回路。

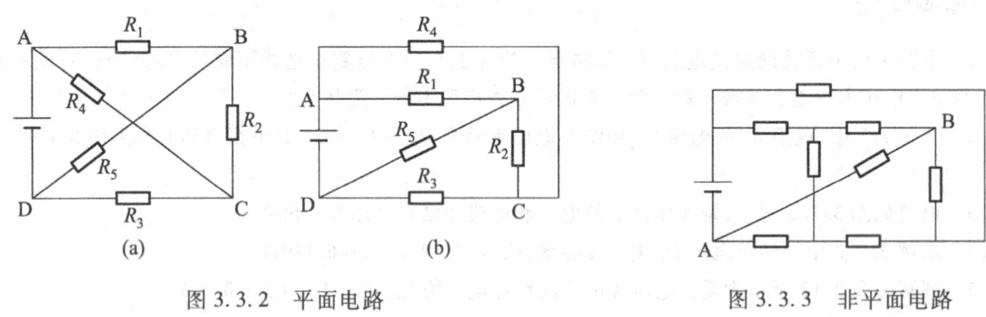

图 3.3.2 平面电路

图 3.3.3 非平面电路

如图 3.3.3 所示，连接结点 AB 之间的支路无论怎样画，总有支路相交叉。这样的电路是非平面电路。非平面电路不能直接使用网孔电流法，因为它的网孔可能不是一个回路。

3.3.1 回路电流与支路电流

在一个回路中连续流动的假想电流，称为回路电流(loop current)。网孔是最简单的回路，其上流动的电流也称为网孔电流(mesh current)。实际流过每一条支路的电流称为支路电流。支路电流是可以用电流表测得的，回路电流则不同，是为了进行电路分析而假想的电流，每个支路上流过的回路电流总和为该支路电流。

如图 3.3.4(a)所示电路，假设已知电源电压和电阻值，求各元件上的电流。该电路有 3 条支路，相应的有 3 个支路电流变量 I_1, I_2, I_3。若以支路电流为变量列方程，可以对由 U_a, R_1, R_3 组成的网孔 1 列 KVL 方程

$$R_1I_1 + R_3I_3 = U_a \tag{3.3.1}$$

同理，对由 U_b, R_2, R_3 组成的网孔 2 列 KVL 方程

$$R_2I_2 - R_3I_3 = -U_b \tag{3.3.2}$$

再对结点 a 列 KCL 方程

$$I_1 = I_2 + I_3 \tag{3.3.3}$$

以上 3 个方程是独立方程，联立求解可得各支路电流。这种以支路电流为变量，列写 KCL、

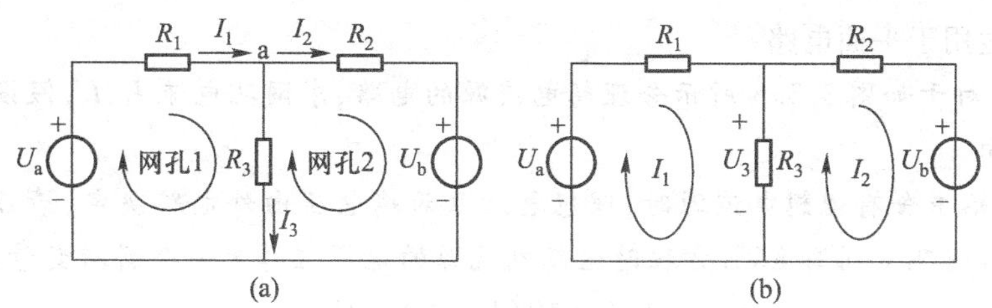

图 3.3.4 支路电流和网孔电流

KVL 方程求解电路响应的方法,称为支路电流法。支路电流法既要列写 KCL 方程,又要列写 KVL 方程,方程数较多,规律性比较差,在工程实践中该方法用得不多。

将 KCL 方程(3.3.3)代入式(3.3.1)、式(3.3.2)两个 KVL 方程中,得到如下两个方程

$$R_1I_1+R_3(I_1-I_2)=U_a \tag{3.3.4}$$

$$R_2I_2-R_3(I_1-I_2)=-U_b \tag{3.3.5}$$

这两个方程是独立方程,并且只含有两个未知量 I_1, I_2。

观察图 3.3.4(b)所示电路,假设有两个网孔电流 I_1, I_2 分别在左右两个网孔中流动。因为网孔电流总是在闭合路径上流动,故自动满足 KCL。当多个网孔电流都流经同一条支路时,该支路的电流应为这些网孔电流的叠加(注意方向)。图中 R_3 上的电流应为 I_1-I_2,方向由上往下流,R_3 上的电压 U_3 应为 $(I_1-I_2)R_3$。再对 I_1、I_2 回路列 KVL 方程

$$R_1I_1+R_3(I_1-I_2)=U_a \tag{3.3.6}$$

$$R_2I_2-R_3(I_1-I_2)=-U_b \tag{3.3.7}$$

可以发现:这两个方程与式(3.3.4)、式(3.3.5)完全一样。这种以假想的回路电流为变量,列 KVL 方程求解电路问题的方法就是回路电流法。因回路电流自动满足 KCL,所以回路电流法列写的方程数比支路电流法少,越复杂的电路,这种优势会越明显。

3.3.2 回路电流法

一个平面电路总有:网孔数 = 独立回路数 = 支路数 b -(独立结点数 $n-1$)。以图 3.3.2(b)所示平面电路为例,可以直观地看出其网孔数 = 3,支路数 $b=6$,结点数 $n=4$,显然满足上述公式。

所谓独立回路,是指这样一组回路,它们满足以下两个条件:

(1) 这一组回路应该包括了电路中所有的支路。

(2) 其中每一个回路都有且只有一条自己独有的支路。所谓独有支路是指其他回路没有,只有该回路才有的支路。

例如,对于图 3.3.1 所示电路,两个网孔 1、2 构成一组独立回路,网孔 1 和回路 3 也构成一组独立回路,网孔 2 和回路 3 也构成一组独立回路,但网孔 1、2 和回路 3 并不是一组独立回路,因为回路 3 并没有独有支路。所以这个电路的独立回路数是 2。

对独立回路列写的一组 KVL 方程也是一组独立的方程。平面电路的所有网孔就是一组独立回路。当然,独立回路并不一定是网孔。

回路电流法(loop current method)是以一组独立的回路电流为电路变量列方程求解电路问题的方法。若这组独立回路选择的是网孔,则该方法又称为网孔电流法(mesh current method)。

网孔电流法只适用于平面电路。

例 3.3.1 对于如图 3.3.5 所示含理想电流源的电路，求网孔电流 I_1、I_2，假设网孔电流 I_1、I_2 均取顺时针方向。

分析：当回路中含有理想电流源时，理想电流源两端电压由外电路决定，请注意该电压并不一定为零。则对网孔 1 列写 KVL 方程时理想电流源的电压应作为一个新增变量列在方程中

$$15I_1 + 10(I_1 - I_2) = U \tag{3.3.8}$$

再对网孔 2 列写 KVL 方程

$$10(I_2 - I_1) + 5I_2 + 10 = 0 \tag{3.3.9}$$

因为增加了一个变量 U，还需再列一个方程

$$I_1 = 2\ \text{A} \tag{3.3.10}$$

以上 3 个方程联立求解，可得

$$I_2 = \frac{2}{3}\ \text{A}$$

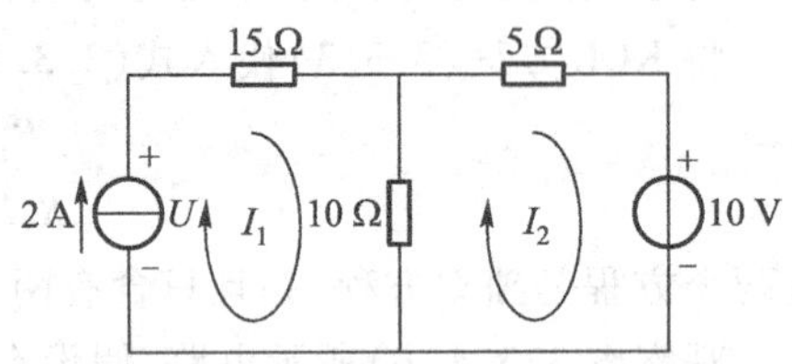

图 3.3.5 含有理想电流源的电路

但实际上网孔 1 并不需要列写 KVL 方程，因该网孔电流已由理想电流源确定了

$$I_1 = 2\ \text{A}$$

再利用网孔 2 的 KVL 方程(3.3.9)，两个方程联立也可解得

$$I_2 = \frac{2}{3}\ \text{A}$$

*3.3.3 标准形式的回路电流方程

与结点电压法一样，回路电流法也可写成标准形式方程，在上例中，将式(3.3.8)、式(3.3.9)等号左边列写电阻上的压降，并且将含有网孔电流 I_1、I_2 的项合并在一起，等号右边列写由于回路中电源引起的电压升，并注意沿网孔电流绕行方向，电压升为正，否则取负值，可得

$$(15 + 10)I_1 - 10I_2 = U \tag{3.3.11}$$

$$-10I_1 + (10 + 5)I_2 = -10 \tag{3.3.12}$$

由此也可得到两个网孔电路的标准形式回路电流方程

$$R_{11}I_1 + R_{12}I_2 = U_{S1}$$

$$R_{21}I_1 + R_{22}I_2 = U_{S2}$$

其中，R_{11}、R_{22}分别是回路 1、2 的自阻，R_{12}、R_{21}分别是回路 1 和 2 之间的互阻，若电路中没有受控源则 $R_{12} = R_{21}$。互阻的值为正还是负，取决于回路 1 和回路 2 的电流是以相同的方向流过该电阻还是相反的方向流过：相同则为正，否则为负。U_{S1}，U_{S2}分别是两个回路中电源引起的电压升：沿电流绕行方向，电压升取正值，否则为负值。

3.3.4 网孔电流法与回路电流法

回路电流法中，并不是选择网孔作为独立回路列方程就最简单。有的时候，选择合适的独立回路，可能比直接选择网孔列的方程数要少。

例 3.3.2 如图 3.3.6 所示，用回路电流法求 4 Ω 电阻上的电流 I。

解法 1：若选择图 3.3.6(a)所示网孔作为独立回路列写方程，求出网孔电流后，支路电流 I 是网孔电流 I_2、I_3 的叠加：$I=I_2-I_3$。列网孔电流方程时，因为网孔 1、2 中有电流源存在，需引入一个新的变量——5 A 电流源两端的电压 U，并增加一个新的方程：5 A 电流源支路是 I_1、I_2 两回路的公共支路，因此 I_1、I_2 电流的叠加是等于 5 A 电流

$$I_2-I_1=5\ \text{A}$$

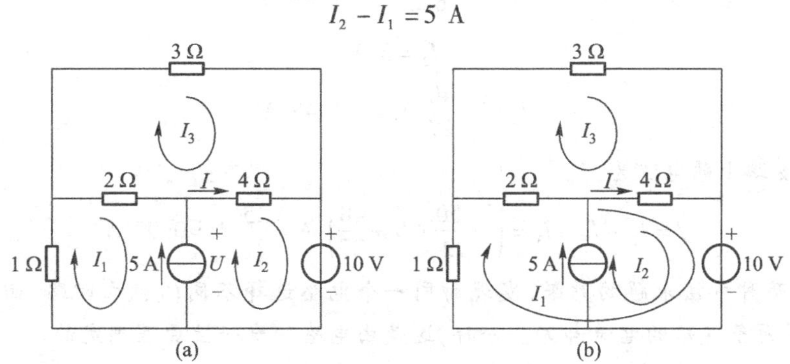

图 3.3.6 独立回路

列写出的网孔电流方程如下：

网孔 1 $$(1+2)I_1-2I_3=-U$$

网孔 2 $$4I_2-4I_3=U-10$$

网孔 3 $$-2I_1-4I_2+(2+3+4)I_3=0$$

附加方程 $$I_2-I_1=5$$

以上 4 个独立方程，求解 4 个未知数(3 个网孔电流和附加变量 U)，有唯一确定的解

$$I_1=-\frac{50}{9}\ \text{A}\approx-5.56\ \text{A}$$

$$I_2=-\frac{5}{9}\ \text{A}\approx-0.56\ \text{A}$$

$$I_3=-\frac{40}{27}\ \text{A}\approx-1.48\ \text{A}$$

$$U=\frac{370}{27}\ \text{V}\approx13.7\ \text{V}$$

4 Ω 电阻支路上的电流 I

$$I=I_2-I_3=\left(-\frac{5}{9}+\frac{40}{27}\right)\ \text{A}=\frac{25}{27}\ \text{A}\approx0.93\ \text{A}$$

解法 2：此题中适当的选择独立回路，可减少方程数量，如图 3.3.6(b)所示。回路 1 不是选择的网孔 1，而是由 1 Ω、2 Ω、4 Ω 电阻和 10 V 电压源组成的回路。回路 1 和网孔 2、3，这 3 个回路仍是一组独立回路。由于只有 I_2 电流流过 5 A 电流源支路，故

$$I_2=5\ \text{A}$$

对回路 2 不再需要列写 KVL 方程。

回路 1 的 KVL 方程

$$I_1+2(I_1-I_3)+4(I_1+I_2-I_3)+10=0$$

回路3的KVL方程

$$3I_3+4(I_3-I_2-I_1)+2(I_3-I_1)=0$$

由以上方程联立可解得各回路电流为

$$I_1=-\frac{50}{9}\ \text{A}\approx-5.56\ \text{A}$$

$$I_2=5\ \text{A}$$

$$I_3=-\frac{40}{27}\ \text{A}\approx-1.48\ \text{A}$$

4 Ω电阻支路上的电流为

$$I=I_1+I_2-I_3=\left(-\frac{50}{9}+5+\frac{40}{27}\right)\ \text{A}=\frac{25}{27}\ \text{A}\approx0.93\ \text{A}$$

比较以上两种方法求解的结果，发现对同一个电路选择不同的独立回路，回路电流值也不同，但实际流过每条支路的电流却完全一样，这是由电路的唯一性原理确定的。

3.3.5 含受控源的电路

利用回路电流法计算时，对受控源的处理与独立源相同。

例3.3.3 如图3.3.7所示电路，用回路电流法求 U_X。

解：选择如图3.3.7所示回路列写KVL方程

$$4I_1+6(I_1+I_2)+U_X=20$$

$$I_2=\frac{U_X}{4}$$

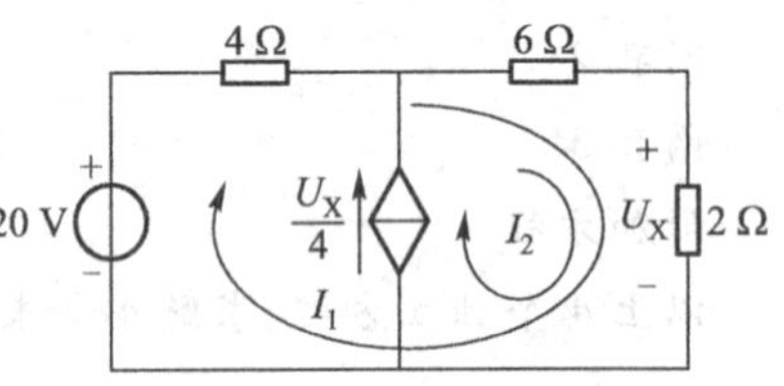

图3.3.7 含受控源的电路

并增加一个关于受控源控制量的辅助方程

$$U_X=2(I_1+I_2)$$

以上3个方程联立求解，可解得各回路电流

$$I_1=1\ \text{A}$$

$$I_2=1\ \text{A}$$

$$U_X=4\ \text{V}$$

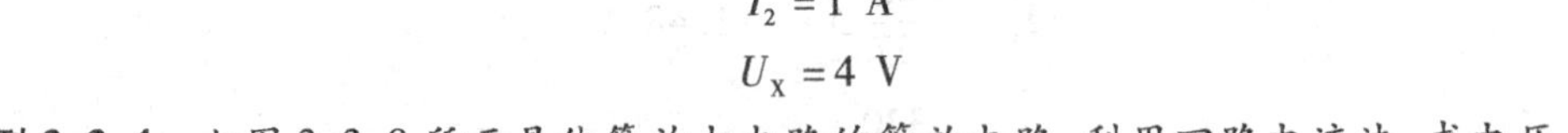

例3.3.4 如图3.3.8所示晶体管放大电路的等效电路，利用回路电流法，求电压 U_b，U_c。

分析：此题除了要求的方法不同外，电路与例3.2.7一样，我们可以比较一下，用回路电流法算出的结果与结点电压法是否一致。

解：选择如图3.3.8所示3个独立回路，分别列写回路电流方程

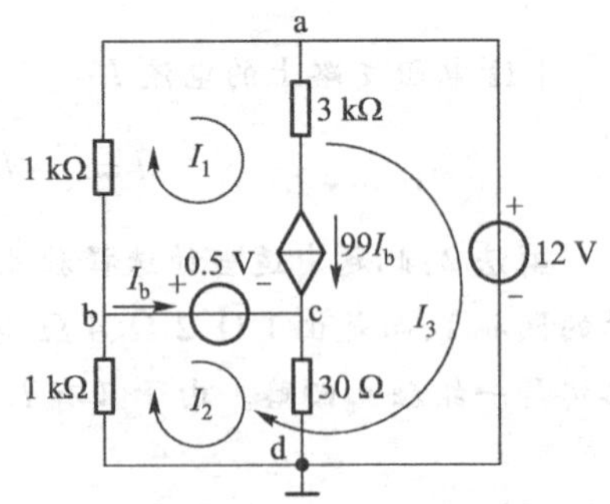

图3.3.8 例3.3.4图

$$I_1=99I_b$$

$$(1\,000+30)I_2+1\,000I_3=-0.5$$

$$1\,000I_1+1\,000I_2+(1\,000+1\,000)I_3=-12$$

辅助方程

$$I_b=I_2-I_1$$

联立求解，可得

$$I_1 \approx 155.6 \text{ mA}$$

$$I_2 \approx 157 \text{ mA}$$

$$I_3 \approx -162.4 \text{ mA}$$

$$U_b = -1\ 000(I_2 + I_3) \approx 5.4 \text{ V}$$

$$U_c = 30I_2 = 30 \times 157 \times 10^{-3} \text{ V} \approx 4.7 \text{ V}$$

练习与思考

3.3.1 在例 3.3.3 中，若选择网孔作为独立回路列方程，应该怎么列写？（提示：受控源两端有电压，需要引入变量列写到 KVL 方程中）

3.3.2 例 3.3.4 中，网孔作为独立回路列方程，应该怎么列写？

3.3.3 例 3.2.7 与例 3.3.4 的电路是完全一致的，将例 3.3.4 回路电流法与例 3.2.7 结点电压法计算的过程比较一下，哪种方法更简单？

3.4 叠加定理

由电阻、线性受控源和独立源组成的网络称为含源线性网络。其中的独立源又称为激励，任意元件上的电压或电流又称为响应，它们是由激励引起的（请注意：受控源不是激励）。在自然界中任何有多个激励存在的线性系统，其响应的计算都可以用叠加定理，比如水波、声波等机械波的叠加，甚至电磁波的叠加等。叠加定理是求解线性系统响应的一种分析方法。

3.4.1 叠加定理

有 n 个独立源存在的线性电路中，当只有第 i 个独立源单独作用，其他独立源均不作用，这时得到的响应假设为 k_i，该响应可以是任意支路或元件的电压或电流；所有独立源同时作用时的总响应假设为 k_T。叠加定理（superposition theorem）可描述为：线性电路中，总响应是每个独立源单独作用时响应的代数和。即

$$k_T = k_1 + k_2 + \cdots + k_n \tag{3.4.1}$$

不作用的电压源短路，不作用的电流源断路。

例 3.4.1 利用叠加定理求图 3.4.1 所示电路的响应 U_2。已知 $R_1 = 10\ \Omega$，$R_2 = 5\ \Omega$，$U_S = 10\ \text{V}$，$I_S = 2\ \text{A}$。

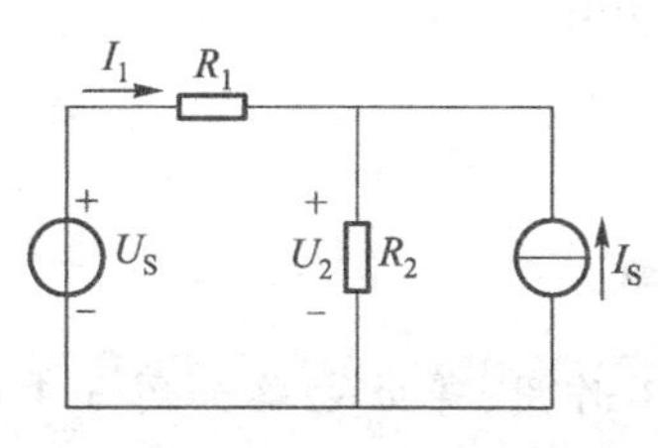

图 3.4.1 例 3.4.1 图

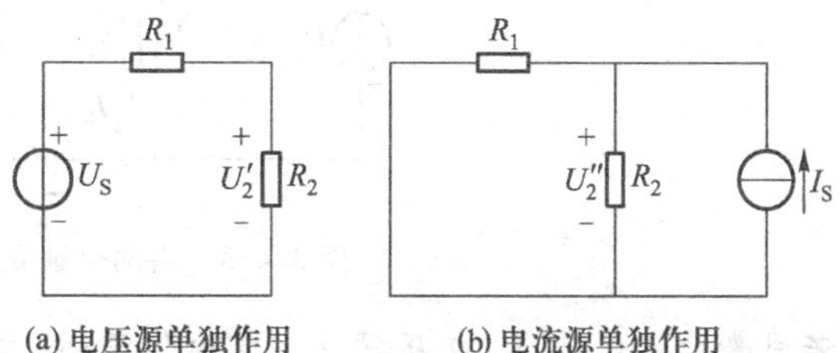

图 3.4.2 例 3.4.1 独立源单独作用时的等效电路

解：电压源单独作用时，电流源不作用，用断路代替，这时的等效电路的如图 3.4.2(a) 所示，

电压源单独作用时的响应

$$U'_2=\frac{R_2}{R_1+R_2}U_S=\frac{5}{15}\times 10\ \text{V}\approx 3.33\ \text{V}$$

电流源单独作用时，电压源不作用，用短路代替，等效电路如图 3.4.2(b)所示，电流源单独作用时的响应

$$U''_2=\frac{R_1R_2}{R_1+R_2}I_S=\frac{10\times 5}{15}\times 2\ \text{V}\approx 6.67\ \text{V}$$

根据叠加定理，总响应

$$U_2=U'_2+U''_2=(3.33+6.67)\ \text{V}=10\ \text{V}$$

这道题也可以直接利用结点电压法列方程

$$\left(\frac{1}{R_1}+\frac{1}{R_2}\right)U_2=\frac{U_S}{R_1}+I_S$$

将值代入，得

$$\left(\frac{1}{10}+\frac{1}{5}\right)U_2=\frac{10}{10}+2$$

$$U_2=10\ \text{V}$$

显然，扣除计算过程中舍入误差的影响，两种方法计算结果是一致的。

例 3.4.2 电路如图 3.4.3 所示，用叠加定理求电阻 R_2两端的电压 U_T。

分析：该电路由两个独立源激励：电压源 U_{S1}和电流源 I_{S2}。利用结点电压法，可求得总响应 U_T应满足

$$\frac{U_T-U_{S1}}{R_1}+\frac{U_T}{R_2}+kI_X=I_{S2}$$

控制量 I_X满足

$$I_X=\frac{U_T}{R_2}$$

可解得

$$U_T=\frac{R_2}{R_1+R_2+kR_1}U_{S1}+\frac{R_1R_2}{R_1+R_2+kR_1}I_{S2}$$

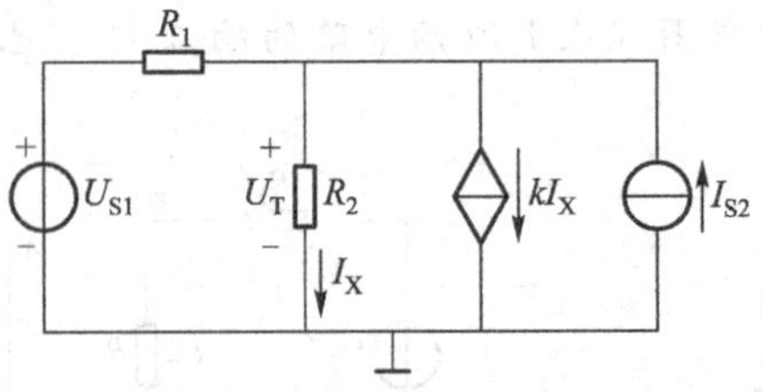

图 3.4.3 由两个独立源激励的电路

若用叠加定理计算，电压源 U_{S1} 单独作用时，电流源 I_{S2} 不作用，等效电路如图 3.4.4(a)所示。

利用结点电压法计算

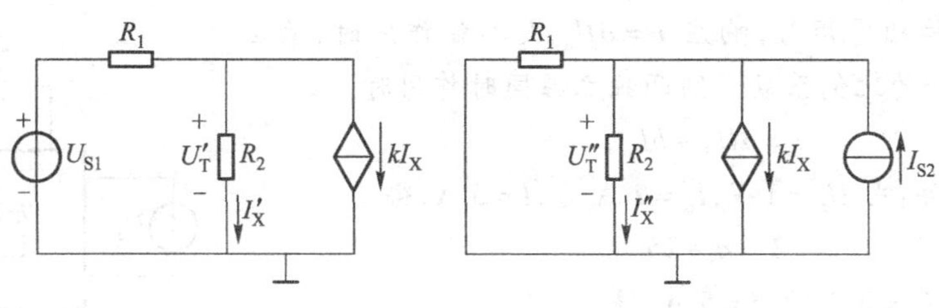

(a) 电压源单独作用　　(b) 电流源单独作用

图 3.4.4　独立源单独作用时的等效电路

$$\frac{U'_T - U_{S1}}{R_1} + \frac{U'_T}{R_2} + kI'_X = 0$$

$$I_X = \frac{U'_T}{R_2}$$

以上方程联立,可解得电压源 U_{S1} 单独作用时的响应

$$U'_T = \frac{R_2}{R_1 + R_2 + kR_1} U_{S1}$$

电流源 I_{S2} 单独作用时,电压源 U_{S1} 不作用,U_{S1} 两端用短路线连接,等效电路如图 3.4.4(b)所示。仍然可以利用结点电压法得到

$$\frac{U''_T}{R_1} + \frac{U''_T}{R_2} + kI''_X = I_{S2}$$

$$I_X = \frac{U''_T}{R_2}$$

由此可算得电流源 I_{S2} 单独作用时的响应

$$U_2 = \frac{R_1 R_2}{R_1 + R_2 + kR_1} I_{S2}$$

总响应

$$U_T = U_1 + U_2 = \frac{R_2}{R_1 + R_2 + kR_1} U_{S1} + \frac{R_1 R_2}{R_1 + R_2 + kR_1} I_{S2}$$

与前面用结点电压法计算结果一致。即总响应等于每个独立源分别单独作用时响应的叠加。需要注意的是:在上例中若将两个独立源全都置零($U_{S1} = 0$ 且 $I_{S2} = 0$),则响应也将等于零。因为受控源并不是激励,所以利用叠加定理时,受控源并不能单独作用。

3.4.2 齐性定理

一个含源线性网络,若只含有一个激励,可以证明它的任意一个响应与该激励成正比,比例系数与网路结构和参数有关,与激励无关,这个性质称为齐性定理。

例 3.4.3 线性无源电阻网络,外接激励 U_S、I_S,如图 3.4.5 所示。已知当 $U_S = 1$ V,$I_S = 2$ A 时,$I = 3$ A;当 $U_S = 5$ V,$I_S = 0$ A 时,$I = 5$ A。求当 $U_S = 10$ V,$I_S = 5$ A 时,$I = ?$

分析:该网络是线性网络,应满足叠加定理。当两个独立源分别单独作用时,该网络只有一个激励作用,它产生的响应与激励之间应满足齐性定理。

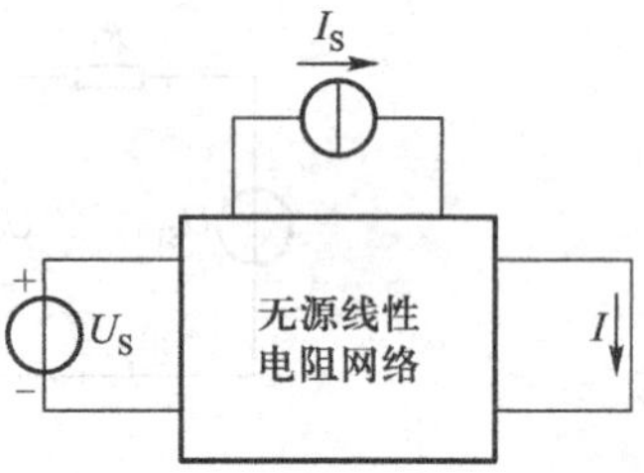

解:假设 U_S 单独作用时,响应 $I=aU_S$;I_S 单独作用时,响应 $I=bI_S$,a、b 为未知的比例系数。则两独立源同时作用时

$$I=aU_S+bI_S$$

带入已知条件:当 $U_S=1\ \text{V}$,$I_S=2\ \text{A}$ 时,$I=3\ \text{A}$,得

$$3=a+2b$$

当 $U_S=5\ \text{V}$,$I_S=0\ \text{A}$ 时,$I=5\ \text{A}$,得

$$5=5a+0$$

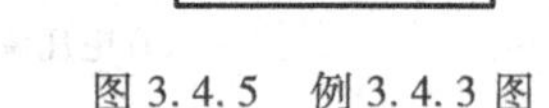

图 3.4.5 例 3.4.3 图

由上两式可解得:$a=1$,$b=1$,从而得到响应 I 与激励的关系

$$I=U_S+I_S$$

当 $U_S=10\ \text{V}$,$I_S=5\ \text{A}$ 时

$$I=(10+5)\ \text{A}=15\ \text{A}$$

3.4.3 非线性电路

叠加定理只适用于线性电路求电压或电流,若电路中含有非线性元件,叠加定理不再适用。除此之外,因为功率是电压或电流的二次函数,也不能用叠加定理直接求功率。

例 3.4.4 电路如图 3.4.6 所示,已知 $I_S=5\ \text{A}$,$U_I=1\ \text{V}$,$R=1\ \Omega$,求通过理想二极管 D 的电流 I。

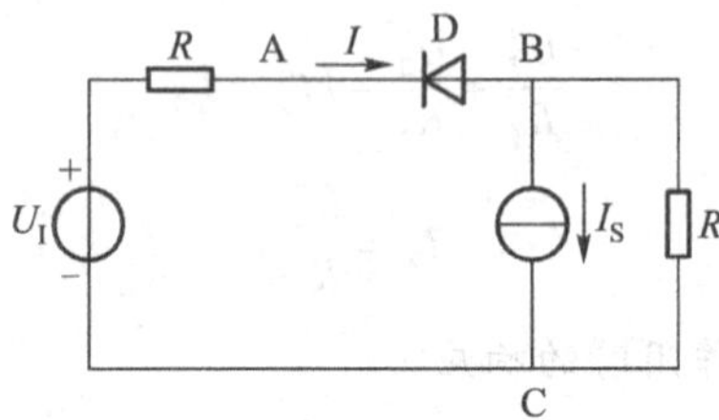

图 3.4.6 例 3.4.4 图

分析:理想二极管可以当作一个开关,当二极管加正向电压时,开关闭合,相当于短路;当二极管加反向电压时,开关断开,相当于断路,如图 3.4.7 所示。

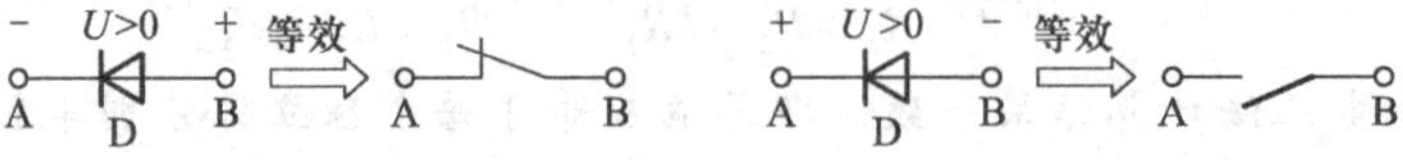

(a) 加正向电压 (b) 加反向电压

图 3.4.7 理想二极管加电压时等效电路

此题不能用叠加定理计算,因为电路中的二极管 D 是非线性元件。对于这种可能有两种状态出现的非线性电路,可以用“试错法”进行分析。即:假设元件处于某一种状态,进行分析,若得到错误的结论,说明假设错误,元件应处于另一种状态。这种方法在非线性电路的分析中会经常用到。其原理是电路的唯一性原理。

解:假设二极管 D 处于截止状态,该元件相当于断路,选择 C 为参考结点,则二极管左边 A 点的电压

$$U_A=U_I=1\ \text{V}$$

二极管右边 B 点的电压

$$U_B = -I_S R = -5 \times 1 \text{ V} = -5 \text{ V}$$

因为

$$U_B < U_A$$

所以二极管承受反向电压，确实应该处于截止状态，说明假设正确。既然二极管 D 相当于断路，通过二极管 D 的电流 $I=0$。

含有受控源的电路使用叠加定理时，因受控源不是激励，不能单独作用。叠加时，注意各分量在相同的参考方向下相加。

3.4.4 叠加定理小结

叠加定理不只局限于电子电路中，在分解的时候，也不一定非要一个一个的单独作用，也可以某几个为一组一起作用。

利用叠加定理进行计算的步骤如下：

第一步：明确电路为线性电路，且有多个独立源同时作用。

第二步：对独立源进行分组，让其分别单独作用，并画出相应电路图，其中不作用的电流源断路，不作用的电压源短路。

第三步：分别求出各独立源单独作用的响应。

第四部：将求出的响应相叠加，注意各响应分量的方向，若一致，则相加，否则，应相减。

使用叠加定理时，注意功率是电压或电流的二次函数，不能直接叠加计算，但可以利用叠加定理计算电压、电流后，再计算功率。

练习与思考

3.4.1 例 3.4.4 也可以假设二极管导通，通过计算推出假设错误。请用“试错法”计算之。

3.4.2 求图 3.4.3 所示电路中电阻 R_2 的功率。并验证功率能否直接利用叠加定理进行求解，为什么？

3.4.3 多个独立源存在的线性电路，利用叠加定理时，独立源必须一个一个的单独作用，还是可以几个一组一起作用，后再叠加？

3.4.4 假设响应为电流，激励单独作用时，响应电流的方向不同，最后叠加时，应如何相加？

3.4.5 为什么在利用叠加定理时，不作用的电压源要短路，不作用的电流源要断路。

3.5 实际电源

3.5.1 理想电源与实际电源

电源（激励）是给电路提供能量的元件，理想电源是实际电源的理想化。实际电源与理想电源最大的区别就在于：实际电源有损耗。比如我们日常生活中用的干电池，就是一个实际的直流电源。如图 3.5.1 所示，它的伏安特性关系曲线既不同于理想电流源也不同于理想电压源。在电路模型中，实际电源的损耗可以用一个电阻 R 来等效。按如图 3.5.1 所示参考方向，可写出其端口的电压、电流方程

$$U=U_S-IR \tag{3.5.1}$$

或

$$I=I_S-GU \tag{3.5.2}$$

其中

$$G=\frac{1}{R},I_S=GU_S \tag{3.5.3}$$

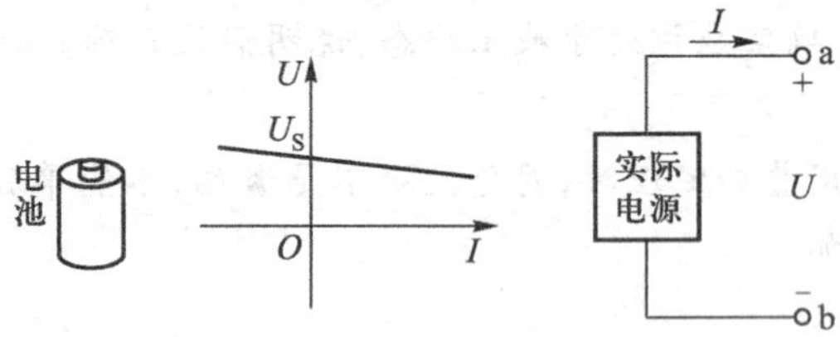

图 3.5.1 干电池及其端口特性

3.5.2 实际电源的两种模型

根据二端网络等效的概念,图 3.5.2 所示的两种电路模型只要满足式(3.5.3),则有式(3.5.1)、式(3.5.2)所示的伏安关系。所以这两种电路模型均为实际电源的等效电路模型,而且这两种电路模型互为等效电路。请注意这两种电路模型中电源的参考方向:电压源的正极性端与电流源电流流出端一致。

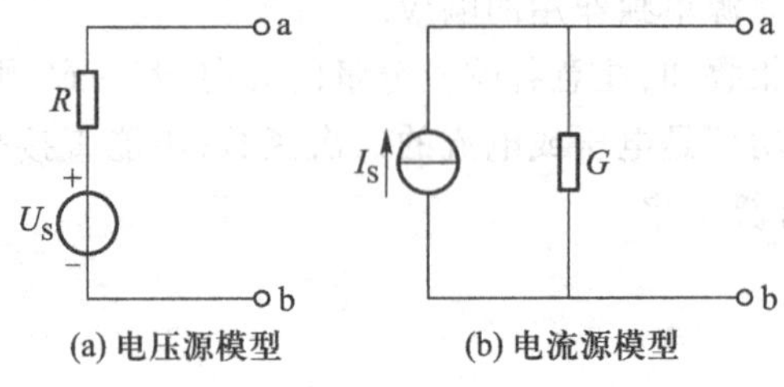

图 3.5.2 实际电源的等效电路模型

实际电源的以上两种电路模型互为等效电路,意味着对任意外接电路,这两种电路模型将提供相同的电压、电流。例如假设外电路为某负载电阻 R_L,如图 3.5.3 所示。计算负载电流和电压。对电压源模型电路图 3.5.3(a),负载电流为

$$I_L=\frac{U_S}{R+R_L} \tag{3.5.4}$$

负载电压为

$$U_{ab}=\frac{R_LU_S}{R+R_L} \tag{3.5.5}$$

对电流源模型电路图 3.5.3(b),负载电流为

$$I_L=\frac{R}{R+R_L}I_S=\frac{R}{R+R_L}\frac{U_S}{R}=\frac{U_S}{R+R_L} \tag{3.5.6}$$

负载电压为

$$U_{ab}=\frac{R_LU_S}{R+R_L} \tag{3.5.7}$$

两者表达式完全一样。

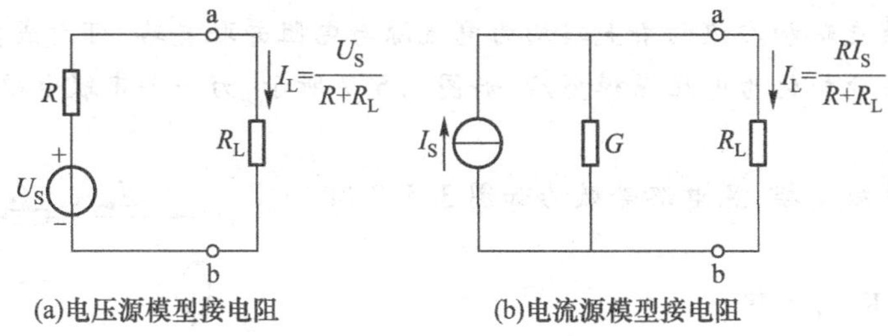

图 3.5.3 实际电源接负载电阻

3.5.3 电源的等效变换

因为实际电源的两种电路模型互为等效电路,可以据此进行等效变换,化简电路求解。

例 3.5.1 利用电源的等效变换,化简图 3.5.4 所示电路。

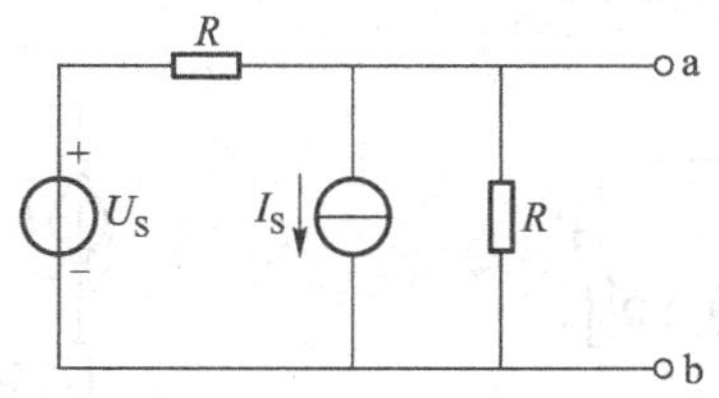

图 3.5.4 例 3.5.1 图

分析:对外电路来说,U_S和 R 串联支路可以利用电源的等效变换,用 $I_S=\frac{U_S}{R}$与 R 并联的支路等效替换,如图 3.5.5(a)所示,两个电流源支路并联,合并后与两个电阻支路并联,最后可化成如图 3.5.5(b)所示。解略。

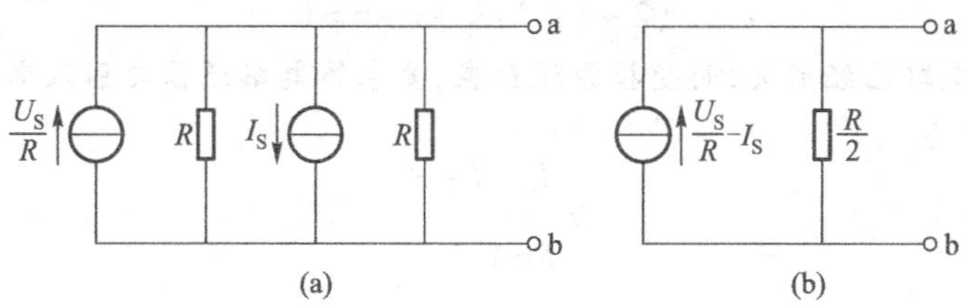

图 3.5.5 例 3.5.1 图的等效电路

含受控源的电路,同样可以利用电源的等效变换。

例 3.5.2 求图 3.5.6 所示电路中的电流 I。

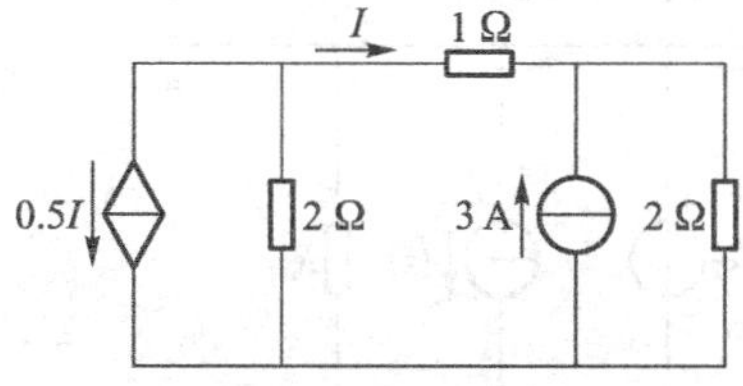

图 3.5.6 例 3.5.2 图

分析:左边两条支路和右边两条支路均为电流源与电阻并联支路,可看成实际电源的电流源模型,利用电源等效变换化为电压源模型后,如图3.5.7所示,为一个串联电路,直接利用欧姆定律即可求得电流。

解:利用电源等效变换,原电路等效为如图3.5.7所示电路。

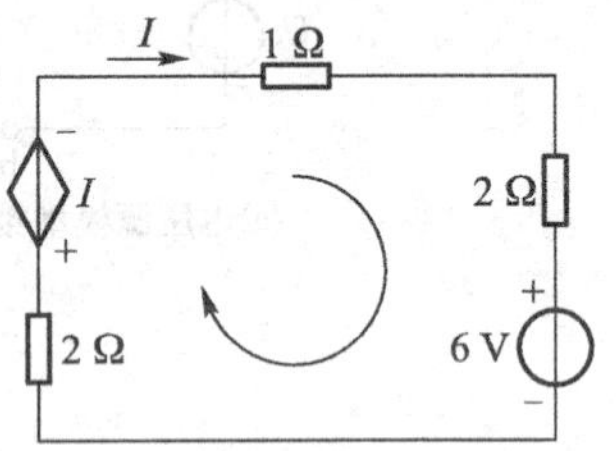

图3.5.7 例3.5.2图的等效电路

对该回路列写KVL方程

$$(2+1+2)I+I+6=0$$

解得

$$I=-1\ \text{A}$$

含受控源的电路,要注意控制受控源的控制支路,若在变换过程中消失,可能造成电路无法计算。

例3.5.3 如图3.5.8所示电路,求I。

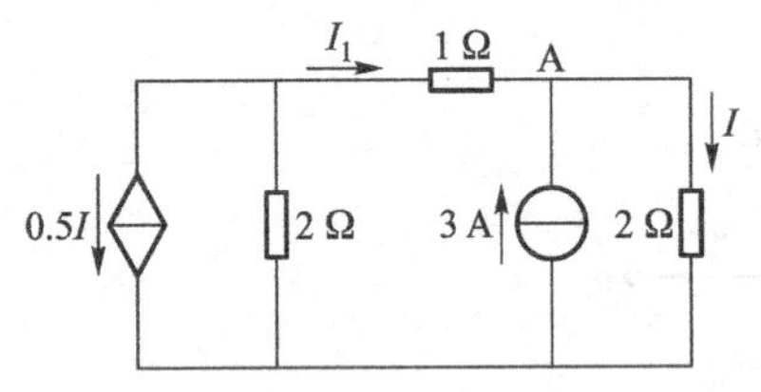

图3.5.8 例3.5.3图

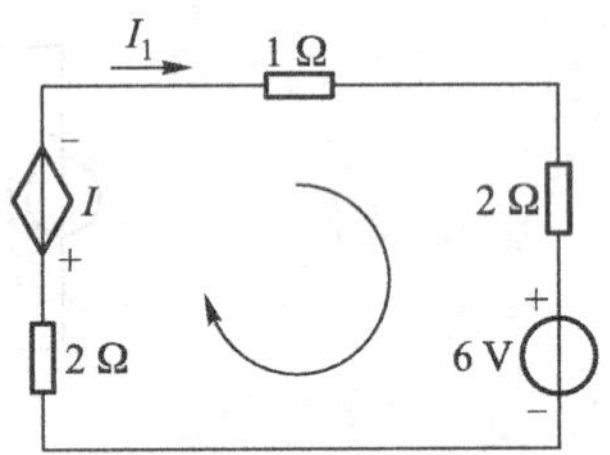

图3.5.9 例3.5.3等效电路

分析:与图3.5.6相比,控制受控电流源的控制量I改为最右边2 Ω支路电流。若仍然利用电源等效变换,等效电路如图3.5.9所示。

对该回路列写KVL方程

$$(2+1+2)I_1+I+6=0$$

因为控制量I所在支路已经消失,而受控源还存在,要求解电路还需要引入新方程,观察原电路,对结点A列KCL方程

$$I_1=I-3$$

联立方程求解,得

$$I=1.5\ \text{A}$$

练习与思考

3.5.1 实际电源与理想电源有何区别?理想电压源有没有电流源模型与之等效?理想电流源有没有电压源模型与之等效?为什么?

3.5.2 将图3.5.10所示含源二端网络化到最简。

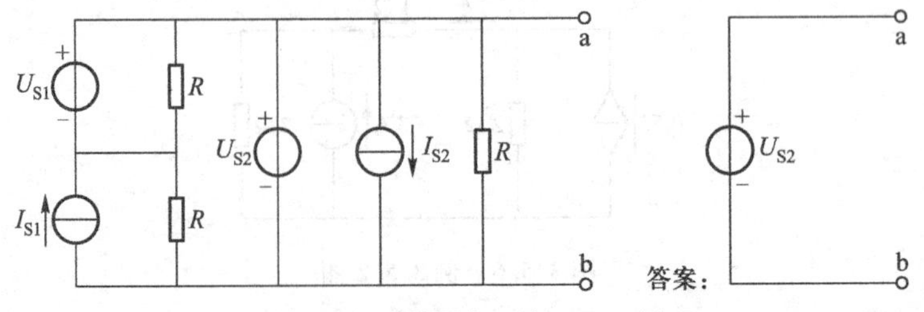

图3.5.10 练习与思考3.5.2图

3.6 戴维宁定理和诺顿定理

在本节,我们学习如何求复杂含源二端网络的等效电路。所谓二端网络是指通过两个端纽与外电路相连接的电网络。这两个端纽上的电流相等,而且方向一定是从一个端纽流进该网络,然后从另一个端纽流出该网络,这样一对端纽也称为端口。所以二端网络也称为单端口网络。若该网络内部含有独立源,称为含源二端网络,否则为无源二端网络。

3.6.1 戴维宁定理

根据等效电路的定义,一个由电阻、受控源和独立源组成的含源二端网络,可以用一个电压源和电阻串联的电路来等效,只要它们端口的伏安关系相同。如图 3.6.1 所示,这个电压源和电阻串联的电路就是原二端网络的戴维宁等效电路。

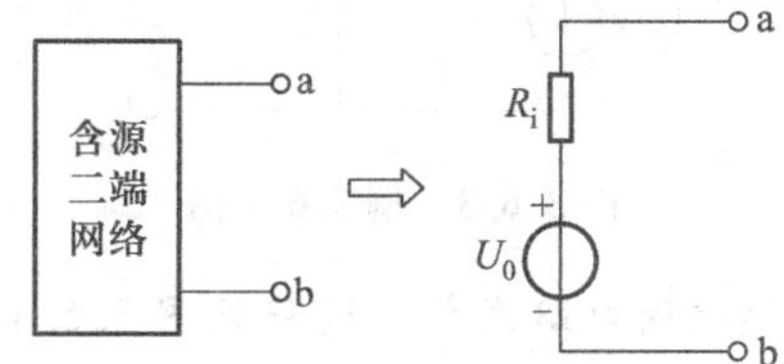

图 3.6.1　含源二端网络及其戴维宁等效电路

如图 3.6.2(a)所示,当端口开路时没有电流流过戴维宁等效电阻,即该电阻上的电压为零,所以戴维宁等效电压源的电压就是二端网络的开路电压,即

$$U_0 = U_{OC} \tag{3.6.1}$$

将戴维宁等效电路两端短路,如图 3.6.2(b)所示。可求得短路电流

$$I_{SC} = \frac{U_0}{R_i} \tag{3.6.2}$$

该短路电流同样也是原二端网络的短路电流。由此可解得戴维宁等效电阻

$$R_i = \frac{U_0}{I_{SC}} = \frac{U_{OC}}{I_{SC}} \tag{3.6.3}$$

这种利用开路电压和短路电流来求二端网络等效电阻的方法,又称为"断路短路法"。

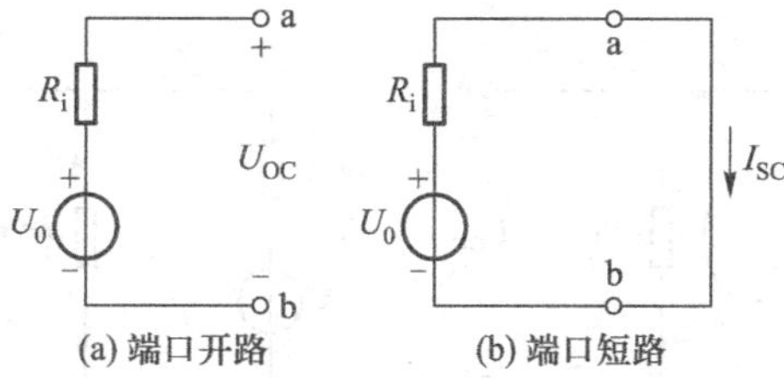

图 3.6.2　含源二端网络端口开路或短路时的等效电路

综上所述,戴维宁定理(Thevenin's theorem)可描述为:一个含源二端网络,可以用一个电压源和电阻串联的电路来等效,其中电压源的电压等于该网络开路时的开路电压,电阻为该二端网络的等效电阻,其值等于该二端网络的开路电压与短路电流之比。

3.6.2 戴维宁等效电阻的计算

对于无源二端网络,其端口的等效电阻(又叫输入电阻),可以利用电阻串并联公式或Δ-Y转换来进行计算。若二端网络含电源,也可以先将电源置零(电流源断路,电压源短路)后,再按上述方法计算。或者根据戴维宁定理分别计算该二端网络开路电压和短路电流,利用"断路短路法"计算等效电阻。如果该网络中含有受控源,此时求等效电阻可以用"断路短路法",也可以将网络内部电源置零后在端口外加电压,求端口电流,最后将端口外加的电压与端口电流相除,即得端口等效电阻,这种方法又叫"加压求流法",以此类推,也可以"加流求压"。

例3.6.1 求如图3.6.3所示电路的戴维宁等效电路。

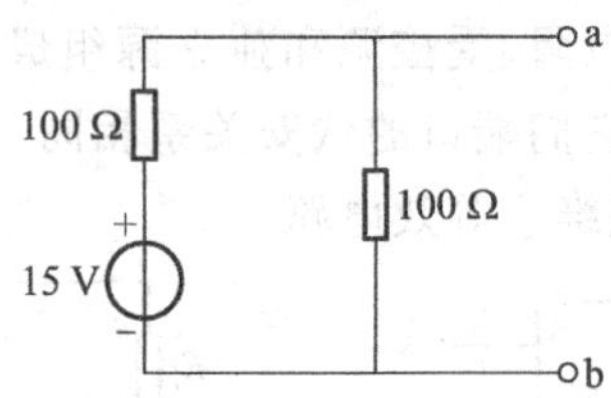

图3.6.3 例3.6.1图

解法1:利用电源的等效变换化简电路求解。过程见图3.6.4(a)、(b)、(c)。

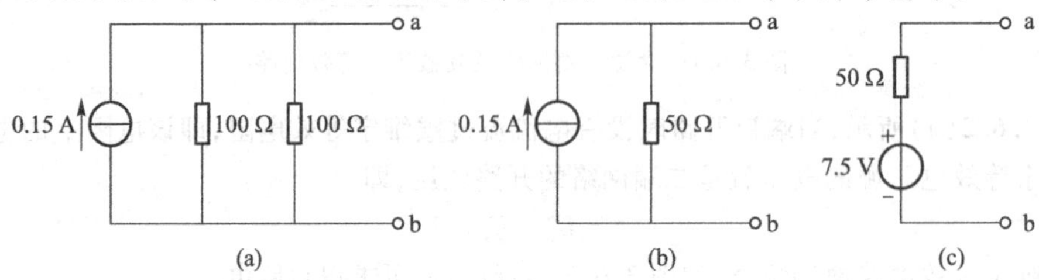

图3.6.4 例3.6.1图的等效电路

解法2:利用戴维宁定理的定义求解。

先求开路电压,如图3.6.5(a)所示,可得

$$U_{\mathrm{OC}}=\frac{15}{100+100}\times 100\ \mathrm{V}=7.5\ \mathrm{V}$$

再求短路电流

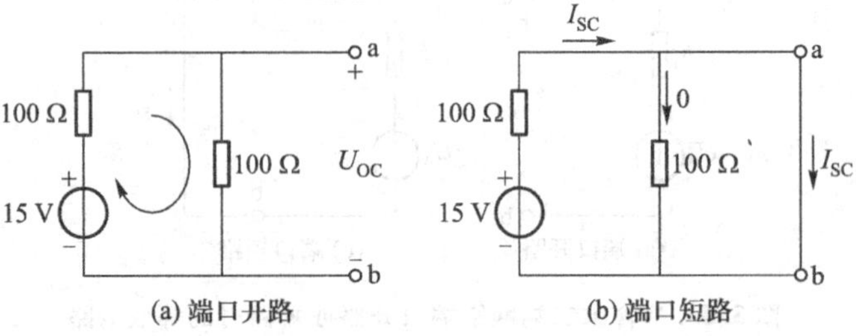

图3.6.5 例3.6.1图端口开路和短路时的等效电路

$$I_{\mathrm{SC}}=\frac{15}{100}\ \mathrm{A}=0.15\ \mathrm{A}$$

再求等效电阻

$$R_i = \frac{U_{OC}}{I_{SC}} = \frac{7.5}{0.15}\ \Omega = 50\ \Omega$$

由此可得原网络的戴维宁等效电路如图 3.6.4(c)所示。

解法 3:直接求等效电阻。将含源二端网络内部独立源置零,电压源短路,如图 3.6.6 所示。

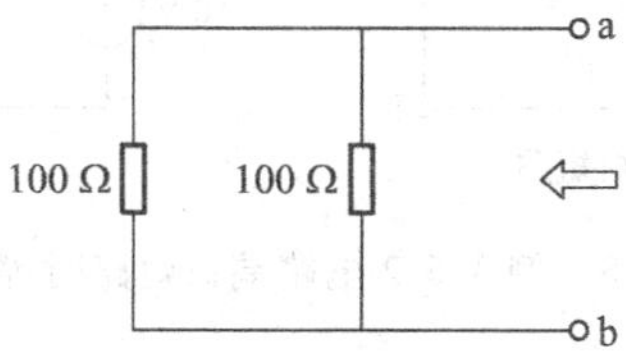

图 3.6.6 例 3.6.1 独立源置零时的等效电路

求等效电阻

$$R_i = \frac{100 \times 100}{100 + 100}\ \Omega = 50\ \Omega$$

例 3.6.2 计算如图 3.6.7(a)所示含受控源电路的戴维宁等效电路。

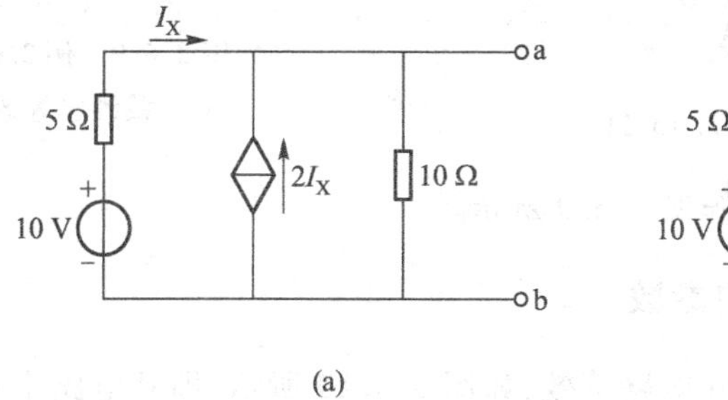

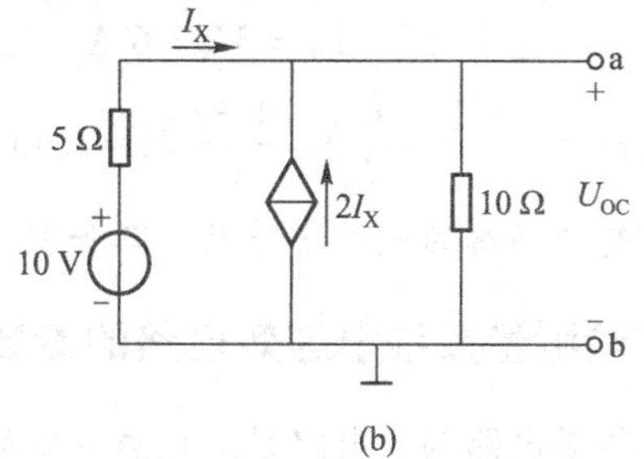

图 3.6.7 例 3.6.2 图

解:先求开路电压。对 a 点列 KCL 方程

$$I_X + 2I_X = \frac{U_{OC}}{10}$$

再对 10 V 电压源、5 Ω 电阻和开路电压组成的回路列 KVL 方程

$$10 = 5I_X + U_{OC}$$

移项,得

$$I_X = \frac{10 - U_{OC}}{5}$$

代入上面 KCL 方程中,得

$$3 \times \frac{10 - U_{OC}}{5} = \frac{U_{OC}}{10}$$

解得

$$U_{OC} \approx 8.57\ \mathrm{V}$$

再求短路电流,如图 3.6.8 所示。因端口短路,10 Ω 电阻两端电压为零,该支路电流也为零,可将该电阻去掉。受控电流源虽然也被短路,使得其两端电压为零,但其电流由控制量 I_X 决定,只要 I_X 不等于零,受控电流源就有电流,所以受控电流源支路不能去掉。等效电路如图

3.6.8(b)所示。

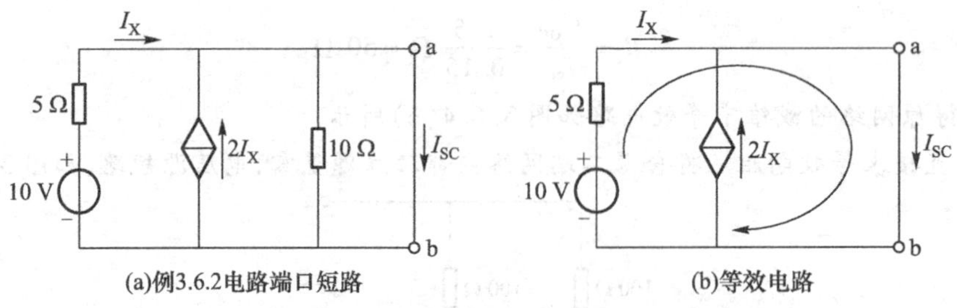

图 3.6.8 例 3.6.2 电路端口短路时等效电路

对图 3.6.8(b),由 10 V 电源、5 Ω 电阻和短路线构成的回路,列 KVL 方程

$$10 = 5I_X + 0$$

可得

$$I_X = \frac{10}{5}\ \text{A} = 2\ \text{A}$$

对 a 点列 KCL 方程,短路电流

$$I_{SC} = 3I_X = 6\ \text{A}$$

等效电阻 $$R_i = \frac{U_{OC}}{I_{SC}} = \frac{8.57}{6}\ \Omega \approx 1.43\ \Omega$$

由此可得原网络的戴维宁等效电路如图 3.6.9 所示。

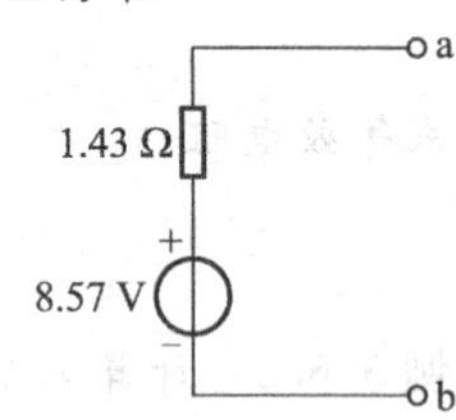

图 3.6.9 例 3.6.2 电路的戴维宁等效电路

3.6.3 实验测量戴维宁等效电路的参数

戴维宁等效电路与原电路是对任意外电路等效,如图 3.6.10 所示,即外电路中任意两点的电压、电流完全相同。可以用实验的方法测量戴维宁等效电路的参数。在图 3.6.10 中,将外电路换成一个可调电阻,可调电阻开路时,测得开路电压即戴维宁等效电压。再调节可调电阻值,使得电压表读数为开路电压值的一半,此时可调电阻值即为戴维宁等效电阻。

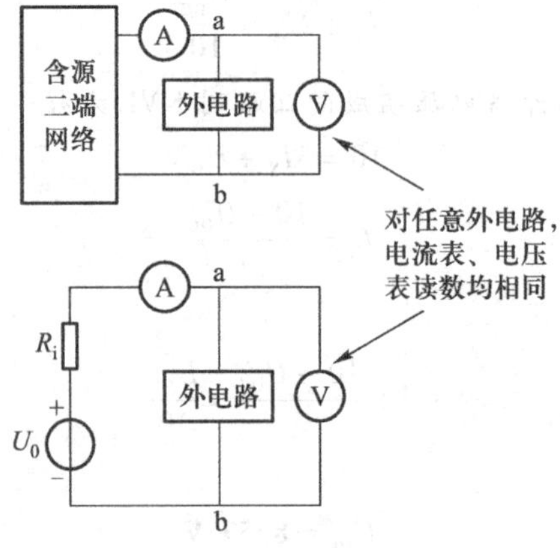

图 3.6.10 对外电路等效

3.6.4 不平衡的惠斯通电桥

可以利用戴维宁定理来计算不平衡的惠斯通电桥。惠斯通电桥，又叫直流单电桥，电路结构如图 3.6.11 所示。一些非电量，如压力、应力和温度等物理量的变化，可以通过传感器转换成电阻的变化，然后利用惠斯通电桥电路进行测量。如图 3.6.11 所示，任意两个电阻间都不是简单的串联或并联关系，如果不用 Y－Δ 等效变换，则可利用戴维宁定理化简求解。

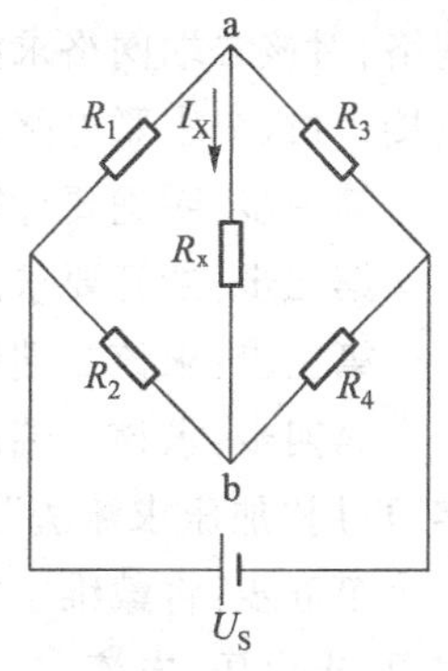

图 3.6.11 不平衡的惠斯通电桥

例 3.6.3 如图 3.6.11 所示惠斯通电桥电路，已知 $R_1=2.2\ \text{k}\Omega$，$R_2=3.9\ \text{k}\Omega$，$R_3=3.3\ \text{k}\Omega$，$R_4=2.7\ \text{k}\Omega$，$U_S=24\ \text{V}$，$R_x=1.18\ \text{k}\Omega$。求 $I_X=?$

分析： 对于惠斯通电桥电路，首先应判断其是否平衡，其电桥平衡条件是

$$R_1R_4=R_2R_3$$

若满足上式，则电桥平衡，这时 R_x 支路电流等于 0。若不满足上式，则电桥不平衡，需要进行计算才能确定桥上电流 I_X。

解： 移走 R_x，剩下的电路是以 ab 为输出端的二端网络，此二端网络的戴维宁等效电路如图 3.6.12 所示。其中

$$U_{OC}=U_a-U_b=\frac{R_3U_S}{R_1+R_3}-\frac{R_4U_S}{R_2+R_4}=\left(\frac{3.3}{5.5}\times24-\frac{2.7}{6.6}\times24\right)\ \text{V}\approx4.58\ \text{V}$$

$$R_i=R_1//R_3+R_2//R_4=\left(\frac{2.2\times3.3}{2.2+3.3}+\frac{3.9\times2.7}{3.9+2.7}\right)\ \text{k}\Omega\approx2.92\ \text{k}\Omega$$

$$I_X=\frac{U_{OC}}{R_i+R_x}=\frac{4.58}{2.92+1.18}\ \text{mA}\approx1.12\ \text{mA}$$

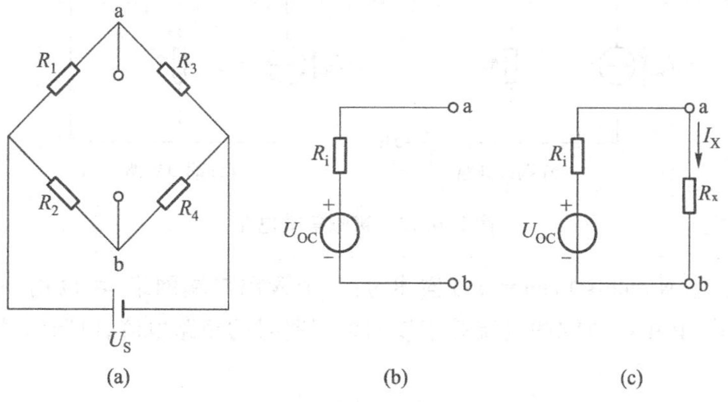

(a) (b) (c)

图 3.6.12 不平衡的惠斯通电桥电路的求解

3.6.5 戴维宁定理小结

戴维宁定理本质为一种等效替换：在计算复杂含源二端网络的外电路中的响应时，用其等效的戴维宁串联电路替代后，外电路中的电压、电流不变，而显然后者电路更为简单，计算更加

方便。

利用戴维宁定理求解电路响应,需要求哪一个元件(或哪一条支路)的电压、电流,只需将该元件(或支路)两端断开,将该元件(或支路)移开,剩下的电路就是一个以两断点为端口的二端网络,对该二端网络求戴维宁等效电路,然后将戴维宁等效电路与先前移开的元件(或支路)相连接,对这个串联电路,利用欧姆定律就可以求电压、电流了。其详细的计算步骤如下:

第一步:明确要计算哪一个元件(或支路)的电压、电流。

第二步:断开要求的元件(或支路),将剩下的二端网络电路画出来。

第三步:求该二端网络的开路电压。

第四步:求该二端网络的等效电阻,可以用"断路短路法",也可以将二端网络内部独立源置零,再用"加压求流法"或"加流求压法"计算该无源二端网络的等效电阻。

第五步:将戴维宁等效电路与第一步移开的元件(或支路)相连接,这是一个串联电路,根据需要,求电压、电流。

3.6.6 诺顿定理

含源二端网络既然可以等效成一个实际电源,根据3.5节实际电源的两种等效模型,可得含源二端网络的另一个等效电路,如图3.6.13(a)所示,是一个独立电流源与一个电阻并联的电路,即为该网络的诺顿等效电路。该电路与戴维宁等效电路互为等效电路。它们的输入等效电阻相等。

如图3.6.13(b)所示,将诺顿等效电路端口短路,可得诺顿等效电路电流源的电流就是端口短路电流,这也是戴维宁等效电路端口短路时的短路电流

$$I_{SC}=\frac{U_{OC}}{R_i}$$

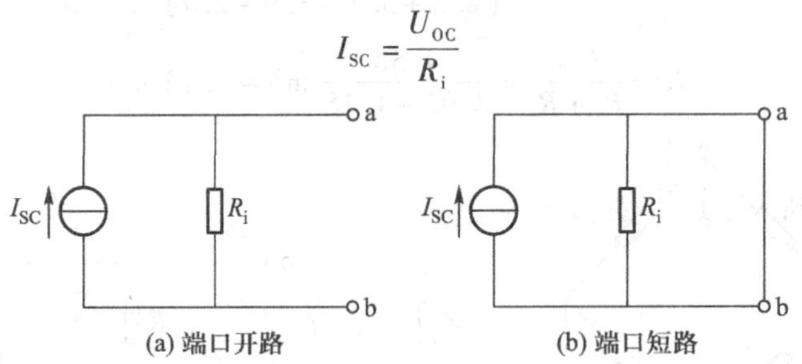

图3.6.13 诺顿等效电路

综上,诺顿定理(Norton's theorem)可描述为:一个含源二端网络,可以用一个电流源和电阻并联的电路来等效,其中电流源的电流等于该网络短路时的短路电流,电阻为该二端网络的等效电阻。

请注意戴维宁等效电路与诺顿等效电路中电源的参考方向:戴维宁等效电路中电压源的正极性端与诺顿等效电路中电流源电流的流出端应该一致。

例3.6.4 计算如图3.6.14(a)所示含受控源电路的诺顿等效电路。其中 $U_S=10\ \text{V}$, $R_1=10\ \Omega$, $R_2=R_3=5\ \Omega$。

解:该电路中含有受控源,先算开路电压。开路电压 U_{OC} 就是a点的结点电压。对结点a列KCL方程

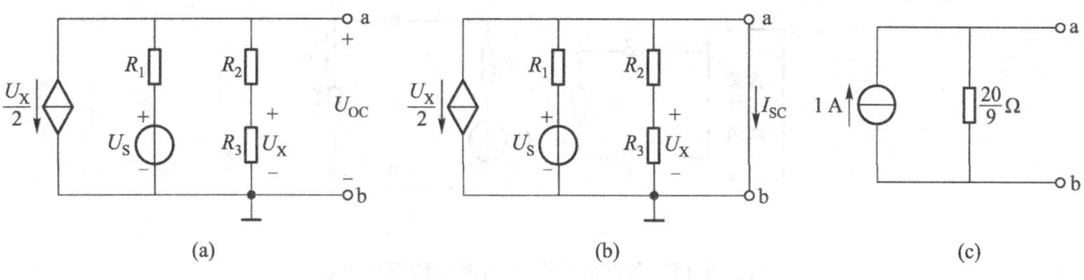

(a) (b) (c)

图 3.6.14 例 3.6.4 图

$$\frac{U_{OC}}{R_2+R_3}+\frac{U_{OC}-U_S}{R_1}+\frac{U_X}{2}=0$$

利用电阻串联分压公式,可得

$$U_X=\frac{R_3}{R_2+R_3}U_{OC}=0.5U_{OC}$$

代入上 KCL 方程中,可解得

$$U_{OC}=\frac{20}{9}\ \mathrm{V}$$

再求短路电流。如图 3.6.14(b)所示,R_2与 R_3串联支路被短路,$U_X=0$ V,受控电流源电流为零,相当于开路,所以短路电流

$$I_{SC}=\frac{U_S}{R_1}=\frac{10}{10}\ \mathrm{A}=1\ \mathrm{A}$$

等效电阻

$$R_i=\frac{U_{OC}}{I_{SC}}=\frac{\frac{20}{9}}{1}\ \Omega=\frac{20}{9}\ \Omega$$

诺顿等效电路如图 3.6.14(c)所示。

3.6.7 最大功率传输定理

在实际工程上,经常会遇到如图 3.6.15(a)所示含源二端网络与负载 R_L 相连接的电路。在含源二端网络内部的电路参数保持不变的前提下,经常需要计算负载 R_L 为何值时可以从电源获得最大功率?比如扬声器电路,图 3.6.15(a)中,R_L 为扬声器的电阻,前面的含源二端网络为驱动扬声器的功率放大电路。R_L 为何值时,扬声器获得最大功率?这类问题很显然具有实际意义。

这类问题并不是 R_L 越大,就能获得越大的功率。将该含源二端网络用戴维宁等效电路替换后如图 3.6.15(b)所示,可知 R_L 越大,流过 R_L 的电流却越小。具体 R_L 为何值时可以获得最大功率,要通过计算求得。

详细计算过程如下:

流过负载 R_L 的电流

$$I_L=\frac{U_0}{R_i+R_L} \tag{3.6.4}$$

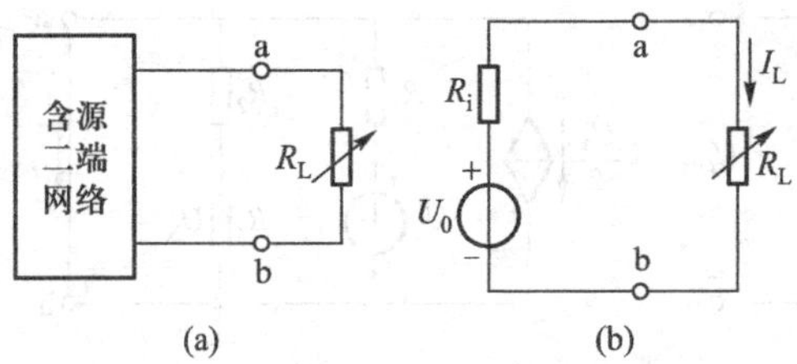

图 3.6.15 负载获得最大功率时的等效电路

负载 R_L 消耗的功率

$$P_L = I_L^2 R_L \tag{3.6.5}$$

将式(3.6.4)代入式(3.6.5)得到

$$P_L = \frac{U_0^2 R_L}{(R_i + R_L)^2} \tag{3.6.6}$$

根据相关数学知识,使 P_L 为极值的点是 P_L 对 R_L 的导数等于零的点,即

$$\frac{dP_L}{dR_L} = \frac{U_0^2(R_i + R_L)^2 - 2U_0^2 R_L(R_i + R_L)}{(R_i + R_L)^4} = 0 \tag{3.6.7}$$

解之,可得:

$$R_L = R_i \tag{3.6.8}$$

所以当负载电阻等于含源二端网络的输入等效电阻时,负载可以获得最大功率,此最大功率值是电源提供功率的一半,即

$$P_{Lmax} = \frac{U_0^2}{4R_i} \tag{3.6.9}$$

这就是最大功率传输定理(maximum power transfer theorem)。最大功率传输定理只适用于负载参数可调,但电源参数不可改变的情况。若电源参数可调,最大功率传输定理不再适用。

例 3.6.5 电路如图 3.6.16 所示,问负载 R_L 为何值时可获得最大功率,并求此最大功率。

解:最大功率传输定理往往与戴维宁定理联立使用。只需将负载两端断开,对去掉负载后的二端网络求戴维宁等效电路,就可以直接利用前面推出的结果。

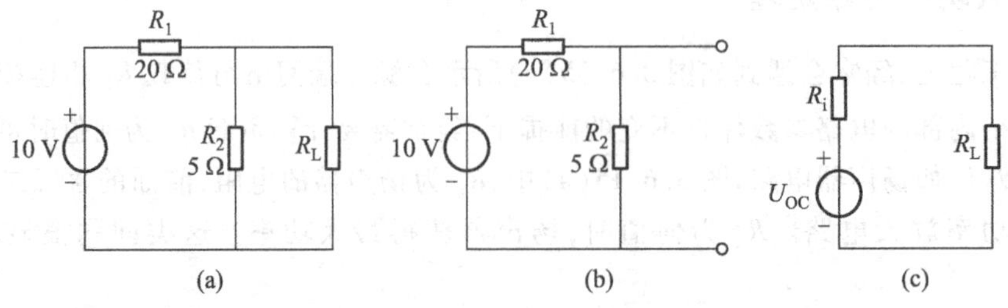

图 3.6.16 例 3.6.5 图

去掉负载后的二端网络如图 3.6.16(b)所示。其输入等效电阻

$$R_i = \frac{1}{\frac{1}{R_1} + \frac{1}{R_2}} = \frac{1}{\frac{1}{20} + \frac{1}{5}}\ \Omega = 4\ \Omega$$

开路电压

$$U_{OC}=\frac{R_2}{R_1+R_2}\times 10=\frac{5}{20+5}\times 10\ \text{V}=2\ \text{V}$$

所以，当负载 $R_L=R_i=4\ \Omega$ 时，获得的最大功率

$$P_{Lmax}=\frac{U_{OC}^2}{4R_i}=\frac{2^2}{4\times 4}\ \text{W}=0.25\ \text{W}$$

练习与思考

3.6.1 请问是否任意含源二端网络都有戴维宁等效电路？有没有含源二端网络没有戴维宁等效电路？试举例说明。

3.6.2 请问是否任意含源二端网络都有诺顿等效电路？有没有含源二端网络没有诺顿等效电路？试举例说明。

3.6.3 例 3.6.5 中，负载获得最大功率时，10 V 电源提供的功率是多少？是负载获得最大功率的两倍吗？为什么？

3.7 对偶原理

对比电阻和电导的伏安关系式

$$U=RI \tag{3.7.1}$$

$$I=GU \tag{3.7.2}$$

会发现这两个关系式具有相同的数学表现形式，即将式(3.7.1)中电压 U 用电流 I 替代，电阻 R 用电导 G 替代，电流 I 用电压 U 替代后，式(3.7.1)就变成了式(3.7.2)。

同样地观察图 3.7.1(a)、(b)所示的电路，图 3.7.1(a)满足方程

$$I=\frac{U}{R_1+R_2}=\frac{U}{\sum\limits_{k=1}^{2}R_k} \tag{3.7.3}$$

$$U_k=\frac{R_k}{\sum\limits_{k=1}^{2}R_k}U \tag{3.7.4}$$

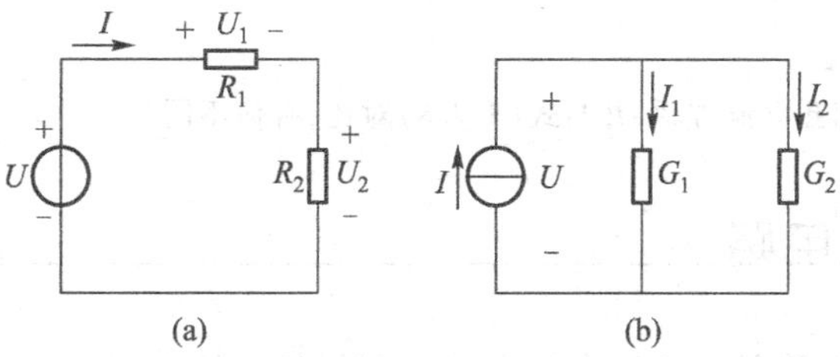

图 3.7.1 具有对偶关系的电路

图 3.7.1(b)满足方程

$$U=\frac{I}{G_1+G_2}=\frac{I}{\sum\limits_{k=1}^{2}G_k} \tag{3.7.5}$$

$$I_k = \frac{G_k}{\sum_{k=1}^{2} G_k} I \tag{3.7.6}$$

比较这两组方程，可以发现，如果将图3.7.1(a)满足的方程中的R用G替换，I用U替换，U用I替换，则与图3.7.1(b)的方程完全一样。同样的，将图3.7.1(b)满足的方程做同样的替换，也可得到图3.7.1(a)的方程。这种现象称为对偶原理(dual principle)，具有对偶关系的电路称为对偶电路，互相替换的变量称为对偶变量。比如：串联和并联、电压和电流、电阻和电导、电感和电容、戴维宁定理和诺顿定理等都互为对偶，若已知某电路的电压、电流方程，则其对偶电路的方程可利用对偶性质直接写出。

例3.7.1 电路如图3.7.2所示，写出其结点电压方程，利用对偶原理画出其对偶电路，并写出对偶电路的回路电流方程。

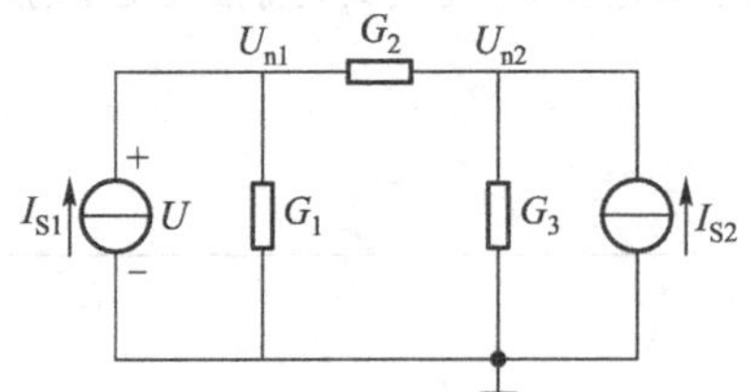

图3.7.2 例3.7.1图

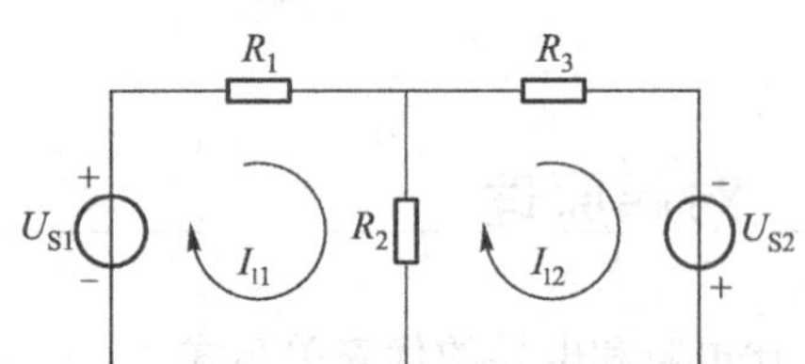

图3.7.3 例3.7.1图的对偶电路

解：写出图3.7.2的结点电压方程

$$\begin{aligned}(G_1+G_2)U_{n1}-G_2U_{n2}&=I_{S1}\\ -G_2U_{n1}+(G_2+G_3)U_{n2}&=I_{S2}\end{aligned} \tag{3.7.7}$$

利用对偶原理画出其对偶电路，如图3.7.3所示。

直接利用对偶原理，将式(3.7.7)中电导G用电阻R代替，电压U用电流I代替，电流I用电压U代替，可得回路电流方程

$$\begin{aligned}(R_1+R_2)I_{l1}-R_2I_{l2}&=U_{S1}\\ -R_2I_{l1}+(R_2+R_3)I_{l2}&=U_{S2}\end{aligned} \tag{3.7.8}$$

练习与思考

3.7.1 对图3.7.3列网孔电流方程，并与式(3.7.8)对比，有何不同？

3.8 非线性电阻电路

含有非线性电阻的电路是非线性电阻电路。非线性电阻是这样的电阻：该电阻的阻值随外加电压或电流大小改变而改变。所以非线性电阻元件的伏安特性曲线是一条曲线，而不像线性电阻那样是一条过原点的直线。如第二章所述二极管元件的伏安特性曲线，不同的电压、电流值时，曲线的斜率也不同，而该斜率即二极管的电阻值。实际的电阻都是非线性电阻，线性只是一定条件下的近似。

基尔霍夫电流定律、电压定律与所构成电路的元件性质无关，所以不论是线性电路还是非线

性电路,基尔霍夫定律都成立。但是如果电路中包括非线性元件,即非线性电路,则以线性元件为基础的电路分析方法,如叠加定理、回路电流法、结点电压法等方法将不再适用,而应该按照非线性电路的特点作相应的分析。

例 3.8.1 电路如图 3.8.1 所示,其中 D 为理想二极管,$R=10\ \Omega$,$U_I=10\ \text{V}$,$I_S=0.1\ \text{A}$,求 D 两端的电压 U_{ab}。

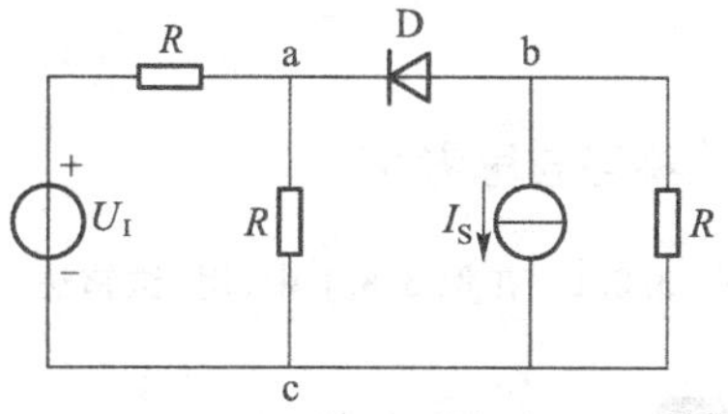

图 3.8.1 例 3.8.1 图

解:理想二极管相当于开关,加正向电压时导通,相当于开关闭合;加反向电压时截止,相当于开关断开。利用"试错法"求解此题,假设理想二极管 D 截止,则

$$U_{ac}=\frac{R}{R+R}U_I=\frac{1}{2}U_I=5\ \text{V}$$

$$U_{bc}=-I_SR=-0.1\times10\ \text{V}=-1\ \text{V}$$

$$U_{ab}=U_{ac}-U_{bc}=[5-(-1)]\ \text{V}=6\ \text{V}$$

所以对 D 加反向电压 6 V,确实应该工作在截止状态,与假设吻合,说明假设正确。

例 3.8.2 经测试,某二端非线性电阻网络的端口特性如下:

U/V	0	2.1	3.6	4.6	5.4	6.1	6.6	7.0	7.4
I/A	0	0.1	0.2	0.3	0.4	0.5	0.6	0.7	0.8

现将其接入图 3.8.2(a)所示电路中,求此二端非线性电阻网络的端口电流和电压。

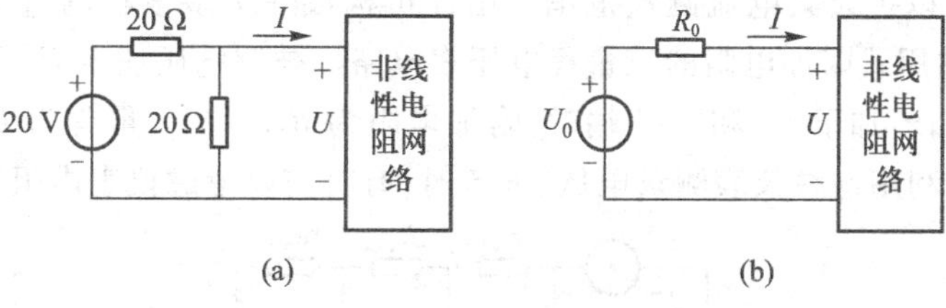

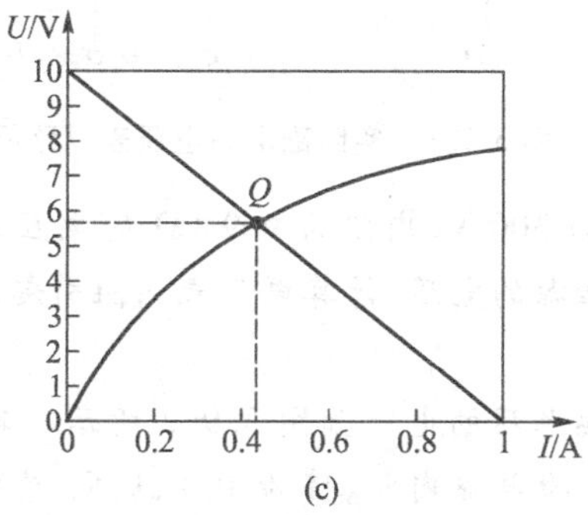

图 3.8.2 例 3.8.2 图

解:可用图解法做此题。作二端非线性电阻网络所连接外电路的戴维宁等效电路,如图 3.8.2(b)所示。经计算可得该戴维宁等效电路的参数

$$U_0=10\ \text{V},R_0=10\ \Omega$$

其端口的方程为

$$U = U_0 - IR_0 = 10 - I$$

利用此非线性电阻网络测定的数据绘出其伏安特性曲线如图3.8.2(c)所示。将戴维宁等效电路的端口特性直线绘于图3.8.2(c)中，它与非线性电阻网络的伏安特性曲线的交点Q即为非线性电阻网络的工作点，其对应的电压、电流即为非线性电阻网络的端口电压和电流。由图可查得

$$U \approx 5.7 \text{ V}, I \approx 0.43 \text{ A}$$

练习与思考

3.8.1 在例3.8.1中，用“试错法”，若开始时假设理想二极管导通，应该如何做？

3.9 应用实例

3.9.1 直流电压表电路

磁电系测量机构，又称为磁电式表头，是利用电磁原理来测量直流电流或直流电压的装置。由于表头内阻很小，不能承受较高的电压，故采用与表头串联分压电阻的办法来扩大电压测量范围，使大部分电压降落在分压电阻上，该电阻又称为附加电阻。改变附加电阻值，可以使相应的电压量程发生改变，从而构成多量程直流电压表。同时，表头能够承受的电流也有限，也需要与表头并联分流电阻，以扩大其电流测量范围。由此可构成一个多量程的直流电压表电路，如图3.9.1所示为具有共用式附加电阻的三量程电压表电路。被测电压加于U_1和“＊”端时，附加电阻为R_{V1}，量程为U_1；若加于U_2和“＊”端时，附加电阻为$R_{V1}+R_{V2}$，量程为U_2。依次类推，显然量程$U_3>U_2>U_1$。利用这种仪表测量电压、电流时，有时需要考虑仪表内阻对被测量的影响。

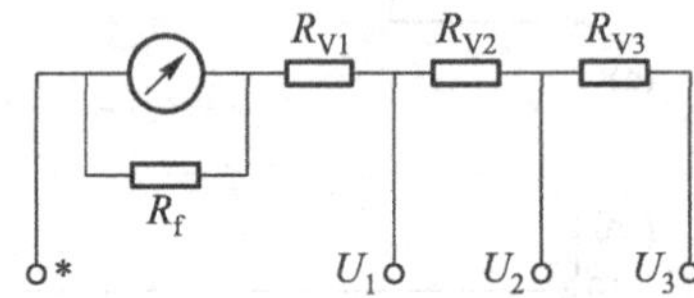

图3.9.1 实际磁电系电压表电路原理图

例3.9.1 用一个量程为300 V、内阻为9.9 kΩ的电压表测量一个内阻为100 Ω、10 V电压源的电压，计算电压表内阻引起的测量误差。

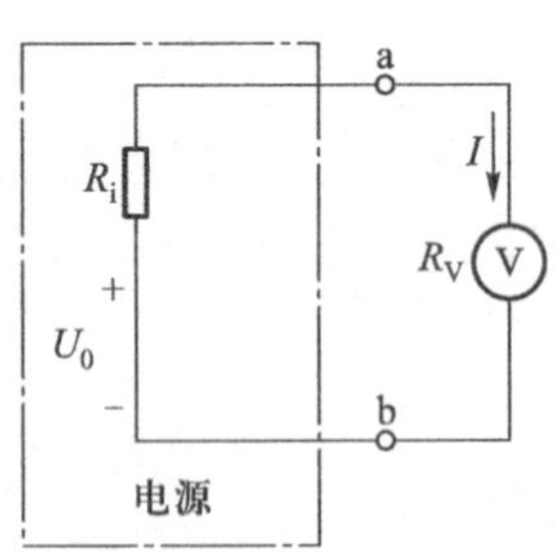

图3.9.2 电压表测电源端电压电路

分析：该电压表测电源端电压的电路如图3.9.2所示。其中U_0为电源电压，其值为10 V，R_i为电源内阻，值为100 Ω，R_V为电压表内阻，值为9.9 kΩ。由电路图可以看出，由于电压表内阻的存在，使得该电路中有电流I，从而电源内阻上有压降。利用该电压表测电源电压时，测得的是电源的端电压。两者之间的区别就是电源内阻上的压降。

解：电压表测得的电压

$$U_{ab}=\left(\frac{U_0}{R_i+R_V}\right)R_V=\frac{10}{9900+100}9900\ \text{V}=9.9\ \text{V}$$

电压表内阻引起的误差

$$\Delta U=U_{ab}-U_0=(9.9-10)\ \text{V}=-0.1\ \text{V}$$

3.9.2 电路故障排除的“二分法”

实际电路有时会出现故障,需要进行故障排查。如图 3.9.3 所示,一个广告牌上有 10 盏灯串联到 220 V 电源上,以前可以正常工作,但某天把电源插上后,发现所有的灯都不亮了。假设你手上现有一只电压表(或是电阻表),应该怎样去查找故障?

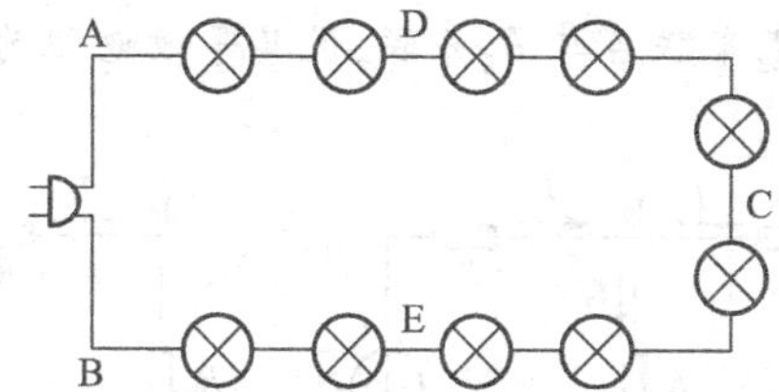

图 3.9.3 广告牌 10 盏灯串联电路

电路发生故障时,故障排查的过程如下:首先分析故障的症状,比如电路以前工作是否正常?若是,则其在什么情况下出现故障?故障表现是什么?若否,则线路的连接和元件的参数是否正确?等等。其次通过适当的测量,根据测试的结果缩小可能的故障范围。最后确定故障的原因。

在此例中,因为电路“以前可以正常工作”,所以排除了线路布线和元件参数不正确的可能性。那么,现在灯不亮的原因可能是:电源没有电压,或者线路连接松了,还有就是有灯烧坏了,造成断路。对此,故障排查的过程应该是:首先查电源,看电压是否正常;如果正常,那么就只可能是线路有断路,所以接下来需要确定断路点的位置。假设你手上现有一只电压表,则可以给电路通电后,逐点测试电压,来确定断路点。

在实际工程中,线路比较复杂,要逐点测试的话需要很长时间,效率不高。工程上常用的电路故障排除方法为“二分法”,一次测量一半的线路,经过几次测量就能找出故障点,缩短了时间,减少了工作量。比如上例中,将插头接电源后,可以先测 AC 两点电压,再测 BC 两点电压,哪一次测出来电压为电源电压,则故障点就在那一段。没有故障点的电压应该为零:因为断路,线路中没有电流,所以没有故障点的线路没有压降,电压为零,故障点两端为电源电压。假设故障点确定是 AC 段,那么下一步分别来测量 AD 段、CD 段电压,以此类推,直到确定出故障点。利用“二分法”,对上例最多只需要 3、4 次测量即可确定故障点位置。

3.9.3 梯形电阻网络

在电子技术领域,经常用到将离散的数字信号转换为连续变化的模拟信号,即数模转换技术。梯形电阻网络就是一种能够实现数模转换的电路。如图 3.9.4 所示为基本的三级梯形网络电路。梯形电阻网络的分析,一般从距离电源最远端开始,向着电源逐级简化,逐一确定出各支路的电压、电流。

例 3.9.2 如图 3.9.4 所示为基本三级梯形网络电路,若电源电压 $U=15$ V,$R_1=3\ \Omega$,$R_2=3$

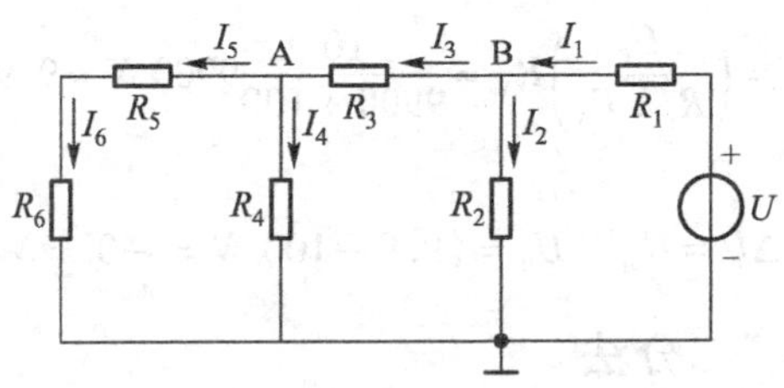

图 3.9.4 基本的三级梯形网络电路

Ω，$R_3=R_4=4\ \Omega$，$R_5=R_6=2\ \Omega$。计算各支路电流及各结点电压。

分析：从距离电源最远端的支路开始，R_5、R_6串联后与R_4并联，设其等效电阻为R_A，等效电路如图 3.9.5(a)所示。R_A与R_3串联后与R_2并联，设其等效电阻为R_B，等效电路如图 3.9.5(b)所示。

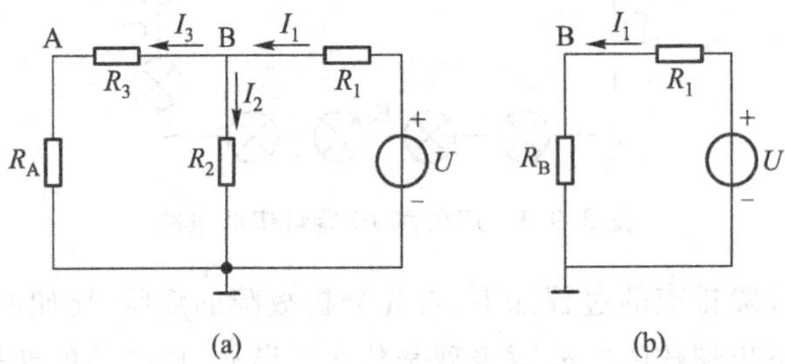

图 3.9.5 例 3.9.2 等效电路

解：

$$R_A=(R_5+R_6)//R_4=\frac{4\times4}{4+4}\ \Omega=2\ \Omega$$

$$R_B=(R_A+R_3)//R_2=\frac{6\times3}{6+3}\ \Omega=2\ \Omega$$

$$I_1=\frac{U}{R_1+R_B}=\frac{15}{3+2}\ \text{A}=3\ \text{A}$$

$$I_2=\frac{R_A+R_3}{R_2+R_A+R_3}I_1=\frac{6}{3+6}3\ \text{A}=2\ \text{A}$$

$$I_3=\frac{R_2}{R_2+R_A+R_3}I_1=\frac{3}{3+6}3\ \text{A}=1\ \text{A}$$

$$U_A=R_AI_3=2\times1\ \text{V}=2\ \text{V}$$

$$U_B=R_BI_1=2\times3\ \text{V}=6\ \text{V}$$

3.9.4 $R-2R$ 梯形网络

$R-2R$ 梯形网络采用梯形电阻网络进行数模转换，是最为常见的一种数模转换器件，常用于将数字编码信号转换为语音等模拟信号。如图 3.9.6 所示为一个四级 $R-2R$ 梯形网络，该梯形网络包含两种电阻值：R 和 $2R$。流入每个 $2R$ 电阻的电流从高位到低位按 2 的整数倍递减，从而依次得到电流

$$\frac{1}{2^1}I,\frac{1}{2^2}I,\frac{1}{2^3}I,\frac{1}{2^4}I$$

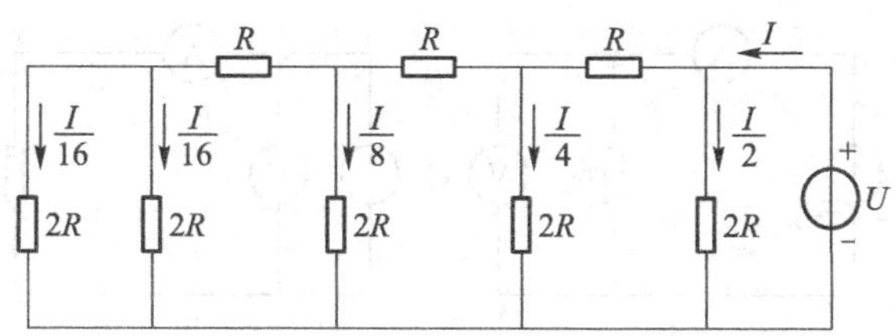

图 3.9.6 四级 $R-2R$ 梯形网络

只需要在每个 $2R$ 支路串联一个由数字信号控制的单刀双置开关,数字输入的每一位控制梯形网络的各个 $2R$ 支路接入或断开,如图 3.9.7 所示。通常该梯形网络后接一个运算放大器,不论单刀双置开关打到 **1** 还是 **0** 的位置,该点电位均为零(由后接运算放大器决定)。

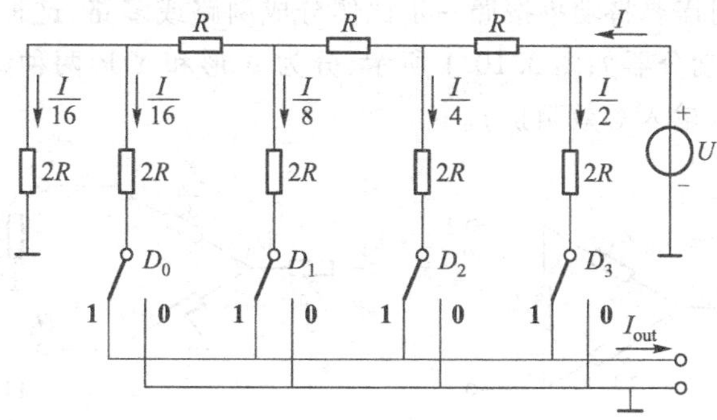

图 3.9.7 $R-2R$ 梯形网络进行数模转换

假设第 i 个开关 D_i,根据所处的位置,其值等于 **0** 或 **1**。当两个以上开关同时打到位置 **1** 时,总输出电流 I_{out} 等于各开关分别打到位置 **1** 时输出电流之和,利用 KCL 可以证明,流出该网络的电流

$$
\begin{aligned}
I_{out} &= \sum i = \frac{I}{2^4}D_0 + \frac{I}{2^3}D_1 + \frac{I}{2^2}D_2 + \frac{I}{2^1}D_3 \\
&= \frac{U}{R}\left(\frac{D_0}{2^4} + \frac{D_1}{2^3} + \frac{D_2}{2^2} + \frac{D_3}{2^1}\right) \\
&= \frac{U}{2^4 \times R}\sum_{i=0}^{3} D_i \times 2^i
\end{aligned}
$$

由此可将输入的数字信号 $D_3D_2D_1D_0$ 转换成相应的模拟信号,从而实现了数模转换功能。

练习与思考

3.9.1 利用电压表、电流表测量电压、电流时,仪表内阻都会对测量结果产生影响。比如用伏安法测电阻时,改变电压表、电流表接入电路的位置,如图 3.9.8 所示,仪表内阻对测量结果的影响也不同。试计算图 3.9.8(a)、(b)两种接线情况仪表内阻引起的误差。

3.9.2 画出一个四级梯形网络的电路结构图。

3.9.3 在例 3.9.2 中,若 $R_1 = 8\ \Omega, U = 12\ \text{V}$,其他元件参数不变,计算各支路电流和各结点电压。

3.9.4 对图 3.9.6 所示电路,假设 $R = 1\ \text{k}\Omega, U = 12\ \text{V}$,计算各支路电流和各结点电压。

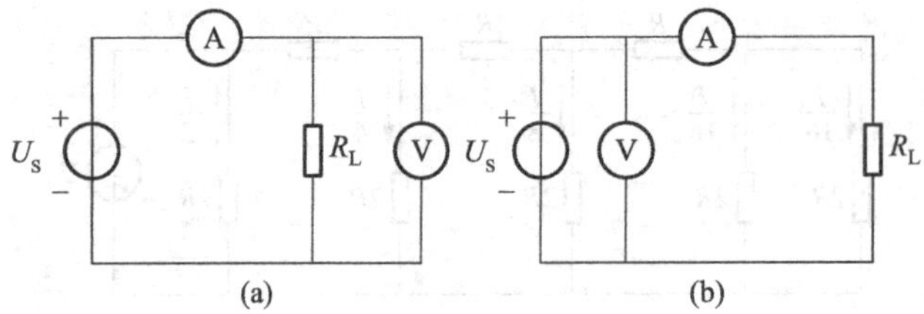

图3.9.8 伏安法测电阻电路

3.10 应用设计

在高频电路中，有时需要将功率按照一定比例分成两路或多路，这种电路称为功率分配器，简称功分器。电阻式等功分器如图3.10.1所示，分为Δ形和Y形两种结构形式，其中 Z_0 为后端所接电路的特性阻抗（输入等效阻抗）。

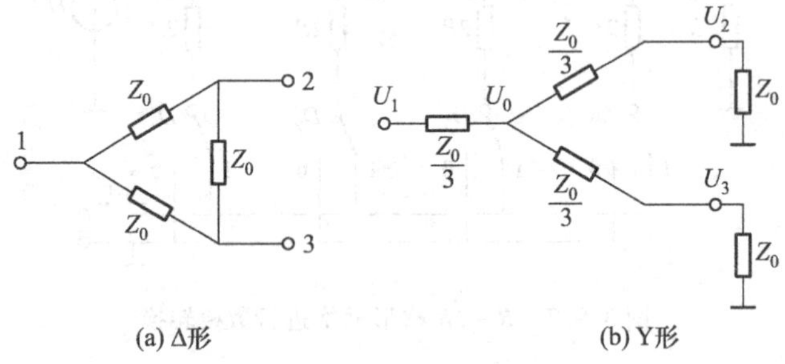

图3.10.1 电阻式等功分器

对于如图3.10.1(b)所示电路，利用结点电压法，可得

$$\left(\frac{1}{\frac{4Z_0}{3}}+\frac{1}{\frac{4Z_0}{3}}+\frac{1}{\frac{Z_0}{3}}\right)U_0=\frac{U_1}{\frac{Z_0}{3}}$$

解得

$$U_0=\frac{2}{3}U_1$$

$$U_2=U_3=\frac{3}{4}U_0=\frac{1}{2}U_1$$

负载 Z_0 上获得的功率均为

$$P=\frac{U_2^2}{Z_0}=\frac{U_1^2}{4Z_0}$$

从而实现了等功率分配。

据此原理，相应地可设计电阻式三功分器、四功分器。

小结

本章首先介绍了纯电阻电路的分析方法：结点电压法和网孔电流法；其次介绍了一些常用的重要电路定理。包括叠加定理（包括齐性定理）、戴维宁定理和诺顿定理、最大功率传输定理以及对偶原理。

1. 结点电压方程的实质是 KCL 方程，故连接到各结点上的每条支路的电流均不能遗漏，应特别注意无伴电压源支路的电流。结点电压法的解题步骤如下：

（1）选取参考点，确定独立结点电压 U_{n1}、U_{n2}、…变量。

（2）依据 KCL 列写结点电压方程。

（3）若电路中含有无伴电压源时，可引入该支路电流变量，并增加该支路两结点之间的 KVL 方程。

（4）若电路中含有受控源，增加控制量与结点电压的关系方程。

（5）联立以上方程求解。

2. 回路电流方程的实质是 KVL 方程，故回路中每个元件上的电压均不能遗漏，特别应注意电流源（包括受控电流源）两端的电压。回路电流法的解题步骤：

（1）选择一组独立回路，指定回路的绕行方向。

（2）依据 KVL 列写以回路电流为未知量的方程。

（3）若电路中含有电流源或受控电流源时，各增加一个辅助方程。

（4）联立以上方程求解。

3. 叠加定理只适用于线性电路求电压或电流，不适用于非线性电路。也不能用叠加定理直接求功率。

4. 实际电源有两种模型：电流源模型和电压源模型。这两种模型互为等效电路。受控源与独立源同样处理。进行变换时请注意电源的方向。

5. 含源二端网络可以等效成一个电源，戴维宁或诺顿等效电路就是实际电源的两种电路模型。但是如果含源二端网络等效成一个理想电源，那么该网络只有戴维宁等效电路或者只有诺顿等效电路，因为理想电压源是没有电流源来等效的，理想电流源也找不到电压源来等效。利用戴维宁或诺顿定理解题的步骤：

（1）计算下列 3 个量中任意两个量：

① 开路电压 U_{OC}。

② 短路电流 I_{SC}。

③ 等效电阻 R_i。

（2）利用公式 $U_{OC}=I_{SC}R_i$ 求出第三个量。

（3）电压源 U_{OC} 与电阻 R_i 串联，为其戴维宁等效电路。

（4）电流源 I_{SC} 与电阻 R_i 并联，为其诺顿等效电路。

当电源参数不可改变，负载参数可以调节时，使负载电阻与电源内阻相等，负载可以获得最大功率。最大功率传输定理往往与戴维宁定理联立使用。

习题

3.2.1　用结点电压法求图 3.1 所示电路中的电流 I。

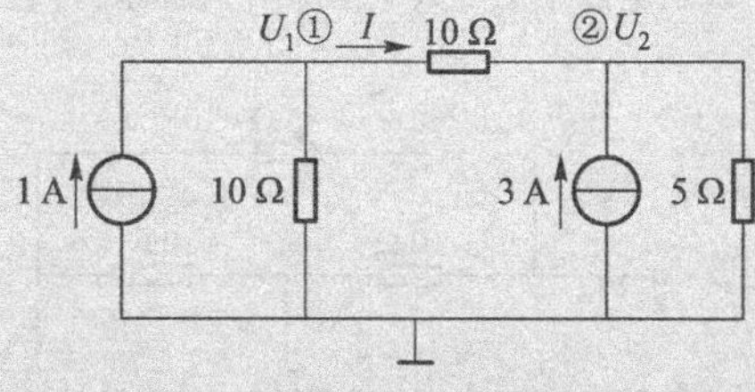

图 3.1　题 3.2.1 图

3.2.2　用结点电压法求图 3.2 所示电路中的电流 I。

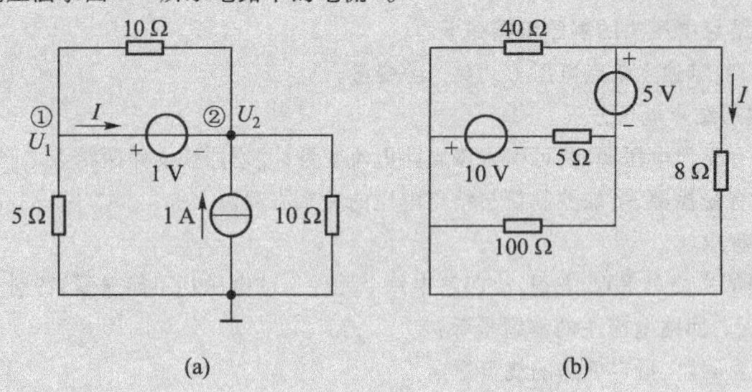

图 3.2　题 3.2.2 图

3.2.3　用结点电压法求图 3.3 所示电路中各电阻上的电流以及各个电源供出的功率。

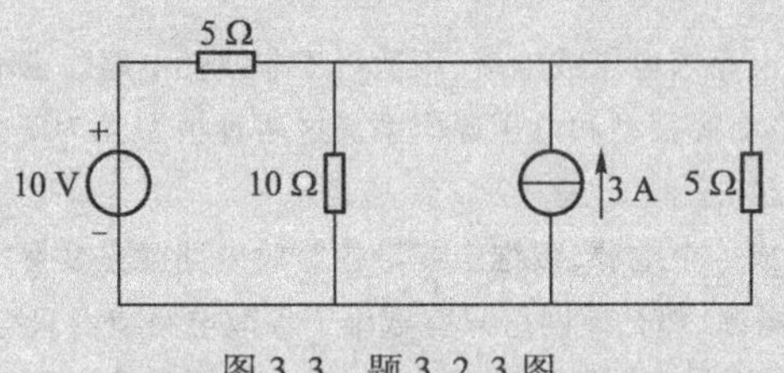

图 3.3　题 3.2.3 图

3.2.4　求图 3.4 所示电路中的结点电压。

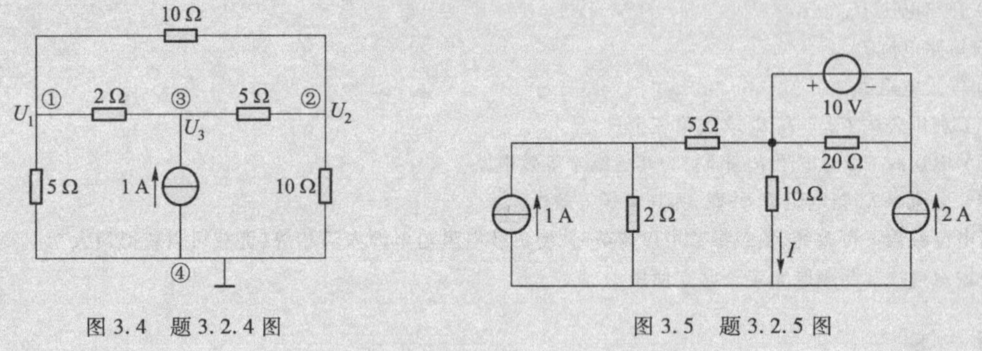

图 3.4　题 3.2.4 图

图 3.5　题 3.2.5 图

3.2.5　用结点电压法求图 3.5 所示电路中的电流 I。选择适当的参考结点使得未知结点电压数量最少。

3.2.6　用结点电压法求图 3.6 所示电路中的等效电阻 R_{ab}。（提示：可假设 ab 端外接 1 A 的电流源，用结点电压法求出 ab 端的电压）

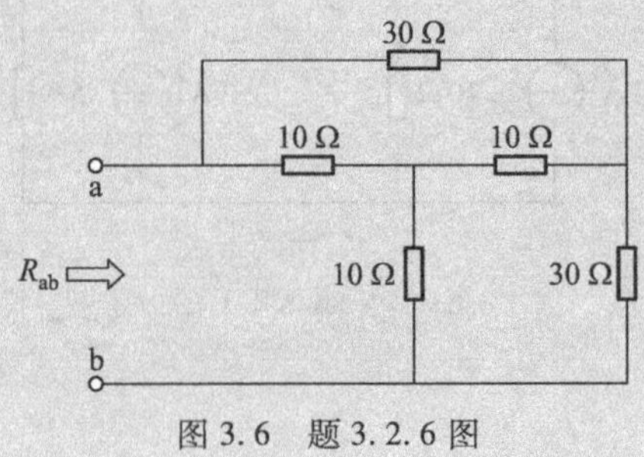

图 3.6　题 3.2.6 图

3.2.7 列写图 3.7 所示电路的结点电压方程，并比较其区别，说明原因。

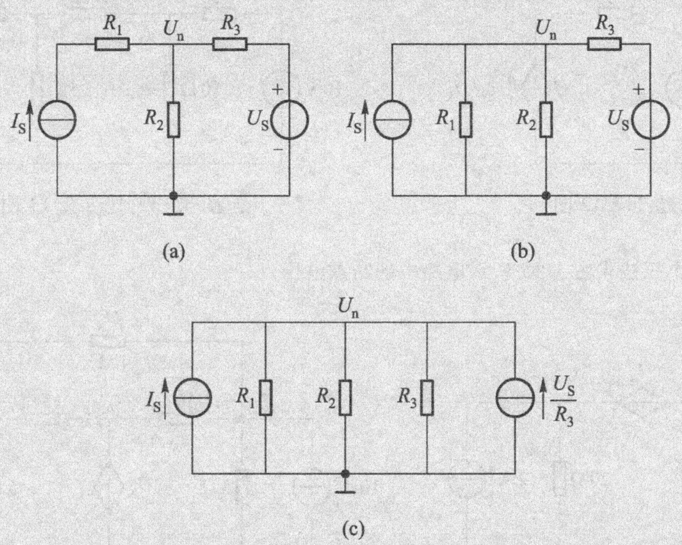

图 3.7 题 3.2.7 图

3.2.8 列写图 3.8 所示电路的结点电压方程。

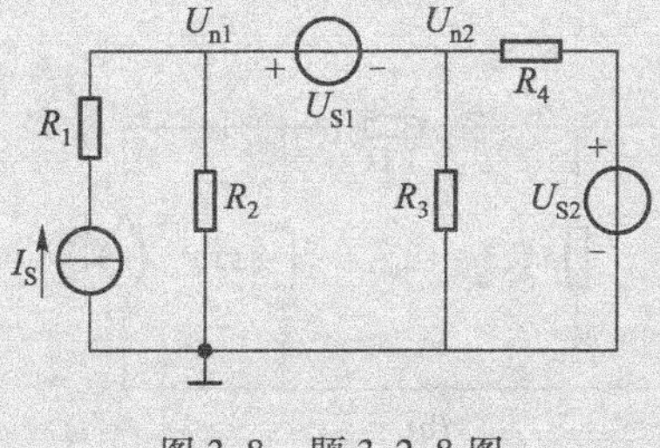

图 3.8 题 3.2.8 图

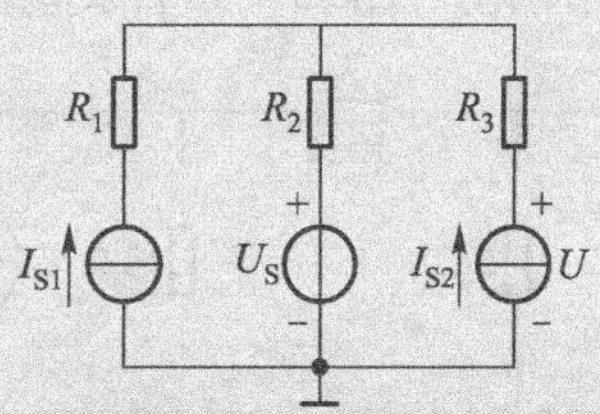

图 3.9 题 3.2.9 图

3.2.9 图 3.9 所示电路，已知 $U_S=10\ \text{V}$，$I_{S1}=2\ \text{A}$，$I_{S2}=5\ \text{A}$，$R_1=3\ \Omega$，$R_2=R_3=5\ \Omega$。用结点电压法求 U。

3.2.10 求图 3.10 所示电路每个电阻的压降，以及电源提供的功率。

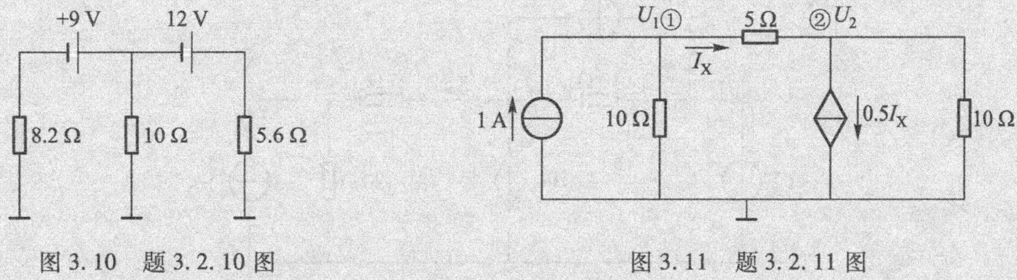

图 3.10 题 3.2.10 图

图 3.11 题 3.2.11 图

3.2.11 用结点电压法求图 3.11 所示电路中的电流 I_X。

3.2.12 用结点电压法求图 3.12 所示电路中的电压 U。

3.2.13 用结点电压法求图 3.13 所示电路中的电流 I_X。

3.2.14 用结点电压法求图 3.14 所示电路中的电流 I_X。

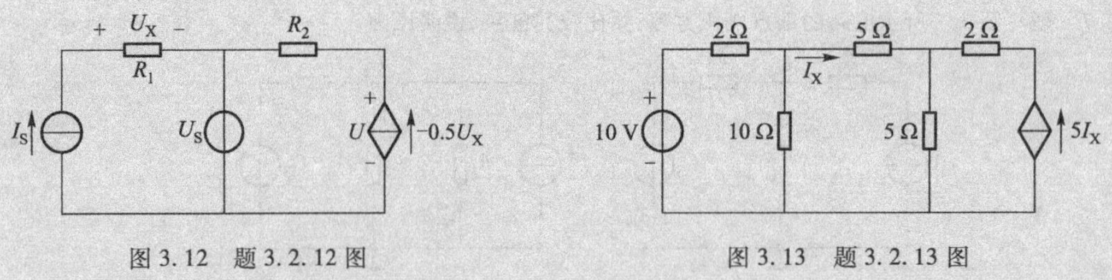

图 3.12 题 3.2.12 图　　图 3.13 题 3.2.13 图

3.2.15 用结点电压法求图 3.15 所示电路中的结点电压。

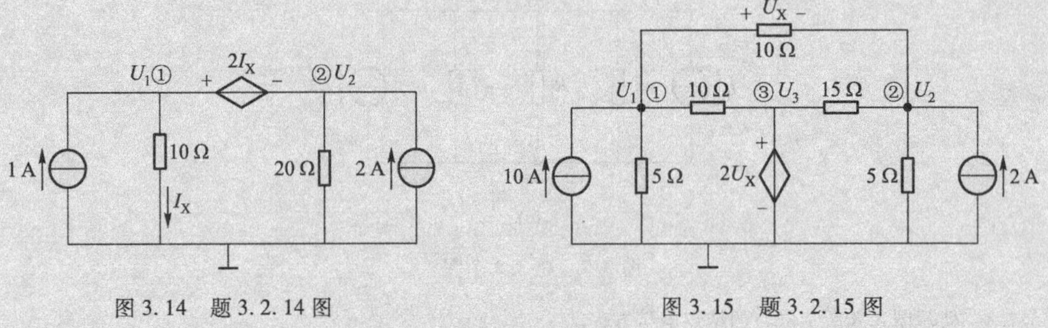

图 3.14 题 3.2.14 图　　图 3.15 题 3.2.15 图

3.2.16 用结点电压法求图 3.16 所示电路中的等效电阻 R_{ab}。

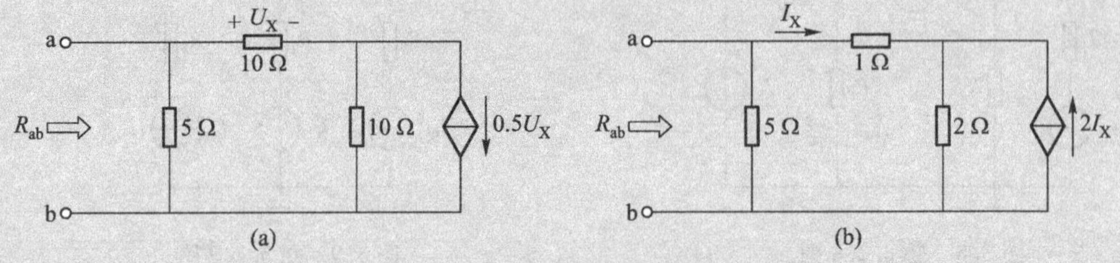

图 3.16 题 3.2.16 图

3.2.17 求图 3.17 所示电路的结点电压,并计算受控源吸收的功率。

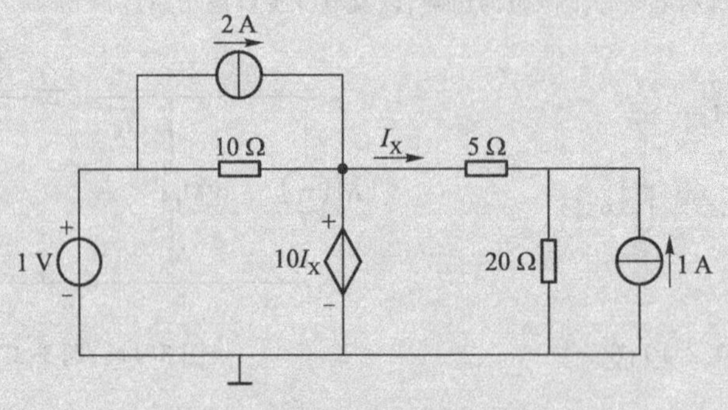

图 3.17 题 3.2.17 图

3.2.18 用结点电压法求图 3.18 所示电路中各电源供出的功率。

3.2.19 用结点电压法求图 3.19 所示电路中的电流 I_X。

3.2.20 求图 3.20 所示电路中(1)2 Ω 电阻的功率;(2)电源提供的功率。

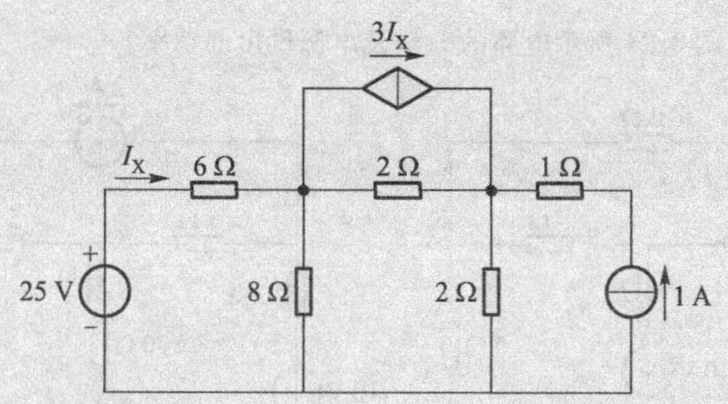

图 3.18　题 3.2.18 图

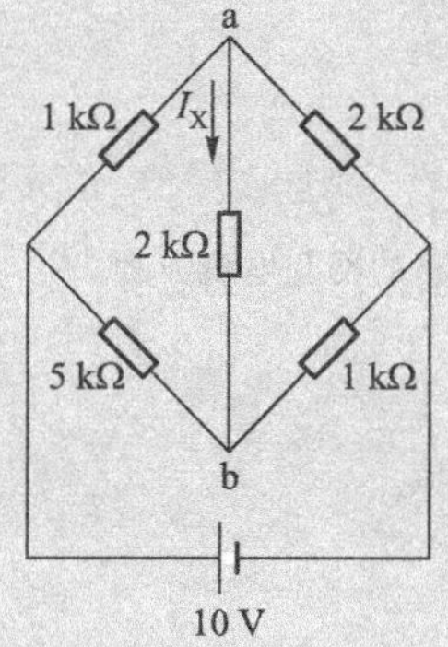

图 3.19　题 3.2.19 图

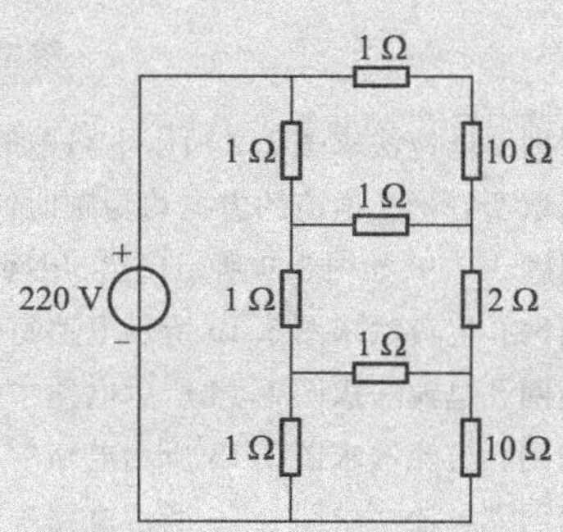

图 3.20　题 3.2.20 图

3.2.21　弥尔曼定理：试证明图 3.21 所示电路中，结点①的电压为

$$U_{n1}=\frac{\sum_{k=1}^{n}G_kU_{Sk}}{\sum_{k=1}^{n}G_k}$$

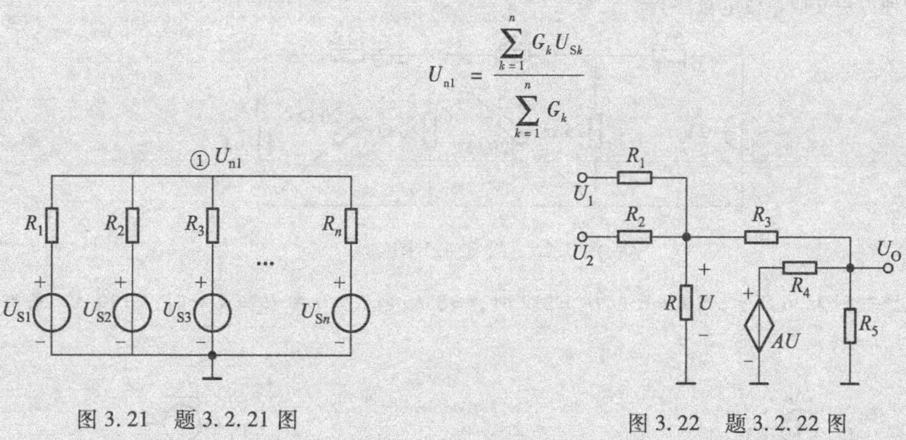

图 3.21　题 3.2.21 图

图 3.22　题 3.2.22 图

3.2.22　用结点电压法求图 3.22 所示电路中输出电压 U_O 的表达式。

3.3.1　求图 3.23 所示电路的回路电流 I_1，I_2。

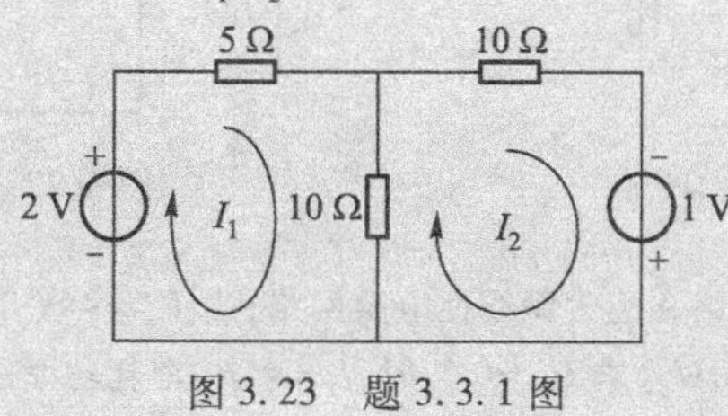

图 3.23　题 3.3.1 图

3.3.2 用网孔电流法求图3.24所示电路的I,以及电源供出的功率。

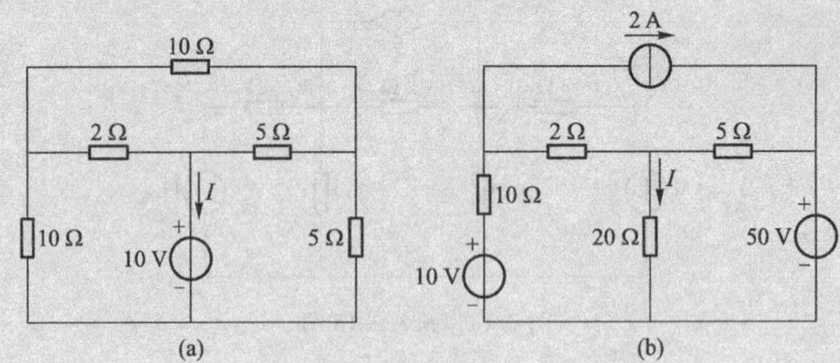

图3.24 题3.3.2图

3.3.3 用回路电流法求图3.2所示电路中的电流I。

3.3.4 选取所有网孔电流的方向均为顺时针方向,列写图3.8所示电路的网孔电流方程。

3.3.5 同题3.2.9,如图3.9所示电路,用网孔电流法求U。

3.3.6 用网孔电流法求图3.10所示电路每个电阻吸收的功率。

3.3.7 用网孔电流法求图3.14所示电路中的电流I_x。并验证功率守恒。

3.3.8 用网孔电流法求图3.18所示电路中I_{x},以及各电源供出的功率。

3.3.9 用网孔电流法求图3.19所示电路中的电流I_{x}。

3.4.1 用叠加定理求图3.1、图3.2、图3.3所示电路中的电流I;用齐性定理求图3.25所示电路的电流I。(提示:假设$I=1$ A,由此推出激励U_{S}的值,该值是实际电压值10 V的多少倍,则实际电流I的值就是假设值1 A的多少倍,这种方法又叫单位电流法)

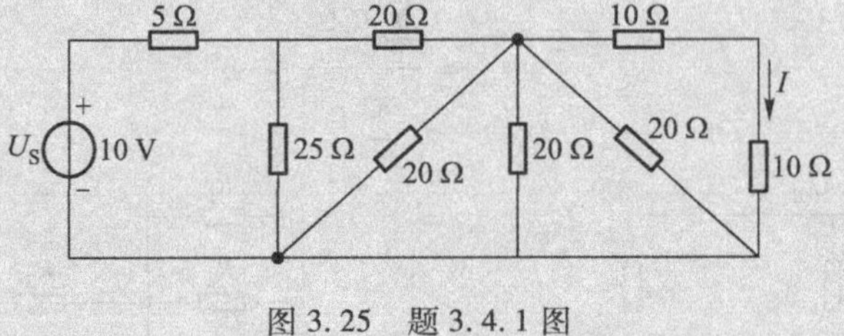

图3.25 题3.4.1图

3.4.2 电路如图3.26所示,当$I_{\mathrm{S}}=6$ A,$U_{\mathrm{S}}=2$ V时,$I=3$ A;当$I_{\mathrm{S}}=0$ A,$U_{\mathrm{S}}=4$ V时,$I=10$ A。求当$I_{\mathrm{S}}=1$ A,$U_{\mathrm{S}}=1$ V时,$I=$?

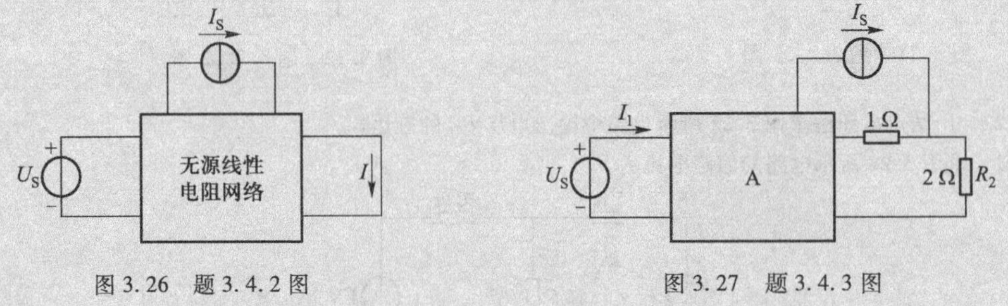

图3.26 题3.4.2图

图3.27 题3.4.3图

3.4.3 电路如图3.27所示,网络A为含源线性电阻网络,当$U_{\mathrm{S}}=4$ V时,$I_1=5$ A,R_2消耗功率32 W;当$U_{\mathrm{S}}=8$ V时,$I_1=7$ A,R_2消耗功率18 W。求$U_{\mathrm{S}}=0$ V时,$I_1=$?,R_2消耗功率是多少?

3.4.4 电路如图 3.28 所示，当 U_{S1} 单独作用时，U_{S1} 供出功率 24 W，$I_2=4$ A；当 U_{S2} 单独作用时，U_{S2} 供出功率 75 W，$I_1=10$ A。求两电源同时作用时，各自供出的功率。

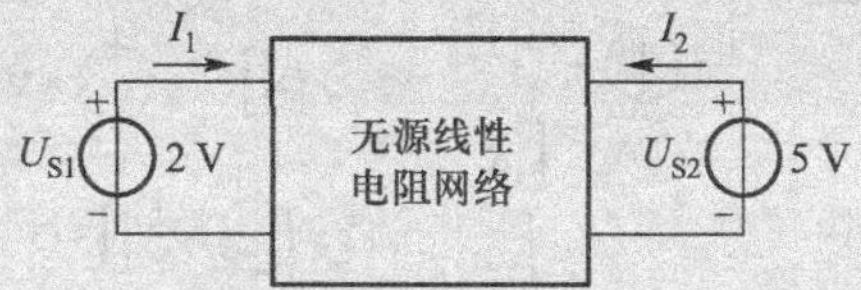

图 3.28 提 3.4.4 图

3.4.5 用叠加定理求图 3.14 所示电路中的电流 I_X。

3.4.6 图 3.29 所示电路中，当开关置于位置 1 时，电流表读数 10 mA；当开关置于位置 2 时，电流表读数 −10 mA。求当开关置于位置 3 时，电流表读数应为多少。

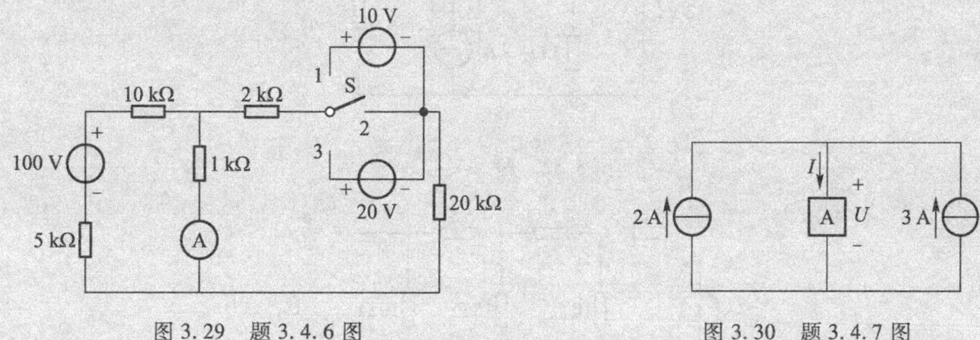

图 3.29 题 3.4.6 图　　图 3.30 题 3.4.7 图

3.4.7 电路如图 3.30 所示，网络 A 的伏安关系为 $U=2I^3$。求(1)2 A 电流源单独作用时，电压 U；(2)3 A 电流源单独作用时，电压 U；(3)两电流源同时作用时，电压 U；(4)叠加定理是否还可以用于此题？为什么？

3.5.1 测得某电池(可用电压源和电阻串联的电路模型等效)开路电压为 9 V，将该电池与一个 100 Ω 的电阻相连接，发现电池的端电压降至 6 V。求该电池的等效内阻。

3.5.2 某蓄电池，测得其开路电压为 12 V，外接 0.1 Ω 电阻时，电流为 100 A，画出其戴维宁等效电路和诺顿等效电路，并标明各参数值。

3.5.3 利用实际电源两种模型的等效变换，将图 3.31 所示电路化到最简。

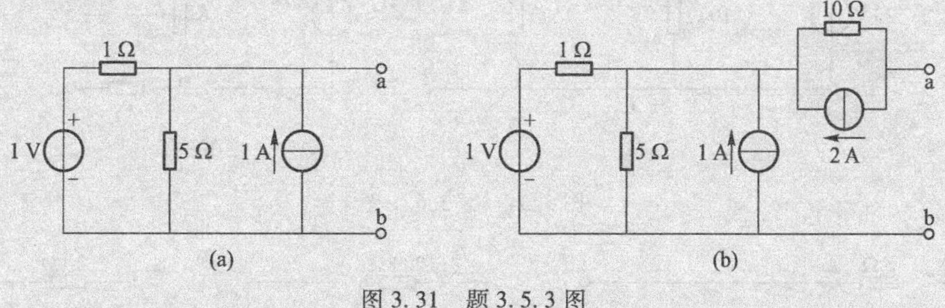

图 3.31 题 3.5.3 图

3.5.4 利用实际电源两种模型的等效变换，求 $R=10$ Ω 时，图 3.32 所示电路的电流 I。

3.5.5 求图 3.33 所示梯形电路中，输出电压与输入电压之比 $\dfrac{U_o}{U_s}$。

3.6.1 求图 3.34 所示二端网络的戴维宁等效电路和诺顿等效电路。

3.6.2 电路如图 3.35 所示，求其戴维宁等效电路和诺顿等效电路。

3.6.3 电路如图 3.36 所示，当 $R=2$ Ω 时，$I=2$ A；当 $R=10$ Ω 时，$I=1$ A。求 $R=6$ Ω 时，$I=$？

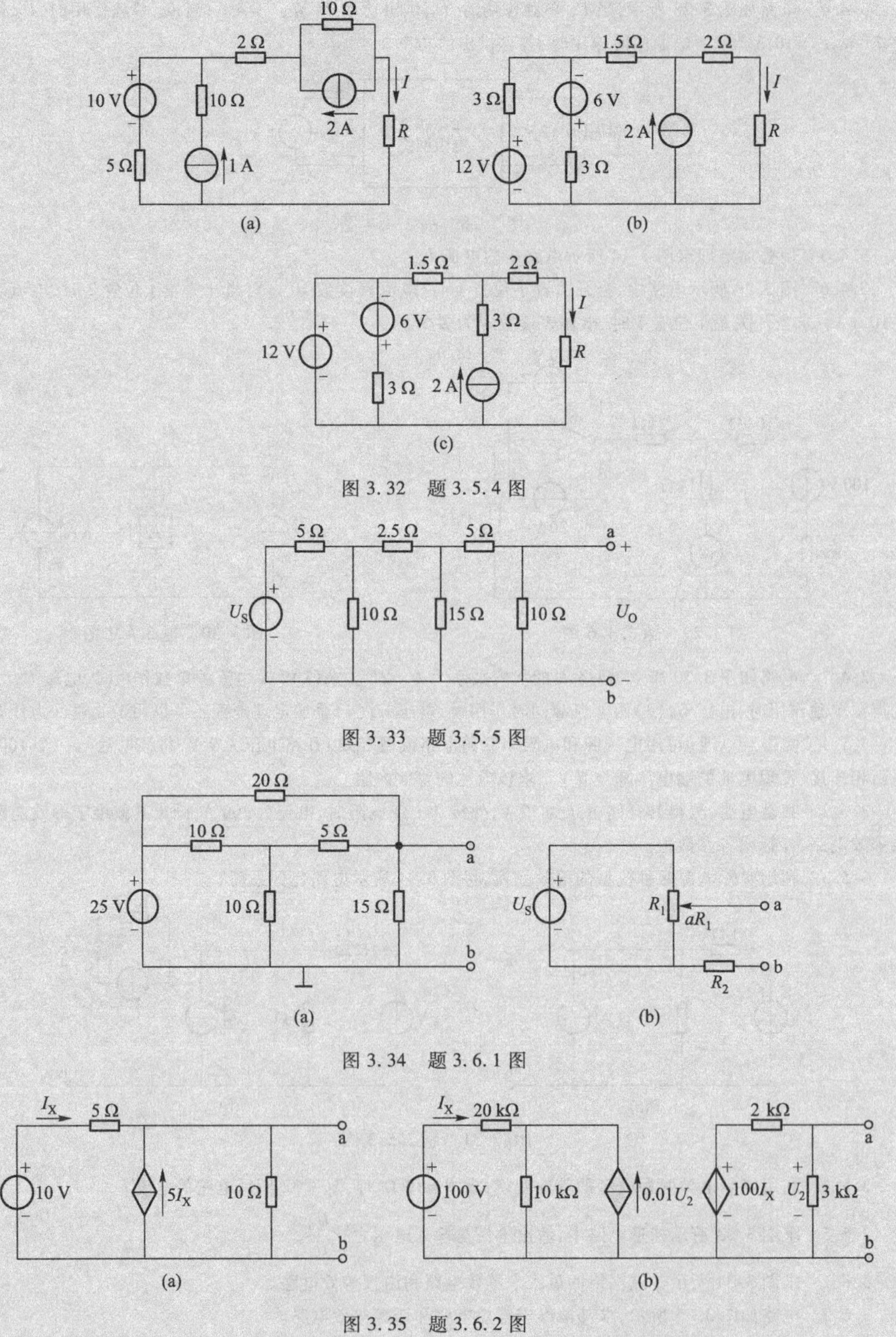

图 3.32　题 3.5.4 图

图 3.33　题 3.5.5 图

图 3.34　题 3.6.1 图

图 3.35　题 3.6.2 图

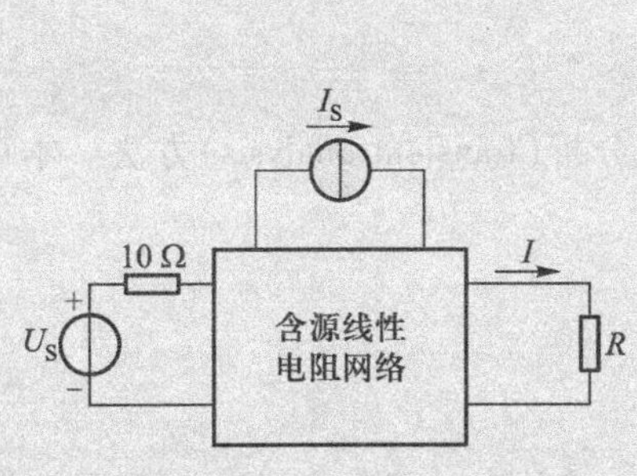

图 3.36 题 3.6.3 图

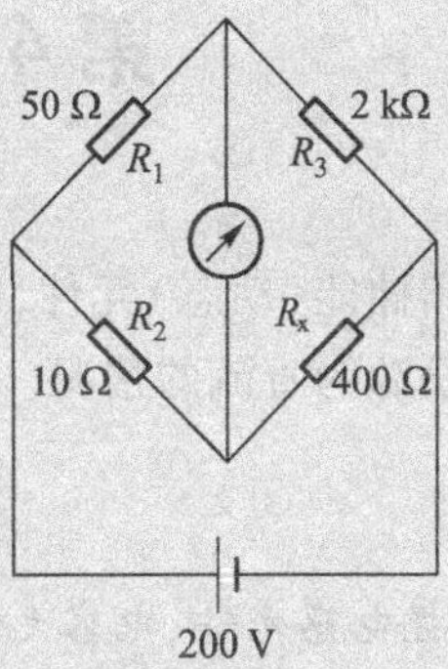

图 3.37 题 3.6.4 图

3.6.4 利用直流单电桥测电阻时，电桥平衡时电路如图 3.37 所示，假设检流计内阻约为 1.3 Ω，求当 R_x 为 810 Ω、电桥不平衡时，检流计检测到的电流是多少？

3.6.5 分别用戴维宁定理和诺顿定理求图 3.1 所示电路中的电流 I。

3.6.6 分别用戴维宁定理和诺顿定理求图 3.2 所示电路中的电流 I。

3.6.7 分别用戴维宁定理和诺顿定理求图 3.13、图 3.14 所示电路中的电流 I_X。

3.6.8 用戴维宁定理求图 3.19 所示电路中的电流 I_X。

3.6.9 如图 3.38 所示电路，R 为何值时可以获得最大功率，并求此最大功率。

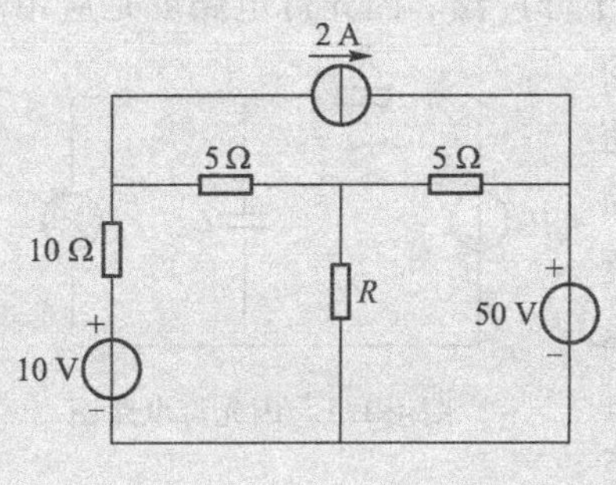

图 3.38 题 3.6.9 图

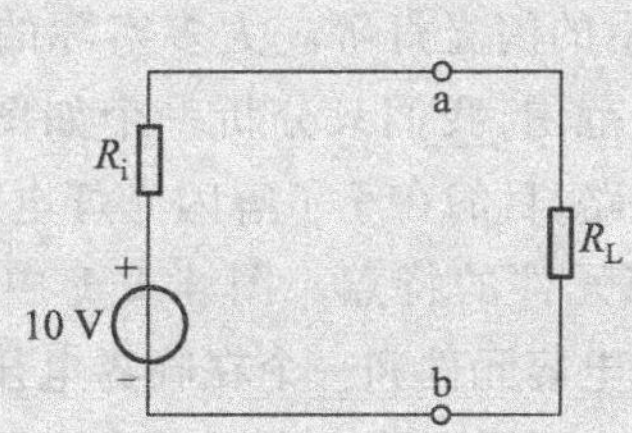

图 3.39 题 3.6.11 图

3.6.10 电路如图 3.22 所示，假设 R_5 的阻值可调，求 R_5 为何值时可以获得最大功率，并求此最大功率。

3.6.11 如图 3.39 所示电路，负载 R_L 接到戴维宁等效电源上，问戴维宁等效内阻 R_i 为多大时，负载可获得最大功率？并求此最大功率。此题还能应用最大功率传输定理吗？为什么？

第4章 瞬态分析

本章主要介绍储能(动态)元件,以及储能元件的瞬态分析(transient analysis)方法。本章所有讨论都基于激励源为直流的情况。

学习目的:

1. 了解并掌握电感元件、电容元件的特点。
2. 理解电路的瞬态(transient state)、稳态(steady state)、零输入响应(zero input response)、零状态响应(zero state response)、全响应(complete response)的概念,以及时间常数(time constant)的物理意义。
3. 掌握换路定则及初始值(initial condition)、稳态值(steady-state solution)的求法。
4. 掌握一阶线性电路分析的三要素法。

4.1 引例:闪光灯电路

动态元件具有与电阻元件不同的特点,在实际中应用十分广泛。闪光灯电路就是应用动态元件的一个例子。应用闪光灯的场合很多,如照相机用的闪光灯、警示用的闪光灯等。大多实际的闪光灯电路已超出本书讨论的范围,我们只分析一个如图 4.1.1 所示的简化的闪光灯电路,目的在于了解闪光灯电路的设计思路,更好的理解动态元件的特点。图 4.1.1 中电路由直流电压源、电阻元件、电容元件和一个在临界电压下能够导通的灯组成。图 4.1.1 所示电路中由于有电容元件这样一个动态元件存在,从而可以实现灯自动按一定周期点亮、熄灭。关于此应用电路的较详细的讲解,将在本章后面章节中给出。

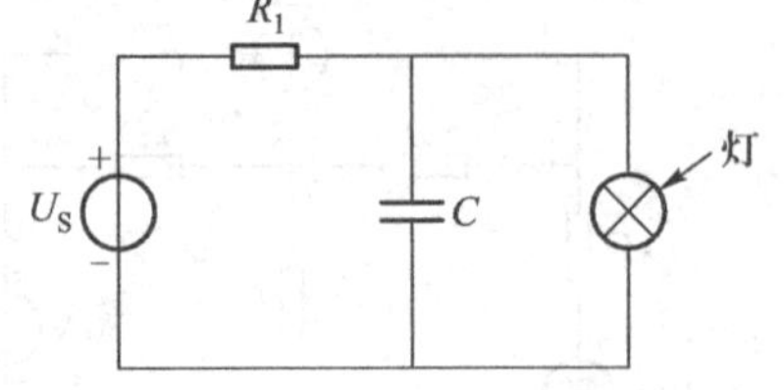

图 4.1.1 闪光灯电路图

图 4.1.1 与前面章节介绍的纯电阻电路的不同在于:第一,多了一个电容元件,电容元件是一种动态元件或者叫储能元件,我们可以把电容元件想成一个蓄水池,电源看作是一个水源,水源可向蓄水池充水。当蓄水池中存有水后,又可向其他地方供水(此时蓄水池又相当于一个水源,即电容元件相当于一个电源)。第二,电路中的灯具有两个特殊的电压,一个是导通电压(当灯两端的电压,即电容元件上的电压达到一定值时,灯导通发光);另一个是截止电压(当灯两端的电压降到截止电压时,灯熄灭)。

图 4.1.1 所示闪光灯电路工作过程如下:电压源向电容元件充电达到一定电压后电灯发光,此时电容元件向灯放电(相当于电容元件这个蓄水池向灯这个地方供水,结果会导致蓄水池水压下降),随着放电过程的持续电容电压会下降,当达到灯的截止电压时灯熄灭,相当于开路。电压源又继续对电容元件充电,当电容元件上的电压达到灯导通电压时,灯又重新发光,以上过程会周而复始的进行。

4.2 电感元件与电容元件

在前面章节中引入了理想电阻元件,理想电阻元件反映出对电流的阻碍作用以及由此引起的能量损耗现象。实际的电子器件往往还表现出能量存储的特性。在本章的讨论中,我们将引入两个独特的能量储存元件:理想电容(ideal capacitor)元件和理想电感(ideal inductor)元件,它们以电磁场的形式储存能量。需要说明的是,严格意义上的理想电容元件和理想电感元件是不存在的,一个实际电路的任意组成部分都显示出电阻、电感和电容的特征,也就是说既有能量损耗现象又有能量存储想象。我们下面仅就理想电容元件(简称电容元件)和理想电感元件(简称电感元件)进行讨论。

4.2.1 电感元件

电感器通常是由一个心子(绝缘体或铁磁性材料)和绕制在这个心子上的线圈构成的。一个理想电感元件的线圈电阻为零,具有储存磁场能量的特性。当有电流流过时,会在内部产生磁通,建立磁场,并储存磁场能量,故电感元件是一种储能元件。根据电流与所产生磁通之间的关系是否线性,电感元件可分为线性电感元件和非线性电感元件。低频时,空心线圈的电感特性可以用线性电感元件来模拟。有铁心的线圈的电感特性,在一定的条件下,也可用线性电感元件来近似模拟。本节只介绍线性电感元件。

当电流变化时,产生的磁通随着变化,在线圈中产生感应电压 $u_L(t)$(自感电压),它的大小和方向由法拉第电磁感应定律和楞次定律决定。如果电压、电流、磁通采用关联参考方向,则两定律可合用一个公式表示。根据法拉第电磁感应定律,电感元件电压 $u_L(t)$ 的大小为

$$|u_L(t)| = \left|N\frac{\mathrm{d}\Phi(t)}{\mathrm{d}t}\right| = \left|\frac{\mathrm{d}\Psi(t)}{\mathrm{d}t}\right| \tag{4.2.1}$$

上式中,N 为线圈的匝数,$\Psi(t)=N\Phi(t)$ 称为全磁通或磁通链,$\Phi(t)$ 为穿过线圈的磁通,单位为 Wb(韦伯)。

如果电感元件上的电压 $u_L(t)$ 和电流 $i_L(t)$ 取关联参考方向,磁通 $\Phi(t)$ 的参考方向由 $i_L(t)$ 的参考方向按右螺旋法则决定。根据楞次定律,电感元件电压可表示为

$$u_L(t) = \frac{\mathrm{d}\Psi(t)}{\mathrm{d}t} \tag{4.2.2}$$

对于线性电感元件,$i_L(t)$ 和磁通链 $\Psi(t)$ 成正比,即

$$\Psi(t) = Li_L(t) \tag{4.2.3}$$

式中 L 为线性电感元件的电感,它是与磁通链 $\Psi(t)$ 和电流 $i_L(t)$ 无关的常量,L 的大小反映了电感元件流过电流时产生磁通链能力的强弱。在国际单位制中,电感的单位为 H(亨[利])。线性电感元件的符号如图 4.2.1 所示。

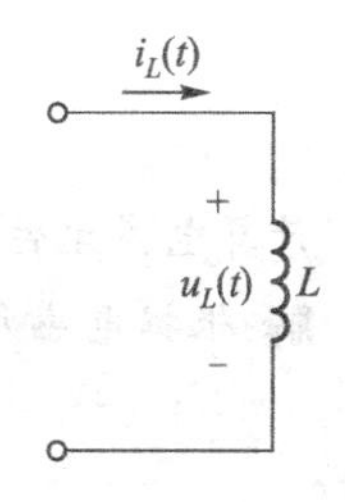

图 4.2.1 电感元件

电感元件的电流和它所产生的磁通链之间的关系曲线称为电感元件的韦安特性。线性电感元件的韦安特性是一条通过坐标原点且斜率为 L 的直线,如图 4.2.2 所示。

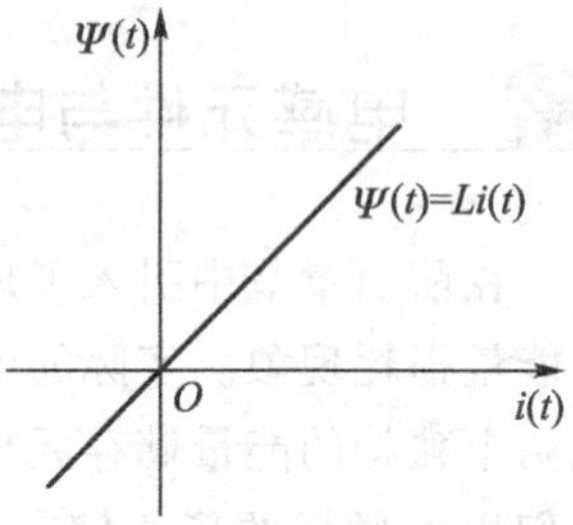

根据KVL,电感元件的端电压(简称电感电压)应等于自感电压。因此,将式(4.2.3)代入式(4.2.2),得到如图4.2.1所示参考方向下,电感元件上电压和电流之间的约束关系

$$u_L(t)=L\frac{\mathrm{d}i_L(t)}{\mathrm{d}t} \tag{4.2.4}$$

当电感元件上电压和电流取非关联参考方向时,上式要加一个负号

$$u_L(t)=-L\frac{\mathrm{d}i_L(t)}{\mathrm{d}t} \tag{4.2.5}$$

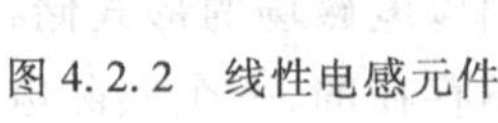

图4.2.2 线性电感元件韦安特性

式(4.2.4)表明电感元件的端电压与电感元件中电流随时间的变化率成正比。其中有两点要特别注意,第一,如果电流是常数,由式(4.2.4)可看出,电感元件两端的电压为零。因此对于直流电流,电感元件表现为短路。第二,电感元件中电流不能跃变,式(4.2.4)表明电流跃变需要一个无穷大的电压,而无穷大的电压是不存在的。

当电感元件的电压和电流取关联参考方向,对式(4.2.4)取定积分可以得到电感元件上电流和电压的关系式

$$\int_{i_L(t_0)}^{i_L(t)}\mathrm{d}i_L(\tau)=\frac{1}{L}\int_{t_0}^{t}u_L(\tau)\mathrm{d}\tau=i_L(t)-i_L(t_0)\qquad t\geqslant t_0$$

即

$$i_L(t)=i_L(t_0)+\frac{1}{L}\int_{t_0}^{t}u_L(\tau)\mathrm{d}\tau\qquad t\geqslant t_0 \tag{4.2.6}$$

式中,t_0表示某一初始时刻,$i_L(t_0)$为电感元件电流在该时刻的初始值。此式表明在任一瞬时$t(t\geqslant t_0)$,电感元件电流的大小同以下两者有关:

(1) $t=t_0$时刻的初始值$i_L(t_0)$。

(2) 从t_0到t的整个时间内$u_L(t)$的大小。

若令$t_0=0$,则式(4.2.6)可写成

$$i_L(t)=i_L(0)+\frac{1}{L}\int_{0}^{t}u_L(\tau)\mathrm{d}\tau \tag{4.2.7}$$

如果令$t_0=-\infty$,且取$i_L(-\infty)=0$,则式(4.2.6)又可写为

$$i_L(t)=\frac{1}{L}\int_{-\infty}^{t}u_L(\tau)\mathrm{d}\tau \tag{4.2.8}$$

例4.2.1 电路如图4.2.1所示,已知电感元件$L=1\ \mathrm{H}$,其电流如下

$$i_L(t)=\begin{cases}10\ \mathrm{mA} & t<3\ \mathrm{ms}\\ -5t+25\ \mathrm{mA} & 3\ \mathrm{ms}\leqslant t\leqslant 4\ \mathrm{ms}\\ 5\ \mathrm{mA} & t>4\ \mathrm{ms}\end{cases}$$

计算电感元件上电压$u_L(t)$。

解:根据电感元件上电压和电感电流之间的关系

$$u_L(t)=L\frac{\mathrm{d}i_L(t)}{\mathrm{d}t}$$

可得

$$u_L(t)=\begin{cases}0\ \text{V} & t<3\ \text{ms}\\ -5\ \text{V} & 3\ \text{ms}\leqslant t\leqslant 4\ \text{ms}\\ 0\ \text{V} & t>4\ \text{ms}\end{cases}$$

电感元件上的电压和电流的波形如图 4.2.3 所示。

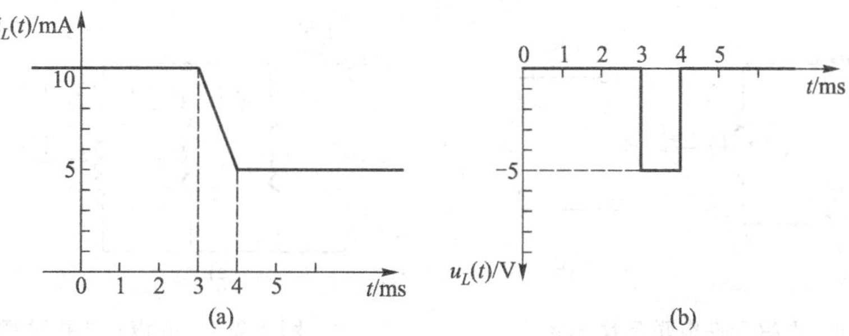

图 4.2.3 例 4.2.1 电感电流、电感电压波形

从图 4.2.3(b)可看出，电感元件的电压在 3 ms 和 4 ms 处均有突变。

例 4.2.2 对于例 4.2.1，如果我们已知电感元件上的电压也可求得其电流。已知电感元件 $L=1$ H，电压如下

$$u_L(t)=\begin{cases}0\ \text{V} & t<3\ \text{ms}\\ -5\ \text{V} & 3\ \text{ms}\leqslant t\leqslant 4\ \text{ms}\\ 0\ \text{V} & t>4\ \text{ms}\end{cases}$$

假设当 $t=3$ ms 时 $i_L(3)=10$ mA，试求电感元件上的电流 $i_L(t)$。

解：根据电感元件电压和电流之间的关系

$$i_L(t)=i_L(t_0)+\frac{1}{L}\int_{t_0}^{t}u_L(\tau)\mathrm{d}\tau \quad t\geqslant t_0$$

可得

$$i_L(t)=\begin{cases}10\ \text{mA} & t<3\ \text{ms}\\ i_L(3)+\dfrac{1}{L}\displaystyle\int_3^t u_L(\tau)\mathrm{d}\tau=10+\left(-5t\Big|_3^t\right)=-5t+25\ \text{mA} & 3\ \text{ms}\leqslant t\leqslant 4\ \text{ms}\\ 5\ \text{mA} & t>4\ \text{ms}\end{cases}$$

当电路中不止一个电感元件时，我们需要对电路进行简化。几个电感元件串联或并联可用一个等效电感元件替代，等效代换遵循同电阻元件类似的原则：**串联电感相加；并联电感遵循与电阻并联相同的规则。**

如图 4.2.4(a)所示为三个电感元件串联，可用如图 4.2.4(b)所示 L_0 等效，$L_0=L_1+L_2+L_3$。如图4.2.5(a)所示为三个电感元件并联，可用如图 4.2.5(b)所示 L_0 等效，$\frac{1}{L_0}=\frac{1}{L_1}+\frac{1}{L_2}+\frac{1}{L_3}$

用式(4.2.4)可以非常容易地证明如图 4.2.4 所示几个电感元件串联的等效电感。对如图 4.2.4(a)所示电路，根据基尔霍夫电压定律和电感元件上电压的定义，可以写出

$$u_L(t)=u_{L_1}(t)+u_{L_2}(t)+u_{L_3}(t)$$

$$= L_1\frac{\mathrm{d}i_L(t)}{\mathrm{d}t} + L_2\frac{\mathrm{d}i_L(t)}{\mathrm{d}t} + L_3\frac{\mathrm{d}i_L(t)}{\mathrm{d}t}$$

$$= (L_1 + L_2 + L_3)\frac{\mathrm{d}i_L(t)}{\mathrm{d}t} \tag{4.2.9}$$

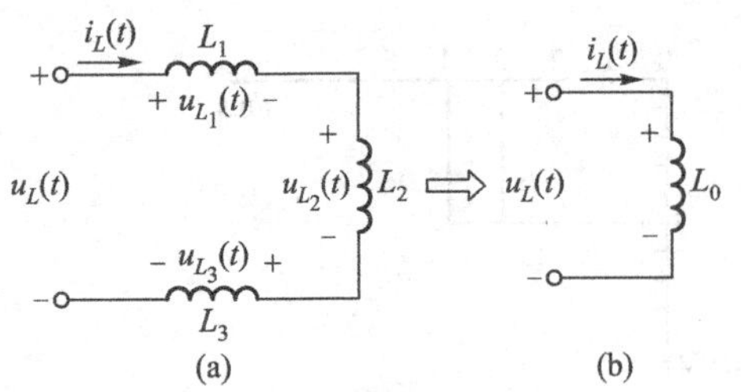

图 4.2.4 电感元件串联等效电感

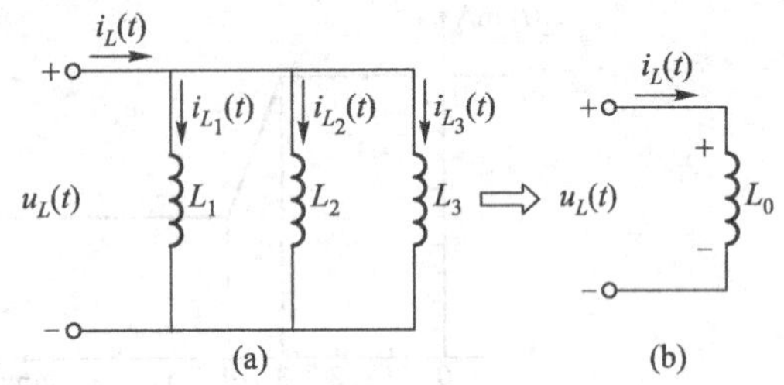

图 4.2.5 电感元件并联等效电感

因而，等效电感为 $L_0 = L_1 + L_2 + L_3$，如图 4.2.4(b)所示。同理可以证明如图 4.2.5(a)所示三个并联电感元件的等效电感计算与三个并联电阻元件的等效电阻计算是一样的。

电感元件中功率和能量的关系可以直接由电流和电压的关系推导出来。当电感元件电压和电流取关联参考方向，电感元件吸收的功率为

$$p(t) = u_L(t)i_L(t) = i_L(t)L\frac{\mathrm{d}i_L(t)}{\mathrm{d}t} \tag{4.2.10}$$

在 t_0 到 t 的时间内，电感元件所吸收的能量用定积分计算如下

$$W_L[t_0,t] = \int_{t_0}^{t} u_L(\tau)i_L(\tau)\mathrm{d}\tau = \int_{t_0}^{t} L\frac{\mathrm{d}i_L(\tau)}{\mathrm{d}\tau}i_L(\tau)\mathrm{d}\tau$$

$$= \int_{i_L(t_0)}^{i_L(t)} Li_L(\tau)\mathrm{d}i_L(\tau) = \frac{1}{2}Li_L^2(t) - \frac{1}{2}Li_L^2(t_0) \tag{4.2.11}$$

此能量全部储存到磁场中。当磁场消失时，能量将全部返回电路。

假设在初始时刻 t_0，电感元件上无电流，即 $i_L(t_0) = 0$，也就是说电感元件中没有初始储能，即 $W_L(t_0) = 0$，则在任一瞬时 t，电感元件中储存的能量

$$W_L(t) = \frac{1}{2}Li_L^2(t) \tag{4.2.12}$$

式(4.2.12)表明，在任一瞬时，线性电感元件的磁场能量与其电流的平方成正比例。

从式(4.2.12)可看出当电感元件上的电流增大时，磁场能量增大，在此过程中电感元件从电源吸取能量，$\frac{1}{2}Li_L^2(t)$ 就是电感元件在 t 时刻所储存的磁场能量；当电流减小时，磁场能量减小，即电感元件向电路返还能量。可见电感元件是储能元件。我们知道能量的建立和释放都需要一个过程，即能量不能突变，从式(4.2.12) 中我们再次看出，电感元件上的电流 $i_L(t)$ 不能突变。

在式(4.2.12) 中，能量单位为 J，电感单位为 H，电流单位为 A。

4.2.2 电容元件

将两片导体金属板用绝缘体或电介质材料隔离就构成了最简单的电容器。实际电容器，当

其介质损耗和漏电流很小时,可用理想电容元件(电容元件)来作为电路模型;当其中损耗不能忽略时,电路模型应采用电容元件和电阻元件串联或并联的电路形式。本节只介绍线性电容元件。

在电容元件两端加电压,电容元件中电介质被极化引起电荷分离,从而在电容元件极板上出现电荷的聚集。分离的电荷与外加电压成正比

$$Q = CU \tag{4.2.13}$$

式中参数 C 为线性电容元件的电容,是同元件端电压和所存储的电荷无关的常量。在国际单位制中,电容单位是 F(法[拉]),用来衡量器件积累、储存电荷的能力。由于法拉这个单位过大,实际应用中电容元件的单位通常使用皮法(pF)或微法(μF)($1\ \text{F} = 10^6\ \mu\text{F} = 10^{12}\ \text{pF}$)。

如图 4.2.6 所示给出了电容元件的电路符号,图中电容元件上的电压和电流采用关联参考方向。

从式(4.2.13)看出,如果给电容元件极板两端施加随时间变化的电压,那么电容元件储存的电荷为

$$q(t) = Cu_C(t) \tag{4.2.14}$$

电容元件上的电压和电荷之间的关系曲线称为电容元件的库伏特性曲线。线性电容元件的库伏特性曲线是一条通过坐标原点,斜率为 C 的直线,如图 4.2.7 所示。

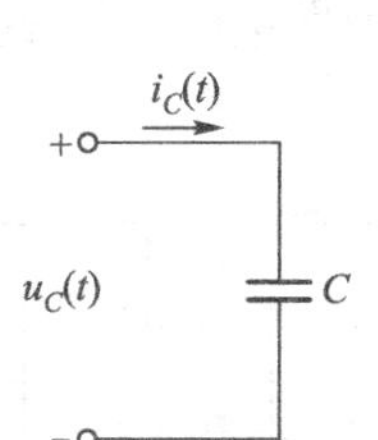

图 4.2.6 电容元件

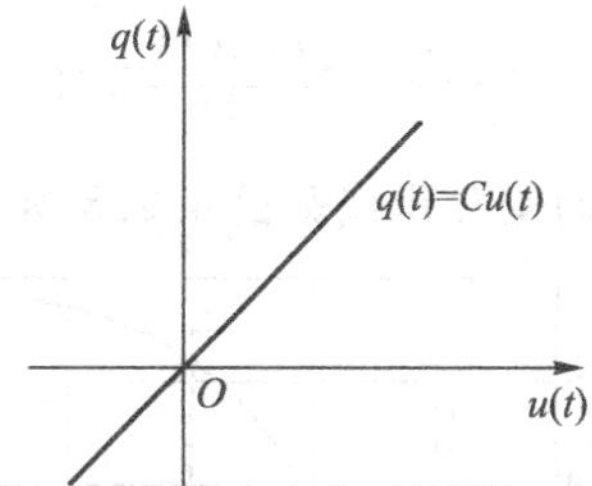

图 4.2.7 线性电容元件库伏特性曲线

随时间变化的电压会引起电荷也随时间变化,即在电路中形成电流

$$i_C(t) = \frac{\mathrm{d}q(t)}{\mathrm{d}t} \tag{4.2.15}$$

将式(4.2.14)代入式(4.2.15),可以得到电容元件上电压和电流的关系

$$i_C(t) = C\frac{\mathrm{d}u_C(t)}{\mathrm{d}t} \tag{4.2.16}$$

式(4.2.16)是在如图 4.2.6 所示参考方向下得出的,即电容元件上电流参考方向与电压参考方向一致。如果电流参考方向与电压参考方向相反时,式(4.2.16)加一个负号。

从(4.2.16)式可看出:第一,当电容元件两端加恒定电压时,电流 $i_C(t)=0$,此时电容元件可看做开路。第二,电容元件两端的电压不能跃变。否则式(4.2.16)将产生无穷大的电流,实际上是不可能的。

对上式积分,可以得到电容元件两端电压和电流的关系式

$$\int_{u_C(t_0)}^{u_C(t)} \mathrm{d}u(\tau) = \frac{1}{C}\int_{t_0}^{t} i_C(\tau)\mathrm{d}\tau = u_C(t) - u_C(t_0) \quad t \geqslant t_0$$

即

$$u_C(t) = u_C(t_0) + \frac{1}{C}\int_{t_0}^{t} i_C(\tau)\mathrm{d}\tau \quad t \geqslant t_0 \tag{4.2.17}$$

式中，t_0表示某一初始时刻，$u_C(t_0)$为电容元件上电压在该时刻的初始值。上式表明，在任何瞬时 $t(t \geqslant t_0)$，电容元件上电压 $u_C(t)$的大小同以下两者有关：

(1) $t=t_0$时刻的初始值 $u_C(t_0)$。

(2) 从 t_0到 t 的整个时间内 $i_C(t)$的大小。

若取 $t_0=0$，则式(4.2.17)可写为

$$u_C(t) = u_C(0) + \frac{1}{C}\int_{0}^{t} i_C(\tau)\mathrm{d}\tau \tag{4.2.18}$$

若取 $t_0=-\infty$，且取 $u_C(-\infty)=0$，则式(4.2.17)又可写为

$$u_C(t) = \frac{1}{C}\int_{-\infty}^{t} i_C(\tau)\mathrm{d}\tau \tag{4.2.19}$$

例 4.2.3 已知电容元件 $C=10\ \mu\mathrm{F}$，电容元件上的电压和电流在 $t<0$ 时都为 0，当 $t \geqslant 0$ 时，电容元件上的电压为 $u_C(t)=6(1-\mathrm{e}^{-10^2 t})\,\mathrm{V}$，试求电容元件上的电流变化 $i_C(t)$。

解：根据电容元件上电压和电流之间的关系

$$i_C(t) = C\frac{\mathrm{d}u_C(t)}{\mathrm{d}t} = 10\times10^{-6}\frac{\mathrm{d}[6(1-\mathrm{e}^{-10^2 t})]}{\mathrm{d}t} = 6\mathrm{e}^{-10^2 t}\ \mathrm{mA} \qquad t \geqslant 0$$

电压和电流的变化曲线如图 4.2.8 所示。

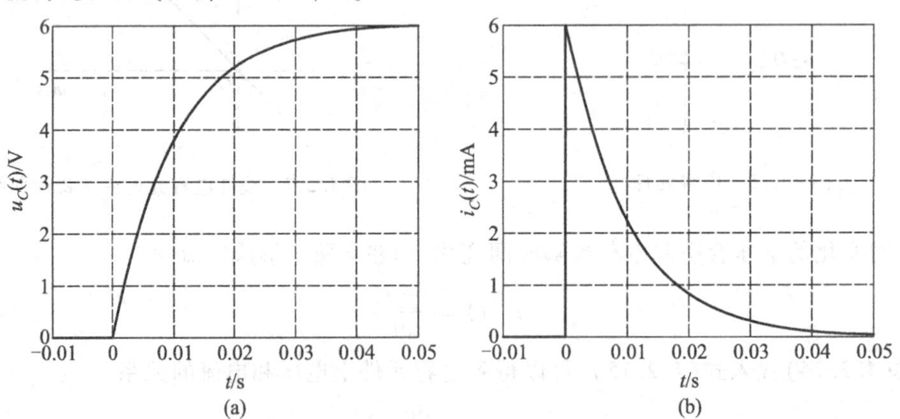

图 4.2.8 例 4.2.3 电压和电流波形图

从图 4.2.8 可以看出，电容元件上电压按指数规律从 0 增长到 6 V，电容元件上的电流在 $t=0$ 瞬间由 0 跳变到 6 mA，然后按指数规律衰减到 0。电容元件上电压不能突变，电流可突变是电容元件的一个重要特性。

对例 4.2.3 做进一步的分析，当电容元件上的电压趋近于稳定值 6 V 时，电容元件上的电流趋近于 0。此时，电容元件达到这一电压下的最大电荷存储量，此时存储的总电荷为

$$Q = CU = 10\times10^{-6}\times6\ \mathrm{C} = 6\times10^{-5}\ \mathrm{C}$$

这样少量的电荷，却能在短时间内产生很大的电流。例如此电容元件可在 600 μs 时间内产生

0.1 A的电流

$$I=\frac{\Delta Q}{\Delta t}=\frac{6\times 10^{-5}}{600\times 10^{-6}}\ \mathrm{A}=0.1\ \mathrm{A}$$

几个电容元件的串联或并联,可以用一个等效电容元件来替代,等效代换原则和电阻元件相反:**串联电容遵循与电阻并联相同的规则,并联电容相加。**

如图4.2.9(a)所示为三个电容元件串联电路,可用如图4.2.9(b)所示 C_0等效,$\frac{1}{C_0}=\frac{1}{C_1}+\frac{1}{C_2}+\frac{1}{C_3}$。如图4.2.10(a)所示为三个电容元件并联电路,可用如图4.2.10(b)所示 C_0等效,$C_0=C_1+C_2+C_3$。

以图2.4.9(a)所示电路中三个电容元件的串联为例,用式(4.2.19)可很容易的证明。应用基尔霍夫电压定律和电容元件上电压的定义,得出

$$\begin{aligned}u_C(t)&=u_{C_1}(t)+u_{C_2}(t)+u_{C_3}(t)\\&=\frac{1}{C_1}\int_{-\infty}^{t}i_C(\tau)\mathrm{d}\tau+\frac{1}{C_2}\int_{-\infty}^{t}i_C(\tau)\mathrm{d}\tau+\frac{1}{C_3}\int_{-\infty}^{t}i_C(\tau)\mathrm{d}\tau\\&=\left(\frac{1}{C_1}+\frac{1}{C_2}+\frac{1}{C_3}\right)\int_{-\infty}^{t}i_C(\tau)\mathrm{d}\tau\end{aligned}\tag{4.2.20}$$

这样,如图4.2.9所示,三个串联电容元件可以用一个等效电容元件 C_0替换,等效电容满足$\frac{1}{C_0}=\frac{1}{C_1}+\frac{1}{C_2}+\frac{1}{C_3}$。同理可以证明图4.2.10(a)中三个并联电容元件的等效方式和电阻元件串联的等效方式相同。

电容元件具有储存电场能量的特性,当电容元件上电压和电流取关联参考方向时,电容元件吸收的功率为

$$p=u_C(t)i_C(t)=Cu_C(t)\frac{\mathrm{d}u_C(t)}{\mathrm{d}t}\tag{4.2.21}$$

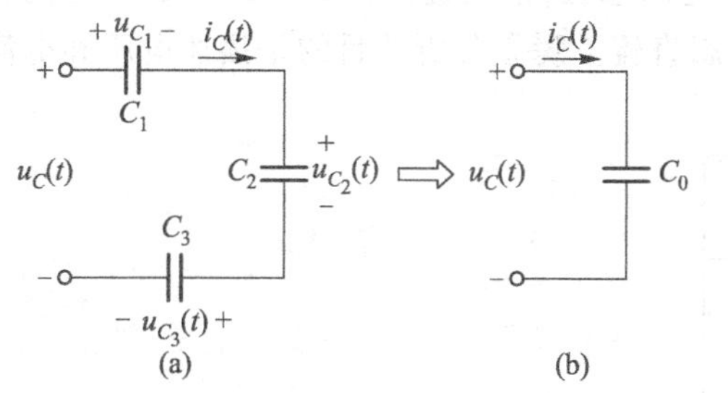

图4.2.9 电容元件串联等效电路

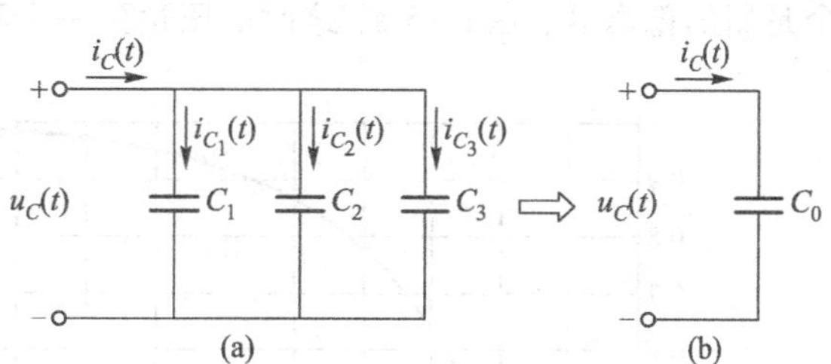

图4.2.10 电容元件并联等效电路

在 t_0到 t 的时间内,电容元件所吸收的能量用定积分计算如下,即

$$\begin{aligned}W_C[t_0,t]&=\int_{t_0}^{t}u_C(\tau)i_C(\tau)\mathrm{d}\tau=\int_{t_0}^{t}Cu_C(\tau)\frac{\mathrm{d}u(\tau)}{\mathrm{d}\tau}\mathrm{d}\tau\\&=\int_{u_C(t_0)}^{u_C(t)}Cu_C(\tau)\mathrm{d}u_C(\tau)=\frac{1}{2}Cu_C^2(t)-\frac{1}{2}Cu_C^2(t_0)\end{aligned}\tag{4.2.22}$$

对于理想电容元件,当电场消失时,此能量将全部返回电路。

如果在初始时刻电容元件未充电,即 $u_C(t_0)=0$,电场能量 $W_C(t_0)=0$,则在任何瞬时 t,电容元件中储存的能量

$$W_C(t)=\frac{1}{2}Cu_C^2(t) \tag{4.2.23}$$

上式表明,在任何瞬时,电容元件的电场能量与其电压的平方成正比。当电容元件上的电压升高时,电场能量增大,在此过程中电容元件从电源吸取能量(电容元件充电)。$\frac{1}{2}Cu_C^2(t)$就是电容元件在 t 时刻所储存的电场能量。当电压降低时,电场能量减小,即电容元件向电路放还能量(电容元件放电)。电容元件也是储能元件。和电感元件一样,由于能量不能突变,从式(4.2.23)中我们再次看出,电容元件上的电压 $u_C(t)$不能突变。

练习与思考

4.2.1 什么叫动态元件?

4.2.2 对于电感元件,当其两端电压为零时,储存的磁场能量为多少?当电感元件上的电流为零时,能量又为多少?

4.2.3 对于电容元件,当其两端电压为零时,储存的电场能量为多少?当电容元件上的电流为零时,能量又为多少?

4.3 瞬态分析简介

本节介绍一阶电路(first-order circuit)(一个或可以等效成一个储能元件的电路)在直流激励时的系统分析方法,并给出求解线性 RC 和 RL 电路瞬态响应的一种统一方法。

图 4.3.1 显示了一个由直流电压源和负载(含有动态元件)构成的电路(电路结构如图 4.3.2所示),在 $t=0.5$ s 时闭合开关 S 以后负载两端电压的变化情况。图中的电压波形可以分为三个区域:一个是旧稳态区,在 $0\leqslant t\leqslant 0.5$ s;一个是瞬态区,范围近似在 0.5 s$\leqslant t\leqslant 5$ s 之间;一个是新的稳态区,在 $t>5$ s,这时电压达到一个稳态直流。瞬态分析的目的是描述电压和电流

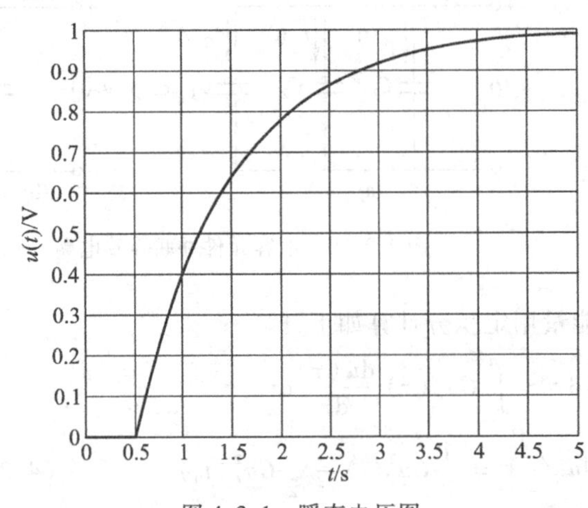

图 4.3.1 瞬态电压图

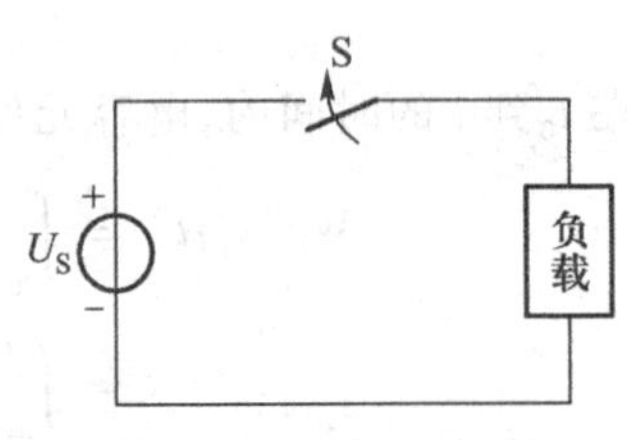

图 4.3.2 瞬态过程

在两个稳定状态之间的过渡过程(也称瞬态过程或暂态过程)。需要注意的是,在过渡过程中,电路电压和电流都是变化的,即都是时间的函数。

分析过渡过程产生的原因。从上面的例子我们不难看出,过渡过程是电路从一个稳定状态到另一个稳定状态之间的过程,老的稳定状态被打破的原因是电路的状态发生了变化(这里是在 $t=0.5$ s 时接通电压源)。**我们把电路的接通、断开、电路接线的改变、电路参数或电源的突然变化等电路状态的变化,统称为换路**。在前面学习的纯电阻电路中,即使出现换路,也不会有过渡过程出现,而由电容元件和电感元件这样的储能元件构成的电路,根据前面的分析,电感元件中的磁场能量为$\frac{1}{2}Li_L^2(t)$,电容元件中的电能为$\frac{1}{2}Cu_C^2(t)$,能量是不可以突变的,即电感元件中的电流 $i_L(t)$、电容元件上的电压 $u_C(t)$都不能跃变。也就是说从老的稳定状态变化到新的稳定状态需要一个过程,即过渡过程。现将产生过渡过程的原因总结如下:

(1) 电路发生换路。

(2) 电路中含有储能元件。

包含动态元件如电容元件、电感元件的电路称为动态电路,而前面学过的仅有电阻和电源(包括受控源)组成的电路称为电阻电路。这两种电路中,各个支路电流和各个支路电压除分别要受 KCL 和 KVL 的约束外,还要受元件自身伏安关系的约束。由于电容元件和电感元件的伏安关系需要用微分或积分的形式表示,因此动态电路要用微分方程来描述;而前面学习的电阻电路是用一组代数方程来描述的。

本章将首先使用经典法分析电路的过渡过程,即根据激励,通过求解电路的微分方程得出电路的响应。由于经典法求解微分方程的过程相对比较繁复,最后我们将在经典法求解的基础上,给出一种分析求解一阶电路的简便方法——三要素法。

在讲述经典法之前先介绍换路定则,以及动态电路初始值和稳态值的求解方法。

4.3.1 换路定则

动态电路的瞬态过程是由储能元件的能量不能跃变而产生的。我们先来设定几个重要的时间点。如图 4.3.3 所示,设在 $t=0$ 时刻发生换路,则用 $t=0_-$ 表示换路前瞬间(电路还处于老的稳定状态),$t=0_+$ 表示换路后瞬间(瞬态过程开始瞬间,此时的值称为初始值)。

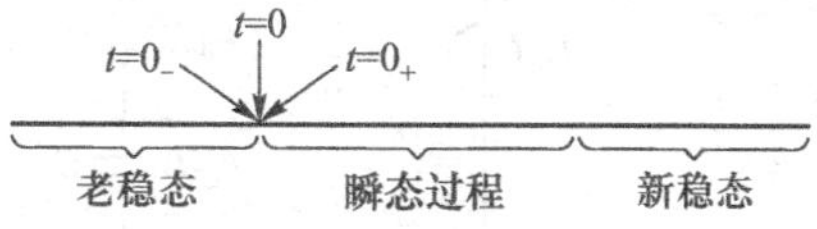

t=0
t=0₋ t=0₊
老稳态 瞬态过程 新稳态

图 4.3.3 瞬态过程时间定义

从上节的分析我们知道,从 $t=0_-$ 到 $t=0_+$ 瞬间,电感元件中的电流 $i_L(t)$、电容元件上的电压 $u_C(t)$都不能跃变,这就是**换路定则**,用公式表示如下

$$\begin{cases} i_L(0_-)=i_L(0_+) \\ u_C(0_-)=u_C(0_+) \end{cases} \tag{4.3.1}$$

换路定则仅适用于换路瞬间,可根据它来确定 $t=0_+$ 时电路中电压和电流的值,即瞬态过程的初始值。

4.3.2 电路初始值的确定

动态电路的电压与电流关系是用微分方程描述的,求解这些微分方程,必须首先确定电路的初始条件,进而利用初始条件确定微分方程解中的积分常数。本节讨论如何确定电路的初始条件。

假设换路前电路已达稳态,求初始值可分为如下三个步骤:

(1) 由换路前的电路,作 $t=0_-$ 时的等效电路。由于本章只讨论直流激励,等效电路中电容元件作开路处理,电感元件作短路处理。在 $t=0_-$ 等效电路中,计算出不突变的量 $u_C(0_-)$ 和 $i_L(0_-)$。

(2) 由换路定则得到 $u_C(0_+)=u_C(0_-)$、$i_L(0_+)=i_L(0_-)$。

(3) 作 $t=0_+$ 时的等效电路,在 $t=0_+$ 的等效电路中,电容元件用大小和方向等于 $u_C(0_+)$ 的理想电压源代替(如果 $u_C(0_+)=0$,相当于短路);电感元件用大小和方向等于 $i_L(0_+)$ 的理想电流源来代替(如果 $i_L(0_+)=0$,相当于开路)。在 $t=0_+$ 等效电路中,可用以前学过的所有电路分析方法确定其余电压和电流的初始值。

可以看出如果要求的初始值是电容元件上的电压或电感元件上的电流这两个不突变的量时,只需使用第一步就可以了,而除此以外的量都有可能突变,必须在 $t=0_+$ 时的等效电路中求解。

4.3.3 电路稳态值确定

电路稳态值是指动态电路达到新稳态时电路的响应,即电路中各电压、电流值。设此时 $t=\infty$。可通过 $t=\infty$ 时的等效电路,求解电路的稳态值。在直流激励下达到新稳态时,电容元件作开路处理,电感元件作短路处理。此时的等效电路就是纯电阻电路,一般来说稳态值的求解较为简单。

下面举例说明如何求解初始值和稳态值。

例 4.3.1 如图 4.3.4(a)所示电路,$U_S=10$ V,$R_1=3\ \Omega$,$R_2=2\ \Omega$,$R_3=5\ \Omega$,$C=1000\ \mu$F,$L=1$ H。在开关 S 闭合以前,电容元件、电感元件上均没有初始储能。在 $t=0$ 时,开关 S 闭合,求开关闭合瞬间及电路达到稳定后的电流 $i_1(t)$、$i_2(t)$、$i_3(t)$ 以及电容元件两端的电压 $u_C(t)$、电感元件两端的电压 $u_L(t)$ 和各电阻上的电压。

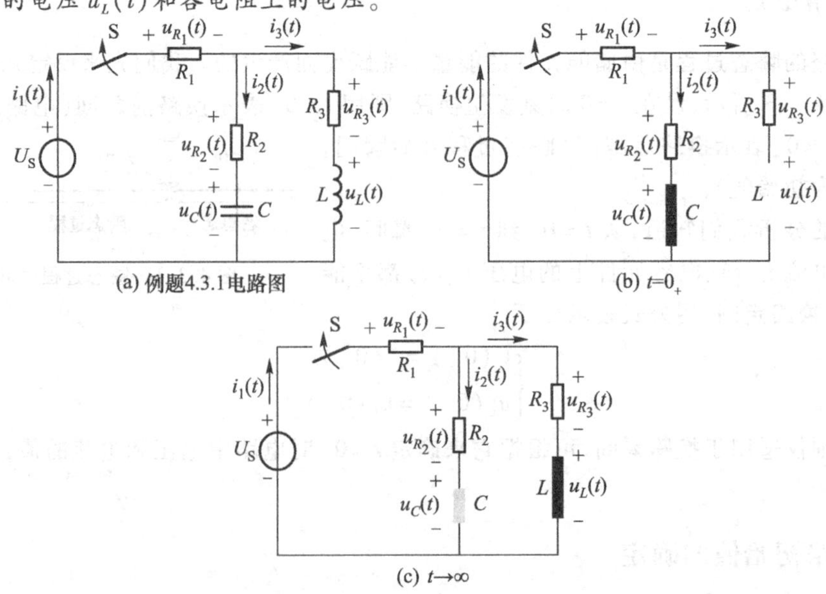

图 4.3.4 例 4.3.1 的电路图

解:开关 S 闭合前动态元件没有初始储能,即

$$u_C(0_-)=0\ \text{V}$$
$$i_3(0_-)=0\ \text{A}$$

开关 S 闭合瞬间,根据换路定则

$$u_C(0_+)=u_C(0_-)=0\ \text{V}$$
$$i_3(0_+)=i_3(0_-)=0\ \text{A}$$

根据电容元件和电感元件在 $t=0_+$ 时的初始值,作 $t=0_+$ 时的等效电路,等效电路中电容元件作短路处理,电感元件作开路处理,如图 4.3.4(b)所示,在 $t=0_+$ 时的等效电路中求出其他各初始值

$$i_1(0_+)=i_2(0_+)=\frac{U_S}{R_1+R_2}=\frac{10}{3+2}\ \text{A}=2\ \text{A}$$
$$u_{R_1}(0_+)=i_1(0_+)R_1=2\times3\ \text{V}=6\ \text{V}$$
$$u_{R_2}(0_+)=i_2(0_+)R_2=2\times2\ \text{V}=4\ \text{V}$$
$$u_{R_3}(0_+)=0\ \text{V}$$
$$u_L(0_+)=u_{R_2}(0_+)=4\ \text{V}$$

电路达到新稳态后,电容元件相当于开路,电感元件相当于短路,作 $t=\infty$ 时的等效电路如图 4.3.4(c)所示,求各稳态值

$$i_1(\infty)=i_3(\infty)=\frac{U_S}{R_1+R_3}=\frac{10}{3+5}\ \text{A}=1.25\ \text{A}$$
$$i_2(\infty)=0\ \text{A}$$
$$u_{R_1}(\infty)=i_1(\infty)R_1=1.25\times3\ \text{V}=3.75\ \text{V}$$
$$u_{R_2}(\infty)=0\ \text{V}$$
$$u_{R_3}(\infty)=i_3(\infty)R_3=1.25\times5\ \text{V}=6.25\ \text{V}$$
$$u_C(\infty)=u_{R_3}(\infty)=6.25\ \text{V}$$
$$u_L(\infty)=0\ \text{V}$$

练习与思考

4.3.1 含有储能元件的电路在换路时是否一定有过渡过程发生?

4.3.2 电路中电路响应的初始值同 $t=0_-$ 时的响应值有什么区别?

4.4 含电容元件电路的响应

由电阻元件和电容元件组成的电路称为 *RC* 电路。本章只讨论一阶电路,即只由一个(或可以等效成一个)储能元件组成的电路。下面分别讨论一阶电路的零输入响应、零状态响应和全响应。

4.4.1 *RC* 电路的零输入响应

零输入响应,是指在没有外加激励的情况下,由储能元件的初始储能所引起的响应。*RC* 电

路的零输入响应实质是电容元件通过电阻元件的放电过程。

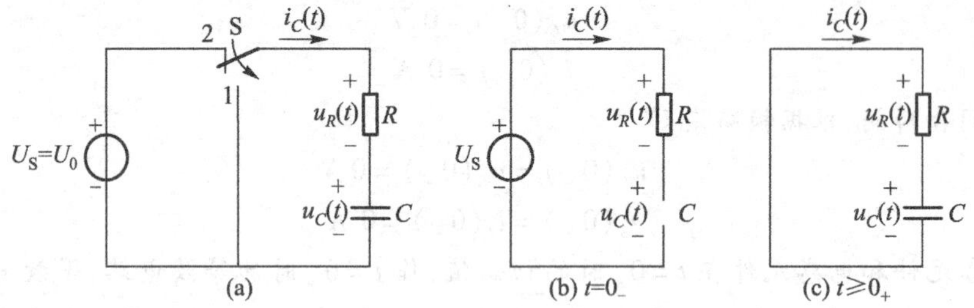

图 4.4.1 *RC* 电路零输入响应

动态电路与电阻电路不同,在任一时刻的响应与激励的全部历史有关。尽管一个动态电路外施电源已不再起作用,但电路中仍然可能有电流、电压存在,这是因为过去电源曾经作用过,并在电容元件或电感元件中有能量储存的缘故。因此,我们说动态电路是有"记忆"的。

图 4.4.1(a)是一阶 *RC* 电路,换路前,开关 S 合在位置 2 上,电源对电容元件充电。由于是直流电源供电,达到稳态时(老稳态),电容元件相当于开路,如图 4.4.1(b)所示,所以在换路前瞬间$u_C(0_-)=U_S=U_0$,说明换路前电容元件上已经有初始储能。在 $t=0$ 时刻开关从位置 2 合到位置 1,根据换路定则知 $u_C(0_+)=u_C(0_-)=U_0$。换路后电容元件将通过电阻元件放电。电源从电路中脱离,输入信号为零。此时电容元件经过电阻元件 *R* 开始放电。零输入响应是指换路后($t\geqslant 0$)电路中的电压和电流,应按图 4.4.1(c)中所示电路列写微分方程。以 $u_C(t)$ 为例,求解步骤如下:

(1) 建立微分方程。由电路的 KVL 和元件约束关系(VCR)可知

$$\begin{cases} u_C(t)+u_R(t)=0 \\ u_R(t)=Ri_C(t) \\ i_C(t)=C\dfrac{\mathrm{d}u_C(t)}{\mathrm{d}t} \\ u_C(0_+)=U_0 \end{cases} \quad t\geqslant 0 \tag{4.4.1}$$

由上式可得出求解未知量 $u_C(t)$ 的微分方程

$$\begin{cases} RC\dfrac{\mathrm{d}u_C(t)}{\mathrm{d}t}+u_C(t)=0 \\ u_C(0_+)=U_0 \end{cases} \quad t\geqslant 0 \tag{4.4.2}$$

该微分方程是一阶常系数线性齐次方程,初始条件为 $u_C(0_+)=U_0$。$u_C(t)$ 的解适用于 $t\geqslant 0$ 情况。

(2) 求解微分方程。一阶常系数线性齐次微分方程的通解形式为

$$u_C(t)=A\mathrm{e}^{pt} \tag{4.4.3}$$

其中 p 为特征根,A 为待定的积分常数。

① 求特征根 p:

将式(4.4.3)代入微分方程式(4.4.2)可得特征方程为

$$RCp+1=0 \tag{4.4.4}$$

求出特征根为

$$p=-\frac{1}{RC} \tag{4.4.5}$$

将特征根代入通解得

$$u_C(t)=A\mathrm{e}^{-\frac{t}{RC}} \tag{4.4.6}$$

② 确定积分常数 A：

积分常数 A 由初始条件 $u_C(0_+)=U_0$ 确定。令式(4.4.3)中 $t=0_+$ 并将初始条件代入其中，可得

$$u_C(0_+)=A\mathrm{e}^0=A$$

故

$$A=U_0 \tag{4.4.7}$$

将式(4.4.7)代入式(4.4.6)可得过渡过程中电容元件电压为

$$u_C(t)=U_0\mathrm{e}^{-\frac{t}{RC}} \qquad t\geqslant 0 \tag{4.4.8}$$

确定了电容元件上的电压 $u_C(t)$ 后，只需要根据电路中各元件上电压和电流的关系就可以求出其他相应的电压和电流值。

根据电容元件电压和电流的关系，放电电流为

$$i_C(t)=C\frac{\mathrm{d}u_C(t)}{\mathrm{d}t}=-\frac{U_0}{R}\mathrm{e}^{-\frac{t}{RC}} \qquad t\geqslant 0 \tag{4.4.9}$$

电阻元件上的电压为

$$u_R(t)=-u_C(t)=-U_0\mathrm{e}^{-\frac{t}{RC}} \qquad t\geqslant 0 \tag{4.4.10}$$

从以上三式[式(4.4.8)～式(4.4.10)]看出，若把初始状态 $u_C(0_+)=U_0$ 看作电路的激励，当初始状态增大 K 倍，零输入响应也相应地增大 K 倍，由此可见 RC 电路的零输入响应与初始状态成线性关系。

$u_C(t)$ 和 $i_C(t)$ 随时间变化的曲线如图 4.4.2 所示。由曲线和函数表达式可知，$u_C(t)$ 和 $i_C(t)$ 是按照同样的指数规律，从它们的初始值逐渐变化到零。在 $t=0$ 时，$u_C(t)$ 的电压是连续的，没有跃变，即 $u_C(0_+)=u_C(0_-)=U_0$，而 $i_C(t)$ 有一个负的跃变，即从 $i_C(0_-)=0$ 跃变到 $i_C(0_+)=-\frac{U_0}{R}$。

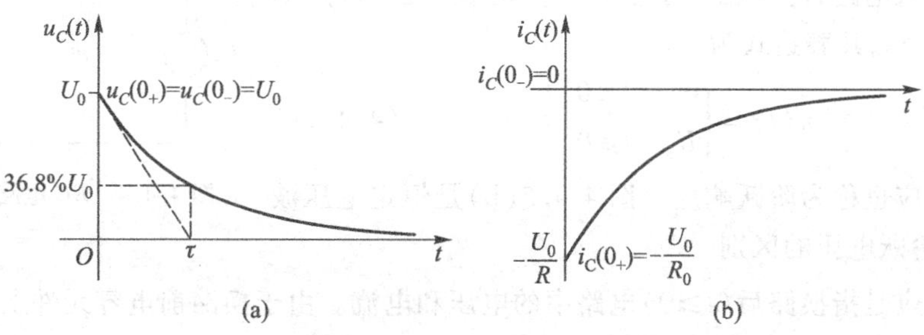

图 4.4.2 RC 电路零输入响应 $u_C(t)$、$i_C(t)$ 变化曲线

令 $\tau = RC$,称为电路的时间常数,其单位变化关系如下:

$$[\tau]=[RC]=\Omega\cdot \mathrm{F}=\Omega\,\frac{\mathrm{C}}{\mathrm{V}}=\Omega\,\frac{\mathrm{A}\cdot \mathrm{s}}{\mathrm{V}}=\mathrm{s}$$

电压、电流衰减的快慢取决于时间常数 τ 的大小。τ 的大小是由电路参数决定的,对于同一个电路,时间常数 τ 是定值,在 RC 电路中 $\tau = RC$。

图 4.4.2(a)中,当 $t=\tau$ 时电容电压 $u_C(\tau)=U_0\mathrm{e}^{-1}=0.368U_0$。可以看出,$RC$ 电路零输入响应时间常数 τ 的物理意义为:**电容元件上的电压 $u_C(t)$ 下降到初始值 U_0 的 36.8% 所需的时间**。当 $t=4\tau$ 时,$u_C(4\tau)=U_0\mathrm{e}^{-4}=0.01832U_0$,电容电压已下降到初始值 U_0 的 1.832%,一般可近似认为已衰减到零。从理论上讲只有经过 $t=\infty$ 时间,电路中各变量才能达到最终值,在工程上经过 $4\tau \rightarrow 5\tau$ 的时间就可以近似地认为过渡过程已经基本结束。时间常数 τ 越小,电压衰减越快,τ 越大,电压衰减越慢。

图 4.4.3 画出了三个不同时间常数的电压 $u_C(t)$ 的曲线。适当地选择电阻和电容的数值就可以改变时间常数 τ 的大小,从而控制放电过程的时间。电容电压初始值 U_0 的大小只会影响电容电压和电流在放电过程中任意瞬时的函数值,不能决定放电过程的快慢。

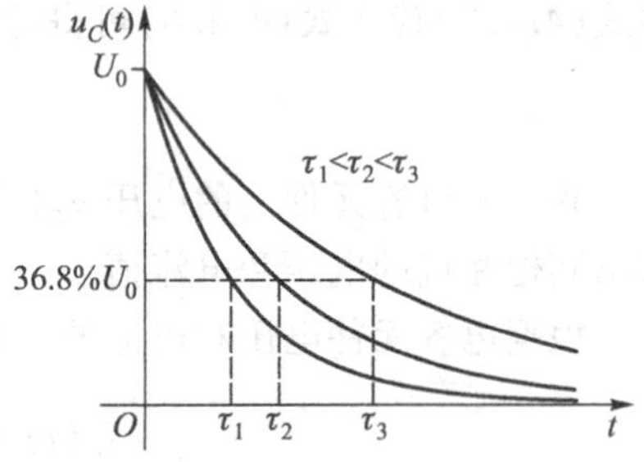

图 4.4.3 不同时间常数比较

关于时间常数 τ 的求解,将在 4.6 节一阶线性电路瞬态分析的三要素法中做进一步的讨论。

RC 电路零输入响应的能量转换:在 RC 电路放电过程中,电容器中储存的初始电场能量 $W_C=\frac{1}{2}CU_0^2$ 在放电过程中将全部消耗在电阻中。

$$W_R=\int_0^{\infty}Ri_C^2(t)\,\mathrm{d}t=\frac{U_0^2}{R}\int_0^{\infty}\mathrm{e}^{-2t/RC}\,\mathrm{d}t=\frac{1}{2}CU_0^2=W_C$$

4.4.2 RC 电路的零状态响应

零状态响应指,换路前储能元件(电容元件或电感元件)没有初始储能,完全由接入的电源激励产生能量。也就是说,零状态响应只与外施激励有关。RC 电路的零状态响应,实际上就是电容元件的充电过程。

图 4.4.4 是一个 RC 串联电路。在 $t=0$ 时闭合开关 S,将直流电压源接入电路,此时相当于输入一个阶跃电压 $u(t)$,如图 4.4.5(a)所示,其表达式为

$$u(t)=\begin{cases}0 & t<0\\ U_S & t\geqslant 0\end{cases} \tag{4.4.11}$$

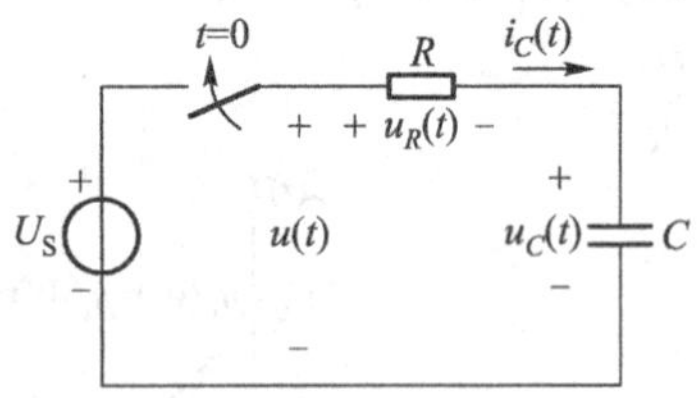

图 4.4.4 RC 电路零状态响应

所以零状态响应也称为阶跃响应。图 4.4.5(b)是恒定电压波形,可看出同阶跃电压的区别。

零状态响应是指换路后($t\geqslant 0$)电路中的电压和电流。由于换路前电容元件上的初始储能为 0,所以 $u_C(0_-)=0$,根据换路定则 $u_C(0_+)=u_C(0_-)=0$。

对图 4.4.4 中所示电路列写微分方程求解 $u_C(t)$。步骤如下:

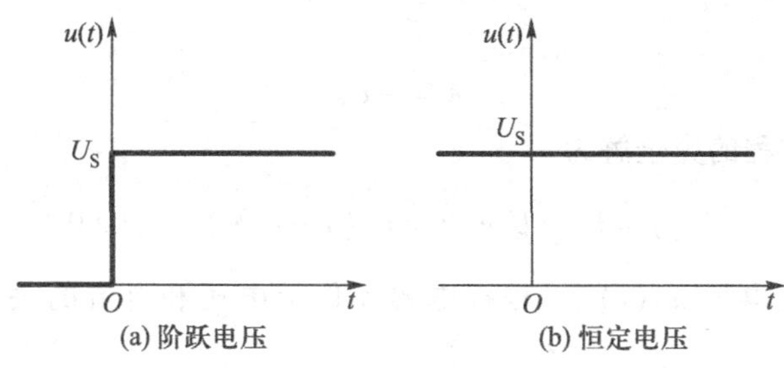

图 4.4.5 阶跃电压和恒定电压

根据 KVL 和元件约束关系(VCR)有

$$\begin{cases} u_R(t)+u_C(t)=U_S \\ u_R(t)=Ri(t) \\ i_C(t)=C\dfrac{\mathrm{d}u_C(t)}{\mathrm{d}t} \end{cases} \qquad t\geqslant 0$$

可得

$$RC\frac{\mathrm{d}u_C(t)}{\mathrm{d}t}+u_C(t)=U_S \qquad t\geqslant 0 \tag{4.4.12}$$

微分方程的初始条件为

$$u_C(0_+)=0 \tag{4.4.13}$$

式(4.4.12)是一阶常系数线性非齐次微分方程。它的解由两部分组成:对应的齐次微分方程的通解 $u'_C(t)$和非齐次微分方程的任一特解 $u''_C(t)$

$$u_C(t)=u'_C(t)+u''_C(t) \tag{4.4.14}$$

特解可认为具有和外施激励函数相同的形式,式(4.4.12)等式右边的外施激励为常量 U_S,因此特解也可以认为是一常量 K,设 $u''_C(t)=K$,它应满足微分方程式(4.4.12),代入得

$$RC\cdot 0+K=U_S$$

即

$$K=U_S$$

故特解为

$$u''_C(t)=K=U_S \tag{4.4.15}$$

通解 $u'_C(t)$为对应的齐次微分方程的解,对应的齐次方程为

$$RC\frac{\mathrm{d}u'_C(t)}{\mathrm{d}t}+u'_C(t)=0$$

上式与 RC 电路零输入响应微分方程相同,故其通解形式为

$$u'_C(t)=A\mathrm{e}^{-\frac{t}{RC}}$$

$u_C(t)$的完全解为

$$u_C(t)=u'_C(t)+u''_C(t)=A\mathrm{e}^{-\frac{t}{RC}}+U_S \tag{4.4.16}$$

当 $t=0_+$时,将初始值 $u_C(0_+)=0$ 代入式(4.4.16),确定积分常数 A

$$u_C(0_+)=A+U_S=0$$

则

$$A = -U_S$$

这样得出非齐次微分方程的完全解为

$$u_C(t) = U_S - U_S e^{-\frac{t}{RC}} = U_S(1 - e^{-\frac{t}{RC}}) \qquad t \geqslant 0 \tag{4.4.17}$$

在求出电容元件上电压 $u_C(t)$ 后，根据电容元件上电压和电流的关系可得到电路中的电流为

$$i_C(t) = C\frac{du_C(t)}{dt} = \frac{U_S}{R}e^{-\frac{t}{RC}} \qquad t \geqslant 0 \tag{4.4.18}$$

$i(t)$ 也可以通过列写微分方程求得。

由上面两式看出，RC 电路的零状态响应与电路的外施激励的量值成正比。这是因为零状态响应仅由外施激励引起，如果外施激励增大 K 倍，则零状态相应也相应增大 K 倍。由此可见 RC 电路的零状态响应与外施激励成线性关系。

令 $\tau = RC$ 为电路的时间常数，其大小是由电路参数决定的。当 $t = \tau$ 时

$$u_C(\tau) = U_S - U_S e^{-\frac{\tau}{RC}} = U_S(1 - e^{-1}) = U_S(1 - 0.368) = 63.2\% U_S \qquad t \geqslant 0$$

可以看出，RC 电路零状态响应时间常数 τ 的物理意义为：**电容元件的电压 $u_C(t)$ 从初始值 0 上升到稳态值 U_S 的 63.2% 所需的时间。**

图 4.4.6(a) 为 $u_C(t)$ 及其两个分量 $u'_C(t)$ 和 $u''_C(t)$ 随时间变化的曲线，$u_C(t)$ 从零开始按指数规律增加到稳态值 U_S，到达此值后，电路达到稳定状态，此时 $u_C(\infty) = U_S$，则式(4.4.17)可写成

$$u_C(t) = U_S(1 - e^{-t/\tau}) = u_C(\infty)(1 - e^{-t/\tau}) \qquad t \geqslant 0 \tag{4.4.19}$$

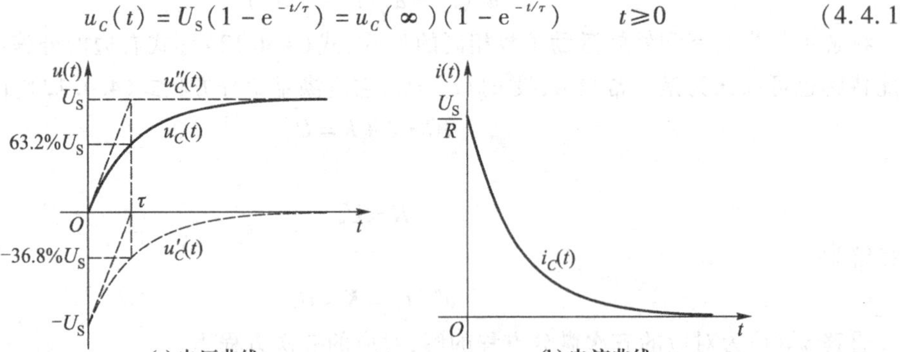

图 4.4.6 RC 电路零状态响应

$i_C(t)$ 随时间变化的曲线如图 4.4.6(b) 所示，电流 i 在 $t = 0_-$ 时为零，在 $t = 0_+$ 时为 $\frac{U_S}{R}$，有一个跃变，然后按指数规律下降到零，到达稳态时 $i_C(\infty) = 0$，电容元件相当于开路。

电容元件上的电流在 $t = 0_+$ 时出现最大值，可以这样来理解：在 $t = 0_+$ 时，由于零状态响应，电容元件上没有初始储能，$u_C(0_+) = 0$ 时的等效电路如图 4.4.7(a) 所示，$i_C(0_+) = \frac{U_S}{R}$，随着充

电过程的继续，电容元件上的电压逐渐增大，等效电路如图 4.4.7(b)所示，$i_C(t)=\dfrac{U_S-u_C(t)}{R}$将逐渐减小。当 $t\to\infty$ 时，由于 $u_C(\infty)=U_S$，$i_C(t)=\dfrac{U_S-u_C(t)}{R}\to 0$。

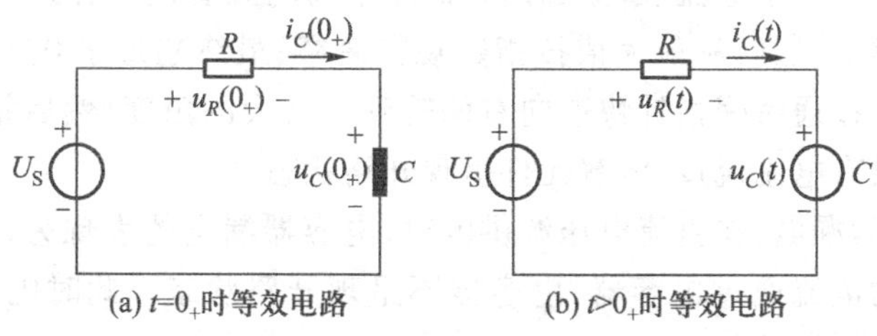

图 4.4.7 零状态响应等效电路

RC 电路零状态响应的能量转换：电容元件上的电压 $u_C(t)$是从零增加到 U_S，电容元件上的电场能量亦从零增加到 $W_C=\dfrac{1}{2}CU_S^2$，而电阻元件 *R* 总是消耗能量的，这两部分能量都由电源提供，并且可以证明它们是相等的

$$
\begin{aligned}
W_R &= \int_0^\infty i_C(t)^2 R\mathrm{d}t = \int_0^\infty \left(\frac{U_S}{R}\mathrm{e}^{-t/RC}\right)^2 R\mathrm{d}t \\
&= \int_0^\infty \frac{U_S^2}{R}\mathrm{e}^{-2t/RC}\mathrm{d}t = \frac{U_S^2}{R}\left(-\frac{RC}{2}\right)\left[\mathrm{e}^{-2t/RC}\right]_0^\infty \\
&= \frac{1}{2}CU_S^2 = W_C
\end{aligned}
$$

因此，不论电阻、电容数值如何，电源供给的能量中有$\dfrac{1}{2}$转换成电场能量储存在电容元件中，有$\dfrac{1}{2}$被电阻元件消耗。

应用举例：电容器质量的判断。

我们常利用 *RC* 电路的零状态响应，用指针式万用表来粗略的测量电容器的质量以及粗判电容器的容量。测量原理如下：

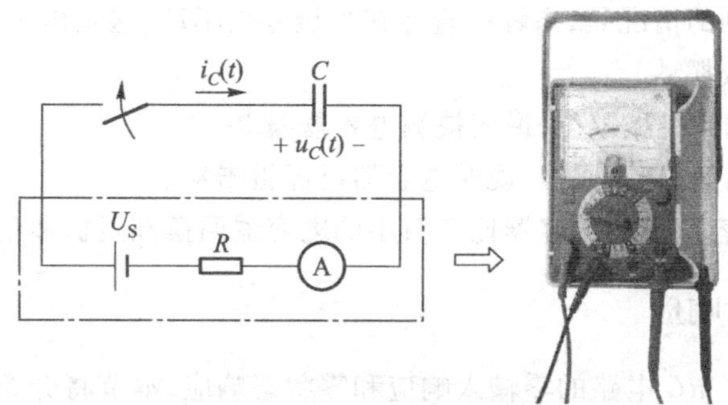

图 4.4.8 电容器测量电路

对如图 4.4.8 所示电路，假设电容元件上没有初始储能，在开关闭合后，电路中电流的变化

规律就是我们上面讨论的 RC 电路的零状态响应,电流波形如图 4.4.6(b)所示。点画线框中的部分正好可用指针式万用表的电阻挡来替代。它由电源、内阻以及电流表组成(对于电流表,机械零位指示的电流为0;对于电阻挡,机械零位指示电阻为∞。对电容器的测量利用万用表电阻挡来完成,但其本质上是一个电流表,显示的是回路中的电流值)。从图 4.4.6(b)可看到电流的变化情况为,先有个跳变,然后从最大值按指数规律衰减,最终趋近于0。这个过程将在电流表上得到体现。现象为:接通瞬间指针快速向右偏转到一最大的角度,然后指针回摆,最终到达机械零位,显示电路中没有电流流过,电容元件呈现开路状态。

电容器常见故障为漏电,在直流电压源供电时,电容器漏电的表现为,当电路达到稳定状态后,还一直有一定量的电流通过电容器,电容器不呈现开路状态。此时电流表显示有一定电流值,即指针不能回摆达到机械零位。

在实际测量中,我们还会看到,如果采用相同的挡位,容量越大的电容器回摆到0所需的时间就越长,请思考为什么?这样根据回摆到0所需时间的长短,就可以粗略地判断电容器的容量。另外,由于电容器的容值从几个皮法(pF)到几法拉(F),是一个很大的范围,实际测量时我们需要根据电容值的不同,选择不同的挡位,依照经验挡位的选择如表 4.4.1 所示。

表 4.4.1 测量电容值电阻挡挡位选择

容量范围	0.1 pF ~ 1 μF	1 μF ~ 100 μF	100 μF ~ 1000 μF	1000 μF ~ 0.01 F	>0.01 F
应用挡位	$R\times10$ k	$R\times1$ k	$R\times100$	$R\times10$	$R\times1$

测量方法如下:

(1) 对电容器放电,用万用表表笔短接被测电容器两脚,将电容器中的电荷放完。

(2) 根据被测电容器的标称容量(一般在电容器身体上有标注),选择相应的电阻挡挡位,并对该挡位调零。

(3) 对有极性的电容器,黑表笔接被测电容器的正极,红表笔接负极(万用表电阻挡中电池正极接黑表笔,负极接红表笔);对无极性的电容器可以任意接。

(4) 观察万用表表头指针的偏转情况。

① 正常情况为看到指针快速向右达到一个最大值,然后指针回摆,最终到0(对于一些容值较小的电容器,实际看到的情况是,指针一直停在机械零位不动,这是由于容值太小,整个充电过程很快结束,指针来不及摆动)。

② 指针最终不能回到机械零位,说明被测电容器漏电。

③ 指针快速达到满偏,且不回摆,说明电容器已经被击穿。

④ 选择同一挡位,容值大的电容器比容值小的电容器回摆到机械零位所需要的时间长。

4.4.3 *RC* 电路的全响应

在上两节中,讨论了 RC 电路的零输入响应和零状态响应,本节将介绍当外施激励和初始储能都不为零时,RC 电路的响应,称为 RC 电路的全响应。根据线性叠加定理,全响应为零输入响应和零状态响应两者的叠加。在如图 4.4.9(a)所示电路中 $u_C(0_+)=U_0$,阶跃信号的幅值为 U_S。由图 4.4.9(b)可得

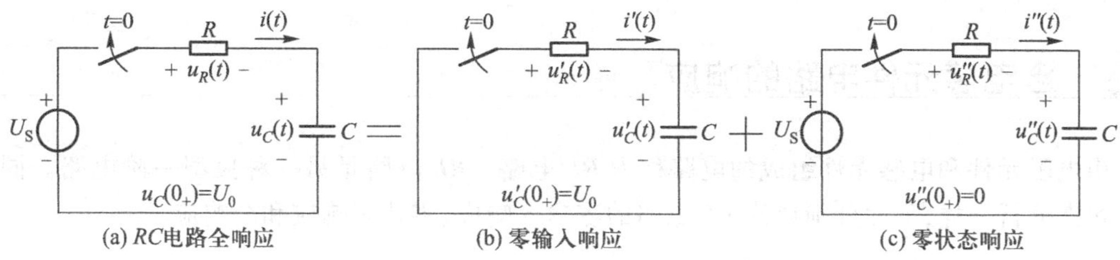

(a) RC电路全响应 (b) 零输入响应 (c) 零状态响应

图 4.4.9 RC 电路全响应

$$u'_C(t)=U_0\mathrm{e}^{-t/RC}\quad t\geqslant 0$$

由图 4.4.9(c)可得

$$u''_C(t)=U_S(1-\mathrm{e}^{-t/RC})\quad t\geqslant 0$$

全响应

$$\underbrace{u_C(t)}_{\text{全响应}}=u'_C(t)+u''_C(t)=\underbrace{U_0\mathrm{e}^{-t/\tau}}_{\text{零输入响应}}+\underbrace{U_S(1-\mathrm{e}^{-t/\tau})}_{\text{零状态响应}}\quad t\geqslant 0\tag{4.4.20}$$

由前面讨论可知，RC 电路的零输入响应与电路的初始值成正比，RC 电路的零状态响应与电路的外施激励成正比。由式(4.4.20)可知，全响应与初始状态量值或外施激励都不存在正比关系。在分析动态电路时，可以分别算出零输入响应和零状态响应，相加得出全响应。

式(4.4.20)还可改写成如下形式

$$\underbrace{u_C(t)}_{\text{全响应}}=\underbrace{U_S}_{\text{稳态分量}}+\underbrace{(U_0-U_S)\mathrm{e}^{-t/\tau}}_{\text{瞬态分量}}\quad t\geqslant 0\tag{4.4.21}$$

式(4.4.21)右边第一项为外施激励作用的结果，称其为稳态分量；右边第二项为指数函数的形式，当 $t\to\infty$ 时该分量衰减为零，因此称为瞬态分量。式中 U_S为电路达到新稳态时电容元件上的电压，为稳态分量，可表示为 $u_C(\infty)$；U_0为电容元件上的初始储能，即电容元件的初始值，可表示为 $u_C(0_+)$。

上式可表示为

$$u_C(t)=u_C(\infty)+[u_C(0)-u_C(\infty)]\mathrm{e}^{-t/\tau}\quad t\geqslant 0\tag{4.4.22}$$

练习与思考

4.4.1 在指数函数 $y=A\mathrm{e}^{-t/\tau}$的曲线上任取一点 a 作切线，与横轴相交于 t_1。试证明 t_1与 t_a之间的时间间隔等于 τ，即 $t_1-t_a=\tau$。

4.4.2 利用电容元件的瞬态过程，可以使用指针式万用表粗略地判定电容器的质量。假设有一个 22 μF 电容器，可采用万用表 $R\times1$ k 挡粗判该电容器的质量。实际测量时常遇到如下现象，请思考各说明什么，为什么？

(1) 指针满偏。

(2) 指针很快偏转到一个最大值，然后指针回摆到刻度∞处。

(3) 指针很快偏转到一个最大值，然后指针回摆，但一直无法回到刻度∞处。

当我们选用另一个电容值为 220 μF 的电容器，采用相同的挡位，考虑指针回摆的时间会有什么不同？

4.4.3 电容元件的初始电压越高，是否放电的时间越长？

4.5 含电感元件电路的响应

由电阻元件和电感元件组成的电路称为 *RL* 电路。*RL* 电路是另一种典型一阶电路。同 *RC* 电路暂态分析一样，下面分别讨论 *RL* 电路的零输入响应、零状态响应和全响应。

4.5.1 *RL* 电路的零输入响应

如图 4.5.1(a)所示，*RL* 电路在换路前开关 S 处于位置“1”，假定电路已达到稳定状态(旧稳态)。在直流激励作用下，电感 L 相当于短路，$t=0_-$ 时的等效电路如 4.5.1(b)所示，此时 $i_L(0_-)=I_S=I_0$。在 $t=0$ 时开关 S 由位置“1”合到位置“2”，电流源和电感元件脱离，电路如图 4.5.1(c)所示，根据换路定则，$i_L(0_+)=i_L(0_-)=I_0$。从 $t=0$ 时起，电感元件中储存的磁场能量 $\frac{1}{2}LI_0^2$ 逐渐消耗在电阻元件中，电感元件上的电流 $i_L(t)$ 从初始值 I_0 逐渐减小，最后下降到零。

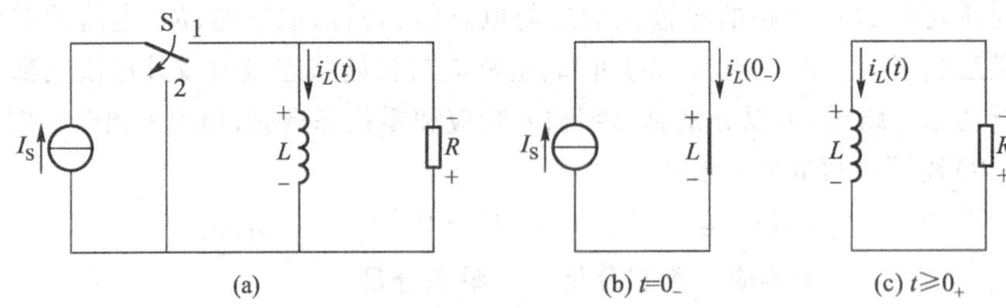

图 4.5.1 *RL* 电路零输入响应

同 *RC* 电路的分析类似，对图 4.5.1(c)电路由 KVL 和元件约束关系可得微分方程

$$L\frac{\mathrm{d}i_L(t)}{\mathrm{d}t}+Ri_L(t)=0 \qquad t\geqslant 0 \tag{4.5.1}$$

初始条件为

$$i_L(0_+)=I_0 \tag{4.5.2}$$

这也是一个一阶常系数线性齐次微分方程。同 *RC* 电路零输入响应的分析一样，可得

$$i_L(t)=I_0\mathrm{e}^{-t/\tau} \qquad t\geqslant 0 \tag{4.5.3}$$

其中 $\tau=\frac{L}{R}$，可以求出电感元件和电阻元件上的电压分别为

$$u_L(t)=L\frac{\mathrm{d}i_L(t)}{\mathrm{d}t}=-RI_0\mathrm{e}^{-t/\tau} \qquad t\geqslant 0 \tag{4.5.4}$$

$$u_R(t)=Ri_L(t)=RI_0\mathrm{e}^{-t/\tau} \qquad t\geqslant 0 \tag{4.5.5}$$

从以上三式[式(4.5.3)~式(4.5.5)]看出，如果将初始状态 $i_L(0_+)=I_0$ 看作电路的激励，初始状态 I_0 增大 K 倍，相应的零输入响应也增大 K 倍。可见 *RL* 电路的零输入响应与初始状态也成线性关系。

电感电流 $i_L(t)$ 与电感电压 $u_L(t)$ 随时间变化的曲线如图 4.5.2 所示。它们的绝对值都是按同一指数规律逐渐变化到零的。在换路后的瞬间，$i_L(t)$ 是没有跃变的，而电感电压 $u_L(t)$ 有一个负跃变，即由 $u_L(0_-)=0$ 跃变到 $u_L(0_+)=-RI_0$。

在 RL 电路中，时间常数 τ 与电阻成反比，这是因为在同样大的初始电流下，电阻 R 越大，电阻元件的功率也越大，储能也越快被电阻元件消耗掉，电压、电流随之衰减更快，时间常数 τ 就更小。而在 RC 电路中时间常数 τ 则与电阻成正比，这是因为同样的初始电压，电阻越大则放电电流越小，放电时间就越长，时间常数 τ 就越大。

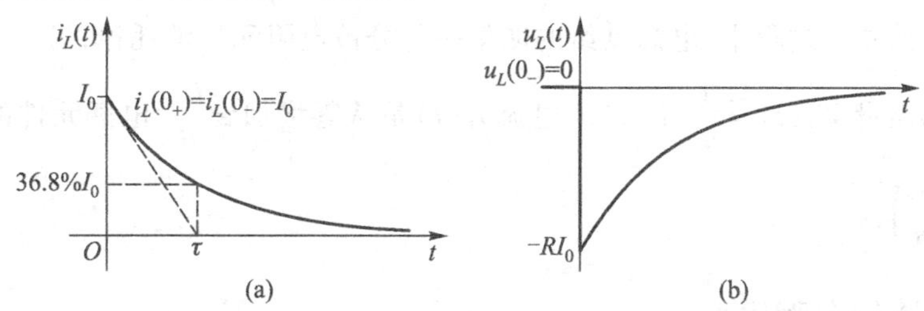

图 4.5.2　RL 电路零输入响应 $i_L(t)$、$u_L(t)$ 变化曲线

4.5.2　*RL* 电路的零状态响应

如图 4.5.3 所示电路，电感元件 L 中无初始储能，电路中电流为 0。$t=0$ 时开关 S 闭合，按如图所示参考方向，根据 KVL 和元件的 VCR 列写方程求 $i_L(t)$

$$\begin{cases} u_R(t)+u_L(t)=U_S \\ u_R(t)=Ri_L(t) \\ u_L(t)=L\dfrac{\mathrm{d}i_L(t)}{\mathrm{d}t} \end{cases} \quad t\geqslant 0$$

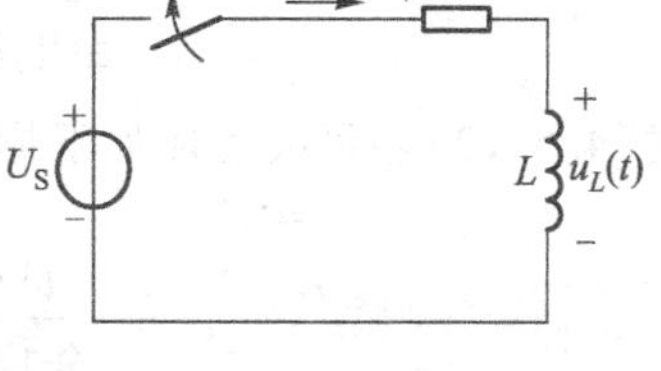

图 4.5.3　RL 电路零状态响应

根据上面一组方程可列写电路的微分方程

$$L\frac{\mathrm{d}i_L(t)}{\mathrm{d}t}+Ri_L(t)=U_S \qquad t\geqslant 0 \tag{4.5.6}$$

初始条件为

$$i_L(0_+)=i_L(0_-)=0 \tag{4.5.7}$$

微分方程的解法同 RC 电路的零状态响应，可得

$$i_L(t)=-\frac{U_S}{R}\mathrm{e}^{-\frac{R}{L}}+\frac{U_S}{R}=\frac{U_S}{R}(1-\mathrm{e}^{-\frac{t}{\tau}}) \qquad t\geqslant 0 \tag{4.5.8}$$

从而可求出

$$u_L(t)=L\frac{\mathrm{d}i_L(t)}{\mathrm{d}t}=L\left(-\frac{U_S}{R}\right)\left(-\frac{R}{L}\right)\mathrm{e}^{-\frac{R}{L}t}=U_S\mathrm{e}^{-\frac{t}{\tau}} \qquad t\geqslant 0 \tag{4.5.9}$$

$$u_R(t)=Ri_L(t)=U_S(1-\mathrm{e}^{-t/\tau}) \qquad t\geqslant 0 \tag{4.5.10}$$

以上各式中 $\tau=\frac{L}{R}$是 *RL* 串联电路的时间常数。

由上面三式[式(4.5.8)~式(4.5.10)]看出,*RL* 电路的零状态响应也与电路的外施激励的量值成正比。即,*RL* 电路的零状态响应与外施激励成线性关系。

式(4.5.8)可以写成如下形式

$$i_L(t)=\frac{U_S}{R}(1-e^{-t/\tau})=i_L(\infty)(1-e^{-t/\tau}) \qquad t\geqslant 0 \tag{4.5.11}$$

零状态响应的整个过程中,电源供给的能量一部分被电阻元件消耗掉,另一部分则在电感元件中转换成磁场能量 $W_L(t)=\frac{1}{2}Li_L^2(t)$。电流 $i_L(t)$ 是从零增加到$\frac{U_S}{R}$,电感元件的磁场能量亦从零增加到$\frac{1}{2}L\left(\frac{U_S}{R}\right)^2$。

4.5.3 *RL* 电路的全响应

同 *RC* 电路的全响应一样,*RL* 电路的全响应可表示为如下形式

RL 电路全响应 = *RL* 电路的零输入响应 + *RL* 电路的零状态响应

即

$$\underbrace{i_L(t)}_{\text{全响应}}=\underbrace{I_0e^{-t/\tau}}_{\text{零输入响应}}+\underbrace{\frac{U_S}{R}(1-e^{-t/\tau})}_{\text{零状态响应}} \qquad t\geqslant 0 \tag{4.5.12}$$

式(4.5.12)还可改写成如下形式

$$\underbrace{i_L(t)}_{\text{全响应}}=\underbrace{\frac{U_S}{R}}_{\text{稳态分量}}+\underbrace{\left(I_0-\frac{U_S}{R}\right)e^{-t/\tau}}_{\text{瞬态分量}} \qquad t\geqslant 0 \tag{4.5.13}$$

上式中$\frac{U_S}{R}$为电路达到新稳态时电容元件上的电压,称为稳态分量,可表示为 $i_L(\infty)$;I_0为电感元件的初始值,可表示为 $i_L(0_+)$。

因此,上式可表示为

$$i_L(t)=i_L(\infty)+[i_L(0)-i_L(\infty)]e^{-t/\tau} \qquad t\geqslant 0 \tag{4.5.14}$$

练习与思考

4.5.1 如图 4.5.4 所示电路,请考虑电阻元件 R_1的作用,如果没有 R_1会有什么问题?

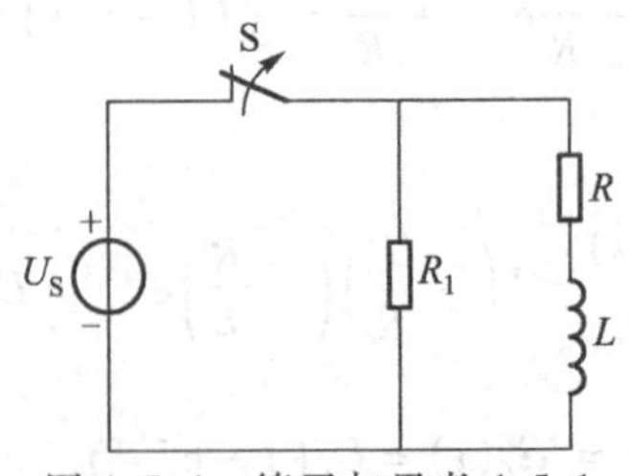

图 4.5.4 练习与思考 4.5.1

4.6　一阶线性电路瞬态分析的三要素法

总结以上对 RC、RL 电路的分析，希望能找出一种不需要列写和求解微分方程而直接计算一阶电路全响应的方法。

从前面章节的分析可以看出，一阶线性电路的全响应为一阶常系数非齐次方程。用 $f(t)$ 表示电路中任意电压或电流。根据前面的分析

$$f(t) = \text{稳态分量} + \text{瞬态分量}$$

前面已经说明，同一电路中各支路电流和电压具有相同的时间常数 τ。稳态分量用 $f(\infty)$ 表示，$Ae^{-t/\tau}$ 表示电流或电压的瞬态分量，即

$$f(t) = \text{稳态分量} + \text{瞬态分量} = f(\infty) + Ae^{-t/\tau} \tag{4.6.1}$$

初始值用 $f(0_+)$ 表示，代入上式(4.6.1)得

$$f(0_+) = f(\infty) + A$$

可得到

$$A = f(0_+) - f(\infty)$$

代入式(4.6.1)可得

$$f(t) = f(\infty) + [f(0_+) - f(\infty)]e^{-t/\tau} \tag{4.6.2}$$

式(4.6.2)为分析一阶线性电路过渡过程中任意变量的一般公式。式(4.6.2)中 τ、$f(0_+)$ 和 $f(\infty)$ 称为一阶线性电路全响应的三要素。对于任意一阶线性电路，只要确定这三个量，代入式(4.6.2)便可直接写出电路的瞬态响应。

初始值和稳态值的确定方法已经在 4.3.2 节和 4.3.3 节中介绍过了，下面进一步讨论时间常数 τ 的求解方法。

从上面的讨论我们知道对于一阶 RC 电路

$$\tau = R_0 C$$

对于 RL 电路

$$\tau = \frac{L}{R_0}$$

其中 R_0 为电路的等效电阻。

对于简单一阶电路(电路中只有一个电阻和一个储能元件)，$R_0 = R$。

对于复杂电路，等效电阻 R_0 为在**换路后**的电路中除去电源(理想电压源作短路处理，理想电流源作开路处理)，从储能元件两端看所得的无源二端网络的等效电阻。

例 4.6.1　如图 4.6.1(a)所示电路，在 $t=0$ 时闭合开关，求此电路的时间常数 τ。

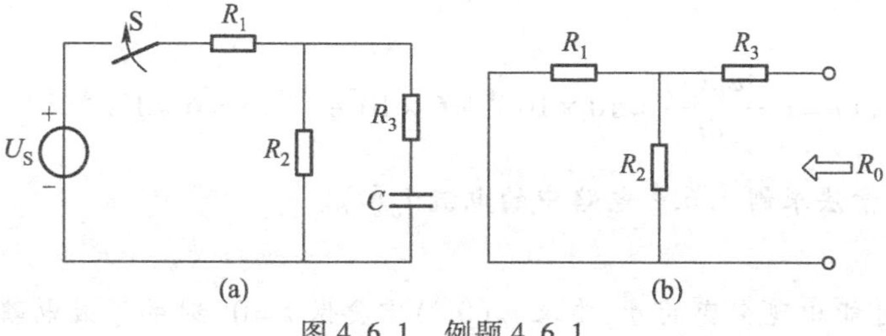

图 4.6.1　例题 4.6.1

解：为求等效电阻 R_0，在换路后的电路，将理想电压源作短路处理，从储能元件两端看所得的无源二端网络如图 4.6.1(b)所示。所以

$$R_0 = R_3 + R_1 // R_2$$

$$\tau = R_0 C$$

例 4.6.2 如图 4.6.2 所示电路，开关 S 在 $t=0$ 时刻闭合，用三要素法列写电容元件上电压和电流的表达式，已知电容元件存在初始储能为 18×10^{-5} J，$R=1\ \text{k}\Omega$，$C=10\ \mu\text{F}$，$U_S=12$ V。

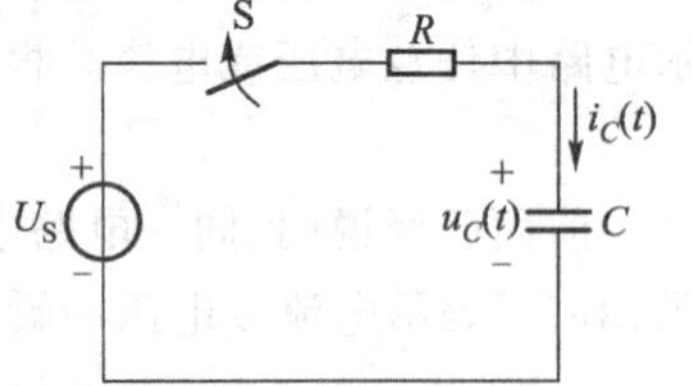

图 4.6.2 例题 4.6.2 图

解：电容元件上的电压为不突变的量，先求电容元件上电压 $u_C(t)$ 的表达式。

求初始值 $u_C(0_+)$：

已知电容元件存在初始储能为 18×10^{-5} J，根据

$$W_C = \frac{1}{2}Cu_C^2(t)$$

可求得在 $t=0_-$ 时电容元件上的电压

$$u_C(0_-) = \sqrt{\frac{2\ W_C(0_-)}{C}} = \sqrt{\frac{2\times18\times10^{-5}}{10^{-5}}}\ \text{V} = 6\ \text{V}$$

根据换路定则 $$u_C(0_+) = u_C(0_-) = 6\ \text{V}$$

求稳态值 $u_C(\infty)$：

开关闭合电路达到稳态时，电容元件相当于开路，此时

$$u_C(\infty) = U_S = 12\ \text{V}$$

求时间常数 τ

$$\tau = RC = 1\times10^3\times10\times10^{-6}\ \text{s} = 10^{-2}\ \text{s}$$

代入通用表达式

$$f(t) = f(\infty) + [f(0_+) - f(\infty)]e^{-t/\tau}$$

$$u_C(t) = u_C(\infty) + [u_C(0_+) - u_C(\infty)]e^{-t/\tau} = (12 + (6-12)e^{-t/10^{-2}})\ \text{V} = (12 - 6e^{-10^2 t})\ \text{V}$$

电容元件上电流的表达式可以用三要素法求解，也可利用电容元件上电压和电流的关系 $i_C(t) = C\dfrac{\mathrm{d}u_C(t)}{\mathrm{d}t}$ 求得

$$i_C(t) = C\frac{\mathrm{d}u_C(t)}{\mathrm{d}t} = 10\times10^{-6}\times6\times10^2 e^{-10^2 t}\ \text{A} = 6\times10^{-3}e^{-10^2 t}\ \text{A}$$

下面再用三要素法求例 4.6.2 电路中的电流 $i_C(t)$。

求初始值：

由于 $i_C(t)$ 是可能出现突变的量，要求 $i_C(0_+)$ 需要做 $t=0_+$ 时的等效电路，如图 4.6.3 所示，可求得

$$i_C(0_+)=\frac{U_S-u_C(0_+)}{R}=\frac{12-6}{10^3}\ \text{A}=6\times10^{-3}\ \text{A}$$

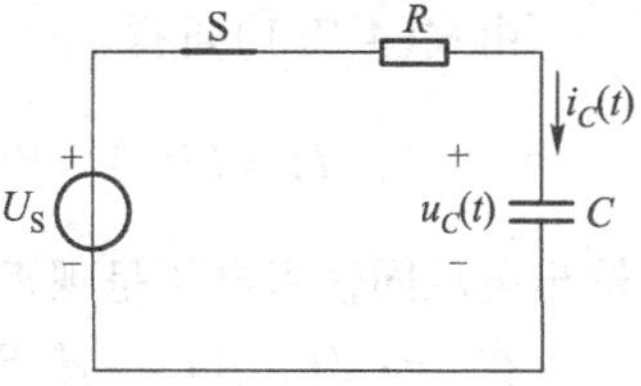

图 4.6.3 $t=0_+$时的等效电路

求稳态值：

电路达到新稳态后，电容元件相当于开路，回路中电流为0，即

$$i_C(\infty)=0$$

求时间常数：

对于同一电路，时间常数相同，由例 4.6.2 可知

$$\tau=10^{-2}\ \text{s}$$

代入通用表达式

$$f(t)=f(\infty)+[f(0_+)-f(\infty)]\mathrm{e}^{-t/\tau}$$

$$i_C(t)=i_C(\infty)+[i_C(0_+)-i_C(\infty)]\mathrm{e}^{-t/\tau}=0+[6\times10^{-3}-0]\mathrm{e}^{-t/\tau}\ \text{A}=6\times10^{-3}\mathrm{e}^{-10^2t}\ \text{A}$$

练习与思考

4.6.1 何为一阶电路的三要素法？三个要素的含义是什么？三要素法的通式是怎么表示的？

4.7 微分电路与积分电路

在电子技术中，常用 RC 电路组成微分电路（differential circuit）和积分电路（integrating circuit），以实现脉冲波形的变换。以上两种电路都是利用电容元件充放电过程，使输出电压和输入电压之间存在近似微分或积分的关系。调节电路参数使输出电压与输入电压的微分成正比的电路，称为微分电路；相应的输出电压与输入电压的积分成正比的电路，称为积分电路。本节采用矩形脉冲作为激励信号。

4.7.1 微分电路

调节电路参数，可使 RC 电路的输入和输出近似满足微分关系。

如图 4.7.1 所示 RC 电路，假设电容元件上无初始储能，输入端接矩形脉冲电压 $u_I(t)$，波形如图 4.7.2(a) 所示，此电路时间常数 $\tau=RC\ll T$（T 为矩形脉冲的宽度）。

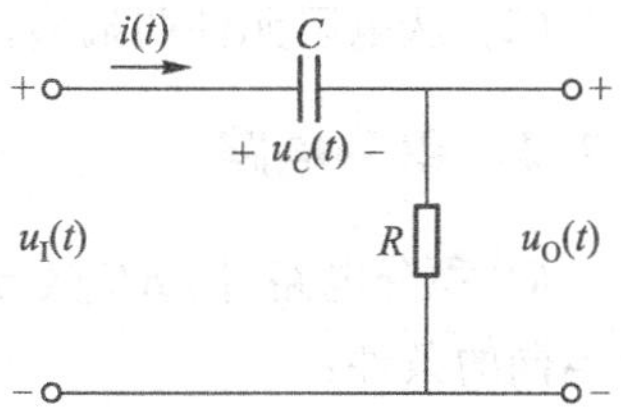

图 4.7.1 RC 微分电路

$$\begin{cases}u_O(t)=Ri(t)=RC\dfrac{\mathrm{d}u_C(t)}{\mathrm{d}t}\\ u_I(t)=u_C(t)+u_O(t)\\ u_C(0)=0\\ \tau\ll T\end{cases}\qquad(4.7.1)$$

在 $0\leqslant t<t_2$ 时间段对电路分析如下：

当 $t=0$ 时由于电容元件上无初始储能，$u_C(0)=0$，此时 $u_O(0)=u_I(0)=U$。随后输入电压对电容元件充电，由于电路时间常数 $\tau\ll T$，充电过程很快结束，在 $0<t<t_1$ 过程中可认为 $u_C(t)\approx u_I(t)$。

由式(4.7.1)可得

$$u_O(t)=Ri(t)=RC\frac{\mathrm{d}u_C(t)}{\mathrm{d}t}\approx RC\frac{\mathrm{d}u_I(t)}{\mathrm{d}t} \quad (4.7.2)$$

输出电压同输入电压呈现近似的微分关系。

在 $t=t_1$ 时,$u_I(t)$ 突然下降到零,此时输入端相当于短路,电容元件上的电压不能突变,此时 $u_O(t_1)=-u_C(t_1)=-U$,随后电容元件对电阻元件放电,同样由于 $\tau \ll T$,放电过程很快结束,产生一个相对于矩形脉冲宽度很窄的一个负尖脉冲。同 $0\leqslant t<t_1$ 分析类似,在 $t_1\leqslant t<t_2$ 时间段输出电压与输入电压同样呈现近似的微分关系。

对于理想微分电路,当输入 $u_I(t)$ 为如图 4.7.2(a)所示的矩形脉冲信号时,其输出 $u_O(t)$ 波形如图4.7.2(c)所示。在 $t=0$ 和 $t=t_1$ 时(相当于方波的前沿和后沿时刻),$u_I(t)$ 均出现突变,其导数分别为 $+\infty$ 和 $-\infty$;在 $0<t<t_1$ 时间内,其导数等于零。

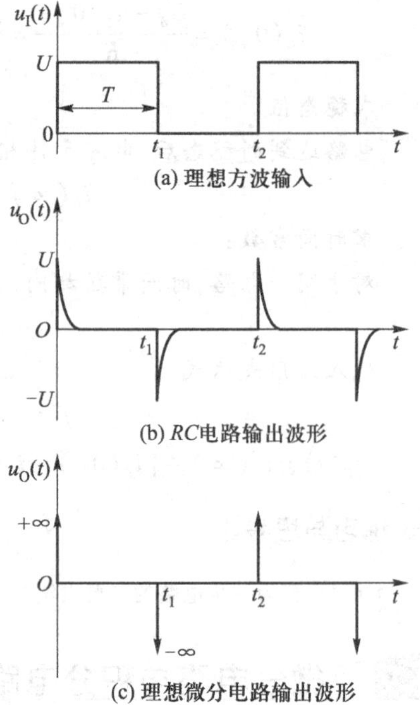

图 4.7.2 RC 微分电路输入、输出电压波形

RC 微分电路的输出波形和理想微分电路不同,如图 4.7.2 所示。在 $t=0$ 时,输入矩形脉冲信号出现正跳变,输出电压 $u_O(0)=U$(不能达到 $+\infty$),随后在 $0<t<t_1$,输出电压也不为零,而是如图 4.7.2(b)所示的一个正的尖脉冲;同样在 $t=t_1$ 时,输入矩形脉冲信号出现负跳变,输出电压 $u_O(t_1)=-U$,随后在 $t_1<t<t_2$,输出电压不为零,而是如图 4.7.2(b)所示的一个负的尖脉冲。RC 微分电路能突出反映输入信号的跳变部分,将输入信号的跳变部分转变为尖脉冲。

图 4.7.1 是由电阻元件和电容元件组成的电路,但并不是所有的 RC 电路都具有微分电路的特点,RC 微分电路必须具备以下两个条件:

(1) $\tau \ll T$。

(2) 从电阻元件两端输出。

4.7.2 积分电路

RC 积分电路,同 RC 微分电路一样,也是由电阻元件和电容元件串联电路构成的。但其具有不同的条件:

(1) $\tau \gg T$。

(2) 从电容元件两端输出。

满足以上条件的 RC 电路就可以实现近似的积分功能。

简易积分电路如图 4.7.3 所示,假设电容元件上无初始储能,当输入电压为如图 4.7.4(a)所示阶跃电压时,图 4.7.3 电路响应实际上就是一个 RC 零状态响应,电路分析过程参见4.4.2节。输出电压 $u_O(t)=u_C(t)$,其曲线(电容电压的零状态响应)如图 4.7.4(b)实线所示。对于理想积分电路,当输入为阶跃信号时,

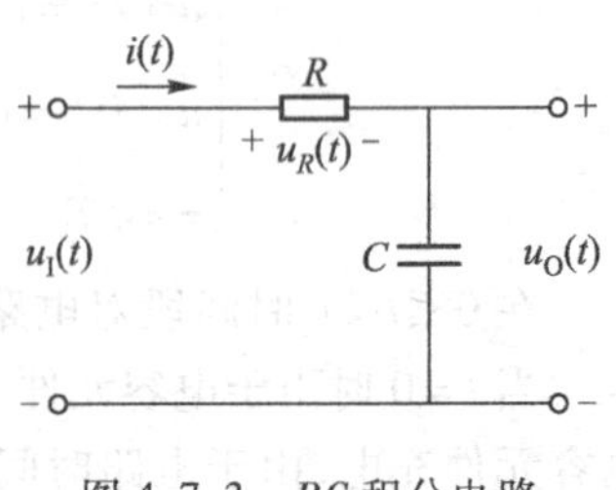

图 4.7.3 RC 积分电路

输出应该是一条斜线，如图 4.7.4(b)虚线所示。若 RC 的乘积取值足够大，外加电压时电容元件上的电压只能缓慢上升。在开始充电的一段时间内，输入电压主要降落在 R 上，充电电流近似为

$$i(t) \approx \frac{u_I(t)}{R}$$

此时输出电压为

$$u_O(t) = u_C(t) = \frac{1}{C}\int_0^t i(\tau)\mathrm{d}\tau \approx \frac{1}{RC}\int_0^t u_I(\tau)\mathrm{d}\tau \tag{4.7.3}$$

输出电压与输入电压积分值近似成正比。随着充电过程的继续，电容元件上的电压不断增加，充电电流不断减小，输出电压就越来越偏离理想积分电路的响应特性。

采用如图 4.7.4(c)虚线所示矩形脉冲信号，使脉冲宽度 $T \ll \tau$，可得到近似的积分输出电压 $u_O(t)$。在 $0 \leqslant t < T$ 时间段，输入电压对电容元件充电，由于时间常数 $\tau \gg T$，电容缓慢充电，电容元件上的电压(即输出电压)缓慢增长，在 $t = T$ 时由于外加输入电压跳变为 0，电容开始缓慢向电阻放电(RC 零输入响应)，电容元件上的电压也缓慢下降。时间常数 τ 越大，充放电过程越缓慢，所得波形锯齿波电压的线性度也越好，即越接近理想积分响应。

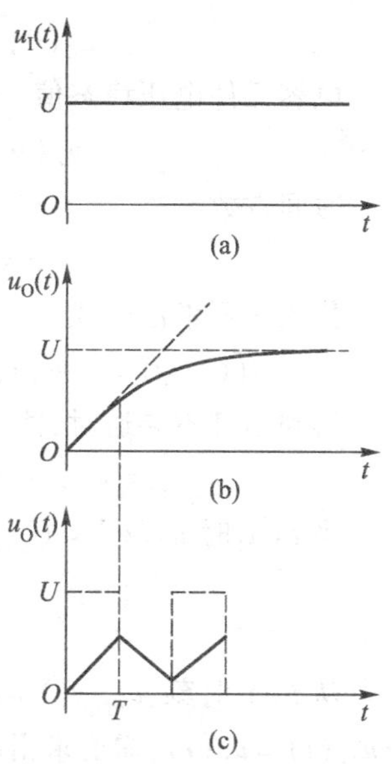

图 4.7.4 RC 积分电路输入、输出电压波形

4.8 应用实例

4.8.1 闪光灯电路

图 4.8.1 为闪光灯电路的原理图。电路采用直流供电，电路中的灯具有如下特点：当它两端的电压 $u_C(t)$ 达到 U_{max} 时导通发光，此时灯相当于一个电阻元件，设阻值为 R_b；当它两端的电压降到 U_{min} 时灯停止发光，此时相当于开路。

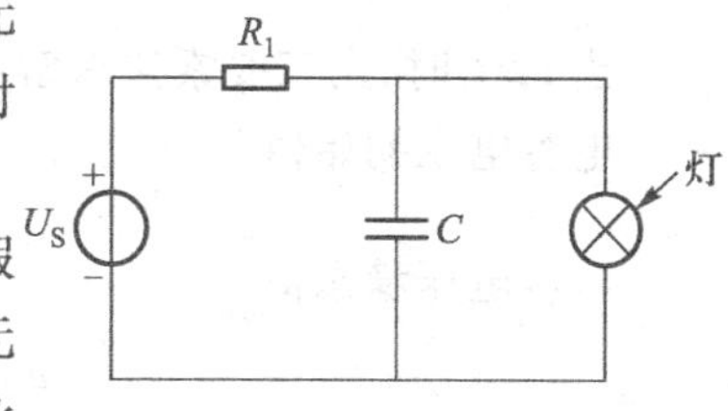

图 4.8.1 闪光灯电路

在直流电压源作用下，电路按以下过程周而复始的工作：假设在某一时刻，灯开路不发光，电压源通过电阻元件 R_1 对电容元件充电，当电容元件上的电压 $u_C(t)$ 达到 U_{max} 时，灯导通发光，此时电容元件开始放电，一旦电容元件上的电压 $u_C(t)$ 下降到 U_{min} 时，灯开路，电容元件又开始充电。

令电容元件开始充电的瞬间为 $t=0$；灯电压达到 U_{max}，灯开始工作的时间为 t_1；灯电压降到 U_{min} 的时间为 t_2，灯停止工作。

假设电路已运转一段时间，在 $t=0$ 时，灯开路，等效电路如图 4.8.2 所示。在此电路中求灯不导通时($0 \leqslant t < t_1$)灯两端的电压，也就是电容元件两端的电压 $u_C(t)$。用三要素法求解如下：

电容元件电压初始值

$$u_C(0_+) = U_{\min}$$

电容元件电压稳态值

$$u_C(\infty) = U_S$$

时间常数

$$\tau = R_1 C$$

代入三要素法公式

$$f(t) = f(\infty) + [f(0_+) - f(\infty)]e^{-t/\tau}$$

图 4.8.2 $t=0$ 时刻的闪光灯电路

得到当灯不导通时,两端的电压为

$$u_C(t) = U_S + (U_{\min} - U_S)e^{-t/\tau} \quad t \geqslant 0 \tag{4.8.1}$$

当 $t=t_1$ 时 $u_C(t_1) = U_{\max}$,灯导通,此时间为

$$t_1 = \tau \ln \frac{U_{\min} - U_S}{U_{\max} - U_S} \tag{4.8.2}$$

从 $t=t_1$ 时刻,$u_{R_b}(t_1) = u_C(t_1) = U_{\max}$,灯导通,等效电路如图 4.8.3(a)所示,电灯两端的电压$u_{R_b}(t) = u_C(t)$,需要求出电容元件两端的电压 $u_C(t)$(此时 $t \geqslant t_1$)。为求时间常数 τ 需要将电路变换成如图 4.8.3(b)所示的形式,求得等效电阻 $R_0 = R_1 /\!/ R_b = \frac{R_1 R_b}{R_1 + R_b}$。电路达到稳态时电容元件相当于开路,等效电路如图 4.8.3(c)所示。

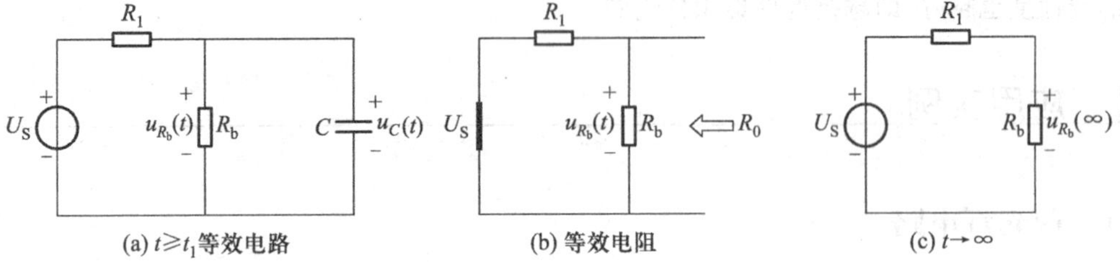

图 4.8.3 $t \geqslant t_1$ 时闪光灯等效电路

当 $t \geqslant t_1$ 时,用三要素法求解如下:

电容电压初始值

$$u_C(t_{1+}) = U_{\max}$$

电容电压稳态值

$$u_C(\infty) = u_{R_b}(\infty) = \frac{R_b}{R_1 + R_b} U_S = U_{R_b}$$

时间常数

$$\tau' = R_0 C$$

代入三要素法公式

$$f(t) = f(\infty) + [f(0_+) - f(\infty)]e^{-t/\tau} \qquad t \geqslant t_1$$

得到

$$u_C(t) = U_{R_b} + (U_{\max} - U_{R_b})e^{-(t-t_1)/\tau} \qquad t \geqslant t_1 \tag{4.8.3}$$

同理,当 $u_C(t_2) = U_{\min}$ 时,灯截止,可求出灯导通的时间

$$(t_2 - t_1) = \tau' \ln \frac{U_{\max} - U_{R_b}}{U_{\min} - U_{R_b}} \tag{4.8.4}$$

闪光灯电路灯电压的波形图如图 4.8.4 所示。

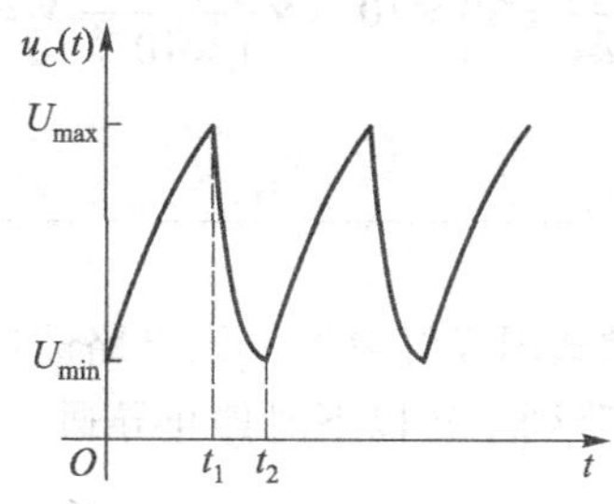

图 4.8.4 灯电压波形图

4.8.2 汽车点火电路

当流过电感元件上的电流在较短时间内出现较大变化时,由于

$$u_L(t)=L\frac{\mathrm{d}i_L(t)}{\mathrm{d}t}\quad t\geqslant 0 \tag{4.8.5}$$

将在电感元件上产生一个较高的电压,汽车点火系统正是利用了电感元件的这一特点。

汽油发动机的起动,需要按照各缸点火次序,定时供给火花塞以足够能量的高电压(几千伏),使火花塞产生足够强的火花,点燃混合燃料气。

汽车点火电路如图 4.8.5 所示,其中,火花塞的基本构成是一个由空气间隔隔开的电极对。通过在电极之间施加一个几千伏的大电压,形成穿透空气间隙的电火花,点燃燃料;U_S为 12 V 汽车电池电压;几千伏的大电压由点火线圈 L 产生。

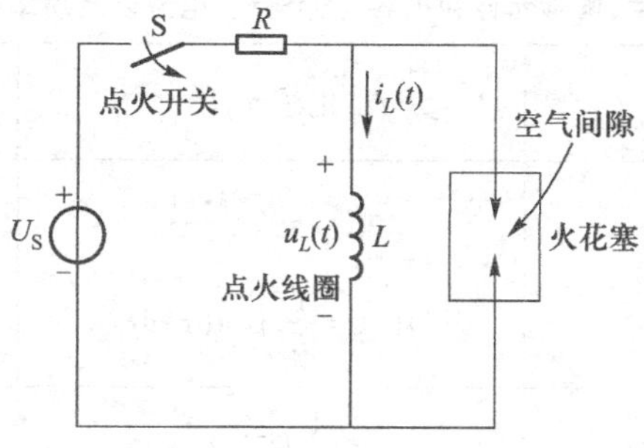

图 4.8.5 汽车点火电路

例 4.8.1 如图 4.8.5 所示汽车点火电路中,$U_S=12$ V,$R=12$ Ω,$L=20$ mH。在 $t=0$ 时,开关 S 打开。试计算当开关 S 打开前,通过点火线圈的电流,储存在线圈中的能量;开关打开时,火花塞两端的电压。假设开关打开需要 1 μs。

解:当开关 S 打开前,通过点火线圈的电流

$$I_L=\frac{U_S}{R}=\frac{12\ \text{V}}{12\ \Omega}=1\ \text{A}$$

储存在线圈中的能量

$$W=\frac{1}{2}Li_L^2(0_-)=\frac{1}{2}\times 20\times 10^{-3}\times 1^2\ \text{J}=10\ \text{mJ}$$

开关打开时,火花塞两端的电压

$$U_L = L\frac{\Delta I_L}{\Delta t} = 20\times 10^{-3}\times\frac{1}{1\times 10^{-6}}\ \text{V} = 20\ \text{kV}$$

4.9 应用设计

假设图 4.8.1 所示为一个便携式闪光灯电路。设电路的电源为 6 节 1.5 V 电池,并设灯的电压达到 7 V 时它才导通,当电压降到 1 V 以下时停止导通。当灯导通时,它有 20 kΩ 的电阻,当它不导通时,电阻为无穷大。

(1) 假设不期望两次闪光之间的时间大于 10 s,电阻 R_1 和电容 C 如何选择才能满足这个时间约束?

(2) 对于(1)的电阻值和电容值,闪光灯能持续亮多长时间?

小结

1. 本章所讲的都是线性元件,L 和 C 都是常数,相应的 $u(t)$ 和 $i(t)$,$q(t)$ 和 $i(t)$ 及 $q(t)$ 和 $u(t)$ 之间都是线性关系。

电阻元件、电感元件和电容元件的特征总结如下:

(1) 电阻元件具有消耗能量的特点,而电感元件、电容元件具有储存能量的特点。

(2) 电容元件上的电压不能突变,电感元件上的电流不能突变,其他量都有可能突变。

(3) 对于达到稳定状态的直流激励电路,电容元件相当于开路,电感元件相当于短路。

(4) 电容 C 和电感 L 满足对偶原理,是对偶元素。

电阻元件、电感元件和电容元件电压、电流以及功率的关系

特性 \ 元件	电阻元件	电感元件	电容元件
电压电流关系	$u(t)=Ri(t)$	$u(t)=L\frac{\mathrm{d}i(t)}{\mathrm{d}t}$ $i(t)=\frac{1}{L}\int_0^t u(\tau)\mathrm{d}\tau$	$i(t)=C\frac{\mathrm{d}u(t)}{\mathrm{d}t}$ $u(t)=\frac{1}{C}\int_0^t i(\tau)\mathrm{d}\tau$
能量	$\int_0^t Ri^2(\tau)\mathrm{d}\tau$	$\frac{1}{2}Li^2(t)$	$\frac{1}{2}Cu^2(t)$

2. 掌握换路定则以及初始值和稳态值的求法。

3. RC、RL 电路零输入响应总结:

(1) 零输入响应是电路在输入为零时,仅由储能元件(电容元件、电感元件)的初始储能引起的响应。

在 RC 电路中,电容元件电压的一般形式为

$$u_C(t)=u_C(0_+)\mathrm{e}^{-t/\tau},\qquad \tau=RC \qquad (t\geqslant 0)$$

在 RL 电路中,电感元件电流的一般形式为

$$i_L(t)=i_L(0_+)\mathrm{e}^{-t/\tau},\qquad \tau=\frac{L}{R} \qquad (t\geqslant 0)$$

(2) $u_C(t)$ 和 $i_L(t)$ 都是随时间按照指数规律从初始值逐渐衰减到零,求出了 $u_C(t)$ 和 $i_L(t)$ 后,根据基尔霍夫定律和各元件约束关系就可以进一步求出电路其余各处的电压、电流。

(3) 时间常数 τ 由电路参数决定，同一个电路具有相同的时间常数。

对于 RC 电路，$\tau=RC$。

对于 RL 电路，$\tau=\dfrac{L}{R}$。

零输入响应中，τ 等于电容电压或电感电流下降到初始值的 36.8% 所需的时间。

(4) RC 电路和 RL 电路的零输入响应与初始状态成线性关系。

4. RC、RL 电路零状态响应总结：

(1) 零状态响应的实质是电路中动态元件的储能从零逐渐增长的过程，电容元件电压和电感元件电流都是从零开始按指数规律上升到它们的稳态值，当电路到达稳态时，电容元件相当于开路，而电感元件相当于短路，由此可确定电容元件电压或电感元件电流的稳态值 $u_C(\infty)$ 和 $i_L(\infty)$。

在 RC 电路中，电容元件电压的一般形式为

$$u_C(t)=U_S(1-e^{-t/\tau})=u_C(\infty)\left(1-e^{-\frac{t}{\tau}}\right)\qquad t\geqslant 0$$

在 RL 电路中，电感元件电流的一般形式为

$$i_L(t)=\frac{U_S}{R}\left(1-e^{-\frac{t}{\tau}}\right)=i_L(\infty)\left(1-e^{-\frac{t}{\tau}}\right)\qquad t\geqslant 0$$

(2) 求出了 $u_C(t)$ 和 $i_L(t)$ 后，根据基尔霍夫定律和各元件约束关系就可以进一步求出电路其余各处的电压、电流。

(3) 时间常数 τ 由电路参数决定，同一个电路具有相同的时间常数。

对于 RC 电路，$\tau=RC$。

对于 RL 电路，$\tau=\dfrac{L}{R}$。

零状态响应中，τ 等于电容电压或电感电流上升到稳态值的 63.2% 所需的时间。

(4) 零状态响应与外施激励的量值成正比。

5. 三要素法求解一阶电路总结：

(1) 作 $t=0_-$ 时的等效电路，在此电路中求解不突变的量 $u_C(0_-)$ 或 $i_L(0_-)$。

(2) 求初始值。

① 对于不突变量，根据换路定则直接求解

$$u_C(0_+)=u_C(0_-)$$
$$i_L(0_+)=i_L(0_-)$$

② 对于可能突变的量(除电容元件上电压 $u_C(t)$ 和电感元件上电流 $i_L(t)$ 以外的其他电压和电流)，需要作 $t=0_+$ 时的等效电路，在此电路中，电容元件用理想电压源替代，电压值为电容元件上电压的初始值 $u_C(0_+)$。当 $u_C(0_+)=0$ 时，相当于理想电压源不作用，作短路处理；电感元件用理想电流源替代，电流值为电感元件上电流的初始值 $i_L(0_+)$。当 $i_L(0_+)=0$ 时，相当于理想电流源不作用，作开路处理。

(3) 求稳态值。

作 $t\to\infty$ 的电路求稳态值。

(4) 求时间常数 τ。

相同的电路具有相同的时间常数。注意复杂电路时间常数的求法。

(5) 代入通用表达式

$$f(t)=f(\infty)+[f(0_+)-f(\infty)]e^{-t/\tau}$$

习题

4.2.1 如图4.1所示电路，已知 $L=1$ H，电感电流 $i_L(t)$ 如下，试求电感电压并画出电感电流和电压的波形图。

$$i_L(t)=\begin{cases}0 \text{ mA} & t<1 \text{ ms}\\ -0.25+0.25t \text{ mA} & 1\leqslant t\leqslant 5 \text{ ms}\\ 1 \text{ mA} & t\geqslant 5 \text{ ms}\end{cases}$$

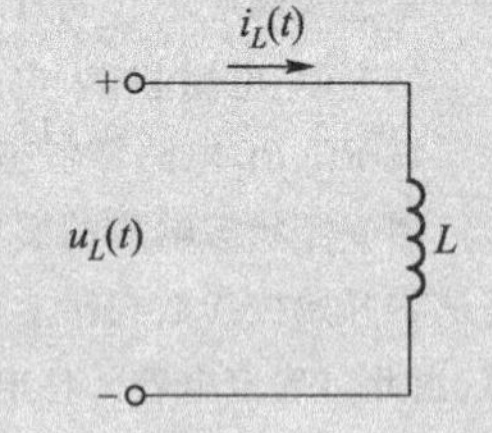

图4.1 习题4.2.1的图

4.2.2 根据初始电流和电感电压计算电感电流。已知电感 $L=5$ mH，$i_L(0)=0$ A，电感电压为

$$u_L(t)=\begin{cases}0 \text{ V} & t<0 \text{ s}\\ -5 \text{ V} & 0<t\leqslant 1 \text{ s}\\ 0 \text{ V} & t>1 \text{ s}\end{cases}$$

试求电感电流 $i_L(t)$ 并作图表示。

4.2.3 由电感电压计算电感电流，已知电感元件 $L=1$ H，电感元件上没有初始储能。电感元件上的电压为

$$u_L(t)=\begin{cases}0 \text{ V} & t\leqslant 1 \text{ ms}\\ 0.2 \text{ V} & 1<t\leqslant 5 \text{ ms}\\ 0 \text{ V} & 5<t\leqslant 10 \text{ ms}\\ -0.2 \text{ V} & 10<t\leqslant 14 \text{ ms}\\ 0 \text{ V} & t>14 \text{ ms}\end{cases}$$

试求电感元件上的电流并作图表示电压和电流波形。

4.2.4 电感元件 $L=1$ H，流过如图4.2所示的电流，电流单位为A，时间单位为s，电感元件中储存的最大能量为多少？

4.2.5 如图4.3所示电容元件网络，已知 $C_1=5$ μF，$C_2=5$ μF，$C_3=10$ μF，$C_4=10$ μF。求等效电容，设各电容元件原未充电，$U_S=30$ V，求各电容元件储存的电场能量。

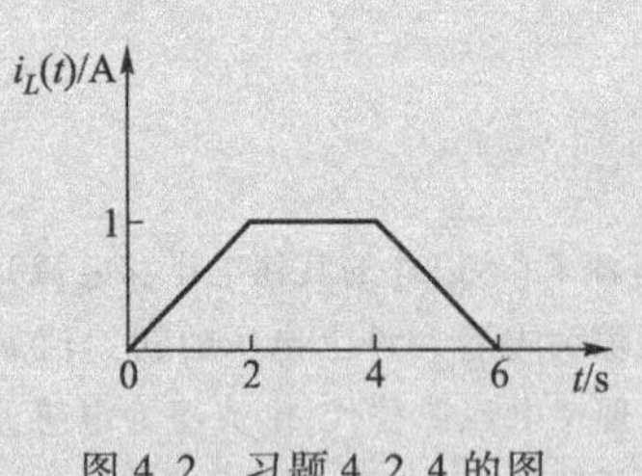

图4.2 习题4.2.4的图

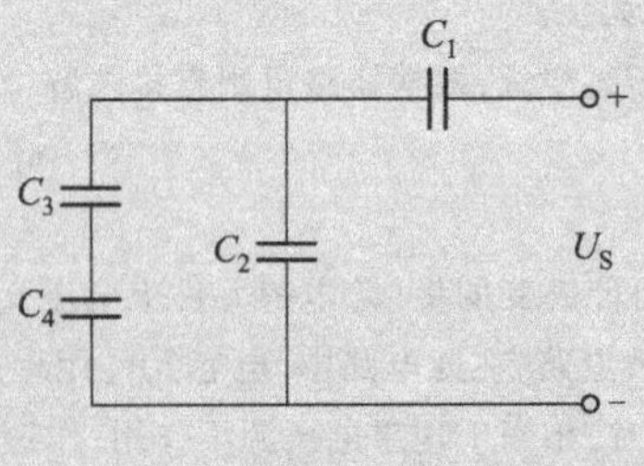

图4.3 习题4.2.5的图

4.2.6 如图4.4所示 RC 串联电路，设 $u_C(0)=0$，$i_C(t)=I_0\mathrm{e}^{-t/\tau}$。求在 $0<t<\infty$ 时间内电阻元件消耗的电能和电容元件存储的电能，并比较二者大小。

4.2.7 已知图4.5所示电路中 $R=1\ \Omega$，$C=1$ F，$L=1$ H，$u_C(t)=\mathrm{e}^{-3t}$ V，求控制系数 μ。

4.3.1 图4.6所示电路中，$U_S=100$ V，$R_1=5.1$ kΩ，$R_2=2.2$ kΩ，$C=22$ μF，在开关S闭合前电容元件上没有初始储能，求在S闭合瞬间及电路到达稳定后的各支路电流和各元件上的电压。

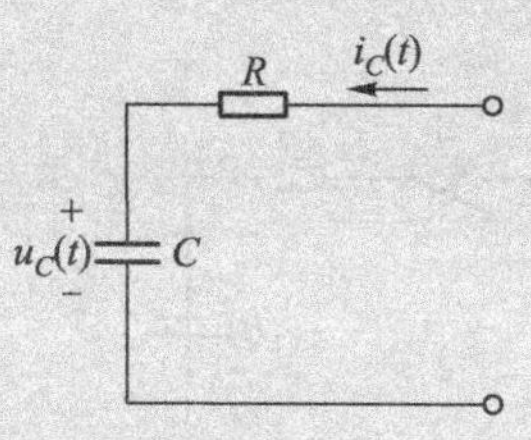

图 4.4　习题 4.2.6 的图

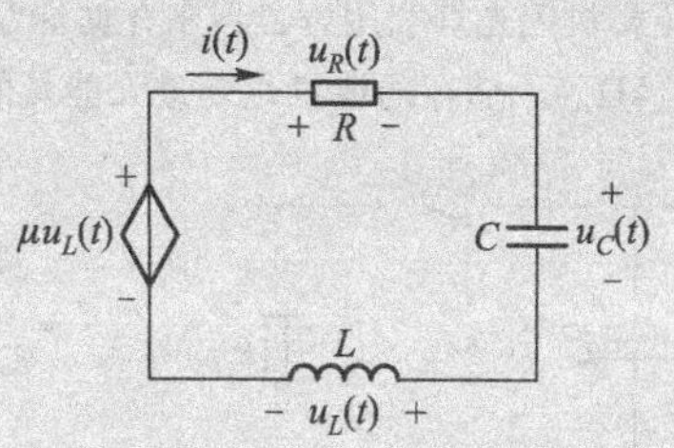

图 4.5　习题 4.2.7 的图

4.3.2　如图 4.7 所示电路中，已知 $C=10\ \mu F, L=1\ H, R_1=R_2=R_3=2\ \Omega, U_S=12\ V$。电路原来处于稳定状态，电容元件上有初始储能 $W_C(t)=8\times10^{-5}\ J$。$t=0$ 时闭合开关 S。试求 $i(t)$、$i_C(t)$、$i_L(t)$、$u_C(t)$、$u_L(t)$ 的初始值和稳态值。

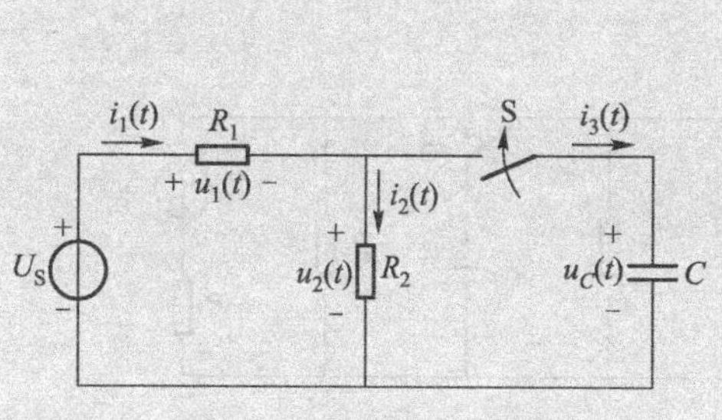

图 4.6　习题 4.3.1 的图

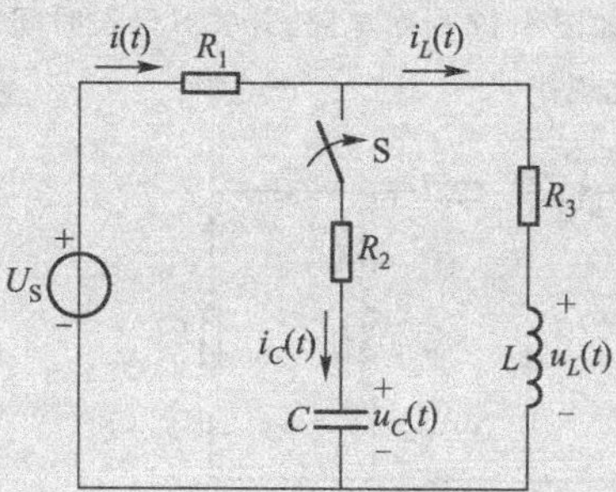

图 4.7　习题 4.3.2 的图

4.3.3　如图 4.8 所示各电路在换路前都处于稳态，已知 $R_1=R_2=R_3=2\ \Omega, U_S=6\ V, I_S=6\ A, L_2$ 中无初始储能，试求换路后各电路中电流 $i(t)$ 的初始值 $i(0_+)$ 和稳态值 $i(\infty)$。

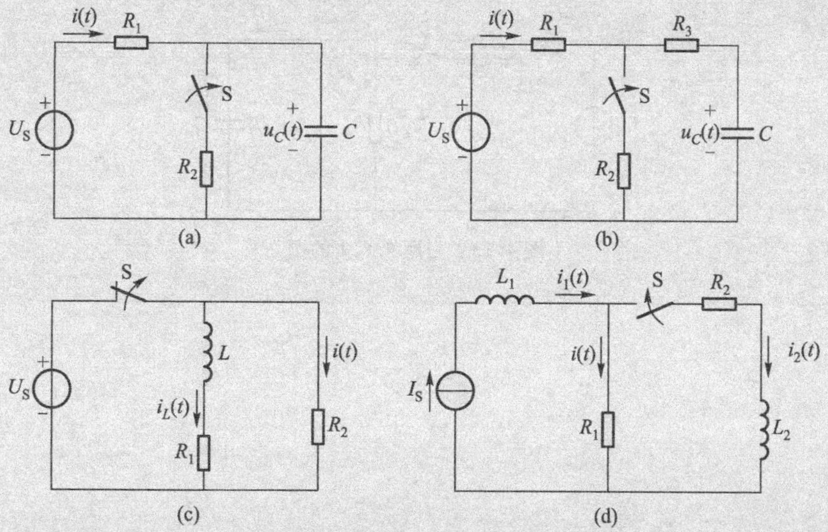

图 4.8　习题 4.3.3 的图

4.4.1　RC 串联电路如图 4.9 所示，没有外加激励，已知 $C=10\ \mu F$，电容元件上有初始储能 $u_C(0_-)=12\ V$，$t=0$ 时开关闭合。要使接通后 3 s 时的电容电压为 1 V，试求所需电阻。

4.4.2 照相机闪光灯利用电容器来存储能量。等效电路如图4.10所示，假设照相机电池 $U_S=9\ V$，$C=1000\ \mu F$，$R=1\ k\Omega$。求储存的能量达到最大能量的80%所需的时间。

图4.9 习题4.4.1的图

图4.10 习题4.4.2的图

4.5.1 如图4.11所示电路，$U_S=6\ V$，电阻 $R_1=R_2=2\ \Omega$，电感 $L=1\ H$，电感元件 L 中无初始储能，$t=0$ 时开关S闭合。试求 $t=0.7\ s$ 时电感元件上的电流值。

4.6.1 如图4.12所示电路，开关S已长时间在1位置，$t=0$ 时开关S从1合到2，试求电容元件上电压在 $t\geqslant 0$ 后的变化规律。

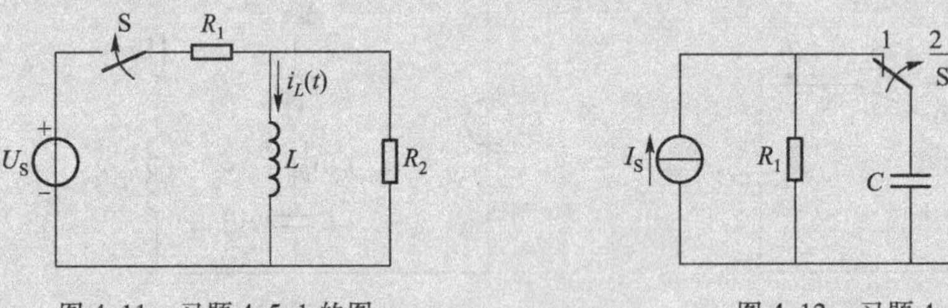

图4.11 习题4.5.1的图

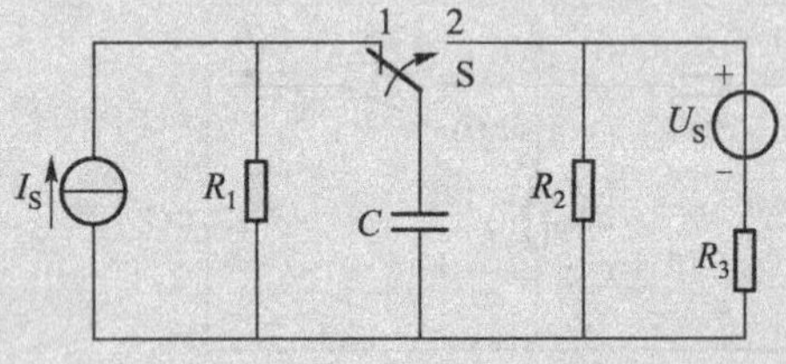

图4.12 习题4.6.1的图

4.6.2 如图4.13所示电路中，$U_S=12\ V$，$R_1=100\ \Omega$，$R_2=20\ \Omega$，$C=10\ \mu F$。在开关S闭合前电容元件上没有初始储能，用三要素法求解各支路电流和各元件上的电压。

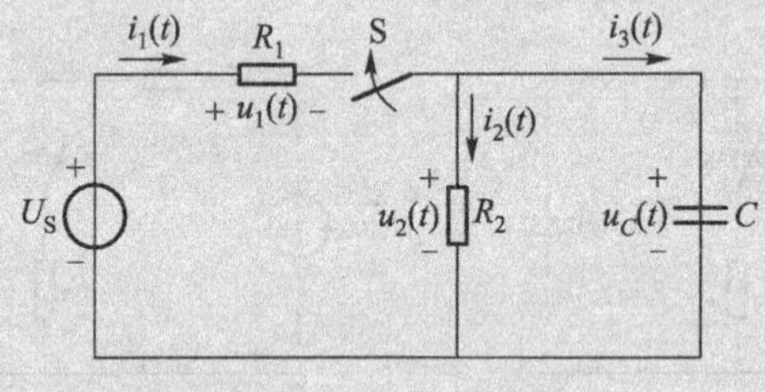

图4.13 习题4.6.2的图

第5章　正弦交流电路分析

正弦交流电路(sinusoidal alternating circuit)是指在正弦电源的激励下,电路中的各电压、电流均按正弦规律变化的电路。正弦交流电在工业生产和日常生活中得到了广泛的应用,例如电力系统中的发电、输配电及用电等环节大量采用正弦交流电;在电子技术领域,也常以正弦信号作为研究对象。因此,研究正弦交流电具有理论和实际应用意义。

本章介绍了正弦交流电路的基本概念和基本分析方法,及正弦交流电路的一些特殊现象和某些特殊交流电路的分析计算。本章针对正弦交流电路引入复数阻抗(complex impedance)、复功率(complex power)概念及复数解析法、相量分析法(phasor method)等与直流电路不同的概念和分析方法,它们对于学习非正弦周期信号(Non - sinusoidal periodic signal)电路分析及后面三相交流电路等章节的内容具有基础性作用。

学习目的:

1. 理解正弦量(sinusoid)的基本概念。
2. 掌握正弦量的各种表示方法及相互转换关系。
3. 掌握正弦交流电路的电压电流关系及其复数形式。
4. 掌握(R,L,C)单一参数元件的电压、电流及功率关系。
5. 掌握运用相量形式欧姆定律和基尔霍夫定律计算一般单相交流电路的方法。
6. 了解功率因数(power factor)提高的意义和简单方法。
7. 了解交流电路的频率特性和谐振(resonance)电路。
8. 了解非正弦周期信号电路的分析方法。

历史人物介绍:

赫兹(Heinrich Rudorf Hertz,1857—1894)是德国实验物理学家,1887年,他用实验证实了电磁波的存在,也证实了光其实是电磁波的一种,两者具有共同的波的特性。赫兹在实验中同时也证实了光电效应,即在光的照射下物体会释放出电子,这一发现,后来成了爱因斯坦建立光量子理论的基础。

Heinrich Rudorf Hertz

赫兹出生在德国汉堡的一个富裕家庭,进入柏林大学学习并在著名物理学家赫尔姆霍茨(全名为Hermann von Helmholtz)指导下完成了博士学位。他成为Kalsruhe大学的教授,并开始对电磁波的研究和探索,他成功地发现并检测到了电磁波。他第一个提出了光是一种电磁能量。1877年,赫兹首先发现了分子结构中电子的光电效应。赫兹虽然只活到了37岁,但他对电磁波的发现奠定了无线电、电视、通信系统等领域实践应用的基础,频率的单位Hz(赫[兹])就是以他的名字命名的。

斯泰尔梅茨(Charles Proteus Steinmetz,1865—1923)是德国—美国数学家和工程师,在交流电路的分析中引入了相量方法并以其在滞后理论方面的著作而闻名。此外,他是交流电动机,三相电路成功发明的先驱。

Charles Proteus Steinmetz

斯泰尔梅茨出生于德国的布勒斯劳,一岁时就失去了母亲。青年时期由于他的政治活动被迫离开德国,那时候,他正在布勒斯劳大学即将完成他的数学博士论文。后来他移居瑞士,然后又去了美国。1893年受雇于通用电气公司,同一年,他发表了首次将复数应用于交流电路的分析中的论文,而后其专著"交流现象的理论和计算"在1897年由McGraw—Hill出版社出版。他一生写了多本教科书,1901年成为美国电气工程协会(即后来的IEEE)的主席。

5.1 引例:常见供电系统

在常见的供电系统中,正弦交流电得到广泛应用。如图5.1.1所示,是一个典型的居民家庭供电系统,电能由居民区低压配电线路进入到每个家庭配电箱,然后根据各负载特点,进行线路布局及电能分配。我国及其他很多国家的民用单相交流供电电压标准为220 V/50 Hz,而有些国家,如美国采用的民用供电标准是110 V/60 Hz。

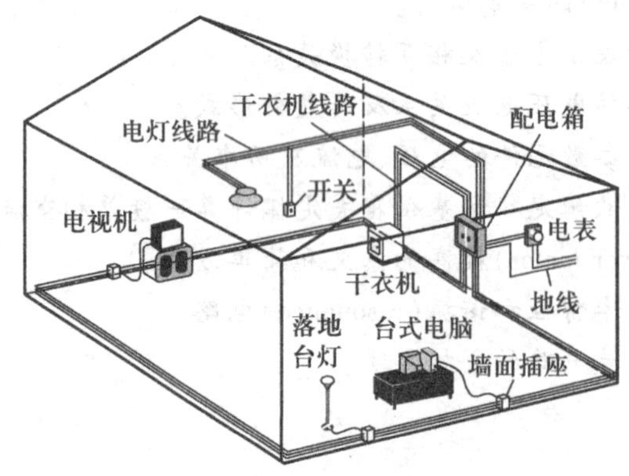

图5.1.1 一个典型的居民家庭供电系统

与直流电相比,正弦交流电在产生、输送和使用方面具有明显优势。首先,建立在法拉第电磁感应定律基础上的交流发电机发出就是正弦交流电,许多电气设备直接采用交流电,并且使用方便,如交流异步电动机相比直流电动机,具有构造简单、性价比高等优点;其次,正弦交流电可以方便地通过变压器升压或降压,这给电能输配送带来极大方便,采用高电压远距离输电,可以减少线路上功率损耗;还有,正弦交流电变化平滑,不易引起瞬时过压而破坏电气设备,一般非正弦电量含有高次谐波,高次谐波不利于电气设备运行;另外,在需要直流供电的应用场合,可以利用整流设备方便地将交流电转换为直流电。

一个完整的供电系统由各类发电厂、输配电系统及各电力负荷组成。供电系统的主要功能是将发电机产生的电能通过升压变压器输送给电网,并通过降压变压器输送给各电力负荷。常见的发电厂有火力发电厂、水力发电站、核电站等,目前,我国还积极发展绿色能源,如太阳能、风能、地热和潮汐发电等。输配电系统包括变电站、配电站、线路网:变电站是接受并变换电能的场所,如把交流电变换成直流电,可实现直流电传输;配电站用以接收电能和分配电能;线路网即输电线路和配电线路，通常将 220 kV\550 kV 及以上的电力线路称为输电线路，110 kV\35 kV\6 kV及以下的电力线路称为配电线路。配电线路又分为高压配电线路(110 kV)、中压配电线路(6～35 kV)和低压配电线路(380 V /220 V)。

发电机发出电能并入电网，必须保证电能质量，基本条件包括：同电压，同频率，同相位。同电压表示实际电压与系统标称电压间的偏差尽可能小，电压值以有效值为准；同频率表示系统频率的实际值和标称值(我国 50 Hz)之差尽可能小，一般电力系统频率偏差要求小于 0.2 Hz；同相位表示交流电系统并网时，在频率一致的基础上，还必须同步运行，即在输电系统两边的交流电相位差基本为零，否则，系统不同步运行就可能形成环电流损坏设备，造成停电事故。以上三个基本条件体现了正弦交流电量的重要参数：幅值(amplitude)、频率(frequency)、初相位(phase)，简称正弦量三要素。

5.2 正弦交流电的简介

在正弦交流电路中，所有的电压和电流均按照正弦规律周期性变化，称为正弦量。任何一个正弦量均可用以下的表达式来表示

$$x(t)=X_m\sin(\omega t+\varphi) \tag{5.2.1}$$

这里 $x(t)$ 表示正弦电压或正弦电流，其正弦波形(sine wave)见图 5.2.1。由图可见，正弦量的大小和方向均是按周期变化的。一般电路中所标注的方向都是参考方向，如果正弦电流(或电压)的实际方向与参考方向相同，其值为正；实际方向与参考方向相反，其值为负。如图 5.2.2 所示，图中实线方向是实际方向，虚线方向是参考方向。

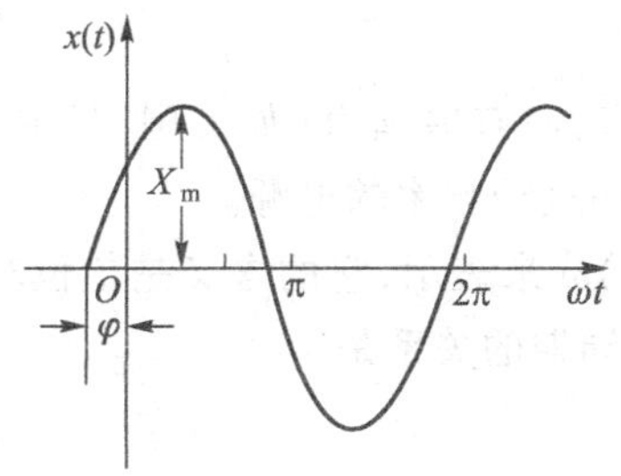

图 5.2.1 正弦量的波形

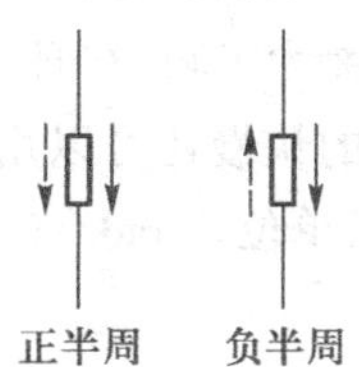

图 5.2.2 正弦电流实际方向与参考方向

正弦量的特征表现在变化的快慢、变化的大小和初始值三个方面。它们可分别用幅值、角频率(或频率)、初相位表示，即正弦量的三要素。

5.2.1 幅值与有效值

正弦量在任一瞬间的值称为瞬时值，一般用小写字母表示，如 u，i 等。瞬时值中最大的值称为幅值，一般用带下标 m 的大写字母来表示，如 U_m、I_m 等。

在实际应用中，正弦量的大小常常用有效值(effective value)来表示，有效值是从电流的热效应等效的角度来定义的。设有一个正弦电流 i 通过某一电阻时在一个周期内产生的热量，与某一个直流电流 I 通过同一电阻在同样的时间内产生的热量相等，则称此正弦电流 i 的有效值等于 I，其计算公式推导如下：

设 $i=I_m\sin\omega t$，电阻阻值为 R，在一个周期内 i 通过 R 产生的热量是 $\int_0^T i^2R\mathrm{d}t$，而直流 I 通过 R

产生的热量是I^2RT,由上述定义

$$\int_0^T i^2 R\mathrm{d}t = I^2RT$$

所以

$$\begin{aligned} I &= \sqrt{\frac{1}{T}\int_0^T i^2\mathrm{d}t} = \sqrt{\frac{1}{T}\int_0^T I_\mathrm{m}^2\sin^2\omega t\mathrm{d}t} \\ &= I_\mathrm{m}\sqrt{\frac{1}{T}\int_0^T \frac{1-\cos 2\omega t}{2}\mathrm{d}t} = I_\mathrm{m}\sqrt{\frac{1}{2T}\int_0^T \mathrm{d}t - \frac{1}{2T}\int_0^T \cos 2\omega t\mathrm{d}t} \\ &= \frac{I_\mathrm{m}}{\sqrt{2}} \end{aligned} \tag{5.2.2}$$

可见,有效值是对正弦交流电量的平方在一个周期内的平均值再开平方根得到,因此又称为均方根值(root-mean-square value)。一般所讲的正弦交流电压380 V或220 V,都指的是有效值,而用交流电压表和电流表所测量的值也是有效值。有效值用大写字母表示,不带右下标m,如U、I等。

5.2.2 频率与周期

正弦量的频率是指单位时间内正弦量变化的周数,单位是Hz(赫兹)。而周期则是指正弦量变化一周所需的时间,单位是s(秒)。频率是周期的倒数,即

$$f = \frac{1}{T} \tag{5.2.3}$$

在我国和大多数国家都采用50 Hz作为电力标准频率,而有些国家(如美国、日本等)采用60 Hz,这种频率称为工频,在日常供电和工业生产中均采用这种频率的电源。

正弦量变化的快慢还可以用角频率(angular frequency)ω来表示,它的含义是单位时间内正弦量变化的弧度,单位是rad/s(弧度/秒),角频率与频率、周期的关系是

$$\omega = \frac{2\pi}{T} = 2\pi f \tag{5.2.4}$$

5.2.3 初相位

确定正弦量的变化需要有一个计时起点($t=0$),计时起点不同,正弦量的初始值会不同。设正弦电流的表达式为

$$i = I_\mathrm{m}\sin(\omega t + \psi) \tag{5.2.5}$$

其波形如图5.2.3所示。

式(5.2.5)中的角度($\omega t + \psi$)称为正弦量的相位角或相位,而在$t=0$时刻的相位角就称为正弦量的初相位,表示为

$$\left.\omega t + \psi\right|_{t=0} = \psi \tag{5.2.6}$$

由式(5.2.5)可求出正弦电流i在$t=0$时的初始值,表示为

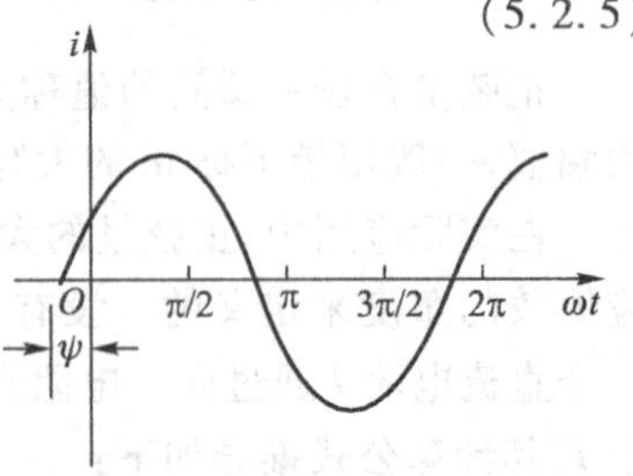

图5.2.3 正弦电流i的波形

$$i(t)\bigg|_{t=0}=I_m\sin\psi \tag{5.2.7}$$

由上式可见：初相位 ψ 与幅值 I_m 一起决定了 $i(t)$ 的初始值。ψ 实质上反映了计时起点，它随计时起点的不同而改变。

正弦电路中常用相位差（phase difference）来表示两个同频率正弦量之间的相位关系。例如，设正弦电压（sinusoidal voltage）u 与正弦电流（sinusoidal current）i 分别是

$$u=U_m\sin(\omega t+\psi_u)=\sqrt{2}U\sin(\omega t+\psi_u)$$
$$i=I_m\sin(\omega t+\psi_i)=\sqrt{2}I\sin(\omega t+\psi_i) \tag{5.2.8}$$

其波形如图 5.2.4 所示。

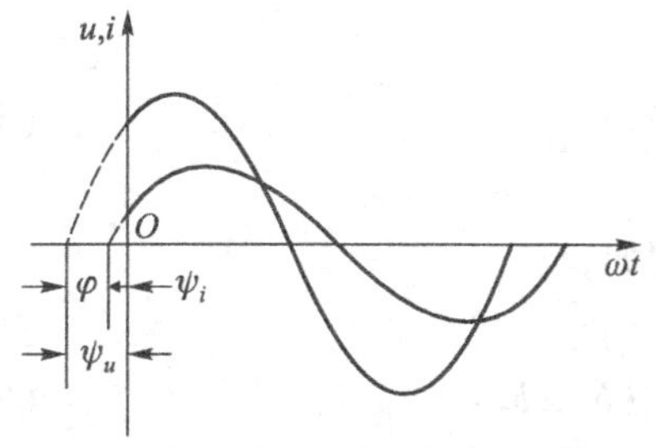

图 5.2.4 同频率正弦量的相位差图

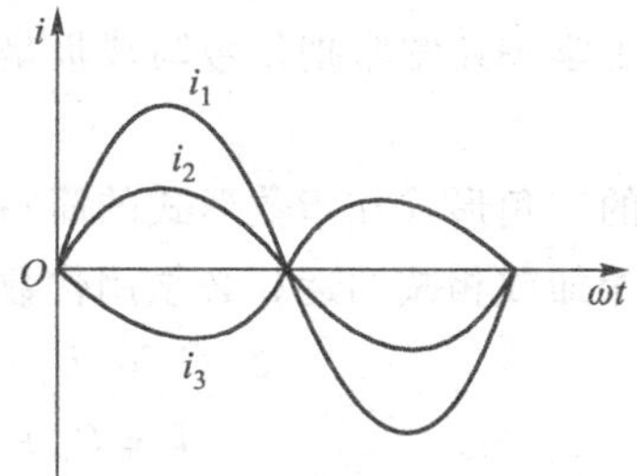

图 5.2.5 正弦量的同相与反相

两个同频率正弦量的相位角之差，称为它们的相位差，用 φ 表示。对于上述 u 和 i，相位差为

$$\varphi=(\omega t+\psi_u)-(\omega t+\psi_i)=\psi_u-\psi_i \tag{5.2.9}$$

可见，相位差与 ω、t 均无关，而是等于初相位之差，而且与计时起点的改变无关。

电路中常常用“超前”（lead）与“滞后”（lag）的概念来表示正弦量之间的相位关系。式（5.2.9）中，若 $\varphi>0$，称电压超前于电流 $|\varphi|$ 角；若 $\varphi<0$，称电压滞后于电流 $|\varphi|$ 角，或电流超前于电压 $|\varphi|$ 角；若 $\varphi=0$，称电压与电流同相（in phase）；若 $\varphi=\pi$，称电压与电流反相（phase inversion）；若 $\varphi=\frac{\pi}{2}$，称电压与电流正交（phase quadrature）。图 5.2.5 表示了正弦量的同相与反相关系，图中 i_1 与 i_2 同相，i_1 与 i_3 反相。

练习与思考

5.2.1 既然正弦量的方向是交变的，为什么还要规定正方向？交流电路中的正方向与直流电路中的正方向的意义有无不同？

5.2.2 设 $i=I_m\sin(\omega t-75°)$，$u=U_m\sin(\omega t+285°)$，问电流与电压的相位差为多少？试作出它们的波形图，判断谁超前？谁滞后？

5.3 正弦量的相量表示法

5.3.1 复数的相量表示

由于相量法要涉及复数的运算，所以在介绍相量法以前，先扼要地复习一下复数的运算。一

个复数 U 可以用几种形式来表示。用代数形式时，有 $U=a+\mathrm{j}b$，式中 $\mathrm{j}=\sqrt{-1}$ 称为虚单位。用三角形式时，有 $U=|U|(\cos\varphi+\mathrm{j}\sin\varphi)$ 式中 $|U|=\sqrt{a^2+b^2}$ 为复数 U 的模(module)或幅值，模总取正值；$\varphi=\arctan\dfrac{b}{a}$ 称为 U 的辐角。复数在复平面上可用矢量表示，见图 5.3.1 所示。

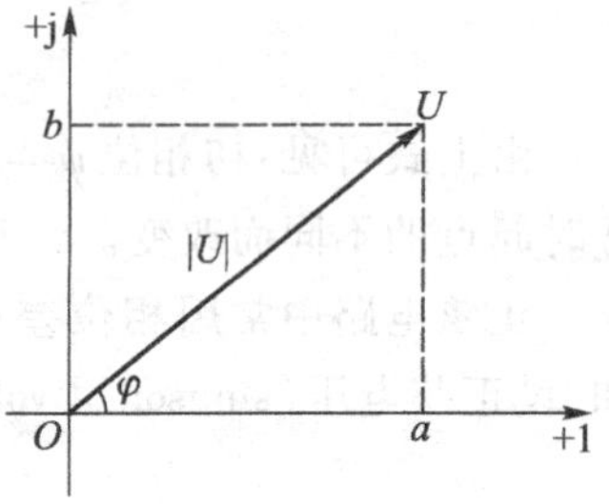

图 5.3.1 复数的相量表示

利用欧拉公式 $$\mathrm{e}^{\mathrm{j}\varphi}=\cos\varphi+\mathrm{j}\sin\varphi \tag{5.3.1}$$

可以把复数 U 的三角形式变换为指数形式，即

$$U=|U|\mathrm{e}^{\mathrm{j}\varphi} \tag{5.3.2}$$

在电工学中还常常把复数写成极坐标形式

$$U=|U|\angle\varphi \tag{5.3.3}$$

它是复数的三角形式和指数形式的简写形式。

复数相加或相减的运算必须用代数形式来进行。例如，设

$$U_1=a_1+\mathrm{j}b_1,\ U_2=a_2+\mathrm{j}b_2$$

则 $$U=U_1\pm U_2=(a_1\pm a_2)+\mathrm{j}(b_1\pm b_2) \tag{5.3.4}$$

复数相加和相减的运算也可以用平行四边形法则在复平面上用作图法来进行。图 5.3.2 示出了两个复数 U_1 和 U_2 相加和相减的几何意义。

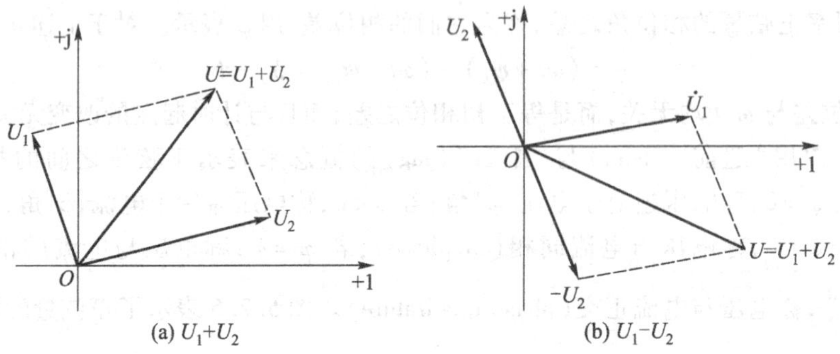

图 5.3.2 复数 U_1、U_2 相加和相减的几何意义

两个复数相乘时，用代数形式，有

$$\begin{aligned}U&=U_1\cdot U_2=(a_1+\mathrm{j}a_2)(b_1+\mathrm{j}b_2)\\&=(a_1b_1-a_2b_2)+\mathrm{j}(a_2b_1+a_1b_2)\end{aligned} \tag{5.3.5}$$

如果用指数形式或极坐标形式，则有

$$\begin{aligned}U_1\cdot U_2&=|U_1|\mathrm{e}^{\mathrm{j}\varphi_1}\cdot|U_2|\mathrm{e}^{\mathrm{j}\varphi_2}=|U_1|\cdot|U_2|\mathrm{e}^{\mathrm{j}(\varphi_1+\varphi_2)}\\U_1\cdot U_2&=|U_1|\angle\varphi_1\cdot|U_2|\angle\varphi_2=|U_1|\cdot|U_2|\angle(\varphi_1+\varphi_2)\end{aligned} \tag{5.3.6}$$

两个复数相乘，如果在复平面上进行，则有一定的几何意义。复数 U_1 乘以复数 U_2 等于把复数 U_1 的模乘以 U_2 的模，然后，再把复数 U_1 逆时针旋转一个角度 φ_2，如图 5.3.3(a)所示。

复数 U_1 除以复数 U_2 时，用代数形式，有

$$\frac{U_1}{U_2}=\frac{a_1+\mathrm{j}b_1}{a_2+\mathrm{j}b_2}=\frac{(a_1+\mathrm{j}b_1)(a_2-\mathrm{j}b_2)}{(a_2+\mathrm{j}b_2)(a_2-\mathrm{j}b_2)}=\frac{(a_1+\mathrm{j}b_1)(a_2-\mathrm{j}b_2)}{(a_2^2+b_2^2)}$$

$$=\frac{(a_1a_2+b_1b_2)}{(a_2^2+b_2^2)}+\mathrm{j}\frac{(a_2b_1-a_1b_2)}{(a_2^2+b_2^2)} \tag{5.3.7}$$

用指数形式或极坐标形式时，有

$$\frac{U_1}{U_2}=\frac{|U_1|\mathrm{e}^{\mathrm{j}\varphi_1}}{|U_2|\mathrm{e}^{\mathrm{j}\varphi_2}}=\frac{|U_1|}{|U_2|}\mathrm{e}^{\mathrm{j}(\varphi_1-\varphi_2)}$$

$$\frac{U_1}{U_2}=\frac{|U_1|\angle\varphi_1}{|U_2|\angle\varphi_2}=\frac{|U_1|}{|U_2|}\angle(\varphi_1-\varphi_2) \tag{5.3.8}$$

两个复数相除的几何意义如图 5.3.3(b)所示。

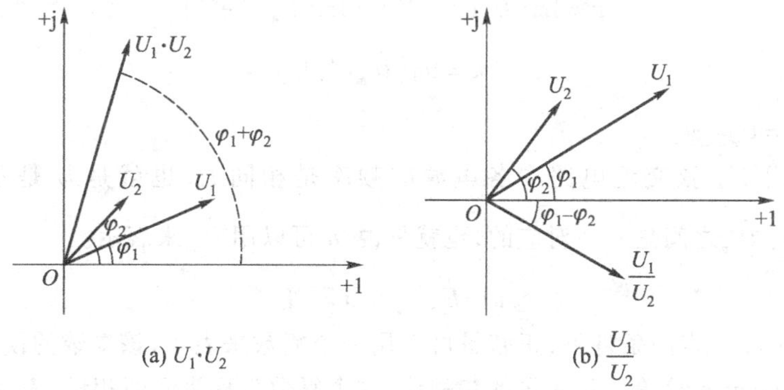

图 5.3.3 复数 U_1、U_2 相乘和相除的几何意义

复数 $\mathrm{e}^{\mathrm{j}\varphi}=1\angle\varphi$ 是一个模等于 1 而辐角为 φ 的复数。任意复数 $U=|U|\mathrm{e}^{\mathrm{j}u}$ 乘以 $\mathrm{e}^{\mathrm{j}\varphi}$ 等于把复数 U 逆时针旋转一个角度 φ，而 U 的模值不变，所以 $\mathrm{e}^{\mathrm{j}\varphi}$ 称为旋转因子。

根据欧拉公式，不难得出 $\mathrm{e}^{\mathrm{j}\frac{\pi}{2}}=\mathrm{j}$，$\mathrm{e}^{-\mathrm{j}\frac{\pi}{2}}=-\mathrm{j}$，$\mathrm{e}^{\mathrm{j}\pi}=-1$。因此 $\pm\mathrm{j}$ 和 -1 都可以看成是旋转因子，例如，一个复数乘以 j，就等于把该复数在复平面上逆时针旋转 $\frac{\pi}{2}$，如图 5.3.4(a)所示，一个复数除以 j，等于把该复数乘以 $-\mathrm{j}$，因此，等于把该复数顺时针旋转 $\frac{\pi}{2}$，如图 5.3.4(b)所示。事实上，虚轴 j 等于把实轴 +1 乘以 j 而得到的，等于把实轴 +1 逆时针旋转 $\frac{\pi}{2}$。

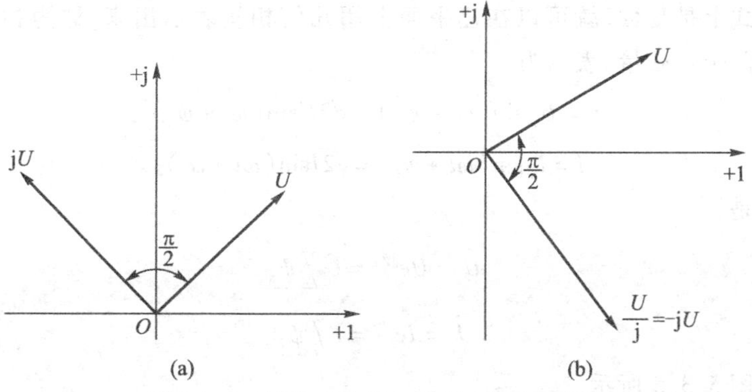

图 5.3.4 复数 U 乘以 j，除以 j 的几何意义

5.3.2 相量的运算

正弦量有多种表示方法，最常见的方法是上节所述的用三角函数式表示，或者用波形图表示。但是这两种表示方法不便于正弦交流电路的分析与计算。**在正弦电路的分析计算中采用的是相量法，其基础就是用相量来表示一个正弦量。**

设有一正弦电压 $u=U_m\sin(\omega t+\psi)$，根据欧拉公式 $e^{j\omega t}=\cos\omega t+j\sin\omega t$，显然有

$$u=U_m\text{Im}[e^{j(\omega t+\psi)}]$$

其中 Im[·]表示取虚部运算，对于上述表达式作简单运算，可得出

$$u=\text{Im}[U_m e^{j(\omega t+\psi)}]=\text{Im}[U_m e^{j\psi}e^{j\omega t}]$$

$$u=\text{Im}[\dot{U}_m e^{j\omega t}] \tag{5.3.9}$$

其中 $\dot{U}_m=U_m e^{j\psi}=U_m\angle\psi$。

在通常情况下，正弦交流电路中各电源的频率是相同的，也就是 ω 是不变的。此时式(5.3.9)中的 u 与 $\dot{U}_m$之间是一一对应的，也就是说，u 可以用 $\dot{U}_m$来表示。

$$u\leftrightarrow\dot{U}_m \qquad \omega\text{不变}$$

上式说明：在 ω 一定的条件下，正弦量可以用一个复数来表示，该复数的模等于正弦量的幅值，复数的幅角(argument)等于正弦量的初相位，这个复数就称为幅值相量，表示为

$$\dot{U}_m=U_m e^{j\psi}=U_m\angle\psi$$

大写字母上的点表示相量，以此与一般的复数相区别，在实际应用中，经常采用有效值相量，它可表示为

$$\dot{U}=Ue^{j\psi}=U\angle\psi$$

它与幅值相量相差$\sqrt{2}$倍，即 $\dot{U}_m=\sqrt{2}\dot{U}$

值得注意的是，**相量只是表示正弦量，而不等于正弦量**。已知正弦量就可以求出对应的相量，反过来已知相量就可写出相对应的正弦量。相量实质上只反映了正弦量的两个要素，幅值与初相位，由于在线性电路中，正弦激励和响应均是同频率的正弦量，因而频率是确定的，可不必考虑。

相量既然形式上是复数，就可以在复平面上用几何相量表示出来，称为相量图(phasor diagram)。例如，有两个正弦量，表示为

$$u=U_m\sin(\omega t+\psi_u)=\sqrt{2}U\sin(\omega t+\psi_u)$$

$$i=I_m\sin(\omega t+\psi_i)=\sqrt{2}I\sin(\omega t+\psi_i)$$

它们的相量分别是

$$\dot{U}=Ue^{j\psi_u}=U\angle\psi_u$$

$$\dot{I}=Ie^{j\psi_i}=I\angle\psi_i$$

它们的相量图如图 5.3.5 所示。

可见，用相量图来表示相量非常直观，正弦量之间的相位关系一目了然，因而在许多情况下

它是正弦电路分析的一种有用工具,但是要注意只有同频率的正弦量才可以画在同一相量图上,才能比较和运算。

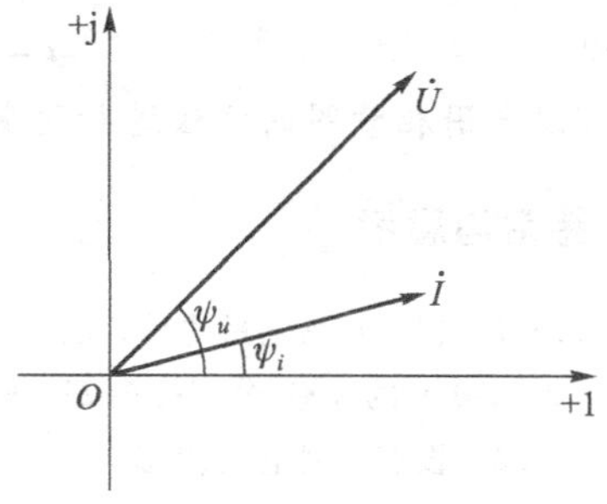

图 5.3.5 正弦量 u 和 i 对应的相量图

同频率正弦量的代数和或差、正弦量乘以常数、正弦量的微分或积分,结果仍是一个同频率的正弦量,而且这些运算都可以转化为对应的相量运算。以同频率正弦量的代数和为例,设

$$u_1=\sqrt{2}U_1\sin(\omega t+\psi_1),u_2=\sqrt{2}U_2\sin(\omega t+\psi_2),\cdots,$$
$$u_n=\sqrt{2}U_n\sin(\omega t+\psi_n)$$

则由式(5.3.9),得出

$$\begin{aligned}u&=u_1+u_2+\cdots+u_n=\mathrm{Im}(\sqrt{2}\dot{U}_1\mathrm{e}^{\mathrm{j}\omega t})+\mathrm{Im}(\sqrt{2}\dot{U}_2\mathrm{e}^{\mathrm{j}\omega t})+\cdots+\mathrm{Im}(\sqrt{2}\dot{U}_n\mathrm{e}^{\mathrm{j}\omega t})\\&=\mathrm{Im}[\sqrt{2}(\dot{U}_1+\dot{U}_2+\cdots+\dot{U}_n)\mathrm{e}^{\mathrm{j}\omega t}]\end{aligned}\tag{5.3.10}$$

即

$$\dot{U}=\dot{U}_1+\dot{U}_2+\cdots+\dot{U}_n\tag{5.3.11}$$

它说明:同频率正弦量的代数和仍然是一个同频率的正弦量,其相量等于 n 个正弦量相应相量的代数和。

例 5.3.1 写出 $u_A=100\sqrt{2}\sin 314t$ V,$u_B=100\sqrt{2}\sin(314t-120°)$ V,$u_C=100\sqrt{2}\sin(314t+120°)$ V 正弦量对应的相量,并画出相量图。

解:u_A,u_B,u_C的有效值相量分别是 $\dot{U}_A,\dot{U}_B$和 $\dot{U}_C$。表示为

$$\dot{U}_A=100\angle 0°\text{V},\dot{U}_B=100\angle -120°\text{ V},\dot{U}_C=100\angle 120°\text{ V}$$

相量如图 5.3.6 所示。

例 5.3.2 已知两个同频率的正弦电流分别是 $i_1=6\sqrt{2}\sin(314t+90°)$ A,$i_2=8\sqrt{2}\sin(314t)$ A。求 i_1+i_2。

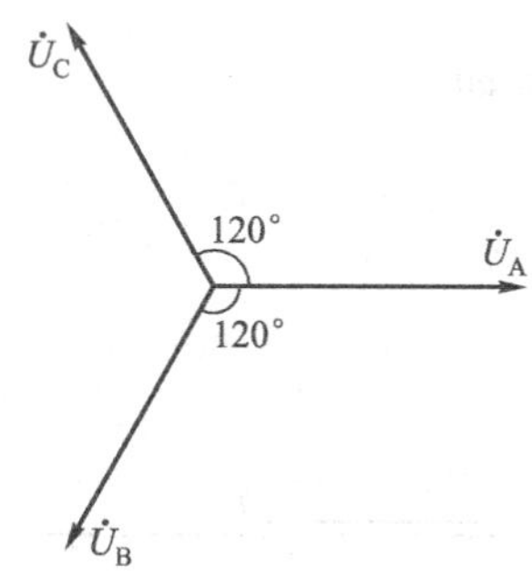

图 5.3.6 例 5.3.1 的图

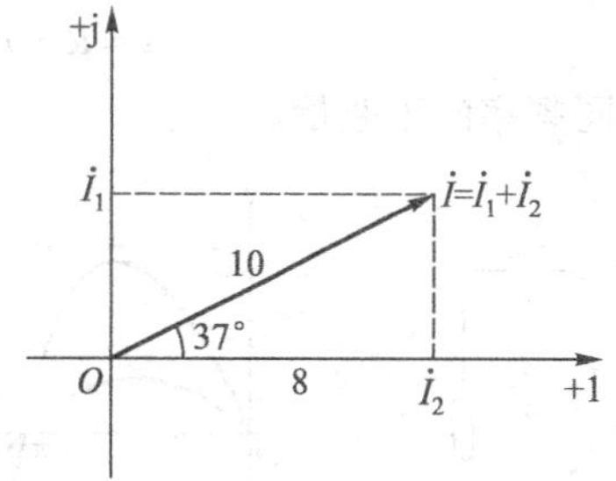

图 5.3.7 例 5.3.2 的图

解:采用相量运算的方法

$$\dot{I}_1=6\angle 90°\text{ A},\dot{I}_2=8\angle 0°\text{ A}$$

因为

$$\begin{aligned}\dot{I}&=\dot{I}_1+\dot{I}_2=(6\angle 90°+8\angle 0°)\text{ A}\\&=(\mathrm{j}6+8)\text{ A}=10\angle 37°\text{ A}\end{aligned}$$

所以
$$i=i_1+i_2=10\sqrt{2}\sin(314t+37°)\ \mathrm{A}$$
也可以采用相量图的方法进行运算，如图5.3.7所示。

练习与思考

5.3.1 (1) 正弦电量的瞬时值、有效值、最大值有什么不同？

(2) 220 V的灯泡，分别接在220 V交、直流电源上，发光是否有差别？为什么？

5.3.2 设有下列电压、电流

$$u_1=U_1\sin(\omega t+\psi_1) \qquad u_2=\sqrt{2}U_2\sin(\omega t-\psi_2)$$
$$u_3=U_3\sin(\omega t+\psi_3) \qquad i_4=\sqrt{2}I_4\sin(\omega t+\psi_4)$$
$$i_5=\sqrt{2}I_5\sin(3\omega t+\psi_5) \qquad i_6=\sqrt{2}I_6\sin(3\omega t-\psi_6)$$
$$i_7=\mathrm{e}^{-100t}\sin(\omega t+\psi_7)$$

试问这些量能否用相量表示？哪几个可以通过相量进行加减运算，哪几个不能，为什么？

5.4 正弦电路元件伏安关系的相量表示

本节讨论单一参数（电阻、电感、电容）元件的正弦交流电路中电压与电流的关系（包括功率关系），为分析由电阻、电感、电容组成的各类电路打好基础。

5.4.1 电阻元件

图5.4.1是一个线性电阻元件的交流电路，电压和电流的参考方向如图5.4.1(a)所示。设电流为

$$i=I_\mathrm{m}\sin\omega t=\sqrt{2}I\sin\omega t \tag{5.4.1}$$

根据欧姆定律，有

$$u=R\cdot i=RI_\mathrm{m}\sin\omega t=\sqrt{2}RI\sin\omega t \tag{5.4.2}$$

也是一个同频率的正弦量。

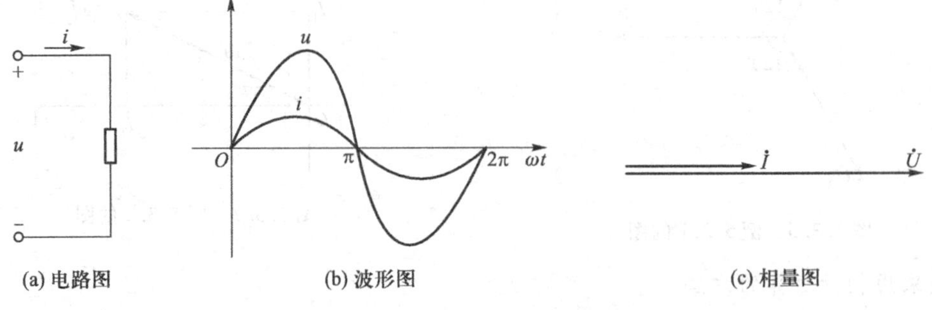

(a) 电路图 (b) 波形图 (c) 相量图

图5.4.1 电阻元件的交流电路

比较式(5.4.1)和式(5.4.2)可以看出：

(1) 正弦交流电路中，电阻元件上的电压和电流同相位，见图5.4.1(b)、(c)。

(2) 电阻元件上电压与电流的幅值（或有效值）之间满足如下关系

$$\frac{U_m}{I_m}=\frac{U}{I}=R \tag{5.4.3}$$

如果用相量来表示电压与电流的关系，则是

$$\dot{I}=I\angle 0^\circ \quad \dot{U}=U\angle 0^\circ=IR\angle 0^\circ$$

$$\frac{\dot{U}}{\dot{I}}=\frac{\dot{U}_m}{\dot{I}_m}=R$$

或

$$\dot{U}=R\cdot\dot{I} \tag{5.4.4}$$

式(5.4.4)就是电阻元件上伏安关系的相量形式，又称为相量形式的欧姆定律。

知道了电阻上电压与电流的变化规律和相互关系后，便可计算功率值，电压瞬时值 u 与电流瞬时值 i 的乘积，称为瞬时功率 p，即

$$p=u\cdot i=Ri^2=u^2/R \tag{5.4.5}$$

一个周期内电路消耗电能的平均速度，即瞬时功率的平均值称为平均功率(average power) *P*，单位是 W(瓦[特])。在电阻元件电路中，平均功率为

$$\begin{aligned}P&=\frac{1}{T}\int_0^T p\mathrm{d}t=\frac{1}{T}\int_0^T u\cdot i\mathrm{d}t=\frac{1}{T}\int_0^T 2UI\sin^2\omega t\mathrm{d}t\\&=\frac{1}{T}\int_0^T UI(1-\cos 2\omega t)\mathrm{d}t=UI=I^2R=U^2/R\end{aligned} \tag{5.4.6}$$

例 5.4.1 把一个 2 000 Ω 的电阻元件接到频率为 50 Hz、电压有效值为 220 V 的正弦电源上，问电流有效值是多少？如保持电压值不变，而电源频率改变为 100 Hz，这时电流将为多少？平均功率是多少？

解：因为电阻与频率无关，所以电压有效值保持不变时，电流值也不变，即

$$I=\frac{U}{R}=\frac{220}{2\ 000}\ \text{A}=0.11\ \text{A}$$

$$P=UI=220\times 0.11\ \text{A}=24.2\ \text{W}$$

5.4.2 电感元件

图 5.4.2(a)是一个线性电感元件的交流电路，电压和电流的参考方向如图所示。

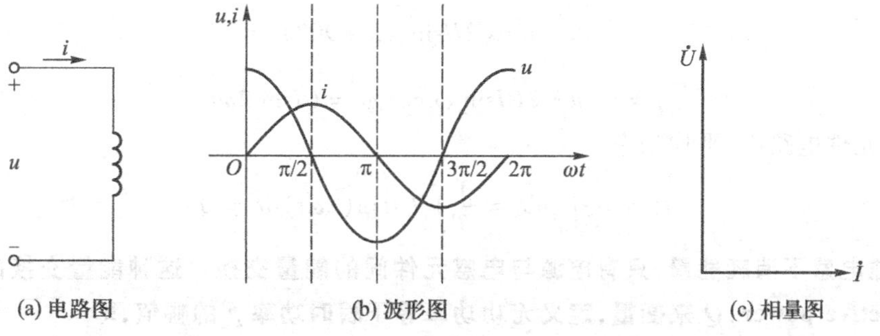

图 5.4.2 电感元件的交流电路

设电流为

$$i = I_{\mathrm{m}}\sin \omega t = \sqrt{2}I\sin \omega t \tag{5.4.7}$$

根据电感元件的伏安关系，得出

$$\begin{aligned} u &= -e_{\mathrm{L}} = L\frac{\mathrm{d}i}{\mathrm{d}t} \\ &= \sqrt{2}\omega LI\cos \omega t = \sqrt{2}\omega LI\sin(\omega t + 90^\circ) \end{aligned} \tag{5.4.8}$$

比较式(5.4.7)和式(5.4.8)，可以看出：

(1) 正弦交流电路中，电感元件上电压相位超前电流相位90°，波形图见图5.4.2(b)。

(2) 电感元件上，电压与电流的幅值(或有效值)之间满足如下关系

$$\frac{U_{\mathrm{m}}}{I_{\mathrm{m}}} = \frac{U}{I} = \omega L \tag{5.4.9}$$

ωL具有电阻的量纲。当电压U一定时，ωL越大，则电流I越小。可见它具有阻碍电流的作用，称为电感的感抗(inductive reactance)，用X_L表示，即

$$X_L = \omega L = 2\pi fL \tag{5.4.10}$$

值得注意的是，X_L与频率f成正比。对于直流电路而言，$Z_L = 0$(因为$f = 0$)，电感视为短路。当u和L一定时，X_L和I与f的关系曲线如图5.4.3所示。

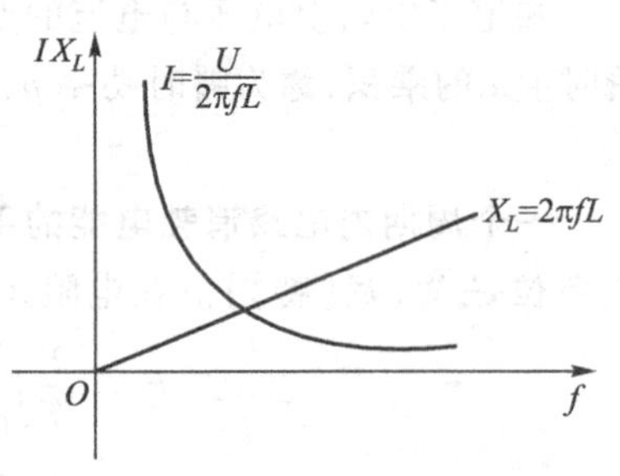

图5.4.3 X_L和I与f的关系

下面分析电感元件上电压与电流的相量关系。

设
$$\dot{I} = I\angle 0^\circ$$

则
$$\dot{U} = U\angle 90^\circ = \omega LI\angle 90^\circ$$

$$\frac{\dot{U}}{\dot{I}} = \frac{\omega LI\angle 90^\circ}{I\angle 0^\circ} = \omega L\angle 90^\circ = \mathrm{j}\omega L$$

或
$$\dot{U} = \mathrm{j}\omega L\ \dot{I} = \mathrm{j}X_L\dot{I} \tag{5.4.11}$$

$\dot{U}$、$\dot{I}$的相量图见图5.4.2(c)所示。

计算电感瞬时功率p，依然是电压瞬时值u与电流瞬时值i的乘积，由

$$i = \sqrt{2}I\sin \omega t$$

$$u = \sqrt{2}U\sin(\omega t + 90^\circ)$$

得到

$$p = i \cdot u = 2UI\sin \omega t\cos \omega t = UI\sin 2\omega t \tag{5.4.12}$$

在电感元件电路中，平均功率

$$P = \frac{1}{T}\int_0^T p\mathrm{d}t = \frac{1}{T}\int_0^T UI\sin(2\omega t)\mathrm{d}t = 0$$

可见，纯电感不消耗能量，只有电源与电感元件间的能量交换。这种能量交换的规模，用无功功率(reactive power)Q来衡量，定义无功功率等于瞬时功率p的幅值，即

$$Q = UI = I^2X_L = \frac{U^2}{X_L} \tag{5.4.13}$$

无功功率的单位是var(乏)或kvar(千乏)。

电感元件及下面要讲的电容元件都是储能元件，它们在工作中会与电源间进行能量交换，对电源来说，这也是一种负担。但储能元件本身并没有消耗能量，故将往返于电源与储能元件之间的功率命名为无功功率。对应地，平均功率常被称为有功功率(active power)。

例 5.4.2 把一个 0.1 H 的电感元件接到频率为 50 Hz、电压有效值为 10 V 的正弦电源上，问电流是多少？如保持电压值不变，而电源频率改变为 500 Hz，电流将变为多少？

解： 当 $f=50$ Hz 时

$$X_L=2\pi fL=2\times3.14\times50\times0.1\ \Omega=31.4\ \Omega$$

$$I=\frac{U}{X_L}=\frac{10}{31.4}\ \text{A}=0.318\ \text{A}=318\ \text{mA}$$

当 $f=500$ Hz 时

$$X_L=2\pi fL=2\times3.14\times500\times0.1\ \Omega=314\ \Omega$$

$$I=\frac{10}{314}\ \text{A}=0.0318\ \text{A}=31.8\ \text{mA}$$

可见，在电压一定时，电感上的电流与频率成反比。

5.4.3 电容元件

图 5.4.4(a)是由一个线性电容组成的正弦交流电路，电压和电流的参考方向如图所示。

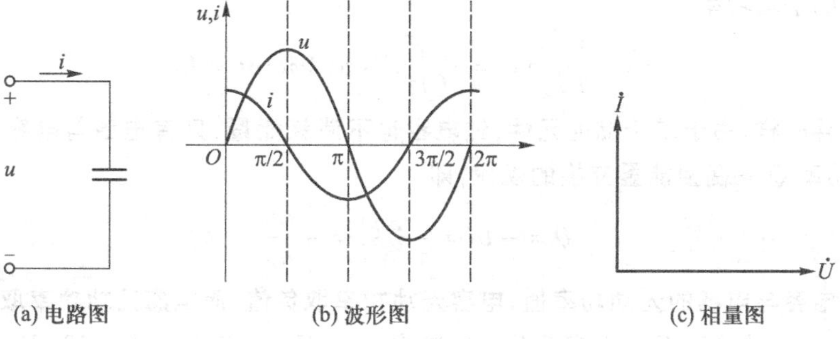

图 5.4.4 电容元件的交流电路

设电压为
$$u=U_m\sin\omega t=\sqrt{2}U\sin\omega t$$
则根据电容元件的伏安关系，有

$$i=C\frac{du}{dt}=\sqrt{2}\omega CU\cos\omega t=\sqrt{2}\omega CU\sin(\omega t+90^\circ) \tag{5.4.14}$$

由以上两式可以看出：

(1) 在正弦交流电路中，电容元件上电流相位超前电压相位 90°，波形图见图 5.4.4(b)。

(2) 电容元件上，电压与电流的幅值(或有效值)之间的关系是

$$\frac{U_m}{I_m}=\frac{U}{I}=\frac{1}{\omega C} \tag{5.4.15}$$

$\frac{1}{\omega C}$具有电阻的量纲，并具有阻碍电流的性质，称为电容的容抗(capacitive reactance)，用 X_C 表示，即

$$X_C = \frac{1}{\omega C} = \frac{1}{2\pi fC} \tag{5.4.16}$$

值得注意的是，X_C 与频率 f 成反比。对于直流电路而言，$X_C \to \infty$，电容可视作开路。当 u 和 C 一定时，X_C 和 I 与 f 的关系曲线如图 5.4.5 所示。

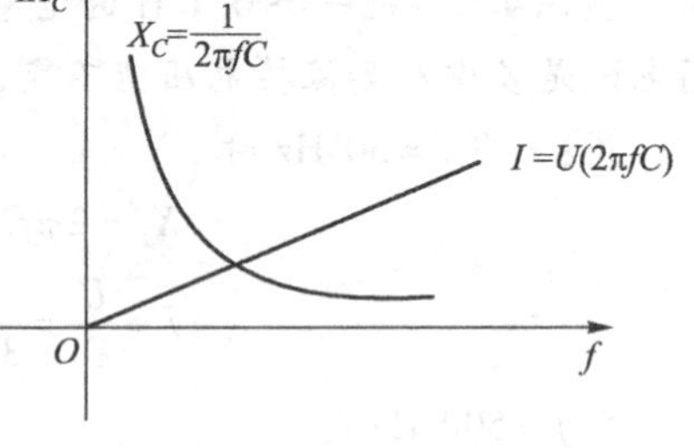

图 5.4.5 I 和 X_C 与 f 的关系

下面分析电容元件上电压与电流的相量关系。

设 $\dot{U} = U\angle 0°$

则 $\dot{I} = I\angle 90° = \omega CU\angle 90°$

$$\frac{\dot{U}}{\dot{I}} = \frac{U\angle 0°}{\omega CU\angle 90°} = \frac{1}{\omega C}\angle -90° = \frac{1}{\mathrm{j}\omega C}$$

或
$$\dot{U} = -\mathrm{j}\frac{1}{\omega C}\dot{I} = -\mathrm{j}X_C\dot{I} \tag{5.4.17}$$

$\dot{U}$、$\dot{I}$ 的相量图如图 5.4.4(c)所示。

计算电容瞬时功率 p，为了同电感元件电路的功率计算相比较，也设电流依然是 $i = \sqrt{2}I\sin\omega t$，则电压为 $u = \sqrt{2}U\sin(\omega t - 90°)$，可得

$$p = i \cdot u = -2UI\sin\omega t\cos\omega t = -UI\sin 2\omega t \tag{5.4.18}$$

电容元件的平均功率

$$P = \frac{1}{T}\int_0^T p\,\mathrm{d}t = \frac{1}{T}\int_0^T UI\sin(2\omega t)\,\mathrm{d}t = 0 \tag{5.4.19}$$

与电感元件一样，由于属于储能元件，纯电容也不消耗能量，只有电源与电容元件间的能量交换，用无功功率 Q 来衡量能量交换的规模，即

$$Q = -UI = -I^2X_C = -\frac{U^2}{X_C} \tag{5.4.20}$$

为了区别电容与电感的无功功率值，电容无功功率取负值，而电感无功功率取正值。

例 5.4.3 把一个 25 μF 的电容元件接到频率为 50 Hz、电压有效值为 100 V 的正弦电源上，求电流是多少？若保持电压值不变，而电源频率改为 500 Hz，问电流变为多少？

解：当 $f = 50$ Hz 时

$$X_C = \frac{1}{2\pi fC} = \frac{1}{2\times 3.14\times 50\times(25\times 10^{-6})}\ \Omega = 127.4\ \Omega$$

$$I = \frac{U}{X_C} = \frac{100}{127.4}\ \mathrm{A} = 0.78\ \mathrm{A} = 780\ \mathrm{mA}$$

当 $f = 500$ Hz 时

$$X_C = \frac{1}{2\times 3.14\times 500\times(25\times 10^{-6})}\ \Omega = 12.74\ \Omega$$

$$I = \frac{100}{12.74}\ \mathrm{A} = 7.8\ \mathrm{A}$$

可见，电压一定时，电容上的电流与频率成正比。

练习与思考

5.4.1 电阻电路中，无论是电压和电流的关系式还是计算功率的公式，交流的和直流的完全相似，这是什么道理？

5.4.2 (1) 为什么电感中电流不与电感电压同相，而是滞后 90°？

(2) 为什么在电感电路中，$\frac{u}{i} \neq X_L$ 而有 $\frac{U}{I} = \frac{U_m}{I_m} = X_L$？

(3) 感抗 X_L 的物理意义是什么？

(4) 频率越高，感抗越大，为什么？从物理意义上予以说明。

5.4.3 (1) 依定义 $C = \frac{q}{u}$，当电容极板上的电荷 $q = 0$ 时，则 $C = 0$，对不对？为什么？

(2) 有一电容器能耐受 1000 V 的直流电压，问可否接在有效值为 1000 V 的交流电路中？

5.4.4 (1) 为什么电容电流不与电容电压同相，而是超前 90°？

(2) 在电容电路中为什么 $\frac{u}{i} \neq X_C$，而有 $\frac{U}{I} = X_C$？

(3) 容抗 X_C 的物理意义是什么？

(4) 频率越高，容抗越小，为什么？从物理意义上予以说明。

5.4.5 在纯电感电路中，电压超前电流，是否意味着先有电压后有电流？在纯电容电路中电流超前于电压，是否意味着先有电流后有电压？

5.5 阻抗的串联与并联

5.5.1 阻抗的概念

在正弦电路的分析计算中，阻抗(impedance)是十分重要的概念。图 5.5.1(a)表示一个由电阻、电感、电容构成的无源二端网络，若在端口外加正弦电压源，端口电流将是同频率的正弦量，因而可用相量 $\dot{U}$ 和 $\dot{I}$ 表示。

端口的阻抗 Z 定义为端口电压相量 $\dot{U}$ 与电流相量 $\dot{I}$ 之比，即

$$Z = \frac{\dot{U}}{\dot{I}} \tag{5.5.1}$$

它的图形符号如图 5.5.1(b)所示。

若 $\dot{U} = U\angle\psi_u$，$\dot{I} = \dot{I}\angle\psi_i$，则可得出

$$Z = \frac{\dot{U}}{\dot{I}} = \frac{U\angle\psi_u}{I\angle\psi_i} = \frac{U}{I}\angle\psi_u - \psi_i = |Z|\angle\varphi_Z \tag{5.5.2}$$

式(5.5.2)中，$|Z|$ 称为阻抗的模，它等于端口电压有效值与电流有效值之比。φ_Z 称为阻抗角，它等于端口电压与电流之间的相位差，阻抗的单位与电阻相同。

阻抗 Z 一般而言是复数，其代数形式可写为

$$Z = R + jX$$

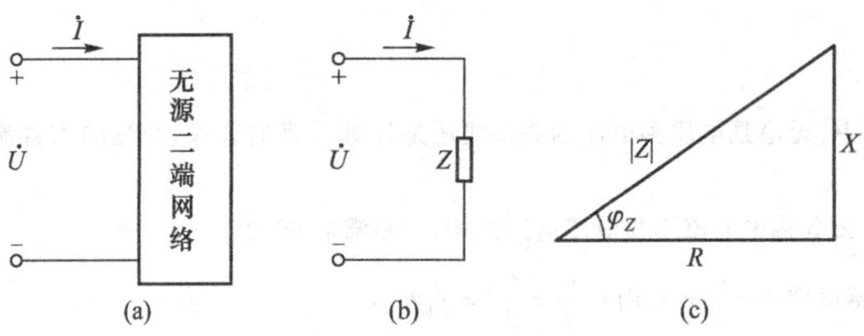

图 5.5.1 端口阻抗 Z

上式实部(real part) $\mathrm{Re}[Z]=R$ 即电阻,虚部(imaginary part) $\mathrm{Im}[Z]=X$ 称为电抗(reactance)。阻抗模(modulus of impedance) $|Z|$ 和阻抗角 φ_Z 与 R、X 之间的关系如下

$$|Z|=\sqrt{R^2+X^2},\qquad \varphi_Z=\arctan\left(\frac{X}{R}\right)$$

$$R=|Z|\cos\varphi_Z,\quad X=|Z|\sin\varphi_Z \tag{5.5.3}$$

$|Z|$、φ_Z 与 R、X 之间的关系可以用一个直角三角形表示,称为阻抗三角形,如图 5.5.1(c)所示。一般情况下,R 总是大于零,而 X 可能为正或为负。当 $X>0$ 时,称 Z 呈感性;$X<0$ 时,称 Z 呈容性;$X=0$ 时,称 Z 呈纯阻性。

5.5.2 阻抗的串联

1. *RLC* 串联电路

图 5.5.2 所示为 RLC 串联电路,其相量模型图如图 5.5.3 所示。

对于交流电路,基尔霍夫电压定律依然成立,即时域表达式为 $\sum u_k=0$,由于同一电路中各电压均是同频率正弦量,所以基尔霍夫电压定律的相量形式为

$$\sum\dot{U}_k=0 \tag{5.5.4}$$

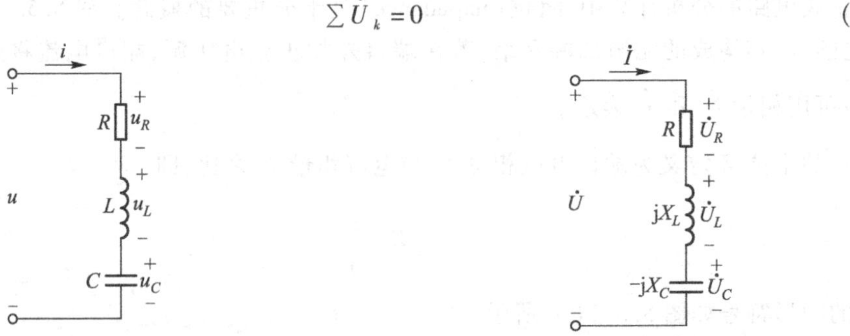

图 5.5.2 RLC 串联电路

图 5.5.3 RLC 串联电路的相量模型图

可见,RLC 串联电路时域表达式

$$u=u_R+u_L+u_C$$

其相量表示式为

$$\dot{U}=\dot{U}_R+\dot{U}_L+\dot{U}_C \tag{5.5.5}$$

由单一参数交流电路的伏安关系可得

$$\dot{U}=\dot{U}_R+\dot{U}_L+\dot{U}_C=\dot{I}R+\dot{I}(\mathrm{j}X_L)+\dot{I}(-\mathrm{j}X_C)=\dot{I}[R+\mathrm{j}(X_L-X_C)] \tag{5.5.6}$$

所以 RLC 串联电路的阻抗为

$$Z=R+\mathrm{j}(X_L-X_C) \tag{5.5.7}$$

其中电抗为

$$X=X_L-X_C$$

阻抗模为

$$|Z|=\sqrt{R^2+(X_L-X_C)^2} \tag{5.5.8}$$

Z 的阻抗角为

$$\varphi=\psi_u-\psi_i=\arctan\frac{X_L-X_C}{R} \tag{5.5.9}$$

φ 由电路参数决定：

当 $X_L>X_C$ 时，$\varphi>0$，$\dot{U}$ 超前于 $\dot{I}$，整个电路呈电感性质，称为感性电路。

当 $X_L<X_C$ 时，$\varphi<0$，$\dot{U}$ 滞后于 $\dot{I}$，整个电路呈电容性质，称为容性电路。

当 $X_L=X_C$ 时，$\varphi=0$，$\dot{U}$ 与 $\dot{I}$ 相位相同，整个电路呈纯阻性，称为谐振电路(将在 5.8 节中讨论)。

下面以感性电路为例，用相量图来讨论 RLC 串联电路的各电压的关系(如图 5.5.4 所示)。

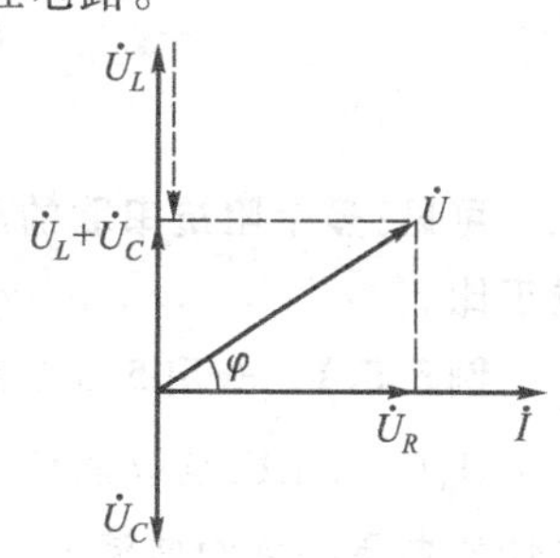

图 5.5.4 感性电路的相量图

由于 $X_L>X_C$，所以 $U_L>U_C$，整个电路先 $\dot{U}$ 后 $\dot{I}$，相位差为 φ。由相量图可见

$$U=\sqrt{U_R^2+(U_L-U_C)^2}=I\sqrt{R^2+(X_L-X_C)^2}=I\sqrt{R^2+X^2}=I|Z| \tag{5.5.10}$$

由图 5.5.4 所示相量图可得各电压关系构成的三角形，称为电压三角形，如图 5.5.5 所示。电压三角形的每条边同时除以电流 I，得到与电压三角形相似的阻抗三角形，如图 5.5.6 所示。

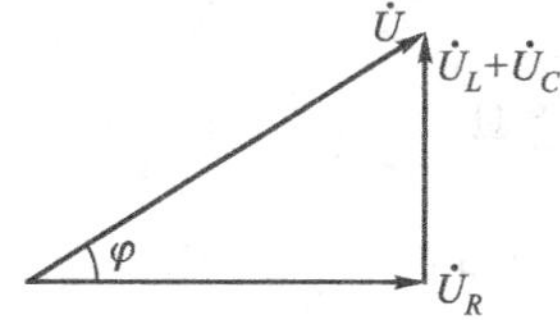

图 5.5.5 感性电路的电压三角形

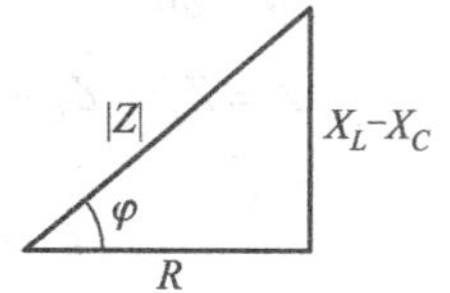

图 5.5.6 感性电路的阻抗三角形

在阻抗三角形中

$$R=|Z|\cos\varphi \tag{5.5.11}$$

$$X=X_L-X_C=|Z|\sin\varphi \tag{5.5.12}$$

2. 阻抗的串联

图 5.5.7(a)是两个阻抗串联的电路。由前面得出的结论，可列出

$$\dot{U}=\dot{U}_1+\dot{U}_2=Z_1\dot{I}+Z_2\dot{I}=(Z_1+Z_2)\dot{I}$$

上式表明，两个串联的阻抗可用一个总阻抗 Z 代替，其值为

$$Z=Z_1+Z_2 \tag{5.5.13}$$

如图5.5.7(b)所示,值得注意的是

$$|Z| \neq |Z_1| + |Z_2|$$

由图5.5.7(a)还可容易地得出各串联阻抗上的电压分配公式

$$\dot{U}_1 = \dot{I} \cdot Z_1 = \frac{Z_1}{Z_1 + Z_2}\dot{U} \qquad \dot{U}_2 = \dot{I} \cdot Z_2 = \frac{Z_2}{Z_1 + Z_2}\dot{U} \tag{5.5.14}$$

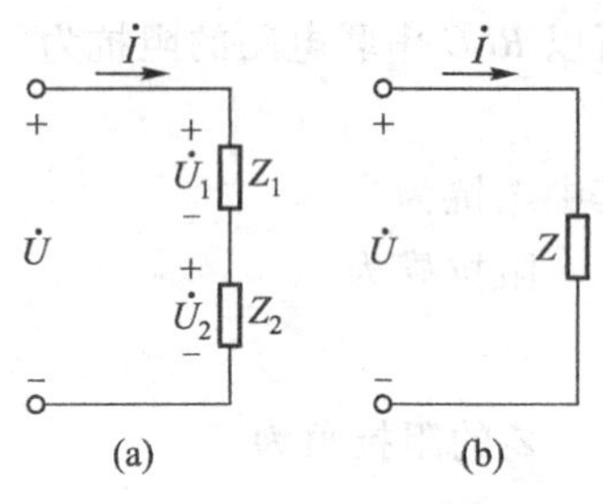

图5.5.7 阻抗串联电路

式(5.5.13)和式(5.5.14)可推广至 n 个阻抗的串联情形,此时的计算公式为

$$Z = Z_1 + Z_2 + \cdots + Z_n = \sum_{k=1}^{n} Z_k \tag{5.5.15}$$

$$\dot{U}_k = \dot{I} \cdot Z_k = \frac{Z_k}{\sum_{k=1}^{n} Z_k}\dot{U} \qquad k = 1,2,\cdots,n \tag{5.5.16}$$

可见:多个阻抗串联的总阻抗等于各串联阻抗之和,各个串联阻抗上的电压相量与相应阻抗成正比。

例5.5.1 如图5.5.8所示,RLC 串联电路中 $R=15\ \Omega$,$L=12\ \text{mH}$,$C=5\ \mu\text{F}$,端口电压 $u=100\sqrt{2}\sin(5000t)\ \text{V}$,求电路中各元件的电压相量和电流 i。

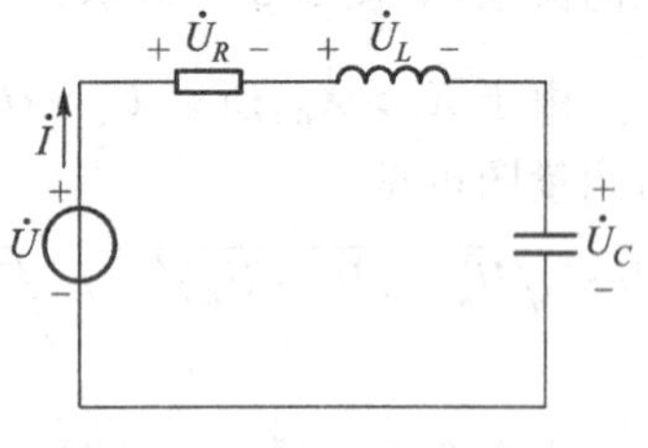

图5.5.8 例5.5.1的图

解: 已知 $\dot{U}=100\angle 0°\ \text{V}$,则

$$Z_R = 15\ \Omega$$

$$Z_L = \text{j}\omega L = \text{j}60\ \Omega$$

$$Z_C = \frac{1}{\text{j}\omega C} = -\text{j}\frac{1}{\omega C} = -\text{j}40\ \Omega$$

总阻抗是

$$Z = Z_R + Z_L + Z_C = (15 + \text{j}20) = 25\angle 53.1°\ \Omega$$

所以

$$\dot{I} = \frac{\dot{U}}{Z} = \frac{100\angle 0°}{25\angle 53.1°} = 4\angle -53.1°\ \text{A}$$

各元件电压

$$\dot{U}_R = R \cdot \dot{I} = 60\angle -53.1°\ \text{V}$$

$$\dot{U}_L = \text{j}\omega L\dot{I} = 240\angle 36.9°\ \text{V}$$

$$\dot{U}_C = -\text{j}\frac{1}{\omega C}\dot{I} = 160\angle -143.1°\ \text{V}$$

正弦电流

$$i = 4\sqrt{2}\sin(5000t - 53.1°)\ \text{A}$$

5.5.3 阻抗的并联

对于交流电路,基尔霍夫电流定律依然成立,即时域表达式为:$\sum i_k = 0$,由于同一电路中各

电流均是同频率正弦量，所以基尔霍夫电流定律的相量形式为

$$\sum \dot{I}_k = 0 \tag{5.5.17}$$

图 5.5.9(a)是两个阻抗并联的电路，由上式结论，可列出

$$\dot{I} = \dot{I}_1 + \dot{I}_2 = \frac{\dot{U}}{Z_1} + \frac{\dot{U}}{Z_2} = \dot{U}\left(\frac{1}{Z_1} + \frac{1}{Z_2}\right) \tag{5.5.18}$$

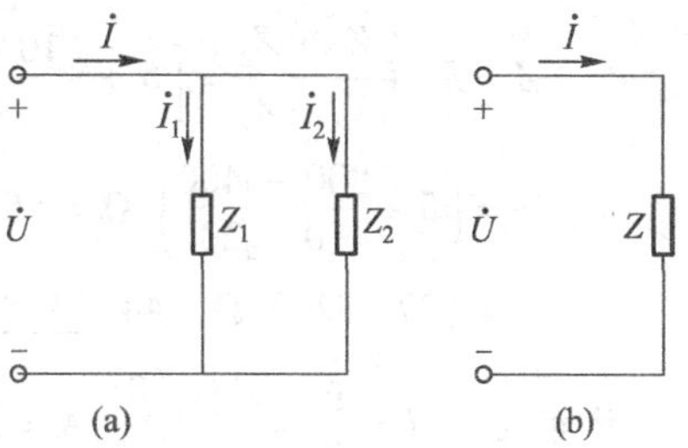

图 5.5.9 阻抗并联电路

式(5.5.18)表明，两个并联的阻抗可用一个总阻抗 Z 来代替。如图 5.5.9(b)所示，其中

$$\frac{1}{Z} = \frac{1}{Z_1} + \frac{1}{Z_2} \tag{5.5.19}$$

或写为

$$Z = \frac{Z_1 Z_2}{Z_1 + Z_2}$$

注意

$$\frac{1}{|Z|} \neq \frac{1}{|Z_1|} + \frac{1}{|Z_2|}$$

例 5.5.2 在图 5.5.9(a)中，已知阻抗 $Z_1 = 3 + \mathrm{j}4\ \Omega$ 和 $Z_2 = 8 - \mathrm{j}6\ \Omega$，电压 $U = 220\angle 0°\ \mathrm{V}$，试计算图中的电流 $\dot{I}_1$，$\dot{I}_2$和 $\dot{I}$，并作相量图。

解：已知 $Z_1 = (3 + \mathrm{j}4)\ \Omega = 5\angle 53°\ \Omega$，$Z_2 = (8 - \mathrm{j}6)\ \Omega = 10\angle -37°\ \Omega$。

由题意，先求出总阻抗

$$Z = \frac{Z_1 \cdot Z_2}{Z_1 + Z_2} = \frac{5\angle 53° \times 10\angle -37°}{3 + \mathrm{j}4 + 8 - \mathrm{j}6}\ \Omega$$

$$= \frac{50\angle 16°}{11 - \mathrm{j}2}\ \Omega = \frac{50\angle 16°}{11.8\angle -105°}\ \Omega = 4.47\angle 26.5°\ \Omega$$

所以

$$\dot{I}_1 = \frac{\dot{U}}{Z_1} = \frac{220\angle 0°}{5\angle 53°}\ \mathrm{A} = 44\angle -53°\ \mathrm{A}$$

$$\dot{I}_2 = \frac{\dot{U}}{I_2} = \frac{220\angle 0°}{10\angle -37°}\ \mathrm{A} = 22\angle 37°\ \mathrm{A}$$

$$\dot{I} = \frac{\dot{U}}{Z} = \frac{220\angle 0°}{4.47\angle 26.5°}\ \mathrm{A} = 49.2\angle -26.5°\ \mathrm{A}$$

电压与电流的相量图如图 5.5.10 所示。

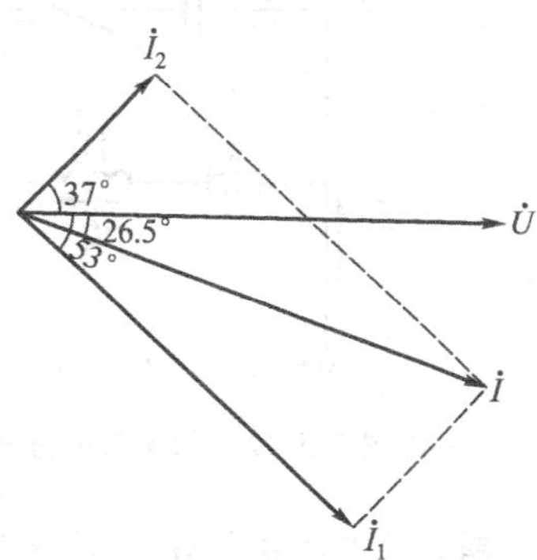

图 5.5.10 例 5.5.2 的相量图

例 5.5.3 电路如图 5.5.11 所示，已知 $u = 100\sqrt{2}\sin\omega t\mathrm{V}$，$R_1 = 5\ \Omega$，$R_2 = 10\ \Omega$，$X_L = 20\ \Omega$，$X_C = 40\ \Omega$。求 i, i_1, i_2。

解：由相量式表示电压 $\dot{U} = 100\angle 0°\ \mathrm{V}$

电感支路的复数阻抗 $Z_1 = R_2 + \mathrm{j}X_L = (10 + \mathrm{j}20)\ \Omega$

电容支路的复数阻抗 $Z_2 = -\mathrm{j}X_C = -\mathrm{j}40\ \Omega$

总阻抗

$$Z=R_1+\frac{Z_1\cdot Z_2}{Z_1+Z_2}=\left[5+\frac{(10+\mathrm{j}20)\cdot(-\mathrm{j}40)}{10+\mathrm{j}20-\mathrm{j}40}\right]\ \Omega$$

$$=\left(5+\frac{800-\mathrm{j}400}{10-\mathrm{j}20}\right)\ \Omega=(5+32+\mathrm{j}24)\ \Omega$$

$$=(37+\mathrm{j}24)\ \Omega=44\angle 33^\circ\ \Omega$$

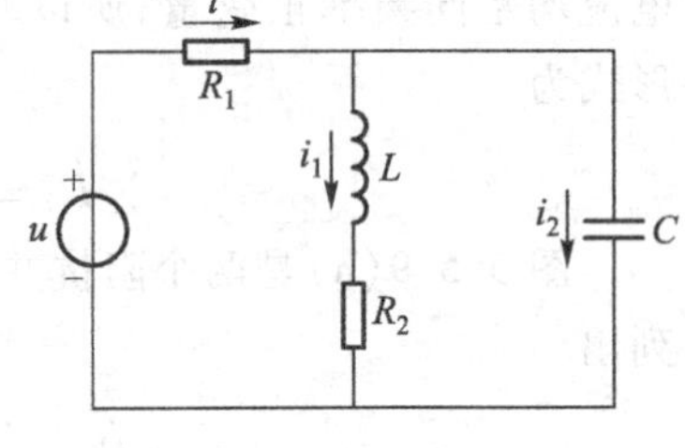

图 5.5.11 例 5.5.3 的电路图

总电流 $\dot{I}=\frac{\dot{U}}{Z}=\frac{100\angle 0^\circ}{44\angle 33^\circ}\ \mathrm{A}=2.27\angle -33^\circ\ \mathrm{A}$

由分流公式

$$\dot{I}_1=\frac{Z_2}{Z_1+Z_2}\cdot\dot{I}=\frac{-\mathrm{j}40}{10+\mathrm{j}20-\mathrm{j}40}\cdot 2.27\angle -33^\circ\ \mathrm{A}=(1.79\angle -26.6^\circ)\cdot(2.27\angle -33^\circ)\ \mathrm{A}$$

$$=4.1\angle -59.6^\circ\ \mathrm{A}$$

$$\dot{I}_2=\frac{Z_1}{Z_1+Z_2}\cdot\dot{I}=\frac{10+\mathrm{j}20}{10+\mathrm{j}20-\mathrm{j}40}\cdot 2.27\angle -33^\circ\ \mathrm{A}=(1\angle 126.6^\circ)\cdot(2.27\angle -33^\circ)\ \mathrm{A}$$

$$=2.27\angle 93.6^\circ\ \mathrm{A}$$

故

$$i=2.27\sqrt{2}\sin(\omega t-33^\circ)\ \mathrm{A}$$

$$i_1=4.1\sqrt{2}\sin(\omega t-59.6^\circ)\ \mathrm{A}$$

$$i_2=2.27\sqrt{2}\sin(\omega t+93.6^\circ)\ \mathrm{A}$$

例 5.5.4 如图 5.5.12 所示，已知 $\dot{U}=200\ \mathrm{V}$；$R=X_L$，开关闭合前 $\dot{I}=\dot{I}_L=10\ \mathrm{A}$，开关闭合后 $\dot{U},\dot{I}$ 同相。求 $\dot{I},R,X_L,X_C$。

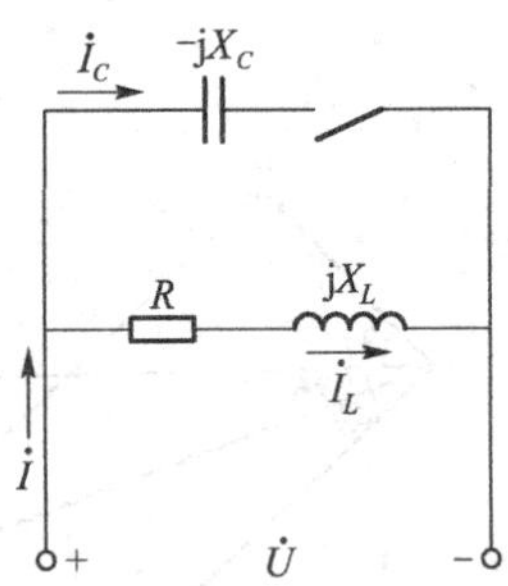

图 5.5.12 例 5.5.4 的电路图

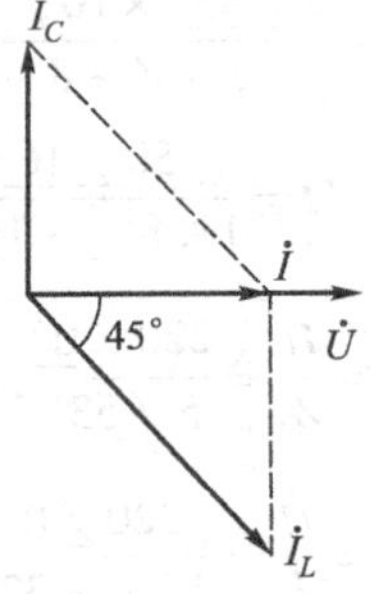

图 5.5.13 例 5.5.4 的相量图

解： 开关闭合前后 $\dot{I}_L$ 的值不变。

$$I_L=\frac{U}{|Z|}=\frac{200}{\sqrt{R^2+X_L^2}}=\frac{200}{\sqrt{2}R}=10\ \mathrm{A}$$

$$R=X_L=\frac{200}{10\sqrt{2}}\ \Omega=10\sqrt{2}\ \Omega$$

如图 5.5.13 所示相量图可求得

$$I=I_L\cos45^\circ=5\sqrt{2}\ \mathrm{A}$$

$$I_C=I_L\sin45^\circ=10\times\sin45^\circ\ \mathrm{A}=5\sqrt{2}\ \mathrm{A}$$

$$X_C=\frac{U}{I_C}=\frac{200}{5\sqrt{2}}\ \Omega=20\sqrt{2}\ \Omega$$

练习与思考

5.5.1　在交流和直流电路中，R、L、C 三参数的作用有什么不同？

5.5.2　电压三角形、阻抗三角形的含义如何？

5.5.3　阻抗的物理意义是什么？它和哪些因素有关？在什么情况下才能引入阻抗这个概念？

5.5.4　RL 串联电路和 RC 串联电路的特性有何异同？

5.5.5　什么叫感性电路？什么叫容性电路？根据 $\varphi>0$ 或 $\varphi<0$ 能判断是感性电路或容性电路吗？

5.5.6　试列出 RLC 串联电路中电压、电流的瞬时值关系式。

5.6　复杂正弦交流电路的分析方法

由前面章节的内容可以看到，相量形式的欧姆定律、基尔霍夫电压定律，基尔霍夫电流定律，形式上与直流电路相同。因此，**在正弦交流电路中，若正弦量均用相量表示，电路参数均用复数阻抗表示，则直流电路中学习到的基本定律、公式、分析方法都能用**。两者的区别是：直流电路的分析通过实数代数方程计算，而正弦交流电路采用复数代数方程进行相量分析。具体步骤包括：首先根据原电路图画出相量模型图，电路结构不用改变；然后根据相量模型列出相量方程式或画相量图；接着用复数符号法或相量图求解；最后将结果变换成要求的形式。

例 5.6.1　如图 5.6.1 所示，$\dot{U}_1=230\underline{/0^\circ}$ V，$\dot{U}_2=227\underline{/0^\circ}$ V，$Z_1=0.1+\mathrm{j}0.5\ \Omega$，$Z_2=0.1+\mathrm{j}0.5\ \Omega$，$Z_3=5+\mathrm{j}5\ \Omega$。试用支路电流法求电流 $\dot{I}_3$。

解：设定各支路电流的参考方向如图 5.6.1 所示，利用复数形式基尔霍夫电流定律和基尔霍夫电压定律可列出下列方程

$$\begin{cases}\dot{I}_1+\dot{I}_2-\dot{I}_3=0\\(0.1+\mathrm{j}0.5)\dot{I}_1+(5+\mathrm{j}5)\dot{I}_3=230\underline{/0^\circ}\\(0.1+\mathrm{j}0.5)\dot{I}_2+(5+\mathrm{j}5)\dot{I}_3=227\underline{/0^\circ}\end{cases}$$

解之，得

$$\dot{I}_3=31.3\underline{/-46.1^\circ}\ \mathrm{A}$$

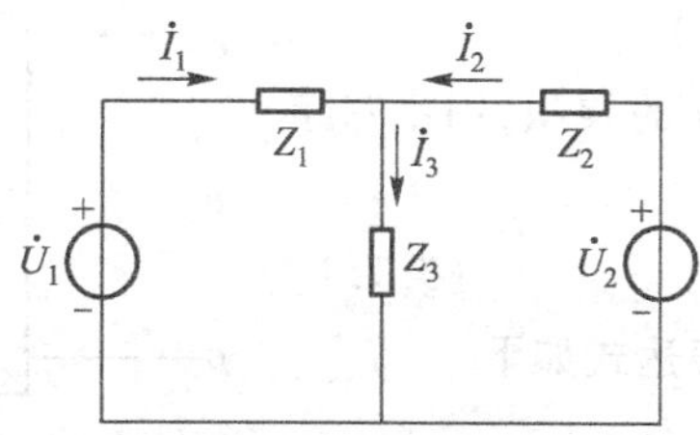

图 5.6.1　例 5.6.1 的图

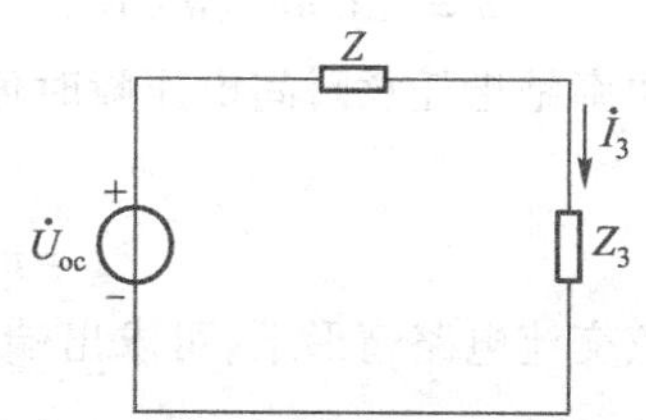

图 5.6.2　图 5.6.1 电路的等效电路

例 5.6.2 利用戴维宁定理计算上例中的电流 $\dot{I}_3$。

解:图 5.6.1 所示电路可等效化简为如图 5.6.2 所示。图中等效电路电压为 $\dot{U}_{oc}$。可由图 5.6.3(a)求得

$$\begin{aligned}\dot{U}_{oc} &= \frac{\dot{U}_1 - \dot{U}_2}{Z_1 + Z_2} \cdot Z_2 + \dot{U}_2 \\ &= \left[\frac{230\angle 0^\circ - 227\angle 0^\circ}{2(0.1 + j0.5)} \times (0.1 + j0.5) + 227\angle 0^\circ\right]\ \text{V} \\ &= 228.5\angle 0^\circ\ \text{V}\end{aligned}$$

总阻抗 Z 可由图 5.6.3(b)求得

$$Z = \frac{Z_1 Z_2}{Z_1 + Z_2} = \frac{Z_1}{2} = \frac{0.1 + j0.5}{2}\ \Omega = (0.05 + j0.25)\ \Omega$$

由图 5.6.2 可求出

$$\dot{I}_3 = \frac{\dot{U}_{oc}}{Z + Z_3} = \frac{228.5\angle 0^\circ}{(0.05 + j0.25) + (5 + j5)}\ \text{A} = 31.3\angle -46.1^\circ\ \text{A}$$

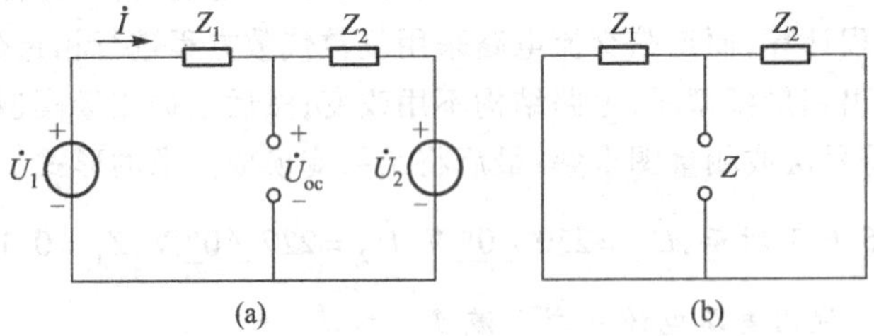

(a) (b)

图 5.6.3 计算戴维宁电源参数 $\dot{U}_{oc}$ 和 Z 的电路

5.7 功率因数及补偿

5.7.1 功率因数定义

图 5.7.1 所示为某端口电路 N,其内部仅由电阻、电感和电容等无源元件组成,不含独立电源。在正弦交流电路情形下,端口电压和电流均是同频率的正弦量,可分别设为

$$u = \sqrt{2}U\sin(\omega t + \psi_u), \quad i = \sqrt{2}I\sin(\omega t + \psi_i)$$

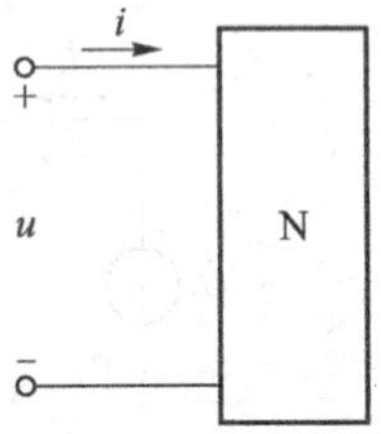

瞬时功率是指任意瞬间电压瞬时值 u 和电流瞬时值 i 的乘积,用小写字母 p 表示。

$$p = u \cdot i \tag{5.7.1}$$

在正弦交流电路情形下,可求出端口 N 的瞬时功率表达式如下

$$\begin{aligned}p &= \sqrt{2}U\sin(\omega t + \psi_u) \cdot \sqrt{2}I\sin(\omega t + \psi_i) \\ &= 2UI\sin(\omega t + \psi_u) \cdot \sin(\omega t + \psi_i)\end{aligned}$$

图 5.7.1 端口电路

令 $\varphi=\psi_u-\psi_i$，φ 为电压和电流之间的相位差，以电流为基准，设 $\psi_i=0$，则有

$$p=UI\cos\varphi-UI\cos(2\omega t+\varphi) \tag{5.7.2}$$

由上式可见：瞬时功率由两个分量组成，第一个是恒定分量，第二个是交流分量，其频率是电压或电流频率的两倍。

在电路的实际分析计算中，通常采用平均功率的概念，即有功功率，定义为瞬时功率在一个周期内的平均值，采用大写字母 P 表示，单位为 W（瓦特）。

$$P=\frac{1}{T}\int_0^T p\mathrm{d}t \tag{5.7.3}$$

根据式（5.7.3），可导出端口网络的平均功率表达式为

$$\begin{aligned}P&=\frac{1}{T}\int_0^T[UI\cos\varphi-UI\cos(2\omega t+\varphi)]\mathrm{d}t\\&=UI\cos\varphi\end{aligned} \tag{5.7.4}$$

由上式可见：平均功率不仅取决于电压与电流的有效值，而且还与它们之间的相位差有关。$\cos\varphi$ 通常称为电路的功率因数。对于纯电阻负载，电压和电流同相，功率因数为 1。而对于感性或容性负载，其功率因数介于 0 与 1 之间。

5.7.2 各种功率关系

在 5.4 节中分析了单一参数（电阻、电感、电容）元件电路中的功率计算。本节将讨论一般二端网络电路的功率及关系。

1. 有功功率

由 5.4.1 节已知，平均功率常常被称为有功功率，对于交流电路中的电阻、电感和电容等基本元件，利用式（5.7.4）可验证各单一参数元件有功功率的计算式如下：

电阻元件 $P_R=U_RI_R\cos 0°=U_RI_R=I_R^2R=\frac{U_R^2}{R}$

电感元件 $P_L=U_LI_L\cos 90°=0$

电容元件 $P_C=U_CI_C\cos(-90°)=0$

由上表明：有功功率表示了电路实际消耗能量的速率，而对于像电感和电容这样的储能元件，它们的平均功率等于零。

2. 无功功率

由（5.7.2）式，可进一步推出

$$\begin{aligned}p&=UI\cos\varphi-UI\cos(2\omega t+\varphi)\\&=UI\cos\varphi-UI\cos 2\omega t\cos\varphi+UI\sin 2\omega t\sin\varphi\\&=UI\cos\varphi(1-\cos 2\omega t)+UI\sin\varphi\sin 2\omega t\end{aligned} \tag{5.7.5}$$

上式前部和电阻瞬时功率相同，它的平均值即有功功率；上式的后部与电抗瞬时功率相同，它的平均值为零，表示实际没有消耗能量，但反映出电路中储能元件和电源之间电能的往返交换情况，故以交换能量过程中出现的最大幅值定义为无功功率，其定义式为

$$Q=UI\sin\varphi \tag{5.7.6}$$

只要电路中包含电感和（或）电容这样的储能元件，就存在电路与电源之间的能量交换。整

个电路的无功功率等于感性无功功率和容性无功功率之和。以 RLC 串联为例，基于总电压、总电流的整个正弦交流电路的无功功率为

$$Q = Q_L + Q_C = U_L I + (-U_C I) = (U_L - U_C) \times I = UI\sin\varphi$$

验证电路中各单一参数元件无功功率的计算式如下：

电阻元件 $Q_R = U_R I_R \sin 0° = 0$

电感元件 $Q_L = U_L I_L \sin 90° = U_L I_L$

电容元件 $Q_C = -U_C I_C \sin 90° = -U_C I_C$

3. 视在功率

视在功率（apparent power）定义为端口网络的端口电压与电流有效值的乘积，定义如下

$$S = U \cdot I \tag{5.7.7}$$

单位为 V·A（伏安）。

视在功率代表一个电气设备的容量，交流电气设备是按照额定电压 U_N 和额定电流 I_N 来设计和使用的。例如变压器的容量就是其额定电压和额定电流的乘积，即所谓的额定视在功率，$S_N = U_N \cdot I_N$。

视在功率、平均功率、无功功率之间关系如下

$$S^2 = P^2 + Q^2 \tag{5.7.8}$$

$$\tan\varphi = \frac{Q}{P}$$

这种关系也可以用一个直角三角形来表示，称为功率三角形，见图 5.7.2。

4. 复功率

设一端口电路的电压相量为 $\dot{U}$，电流相量为 $\dot{I}$，复功率 $\dot{S}$ 定义为

$$\begin{aligned}\dot{S} &= \dot{U} \cdot \dot{I}^* = UI\angle\psi_u - \psi_i = UI\angle\varphi \\ &= UI\cos\varphi + jUI\sin\varphi = P + jQ\end{aligned} \tag{5.7.9}$$

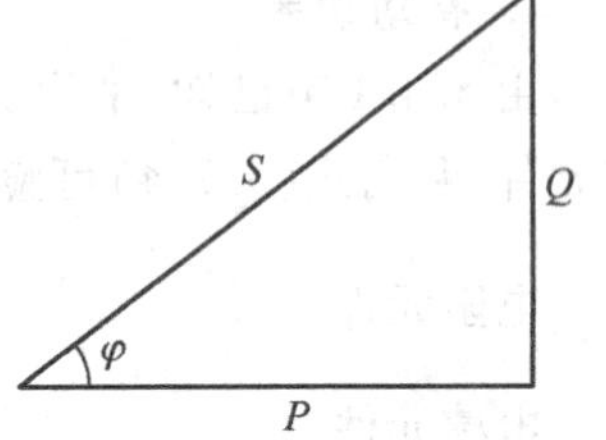

图 5.7.2 功率三角形

式中 $\dot{I}^*$ 是 $\dot{I}$ 的共轭复数。复功率的实部为有功功率 P，虚部为无功功率 Q，而模就是视在功率 S。复功率是一个辅助计算功率的复数，单位为 V·A。**复功率的一个重要特性是：电源发出的复功率等于各个负载的复功率之和，即电路中的有功功率和无功功率分别守恒，也即电路中总的有功功率是电路各部分有功功率之和，总的无功功率是电路中各部分的无功功率之和，但注意，电路中的视在功率并不守恒。**

例 5.7.1 如图 5.7.3 所示，$R = 24\ \Omega$，$X_L = 32\ \Omega$，$\dot{U} = 80\angle 30°$ V，$\dot{I} = 2\angle -23.13°$ A。试计算电源供出的 P、Q、$\cos\varphi$。

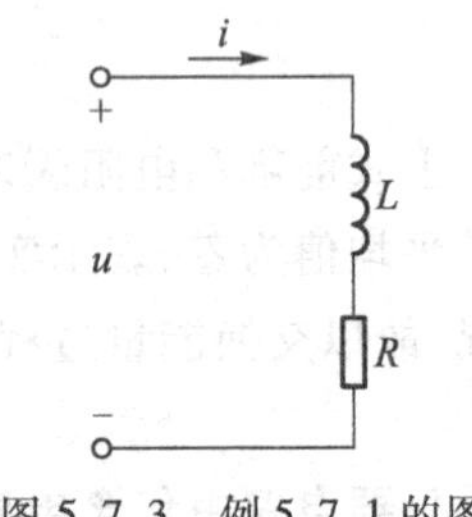

图 5.7.3 例 5.7.1 的图

解：

$$P = UI\cos\varphi = 80 \times 2\cos[30° - (-23.13°)]\ \text{W} = 96\ \text{W}$$

或
$$P = I^2 R = 2^2 \times 24\ \text{W} = 96\ \text{W}$$

$$Q = UI\sin\varphi = 80 \times 2\sin[30° - (-23.13°)]\ \text{var} = 128\ \text{var}$$

或
$$Q = Q_L = I^2 X_L = 2^2 \times 24\ \text{var} = 128\ \text{var}$$

$$\cos\varphi=\cos[30°-(-23.13°)]=0.6$$

或

$$\cos\varphi=\frac{P}{UI}=\frac{96}{80\times2}=0.6$$

或

$$\cos\varphi=\frac{R}{\sqrt{R^2+X_L^2}}=0.6$$

5.7.3 功率因数补偿

电路中存在储能元件，就会产生能量交换，功率因数必然小于1。如电力系统中的异步电动机负载等，一般功率因数比较低，由此会带来两个主要问题：

(1) 供电设备的利用率不高。当负载的功率因数 $\cos\varphi<1$ 时，供电设备发出的有功功率越低，相应的无功功率越大，表明电路中电源与负载之间能量交换的规模越大，因而供电设备提供的能量不能充分利用。

(2) 增加供电线路或绕组的功率损耗。当供电设备输出电压 U 和输出功率 P 一定时，电流 I 与功率因数成反比，而线路功率损耗 ΔP 与电流的平方成正比，即

$$\Delta P=RI^2=R\left(\frac{P}{U\cos\varphi}\right)^2$$

其中 R 表示线路电阻。由上式可见，$\cos\varphi$ 越低，则 ΔP 越高。

如何提高功率因数呢？一般采用在电感性负载上并联电容的办法来达到提高功率因数的目的。常见的 RL 串联电路负载，可并联电容 C 以提高功率因数。从能量交换的角度来理解，并联电容可实现负载的磁场能量与电容的电场能量相互交换，从而减少电源和负载之间的能量互换，降低整个电路无功功率，提高功率因数。其电路图和相量图如图 5.7.4 所示。

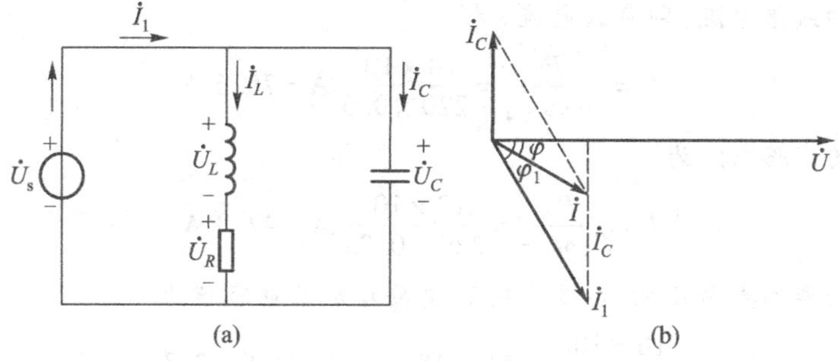

图 5.7.4 感性负载并联电容提高功率因数

图中 5.7.4(a) 中 RL 支路表示电感性负载，因为并联电容后电源电压和负载参数均未改变，所以感性负载上的电流 I_1 和功率因数 $\cos\varphi_1$ 均未改变。但由图 5.7.4(b) 所示相量图可见，并联电容后，整个电路的功率因数 $\cos\varphi$ 提高了，同时也减小了总电流 I，故可降低线路损耗。

并联电容大小的选择应恰当，即在保证提高功率因数的前提下，尽可能采用容量小的电容。 设电感性负载的参数已知，并联电容前的功率因数是 $\cos\varphi_1$，要求并联电容后整个电路的功率因数提高至 $\cos\varphi$。由图 5.7.4(b)，有

$$I_C=I_1\sin\varphi_1-I\sin\varphi \tag{5.7.10}$$

因为

$$I_1 = \frac{P}{U\cos\varphi_1}$$

$$I = \frac{P}{U\cos\varphi}$$

$$I_C = \omega CU$$

代入式(5.7.10),得出

$$\omega CU = \frac{P}{U}\tan\varphi_1 - \frac{P}{U}\tan\varphi$$

所以

$$C = \frac{P}{\omega U^2}(\tan\varphi_1 - \tan\varphi) \tag{5.7.11}$$

式(5.7.11)是计算电容值的一般公式。请注意,因为电容并不消耗电能,所以并联电容前后电路的有功功率不变。

例 5.7.2 某电感性负载,其功率 $P=10$ kW,功率因数 $\cos\varphi_1=0.6$,接在电压 $U=220$ V 的电源上,电源频率 $f=50$ Hz。(1) 将功率因数提高到 $\cos\varphi=0.95$,试求与负载并联的电容值和并联电容前后的线路电流。(2) 将功率因数从 0.95 再提高到 1,试问并联电容的电容值还需增加多少?

解:(1) 由已知条件

$$\cos\varphi_1=0.6,\quad 即\ \varphi_1=53°$$

$$\cos\varphi=0.95,\quad 即\ \varphi=18°$$

因此所需电容值为

$$C=\frac{10\times10^3}{2\times3.14\times50\times220^2}(\tan 53° - \tan 18°)\ \text{F}=656\ \mu\text{F}$$

并联电容前的线路电流(即负载电流)为

$$I_1=\frac{P}{U\cos\varphi_1}=\frac{10\times10^3}{220\times0.6}\ \text{A}=75.6\ \text{A}$$

并联电容后的线路电流为

$$I=\frac{P}{U\cos\varphi}=\frac{10\times10^3}{220\times0.95}\ \text{A}=47.8\ \text{A}$$

(2) 如要将功率因数由 0.95 再提高到 1,需要增加的电容值为

$$C=\frac{10\times10^3}{2\pi\times50\times220^2}(\tan 18° - \tan 0°)\ \text{F}=213.6\ \mu\text{F}$$

可见:在功率因数已经接近 1 时再继续提高,所需的电容值很大,因此功率因数不必提高到 1。

5.7.4 应用:瓦特表

负载吸收的平均功率可以用瓦特表来测量。瓦特表是测量平均功率的仪器。图 5.7.5 是一个瓦特表的结构示意图,它由两个必不可少的线圈组成,电流线圈和电压线圈。电流线圈的阻抗非常低(理想的为零),它与负载串联(见图 5.7.6),并响应负载电流;电压线圈的阻抗非常高(理想的是无穷大),它与负载并联(见图 5.7.6),并响应负载电压。电流线圈因其低阻抗在电路中相当于短路,而电压线圈因其高阻抗在电路中相当于开路。这样,瓦特表接入后,并不干扰电路,也不对功率测量有影响。

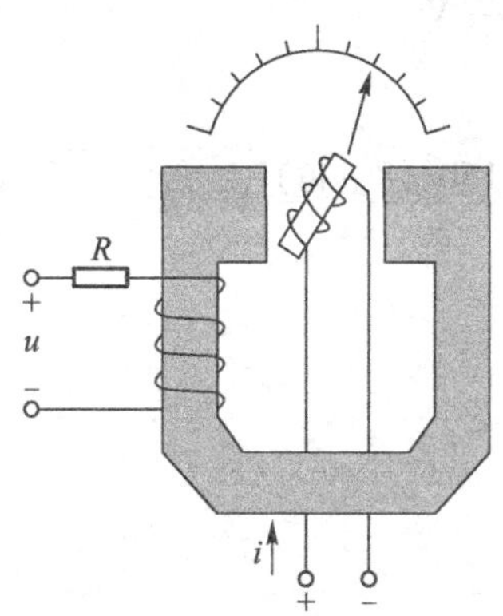

图 5.7.5 瓦特表的结构示意图

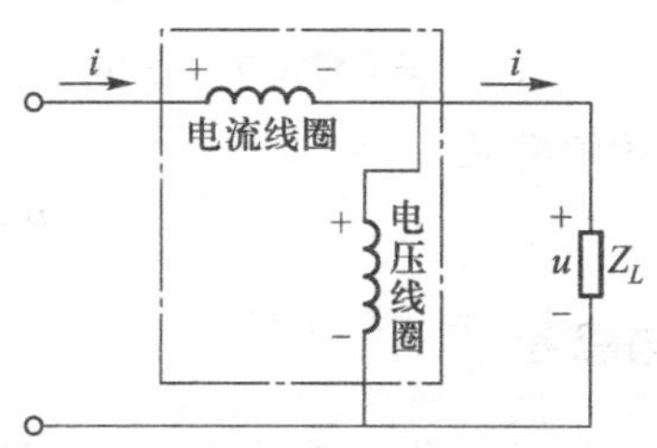

图 5.7.6 瓦特表原理示意图

当两个线圈通以电流后，瓦特表运动系统的机械转动惯量产生一个偏转角，这个偏转角正比于 $u(t)i(t)$ 乘积的平均值。如果负载的电压和电流是 $u(t)=U_{\mathrm{m}}\cos(\omega t+\varphi_u)$ 和 $i(t)=I_{\mathrm{m}}\cos(\omega t+\varphi_i)$，则它们对应的相量是

$$\dot{U}=\frac{U_{\mathrm{m}}}{\sqrt{2}}\angle\varphi_u \quad \dot{I}=\frac{I_{\mathrm{m}}}{\sqrt{2}}\angle\varphi_i$$

瓦特表所测量到的平均功率是

$$P=UI\cos(\varphi_u-\varphi_i)=\frac{1}{2}U_{\mathrm{m}}I_{\mathrm{m}}\cos(\varphi_u-\varphi_i)$$

如图 5.7.6 所示，瓦特表的每个线圈有两个端点，其中一个标有“+”号，要保证功率级的偏转顺时针向上转动，电流线圈的“+”端要朝向电源，电压线圈的“+”端接到电流线圈的那根线上。如果两个线圈都反接，则偏转的结果是一样正确的。不过，若只有一个反接，另一个不反接，则偏转就反了，瓦特表就没有读数。

例 5.7.3 求图 5.7.7 电路中瓦特表的读数。

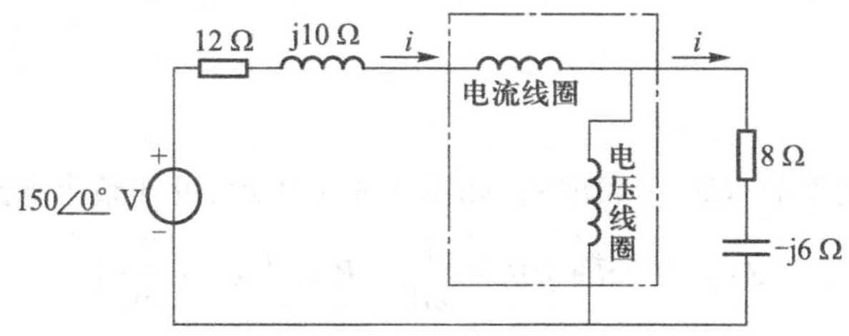

图 5.7.7 例 5.7.2 的图

解：图 5.7.7 所示电路中，电流线圈与负载阻抗串联，而电压线圈与其并联，则瓦特表读出来的是 $(8-\mathrm{j}6)\ \Omega$ 阻抗所吸收的平均功率。流过电路的电流是

$$\dot{I}=\frac{150\angle 0^\circ}{(12+\mathrm{j}10)+(8-\mathrm{j}6)}\ \mathrm{A}=\frac{150}{20+\mathrm{j}4}\ \mathrm{A}$$

$(8-\mathrm{j}6)\ \Omega$ 阻抗两端的电压是

$$\dot{U}=\dot{I}\ (8-\mathrm{j}6)=\frac{150(8-\mathrm{j}6)}{20+\mathrm{j}4}\ \mathrm{V}$$

所以,复功率是

$$S=\dot{U}\dot{I}^{*}=\frac{150(8-\mathrm{j}6)}{20+\mathrm{j}4}\cdot\frac{150}{20-\mathrm{j}4}\ \mathrm{V\cdot A}=\frac{150^{2}(8-\mathrm{j}6)}{20^{2}+4^{2}}\ \mathrm{V\cdot A}$$

$$=(423.7-\mathrm{j}324.6)\ \mathrm{V\cdot A}$$

则瓦特表的读数是

$$P=\mathrm{Re}(S)=423.7\ \mathrm{W}$$

练习与思考

5.7.1 (1) 在电阻、电感、电容的正弦交流电路中,它们的瞬时功率变化曲线各有哪些特点?其平均功率各等于多少?

(2) 在电感、电容的正弦交流电路中,为什么定义其瞬时功率的最大值为无功功率,它的物理意义是什么?

5.7.2 正弦交流电路中的功率计算,是否总可用 $S=UI,P=UI\cos\varphi,Q=UI\sin\varphi$ 公式。

5.7.3 当采用并联电容提高用电功率因数时如图 5.7.4(a)所示,如果并联电容过大,将使总电流超前于电压,且可能使功率因数降低,试画出相量图说明。

5.8 正弦电路的谐振

本章前面章节所讨论的电压和电流都是时间函数,在时间领域内对电路进行分析,所以常称为时域分析。而在频率领域内对电路进行分析,称为频域分析。

正弦交流电路存在感性负载或容性负载,故电路端口电压和端口电流的相位一般不相同,调节电路频率或参数,使电路端口的电压和电流达到同相位,这种现象就称为谐振(resonance)。电路的谐振现象在电子技术中得到广泛应用,但在电力系统中又常常要避免其带来的危害。根据产生谐振的电路的不同,谐振可分为串联谐振(series resonance)和并联谐振(parallel resonance)。

5.8.1 串联谐振

在正弦电压源激励下的 RLC 串联电路,如图 5.8.1 所示,可知整个电路的阻抗为

$$Z(\mathrm{j}\omega)=R+\mathrm{j}\omega L+\frac{1}{\mathrm{j}\omega C}=R+\mathrm{j}\left(\omega L-\frac{1}{\omega C}\right)$$

当 $\mathrm{Im}[Z(\mathrm{j}\omega)]=0$ 时,电压 $\dot{U}$ 和电流 $\dot{I}$ 同相,发生谐振现象,由此得出串联谐振的条件

$$X=X_L-X_C=0\ 或\ \omega L-\frac{1}{\omega C}=0 \tag{5.8.1}$$

可得发生谐振时的角频率 ω_0 或频率 f_0 是

$$\omega_0=\frac{1}{\sqrt{LC}},\quad f_0=\frac{1}{2\pi\sqrt{LC}} \tag{5.8.2}$$

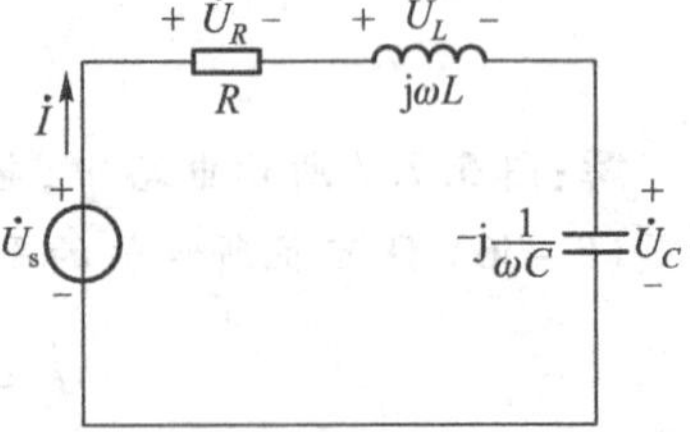

图 5.8.1 RLC 串联电路

可见，谐振频率f_0只取决于电路的结构和参数，而与外加电源无关。调节L,C,ω三个量可使电源频率达到谐振频率条件，电路产生谐振，反之不能产生谐振。

谐振时阻抗的模$|Z| = \sqrt{R^2 + (X_L - X_C)^2} = R$，其值最小。在电源电压$U$不变的情况下，谐振时电路的电流将达到最大值，即

$$I_{\max} = I_0 = \frac{U}{R}$$

如图5.8.2所示。

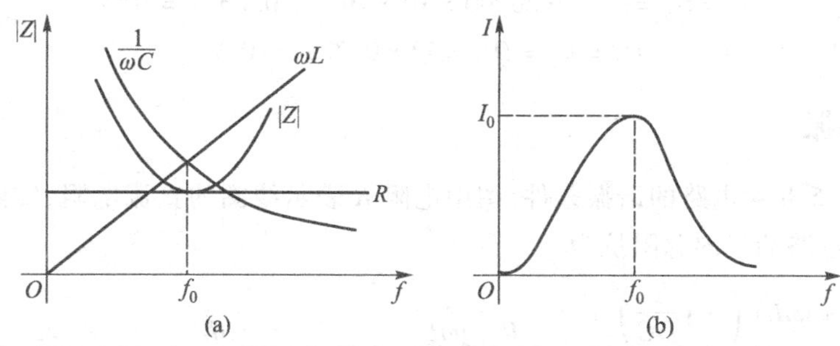

图5.8.2 阻抗模与电流随频率变化的曲线

串联谐振时电路呈现纯阻性($\varphi = 0$)，电源提供的能量全部被电阻所消耗，电源和电路之间无能量互换，能量互换会发生在电容与电感之间。

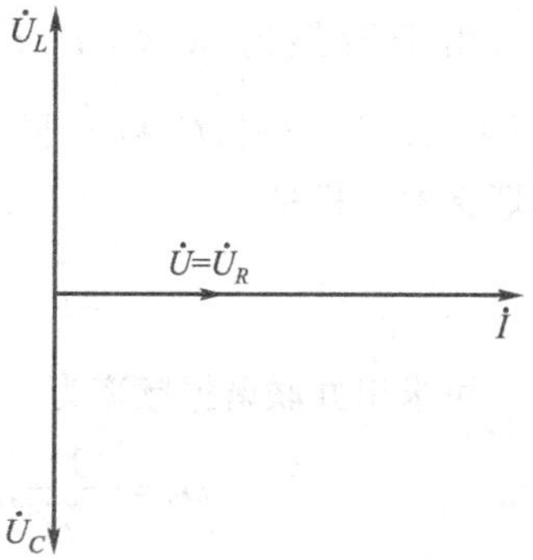

串联谐振时由于$X_L = X_C$，故$U_L = U_C$，又$\dot{U}_L$与$\dot{U}_C$是反相的，因此$\dot{U} = \dot{U}_R + \dot{U}_L + \dot{U}_C = \dot{U}_R$。相量图如图5.8.3所示。

图5.8.3 串联谐振的相量图

具体分析一下电感电压和电容电压的值

$$U_L = X_L I = \frac{X_L}{R} U$$

$$U_C = X_C I = \frac{X_C}{R} U \qquad (5.8.3)$$

当$X_L = X_C >> R$时，U_L和U_C比供电电压U高很多，因而串联谐振又称为**电压谐振(voltage resonance)**。这是串联谐振的一大特色，在电子技术中，某些弱信号正利用谐振获得较高电压，而电力工程中却相反，由于谐振时电感电压和电容电压超高于电源电压，可能击穿电气设备的绝缘保护，造成事故，故须避免谐振。

为了定量描述电路的谐振电压特点，引入品质因数的概念，品质因数定义为谐振时电感电压U_L或电容电压U_C与电源电压的比值，一般用Q表示

$$Q = \frac{U_C}{U} = \frac{U_L}{U} = \frac{1}{\omega_0 CR} = \frac{\omega_0 L}{R} \qquad (5.8.4)$$

由式(5.8.4)可见，Q越大，表示谐振时电感电压或电容电压相对于电源电压越高。

例5.8.1 RLC串联电路中，$R = 4\ \Omega, L = 10\ \text{mH}$，电源电压$U = 0.2\ \text{V}$，频率$f$可变，当$f = 3183.1\ \text{Hz}$时，电流$I$最大，求$C = ?, I = ?$和品质因数$Q = ?, U_C = ?, U_L = ?$

解：电流I最大时电路发生串联谐振，$X = 0$，LC串联等效阻抗可用短路替代，由谐振条件

$$\omega L-\frac{1}{\omega C}=0\quad C=\frac{1}{\omega_0^2 L}=\frac{1}{(3183.1\times 2\pi)^2\times 10\times 10^{-3}}\ \text{F}=0.25\ \mu\text{F}$$

$$Q=\frac{\omega_0 L}{R}=\frac{\sqrt{\dfrac{L}{C}}}{R}=\frac{20000\times 10\times 10^{-3}}{4}=50$$

$$I=\frac{0.2}{4}\ \text{A}=0.05\ \text{A}$$

$$U_C=U_L=\omega_0 LI=20000\times 10\times 10^{-3}\times 0.05\ \text{V}=10\ \text{V}$$

$$U_C=U_L=QU=50\times 0.2\ \text{V}=10\ \text{V}$$

5.8.2 并联谐振

首先,分析图5.8.4电路的谐振条件,图中电阻R表示线圈的直流电阻,实际电路中一般很小。由图可求出电路端口的总阻抗为

$$Z(\text{j}\omega)=\frac{(R+\text{j}\omega L)\left(-\text{j}\dfrac{1}{\omega C}\right)}{R+\text{j}\omega L-\text{j}\dfrac{1}{\omega C}}=\frac{R+\text{j}\omega L}{1-\omega^2 LC+\text{j}\omega RC}\approx\frac{\text{j}\omega L}{1-\omega^2 LC+\text{j}\omega RC}=\frac{1}{\dfrac{RC}{L}+\text{j}\left(\omega C-\dfrac{1}{\omega L}\right)}$$

由于谐振时$R<<\omega_0 L$,则上式得到近似结果。当$\text{Im}[Z(\text{j}\omega)]=0$时,$\dot{U}$和$\dot{I}$同相,电路发生谐振,谐振条件同串联谐振一样是

$$\omega L-\frac{1}{\omega C}=0 \tag{5.8.5}$$

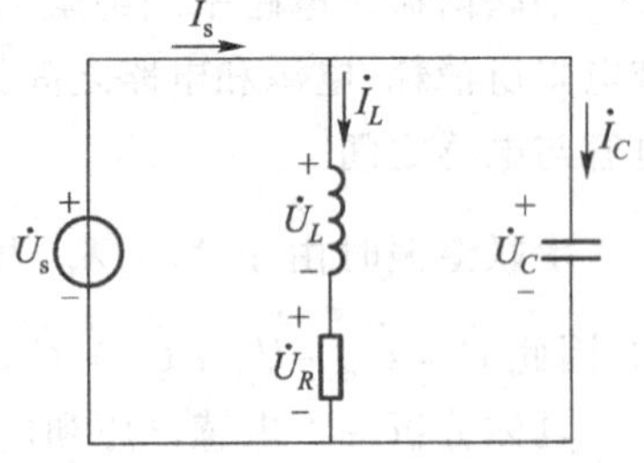

图5.8.4 常见并联谐振电路

可求出并联谐振频率为

$$\omega_0=\frac{1}{\sqrt{LC}},f_0=\frac{1}{2\pi\sqrt{LC}}$$

谐振时阻抗的模为

$$|Z_0|=\frac{1}{\dfrac{RC}{L}}=\frac{L}{RC} \tag{5.8.6}$$

这是并联阻抗的最大值,因此如果电路采用电流源供电,在电源电流I_s一定的情况下,电路端电压U将在谐振时达到最大值,即

$$U=I_s\cdot|Z_0|=\frac{L}{RC}I_s$$

谐振时,电路对电源呈现纯阻性($\varphi=0$),电路与电源间无能量互换,能量的互换发生在电感与电容之间,并且电感、电容无功功率正负相等,故电路总无功功率等于零。

谐振时各并联支路的电流为

$$I_L=\frac{U_0}{\sqrt{R^2+(\omega_0 L)^2}}\approx\frac{U_0}{\omega_0 L}$$

$$I_C=\omega_0 CU=\omega_0 C\cdot\frac{L}{RC}I_s=\frac{\omega_0 L}{R}I_s$$

因为谐振时，$\omega_0 L=\frac{1}{\omega_0 C}$，所以 $I_L\approx I_C$ 且当 $\omega_0 L=\frac{1}{\omega_0 C}>>R$ 时，I_L 和 I_C 将远大于 I_s。可见，并联谐振时，各并联支路的电流近似相等，且远大于总电流。并联谐振的相量图如图 5.8.5 所示，因此，并联谐振又称为**电流谐振(current resonance)**。并联谐振电路的品质因数定义为 I_L 或 I_C 与总电流 I_s 的比值。

$$Q=\frac{I_L}{I_s}=\frac{I_C}{I_s}=\frac{\omega_0 L}{R}=\frac{1}{\omega_0 CR} \tag{5.8.7}$$

即在谐振时，支路电流 I_L 或 I_C 是总电流 I_s 的 Q 倍。

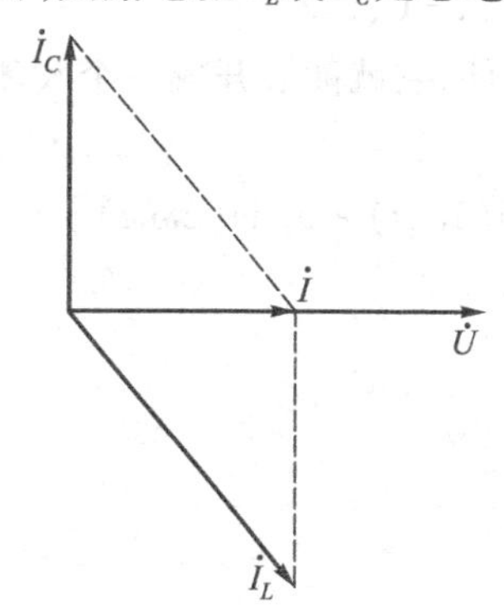

图 5.8.5 并联谐振相量图($R<<\omega_0 L$ 时)

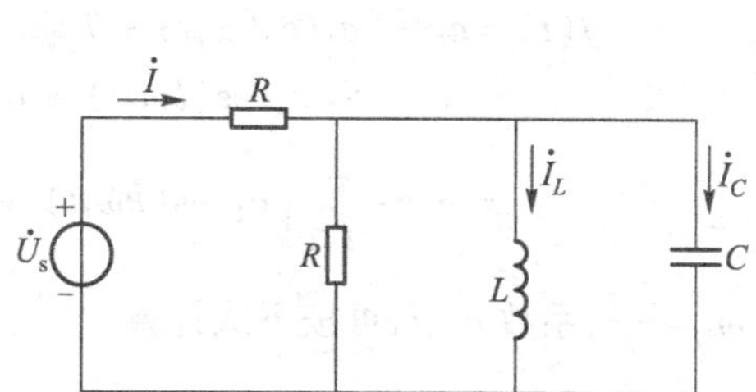

图 5.8.6 例 5.8.2 的图

例 5.8.2 如图 5.8.6 所示，$R=10\ \Omega$，$L=1\ \text{mH}$，$C=2.5\ \mu\text{F}$，电源电压 $U_s=4\ \text{V}$，求电路发生并联谐振的角频率及 $I_C=?$，$I_L=?$，$I=?$

解：并联谐振的角频率

$$\omega_0=\frac{1}{\sqrt{LC}}=\frac{1}{\sqrt{1\times10^{-3}\times2.5\times10^{-3}}}\text{rad/s}=20000\ \text{rad/s}$$

电路发生并联谐振，LC 并联支路的阻抗等效为无穷大，所以

$$\dot{I}=\frac{\dot{U}_s}{R+R}=\frac{4}{10+10}\ \text{A}=0.2\ \text{A}$$

$$\dot{U}_R=\frac{\dot{U}_s}{2}=\frac{4\angle0^\circ}{2}\ \text{V}=2\angle0^\circ\ \text{V}$$

$$I_L=I_C=\frac{U_R}{\omega_0 L}=\frac{2}{20000\times10^{-3}}\ \text{A}=0.1\ \text{A}$$

练习与思考

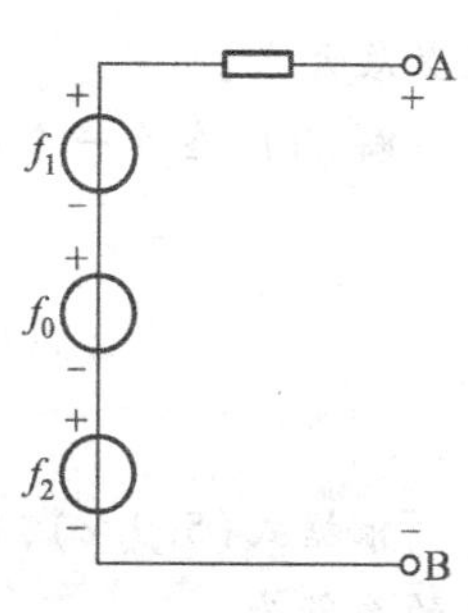

图 5.8.7

5.8.1 在图 5.8.7 所示电路中，若要从输入电源中滤去频率为 f_0 的电压，问在 A、B 两点间应接入串联谐振电路还是并联谐振电路呢？

5.8.2 一个由 253 mH 的电感 L，10 Ω 的电阻 R 与 0.1 μF 的电容 C 串联起来的电路，问其谐振频率为多少？

5.9 非正弦周期电流电路的分析

5.9.1 非正弦周期信号

对于某一非正弦周期函数$f(t)$,可利用傅里叶级数理论将其分解为一系列不同频率的正弦量之和,$f(t)$可表示为

$$f(t)=f(t+kT),\text{式中 } T \text{ 为 } f(t) \text{ 的周期}, k=0,1,2,\cdots$$

高等数学中学习到,只要周期函数$f(t)$满足狄里赫利条件,它就能展开成一个收敛的傅里叶级数,即

$$\begin{aligned} f(t) &= a_0+[a_1\cos(\omega_1 t)+b_1\sin(\omega_1 t)]+[a_2\cos(2\omega_1 t)+b_2\sin(2\omega_1 t)] \\ &\quad +\cdots+[a_k\cos(k\omega_1 t)+b_k\sin(k\omega_1 t)]+\cdots \\ &= a_0+\sum_{k=1}^{\infty}[a_k\cos(k\omega_1 t)+b_k\sin(k\omega_1 t)] \end{aligned} \tag{5.9.1}$$

其中$\omega_1=\frac{2\pi}{T}$,系数a_k、b_k可按下式计算

$$\begin{aligned} a_0 &= \frac{1}{T}\int_0^T f(t)\mathrm{d}t=\frac{1}{T}\int_{-\frac{T}{2}}^{\frac{T}{2}} f(t)\mathrm{d}t \\ a_k &= \frac{2}{T}\int_0^T f(t)\cos(k\omega_1 t)\mathrm{d}t=\frac{2}{T}\int_{-\frac{T}{2}}^{\frac{T}{2}} f(t)\cos(k\omega_1 t)\mathrm{d}t \\ &= \frac{1}{\pi}\int_0^{2\pi} f(t)\cos(k\omega_1 t)\mathrm{d}(\omega_1 t)=\frac{1}{\pi}\int_{-\pi}^{\pi} f(t)\cos(k\omega_1 t)\mathrm{d}(\omega_1 t) \\ b_k &= \frac{2}{T}\int_0^T f(t)\sin(k\omega_1 t)\mathrm{d}t=\frac{2}{T}\int_{-\frac{T}{2}}^{\frac{T}{2}} f(t)\sin(k\omega_1 t)\mathrm{d}t \\ &= \frac{1}{\pi}\int_0^{2\pi} f(t)\sin(k\omega_1 t)\mathrm{d}(\omega_1 t)=\frac{1}{\pi}\int_{-\pi}^{\pi} f(t)\sin(k\omega_1 t)\mathrm{d}(\omega_1 t) \end{aligned} \tag{5.9.2}$$

$k=1,2,3,\cdots$,展开式正弦分量分别称为基波或一次谐波、二次谐波、三次谐波等。二次以上谐波统称为高次谐波。

例 5.9.1 求图5.9.1所示方波周期信号$f(t)$的傅里叶级数展开式。

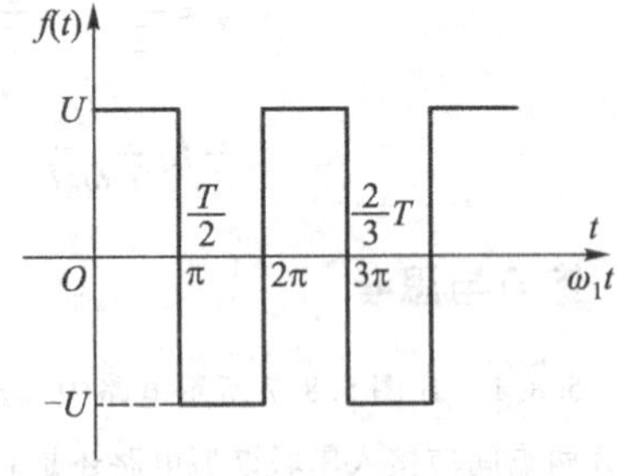

图5.9.1 方波周期信号

解:$f(t)$在第一个周期内的表达式为

$$f(t)=\begin{cases} U, 0\leqslant t\leqslant \frac{T}{2} \\ -U, \frac{T}{2}\leqslant t\leqslant T \end{cases}$$

根据式(5.9.2),周期性矩形信号$f(t)$傅里叶级数展开式的系数为

$$a_0=\frac{1}{T}\int_0^T f(t)=0$$

$$\begin{aligned}
a_k &= \frac{1}{\pi}\int_0^{2\pi} f(t)\cos(k\omega_1 t)\,\mathrm{d}(\omega_1 t) \\
&= \frac{1}{\pi}\left[\int_0^{\pi} U\cos(k\omega_1 t)\,\mathrm{d}(\omega_1 t) - \int_{\pi}^{2\pi} U\cos(k\omega_1 t)\,\mathrm{d}(\omega_1 t)\right] \\
&= \frac{2U}{k\pi}\int_0^{\pi}\cos(k\omega_1 t)\,\mathrm{d}(\omega_1 t) = 0 \\
b_k &= \frac{1}{\pi}\int_0^{2\pi} f(t)\sin(k\omega_1 t)\,\mathrm{d}(\omega_1 t) \\
&= \frac{1}{k\pi}\left[\int_0^{\pi} U\sin(k\omega_1 t)\,\mathrm{d}(\omega_1 t) - \int_{\pi}^{2\pi} U\sin(k\omega_1 t)\,\mathrm{d}(\omega_1 t)\right] \\
&= \frac{2U}{\pi}[1 - \cos(k\pi)]
\end{aligned}$$

当 k 为偶数时

$$\cos(k\pi) = 1, b_k = 0$$

当 k 为奇数时

$$\cos(k\pi) = -1, b_k = \frac{4U}{n\pi}$$

由此求出

$$f(t) = \frac{4U}{\pi}\left[\sin(\omega_1 t) + \frac{1}{3}\sin(3\omega_1 t) + \frac{1}{5}\sin(5\omega_1 t) + \cdots\right]$$

其中，$\frac{4U}{\pi}\sin(\omega_1 t)$ 为一次谐波，$\frac{4U}{\pi}\frac{1}{3}\sin(3\omega_1 t)$ 为三次谐波，$\frac{4U}{\pi}\frac{1}{5}\sin(5\omega_1 t)$ 为五次谐波，如图 5.9.2(a) 所示，虚线所示曲线是取 1、3、5 次谐波时画出的合成曲线。如图 5.9.2(b) 所示是取到 11 次谐波合成的曲线。比较两个图形，明显可见谐波项数越多，合成曲线越接近于原来的方波信号。

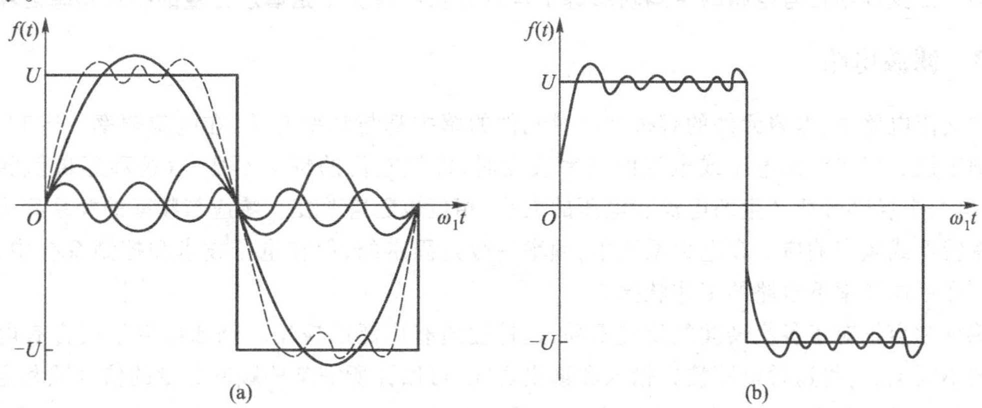

图 5.9.2 谐波合成示意图

5.9.2 有效值、平均值和平均功率

非正弦周期电量的有效值定义式也为

$$I = \sqrt{\frac{1}{T}\int_0^T i^2 \mathrm{d}t}, \quad U = \sqrt{\frac{1}{T}\int_0^T u^2 \mathrm{d}t} \tag{5.9.3}$$

下面以非正弦周期电流 i 为例分解傅里叶级数为

$$i = I_0 + \sum_{k=1}^{\infty} I_{km}\sin(k\omega_1 t + \varphi_k) \tag{5.9.4}$$

将 i 代入有效值公式,则此电流的有效值为

$$I = \sqrt{I_0^2 + I_1^2 + I_2^2 + \cdots + I_k^2 + \cdots} = \sqrt{\sum_{k=0}^{\infty} I_k^2} \tag{5.9.5}$$

同理,非正弦周期电压 u 的有效值为

$$U = \sqrt{U_0^2 + U_1^2 + U_2^2 + \cdots + U_k^2 + \cdots} = \sqrt{\sum_{k=0}^{\infty} U_k^2} \tag{5.9.6}$$

可见,非正弦周期电量有效值等于基波及各次谐波分量有效值的平方之和的平方根值。因为基波及各次谐波本身都是正弦波,所以有效值等于各相应幅值的$\frac{1}{\sqrt{2}}$倍。

设一端口电路的端口电压 u 和电流 i 均为非正弦周期量,其傅里叶展开式分别为

$$u = U_0 + \sum_{k=1}^{\infty} U_{km}\sin(k\omega_1 t + \psi_k)$$

$$i = I_0 + \sum_{k=1}^{\infty} I_{km}\sin(k\omega_1 t + \psi_k - \varphi_k)$$

瞬时功率为 $p = u \cdot i$,平均功率仍定义为 $P = \frac{1}{T}\int_0^T ui\mathrm{d}t$,将 u 和 i 的傅里叶展开式代入并计算,平均功率为

$$P = U_0 I_0 + U_1 I_1 \cos\varphi_1 + U_2 I_2 \cos\varphi_2 + \cdots + U_k I_k \cos\varphi_k + \cdots \tag{5.9.7}$$

即非正弦周期信号电路的平均功率等于恒定分量和各次正弦谐波分量的平均功率之和。

5.9.3 滤波电路

在交流电路中,电容元件的容抗和电感元件的感抗都与频率有关,在电源频率一定时,它们有一确定值。但当电源电压或电流的频率改变时,即使它们的幅值不变,容抗和感抗值随之改变,使电路中各部分所产生的电流和电压的大小、相位也随着改变。响应与频率的关系称为电路的频率特性或频率响应。在电力系统中,频率一般是固定的,但在电子技术和控制系统中,经常要研究在不同频率下电路的工作状况。

感抗和容抗对于各次谐波的反应不同,这种性质有广泛的应用。例如可以组成含有电感和电容的不同电路,将这种电路接在输入和输出之间,可以让所需某些频率分量的信号顺利通过而抑制某些不需要的分量,这种电路称为滤波器(filtering)。图 5.9.3(a)是一个低通滤波器,图 5.9.3(b)是一个高通滤波器,它们都是利用了电感对于高频电流具有抑制作用,电容对于高频电流具有分流作用的特性来设计的。实际的滤波电路可能要复杂一些,需要根据不同要求来确定相应的电路结构和元件参数。

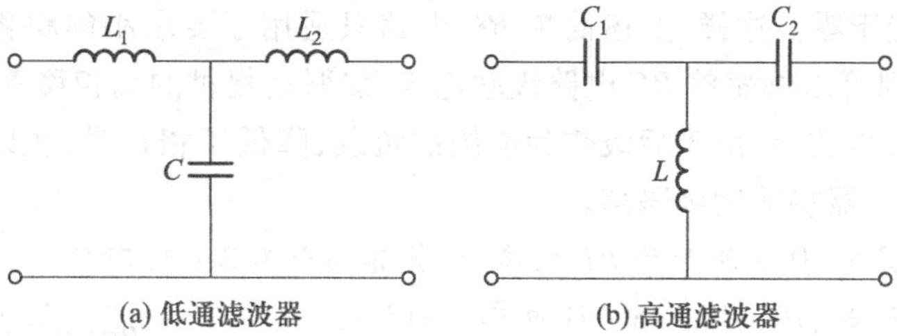

(a) 低通滤波器　　(b) 高通滤波器

图 5.9.3

5.10 应用实例:移相、交流电桥

5.10.1 移相器

若要修正电路相位偏差,或者让电路达到某种特定需求,常常要在电路中采用移相电路。*RC*、*RL* 或其他电抗电路均可用于这种用途。因为流经电容或电感的电流超前或滞后于其电压。如两种常用的 *RC* 电路如图 5.10.1 所示。图5.10.1(a)的电路,电流 i 超前于电压 u_i 某个相位角 θ。$0<\theta<90°$,θ 的大小取决于 R 和 C 的值,若 $X_C=\dfrac{-1}{\omega C}$,则电路的总阻抗是 $Z=R+\mathrm{j}X_C$,且其相移量

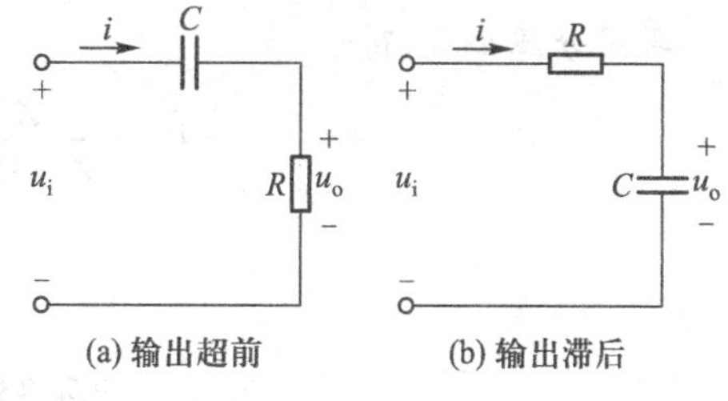

图 5.10.1　串联 *RC* 移相电路

$$\theta=\tan^{-1}\frac{X_C}{R} \tag{5.10.1}$$

上式说明,相移量取决于 R 和 C 的值以及工作频率。由于电阻两端的输出电压 u_o 是与电流相同的,所以 u_o 超前于 u_i(正相移),如图 5.10.2(a)所示。

图 5.10.1(b)电路,其输出是电容器两端的电压。电流 i 超前于输入电压 u_i 一个 θ 角,但是电容两端的输出电压 $u_o(t)$ 是滞后于输入电压的(负相移),如图 5.10.2(b)所示。

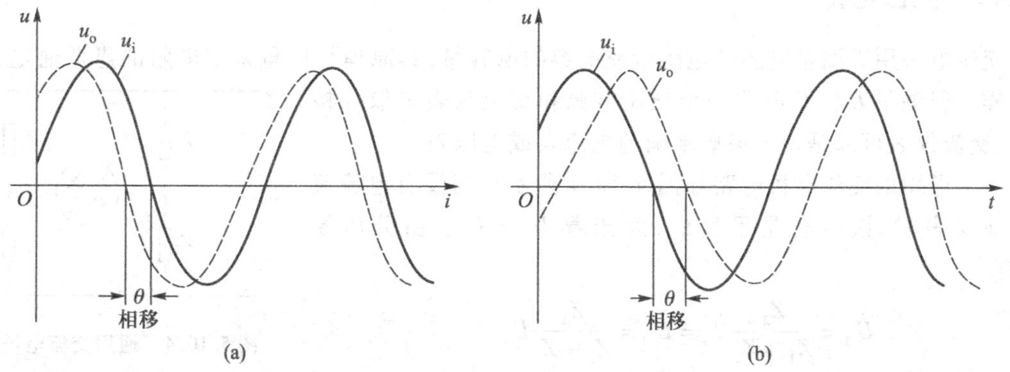

图 5.10.2　串联 *RC* 移相波形

应该注意到,图 5.10.1 所示的简单 *RC* 电路也是一个分压电路,所以随着相移量 θ 趋于

90°,其输出电压也趋于零。这样,上述简单 *RC* 电路只适用于要求小的相移量的场合。如果要求相移量大于 60°,则可以将简单 *RC* 电路级联起来,级联后提供的总相移等于单个相移之和,请参见下节应用设计。事实上,由于后级作为前级的负载,降低了相移量,所以各级的相移量是不等的,除非用运算放大器将前后级隔离。

例 5.10.1 对图 5.10.3 所示的 *RL* 电路,计算其频率为 2 kHz 时的相移量。

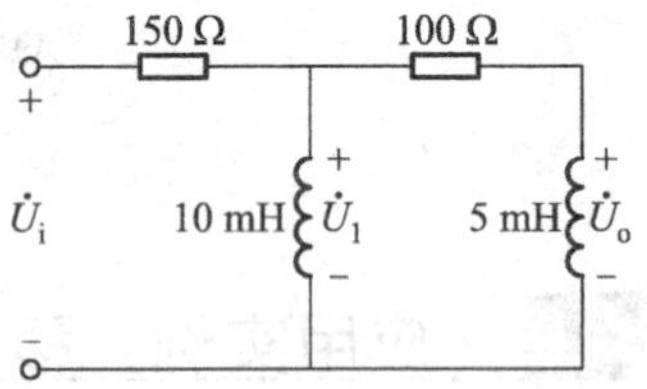

解:频率为 2 kHz 时,10 mH 和 5 mH 电感的阻抗为

$$10\ \text{mH} \Rightarrow X_L=\omega L=2\pi\times 2\times 10^3\times 10\times 10^{-3}\ \Omega=40\pi\ \Omega=125.7\ \Omega$$

$$5\ \text{mH} \Rightarrow X_L=\omega L=2\pi\times 2\times 10^3\times 5\times 10^{-3}\ \Omega=20\pi\ \Omega=62.83\ \Omega$$

图 5.10.3 例 5.10.1 的图

从电路图 10 mH 电感向右考虑,得到阻抗 Z 由 j125.7 Ω 与 (100 + j62.83) Ω 的并联,所以

$$Z=\frac{\text{j}125.7(100+\text{j}62.83)}{100+\text{j}188.5}\ \Omega=69.56\angle 60.1^\circ\ \Omega$$

再用分压公式,得

$$\dot U_1=\frac{Z}{Z+150}\dot U_i=\frac{69.56\angle 60.1^\circ}{184.7+\text{j}60.3}\dot U_i=0.3582\angle 42.02^\circ\dot U_i$$

和

$$\dot U_o=\frac{\text{j}62.832}{100+\text{j}62.832}\dot U_1=0.532\angle 57.86^\circ\dot U_1$$

得到

$$\dot U_o=(0.532\angle 57.86^\circ)(0.3582\angle 42.02^\circ)\dot U_i=0.1906\angle 99.88^\circ\dot U_i$$

结果表明:输出电压仅为输入电压的 19%,但是超前于输入约 100°。若该电路终端接上一个负载,则负载将会影响相移量。

5.10.2 交流电桥

交流电桥用于测量电感的电感量或电容的电容量,其原理与测量未知电阻的惠斯通电桥基本一样。但测量 *L* 和 *C* 需要一个交流电源和交流仪表来取代检流计,交流仪表可以是一个灵敏准确的电流表或电压表。

一个通用的交流电桥电路如图 5.10.4 所示。当没有电流流过交流仪表时,该电桥是平衡的,意味着 $U_1=U_2$。由分压原理,有

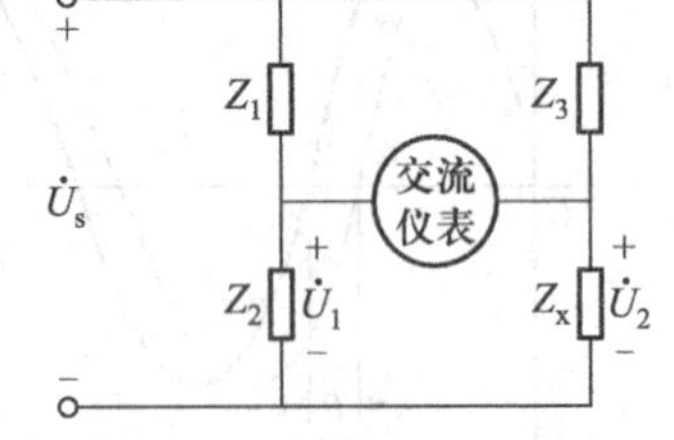

图 5.10.4 通用交流电桥

$$\dot U_1=\frac{Z_2}{Z_1+Z_2}\dot U_s=\dot U_2=\frac{Z_x}{Z_3+Z_x}\dot U_s$$

则

$$\frac{Z_2}{Z_1+Z_2}=\frac{Z_x}{Z_3+Z_x} \quad \Rightarrow \quad Z_2Z_3=Z_1Z_x$$

或

$$Z_x=\frac{Z_3}{Z_1}Z_2$$

上式就是交流电桥电路的平衡方程。

用于测量 L 和 C 的专用交流电桥电路如图 5.10.5 所示，图中 L_x 和 C_x 是待测的未知电感量和电容量，L_s 和 C_s 是标准电感量和电容量（其量值是已知的，且要有很高的精度）。图中每种情况的两个电阻 R_1 和 R_2 是可变的，一直到交流电表读数为零，表示电桥已平衡了，则可得到

$$L_x=\frac{R_2}{R_1}L_s$$

$$C_x=\frac{R_1}{R_2}C_s$$

注意：图 5.10.5 所示交流电桥的平衡与交流电源的频率 f 无关，因为在上两式中并没有频率 f 出现。

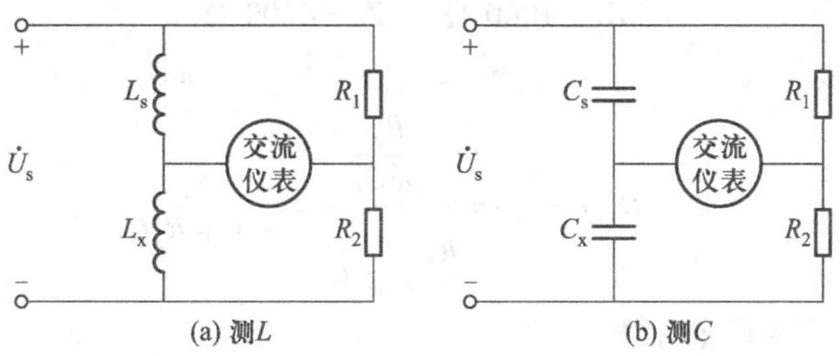

图 5.10.5 专用交流电桥

5.11 应用设计

设计 1：设计一个 RC 电路，提供 90°的相位超前。

参考设计：

若选择 RC 电路，在某个指定频率下，两个元件的电抗的值相等。例如，$R=|X_C|=20\ \Omega$，则由式（5.10.1）知道，相移量正好是 45°。将两个图 5.10.1(a) 那样的 RC 电路级联起来，可得到图 5.11.1 所示的电路，该电路就能提供 90°的相位超前量或正的相移。用串－并结合方法，得到图 5.11.1 中的阻抗 Z 为

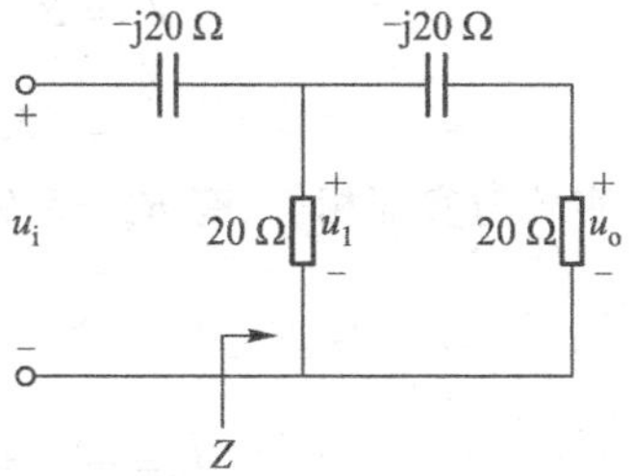

图 5.11.1 90°超前移相的 RC 移相电路

$$Z=\frac{20(20-\mathrm{j}20)}{40-\mathrm{j}20}\ \Omega=(12-\mathrm{j}4)\ \Omega$$

用分压公式

$$\dot{U}_1=\frac{Z}{Z-\mathrm{j}20}\dot{U}_i=\frac{12-\mathrm{j}4}{12-\mathrm{j}24}\dot{U}_i=\frac{\sqrt{2}}{3}\angle 45^\circ\dot{U}_i$$

和

$$\dot{U}_{o}=\frac{20}{20-j20}\dot{U}_{1}=\frac{\sqrt{2}}{2}\angle 45^{\circ}\dot{U}_{1}$$

代入 $\dot{U}_1$ 得到

$$\dot{U}_{o}=\left(\frac{\sqrt{2}}{2}\angle 45^{\circ}\right)\left(\frac{\sqrt{2}}{3}\angle 45^{\circ}\dot{U}_{i}\right)=\frac{1}{3}\angle 90^{\circ}\dot{U}_{i}$$

可见,输出超前于输入 90°,但其大小只是输入的 33%。

设计 2:如图 5.10.4 所示的交流电桥电路,当 Z_1 是 1 kΩ 电阻,Z_2 是 4.2 kΩ 电阻,Z_3 是 1.5 MΩ电阻与 12 pF 电容的并联时,且 $f=2$ kHz,试设计交流电桥达到平衡的条件。

参考设计:

由式

$$Z_{x}=\frac{Z_{3}}{Z_{1}}Z_{2}$$

式中 $Z_x=R_x+jX_x$

$$Z_{1}=1000\ \Omega,\quad Z_{2}=4200\ \Omega$$

和

$$Z_{3}=R_{3}/\!/\frac{1}{j\omega C_{3}}=\frac{\dfrac{R_{3}}{j\omega C_{3}}}{R_{3}+\dfrac{1}{j\omega C_{3}}}=\frac{R_{3}}{1+j\omega R_{3}C_{3}}$$

代入 $R_3=1.5$ MΩ 和 $C_3=12$ pF,得

$$Z_{3}=\frac{1.5\times10^{6}}{1+j2\pi\times2\times10^{3}\times1.5\times10^{6}\times12\times10^{-12}}\ \Omega=\frac{1.5\times10^{6}}{1+j0.2262}\ \Omega$$

或

$$Z_{3}=(1.427-j0.3228)\ \mathrm{M\Omega}$$

假设 Z_x 是两个元件的串联,得到

$$Z_{x}=R_{x}+jX_{x}=\frac{4200}{1000}(1.427-j0.3228)\times10^{6}\ \Omega$$
$$=(5.993-j1.356)\ \mathrm{M\Omega}$$

实部与实部相等,有 $R_x=5.993$ MΩ,虚部与虚部相等,有

$$X_{x}=\frac{1}{\omega C}=1.356\times10^{6}\ \Omega$$

或

$$C=\frac{1}{\omega X_{x}}=\frac{1}{2\pi\times2\times10^{3}\times1.356\times10^{6}}\ \mathrm{F}=58.69\ \mathrm{pF}$$

当然还有其他解的可能性。当遇上没有唯一解的问题时,可以仔细地选定比较合理的元件值及其功率大小。

练习与思考

5.11.1 如图 5.11.2 所示,一个 RC 电路,提供 90°的相位滞后,若加上 10 V 的电压,输出电压是多少?

5.11.2 参见图 5.11.3 的 RL 电路。若 u_i 为 1 V,求输出电压 u_o 的大小和在 5 kHz 运行频率时所产生的相

移,并指出是超前还是滞后。

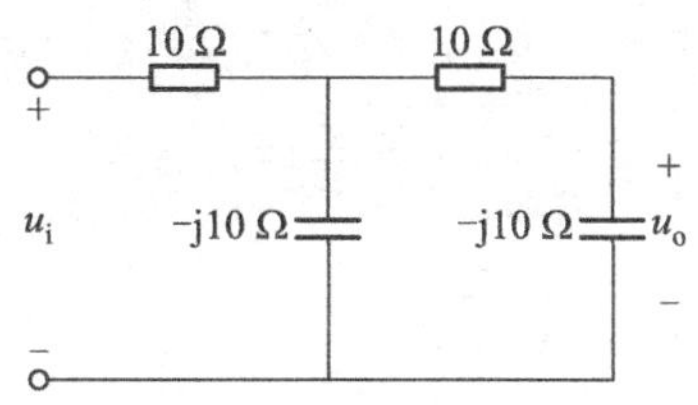

图 5.11.2 思考与练习 5.11.1 的图

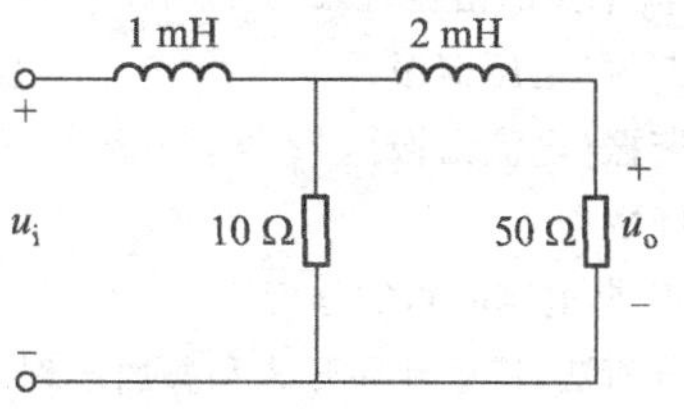

图 5.11.3 思考与练习 5.11.2 的图

5.11.3 图 5.10.4 所示的交流电桥电路假设在下列条件下平衡,求组成 Z_x 的两个串联元件值。Z_1 是 4.8 kΩ电阻,Z_2 是 10 Ω 电阻与 0.25 μH 电感的串联,Z_3 是 12 kΩ 电阻,$f = 6$ MHz。

小结

1. 正弦交流电基本概念

(1) 周期、角频率、频率。

(2) 瞬时值、幅值、最大值、有效值。

(3) 相位、初相位。

2. 正弦交流电表示方法

(1) 三角函数表示法,也称瞬时值表示法。

(2) 正弦波形图表示法。

(3) 相量(复数)表示法。

(4) 相量图表示法。

3. 正弦交流电路(电阻、电感和电容)基本关系

(1) 电压与电流关系:瞬时值关系,相量关系,相量形式欧姆定律,有效值关系。

(2) 功率关系:瞬时功率,平均功率(有功功率),无功功率,视在功率。

4. 交流电路的常用计算式

感抗 $X_L = \omega L = 2\pi f L$

容抗 $X_C = \dfrac{1}{\omega C} = \dfrac{1}{2\pi f C}$

复阻抗 $Z = R + \mathrm{j}X$

阻抗模、阻抗角

$$|Z| = \sqrt{R^2 + X^2}, \varphi_Z = \arctan\left(\frac{X}{R}\right), R = |Z|\cos\varphi_Z, X = |Z|\sin\varphi_Z, U = I|Z|$$

复阻抗串联 $Z = Z_1 + Z_2$

复阻抗并联 $\dfrac{1}{Z} = \dfrac{1}{Z_1} + \dfrac{1}{Z_2}$

相量形式欧姆定律 $\dot{U} = Z \cdot \dot{I}$

相量形式基尔霍夫定律 $\sum \dot{I} = 0, \sum \dot{U} = 0$

有功功率、无功功率、视在功率、复功率

$$P = UI\cos\varphi, Q = UI\sin\varphi, S = U \cdot I, S = P + \mathrm{j}Q$$

功率因数 $\cos\varphi = \dfrac{P}{UI} = \dfrac{P}{S}$

5. 正弦交流电路的谐振现象

(1) 串联谐振(电压谐振)。

(2) 并联谐振(电流谐振)。

(3) 品质因数 Q。

6. 非正弦周期电流电路的分析

(1) 谐波分析法:傅里叶展开式和叠加定理。

(2) 非正弦周期信号电流、电压有效值,平均功率值。

习题

5.2.1 在电容为 64 μF 的电容器两端加一正弦电压 $u=220\sqrt{2}\sin 314t\text{V}$,设电压和电流的参考方向如图 5.1 所示。试计算在 $t=\frac{T}{6}$,$t=\frac{T}{4}$和 $t=\frac{T}{2}$瞬间的电流和电压的大小。

5.2.2 若 $i=I_{\mathrm{m}}\sin(314t-45°)$ A,试计算此电流分别落后下列电压多少度。

(1) $u_1=U_{\mathrm{m1}}\sin(314t+30°)$ V; (2) $u_2=U_{\mathrm{m2}}\cos(314t)$ V;

(3) $u_3=-U_{\mathrm{m3}}\cos(314t-30°)$ V; (4) $u_4=U_{\mathrm{m4}}\sin(628t+35°)$ V。

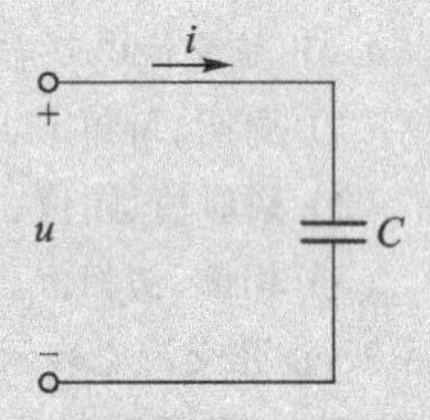

图 5.1 习题 5.2.1 的图

5.3.1 若已知 $i_1=-5\sin(314t-30°)$ A,$i_2=10\sin(314t+60°)$ A,$i_3=4\sin(314t+150°)$ A。(1)写出上述电流的相量,并绘出它们的相量图;(2)求 i_1 与 i_2 和 i_1 与 i_3 的相位差;(3)绘出 i_1 的波形图;(4)若将 i_1 表达式中的负号去掉将意味着什么?(5)求 i_1 的周期 T 和频率 f。

5.3.2 若已知两个同频正弦电压的相量分别为 $\dot{U}_1=50\angle 30°\text{V}$,$\dot{U}_2=-100\angle -150°\text{V}$,其频率 $f=100$ Hz。(1)写出 $u_1(t)$、$u_2(t)$的时域形式;(2)求 $u_1(t)$与 $u_2(t)$的相位差。

5.3.3 已知正弦量 $\dot{U}=220\mathrm{e}^{\mathrm{j}30°}$ V 和 $\dot{I}=(-4-\mathrm{j}3)$ A,试分别用三角函数式、正弦波形及相量图表示它们。如 $\dot{I}=(4-\mathrm{j}3)$ A,则又如何?

5.3.4 已知 $t=0$ 时正弦量的值分别为 $u(0)=110$ V,$i(0)=-5\sqrt{2}$ A。它们的相量图如图 5.2 所示,试写出正弦量的瞬时表达式及相量。

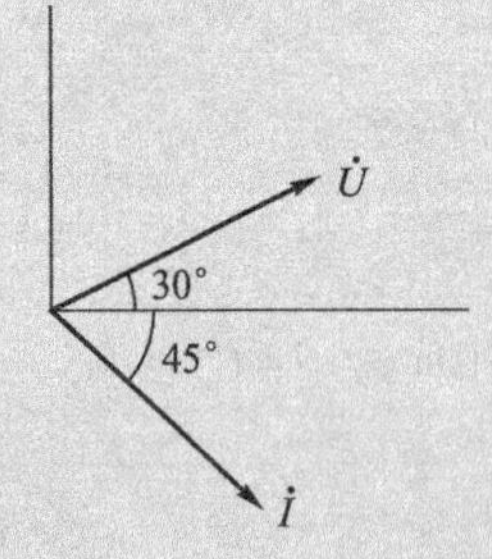

图 5.2 习题 5.3.4 的图

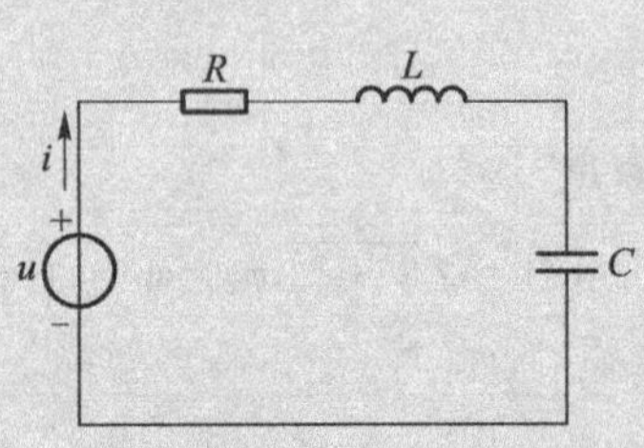

图 5.3 习题 5.4.3 的图

5.4.1 在 R,L,C 串联电路中,已知电源电压 $u=70.7\sin(100t+30°)$ V,电流 $i=1.5\sin 100t$ A,电容 $C=400$ μF。试求电路的电阻 R 和电感 L。

5.4.2 在 R,L,C 串联电路中,$L=0.5$ H,若施加 $u=70.7\sin(100t+30°)$ V 的电源电压,电路中电流为 $i=1.5\sin 100t\text{A}$。试求电路参数 R 和 C。

5.4.3 如图 5.3 所示,若 $R=4\ \Omega$,$X_L=3\ \Omega$,$X_C=6\ \Omega$,$u_R=80\sqrt{2}\sin(314t+30°)$ V。求 i,u_L,u_C。

5.4.4 在 LC 串联电路中,已知 $i=5\sqrt{2}\sin(314t+30°)$ A,$X_L=10\ \Omega$,$X_C=15\ \Omega$,求该电路的总电压 u。

5.4.5 如图 5.4 所示电路中，已知 $R = 30\ \Omega$，$L = 382\ \text{mH}$，$C = 40\ \mu\text{F}$，电源电压 $u = 250\sqrt{2}\sin 314t\ \text{V}$。求电流 i、电压 u_1，并画出相量图（$\dot{I},\dot{U},\dot{U}_1$）。

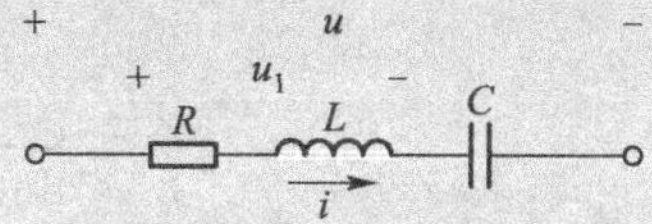

图 5.4 习题 5.4.5 的图

5.4.6 如图 5.5 所示正弦交流电路中，电源电压有效值 $U = 141.4\ \text{V}$，$\omega = 1200\text{rad/s}$，总阻抗 $|Z| = 400\ \Omega$，u 与 i，u_2 与 i 的相位差分别为 37°和 45°。求电流 I 及电路参数 R_1，R_2，L。

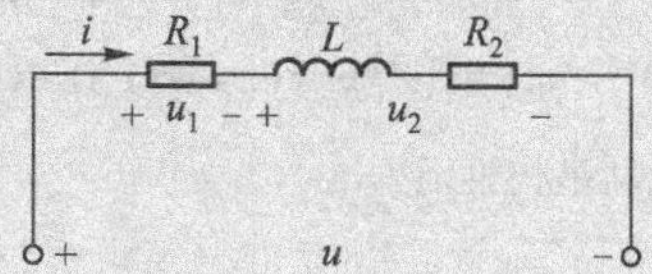

图 5.5 习题 5.4.6 的图

5.4.7 为使 24 V，5 W 的白炽灯能在 220 V，50 Hz 的正弦交流电源上正常工作，可采用串电阻 R 的方法降压，亦可采用串电感 L 或串电容 C 的方法降压。试计算各种降压方法所需要的元件参数，并说明电阻的瓦数和电容的耐压值。

5.4.8 有一 R，L，C 串联电路，接于电压有效值 $U = 10\ \text{V}$、频率可调的正弦交流电源上，今测得当 $f = 1000\ \text{Hz}$时，总电压与电流同相位，电流有效值为 60 mA；当 $f = 500\ \text{Hz}$ 时，电流有效值为 10 mA。求电路参数 R，L，C。

5.4.9 如图 5.6 所示的各电路图中，除Ⓐ₀和Ⓥ₀外，其余电流表和电压表的读数在图上都已标出（都是正弦量的有效值）。试求电流表Ⓐ₀或电压表Ⓥ₀的读数。

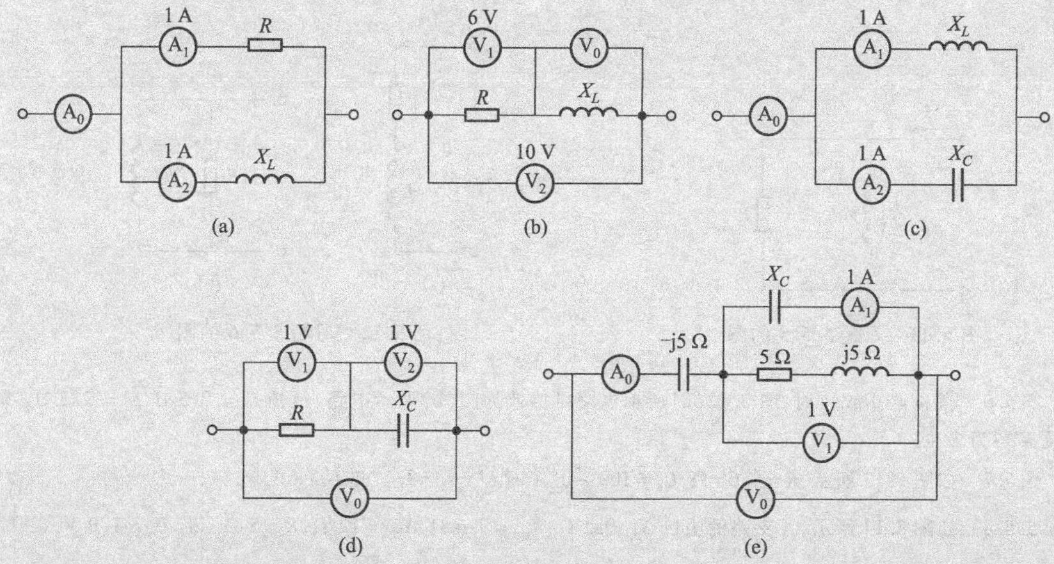

图 5.6 习题 5.4.9 的图

5.5.1 如图 5.7 所示电路中，已知 $i = 0.2\sin(600t + 45°)\ \text{A}$，$R = 20\ \Omega$，感抗 $X_L = 20\ \Omega$，容抗 $X_C = 30\ \Omega$。求（1）电压 u；（2）此电路呈何性质。

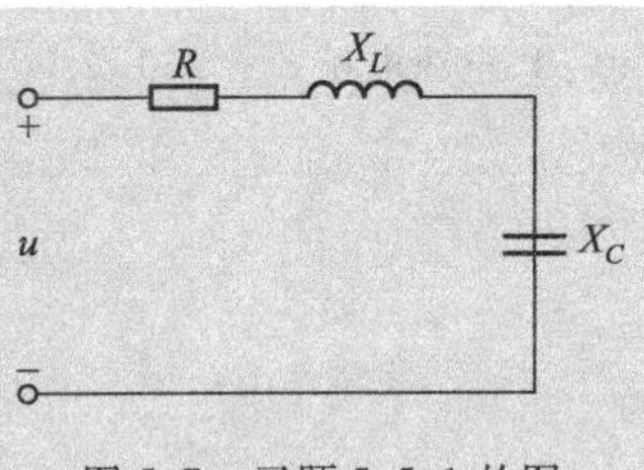

图5.7 习题5.5.1的图

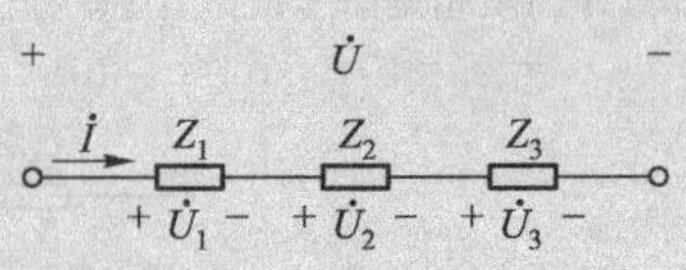

图5.8 习题5.5.2的图

5.5.2 如图5.8所示电路中，总电压 $u=138\sqrt{2}\sin(314t+18.3°)$ V，阻抗 $Z_1=10\angle 60°$，$Z_2=15\angle 45°\ \Omega$，$Z_3=15\angle -45°\ \Omega$。求(1) $\dot{I}$，$\dot{U}_1$，$\dot{U}_2$，$\dot{U}_3$；(2) 画 $\dot{I}$，$\dot{U}_1$，$\dot{U}_2$，$\dot{U}_3$，$\dot{U}$ 相量图。

5.5.3 如图5.9所示，阻抗 $Z_1=(3+\mathrm{j}4)\ \Omega$，$Z_2=(6+\mathrm{j}8)\ \Omega$ 串联于 $\dot{U}=225\angle 53.1°$V 的电源上工作。(1) 求 Z_1，Z_2 上的电压 $\dot{U}_1$，$\dot{U}_2$；(2)该电路呈何性质？

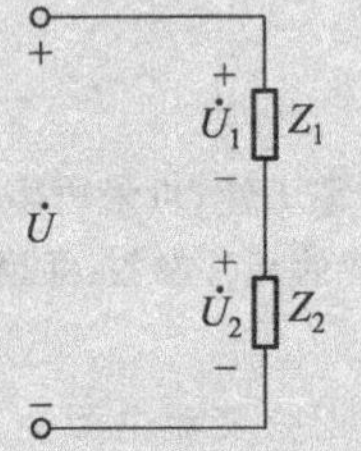

图5.9 习题5.5.3的图

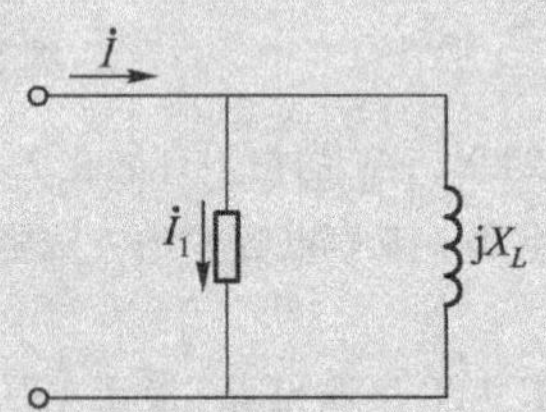

图5.10 习题5.5.4的图

5.5.4 如图5.10所示电路中，电流有效值 $I=5$ A，$I_1=4$ A，$X_L=20\ \Omega$。求电路复阻抗 Z。

5.5.5 如图5.11所示正弦交流电路中，$\dot{U}=12\angle 0°$ V，$\dot{I}=5\angle -36.9°$ A，$R=3\ \Omega$。求 $\dot{I}_L$ 及 ωL。

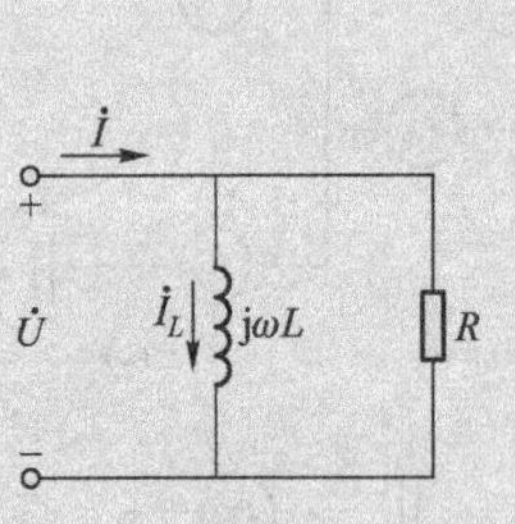

图5.11 习题5.5.5的图

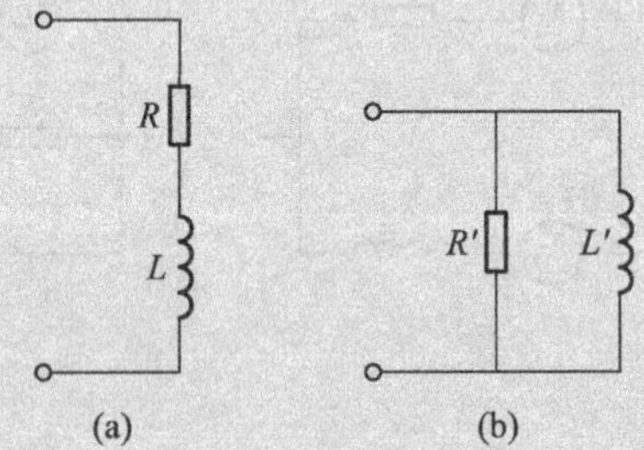

图5.12 习题5.5.6的图

5.5.6 当 $\omega=10$rad/s 时，图5.12(a)所示电路可等效为图(b)所示电路，已知 $L=0.5$ H，$L'=2.5$ H。问 R 及 R' 各为多少？

5.5.7 如图5.13所示，$R=8.66\ \Omega$，$\dot{U}_s=100\angle 0°$ V，若 $I=I_1=I_2$。求 $\dot{I}$，X_L，X_C。

5.5.8 如图5.14所示，各支路的阻抗 $X_L=12\ \Omega$，$X_{C1}=9.6\ \Omega$，$X_{C2}=12\ \Omega$，$R=5\ \Omega$。若 $\dot{U}_s=180$ V，求 $\dot{I}_1$，$\dot{I}_2$，$\dot{I}_3$。

5.5.9 如图5.15所示电路中，$R=X_L=X_C=1\ \Omega$。画出相量图，并求电压表的读数。

5.5.10 电路如图5.16所示，$R=1.5\ \Omega$，$X_L=\omega L=2\ \Omega$，$X_C=4\ \Omega$，电压表Ⓥ₁读数6 V，求总电压表Ⓥ₂的读数和总电流的大小。

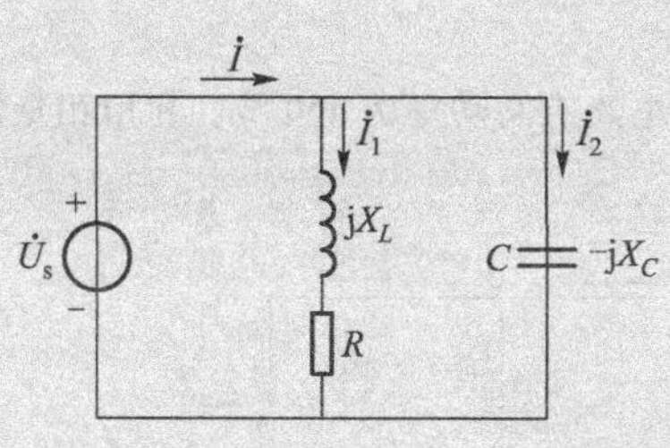

图 5.13 习题 5.5.7 的图

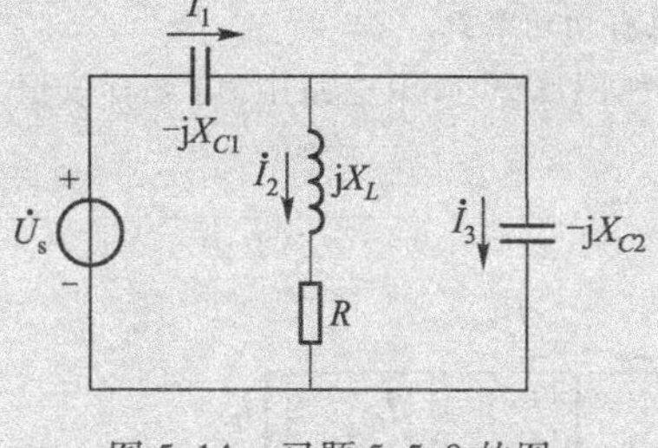

图 5.14 习题 5.5.8 的图

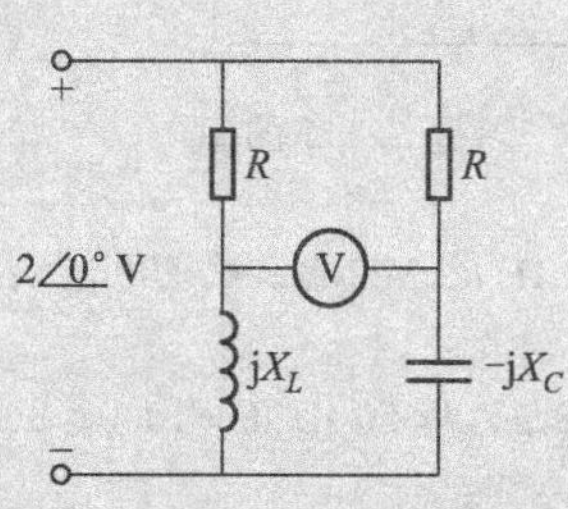

图 5.15 习题 5.5.9 的图

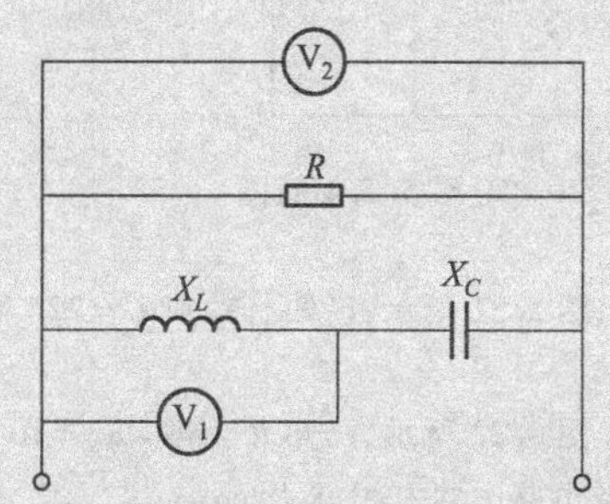

图 5.16 习题 5.5.10 的图

5.6.1 如图 5.17 所示，求图(a)、(b)所示含源一端口网络的戴维宁和诺顿等效电路。

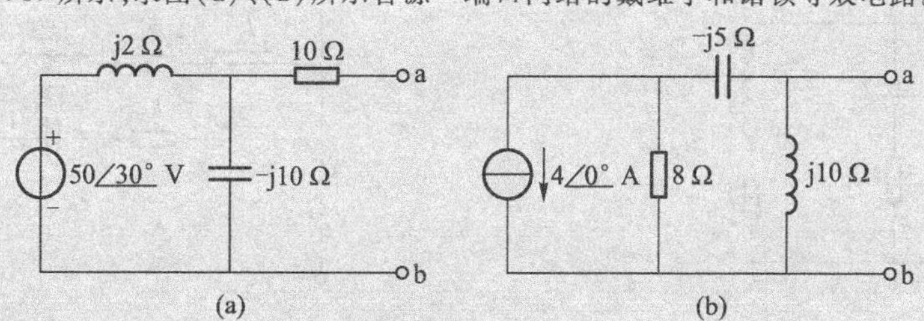

图 5.17 习题 5.6.1 的图

5.7.1 正弦交流电压 $u=220\sqrt{2}\sin 314t$ V，施加于某感性电路，已知电路有功功率 $P=7.5$ kW，无功功率 $Q=5.5$ kvar。求(1)电路的功率因数 $\cos\varphi$；(2)若电路为 R，L 串联，R，L 值为多少？

5.7.2 电路如图 5.18 所示，已知 $i_L(t)=8\sin\omega t$A，$R=10\ \Omega$，$\omega L=5\ \Omega$，$\dfrac{1}{\omega C}=20\ \Omega$。求 $u(t)$ 以及该电路消耗的有功功率。

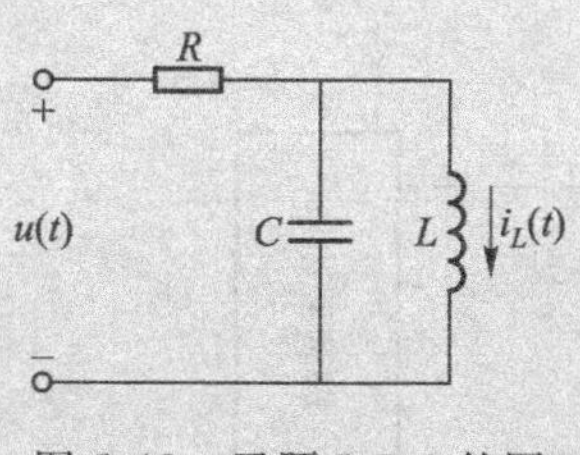

图 5.18 习题 5.7.2 的图

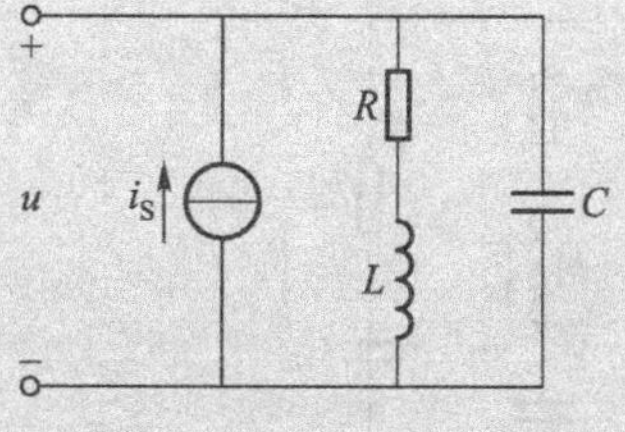

图 5.19 习题 5.7.3 的图

5.7.3 如图 5.19 所示的电路中，已知 $i_S=10\sqrt{2}\sin(100t+15°)$ A，$R=10\ \Omega$，$L=0.1$ H，$C=500\ \mu$F。求电压

u 和电路的总有功功率 P。

5.7.4 如图5.20所示电路中,电流有效值 $I = I_L = I_1 = 5$ A,电路有功功率为150 W。利用相量图求 X_L,X_C。

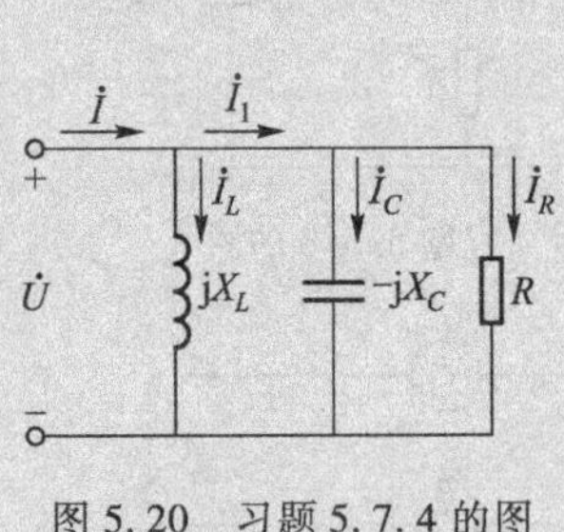

图5.20 习题5.7.4的图

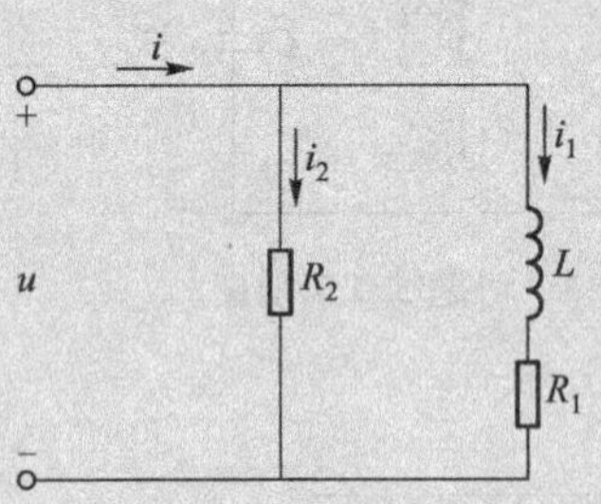

图5.21 习题5.7.5的图

5.7.5 如图5.21所示,已知有效值 $U = 220$ V,$R_1 = 10\ \Omega$,$X_L = 10\sqrt{3}\ \Omega$,$R_2 = 20\ \Omega$。试求电流 i,i_1,i_2 及有功功率。

5.7.6 如图5.22所示,已知 $R = R_1 = R_2 = 10\ \Omega$,$L = 31.8$ mH,$C = 318\ \mu$F,$f = 50$ Hz,$U = 10$ V。试求并联支路端电压 U_{ab} 及电路中的 P,Q,S 及 $\cos\varphi$。

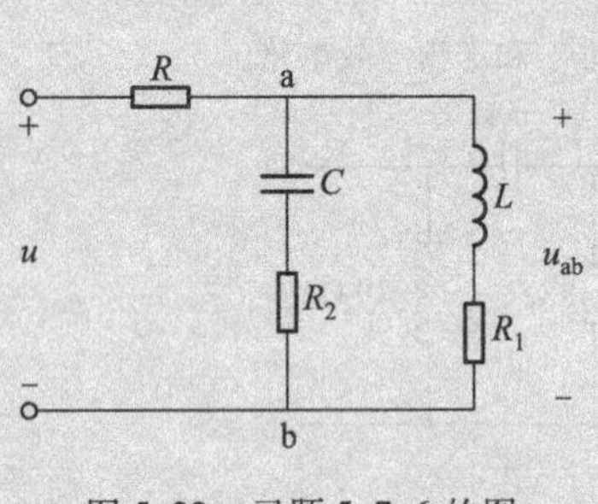

图5.22 习题5.7.6的图

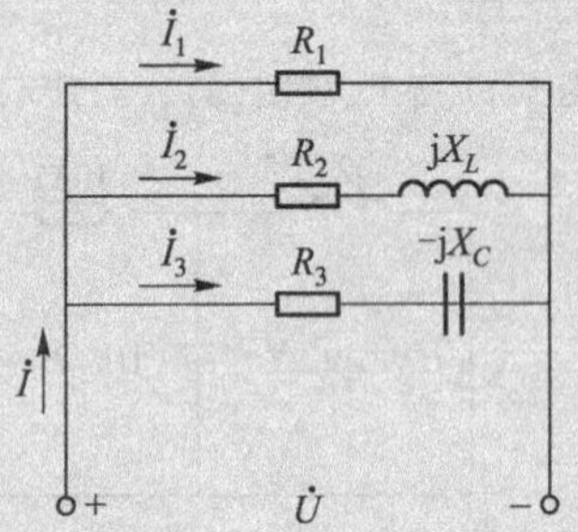

图5.23 习题5.7.7的图

5.7.7 在如图5.23所示电路中,已知 $\dot{U} = 200\angle 0°$V,各支路电流及功率因数为 $I_1 = 10$ A,$\cos\varphi_1 = 1$,$I_2 = 20$ A,$\cos\varphi_2 = 0.8$,$I_3 = 10$ A,$\cos\varphi_3 = 0.9$。求 $\dot{I}$,R_1,R_2,R_3,X_C,X_L 及总有功功率 P。

5.7.8 在如图5.24所示电路中,R_1 支路有功功率 $P_1 = 2.5$ kW,电流 $i_1 = 5\sqrt{2}\sin 1000t$A,且 i_1 与 u 同相;$R_2 = 40\ \Omega$,$C_2 = 25\ \mu$F。求 R_1,u,i_2。

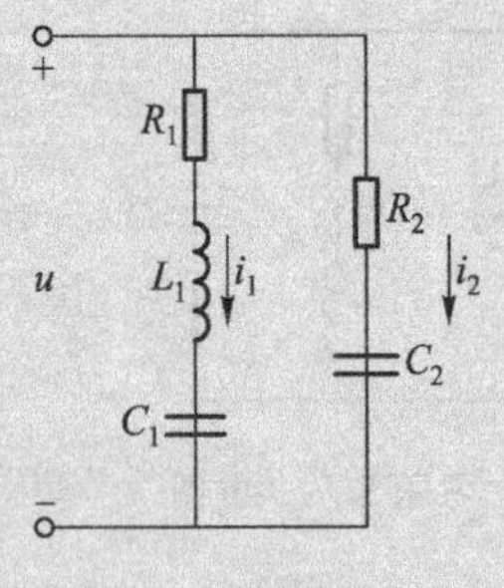

图5.24 习题5.7.8的图

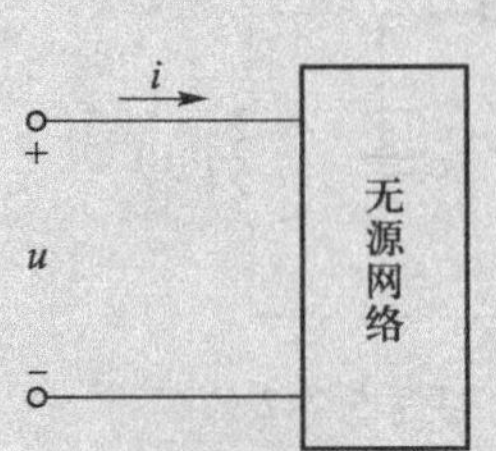

图5.25 习题5.7.9的图

5.7.9 如图 5.25 所示，无源二端网络输入端的电压和电流为 $u = 220\sqrt{2}\sin(314t + 20°)$ V，$i = 4.4\sqrt{2}\sin(314t - 33°)$ A。试求此二端网络由两个元件串联的等效电路和元件的参数值，并求二端网络的功率因数及输入的有功功率和无功功率。

5.7.10 有一 10kV·A 的变压器，二次侧电压为 220 V，50 Hz，已接有三组负载，第一组负载吸收的有功功率 3 kW，无功功率 4 kvar；第二组负载吸收的有功功率 2 kW，无功功率 1.5 kvar；第三组纯电容负载，容值为 215 μF。问还可接 25 W 的白炽灯多少个？

5.7.11 如图 5.26 所示的 R、L 串联电路中，已知 $i = 2.82\sqrt{2}\sin 314t$ A，$R = 60\ \Omega$，$L = 0.255$ H。求(1) 若在电路两端并联 $C = 11.3\ \mu F$ 的电容，电源供出电流的有效值变化了多少？(2) 求并联电容后的功率因数。

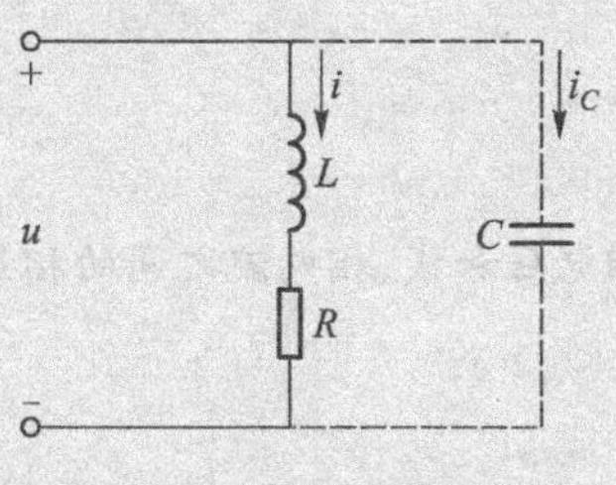

图 5.26　习题 5.7.11 的图

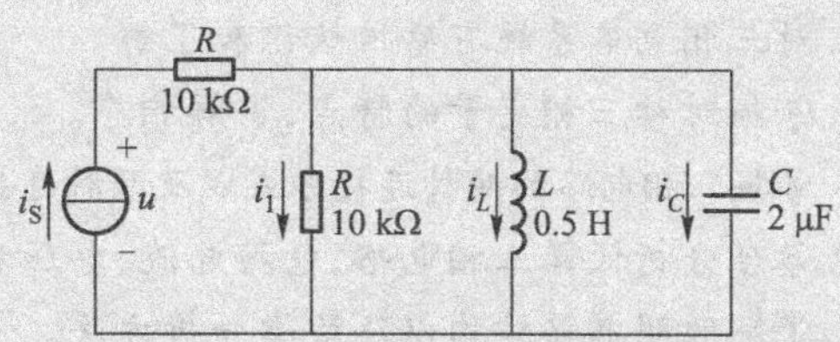

图 5.27　习题 5.8.1 的图

5.7.12 已知感性负载 $R = 3\ \Omega$，$X_L = 4\ \Omega$，接于电压为 220 V，频率为 50 Hz 的正弦交流电源上。求(1) 电路的有功功率；(2) 若将电路的功率因数提高到 0.9，应并联多大的电容？

5.8.1 如图 5.27 所示电路中，$i_S = 3\sin 2\pi f_0$ mA，且电流源 i_S 与其端电压 u 同相，求电流 i_C、i_1 和 u_C；若改变电流源 i_S 的频率使其 $f = \dfrac{800}{2\pi}$ Hz 时，判断电路呈感性还是容性。

5.8.2 *RLC* 串联电路中，已知外加电压源的电压 $U = 0.2$ V，频率 $f = 5000$ Hz，品质因数 $Q = 125$，若此时电流 $I = 0.04$ A。求电路参数 R、L、C 之值及各元件上的电压。

5.8.3 在 *RLC* 串联电路中，已知 $R = 50\ \Omega$，$L = 2.5$ mH。(1) 若电源频率 $f = 1000$ Hz 时电路出现谐振，$C = ?$ (2) 若参数不变，分别求出 $f_1 = 500$ Hz，$f_2 = 2000$ Hz 时电路的复阻抗，并说明电路各呈何性质？

5.8.4 电路如图 5.28 所示，$U = 220$ V，$C = 1\ \mu F$。(1) 当电源频率 $\omega_1 = 1000$ rad/s 时，$U_R = 0$；(2) 当电源频率 $\omega_2 = 2000$ rad/s 时，$U_R = U = 220$ V。试求电路参数 L_1 和 L_2。

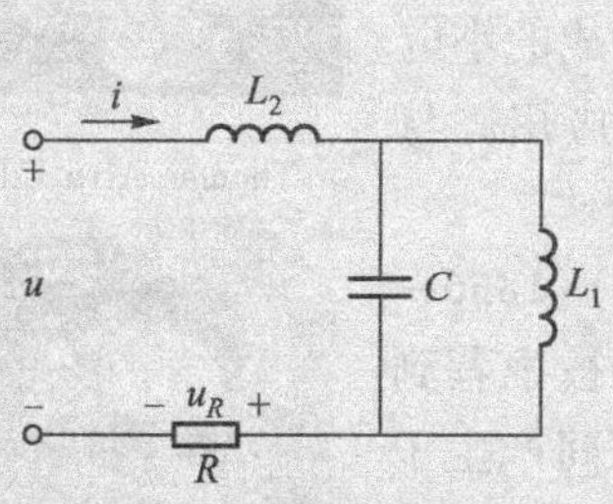

图 5.28　习题 5.8.4 的图

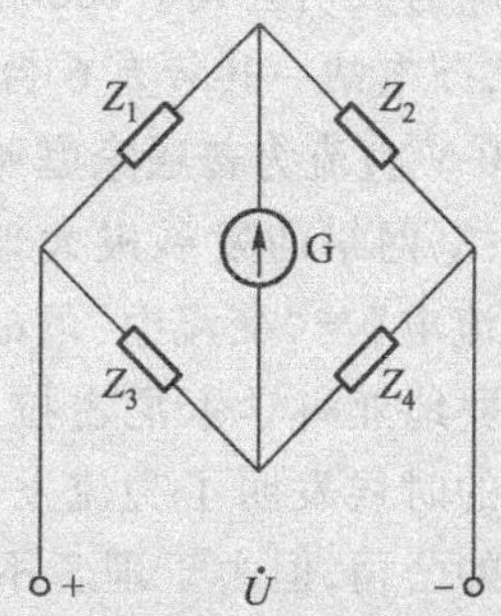

图 5.29　习题 5.10.1 的图

5.10.1 如图 5.29 所示为交流电桥平衡电路，已知 Z_1，Z_2 为标准电阻，若 Z_4 为待测电容，计算说明 Z_3 为何种性质的元件？

第6章 三相电路系统

本章主要介绍关于三相电路系统(three - phase systems)的基本概念,三相电源(three - phase source),对称三相电压(balanced three - phase voltages)的产生,对称三相电压的特点,相序(phase sequence),三相电路的两种连接方式,对称三相电路(balanced three - phase systems)、三相电路功率的基本知识,最后引入照明电路结构及故障分析相关知识。

学习目的:

1. 对三相电路系统有感性认识和了解。
2. 掌握对称三相变量的特点,了解相序。
3. 掌握三相电路的两种连接方式以及两种连接方式下线、相电压和线、相电流之间的相互关系。
4. 学会分析计算三相电路,包括电流、电压和功率的计算。
5. 了解照明电路结构以及故障分析方法。
6. 了解设计简单三相电路的思路与方法。

6.1 引例:电力史话

电力工业起源于19世纪后期,时至今日,人们的生活已经和电息息相关。美国科学家托马斯·爱迪生(Thomas Alva Edison)(1847—1931)为电力工程做出了巨大的贡献,但他并不是第一个发明电照明装置的人,世界上第一台火力发电机组是1875年建于巴黎北火车站的直流发电机,用于照明供电,不过当时使用的是弧光灯。1879—1880年,经过数千次试验,爱迪生发明了寿命长达1000小时的白炽灯,获得电灯发明专利权,改良发电机,并发明电灯座和开关。1880年,爱迪生获得"电力输配系统"专利书,成立了纽约爱迪生电力照明公司。1882年,爱迪生设计的美国纽约珍珠街电站建成发电,该电站一共装有6台直流发电机,总容量为900马力(670 kW),以110 V直流为普通家庭照明供电。同年,美国建成的小电站超过150个,供电网络的发展极大地促进了电在工业上的应用。与此同时,一场"直流电"与"交流电"的战争也逐渐展开。

Thomas Alva Edison

美国籍的克罗地亚科学家尼古拉·特斯拉(Nikola Tesla)(1856—1943)在1882年的时候发明了交流发电机。1884年,特斯拉被推荐到美国加入爱迪生的公司,但由于理念不同,特斯拉和爱迪生之间产生了很大的矛盾,不久,两人就分道扬镳了。特斯拉在离开爱迪生的公司以后,得到了乔治·威斯汀豪斯(George Westinghouse)(1846—1914)的支持。1888年,特斯拉开始研发交流电体系,并于该年5月16号在美国电气工程师协会上做了题为"交流电输送和交流电机系统"的报告。之后,威斯汀豪斯的西屋公司大力推广特斯拉设计的交流电发电系统,和

Nikola Tesla

George Westinghouse

爱迪生的公司抢夺电力市场。在当时的技术条件下,交流电的效能远胜于直流电,因此交流电开始广泛采用,并慢慢取替传统直流电的位置。虽然爱迪生采取了种种手段批判交流电,抨击特斯拉,最终也无法挽回失败的命运,交流电逐渐成为工业和社会供电的主流,其统治地位维持了半个多世纪。随着现代工业和社会的发展,直流输电又显示出了一些优于交流输电的特点,并且由于电力电子技术的突飞猛进,使得直流输电东山再起,在 20 世纪 50 年代中期进入工业应用阶段。时至 21 世纪,高压直流输电进入了高速发展的时期,目前我国电网已发展成为规模庞大、结构复杂、运行方式多变的交直流接续式混联大电网,东北、华北、西北、华东、华中、南方等 6 个大型区域电网已通过交直流线路实现大范围互联。

6.2 三相电压

6.2.1 三相电源

根据电力产生方式不同,电力系统分为单相制和多相制。目前全世界普遍采用的是三相制供电方式。三相交流电源是由三个频率相同,振幅相等,相位依次互差 120°的交流电势组成的电源,由三相交流发电机产生,常用的三相发电机的外观如图 6.2.1 所示。采用三相交流电比单相交流电能取得更多的优点,在发电、输电、配电以及电能转换成机械能等方面具有更明显的优越性。制造三相发电机、变压器比制造容量相同的单相发电机、变压器节省材料,而且构造简单,性能优良。由同样材料所制造的三相发电机,其容量比单相发电机大 50%,在输送同样功率的情况下,三相输电线比起单相输电线可节省 25% 的有色金属,而且电能损耗较单相输电时少。由于有上述优点,三相交流电获得了广泛的应用。

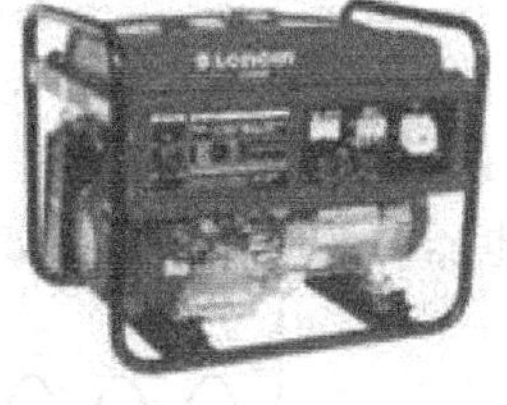

图 6.2.1 三相同步发电机

三相发电机的原理如图 6.2.2 所示,由定子和转子两部分组成。定子是指电机中固定的部分,由嵌在定子内侧面槽中的三个均匀分布的完全相同的线圈构成(称为绕组),如图 6.2.2 中的 U_1-U_2、V_1-V_2 和 W_1-W_2 所示,他们的始端之间与末端之间分别构成 120°的间隔。发电机中绕轴转动的部分称为转子,由一对形状特殊的磁极组成,转子上缠绕的励磁线圈中通有直流电流。当电机工作的时候,转子上的磁极以恒定角速度 ω 按顺时针或逆时针方向匀速旋转,由电磁感应定律,三个绕组内部会产生感应正弦电压。

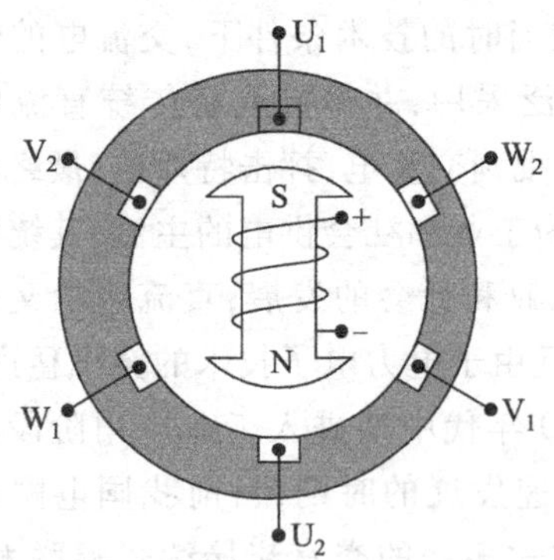

图 6.2.2 三相发电机截面原理图

6.2.2 对称三相电压

在三相发电机中，设 U_1、V_1 和 W_1 为三个绕组的始端，U_2、V_2 和 W_2 为末端，并规定绕组电压的参考方向由绕组始端指向末端，**则三个绕组中的感应电压大小相等，角频率均为 ω，角度相差 120°**。这样的电压称为对称三相正弦电压，简称对称三相电压（balanced three - phase voltages），分别为 u_1，u_2，u_3。

以 u_1 为参考正弦量，将对称三相电压表示成为正弦形式

$$\left.\begin{aligned} u_1 &= U_m \sin \omega t \\ u_2 &= U_m \sin(\omega t - 120°) \\ u_3 &= U_m \sin(\omega t - 240°) \end{aligned}\right\} \tag{6.2.1}$$

U_m 表示正弦电压的峰值。相应的相量表示形式为

$$\begin{aligned} \dot{U}_1 &= U\angle 0° \\ \dot{U}_2 &= U\angle -120° \\ \dot{U}_3 &= U\angle -240° = U\angle 120° \end{aligned} \tag{6.2.2}$$

对称三相电压的波形和相量图如图 6.2.3 所示。

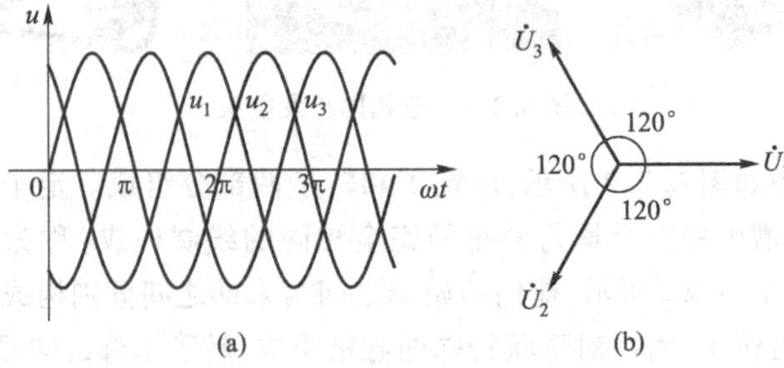

图 6.2.3 对称三相电压的波形和相量图

6.2.3 相序

三相电源的各相电压达到同一个幅值的先后次序称为相序(phase sequence),即将各相按超前相到滞后相的顺序排列。图 6.2.3 中,三相正弦电压的相序为 $\dot{U}_1$—$\dot{U}_2$—$\dot{U}_3$,相序按照字母顺序排列,称为正序(positive phase sequence)对称三相电压。即首先达到正峰值的是 $\dot{U}_1$ 相,其次是 $\dot{U}_2$ 相,最后为 $\dot{U}_3$ 相。将正相序排列顺序反过来就得到逆序(negative phase sequence)(或负序),即达到同一峰值的次序,$\dot{U}_1$ 滞后于 $\dot{U}_2$,$\dot{U}_2$ 滞后于 $\dot{U}_3$。如果没有特殊说明,本章一般讨论的都是正序三相电压。

6.2.4 三相电源的两种连接方式

三相电源有两种基本工作方式:星形联结(Y - Connected),又称 Y 形联结;三角形联结(Δ - Connected),又称 Δ 形联结。

星形联结如图 6.2.4 所示。将三相电源的末端连在一点,称为对称三相电源的中性点(neutral)(或中点),记为 N。将从各相电源的始端引出的导线称为端线(或火线),从中性点 N 引出的导线称为中性线(或地线)。

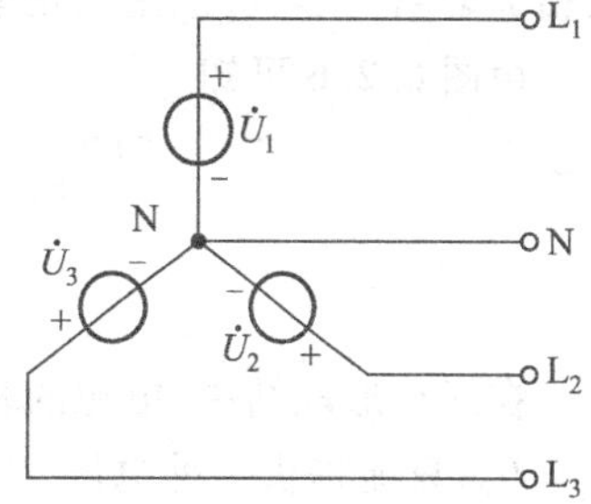

图 6.2.4 星形联结的三相电源

三相电源的电压参数分为相电压(phase voltages)和线电压(line - to - line voltages)。各相电源的电压称为电源的相电压,记为 u_1、u_2和 u_3。两条端线之间的电压称为电源的线电压,记为 u_{12}、u_{23}和 u_{31}。由 KVL 可知,星形联结的对称三相电源相电压和线电压的关系为

$$
\begin{aligned}
u_{12} &= u_1 - u_2 = U_m \sin \omega t - U_m \sin(\omega t - 120°) = \sqrt{3} U_m \sin(\omega t + 30°) \\
u_{23} &= u_2 - u_3 = U_m \sin(\omega t - 120°) - U_m \sin(\omega t - 240°) = \sqrt{3} U_m \sin(\omega t - 90°) \\
u_{31} &= u_3 - u_1 = U_m \sin(\omega t - 240°) - U_m \sin \omega t = \sqrt{3} U_m \sin(\omega t + 150°)
\end{aligned}
\tag{6.2.3}
$$

用相量表示为

$$
\begin{aligned}
\dot{U}_{12} &= \dot{U}_1 - \dot{U}_2 = U\angle 0° - U\angle -120° = \sqrt{3} U\angle 30° = \sqrt{3}\dot{U}_A\angle 30° \\
\dot{U}_{23} &= \dot{U}_2 - \dot{U}_3 = U\angle -120° - U\angle -240° = \sqrt{3} U\angle -90° = \sqrt{3}\dot{U}_B\angle 30° \\
\dot{U}_{31} &= \dot{U}_3 - \dot{U}_1 = U\angle -240° - U\angle 0° = \sqrt{3} U\angle 150° = \sqrt{3}\dot{U}_C\angle 30°
\end{aligned}
\tag{6.2.4}
$$

由式(6.2.4)可以看出,线电压有效值 U_L和相电压有效值 U_P的关系为

$$
U_L = \sqrt{3} U_P \tag{6.2.5}
$$

星形联结中线电压超前相电压 30°,线电压和相电压的相量关系如图 6.2.5 所示。星形联结的三相电源能够提供两种电压输出。

三角形联结的三相电源如图 6.2.6 所示。将各相电源始末相连,从连接端点处引出导线作为端线。三角形联结中三相电源构成闭合回路,则

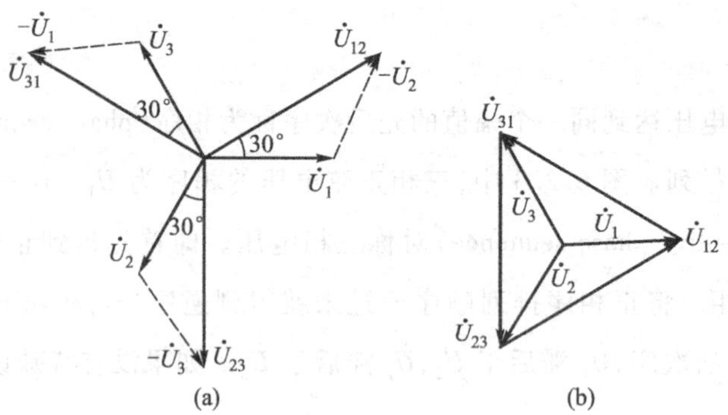

图 6.2.5 星形联结的三相电源线电压和相电压的关系

$$\dot{U}_1+\dot{U}_2+\dot{U}_3=U\angle 0^\circ+U\angle -120^\circ+U\angle -240^\circ=0 \tag{6.2.6}$$

式(6.2.6)表示了对称三相电压的一个重要特性,**三相电压相加之和为零**,这也是三相电源能做三角形联结的原因。

由图 6.2.6 可知

$$\begin{aligned}u_1&=u_{12}\\u_2&=u_{23}\\u_3&=u_{31}\end{aligned} \tag{6.2.7}$$

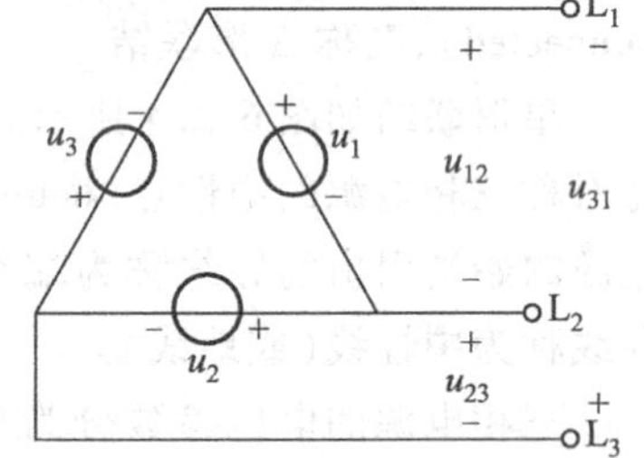

图 6.2.6 三角形联结的三相电源

在三角形联结中,电源的相电压有效值等于线电压有效值,$U_L=U_P$,只能提供一种电压。

练习与思考

6.2.1 星形联结时,如果将 U_1、V_1、W_1 三点连成中性点,能否产生对称三相电压?如果将 U_2,V_1,W_2 连成中性点,能否产生对称三相电压?

6.2.2 三相电源星形联结时 $u_1=220\sqrt{2}\sin(\omega t-30^\circ)$ V,试写出线电压 u_{23} 的三角函数式。

6.2.3 当三相发电机的线圈阻抗不能忽略时,电路模型中必须加上线圈阻抗,具有线圈阻抗的对称三相电源按三角形联结如图 6.2.7 所示,假设端子 L_1、L_2 和 L_3 无外部连接,求发电机的环路电流。

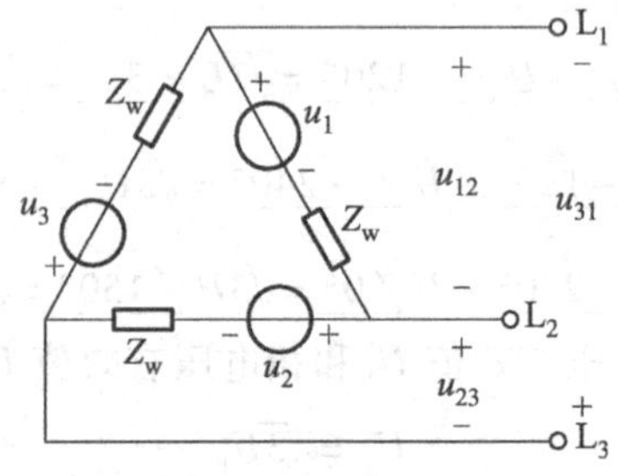

图 6.2.7 有线圈阻抗的三角形联结的三相电源

6.2.4 三角形联结中电源能否按任意方向接入?若一相电源不慎反接会造成什么后果?

6.3 Y－Y 形联结的三相电路

在三相制供电电路中，电源和负载都是三相，可以采取星(Y)形联结或者三角形(Δ)联结两种不同的连接方式，能构成四种不同的组合，其中最典型的是 Y－Y 形三相四线制电路(three－phase Y－Y connection)，如图 6.3.1 所示。三相负载都有一端连接在一起，构成负载中性点 N′。电源中性点 N 和负载中性点 N′通过中性线(中线、地线)相连，中性线阻抗为 Z_N，三相电源和三相负载(three－phase load)分别通过对应的端线相连。每相电源或每相负载的端电压为相电压，流过每相电源或每相负载的电流为相电流(phase currents)，端线之间的电压为线电压，端线中的电流为线电流(line currents)。

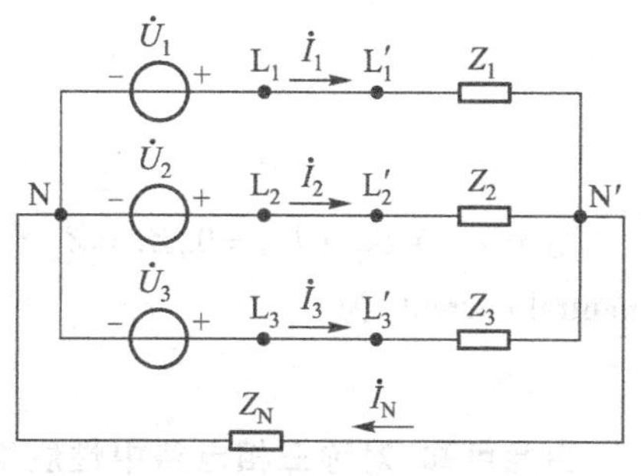

图 6.3.1 Y－Y 形三相四线制电路

对图 6.3.1 所示电路列写结点方程进行分析，假设电源中性点 N 为参考点，则未知量为 $\dot{U}_{N'N}$，可列出方程如下

$$\left(\frac{1}{Z_1}+\frac{1}{Z_2}+\frac{1}{Z_3}+\frac{1}{Z_N}\right)\dot{U}_{N'N}=\frac{\dot{U}_1}{Z_1}+\frac{\dot{U}_2}{Z_2}+\frac{\dot{U}_3}{Z_3} \tag{6.3.1}$$

可推出 $\dot{U}_{N'N}$的求解公式为

$$\dot{U}_{N'N}=\frac{\dfrac{\dot{U}_1}{Z_1}+\dfrac{\dot{U}_2}{Z_2}+\dfrac{\dot{U}_3}{Z_3}}{\dfrac{1}{Z_1}+\dfrac{1}{Z_2}+\dfrac{1}{Z_3}+\dfrac{1}{Z_N}} \tag{6.3.2}$$

如果三相负载相等，$Z_1=Z_2=Z_3=Z\angle\varphi$，称为对称三相负载。若电源和负载都对称，则该电路为对称三相电路。在 Y－Y 形对称三相电路中，由于 $\dot{U}_1+\dot{U}_2+\dot{U}_3=0$，所以由公式(6.3.2)可得 $\dot{U}_{N'N}=0$。**这表示在 Y－Y 形对称三相电路中，电源中性点 N 和负载中性点 N′电位相等，和中性线阻抗 Z_N的大小无关。**因此在进行计算时可以去掉 Z_N，将中性线短接，如图 6.3.2 所示。

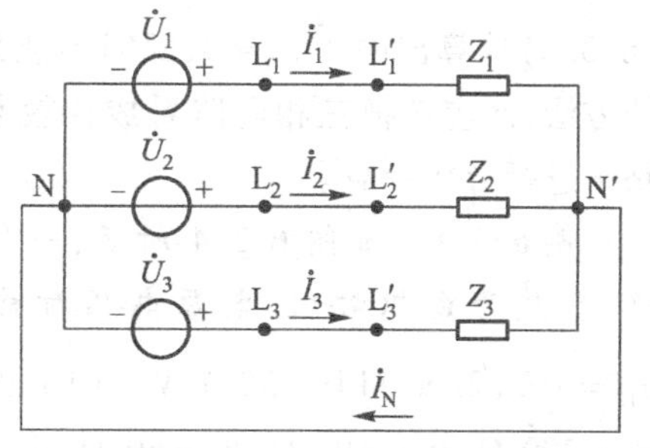

图 6.3.2 Y－Y 形对称三相电路

由图 6.3.2 可看出，在 Y－Y 形对称三相电路中，负载的相电压等于各相电源的相电压，也是对称三相电压，负载的线电压与相电压同样具有关系

$$U_L=\sqrt{3}U_P \tag{6.3.3}$$

在 Y－Y 形对称三相电路中，线电流和相电流相等

$$I_L=I_P \tag{6.3.4}$$

三相电流分别记为 $\dot{I}_1$、$\dot{I}_2$和 $\dot{I}_3$，则

$$\dot{I}_1=\frac{\dot{U}_1}{Z}$$

$$\dot{I}_2=\frac{\dot{U}_2}{Z} \tag{6.3.5}$$

$$\dot{I}_3=\frac{\dot{U}_3}{Z}$$

由于 $\dot{U}_1+\dot{U}_2+\dot{U}_3=0, Z_1=Z_2=Z_3=Z\angle\varphi$,因此 $\dot{I}_1$、$\dot{I}_2$、和 $\dot{I}_3$为对称三相电流,中性线电流(neutral current)为

$$\dot{I}_N=\dot{I}_1+\dot{I}_2+\dot{I}_3=0 \tag{6.3.6}$$

由此可知,对称三相电路中性质相同的量都是对称三相变量,如果能计算出其中一相的全部变量,就可以通过对称关系直接写出其余两相的变量。按照这种方法来计算对称三相电路,计算过程如下:首先短接电源中性点N和负载中性点N′(无论是否有中性线阻抗);接着去掉两相电源、两相负载和两相端线阻抗(如果存在),只保留一相的电源、负载和端线阻抗,构成单相计算电路;然后计算出单相计算电路中的变量;最后通过对称关系写出其余两相的变量。图6.3.2所示对称三相电路的单相计算电路如图6.3.3所示。

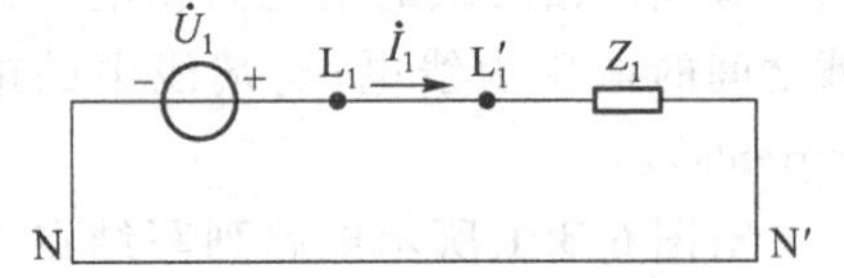

图6.3.3 Y-Y形对称三相电路的单相计算电路

通过单相计算电路算出 $\dot{I}_1$,再根据对称关系就能写出 $\dot{I}_2$和 $\dot{I}_3$。

当对称三相电路包含的元件比较多,电路比较复杂,如存在端线阻抗、电路有多组负载时,采用单相计算电路的优势更加明显。

如果图6.3.1所示电路中负载不对称,那么根据式(6.3.2)计算出的 $\dot{U}_{N'N}\neq 0$,此时不能采用单相计算电路的方法,而应该把三相电路看成比较复杂的正弦稳态电路来进行分析计算。

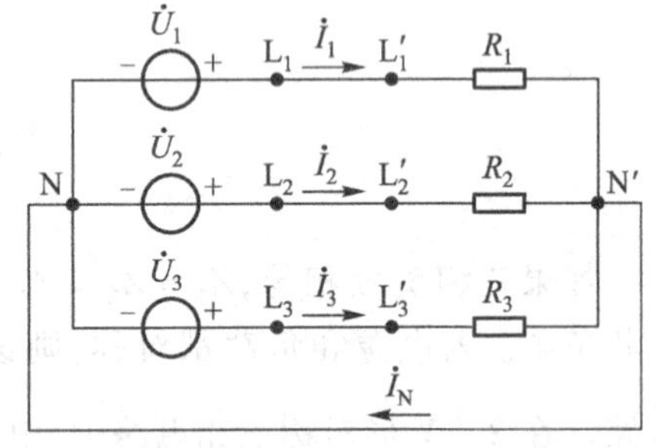

图6.3.4 例6.3.1三相电路连接图

例6.3.1 如图6.3.4所示,一星形联结的三相电路,负载为白炽灯组,电源电压对称。设电源线电压 $u_{12}=380\sqrt{2}\sin(314t+30°)$ V。(1)若 $R_1=R_2=R_3=100\ \Omega$,求线电流及中性线电流;(2)若 $R_1=200\ \Omega, R_2=100\ \Omega, R_3=50\ \Omega$,求线电流及中性线电流。

解:已知 $\dot{U}_{12}=380\angle 30°$ V,则 $\dot{U}_1=220\angle 0°$ V。

(1)线电流 $\dot{I}_1=\frac{\dot{U}_1}{R_1}=\frac{220\angle 0°}{100}$ A $=2.2\angle 0°$ A

三相对称 $\dot{I}_2=2.2\angle -120°$ A, $\dot{I}_3=2.2\angle 120°$ A

中线性电流 $\dot{I}_N=\dot{I}_1+\dot{I}_2+\dot{I}_3=0$

（2）三相负载不对称（$R_1=200\ \Omega$、$R_2=100\ \Omega$、$R_3=50\ \Omega$）时，分别计算各线电流

$$\dot{I}_1=\frac{\dot{U}_1}{R_1}=\frac{220\angle 0^\circ}{200}\ \text{A}=1.1\angle 0^\circ\ \text{A}$$

$$\dot{I}_2=\frac{\dot{U}_2}{R_2}=\frac{220\angle -120^\circ}{100}\ \text{A}=2.2\angle -120^\circ\ \text{A}$$

$$\dot{I}_3=\frac{\dot{U}_3}{R_3}=\frac{220\angle 120^\circ}{50}\ \text{A}=4.4\angle 120^\circ\ \text{A}$$

中性线电流

$$\begin{aligned}\dot{I}_N&=\dot{I}_1+\dot{I}_2+\dot{I}_3=1.1\angle 0^\circ\ \text{A}+2.2\angle -120^\circ\ \text{A}+4.4\angle 120^\circ\ \text{A}\\&=2.9\angle 139^\circ\ \text{A}\end{aligned}$$

由此可知：在三相四线制电路中，电源对称时，若负载对称，线电流为对称三相电流，中性线电流为零；当负载不对称时，线电流不是对称三相电流，中性线电流不为零。

练习与思考

6.3.1 额定电压为 220 V 的三个单相负载 $Z_1=10\ \Omega$，$Z_2=Z_3=8+\text{j}6\ \Omega$，按星形联结方式接入线电压为 380 V的三相四线制电路，计算线电流，判断此时电路是否对称？

6.3.2 有 220 V、60 W 的电灯 120 个，应如何接入线电压为 380 V 的三相四线制电路，才能使中性线电流为零？求此时的线电流。

6.3.3 对称三相星形联结电路中，若已知负载 $Z=110\angle -30^\circ\ \Omega$，线电流 $\dot{I}_1=2\angle 30^\circ$ A。试求线电压 $\dot{U}_{23}$。

6.4 负载三角形联结的三相电路

三相电源供电的电路中，三相负载采取 Δ 形联结，称为负载三角形联结的三相电路，如图 6.4.1所示。三相负载分别记为 Z_{12}，Z_{23}和 Z_{31}。

Δ 形联结的三相负载也可以画成图 6.4.2 所示的形式。

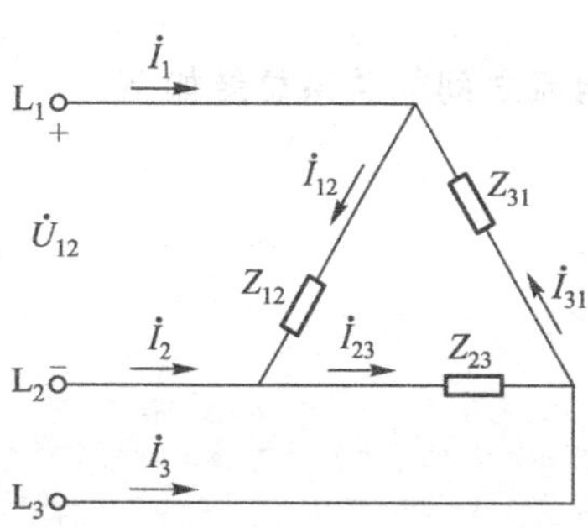

图 6.4.1 三相负载的 Δ 形联结

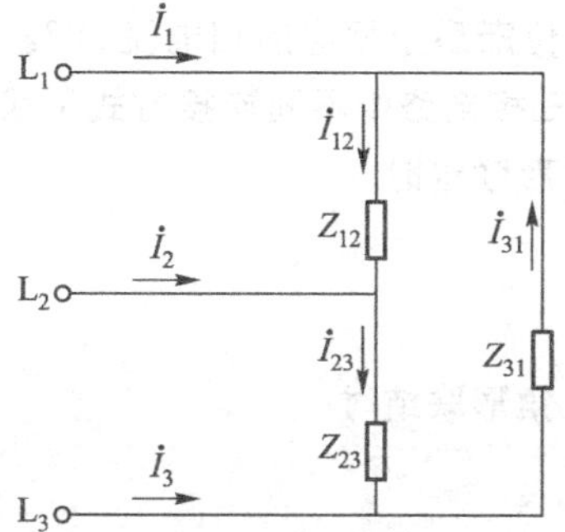

图 6.4.2 三相负载的 Δ 形联结

在Δ形联结的三相负载中，各相负载的相电压等于对应电源线电压，$U_L = U_P$。每相负载中的相电流为

$$\dot{I}_{12} = \frac{\dot{U}_{12}}{Z_{12}}$$
$$\dot{I}_{23} = \frac{\dot{U}_{23}}{Z_{23}} \tag{6.4.1}$$
$$\dot{I}_{31} = \frac{\dot{U}_{31}}{Z_{31}}$$

线电流与相电流之间的关系为

$$\dot{I}_1 = \dot{I}_{12} - \dot{I}_{31}$$
$$\dot{I}_2 = \dot{I}_{23} - \dot{I}_{12} \tag{6.4.2}$$
$$\dot{I}_3 = \dot{I}_{31} - \dot{I}_{23}$$

三角形的三个顶点分别与三相电源的三条端线相连，构成负载三角形联结的三相三线制电路。根据对称三相电源的连接方式不同，三角形负载可以连接成两种电路：Y－Δ形和Δ－Δ形。

如果三个负载相等，$Z_{12} = Z_{23} = Z_{31} = Z\angle\varphi$，称为三角形联结的对称三相负载，否则为不对称三相负载。当三相负载对称时，由于线电压对称，负载的相电流也是对称的。三角形联结对称负载的相电流与线电流的相量图如图6.4.3所示。

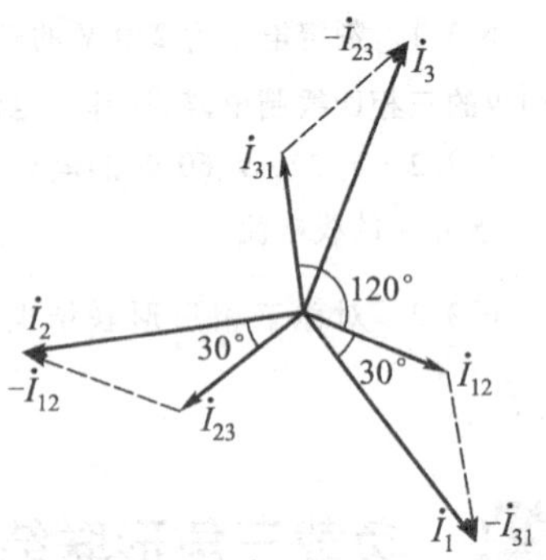

图6.4.3 三相对称负载的相电流与线电流相量图

线电流与相应相电流的关系为

$$\dot{I}_1 = \sqrt{3}\dot{I}_{12}\angle -30°$$
$$\dot{I}_2 = \sqrt{3}\dot{I}_{23}\angle -30° \tag{6.4.3}$$
$$\dot{I}_3 = \sqrt{3}\dot{I}_{31}\angle -30°$$

在对称三相电路中，负载做三角形联结时，线电流的有效值为相电流有效值的$\sqrt{3}$倍，$I_L = \sqrt{3}I_P$，其相位滞后于相应的相电流30°。

对称三相电路中不同连接方式下线、相电压和线、相电流之间的关系总结如下：

① 星形联结时

$$U_L = \sqrt{3}U_P \tag{6.4.4}$$
$$I_L = I_P$$

② 三角形联结时

$$U_L = U_P \tag{6.4.5}$$
$$I_L = \sqrt{3}I_P$$

例6.4.1 如图6.4.4所示三角形接法的三相对称电路中，已知线电压为380 V，$R = 24\ \Omega$，

$X_L = 18\ \Omega$。求线电流 $\dot{I}_1, \dot{I}_2, \dot{I}_3$，并画出相量图。

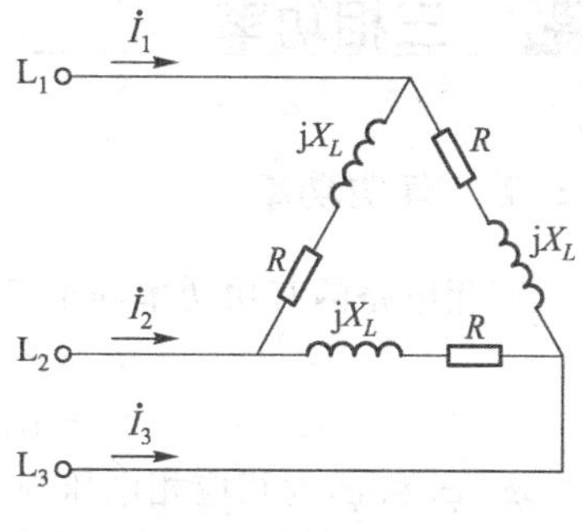

图 6.4.4 例 6.4.1 图

解：设：$\dot{U}_{12} = 380\angle 0°\text{V}, Z = R + jX_L = 30\angle 36.9°\ \Omega$，则

$$\dot{I}_{12} = \frac{\dot{U}_{12}}{Z} = 12.66\angle -36.9°\ \text{A}$$

$$\dot{I}_1 = \sqrt{3} \times 12.6\angle(-36.9° - 30°)\ \text{A} = 21.92\angle -66.9°\ \text{A}$$

因为负载为三相对称负载，所以

$$\dot{I}_2 = 21.92\angle 173.1°\ \text{A}$$

$$\dot{I}_3 = 21.92\angle 53.1°\ \text{A}$$

相量图如图 6.4.5 所示。

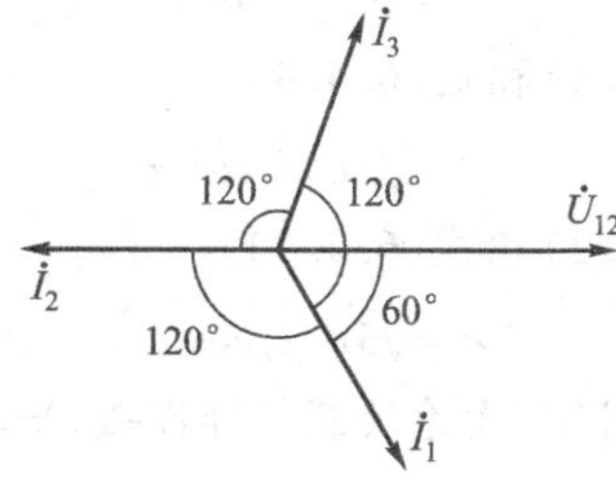

图 6.4.5 例 6.4.1 相量图

练习与思考

6.4.1 什么是三相负载、单相负载和单相负载的三相联结？当额定电压为线电压时，单相负载如何接入三相电路？当额定电压为线电压的 $1/\sqrt{3}$时，单相负载如何接入三相电路？

6.4.2 三角形联结的对称三相负载如图 6.4.2 所示，已知负载复阻抗 $Z = 22\angle -30°\ \Omega$。若相电流 $\dot{I}_{12} = 17.3\angle 0°$ A。求线电压 $\dot{U}_{13}$。

6.4.3 对称三相电路如图 6.4.6 所示，已知三角形联结负载电阻为 $R_1 = 30\ \Omega$，若两组负载的线电流相等，计算星形负载 R_2，判断两组负载满足的关系。

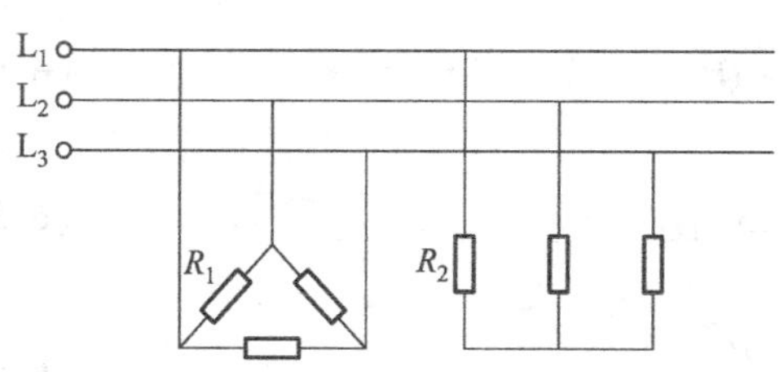

图 6.4.6 接两组对称负载的对称三相电路

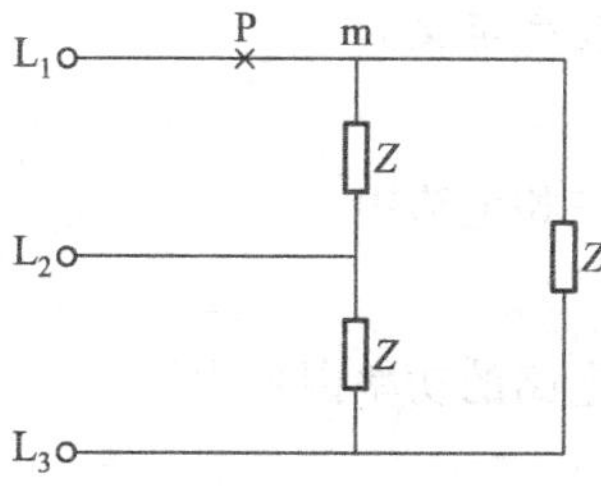

图 6.4.7 负载三角形联结的对称三相电路

6.4.4 如图 6.4.7 所示负载三角形联结的对称三相电路中，已知线电压为 U_L，若图中 P 点处发生断路，试求电压 U_{Am}。

6.5 三相功率

6.5.1 有功功率

三相电路的有功功率等于各相负载的有功功率之和

$$\begin{aligned} P &= P_1 + P_2 + P_3 \\ &= U_1 I_1 \cos\varphi_1 + U_2 I_2 \cos\varphi_2 + U_3 I_3 \cos\varphi_3 \end{aligned} \tag{6.5.1}$$

φ_1、φ_2和φ_3为相应相电压与相电流之间的相位差，即负载的阻抗角。$\cos\varphi$称为功率因数。对称三相电路中各相电压电流及负载均相等，因此有功功率的计算公式可简化为

$$P = 3U_P I_P \cos\varphi \tag{6.5.2}$$

当负载Y形联结时，由式(6.5.2)和式(6.4.4)

$$P = \sqrt{3} U_L I_L \cos\varphi \tag{6.5.3}$$

当负载Δ形联结时，由式(6.5.2)和式(6.4.5)

$$P = \sqrt{3} U_L I_L \cos\varphi \tag{6.5.4}$$

比较式(6.5.3)和式(6.5.4)可知，无论负载怎样连接，平均功率为线电压、线电流及功率因数乘积的$\sqrt{3}$倍。

6.5.2 无功功率

三相电路的无功功率等于各相负载无功功率之和

$$\begin{aligned} Q &= Q_1 + Q_2 + Q_3 \\ &= U_1 I_1 \sin\varphi_1 + U_2 I_2 \sin\varphi_2 + U_3 I_3 \sin\varphi_3 \end{aligned} \tag{6.5.5}$$

对称三相电路中

$$Q = 3U_P I_P \sin\varphi = \sqrt{3} U_L I_L \sin\varphi \tag{6.5.6}$$

6.5.3 视在功率

视在功率定义为

$$S = \sqrt{P^2 + Q^2} \tag{6.5.7}$$

对称三相电路中

$$S = 3U_P I_P = \sqrt{3} U_L I_L \tag{6.5.8}$$

三相电路的功率因数为

$$\cos\varphi' = \frac{P}{S} \tag{6.5.9}$$

对称三相电路中，$\varphi' = \varphi$，为单相负载的阻抗角；$\cos\varphi' = \cos\varphi$，为单相负载的功率因数。非对称三相电路中，$\varphi'$没有明确的物理意义。

6.5.4 瞬时功率

三相电路瞬时功率为各相电路瞬时功率之和

$$p = p_1 + p_2 + p_3 \tag{6.5.10}$$

对称三相电路中,单相瞬时功率表示为

$$\begin{aligned} p_1 &= u_1 i_1 = \sqrt{2}U_P \sin \omega t \cdot \sqrt{2}I_P \sin(\omega t - \varphi) \\ &= U_P I_P [\cos \varphi - \cos(2\omega t - \varphi)] \\ p_2 &= u_2 i_2 = \sqrt{2}U_P \sin(\omega t - 120°) \cdot \sqrt{2}I_P \sin(\omega t - 120° - \varphi) \\ &= U_P I_P [\cos \varphi - \cos(2\omega t - 240° - \varphi)] \\ p_3 &= u_3 i_3 = \sqrt{2}U_P \sin(\omega t + 120°) \cdot \sqrt{2}I_P \sin(\omega t + 120° - \varphi) \\ &= U_P I_P [\cos \varphi - \cos(2\omega t + 240° - \varphi)] \end{aligned} \tag{6.5.11}$$

可得对称三相电路的瞬时功率为

$$\begin{aligned} p &= p_1 + p_2 + p_3 \\ &= 3U_P I_P \cos \varphi \end{aligned} \tag{6.5.12}$$

由式(6.5.12)可知,对称三相电路中,瞬时功率是一个常量,等于有功功率,称为对称三相电路的瞬时功率平衡性质。三相制的平衡性是其优点,在带动电动机的时候,瞬时功率平衡,所产生的转矩也恒定,能有效避免电动机运动时的振动。

例 6.5.1 设有一个三角形联结的电动机在运行时,$U_L = 380$ V,有功功率 $P = 5$ kW,功率因数 $\cos \varphi = 0.8$,计算相电流和线电流的大小。

解:

$$I_L = \frac{P}{\sqrt{3}U_L \cos \varphi} = \frac{5000}{\sqrt{3} \times 380 \times 0.8} \text{ A} = 9.5 \text{ A}$$

$$I_P = \frac{I_L}{\sqrt{3}} = 5.5 \text{ A}$$

例 6.5.2 有一三相电动机,每相绕组的等效电阻 $R = 9.8\ \Omega$,等效感抗 $X_L = 5.36\ \Omega$, 试分别计算下列两种情况下电动机从电源获取的有功功率,并比较所得的结果。

(1) 三相电源 $U_L = 220$ V,绕组连成三角形接入。

(2) 三相电源 $U_L = 380$ V,绕组连成星形接入。

解:(1)

$$I_P = \frac{U_P}{|Z|} = \frac{220}{\sqrt{9.8^2 + 5.36^2}} \text{ A} = 19.7 \text{ A}$$

$$I_L = \sqrt{3}I_P = 34.1 \text{ A}$$

$$\begin{aligned} P &= \sqrt{3}U_L I_L \cos \varphi = \sqrt{3} \times 220 \times 34.1 \times \frac{9.8}{\sqrt{9.8^2 + 5.36^2}} \text{ W} \\ &= \sqrt{3} \times 220 \times 34.1 \times 0.877 \text{ W} = 11.4 \text{ kW} \end{aligned}$$

(2)

$$I_P = \frac{U_P}{|Z|} = \frac{220}{\sqrt{9.8^2 + 5.36^2}} \text{ A} = 19.7 \text{ A}$$

$$P = \sqrt{3}U_L I_L \cos \varphi = \sqrt{3} \times 380 \times 19.7 \times 0.877 = 11.4 \text{ kW}$$

比较(1),(2)的结果:**电动机在实际接入三相电路时,应根据线电压等级确定连接成星形还是三角形,以确保电动机工作在额定电压下。在两种不同的连接方式下,电动机能从电源获取相同的功率,但三角形联结时线电流是星形联结时线电流的$\sqrt{3}$倍。**

练习与思考

6.5.1 对称三相电路中，假设电源相同，对于同一个三相对称负载阻抗 Z，分为Y形和Δ形两种情况接入电路。接成Y形时负载的有功功率为 P_Y，接成Δ形时负载的有功功率为 P_Δ。试分析 P_Y 和 P_Δ 的关系。

6.5.2 对称三相电路如图6.5.1所示，已知线电压 $\dot{U}_{12}=380\angle 0°$ V，线电流 $\dot{I}_1=2\angle -30°$ A，计算该电路的有功功率 P。

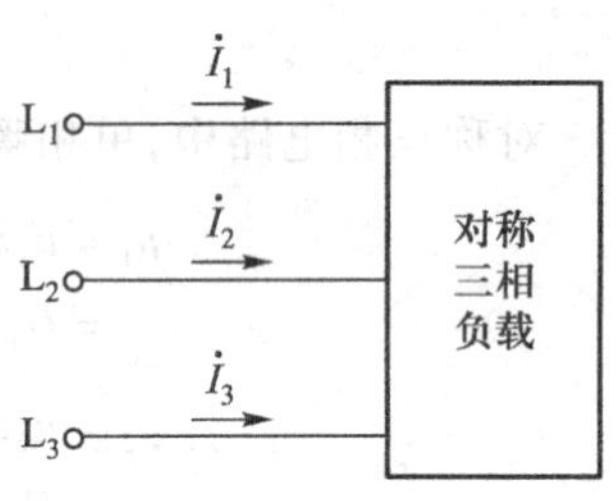

图6.5.1 对称三相电路图

6.6 应用实例：照明系统故障分析

有一栋三层楼的学生宿舍，其照明系统为Y形联结方式，每层楼都安装了100盏额定电压为220 V功率为40 W的日光灯，一楼、二楼、三楼的日光灯分别接在电源的三相上（线电压为380 V）。电路如图6.6.1所示，其中 R_1、R_2 和 R_3 分别为一楼、二楼和三楼日光灯的等效电阻。分析下列情况：

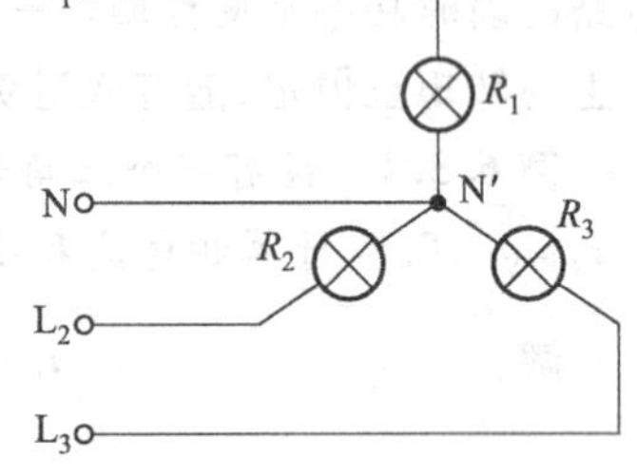

图6.6.1 照明电路图

（1）L_1 短路时，分别在电路的中性线未断和断开时，求各相负载电压。

（2）L_1 断路时（一楼的灯全灭），二楼和三楼的灯全开，分别在电路的中性线未断和断开时，求各相负载电压。

（3）L_1 断路时（一楼的灯全灭），二楼的灯开了50盏，三楼的灯开了100盏，分别在电路的中性线未断和断开时，求各相负载电压。

（4）L_1 断路时（一楼的灯全灭），二楼的灯开了10盏，三楼的灯开了100盏，分别在电路的中性线未断和断开时，求各相负载电压。

分析：（1）L_1 短路时。

① 中性线未断：电路如图6.6.2所示，由于中性线未断，此时 L_2 和 L_3 相日光灯组都不受影响，其相电压仍为220 V，正常工作。

② 中性线断开时：电路如图6.6.3所示。此时负载中性点N′和 L_1 电位相同，因此负载各相电压为

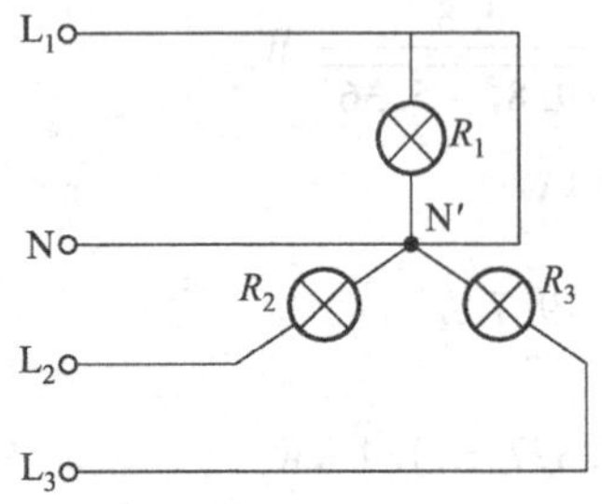

图6.6.2 L_1 短路中性线未断时电路图

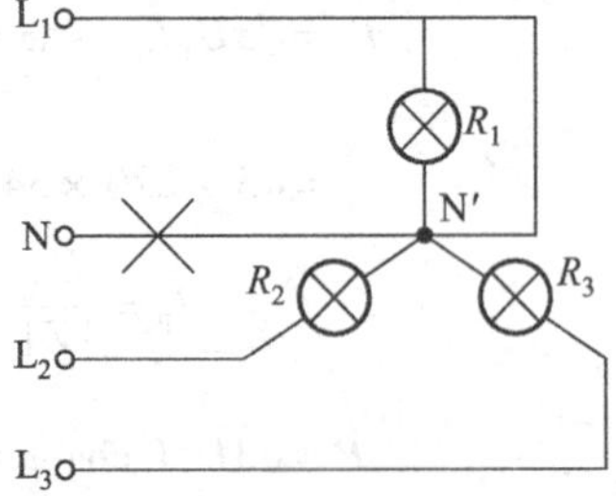

图6.6.3 L_1 短路中性线断开时电路图

$$\dot{U}_1'=0,\qquad U_1'=0$$

$$\dot{U}_2'=\dot{U}_{21}',\quad U_2'=380\ \text{V}$$

$$\dot{U}_3'=\dot{U}_{31}',\quad U_3'=380\ \text{V}$$

由上面的计算结果可知,L_2 和 L_3 负载的相电压和其负载大小无关,因此二楼和三楼的全部处于接通状态的电灯组,其承受电压都等于线电压380 V,远远超过了额定电压(220 V),这是不允许的。

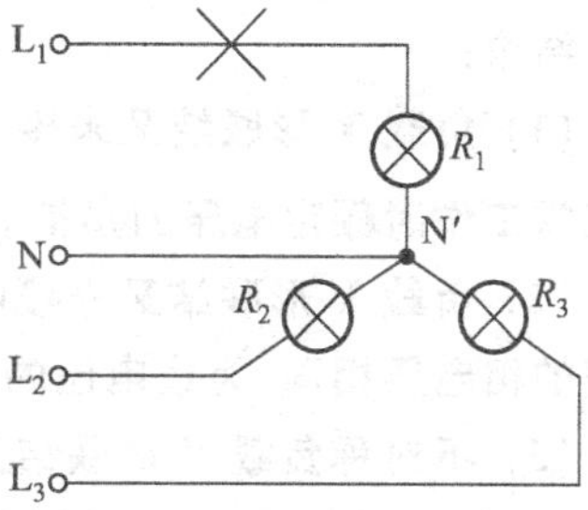

图 6.6.4 L_1 断路中性线未断时电路图

(2) L_1 断路时,二楼和三楼的灯全开,即 $R_2=R_3$。

① 中性线未断:电路如图 6.6.4 所示,由于中性线未断,L_2、L_3 上日光灯组仍承受 220 V 电压,正常工作。

② 中性线断开:电路如图 6.6.5(a)所示,中性线断开后电路变为单相电路,如图 6.6.5(b)所示,由图可求得

$$U_2'=\frac{R_2U_{23}}{R_2+R_3}=\frac{380}{1+1}\ \text{V}=190\ \text{V}$$

$$U_3'=\frac{R_3U_{23}}{R_2+R_3}=\frac{380}{1+1}\ \text{V}=190\ \text{V}$$

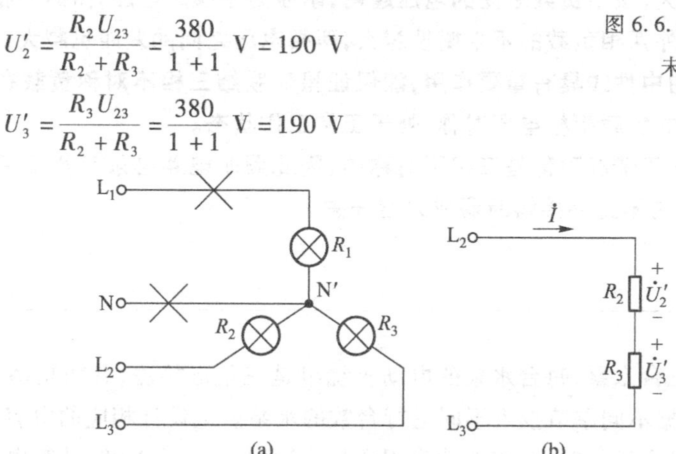

图 6.6.5 L_1 断路中性线断开时电路图

(3) L_1 相断路时,二楼的灯开了 50 盏,三楼的灯开了 100 盏,即 $R_2=2R_3$。

① 中性线未断:电路如图 6.6.4 所示,由于中性线未断,L_1、L_2 上日光灯组仍承受 220 V 电压,正常工作。

② 中性线断开:电路如图 6.6.5(a)所示,中性线断开后电路变为单相电路,如图 6.6.5(b)所示,由图可求得

$$U_2'=\frac{R_2U_{23}}{R_2+R_3}=\frac{2\times380}{2+1}\ \text{V}=253\ \text{V}$$

$$U_3'=\frac{R_3U_{23}}{R_2+R_3}=\frac{380}{2+1}\ \text{V}=127\ \text{V}$$

(4) L_1 断路时,二楼的灯开了 10 盏,三楼的灯开了 100 盏,即 $R_2=10R_3$。

① 中性线未断:电路如图 6.6.4 所示,由于中性线未断,L_2、L_3 上日光灯组仍承受 220 V 电压,正常工作。

② 中性线断开:电路如图6.6.5(a)所示,中性线断开后电路变为单相电路,如图6.6.5(b)所示。由图可求得

$$U_2' = \frac{R_2 U_{23}}{R_2 + R_3} = \frac{10 \times 380}{10 + 1}\ \mathrm{V} = 345\ \mathrm{V}$$

$$U_3' = \frac{R_3 U_{23}}{R_2 + R_3} = \frac{380}{10 + 1}\ \mathrm{V} = 35\ \mathrm{V}$$

结论:

(1)负载Y形联结又未接中性线时,当一相负载短路时,另外两相负载承受线电压,其大小为正常工作时额定电压的$\sqrt{3}$倍。

(2)负载Y形联结又未接中性线时,当一相负载断路时,若另外两相负载相同,则另外两相负载的相电压相同,为线电压的一半,略低于额定电压。

(3)不对称负载Y形联结又未接中性线时,当一相负载断路时,另外两相负载相电压不再相等,且负载相电阻越大,该相负载承受的电压越高,明显高于额定电压,而另一相的相电压远远低于正常工作电压;另外两相负载的不平衡性越大,两相电压之间的差距也越大。

(4)照明电路中的中性线具有重要作用,能保证星形联结三相不对称负载在发生负载相开路或短路故障时,其余的负载相相电压对称,处于正常工作状态。

(5)照明负载在一般情况下都是三相不对称的,因此照明电路必须采用三相四线制供电方式,且中性线(指干线)内不允许接熔断器或刀闸开关。

6.7 应用设计

某水泵房一共有三台水泵,每台水泵的电动机绕组是三角形接法,有功功率 $P = 100$ kW,功率因数 $\cos\varphi = 0.8$,根据不同季节投入不同运行台数的水泵。试设计相应的电容补偿电路,使不同台数的水泵分季节投入运行时,线路的功率因数都能达到 $\cos\varphi = 0.98$,计算电容参数(电源线电压 $U_L = 380$ V),并分析若全部电容投入但只有一台或两台水泵投入运行时电路的实际运行情况。

小结

1. 三相发电机中产生的感应正弦电压为对称三相电压,它们大小相等,频率相同,角度相差120°。

$$\left.\begin{aligned} u_1 &= U_m \sin\omega t \\ u_2 &= U_m \sin(\omega t - 120°) \\ u_3 &= U_m \sin(\omega t - 240°) \end{aligned}\right\}$$

2. 对称三相电路中的电流为对称三相电流,它们大小相等,频率相同,角度相差120°,表达式和对称三相电压类似。

3. 对称三相变量(电压或电流)的重要特性是三相变量之和为零。

$$u_1 + u_2 + u_3 = 0, \qquad i_1 + i_2 + i_3 = 0$$

4. 对称三相变量按超前相到落后相排列就得到三相变量的相序,按U-V-W顺序排列的是正序变量,按W-V-U顺序排列的是逆(负)序变量。

5. 三相电路中的电源和负载都有两种连接方式:星形联结,又称 Y 形联结;三角形联结,又称 Δ 形联结。每相电源或每相负载的端电压为相电压,流过每相电源或每相负载的电流为相电流,端线之间的电压为线电压,端线中的电流为线电流。对称三相电路中不同连接方式下线、相电压和线、相电流之间的关系为:在 Y 形联结时 $U_L=\sqrt{3}U_P$,$I_L=I_P$,线电压超前相电压 30°;在 Δ 形联结时 $U_L=U_P$,$I_L=\sqrt{3}I_P$,线电流滞后相电流 30°。

6. 在 Y-Y 形对称三相电路中,可以用单相计算电路法来进行分析计算:首先短接电源中性点 N 和负载中性点 N′(无论是否有中性线阻抗);接着去掉两相电源、两相负载和两相端线阻抗(如果存在),只保留一相的电源、负载和端线阻抗,构成单相计算电路;然后计算出单相计算电路中的变量;最后通过对称关系写出其余两相的变量。

7. 三相电路的有功功率等于各相负载的有功功率之和 $P=P_1+P_2+P_3$,三相电路的无功功率等于各相负载无功功率之和 $Q=Q_1+Q_2+Q_3$,在对称三相电路中,无论负载怎样连接,$P=\sqrt{3}U_LI_L\cos\varphi=3U_PI_P\cos\varphi$,$Q=\sqrt{3}U_LI_L\sin\varphi=3U_PI_P\sin\varphi$。

8. 三相电路的视在功率定义为 $S=\sqrt{P^2+Q^2}$,对称三相电路中 $S=3U_PI_P=\sqrt{3}U_LI_L$。

9. 三相电路瞬时功率为各相电路瞬时功率之和 $p=p_1+p_2+p_3$,在对称三相电路中,无论负载怎样连接,$p=3U_pI_P\cos\varphi$,即瞬时功率是一个常量,等于有功功率,这称为对称三相电路的瞬时功率平衡性质,瞬时功率恒定则转矩恒定,可有效避免电动机运动时的振动。

10. 照明电路中的中性线具有重要作用,在星形联结负载不对称时使每相负载都能工作在额定电压下。同时能保证星形联结三相不对称负载在发生负载相开路或短路故障时,其余的负载相相电压对称,处于正常工作状态。照明负载在一般情况下都是三相不对称的,因此照明电路必须采用三相四线制供电方式,且中性线(指干线)内不允许接熔断器或刀闸开关。

习题

6.2.1 对于下面每组电压,说明能否构成对称三相电压,若能,判断相序。

(1) $u_1=311\sin 314t$ V
$u_2=311\sin(314t-120°)$ V
$u_3=311\sin(314t+120°)$ V

(2) $u_1=311\sin 314t$ V
$u_2=311\sin(314t+120°)$ V
$u_3=311\sin(314t-120°)$ V

(3) $u_1=311\sin(314t+60°)$ V
$u_2=311\sin(314t-60°)$ V
$u_3=311\sin(314t+180°)$ V

(4) $u_1=311\sin 314t$ V
$u_2=311\sin(314t-120°)$ V
$u_3=131\sin(314t+120°)$ V

6.2.2 图 6.1 所示 3 个电压源,已知 $\dot{U}_{ab}=U\angle 0°$ V,$\dot{U}_{cd}=U\angle 60°$ V,$\dot{U}_{ef}=U\angle -60°$ V。应该将这 3 个电压源做怎样的星形联结,使之能提供对称三相线电压。

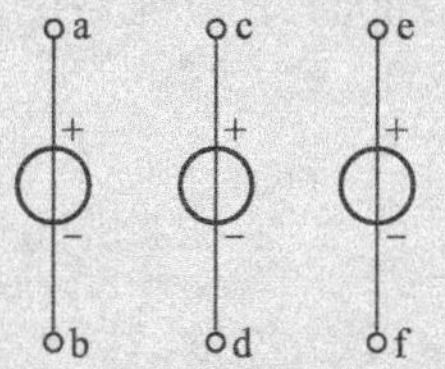

图 6.1 题 6.2.2 图

6.3.1 已知对称三相电路中,电源线电压 $U_L=380$ V,每相负载阻抗 $Z=20\angle 60°$ Ω。求负载分别连接成 Y 形和 Δ 形时的相电流和线电流。

6.3.2 已知有中性线的对称三相电路中,电源线电压 $U_L=380$ V,Y 形联结负载的阻抗为 $Z=77+j59$ Ω,端线阻抗 $Z_1=3+j1$ Ω。分别计算当中性线阻抗 $Z_2=2+j1.5$ Ω,$Z_2=0$ 和 $Z_2\to\infty$ 时负载端的电流和线电压。

6.3.3 电路如图 6.2 所示,电源为对称三相电源,线电压 $U_L=380$ V,接有一组星形联结的对称白炽灯负载,其总功率为 120 W。另外在 L_3 上接有一个单相负载,是额定电压为 220 V、功率为 60 W、功率因数为 0.6 的日光灯。试求电流 I_1、I_2、I_3 及 I_N。

6.3.4 如图 6.3 所示,三相电路中电源对称,线电压 $U_L=380$ V。两组星形联结的负载并联,其中一组为

对称三相负载 R,另一组为不对称三相负载,阻抗分别为:$Z_1=\mathrm{j}10\ \Omega$,$Z_2=10\ \Omega$,$Z_3=8+\mathrm{j}6\ \Omega$。求图 6.3 所示电压表的读数(假设电压表电阻为无穷大)。

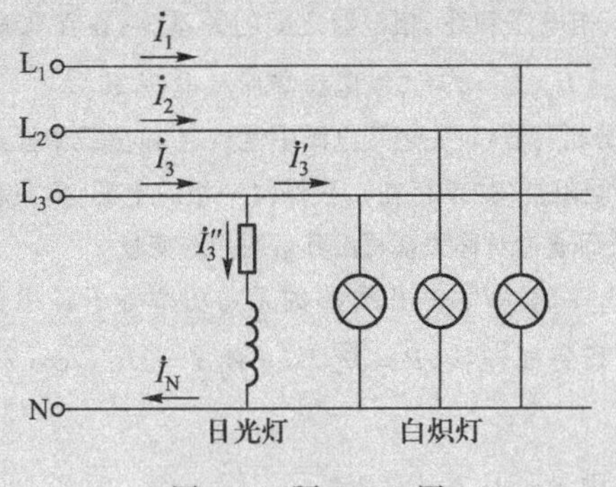

图 6.2 题 6.3.3 图

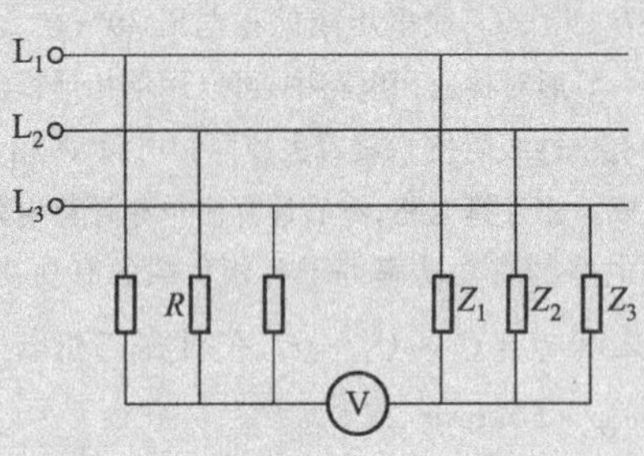

图 6.3 题 6.3.4 图

6.3.5 额定电压为 220 V 的三个单相负载,$R=12\ \Omega$,$X_L=16\ \Omega$,用三相四线制供电,已知线电压 $u_{12}=380\sqrt{2}\sin(314t+30°)$ V。(1)负载应如何连接?(2)求负载的线电流 i_1,i_2,i_3。

6.4.1 对称三相电路如图 6.4 所示,已知正常状态下电流表读数均为 10 A。求(1) D 点断开时各电流表的读数;(2) 电流表 A_1 故障断开时各电流表的读数。

6.4.2 图 6.5 所示三相电路中电源电压对称,负载按三角形联结。若已知各相负载中电流有效值均为 5 A。求图 6.5 中电流 $\dot{I}_3$ 的有效值。

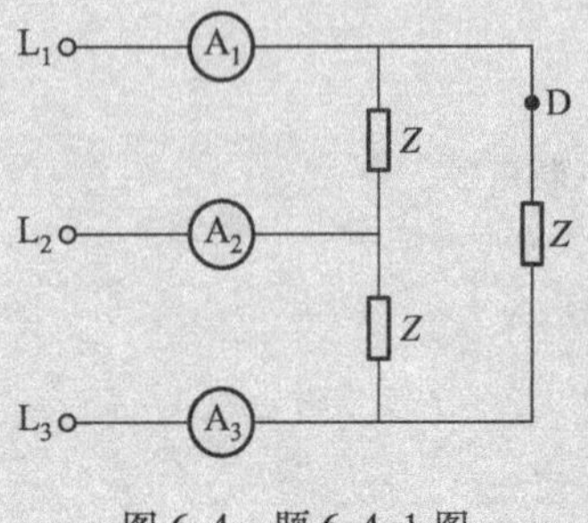

图 6.4 题 6.4.1 图

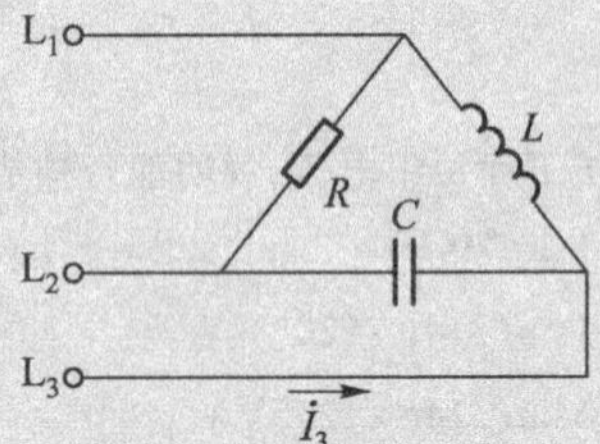

图 6.5 题 6.4.2 图

6.4.3 对称三相电路如图 6.6 所示,线电压 $U_L=380$ V,共有两组对称三相负载:一组是三角形联结的电动机负载,每相阻抗 $Z=22\angle 53.1°\ \Omega$;另一组是星形联结的电阻负载,每相电阻 $R=20\ \Omega$。试求(1) 各组负载的相电流;(2) 电路线电流。

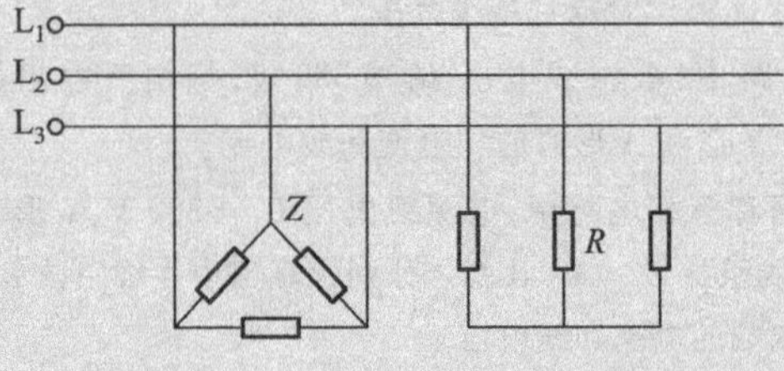

图 6.6 题 6.4.3 图

6.4.4 接于线电压为 220 V 的三角形联结三相对称负载,后改成星形联结于线电压为 380 V 的三相电源上。求负载在这两种情况下的相电流、线电流及有功功率的比值 $\frac{I_{\Delta P}}{I_{YP}}$,$\frac{I_{\Delta L}}{I_{YL}}$,$\frac{P_\Delta}{P_Y}$。

6.4.5　三角形联结的三相对称感性负载由 $f=50$ Hz, $U_1=220$ V 的三相对称交流电源供电，已知电源供出的有功功率为 3 kW，负载线电流为 10 A。求各相负载的 R, L 参数。

6.5.1　星形联结的三相电动机接在线电压为 380 V 的对称电源上，电动机从电源取得的功率为 5.6 kW，线电流为 9.5 A。求负载的阻抗和功率因数。

6.5.2　有一三相异步电动机的等效三相对称负载，负载联结成三角形，接在线电压为 380 V 的对称电源上，其每相负载的电阻为 40 Ω，感抗为 20 Ω。求负载的功率因数、相电流和线电流。

6.5.3　某商场电气照明线路采用三相四线制 380 V/220 V 电源供电，共需接入 600 盏额定电压为 220 V、额定功率为 40 W、功率因数为 0.85 的日光灯。(1) 试问这些日光灯应采用何种连接方式？(2) 计算各相负载的相电流和线电流；(3) 计算各相负载消耗的无功功率。

6.5.4　如图 6.7 所示对称三相电路，电源线电压为 380 V，第一组电感性负载的三相功率 $P_1=5.7$ kW，$\cos\varphi_1=0.866$；第二组 Y 形负载 $Z_2=22\angle -30°$ Ω。求(1) 每组负载的相电流和电路的线电流；(2) Y 形联结的负载所消耗的功率 P_2。

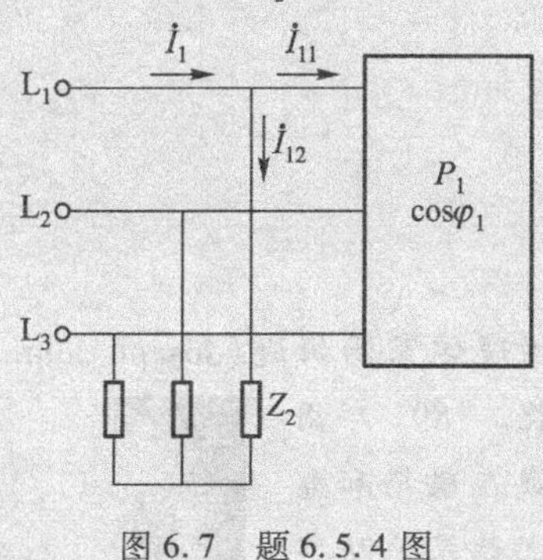

图 6.7　题 6.5.4 图

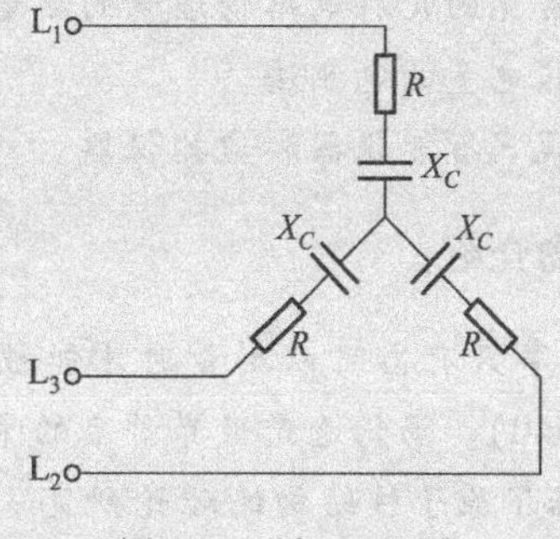

图 6.8　题 6.5.5 图

6.5.5　三相对称电路如图 6.8 所示，已知电源线电压 $u_{12}=380\sqrt{2}\sin\omega t$ V，每相负载 $R=3$ Ω, $X_C=4$ Ω。求(1)各线电流瞬时值；(2)电路的有功功率、无功功率和视在功率。

第7章 电工测量

本章可结合实验进行教学(不计入学时内),使读者了解常用的电工测量仪表的基本构造、工作原理和正确使用方法,并学会常见的几种电路物理量的测量方法。

在生产、生活、科学研究及商品贸易中都需要测量。通过测量可以定量地认识客观事物,从而达到掌握事物的本质和揭示自然界规律的目的。由此可以看出测量的重要意义。

学习目的:

1. 了解常用的几种电工测量仪表的基本构造和工作原理,并能够正确使用。
2. 了解测量误差和仪表准确度等级的意义,以及量程范围和选用方法。
3. 学会常见的几种电路物理量的测量方法。
4. 了解非电量的电测法。
5. 了解现代智能仪器和虚拟仪器。

历史人物介绍:

“每一件事只有当可以测量时才能被认识。”——英国物理学家汤姆逊(Joseph John Thomson,1856—1940)。汤姆逊是世界著名的卡文迪什研究所所长。1891年用法拉第管开始了原子核结构的理论研究。他研究了阴极射线在磁场和电场中的偏转,做了比值 e/m(电子的电荷与质量之比)的测定,结果他从实验中发现了电子的存在。他把电子看成原子的组成部分,用原子内电子的数目和分布来解释元素的化学性质,提出了原子模型,把原子看成是一个带正电的球,电子在球内运动。他还进一步研究了原子的内部构造和阳极射线。1912年他与阿斯顿共同进行阳极射线的质量分析,发现了氖的同位素。1906年他因在气体导电研究方面的成就获得了诺贝尔物理学奖。

Joseph John Thomson

7.1 引例:惠斯通电桥

在第二章中我们介绍了惠斯通,惠斯通电桥(又称单臂电桥)是一种可以精确测量电阻的仪器。图7.1.1所示是一个通用的惠斯通电桥。电阻 R_1,R_2,R_3,R_4 称为电桥的四个臂,U 为直流电压源,G为检流计,用以检查它所在的支路有无电流。当G无电流通过时,称电桥达到平衡。平衡时,四个臂的阻值满足一个简单的关系,即 $R_1 \cdot R_4 = R_2 \cdot R_3$,利用这一关系就可测量电阻。除了测电阻等电量以外,惠斯通电桥还可以测量如位移、压力等非电量。

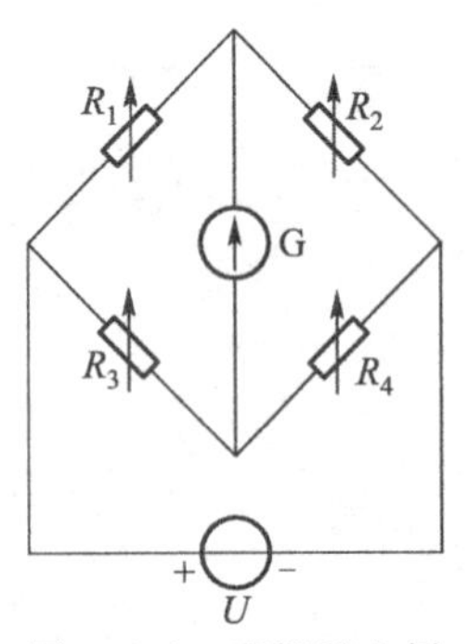

图7.1.1 惠斯通电桥

7.2 电工测量与仪表的基本知识

7.2.1 测量的概念

测量的本质是用实验的方法把被测量与标准量进行比较。这里要注意,被测量应该是与标准量同类的物理量,或者是可借以推算出被测量的异类量。例如用米尺测量长度,用电位差计测量电压都是同类量的比较;而用电流表测量电流,在电流表里找不到同类量,但通过电流表内游丝的反作用力矩的大小可以推算出电流的大小,因此也可以实现电流的测量。测量(比较)的结果包括两部分:一部分是数字值,另一部分是单位。例如,测量某一电流,测量结果可以写为 $I=5.8\ \mathrm{A}$。一般而言,测量的结果可以表示为

$$x = A_x \times \mathrm{Unit} \tag{7.2.1}$$

式中,x 是被测量;A_x 是测量得到的数字值,简称量值;Unit 为测量单位(也称基准单位),简称单位。

式(7.2.1)通常被称为测量的基本方程式,式中的测量单位是非常重要的,它不仅能反映被测量的性质,而且对同一个被测量来说,还会因所选测量单位的不同而使量值也不同。因此,也可以说"测量是求取某量是基准单位的多少倍的操作"。

7.2.2 测量的误差及其分析

被测量的真实值称为真值。在一定的时间和空间内,真值是一个客观存在的确定的数值。在测量中,即使选用准确度最高的测量器具,而且没有人为失误,要想测得真值也是不可能的。况且,由于人类对客观事物认识的局限性,测量方法的不完善性以及测量工作中常有的各种失误等,更会不可避免地使测量结果与被测量的真值之间有差别,这种差别就称为测量误差。

1. 测量值的误差表示方法

测量误差按其性质和特点,可分为系统误差、偶然误差(也称为随机误差)和疏失误差三类。如果不讨论误差的性质和特点,而只讨论其具体的表示方式,则测量值的误差通常又可分为绝对误差和相对误差两类。

(1) 绝对误差:测得值(从测量仪器直接测量得到或经过必要的计算得到的数据)x 与其真值 A 之差,称为 x 的绝对误差。绝对误差用 Δx 表示,即

$$\Delta x = x - A \tag{7.2.2}$$

因为从测量的角度讲,真值是一个理想的概念,不可能真正获得。因此,式(7.2.2)中的真值 A 通常用准确测量的实际值 x_0 来代替,即

$$\Delta x = x - x_0 \tag{7.2.3}$$

式中,x_0 是满足规定准确度,可以用来近似代替真值的量值(例如可以由高一级标准测量仪器测量获得)。

一般情况下,式(7.2.3)表示的实际绝对误差通常就称为绝对误差,并用来计算被测量的绝对误差值。绝对误差具有大小、正负和量纲。

测得值及其误差常写成 $x \pm \Delta x$ 或 $x \pm^{\Delta x_1}_{\Delta x_2}$ 的形式,其中 x 是测得值,$x \pm \Delta x$ 或 $x \pm^{\Delta x_1}_{\Delta x_2}$ 表示最大

可能的绝对误差(经常简称为绝对误差)。

在实际测量中,除了绝对误差外还经常用到修正值的概念,它的定义是与绝对误差等值但符号相反,即

$$\varepsilon = x_0 - x \tag{7.2.4}$$

知道了测量值 x 和修正值 ε,由式(7.2.4)就可以求出被测量的实际值 x_0。

例 7.2.1 用某电流表测量电流时,其读数为 10 mA,该表在检定时给出 10.00 mA 刻度处的修正值为 +0.03 mA,则被测电流的实际值应为

$$i_0 = i + \varepsilon = (10.00 + 0.03)\ \text{mA} = 10.03\ \text{mA}$$

(2) 相对误差:绝对误差只能表示某个测量值的近似程度,但是,两个大小不同的测量值,当它们的绝对误差相同时,准确程度并不相同。例如测量北京到上海的距离,如果绝对误差为 1 m,则可以认为相当准确了;但如果测量飞机场跑道的长度时绝对误差也是 1 m,则认为准确度很差。为了更加符合习惯地衡量值的准确程度,引入了相对误差的概念。

$$\gamma = \frac{\Delta x}{A} \times 100\% \approx \frac{\Delta x}{x_0} \times 100\% \tag{7.2.5}$$

式中,x_0是满足规定准确度的实际值。

一般情况下,相对误差是用式(7.2.5)中的后一个算式计算的。相对误差是一个纯数,与被测量的单位无关。它是单位测量值的绝对误差,所以它符合人们对准确程度的一般习惯,也反映了误差的方向。在衡量测量结果的误差程度或评价测量结果的准确程度时,一般都用相对误差来表示。

2. 仪表和仪器的误差及准确度

绝对误差和相对误差是从误差的表示和测量的结果来反映某一测量值的误差情况,但并不能用来评价测量仪表和测量仪器的准确度。例如,对于指针式仪表的某一量程来说,标度尺上各点的绝对误差尽管相近,但并不相同,某一个测量值的绝对误差并不能用来衡量整个准确度。另一方面,正因为各点的绝对误差相近,所以对于大小不同的测量值,相对误差彼此间会差别很大,即相对误差更不能用来评价仪表的准确度。

当仪表在规定的正常条件下工作时,其示值的绝对误差 ΔA 与其量程 A_m(即满刻度值)之比称为仪表的引用误差,用 γ_n表示,即

$$\gamma_n = \frac{\Delta A}{A_m} \times 100\% \tag{7.2.6}$$

因为引用误差以量程 A_m为比较对象,因此也称基准误差。测量仪表在整个量程范围内出现的最大引用误差称为仪表的容许误差,即容许误差为

$$\gamma_{nm} = \frac{\Delta A_m}{A_m} \times 100\% \tag{7.2.7}$$

式中,ΔA_m是所有可能的绝对误差值最大者,根据以上定义,容许误差是单位测量值的最大可能绝对误差,它可以反映仪表的准确程度。通常,仪器(包括量具)的技术说明书中标明的误差都是指容许误差。

对于指针式仪表,设容许误差的绝对值为

$$|\gamma_{nm}| = \frac{|\Delta A_m|}{A_m} \times 100\% \leqslant a\% \tag{7.2.8}$$

式中，a 定义为仪表的准确度等级，它表明了仪表容许误差绝对值的大小。

机电式指针仪表的准确度等级与其容许误差的关系列在表 7.2.1 中。从表中可以看出，容许误差的绝对值≤0.1%的仪表即为 0.1 级表，容许误差的绝对值≤0.2%的仪表即为 0.2 级表。由表可见，准确度等级的数值越小，容许误差越小，仪表的准确度越高。0.1 级和 0.2 级仪表通常作为标准表用于校验其他仪表，实验室一般用 0.5～1.0 级仪表，工厂用作监视生产过程的仪表一般是 1.0～5.0级。

表 7.2.1 仪表准确度等级

准确度等级指数 a	0.1	0.2	0.5	1.0	1.5	2.5	5.0
容许误差%	±0.1	±0.2	±0.5	±1.0	±1.5	±2.5	±5.0

式(7.2.8)中，任一测量值的绝对误差的绝对值为

$$|\Delta A_m| \leqslant a\% A_m \tag{7.2.9}$$

当仪表的指示值为 x 时，可能产生的最大相对误差的绝对值为

$$|\gamma_m| = \frac{|\Delta A_m|}{x} \leqslant a\% \frac{A_m}{x} \tag{7.2.10}$$

式中，A_m是量程。上式表明，测量值 x 越接近于仪表的量程，相对误差的绝对值越小。

为了充分利用仪表的准确度，应选择合适量程的仪表，或选择仪表上合适的量程挡，以使被测量的量值大于仪表量程的 2/3 以上，这时测量结果的相对误差约为$(1\sim1.5)a\%$。

例 7.2.2 用一个量程为 30 mA、准确度为 0.5 级的直流电流表，测得某电路中的电流为 25.0 mA。试求测量结果的最大绝对误差和最大相对误差。

解：由式(7.2.9)，测量值的最大绝对误差为

$$|\Delta A_m| \leqslant a\% A_m = 0.5\% \times 30\ \text{mA} = 0.15\ \text{mA}$$

由式(7.2.10)，可能出现的最大相对误差为

$$|\gamma_m| = \frac{|\Delta A_m|}{x} = \frac{0.15}{25.0} \times 100\% = 0.6$$

在电子测量仪器中，容许误差有时又分为基本误差和附加误差两类。仪器在确定准确度等级时所规定的温度、湿度等条件称为定标条件。基本误差是指仪器在定标条件下存在容许误差。附加误差是指定标条件的一项或几项发生变化时，仪器附加产生的最大误差。

7.2.3 电工测量仪表的基础知识

1. 电工测量仪器仪表的分类

(1) 按工作原理可分为：机电式直读仪表、电子式（含数字式）仪表和比较式仪表。其中，机电式仪表又分为磁电系、电磁系、电动系、动磁系、感应系、振簧系、热电系、整流系等，本章在接下来的几节中将具体介绍常用的仪器仪表的基本结构及工作原理。

(2) 按被测量的不同可分为：电流表（安培表、毫安表和微安表）、电压表（伏特表、毫伏表和微伏表）、功率表（瓦特表）、电度表、相位表（功率因数表）、频率计、电阻表（欧姆表）、兆欧表、磁通表以及具有多种功能的万用表等。

(3) 按被测电量的性质可分为:直流表、交流表和交直流两用表。

(4) 按准确度等级分类:名种仪器和仪表测量准确度有不同的定义方法。如机电式直读仪表的准确度分为0.1、0.2、0.5、1.0、1.5、2.5、5.0七级,数字式仪器仪表的准确度是按显示位数划分的,而电子仪器是按灵敏度来划分其准确度的。关于各种仪器和仪表的准确度将在后面几节中分别予以介绍。

此外,按仪表对外电磁场的防御能力分为Ⅰ、Ⅱ、Ⅲ、Ⅳ四级,按仪表的使用场合条件分A、B、C三组。

在选择仪器和仪表时,要针对具体情况和使用要求合理选用。

2. 关于测量仪器和仪表的几项技术指标

(1) 准确度:测量仪器和仪表的准确度是指仪器和仪表给出趋近于被测量真值的示值能力。准确度由准确度等级来衡量,通常按惯例注以一个数字或符号,并称为级别指标。

(2) 恒定性:仪表的恒定性是指在外界条件不变的前提下,测量仪表的指示值随时间的不变性。通常,直读式仪表用变差来衡量,度量器常用稳定性来衡量,而比较式仪器则用上述两者来衡量。

变差是指当外界条件不变且进行重复测量时,对应于被测量的实际值,重复读数可能出现的差值。对于一般电工测量的指示仪表,升降变差不应超过仪表的容许误差。对于能耐受机械作用力的仪表、可用直流进行检验的电磁系和电动系仪表,其示值的升降变差不应超过仪表容许误差值的1.5倍。

稳定性是度量器或测量仪器的一个参数,它表示在受到不可逆的和稳定的外界变化因素影响后,度量器或测量仪器保持自己的测量数值或示值不变的一种性能。稳定性常用不稳定度来表示。

(3) 灵敏度:仪器仪表能够测量的最小量称为它的灵敏度。在直读式仪器仪表中,常用V/格、A/格或S/格表示。

3. 对电工仪器仪表的要求与正确使用方法

(1) 对电工仪器仪表的要求:

① 有足够的准确度。

② 变差小。

③ 稳定性好。

④ 仪器仪表本身消耗功率小。

⑤ 要具有适合于被测量的灵敏度。

⑥ 具有良好的读数装置,一般要求刻度均匀,对不均匀刻度,标尺上应标有黑点“.”,表示从黑点起,才是该标尺的“工作部分”。

⑦ 有足够的绝缘电阻、耐压和过载能力。

(2) 仪器仪表的正确使用方法:

① 根据需要,正确选择仪器仪表的种类、型号和规格。

② 应满足仪器仪表的正常工作条件。

③ 仪器仪表应按规定的位置放置,并应该远离外部的电磁场环境。

④ 仪器仪表在使用前要校准和调零(使仪表的指示器在零位上)。

⑤ 测量时应注意正确读数，如指针仪表在读数时应使视线与仪表标尺平面垂直（如果标尺下面的表盘中有镜子时，应在标尺的物像重合处读取数据），并读取足够的位数。

⑥ 测量结束，应将仪器仪表复位。如将电桥的检流计锁住，将万用表放在高电压挡，把调压器归零等。

4. 常用电工仪表的符号和标记

由于电工测量的仪器仪表种类繁多，结构、性能各异，使用中要求不一，为便于正确选用，仅将常用的电工测量仪表的符号等列入表 7.2.2 中，供读者参考。

表 7.2.2　常用电工测量仪表的有关符号等

仪表名称和符号

被测量	仪表名称	符号	被测量	仪表名称	符号
电流	电流表	(A)	功率	功率表	(W)
	毫安表	(mA)	电阻	电阻表	(Ω)
电压	电压表	(V)	频率	频率表	(Hz)
	毫伏表	(mV)	相位	相位表	(φ)

仪表工作原理符号

类型	磁电系	电磁系	电动系	感应系
符号				

电流种类符号

直流	交流（单相）	直流和交流	三相交流
—	～	≂	≋

仪表准确度等级（以指示值百分数表示）符号

0.1%	0.2%	0.5%	1.0%	1.5%	2.5%	5.0%
(0.1)	(0.2)	(0.5)	(1.0)	(1.5)	(2.5)	(5.0)

仪表工作位置符号

水平放置	垂直放置	与水平面倾斜某一角度
⊓	⊥	∠60°

续表

仪表绝缘强度符号			
不进行绝缘强度试验	试验电压 500 V	试验电压为 2000 V	危险
☆(0)	☆	☆(2)	⚡

练习与思考

7.2.1 什么是测量？测量的意义是什么？

7.2.2 电工测量的误差是如何定义的？有哪些种类？

7.2.3 什么是电工仪表的准确度等级？

7.2.4 电工测量常用的仪表有哪些？

7.3 各种常用电量的测量

7.3.1 常用电量的测量方法

测量是为了确定被测对象的量值而进行的实验过程。在这个过程中常借助专门的仪器设备，把被测对象直接或间接地与同类已知单位进行比较，取得用数值和单位共同表示的测量结果，常用电量的测量有电流测量、电压测量、功率测量和电阻测量等。常用电量的测量方法有直接测量、间接测量和组合测量三种。

1. 直接测量

不需对被测量与其他实测量进行函数关系辅助计算，而直接得到被测量值的测量方法叫直接测量。它包括直接从仪器仪表的标尺上读出测量结果的直读测量和与标准量进行比较而获得测量结果的比较测量。如用电压表测电压和用电桥测量电阻值的大小等。

2. 间接测量

根据被测量和其他量的函数关系，先测得其他量，然后按函数式把被测量计算出来的方法叫间接测量。如用伏安法测量电阻。间接测量法的误差较大，在准确度要求不高的场合或直接测量有困难时采用。

3. 组合测量

组合测量是兼用直接测量与间接测量的方法将被测量和另外几个量组成联立方程，通过直接测量几个量后求解方程，从而得出被测量的值。

7.3.2 常用电量的测量

1. 电流的测量

测量直流电流时，通常选用磁电系电流表，也可选用交直流两用的电磁系、电动系电流表。测量交流电流时，通常选用电磁系或电动系电流表。电流表使用时必须串联在被测电路中，如图 7.3.1 所示。对于磁电系直流电流表，使用时还要注意“+”、“-”极性。电流要从“+”端入，从

“-”端出。为使电路的工作状态不因接入电流表而受影响，电流表的内阻一般都比较小。因此，决不能将电流表错误的并联在被测电路上，否则被测电路的电压直接加在电流表两端，电流表将被烧坏。

2. 电压的测量

测量直流电压通常选用磁电系电压表（或交直流两用的电磁系、电动系电压表），测量交流电压选用电磁系电压表或电动系电压表。电压表使用时应并联在被测负载或电源的两端，如图7.3.2所示。使用磁电系直流电压表测量直流电压时要注意极性。

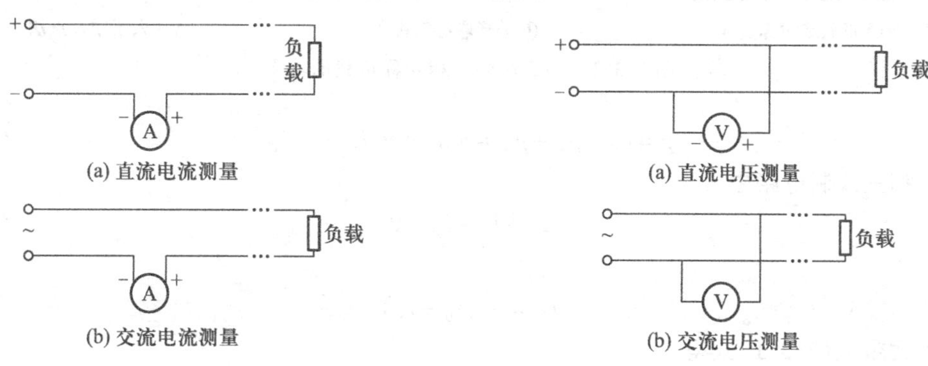

图7.3.1 测量电流接线图

图7.3.2 测量电压接线图

3. 功率的测量

（1）直流功率测量：直流功率测量有两种方法，一种方法是利用直流电流表和直流电压表分别测量出负载电流和负载的端电压值，然后根据公式 $P=IU$ 计算出直流功率；另一种方法是用单相功率表直接测量功率值（具体方法与单相有功功率测量相同）。

（2）单相有功功率的测量：测量单相交流电路负载的有功功率通常选用电动系单相功率表。

（3）三相有功功率的测量：在三相交流电路中，用单相功率表可以组成一表法、两表法或三表法来测量三相负载的有功功率。下面具体介绍这三种测量方法。

一表法测三相对称负载的有功功率。三相对称负载，无论是在三相三线制还是三相四线制电路中，都可以采用一只功率表来测量它的有功功率。根据三相对称负载各相有功功率都相等的特点，只要测出一相的有功功率，再将功率表读数乘以3就是三相总的有功功率即 $P=3P_1$，接线如图7.3.3所示。功率表都接在负载的相电压和相电流上，仪表的读数就是一相的有功功率。当星形联结负载的中性点不能引出或三角形联结负载的一相不能拆开接线时，可采用图7.3.3（c）所示的人工中性点法将功率表接入电路。应注意的是表外两个附加电阻 R 应等于功率表电压回路的总电阻，以保证人工中性点N的电位为零。

两表法测三相三线制负载的有功功率。在三相三线制电路中，通常采用两表法来测量三相有功功率，接线如图7.3.4所示。将功率表Ⓦ₁、Ⓦ₂分别接在线电压 u_{UW}、u_{VW} 和线电流 i_U、i_V 回路上，从两表读得的指示值 P_1 和 P_2 分别是瞬时功率 $P_1=u_{UW}i_U$ 和 $P_2=u_{VW}i_V$ 在一个周期的平均值。而两表指示值的和，则正好等于三相负载的有功功率。证明如下：

如图7.3.4所示的星形联结负载（若是三角形联结负载，也可等效变换为星形联结负载），其三相总瞬时功率 p 应为

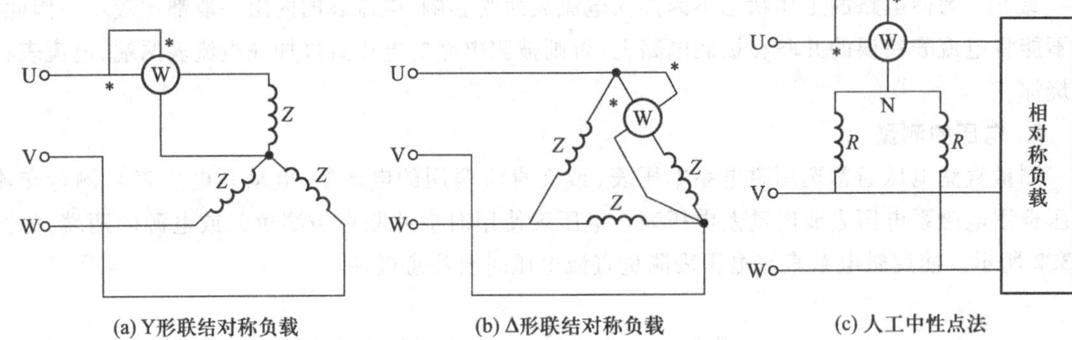

图 7.3.3 一表法测三相对称负载的功率

$$p = p_U + p_V + p_W = u_U i_U + u_V i_V + u_W i_W \tag{7.3.1}$$

在三相三线制电路中

$$i_U + i_V + i_W = 0 \tag{7.3.2}$$

所以

$$i_W = -(i_U + i_V) \tag{7.3.3}$$

将上式带入(7.3.1)式得

$$p = u_U i_U + u_V i_V - u_W(i_U + i_V) = (u_U - u_W) i_U + (u_V - u_W) i_V = u_{UW} i_U + u_{VW} i_V = p_1 + p_2 \tag{7.3.4}$$

结果表明，两功率表测得的瞬时功率之和等于三相总瞬时功率，因此，两表所测瞬时功率之和在一周期内的平均值也就等于三相总瞬时功率在一周期内的平均值。三相负载的有功功率就等于两功率表读数之和，即 $P = P_1 + P_2$。

以上表明，只要是三相三线制，则不管负载对称与否，其三相有功功率都可用两表法来测量。而三相四线制不对称电路因为 $i_U + i_V + i_W \neq 0$，所以不能用两表法进行测量。

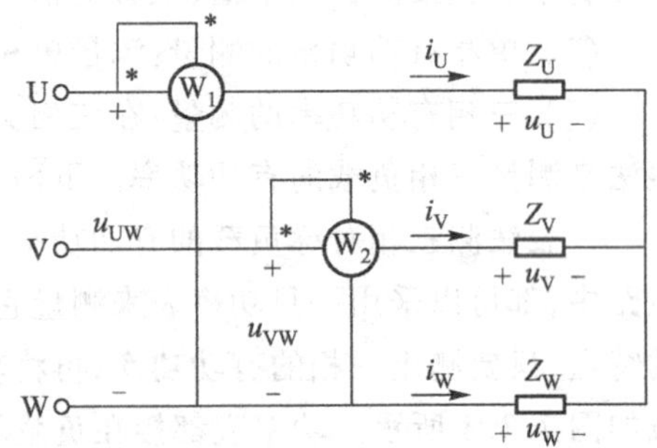

图 7.3.4 两表法测三相三线制功率

应该注意的是，用两表法测三相功率时，每只表上的读数本身没有具体物理意义（在一般情况下）。所以，即使在三相电路完全对称的情况下，两只表上的读数也不一定相等，（纯电阻性负载除外），而且还随负载的功率因数变化而变化。在图 7.3.4 的电路中，两表的读数分别是平均值 $U_{UW}I_U$ 和 $U_{VW}I_V$，即

$$P_1 = U_{UW} I_U \cos\varphi_1$$

$$P_2 = U_{VW} I_V \cos\varphi_2$$

式中，φ_1 是线电压 U_{UW} 与线电流 I_U 的相位差，φ_2 是线电压 U_{VW} 与线电流 I_V 的相位差。

当三相负载对称时，从图 7.3.5 所示的相量图中可得 U_{UW} 与 I_U、U_{VW} 与 I_V 的相位差分别为

$$\varphi_1 = 30° - \varphi$$

$$\varphi_2 = 30° + \varphi$$

式中，φ 是相电压与相电流的相位差。

两功率表的读数可表示为

$$P_1 = U_L I_L \cos(30° - \varphi)$$

$$P_2 = U_L I_L \cos(30° + \varphi)$$

式中，U_L是线电压（V），I_L是线电流（A）。

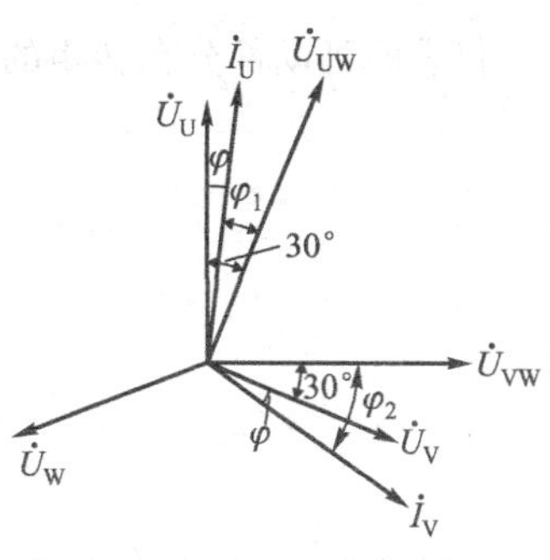

图 7.3.5 对称三相负载相量图

上式说明，两功率表的读数与负载的功率因数有关。对于 $\varphi=0$ 的纯电阻性负载，两表读数相等，三相有功功率 $P=P_1+P_2$；对于 $\varphi=60°$的电感性、电容性负载，两表中有一只表的读数为零，三相有功功率 $P=P_1$或 $P=P_2$；对于 $|\varphi|>60°$的负载，两表中有一只表读数为负值。为取得读数，应将反转功率表的电流线圈反接，然后将两只功率表上的读数相减便是三相负载的总功率。

三表法测三相四线制不对称负载的有功功率。三相四线制不对称负载的有功功率的测量通常采用三表法，即用三只单相功率表分别测出每相有功功率，然后把三表读数相加，就是三相负载的总有功功率，接线原理如图 7.3.6 所示。

4. 兆欧表

检查电机、电器及线路的绝缘情况和测量高值电阻常应用兆欧表。兆欧表是一种利用磁电式流比计的线路来测量高电阻的仪表，其构造如图 7.3.7 所示。在永久磁铁的磁极间放置着固定在同一轴上而相互垂直的两个线圈。一个线圈与电阻 R_x串联，然后将两者并联于直流电源。电源安置在仪表内，是一手摇直流发电机，其端电压为 U。

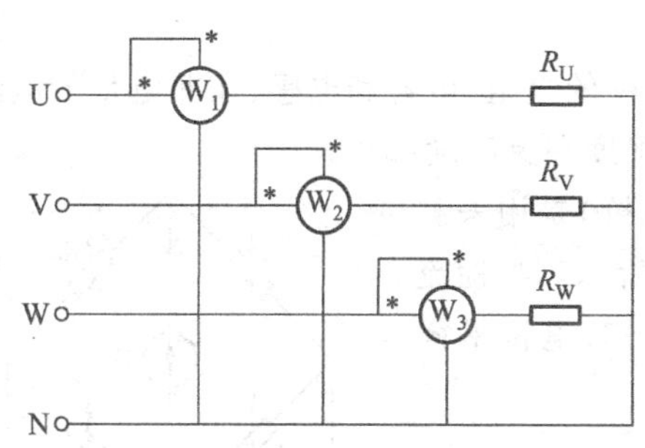

图 7.3.6 三表法测三相四线制不对称负载功率

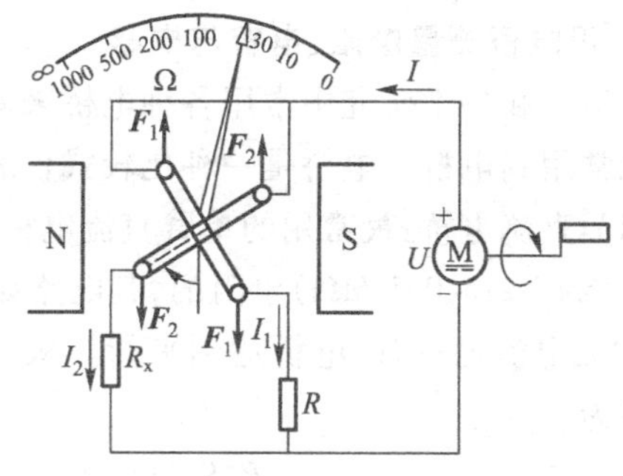

图 7.3.7 兆欧表的构造

在测量时两个线圈中通过的电流分别为

$$I_1 = \frac{U}{R_1 + R}$$

和

$$I_2 = \frac{U}{R_2 + R_x}$$

式中，R_1和 R_2分别为两个线圈的电阻。两个通电线圈因受磁场的作用，产生两个方向相反的转矩

$$T_1 = k_1 I_1 f_1(\alpha)$$

和

$$T_2 = k_2 I_2 f_2(\alpha)$$

式中 $f_1(\alpha)$和$f_2(\alpha)$分别为两个线圈所在处的磁感应强度与偏角 α 之间的函数关系。因为磁场是不均匀的，所以这两个函数并不相等。

仪表的可动部分在转矩的作用下发生偏转，直到两个线圈产生的转矩相平衡为止。这时

$$T_1 = T_2$$

$$\frac{I_1}{I_2} = \frac{k_2 f_2(\alpha)}{k_1 f_1(\alpha)} = f_3(\alpha)$$

或

$$\alpha = f\left(\frac{I_1}{I_2}\right) \tag{7.3.5}$$

上式表明，偏转角 α 与两线圈电流之比有关，故称为流比计。

由于

$$\frac{I_1}{I_2} = \frac{R_2 + R_x}{R_1 + R}$$

所以

$$\alpha = f\left(\frac{R_2 + R_x}{R_1 + R}\right) = f'(R_x) \tag{7.3.6}$$

可见偏转角 α 与被测电阻 R_x 有一定的函数关系，因此，仪表的刻度尺就可以直接按电阻来分度。这种仪表的读数与电流电压无关，所以手摇发电机转动的快慢不影响读数。

线圈中的电流是经由不会产生阻转矩的柔韧的金属带引入的，所以当线圈中无电流时，指针将处于随遇平衡状态。

5. 用电桥测量电阻、电容与电感

在生产和科学研究中常用各种电桥来测量电路元件的电阻、电容和电感，在非电量的电测技术中也常用到电桥。电桥是一种比较式仪表，它的准确度和灵敏度都较高。

(1) 直流电桥：最常用的单臂直流电桥（惠斯通电桥）是用来测量中值（约 1 Ω ~0.1 MΩ）电阻的，其电路如图 7.3.8 所示。当检流计 G 中无电流通过时，电桥达到平衡。从前面计算可知，电桥平衡的条件为

$$R_1 R_4 = R_2 R_3$$

设 $R_1 = R_x$，为被测电阻，则

$$R_x = \frac{R_2}{R_4} R_3 \tag{7.3.7}$$

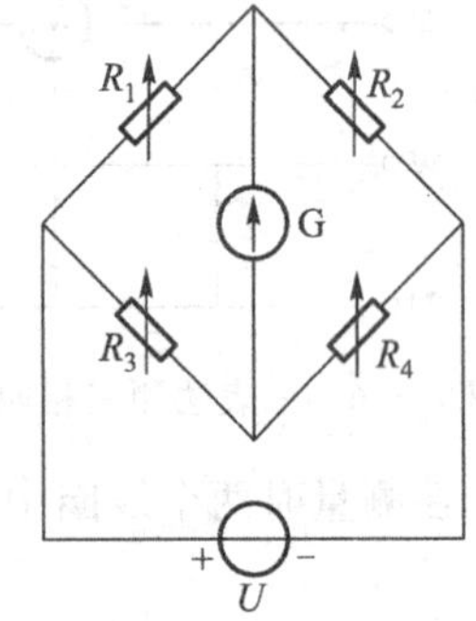

图 7.3.8 直流电桥的电路

式中$\frac{R_2}{R_4}$为电桥的比臂，R_3 为较臂。测量时先将比臂调到一定比值，而后再调节较臂直到电桥平衡。

电桥也可以在不平衡的情况下来测量，先将电桥调节到平衡，当 R_x 有所变化时，电桥的平衡被破坏，检流计流过电流，这电流与 R_x 有一定的函数关系，因此，可以直接读出被测电阻值或引起电阻发生变化的某种非电量的大小。不平衡电桥一般用在非电量的电测技术中。

(2) 交流电桥：交流电桥的电路如图 7.3.9 所示。四个桥臂由阻抗 Z_1、Z_2、Z_3 和 Z_4 组成，交流电源一般是低频信号发生器，指零仪器是交流检流计或耳机。

当电桥平衡时

$$Z_1 Z_4 = Z_2 Z_3 \tag{7.3.8}$$

将阻抗写成指数形式，则为

$$|Z_1| e^{j\varphi_1} |Z_4| e^{j\varphi_4} = |Z_2| e^{j\varphi_2} |Z_3| e^{j\varphi_3}$$

或

$$|Z_1||Z_4| e^{j(\varphi_1+\varphi_4)} = |Z_2||Z_3| e^{j(\varphi_2+\varphi_3)}$$

由此得

$$|Z_1||Z_4| = |Z_2||Z_3| \tag{7.3.9}$$

$$\varphi_1 + \varphi_4 = \varphi_2 + \varphi_3 \tag{7.3.10}$$

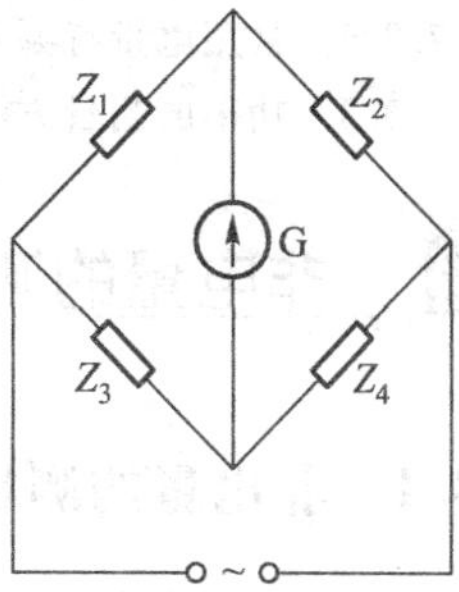

图 7.3.9　交流电桥的电路

为了使调节平衡容易些，通常将两个桥臂设计为纯电阻。

设 $\varphi_4 = \varphi_2 = 0$，即 Z_2 和 Z_4 是纯电阻，则 $\varphi_1 = \varphi_3$，即 Z_1 和 Z_3 必须同为电感性或电容性的。

设 $\varphi_2 = \varphi_3 = 0$，即 Z_2 和 Z_3 是纯电阻，则 $\varphi_1 = -\varphi_4$，即 Z_1、Z_4 中，一个是电感性的，而另一个是电容性的。

① 电容的测量：测量电容的电路如图 7.3.10 所示，电阻 R_2 和 R_4 作为两臂，被测电容器（C_x，R_x）作为一臂，无损耗的标准电容器（C_0）和标准电阻（R_0）串联后作为另一臂，则

$$\left(R_x - j\frac{1}{\omega C_x}\right) R_4 = \left(R_0 - j\frac{1}{\omega C_0}\right) R_2$$

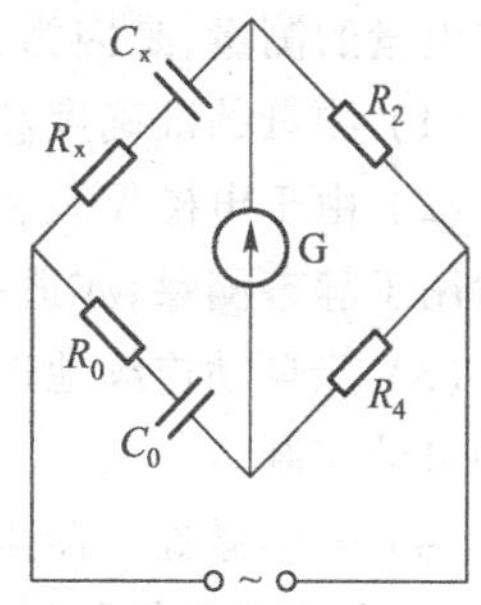

图 7.3.10　测量电容的电路

由此得

$$R_x = \frac{R_2}{R_4} R_0$$

$$C_x = \frac{R_4}{R_2} C_0$$

为了要同时满足上两式的 $\frac{R_2}{R_4}$ 平衡关系，必须反复调节 R_2 和 R_0（或 C_0）直到平衡为止。

② 电感的测量：测量电感的电路如图 7.3.11 所示，R_x 和 L_x 是被测电感元件的电阻和电感。电桥平衡的条件为

$$R_2 R_3 = (R_x + j\omega L_x)\left(R_0 - j\frac{1}{\omega C_0}\right)$$

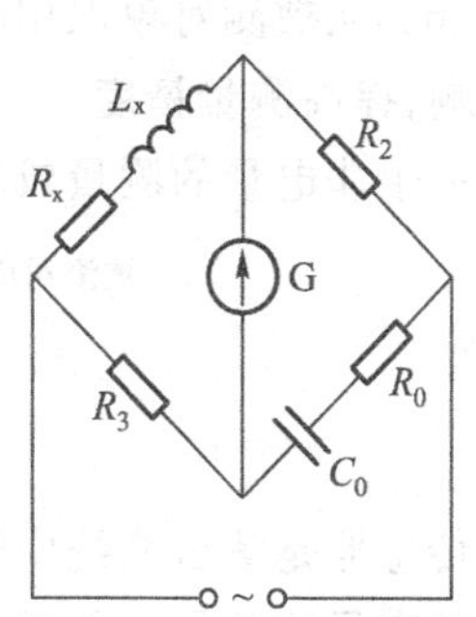

图 7.3.11　测量电感的电路

由上式可得出

$$L_x = \frac{R_2 R_3 C_0}{1 + (\omega R_0 C_0)^2}$$

$$R_x = \frac{R_2 R_3 R_0 (\omega C_0)^2}{1 + (\omega R_0 C_0)^2}$$

调节 R_2 和 R_0 使电桥平衡。

练习与思考

7.3.1　常用电量的测量方法有哪几种？

7.3.2 常用电量有哪几种？

7.3.3 功率的测量方法有哪几种？

7.4 非电量的测量

7.4.1 非电量的测量方法

非电量电测的任务，就是通过一种器件或装置，把待测的非电量变换成与它有关的电信号（电压、电流、频率等），然后利用电气测量的方法，对该电信号进行测量，来确定被测的非电量。非电量电测技术是科学技术与生产过程发展到自动检测、自动控制阶段的产物。在大量的科学研究或生产过程中，需要测量各种物理量，其中多数是非电量。电测技术之所以广泛地应用于许多非电量的测量，是因为它具有下列优点。

(1) 测量的准确度和灵敏度高，测量范围广。

(2) 由于电磁仪表和电子装置的惯性小，测量的反应速度快，即具有比较宽的频率范围，不仅适用于静态测量，亦适用于动态过程的测量。

(3) 能自动连续地进行测量，便于自动记录，并能根据测量结果，配合调节装置，进行自动调节和自动控制。

(4) 采用微处理器做成的智能仪器，可与微型计算机一起组成测量系统，实现数据处理、误差校正、自监视和仪器校准等功能。

(5) 可以进行远距离测量，从而能实现集中控制和遥控。

(6) 从被测对象取用功率小，甚至完全不取用功率，可以进行无接触测量，减少对被测对象的影响，提高测量精度。

一个非电量的测量或测试系统大体上可用图7.4.1所示的原理框图来描述。

被测对象 → 传感器 → 信号调理 → 数据显示与记录 → 观察者

图7.4.1 测试系统原理框图

传感器是测试系统中的第一个环节，用于从被测对象获取有用的信息，并将其转换为适合于测量的变量或信号。如采用弹簧秤测量物体受力时，其中的弹簧便是一个传感器或者敏感元件，它将物体所受的力转换成弹簧的变形——位移量。又如在测量物体的温度变化时，可采用水银温度计作传感器，将热量或温度的变化转换为汞柱亦即位移的变化。同样可采用热敏电阻来测温，此时温度的变化便被转换为电参数——电阻率的变化。再如在测量物体振动时，可以采用磁电式传感器，将物体振动的位移或振动速度通过电磁感应定律转换成电压变化量。由此可见，对于不同的被测物理量要采用不同的传感器，这些传感器的作用原理所依据的物理效应也是千差万别的。对于一个测量任务来说，第一步是能够（有效地）从被测对象取得能用于测量的信息，因此传感器在整个测量系统中的作用十分重要。

信号调理部分是对从传感器所输出的信号做进一步的加工和处理，包括对信号的转换、放大、滤波、储存、重放和一些专门的信号处理。这是因为从传感器输出的信号往往除有用信号外还夹杂各种有害的干扰和噪声,因此在做进一步处理之前必须将干扰和噪声滤除掉。另外,传感器的输出信号往往具有光、机、电等多种形式,而对信号的后续处理往往都采取电的方式和手段,因此有时必须把传感器的输出信号进一步转换为适宜于电路处理的电信号,其中也包括信号的放大。通过信号的调理,最终希望获得便于传输、显示和记录以及可做进一步后续处理的信号。

数据显示与记录部分是将调理过的信号用便于人们分析的介质(和手段)进行显示和记录。

图 7.4.1 所示的三个方框中的功能都是通过传感器和不同的测量仪器来实现的,它们构成了测试系统的核心部分。但需要注意的是,被测对象和观察者也是测试系统的组成部分,它们同传感器、信号调理部分以及数据显示与记录部分一起构成了一个完整的测试系统。这是因为在用传感器从被测对象获取信号时,被测对象通过不同的连接或耦合方式也对传感器产生了影响和作用;同样,观察者通过自身的行为和方式也直接或间接地影响着系统的传递特性。因此在评估测试系统的性能时必须也考虑这两个因素的影响。

测试系统是用来测量被测信号的,被测信号经系统的加工和处理之后在系统的输出端以不同的形式被输出。系统的输出信号应该真实地反映原始被测信号,这样的测试过程被称为“精确测试”或“不失真测试”。如何实现一个精确的或不失真的测试系统? 各部分应具备什么样的条件才能实现精确的测试? 这正是测试技术中所要研究的一个主要问题。

7.4.2 常见传感器的构成与工作原理

将非电量转换成电量的装置称为传感器。图 7.4.2 是传感器原理框图,它一般由三部分组成:敏感元件、转换元件和转换电路。敏感元件直接感受被测几何量的变化。转换元件的作用是将被测几何量的变化转换为电参数的变化(如电阻、电感、电容等),再经转换电路转换成电信号(如电压、电流、频率等)的输出。

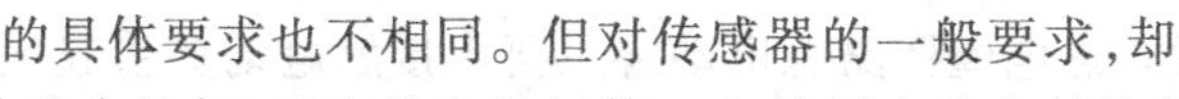

被测量 → 敏感元件 → 转换元件 → 转换电路 → 电量

图 7.4.2 传感器原理框图

传感器的种类很多,目前在几何量电测技术中常用的传感器有电触式、电感式、互感式、电容式、压电式、光电式、气电式、光栅式、磁栅式、激光式及感应同步式等。传感器的质量好坏、准确度高低对整台仪器起主要作用。由于各种传感器的原理、结构不同,使用的环境、条件、目的不同,因此对各种传感器的具体要求也不相同。但对传感器的一般要求,却基本上相同,如工作可靠、准确度高、长期工作稳定性好、温度稳定性好等。此外还应具有结构简单、使用维护方便、抗干扰能力强等优点。几类常用的传感器如下。

1. 应变式电阻传感器

导体或半导体材料在外力作用下,发生机械形变(如拉伸或压缩等),其阻值将相应地发生变化,这种现象称为“应变效应”。根据此效应可制成应变传感器——应变片。将其粘贴于被测材料上,被测材料在外界条件下产生的应变,使应变片上的电阻丝的阻值发生改变,从而测出被测材料在粘贴应变片的那一点上的应变值。

根据应变片采用电阻材料的不同,将应变片分为两大类:金属电阻应变片和半导体应变片。每一类按照工艺、材料或结构,又有不同的分类。金属电阻应变片常用的有丝式应变片和箔式应变片。金属丝式电阻应变片的结构如图 7.4.3(a)所示。它是用一根金属细丝弯曲后粘贴在衬底上制成。为了增加丝体长度,把金属丝弯成栅状,两端焊在引出线上。常用的电阻应弯丝的材料是康铜或镍铬合金,衬底的材料常用薄纸或有机聚合物薄膜。

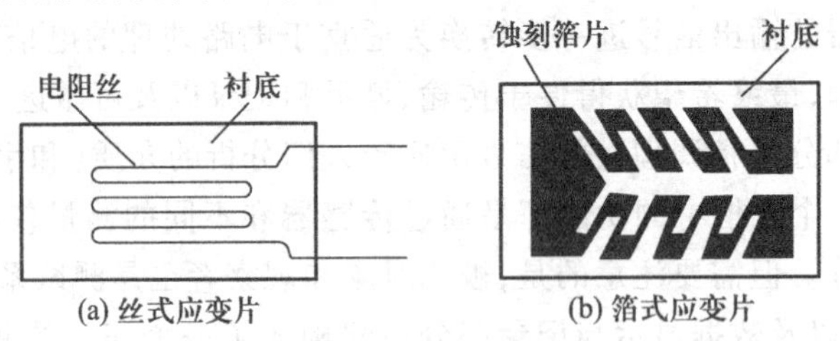

图 7.4.3 金属电阻应变片

箔式应变片是用光刻、腐蚀等工艺制成的,其形状尺寸可以做得很准确,由于箔式应变片散热性能好,可通过较大的电流,灵敏度高,并可做成任意形状,又便于大量生产,所以其使用日益广泛,有取代丝式应变片的趋势。金属箔式电阻应变片结构如图 7.4.3(b)所示。

半导体应变片的工作原理是基于半导体材料的压阻效应。所谓压阻效应是指单晶半导体材料沿某一轴向受到外力作用时,其电阻率发生变化的现象。其使用方法与电阻丝式应变片相同。半导体应变片最突出的优点是体积小而灵敏度高;它的灵敏系数比金属应变片要大几十倍,频率响应范围很宽。但半导体材料具有温度系数大、灵敏系数随温度变化大,应变与电阻的关系曲线非线性大等缺点,使它的应用范围受到一定限制。

2. 热电偶

热电偶是将温度差转换为热电动势的传感仪器。它具有结构简单,准确度较高,温度测量范围宽,动态响应好等优点。因此在温度测量中应用极为广泛。

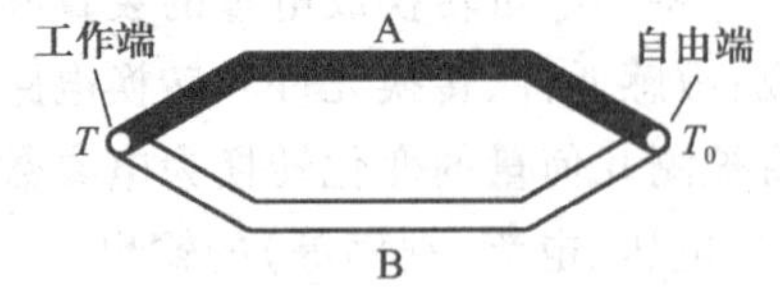

图 7.4.4 热电偶结构

热电偶结构如图 7.4.4 所示。将两种不同的导体 A、B 两端紧密连接在一起,组成一个闭合回路。当两接点温度不等时($T \neq T_0$),回路中会产生热电动势,从而形成电流,这种现象称为热电效应。

热电效应的原理如下:当两种不同导体 A、B 连接在一起时,由于各自的自由电子密度不同,在连接处会发生自由电子的扩散。扩散的结果造成两导体一个失去电子带正电,另一个得到电子带负电,在接触处形成了电位差,称为接触电动势。接触电动势的大小与导体材料 A、B 的性质及接触点的温度有关。热电偶回路总电动势主要由接触电动势引起。当 $T \neq T_0$时,回路总电动势为两接触电动势之差。保持热电偶自由端温度 T_0不变,测出热电偶回路的总电动势,即可求得工作端温度 T。

3. 电感式传感器

电感式传感器的原理是利用电感元件将待测物理量的变化转换成电感元件的自感系数或互感系数的变化,再利用测量电路将之变换为电压或电流信号进行测量。它可测量位移、压力、流量等参数。在自动控制系统中应用十分广泛。

变隙式电感传感器的基本结构如图 7.4.5 所示。主要由铁心、衔铁和线圈组成。其中衔铁是传感器的活动部分,与铁心之间有空气隙。当衔铁在外界因素(待测量)作用下移动时,空气隙长度发生变化,相应地使线圈电感值改变,测量出电感的变化量,进而计算出待测物理量。此类传感器称为变气隙式自感传感器,误差较大,不适用于精密测量。

实际应用中广泛采用的是差动式电感传感器，如图 7.4.6 所示。差动式电感传感器由完全对称的两简单电感传感器共用一个活动衔铁构成。当衔铁在外界待测量的作用下偏离中间位置向某一方移动时，两传感器的空气隙一个增大，一个减小，使两电感线圈的电感也发生变化。由于两电感线圈分别接到交流电桥的相邻电臂，电感的变化造成电桥不平衡，电桥输出电压的幅值大小与衔铁的移动成比例。将衔铁与运动机构相连，可测量位移、液位等非电量。

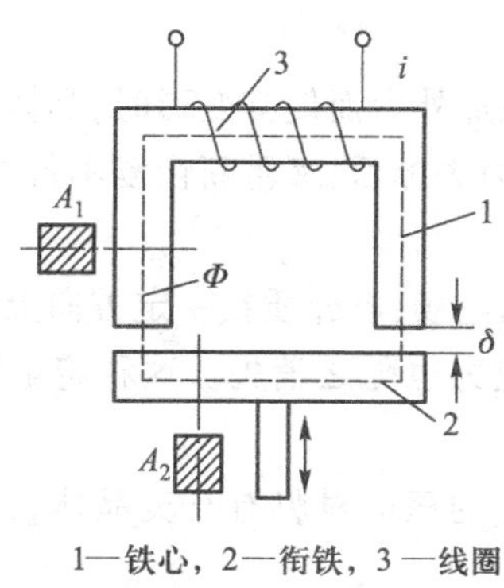

图 7.4.5 变隙式电感传感器基本结构

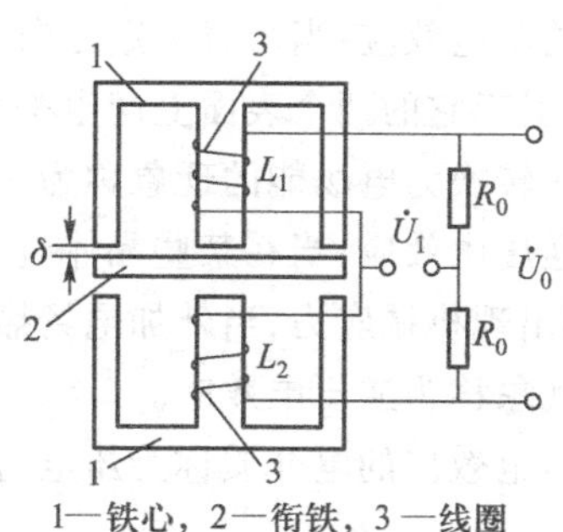

图 7.4.6 差动式电感传感器基本结构

4. 电容式传感器

电容式传感器是将待测物理量转换为电容器的电容量变化而进行测量的一种传感器。基本结构如图 7.4.7 所示，为空气型平板电容器。不计边缘效应时，它的电容量可用下式表示

$$C=\frac{\varepsilon A}{\delta} \tag{7.4.1}$$

式中，ε 为极板间介质的介电常数；A 为极板的面积；δ 为两极板间的距离。

电容与极板面积 A 成正比，与极板间距离 δ 成反比。将其中一极板位置固定，另一极板与待测运动物体相连，当待测运动物体发生相对位移时，引起电容的变化，利用测量电路将电容变化转换为电压、电流等电信号，测量电信号的大小，可推算出运动物体的位移。由于电容还与极板间介质的介电常数有关，当两极板固定不动时，电容的变化量完全由介质常数的变化引起，据此可测量介质的状态参数。

在实际应用中，为了提高线性和灵敏度，减弱外界条件（如电源电压波动、环境温度变化等）对测量精度的影响，也和电感传感器一样，常采用差动式，如图 7.4.8 所示。

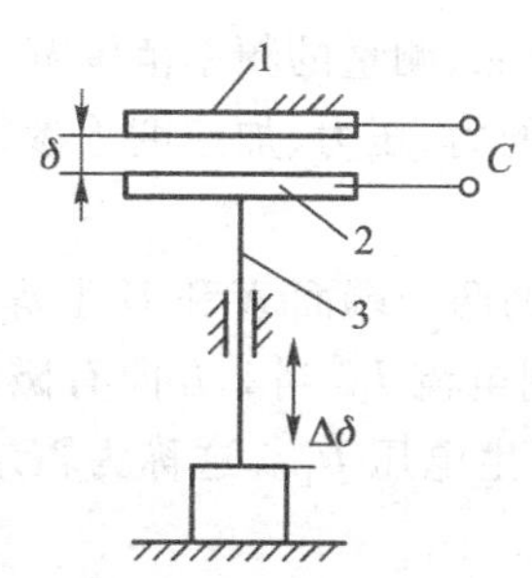

图 7.4.7 空气型平板电容器

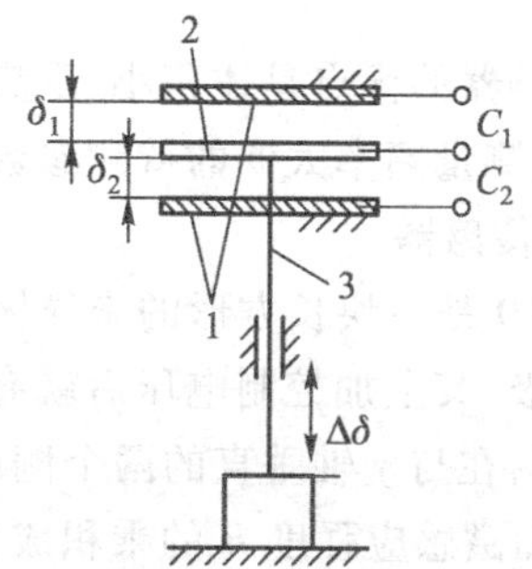

图 7.4.8 差动式电容传感器

5. 压电式传感器

压电式传感器是以具有压电效应的压电器件为敏感元件组成的传感器。它将检测量转换成电荷,产生静电电位差,由于压电效应还具有可逆效应,因此,压电器件还是一种典型的双向有源传感器。基于这一特点,压电式传感器已被广泛应用于超声、通信、宇航、雷达和引爆领域等;并与激光、红外、超声等技术相结合,成为发展新技术和高科技的重要器件。

压电效应分为正压电效应和逆压电效应。

(1) 正压电效应:当沿着一定方向对某些晶体电介质施加外力而使其变形时,晶体内部产生极化现象,引起它的两个表面上产生符号相反的电荷,当外力去掉后,又重新恢复不带电状态,这种将机械能转换为电场能的现象称为正压电效应。

(2) 逆压电效应:当在某些晶体电介质的极化方向施加电场,电介质在一定方向上产生机械形变,内部出现机械应力,当外加电场撤去后,这些形变和应力也随之消失。这种将电能转换为机械能的现象称为逆压电效应。

具有压电效应的电介质称为压电材料或压电元件,常见的压电材料有石英晶体,钛酸钡、锆钛酸铅等。

压电传感器可测量的基本参数是力,但是也可以测量能变换成力的参数,如加速度、位移等。其等效电路如图7.4.9(a) ~ (c)所示。当被测机械应力作用在压电传感器中的压电晶体上时,在晶体的两个表面上出现极性相反但数值相等的电荷 Q,而极板中间是介电常数为 $\varepsilon_r\varepsilon_0$ 的晶体片,这样压电晶体就可等效成一个有源的电容。

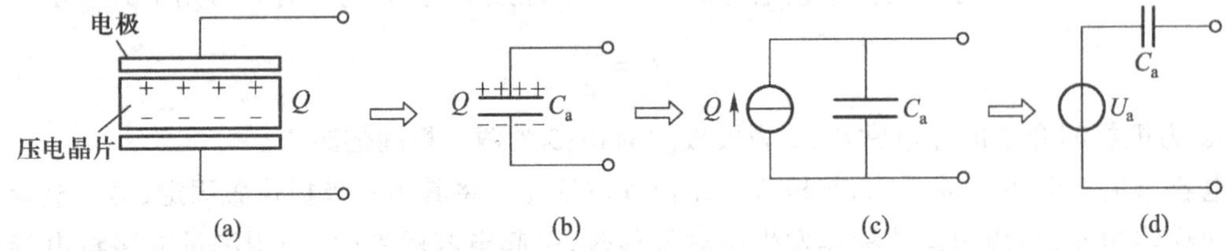

图7.4.9 压电晶体的等效电路

当极板聚集异性电荷 Q 时,则两极板呈现出一定的电压 U_a,其大小为

$$U_a = \frac{Q}{C_a} \tag{7.4.2}$$

因此,压电晶体也可以等效地看作是一个电压源与一个电容器 C_a 的串联电路,如图7.4.9(d)所示。

压电传感器的优点是体积小,重量轻,结构简单,工作可靠,测量的频率范围宽。但是由于漏电现象,不能测量频率太低的待测参数,主要用来测量动态的力、压力、加速度等参数。

6. 霍尔传感器

图7.4.10是一块长方形的半导体材料,在与 x 轴垂直的两个端面A和H上焊接金属电极,称为控制电极,其上加控制电压后就有沿 x 方向流动的控制电流 I。当 z 方向有磁场(其磁感应强度为 B)时,在与 y 轴垂直的两个侧面C和D之间就会产生电压 U_h。这称为霍尔效应。U_h 与控制电流 I 和磁感应强度 B 的乘积成比例。

利用霍尔效应制成的元件称为霍尔元件或霍尔传感器。图7.4.11是位移传感器的原理图,可用于微位移的测量。

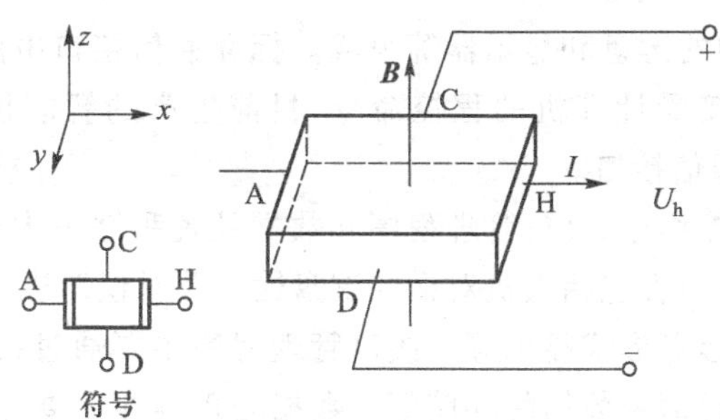

图 7.4.10　霍尔效应原理图

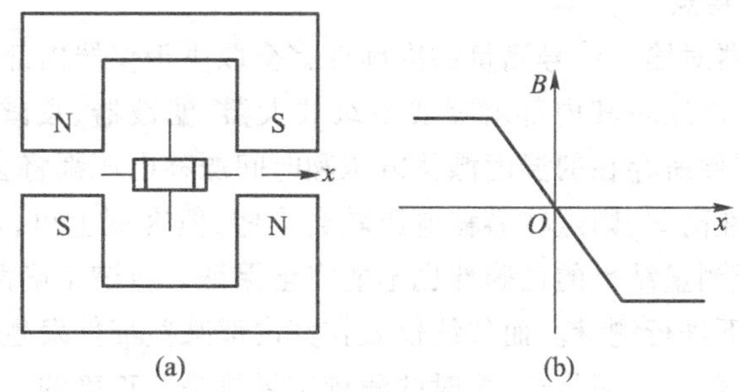

图 7.4.11　位移传感器的原理图

在两个磁钢的气隙中放置一块霍尔元件，当它的控制电流不变时，霍尔电压 U_k 正比于霍尔元件在 x 方向的位移量

$$U_k = kx \tag{7.4.3}$$

式中，k 为位移传感器的灵敏度。

当霍尔元件在磁钢中间位置时（$x=0$），$U_k=0$。U_k 的极性反映了元件位移的方向。

7.5　现代测试技术

测试技术的发展，经历了第一代基于电磁测量原理，以模拟测量为主的指针式仪表，到第二代将模拟信号的测量转化为数字信号的测量并以数字显示的数字式仪表，再到第三代仪器——智能仪器，第四代仪器——基于网络的测试仪器。现代测试技术就是第三代及其以后的仪器的相关技术。

7.5.1　智能仪器与数据采集系统的基本组成及特点

1. 智能仪器与数据采集系统的基本组成

智能仪器实际上是一个专用的微型计算机系统，它主要由硬件和软件两大部分组成。硬件部分主要包括主机电路、模拟量输入输出通道、人机联系部件与接口电路、标准通信接口等部分。其中，主机电路通常由微处理器、存储器、输入输出（I/O）接口电路等组成，或者它本身应是一个具有多功能的单片机。模拟量输入输出通道用来输入输出模拟量信号，主要由 A/D 转换器、D/A 转换器和有关的模拟信号处理电路等组成。人机联系部件的作用是沟通操作者和仪器之间的联系，它主要由仪器面板中的键盘和显示器等组成。标准通信接口电路用于实现仪器与计算机的联系，以便使仪器可以接受计算机的程控命令，目前生产的智能仪器一般都配有 GP－IB、RS232C、RS485 等标准的通信接口。

软件部分主要包括监控程序、接口管理程序和数据处理程序三大部分。其中监控程序面向仪器面板键盘和显示器，其内容包括人机对话的键盘输入及对仪器进行预定的功能设置，对处理后的数据以数字、字符、图形等形式显示等。接口管理程序主要通过接口电路进行数据采集、输入/输出通道控制、数据的通信及数据的存储等。数据处理程序主要完成数据的滤波、数据的运算、数据的分析等任务。

2. 智能仪器的主要特点

传统的电子测量仪器对输入信号测量的准确性完全取决于仪器内部各部件的精密性和稳定性。例如，一台普通数字电压表其内部就需要多级放大器、滤波器、衰减器、A/D 转换器及参考电源等主要部件，这些部件所存在的温度漂移电压和时间漂移电压都将会反映到测量结果中去。如果所采用的仪器精密性高些，则这些漂移电压就会小些，但客观上讲，这些漂移电压总是存在的。另外，传统仪表对于测量结果的正确性也不能完全保证。所谓正确性，是指仪表应在其各个部件完全无故障的条件下进行测量。而传统仪表在其内部某些部件发生故障时仍然继续进行测量，并继续给出测量结果值。显而易见，这时的测量结果将是不正确的。智能化测量仪器的出现使上述问题的解决有了突破性的进展。

与传统的电子仪器相比，智能仪器具有以下特点：

(1) 微处理器的运用极大地提高了仪器的性能。例如，智能仪器利用微处理器的运算和逻辑判断功能，按照一定的算法可以方便地消除由于漂移、增益的变化和干扰等因素所引起的误差，从而提高了仪器的测量精度。智能仪器除具有测量功能外，还具有很强的数据处理能力。例如，传统的数字多用表只能测量电阻、交直流电压、电流等，而智能型的数字多用表不仅能进行上述测量，而且还具有对测量结果进行诸如零点平移、平均值、极值、统计分析以及更加复杂的数据处理功能，使用户从繁重的数据处理中解放出来。目前，有些智能仪器还运用了专家系统技术，使仪器具有更深层次的分析能力，帮助人们思考，解决专家才能解决的问题。

(2) 智能仪器运用微处理器的控制功能，可以方便地实现量程自动转换、自动调零、触发电平自动调整、自动校准、自诊断等功能，有力地改善了仪器的自动化测量水平。例如，智能型的数字示波器有一个自动分度键，测量时只要一按这个键，仪器就能根据被测信号的频率及幅度，自动设置好最合理的垂直灵敏度、时基以及最佳的触发电平，使信号的波形稳定地显示在屏幕上。又例如，智能仪器一般都具有自诊断功能，当仪器发生故障时，可以自动检测出故障的部位并能协助诊断故障的原因，甚至有些智能仪器还具有自动切换备件进行自维修功能，极大地方便了仪器的维护。

(3) 智能仪器具有友好的人机对话能力。使用人员只需通过键盘输入命令，仪器就能实现某种测量和处理功能。与此同时，智能仪器还通过显示屏将仪器的运行情况、工作状态以及对测量数据的处理结果及时告诉使用人员，使人机之间的联系非常密切。

(4) 智能仪器一般都配有 GP－IB 或 RS232C 的接口，使智能仪器具有可程控操作的能力，从而可以很方便地与计算机和其他仪器一起组成用户所需要的多种功能的自动测量系统，来完成更复杂的测试任务。

(5) 智能仪器使用键盘代替传统仪器中的旋转式或琴键式切换开关来实施对仪器的控制，从而使仪器面板的布置和仪器内部有关部件的安排不再相互限制和牵连。例如，传统仪器中与衰减器相连的旋转式开关必须安装在衰减器正前方的面板上。这样，可能由于面板的布置受仪器内部结构的限制，不能充分考虑用户使用的方便；也可能由于衰减器的安装位置必须服从面板布局的需要，而给内部电气连接带来许多的不便。智能仪器广泛使用键盘，使面板的布置与仪器功能部件的安排可以完全独立地进行，明显改善了仪器面板及有关功能部件的结构的设计，这样既有利于提高仪器技术指标，又方便了仪器的操作。

7.5.2 虚拟仪器

随着科学实验和工业生产的规模不断扩大和精度要求不断提高，人们建立大规模、自动化、智能化电子测控系统的需求越来越迫切。20 世纪 90 年代发展起来的虚拟仪器技术开辟了电子测控系统的新纪元。“软件就是仪器”的思想十分符合国际上流行的“硬件软件化”的发展趋势，因而常被称为“软件仪器”。虚拟仪器技术先进，功能强大，在科研、开发、测量、检测、计量、测控等领域得到广泛的发展与应用。

1. 虚拟仪器的组成与工作原理

所谓虚拟仪器(virtual instrument)，实际上就是一种基于计算机的自动化测试仪器系统，是电子测量技术与计算机技术深层次结合的、具有很好发展前景的新一类电子仪器。一台工业标准计算机或工作站配上功能强大的应用软件、低成本的硬件(例如插入式板卡)及驱动软件，它们在一起共同完成传统仪器的功能，这就叫虚拟仪器。它将计算机采集测试分析引入到电子测量领域，用数字化和软件技术极大地提高了测试的灵活性和可扩充性。虚拟仪器组成原理图如图 7.5.1 所示。

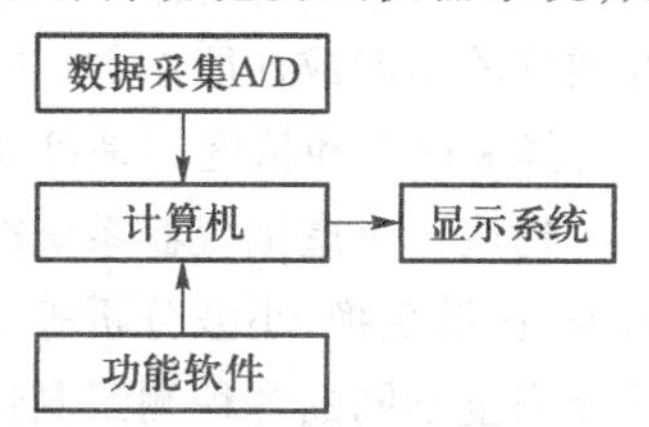

图 7.5.1 虚拟仪器组成原理图

2. 虚拟仪器技术的优势

虚拟仪器包括微处理器、通信端口(如串口、GPIB 接口)、显示功能及数据采集等模块，只需要在计算机上运行软件程序即可实现数据处理等功能。同时可以通过不同接口总线将虚拟仪器、带接口总线的各种电子仪器或各种插件单元调配，并组建成为中小型甚至大型的自动调试系统，这些系统只会受软件功能大小的限制。

虚拟仪器系统技术得益于现代计算机技术的进步。所有 PC 机主流技术的最新进展，不管是 CPU 的更新换代还是便携式计算机的进一步实用化，不管是操作系统平台的提升还是网络乃至 Internet 的应用拓展，都能够为虚拟仪器系统技术带来新的活力和好处。如具有功能超卓的处理器和文件 I/O，使在数据导入磁盘的同时就能实时地进行复杂的分析；使用网络化虚拟仪器，人们不但可以从任何地点、任何时刻获取测量信息，而且可以进行异地或远程控制、数据采集、故障监测、报警，为测控领域提供了很大的方便。同时虚拟仪器又与仪器仪表和通信方面的最新技术结合在一起，大幅降低资金投入、系统开发成本和系统维护成本，以较少的开发时间和成本加速产品上市时间。

与基于硬件的传统仪器相比，虚拟仪器具有无可比拟的优势：用户可定义仪器功能，系统性能升级更新方便，仪器间可重复利用，并方便与网络及周边设备连接使用，开发时间短，维护费用低。

3. 虚拟仪器中的软件与硬件

硬件是虚拟仪器工作的基础,其主要功能是完成对被测信号的采集、传输和显示输出结果。虚拟仪器的硬件主体是电子计算机,通常是个人计算机,也可以是任何通用电子计算机。对于工业控制自动化来讲,计算机已成为一种功能强大、价格低廉的运行平台。当各种与计算机相关的创新技术产生时,虚拟仪器的应用便随之被推向一个新的层次。虚拟仪器借助计算机强大的图形环境,建立图形化的虚拟面板,完成对仪器的控制、数据分析和显示。而且由于计算机的性能价格比不断提高,使得虚拟仪器的价格更能为广大用户所接受。

除了各种类型的计算机,虚拟仪器还需要有相应的外围硬件设备即各种计算机内置功能插卡和外置程控测试设备,才能构成完整的硬件体系。这里的外置程控测试设备是指带有某种接口的测试设备,如带有 GPIB 接口的 Pragmatic 2205A 任意波形发生器。随着硬件生产技术的不断提高,通过采用各种先进的生产技术,功能更完备、性能更优越的各种计算机内置功能插卡产品也不断面市,可以满足测试的各种应用要求。目前用得比较多的是数据采集卡和 VXI 仪器模块。以数据采集卡为例,它通常具有 A/D 转换、D/A 转换、数字 I/O 和计数器/定时器等功能,有些还具有数字滤波和数字信号处理的功能。现在的多功能数据采集卡多采用了“虚拟硬件”(Virtual Hardware,简称 VH)的技术,它的思想源于可编程器件,使用户通过程序能够方便地改变硬件的功能或性能参数,从而依靠硬件设备的柔性来增强其适用性和灵活性。目前市面上的 VH,其采样率和精度都是可变的。

构造一个虚拟仪器系统时,在硬件确定以后,就可以通过不同的软件实现不同的功能:数字滤波、频谱变换、小波分析等。软件是虚拟仪器的关键,对数据进行分析处理,通过修改程序实现功能完全不同的各种测量测试仪器,以满足各种不同的需求。当前测试系统软件技术发展的两个突出标志是:开放性测试系统软件标准的建立和先进图形化编程开发环境的发展与应用。可编程仪器标准命令(Standard Commands for Programmable Instruments, SCPI)和虚拟软件体系(Virtual Instruments Software Architecture, VISA)是自动测试领域里两个最重要的软件标准。

通常在编制虚拟仪器的软件时可以采用两种编程方法:一种是面向对象的编程语言(如 Visual C++,Visual Basic),另一种是图形化编程语言(如 NI 公司的 LabVIEW、Lab Windows/CVI 和 HP 公司的 VEE 等)。对于普通计算机用户,相对于面向对象的编程语言,图形化编程语言为开发虚拟仪器软件提供了便利。LabVIEW 是一种编译型图形编程环境,它把复杂、烦琐、费时的语言编程简化成用简单(例如图标提示)的方法选择功能(图形),并用线条把各种图形连接起来,使得不熟悉编程的工程技术人员都可以按照测试要求和任务快速设计出自己的程序和仪器面板,大大提高了工作效率,减少了科研和工程技术人员的工作量,因此,LabVIEW 是一种优秀的虚拟仪器软件开发平台。

虚拟仪器系统的软件主要分为几个层次,其中包括仪器驱动程序、应用程序和软面板程序。仪器驱动程序主要用来初始化虚拟仪器,设置特定的参数和工作方式,使虚拟仪器保持正常的工作状态。应用程序主要对采入计算机的数据进行处理,用户就是通过编制应用程序来定义虚拟仪器的功能的。软面板程序用来提供虚拟仪器与用户的接口,它可以在计算机屏幕上生成一个与传统仪器面板相似的图形界面,用于显示测量的结果等,同时,用户还可以通过软面板上的开关和按钮,模拟传统仪器的各种操作,通过键盘或鼠标实现对虚拟仪器的操作。

虚拟仪器通过软件将计算机硬件资源与仪器硬件有机地融合为一体,从而把计算机强大的计算处理能力和硬件的测量、控制能力结合在一起。

4. 虚拟仪器的类型

虚拟仪器有多种分类方法,常按照接口方式和采用总线方式的不同分为:PC - DAQ 插卡式虚拟仪器、串行接口虚拟仪器、并行接口虚拟仪器、网络化虚拟仪器、GPIB 总线虚拟仪器、VXI 总线虚拟仪器和 PXI 总线虚拟仪器等。

(1) PC - DAQ 插卡式虚拟仪器借助于插入计算机内的数据采集卡与专用的软件如 LabVIEW,通过软件中的控件设计仪器。插卡类型有 ISA 卡、PCMCIA 卡和 PCI 总线等多种类型。ISA 卡已经逐渐退出舞台,PCMCIA 卡由于受到结构连接强度太弱的限制影响了它的工程应用,而 PCI 总线正在广泛使用,已经成为 PC 的事实标准。

(2) 串行接口虚拟仪器采用的总线包括 RS232 串口总线、USB 通用串行总线(Universal serial bus)和 IEEE1394 总线(又叫 Fireware 总线),成为廉价型虚拟仪器测试系统的主流。RS232 串口总线是传统的串口总线方式,技术成熟,至今仍适用于测量要求不高的仪器系统中。USB 通用串行总线和 IEEE1394 总线传输速率高,支持热插拔实现"即插即用"的功能,应用广泛。

(3) 并行接口虚拟仪器把仪器硬件集成在一个采集盒内,仪器软件装在计算机上,通常可以完成各种测量测试仪器的功能。

(4) 网络化虚拟仪器:为了共享测试系统资源,越来越多的用户正在转向网络。各种现场总线在不同行业均有一定应用;工业以太网也有望进入工业现场,应用前景广阔;Internet 已经深入各行各业乃至千家万户。嵌入式智能仪器设备联网的需求将越来越广泛。

(5) GPIB 总线虚拟仪器是 IEEE488 标准的虚拟仪器早期的发展阶段,是现代测量技术与计算机技术结合的一个范例。它成功地将可编程仪器和计算机紧密联系起来,从此电子测量仪器由独立的单台手工操作向大规模自动测试系统发展。用户可以将自己的计算机和仪器资源通过 GPIB 组建出方便灵活、操作简单的虚拟仪器。

(6) VXI(即 IEEE1155 总线)总线虚拟仪器是一种高速计算机总线 VME 总线在 VI 领域的扩展,依靠有效的标准化,采用模块化方式,实现了系列化,通用化。VXI 虚拟仪器的互换性和互操作性,开放的体系结构和即插即用的方式完全符合信息产品的要求,得到众多仪器厂家支持,得到广泛的应用,成为仪器系统发展的主流。但造价较高,推广受到一定限制。

(7) PXI(PCI eXtensions for Instrumentation)总线虚拟仪器是以 CompactPCI 为基础的,由具有开放性的 PCI 总线扩展而来。PXI 是一种专为工业数据采集与自动化应用量身定制的模块化仪器平台,具备机械、电气与软件等多方面的专业特性,将台式 PC 的性能价格比和 PCI 总线面向仪器领域的扩展优势完美地结合起来。虚拟仪器组成原理图如图 7.5.2 所示。

5. 虚拟仪器技术的应用与前景

虚拟仪器精确的采样,及时的数据处理和快速的数据传输使其在自动控制领域和工业控制领域得到广泛的应用。它以计算机的发展为平台,迎合了当今信息社会各行业向智能化、自动化、集成化发展的趋势。灵活性,软、硬件的标准化令其在仪器计量领域逐渐取代传统仪器。

网际网络的潮流将资料共享带入了一个新的阶段,加速了虚拟仪器的网络技术及远程监控技术的发展。PC 技术与嵌入式系统融合发展,虚拟仪器的功能(如嵌入式和实时功能)得以进一步的发展。随着 PC 技术和相关科技的发展,虚拟仪器技术已成为一项前沿学科,代表着仪器

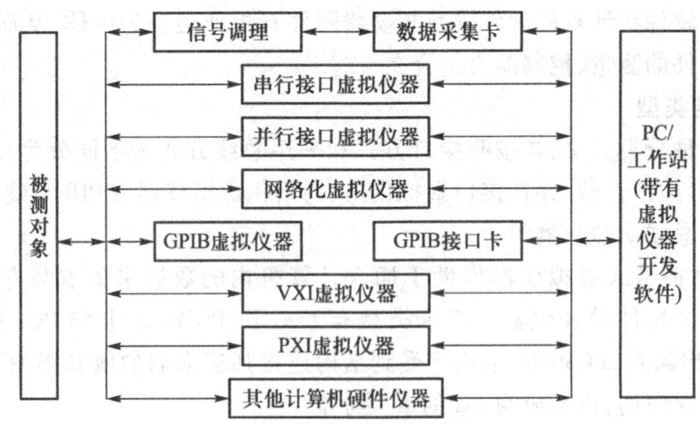

图 7.5.2 虚拟仪器组成框图

发展的最新方向,不断地被推向各个新的领域,在21世纪将大行其道。

练习与思考

7.5.1 非电量测量中常用的传感器有哪些?

7.5.2 什么是智能仪器?智能仪器有哪些特点?

7.5.3 什么是虚拟仪器?虚拟仪器由哪几部分组成?

7.6 应用实例

单车制动试验是铁路车辆检修的一项重要内容，其主要目的是检查车辆的制动性能等指标。针对列车单车制动试验的数据采集,我们设计了一种基于虚拟仪器技术的压力试验数据采集系统。系统采用了LabVIEW2009作为软件开发平台,这使得系统能快速、在线、方便地检测到试验的压力数据,实现了“软件即仪器”。系统通过压力传感器将0~800 kPa的压力信号转换为4~20 mA的电流信号。然后通过NI公司提供的数据采集卡对电流信号进行采集和A/D转换后送入计算机,并在软件系统中实现对压力数据的实时显示和保存。数据分析功能包括数字滤波、曲线平移和曲线对比等。另外,系统还设计了报表生成和数据打印等功能,可以通过打印机将检测结果打印。此外,本系统并没有采用传统的硬件滤波器,而是利用软件设计的滤波器实现了对数据的滤波处理,而通过软件实现并优化硬件功能正是未来仪器系统的发展方向。

7.6.1 系统设计方案的确定

本系统使用一台计算机作为操作平台,利用LabVIEW2009软件开发平台编写压力试验数据采集系统。整个检测系统的硬件部分由压力传感器、NI数据采集卡和计算机几个部分组成,首先由压力传感器将压力信号转化为电流信号,然后通过数据采集卡进行数据采集,最后由计算机进行信号的处理、分析、显示、存储、打印和报告生成等操作。整个系统结构原理框图及部分实物图如图7.6.1至图7.6.3所示。

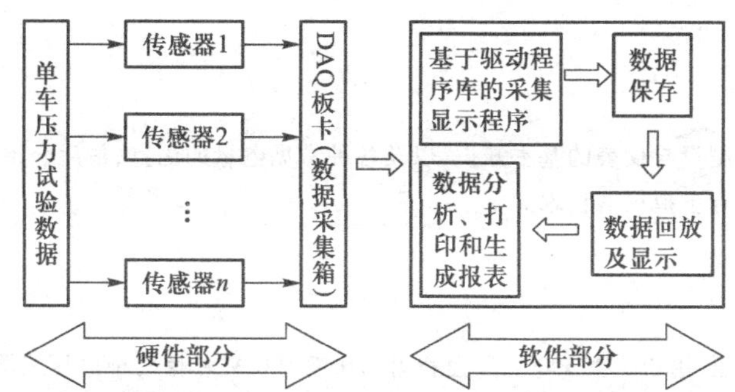

图 7.6.1 单车压力试验数据采集系统原理框图

图 7.6.2 压力传感器和数据采集系统的连接

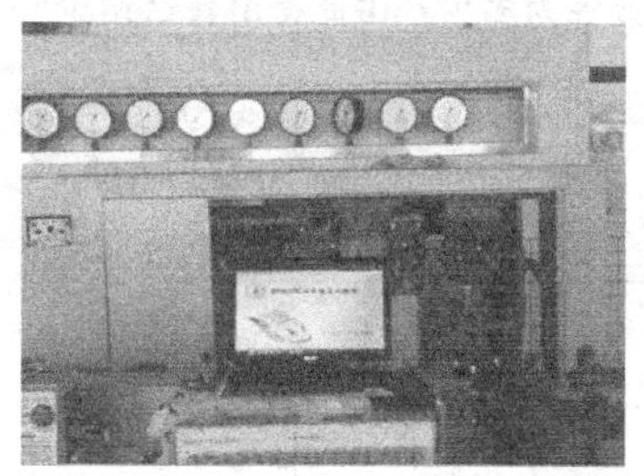

图 7.6.3 现场数据采集图

7.6.2 系统软件的实现

应用软件的设计主要包括信号的实时采集存储及显示和信号的回放等部分。每部分都包括用户界面和程序功能的设计。由于系统需要实现的功能较多,而功能又相互独立,为了方便程序设计,该系统采用了模块化的编程思想。系统软件工作流程如图 7.6.4 所示。

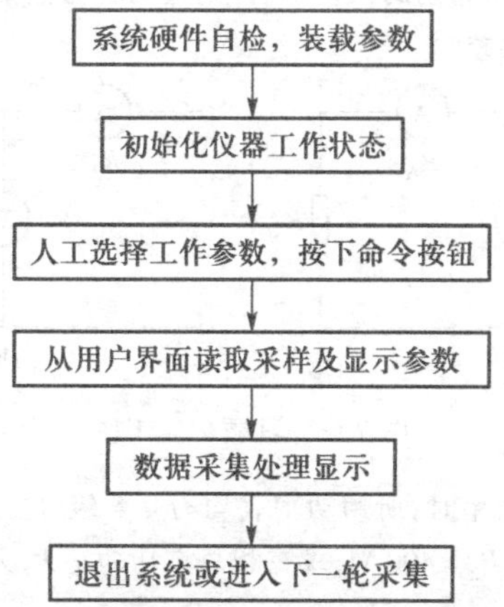

图 7.6.4 系统软件工作流程

小结

本章首先介绍了电工测量与仪表的基本知识，以及各种常见电量的测量，最后介绍了非电量的测量与电工测量新技术——智能仪器与虚拟仪器技术。

习题

7.2.1 欲测 90 V 电压，用 0.5 级 300 V 量程和用 1.0 级 100 V 量程两种电压表测量，哪一个测量精度更高一些？为什么？

7.2.2 一支电流表的接线如图 7.1 所示。已知表头满偏电流为 1 mA，内阻为 900 Ω，各量限电流分别为 10 mA、50 mA、250 mA、1000 mA。求分流电阻 R_1、R_2、R_3、R_4 各为多少？

7.3.1 如图 7.2 所示是一电阻分压电路，用一内阻 R_V 为(1)25 kΩ；(2)50 kΩ；(3)500 kΩ 的电压表测量时，其读数各为多少？由此得出什么结论？

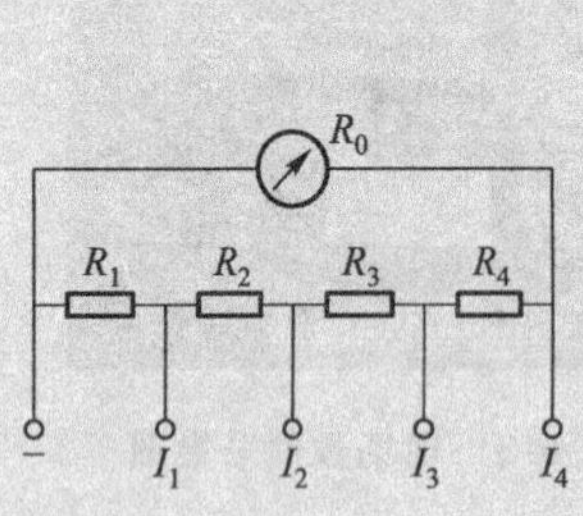

图 7.1 习题 7.2.2 图

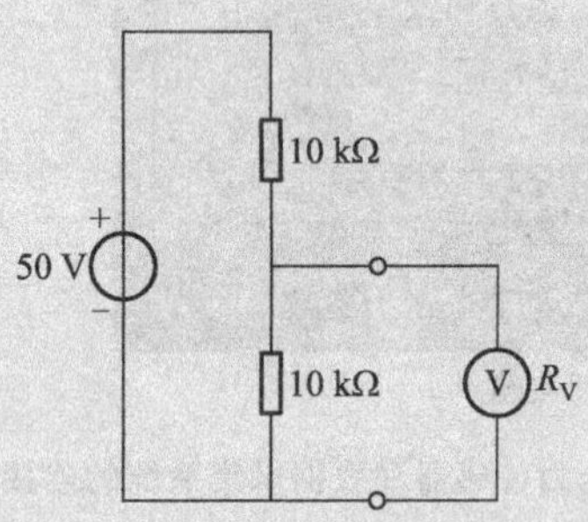

图 7.2 习题 7.3.1 图

7.3.2 已知磁电式表头的动圈电阻 $R_c=200\ \Omega$，满偏电流为 5 mA。若制成 2 A 的直流电流表，需用多大的分流电阻？若将此表头制成 30 V 的直流电压表，又需串联上多大的附加电阻？

7.4.1 如图 7.3 所示是用伏安法测量电阻 R 的两种电路。因为电流表有内阻 R_A，电压表有内阻 R_V，所以两种测量方法都将引入误差。试分析它们的误差，并讨论这两种方法的适用条件。（即适用于测量阻值大一点的还是小一点的电阻，可以减小误差？）

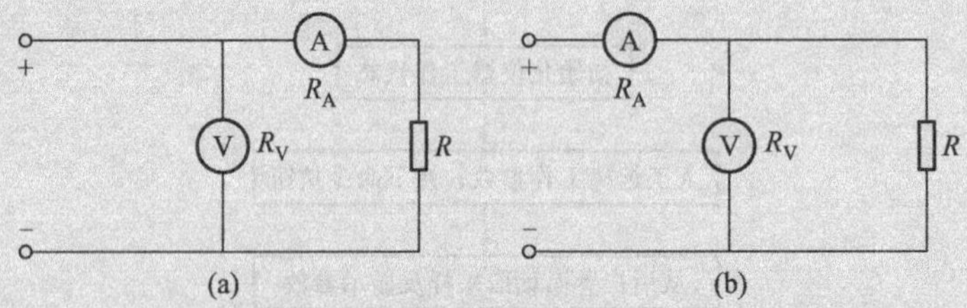

图 7.3 习题 7.4.1 图

7.4.2 当用两表法测对称三相功率时，所用功率表均为 0.5 级，电压量程为 0 ~ 600 V，电流量程为 0 ~ 1 A。如二表的读数分别为 $P_1=350\ \text{W}$，$P_2=400\ \text{W}$，求三相总有功功率 P，无功功率 Q，电路的功率因数 $\cos\varphi$；估算 P、Q、$\cos\varphi$ 的测量误差。

第 8 章 机电能量转换原理

在很多电工设备中，往往同时存在电路和磁路的问题，这就要求我们不仅要具有电路的基本知识，还要有磁路的基本理论，才能对各种电工设备做全面的分析。不仅如此，在这些电工设备的工作过程中，既满足能量守恒原理，在设备内部又进行着能量形态之间的转换。本章以机电能量转换为线索，分析了磁路和铁心线圈电路，特别是变压器的工作过程，介绍了能量转换过程，最后给出了一些变压器的应用实例。

学习目的：

1. 了解交流铁心线圈电路的特点和电磁转换关系。
2. 了解变压器的基本结构、工作原理。
3. 掌握变压器的电流、电压及阻抗变换关系。
4. 掌握变压器运行参数的相关计算。
5. 了解一些常用变压器的应用及特点。
6. 了解机电能量转换的基本过程。

8.1 引例：电与磁

现代人的生活，似乎离不开电，一旦停电，日子不知怎么过。但世界上第一个有规模的发电厂尼加拉水力发电厂开动，不过是 1896 年的事，距今只有一百多年，一百多年间，这个世界上大部分人的生活，从几乎没有电器用品到充满了电器用品，变化巨大得令人难以想象。而关于磁的应用，在最早记载关于磁性与磁石的书《筲子》中已有“上有磁石者下有铜金”的描述。在我国古代后魏的《水经注》等书中就提到了秦始皇为了防备刺客行刺，曾用磁石建筑阿房宫的北阀门，以阻止身带刀剑的刺客入内。在磁现象早期应用方面，最光辉的成就是指南针的发明与应用，这也是我国对人类所作出的巨大贡献。在我国战国时期就发现了磁体的指南针，最早指南的磁石是一种勺状的司南，它的灵敏度虽很低，但却给人以启示：有地磁存在，磁可以指南。到了北宋时期，制成新的指向仪器指南鱼，在曾公亮的《武经总要》中详细记载了制造过程，此后不久，指南针与方位结合起来成了罗盘，为航海事业提供了可靠的指向仪器。后来，我国的指南针传入欧洲各国，到了 16 世纪，成为更加精确的航海罗盘，为航海事业的发展创造了条件。在二战时期，美军用大量石墨炸弹轰炸目标，用石墨的导电性使高压电的正接线柱与负接线柱直接相接，导致全城电力中断，这样如同电路中的短路现象，雷达、航空导弹等高科技防空技术中断了，高科技技术就用不起来了。

所以说起电与磁，对我们并不陌生却又显得神秘莫测，这两样东西在我们的日常生活中十分常见，应用也十分广泛，但我们却看不见摸不着。说到这两样东西之间的关系，也并不是那么简单。

早期，人们还不知道电的本质，认为电荷分正电荷与负电荷，电是电荷储存在物体上的。到了 1755 年，法国科学家库仑提出了著名的库仑定律：电荷与电荷之间，同性相斥，异性相吸，其力之方向在两电荷间之连线上,其大小与电荷间距离之平方成反比,而与两电荷量大小成正比,这是电学以数学来描述的第一步。

法国物理学家安培提出了电磁学中另一个重要的定律——安培定律:两根平行的长直导线中通入电流,若电流方向相同,则导线相互吸引,反之,则相斥,力的大小与两线间距离成反比,与电流大小成正比。同时,他提出假说:物质的磁性,都是由物质内的电流引起的,使"磁性"成为"电流"的生成物,由此,他后来被誉为电磁学的始祖。

电磁学进一步发展,法拉第提出了"场"的概念,同时,他提出了电磁学中另一个重要定律——法拉第电磁感应定律:穿过导电回路所限定面积的磁通发生变化,在该导电回路中会产生感应电动势。这个定律动态地描述了磁产生电的关系。电磁感应现象的发现,有着跨时代的意义。法拉第把电与磁长期分立的两种现象最终连接在了一起,揭露出电与磁本质上的联系,找到了机械能与电能之间的转化方法。在理论上为建立电磁场的理论体系打下了基础;在实践上,开创了电气化时代的新纪元。

而完整反映电磁关系的科学家是麦克斯韦,他在 1762 年,由理论推导出:电场变化时也会感应出磁场,进一步通过数学分析,麦克斯韦写下了著名的"麦克斯韦方程式",不但完整而精确地描述了所有的已知电磁场现象,而且预言了电磁波的存在。

简单地说,电磁学的发展经历了从电到磁、再到电与磁的关系的研究过程,与之对应的电磁学核心有四个部分:库仑定律、安培定律、法拉第定律与麦克斯韦方程式。没有库仑定律对电荷的概念,安培定律中的电流就不易说清;不理解法拉第的磁感生电,也很难了解麦克斯韦的电磁交感。

近代随着电子计算机的发明,新的磁性材料不断涌现出来,人类科学技术与生产和电与磁已经不可分割。现在,电磁学在生活生产中,有许许多多的应用,磁悬浮列车就是电磁学的推广和应用。随着新的磁现象的发现,磁的更深刻本质的揭露,电磁学的应用也会出现新的局面。

练习与思考

8.1.1 想想我们生活中还有哪些应用到电磁关系的例子。

8.2 磁路及其分析方法

8.2.1 磁路

电机和变压器是两种能量变换的装置,而两者都采用磁场作为能量交换的媒质。如何产生磁场,目前主要有两种方式,由永久磁铁产生或者由电流来产生。在大多数情况下,包括电机和变压器,都采用后者来产生磁场。因此,应该运用电磁场理论来分析电机及变压器,但在工程运用上,为了分析问题简便,允许把本是场的问题等效为路的问题来研究。故一般而言,磁场的各个基本物理量也适用于磁路(magnetic circuit)。

磁场产生后,通常需要利用导磁材料将磁场集中在一定范围内,这种磁场集中在一定范围内的磁场通路即称为磁路。例如线圈绕在铁心上,线圈产生的磁通主要在铁心的路径上通过,磁通所经过的路径即为磁路。磁路问题是局限于一定路径内的磁场问题。学习变压器和电机,首先就要了解磁路的一些基本情况,包括铁磁材料的基本性质以及分析磁路的基本定律等。

图 8.2.1 和图 8.2.2 为两种常见的磁路。

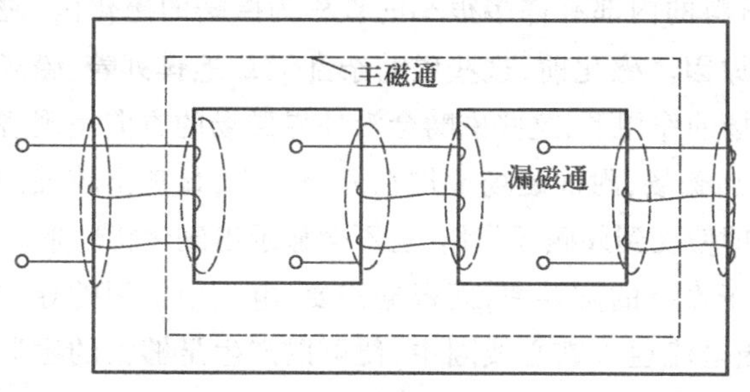

图 8.2.1 变压器磁路

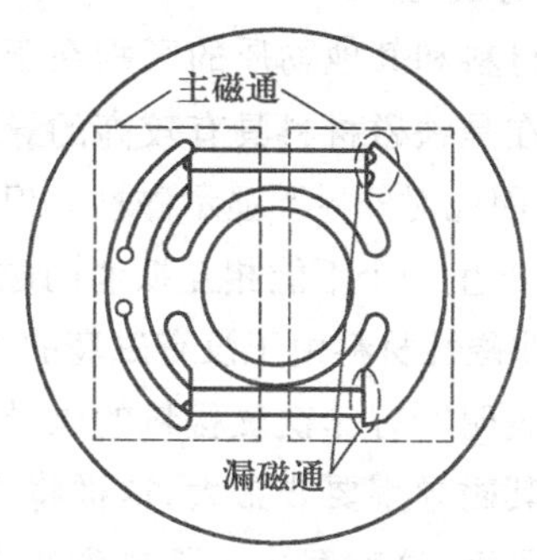

图 8.2.2 二级直流电机磁路

根据不同的分类标准，磁路有不同的分类。磁路可以分为主磁路和漏磁路。在磁场中，通常有导磁性能良好的材料如铁心（其导磁性能远好于空气），因此，磁场中的磁通绝大部分通过铁心成为主磁通，相应的路径称为主磁路，而少量磁通经过部分铁心和空气闭合，称为漏磁通，相应的路径称为漏磁路。

产生磁通的电流称为励磁电流，所以根据励磁电流性质的不同，磁路又可以分为直流磁路和交流磁路。图 8.2.1 为交流磁路，图 8.2.2 为直流磁路。

分析磁路，首先要了解磁性材料的基本磁性能。磁性材料主要指铁、镍、钴及其合金，它们具有下列磁性能。

1. 磁滞性

当交流电通入铁心线圈中时，铁心产生磁化现象。在一个电流变化周期内，磁感应强度随磁场强度变化的关系如图 8.2.3 所示。由图可见，磁感应强度的变化滞后于磁场强度的变化，即当磁场强度 H 降到 0 时，磁感应强度 B 并未回到 0，这种特性就称为磁滞性。图 8.2.3 所示的曲线也称为磁滞回线(hysteresis loop)。

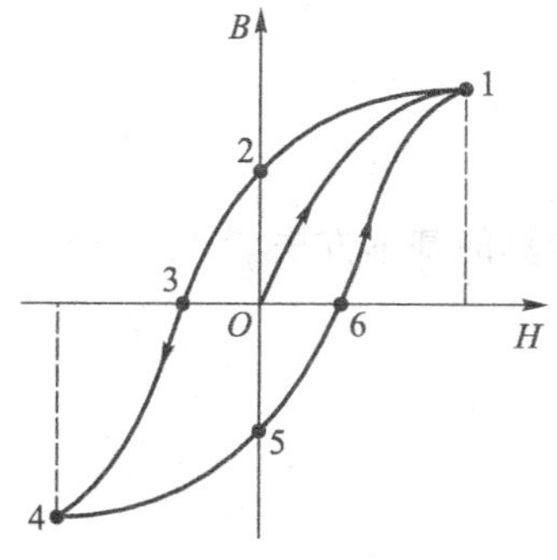

图 8.2.3 磁滞回线

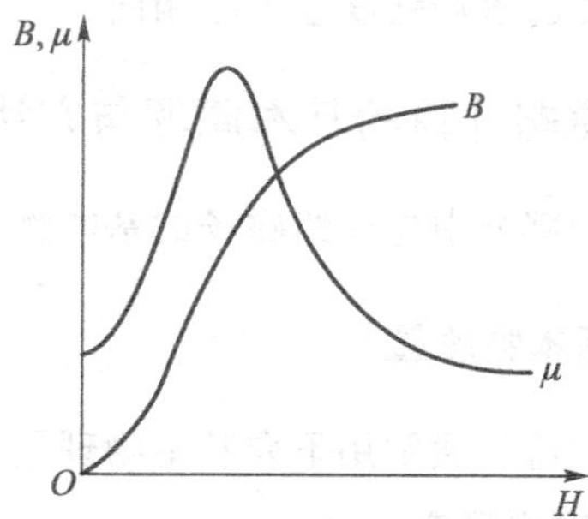

图 8.2.4 B 和 H 与 μ 的关系

根据磁性物质磁性能的不同，磁性材料可以分成两种类型：软磁材料——磁滞回线较窄的导磁材料，硬磁材料——磁滞回线较宽的导磁材料。软磁材料包括铸铁、钢、硅钢片等；硬磁材料包括铁氧体、铝镍钴和稀土等。软磁材料的磁导率较高，可用于制造电机和变压器的铁心；硬磁材料磁导率相对较低，但其中的稀土永磁材料是一种性能优异的永磁材料，采用稀土永磁材料研制电机是电机学科的发展趋势之一。

2. 高导磁性

磁性材料和其他物质的区别在于:在磁性材料的内部有许多很小的被称为磁畴的磁化区,磁化区的存在是铁磁材料具有较高的导磁性能的原因。磁化前,这些磁畴杂乱无章地排列着,磁场互相抵消,因此对外界不显示磁性。但在外界磁场的作用下,这些磁畴会沿外界磁场的方向呈现规则的排列,产生一个不能相互抵消的磁场——附加磁场,附加磁场叠加在外磁场上,显现出较强的导磁性。非磁性材料由于没有磁畴的存在,所以即使受到外磁场作用,也不会显示出磁化特性来。

实验表明所有非铁磁材料的磁导率都接近于真空的磁导率,而根据需要,电机中常用的导磁材料要求其磁导率要非常大,这样将不大的励磁电流通入铁心线圈中,便可以产生足够大的磁通和磁感应强度,这就解决了既要磁通大,又要励磁电流小的矛盾。利用优质的磁性材料可以使同一容量的电机的重量大大减轻,体积大大减小。

3. 磁饱和性

将磁性材料放入磁场强度为 H 的磁场,磁性材料会受到磁化,其磁化曲线($B-H$ 曲线)如图 8.2.4 所示。从磁化曲线中可以看出,磁感应强度随磁场强度的变化并不是一成不变的,磁感应强度 B 与磁场强度 H 先是缓慢增加,而后近似成比例增加,此后,磁场强度虽然继续增大,但磁感应强度的增加相对减小很多,最后趋于不变的饱和状态。磁化期间,磁性材料的磁导系数 μ 也会随着磁场强度的变化而发生改变,改变的趋势是在一定的范围内增加,而后随着磁场强度的增加,磁导率反而会减小。

磁化曲线之所以会出现上述的变化也是因为前面已提及的磁畴的存在。开始时,外磁场较弱,顺着外磁场方向的磁畴刚开始扩大,逆着外磁场方向的磁畴又在缩小,因此磁感应强度增加较为缓慢,后来,外磁场已经较强,虽然磁畴的扩大与缩小仍在进行,但逆着外磁场方向的磁畴已经开始倒转到与外磁场的方向一致了,所以磁感应强度随着磁场强度的增加迅速上升,再后来,由于铁磁材料内部的磁畴几乎全部都转到与外磁场方向一致的方向上,所以,即使再增强外磁场,铁磁材料的附加磁场已经达到最大值,就出现了磁饱和现象。当然,不同铁磁材料要达到磁饱和所需要的磁场强度也不尽相同。

8.2.2 磁路计算的基本原理与方法

在这一部分中先介绍磁场的基本物理量,再介绍磁路计算的基本方法。

一、基本物理量

磁场的特性通常用下列基本物理量来表示。

1. 磁感应强度 B

磁感应强度是表征磁场特性的基本场量,是一个表示磁场内某一点的磁场强弱和方向的物理量,常用 B 来表示,单位为 T(特[斯拉],$T=Wb/m^2$)。磁感应强度是一个矢量,可以根据电流的方向按照右手螺旋定则来确定。

如果磁场内各点的磁感应强度的大小相等、方向相同,这样的磁场称为均匀磁场。

2. 磁场强度 H

磁场强度是计算磁场时引出的一个矢量,常用 H 来表示,单位为 A/m(安[培]/米)。

3. 磁通 Φ

磁通是磁感应强度与垂直于磁场方向面积的乘积，称为穿过该面积的磁通，常用 Φ 来表示，单位为 Wb(韦[伯])。

$$\Phi = BS \tag{8.2.1}$$

由上式可见，磁感应强度在数值上可以看成与磁场方向垂直的单位面积内所通过的磁通，所以磁感应强度又称为磁通密度。

4. 磁导率 μ

磁导率是用来表示物质导磁能力的一个物理量，可以用来衡量磁场媒质磁性的大小，常用 μ 来表示，单位为 H/m(亨[利]/米)。

$$B = \mu H \tag{8.2.2}$$

由上式可见，磁导率与磁场强度的乘积就等于磁感应强度。任意一种物质的磁导率 μ 和真空的磁导率 μ_0 的比值称为该物质的相对磁导率 μ_r。

$$\mu_r = \frac{\mu}{\mu_0}$$

5. 磁势 F

线圈建立磁场和永磁铁产生磁场的能力用磁势 F(有时也称为磁动势)表示。

二、磁路计算的基本方法

磁路计算的任务是确定磁势 F、磁通量 Φ 和磁路结构(如材料、形状、尺寸、气隙)的关系。在分析和计算中常用到如下基本定律。

1. 磁路基尔霍夫定律

(1) 磁路基尔霍夫第一定律：磁路基尔霍夫第一定律是指穿入(穿出记为负)任一封闭面的总磁通量等于 0，可记为

$$\sum \Phi = 0 \tag{8.2.3}$$

磁路基尔霍夫第一定律也可叙述为：穿入任一封闭面的磁通等于穿出该封闭面的磁通，$\sum \Phi_{入} = \sum \Phi_{出}$。

如图 8.2.5 所示的磁路，称为有分支磁路，各磁支路的磁通分别为 Φ_1、Φ_2 和 Φ_3，方向如图，取封闭面 S，由磁通连续性原理

$$\int B \cdot \mathrm{d}S = 0$$

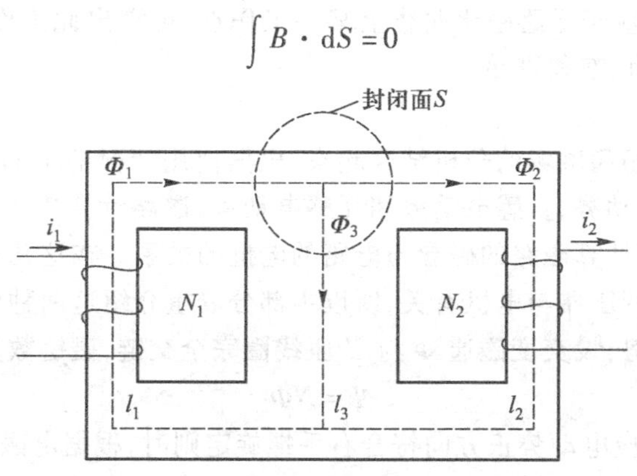

图 8.2.5 有分支的磁路

得 $\Phi_1-\Phi_2-\Phi_3=0$ 即穿入(穿出记为负)任一封闭面的总磁通量等于0。或 $\Phi_1=\Phi_2+\Phi_3$ 即穿入任一封闭面的磁通等于穿出封闭面的磁通。

(2) 磁路基尔霍夫第二定律:磁路基尔霍夫第二定律是指在磁路中沿任何闭合磁路径 l 上,磁势的代数和等于磁压降的代数和。可记为

$$\sum F=\sum Hl \tag{8.2.4}$$

在图8.2.5中,顺时针沿 l_1、l_3 取回路,应用全电流定律

$$N_1 i_1=\int H\mathrm{d}l=H_1 l_1+H_3 l_3 \tag{8.2.5}$$

式中,$N_1 i_1=F_1$ 称为磁势,N_1 为线圈匝数,i_1 方向与回路方向符合右手螺旋定则时记为正,反之为负;$H_1 l_1$ 称为 l_1 段的磁压降,H_1 的方向与回路方向相同时,磁压降记为正,反之为负。

同理,顺时针沿 l_1、l_2 取回路,应用全电流定律也有

$$N_1 i_1-N_2 i_2=H_1 l_1-H_2 l_2 \quad 即 \quad \sum F=\sum HL \tag{8.2.6}$$

2. 磁路欧姆定律

在图8.2.6中,由磁路基尔霍夫第二定律

$$Hl=Ni=F \tag{8.2.7}$$

考虑到 $B=\mu H, B=\Phi/S$,得

$$\Phi=\frac{F}{\dfrac{l}{\mu S}}=\frac{F}{R_\mathrm{m}}=\Lambda_\mathrm{m}F \tag{8.2.8}$$

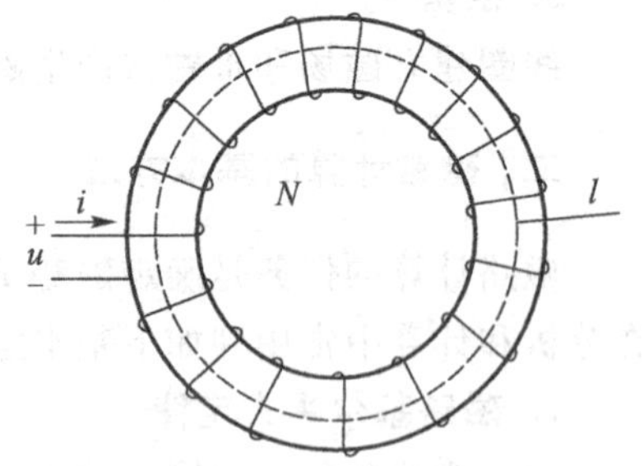

图8.2.6 铁心圆环

式中,R_m 为 l 段磁路的磁阻,单位为 H^{-1},$R_\mathrm{m}=l/\mu S$;Λ_m 为 l 段磁路的磁导,单位为H,$\Lambda_\mathrm{m}=l/R_\mathrm{m}=\mu S/l$。

式(8.2.8)称为磁路欧姆定律,它表示某段磁路的磁势(磁压降)除以该段磁路的磁阻等于该段磁路所通过的磁通量。

在磁路计算中,对于铁磁材料来说,磁路欧姆定律没有实际意义,而在电机和电器的磁路计算中,磁路欧姆定律常用于气隙段上,用来决定气隙磁压降与气隙磁通量的关系。

如果磁路中的铁磁材料处于饱和状态,μ、Λ_m、R_m 在不同工作情况其值不同。由于铁磁材料的非线性,磁导率 μ 不是常数,因而磁导 Λ_m 或磁阻 R_m 与磁场强弱有关,在特定的某一工作情况下,磁路的 B、H 一定,对应于磁路磁化曲线上某一工作点,可算出此工作状态下 μ、R_m、Λ_m,其中 R_m、Λ_m 分别称为饱和磁阻、饱和磁导。

3. 电磁感应定律

电磁感应定律将电场和磁场的分析结合起来,根据使用情况的不同,感应定律常用形式有:线圈感应电动势、运动电动势、自感电动势和互感电动势,磁路计算中可用于决定电动势与磁通量或磁通密度的关系,或计算磁路的磁导与电路的电抗的关系。在这几种形式中,线圈感应电动势和运动电动势分别和变压器与电机有关,所以本部分着重介绍这两种电动势。

(1) 线圈感应电动势:设交变磁通 Φ 与 N 匝线圈完全交链,磁链数为

$$\Psi=N\Phi \tag{8.2.9}$$

当磁通 Φ 的正方向与感应电动势正方向符合右手螺旋定则时,根据电磁感应定律和楞次定律

$$e=-\frac{\mathrm{d}\Psi}{\mathrm{d}t}=-N\frac{\mathrm{d}\Phi}{\mathrm{d}t} \tag{8.2.10}$$

即线圈感应电动势与线圈匝数和磁通变化率成正比，负号表示产生的感应电动势的实际方向总是阻止磁通的变化。

通常，电机中常见的磁通 Φ 随时间按正弦规律变化，设

$$\Phi=\Phi_m \sin \omega t \tag{8.2.11}$$

式中，$\omega=2\pi f$ 为磁通变化的角频率，单位为 rad/s，由电磁感应定律

$$e=-N\frac{d\Phi}{dt}=-N\omega\Phi_m \cos \omega t=E_m \sin(\omega t-90°) \tag{8.2.12}$$

式中，$E_m=\omega N\Phi_m$ 是感应电动势的最大值。

式(8.2.12)表明磁通随时间按照正弦规律变化时，线圈的感应电动势也随时间正弦变化，但相位滞后于磁通 90°。

(2) 运动电动势：运动电动势也称为切割电动势，指导体在磁场中由于切割磁力线而产生的感应电动势。若磁力线、导体和运动方向三者互相垂直，则导体的感应电动势为

$$E=Blv \tag{8.2.13}$$

式中，B 为磁感应强度，单位为 T；l 为长直导体的长度，单位为 m；v 为直导体切割磁力线的线速度，单位为 m/s；沿直导体 l 上感应电动势 e 的方向由右手螺旋定则决定。

4. 电磁力定律

电磁力定律同样表征了电场与磁场相互作用的能力。载流导体在磁场中受到电磁力的作用，力的方向与磁场和导体相垂直，按左手螺旋定则决定。当磁场与导体互相垂直时，作用在导体上的电磁力为

$$F=BIl \tag{8.2.14}$$

式中，B 为磁感应强度，单位为 T；l 为长直导体的长度，单位为 m；I 为导线中的电流，单位为 A；F 为作用在导体上与磁场垂直方向的电磁力，单位为 N。

上式称安培力公式或电磁力公式。以上是我们分析磁路涉及的基本物理量和分析依据，为便于大家掌握，将它们列于表 8.2.1 和表 8.2.2 中，考虑到磁路和电路的相似之处，将磁路和电路进行了对比。

表 8.2.1 磁路和电路物理量的比较

磁路	电路
磁势 F	电动势 E
磁通 Φ	电流 I
磁感应强度 B	电流密度 J
磁阻 R_m	电阻 R
磁导 Λ	电导 G

表 8.2.2 磁路和电路基本定律的比较

	磁路	电路
欧姆定律	$F=\Phi R_m$	$E=IR$
基尔霍夫第一(电流)定律	$\sum\Phi=0$	$\sum I=0$
基尔霍夫第二(电压)定律	$\sum NI=\sum Hl$	$\sum E=\sum IR=\sum U$

尽管如此,分析与处理磁路比电路要难得多,这是因为:

(1) 在电路中,电动势的方向与电流方向一致(或者相反),但在磁路中,产生磁势的电流与磁势的正方向之间符合右手螺旋定则。

(2) 在处理电路时,大多不涉及电场问题,而在处理磁路时,却要考虑磁场的存在。例如在讨论变压器时,常常要分析变压器磁路的气隙中磁感应强度的分布情况。

(3) 磁路的欧姆定律与电路的欧姆定律虽然形式上相似,但是在具体计算中,由于电路中导体的电阻率在一定温度下是常数,所以可以应用欧姆定律计算电路,但不能直接应用磁路的欧姆定律来计算磁导率,这是因为铁心的磁导率不是一个常数,它会随着励磁电流的变化而变化。

(4) 在处理电路时,一般可以不考虑漏电流,这是因为导体的电导率比周围介质的电导率大得多,但在处理磁路时,却要考虑漏磁通,这是因为磁路材料的磁导率并不比周围介质的磁导率大太多。

(5) 在电路中,当 $E=0$ 时,$I=0$,但在磁路中,由于有剩磁的存在,当 $F=0$ 时,$\Phi\neq0$。

(6) 在线性电路中,计算时可以用叠加定理,但在磁路计算中,只有不考虑饱和效应时才能用叠加定理,而随着磁密度的增高,具有铁心的磁路必然越来越趋近于饱和。

(7) 电路中电流要引起大小为 I^2R 的功率损耗,而磁路中只有当磁通交变时才引起铁损。

练习与思考

8.2.1 磁路的基本定律有哪几条?

8.2.2 当磁路上有几个磁势同时作用时,磁路计算能否用叠加定理?为什么?

8.2.3 比较电路与磁路计算时的区别。

8.3 交流铁心线圈电路

铁心线圈根据励磁方式的不同分为两种,一种称为直流铁心线圈,它是通入直流电流来励磁(如直流电机的励磁线圈、电磁吸盘及各种直流电器的线圈);另一种称为交流铁心线圈,它是通入交流电流来励磁(如交流电机、变压器及各种交流电器的线圈)。

直流铁心线圈和交流铁心线圈在电磁关系、电压电流关系以及功率损耗等方面都有不同。直流铁心线圈中,因为励磁电流是直流,产生的磁通是恒定的,在一定的电压 U 下,线圈中的电流 I 只和线圈本身的电阻 R 有关,功率损耗也只有 I^2R。交流铁心线圈的电磁、电流电压关系以及功率损耗将分述如下。

8.3.1 电磁关系

图 8.3.1 所示的是有铁心的交流线圈,在线圈中通入交流电,电流产生交变的磁通,其中绝大部分磁通经过铁心闭合,这部分磁通称为主磁通,其路径称为主磁路。此外还有很少的一部分磁通主要经过空气或者其他非导磁媒质闭合,这部分磁通称为漏磁通 Φ_σ。由于这两个磁通本身也是变换的,所以在线圈中会分别产生两个感应电动势:主磁电动势 e 和漏磁电动势 e_σ。这个电磁关系如图 8.3.2 所示。

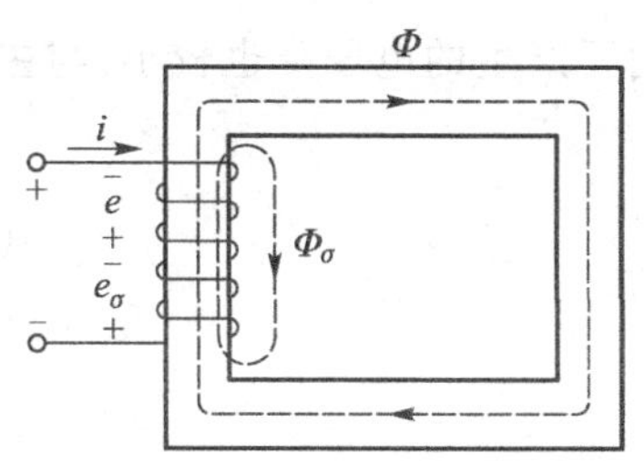

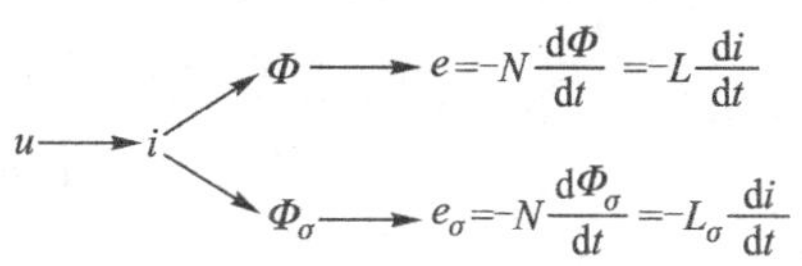

图 8.3.1 有铁心的交流线圈

图 8.3.2 交流铁心线圈磁通和电动势的关系

因为漏磁通不经过铁心，所以励磁电流 i 与 Φ_σ 之间可以认为是线性关系，铁心线圈的漏磁电感为

$$L_\sigma = \frac{N\Phi_\sigma}{i} = 常数 \tag{8.3.1}$$

而主磁通通过铁心，所以 i 与 Φ 之间不是线性关系，铁心线圈的主磁电感 L 也不是一个常数，它随着励磁电流而变化，其相应的变化关系和磁导率 μ 随着磁场强度而变化的关系相似。因此，铁心线圈是一个非线性电感元件。

8.3.2 电流电压关系

铁心线圈交流电路（图 8.3.1）的电流和电压之间的关系也可以由基尔霍夫电压定律得出

$$u + e + e_\sigma = Ri$$

即

$$u = Ri + (-e_\sigma) + (-e) = Ri + L_\sigma \frac{\mathrm{d}i}{\mathrm{d}t} + (-e) = u_R + u_\sigma + u' \tag{8.3.2}$$

由式（8.3.2）可知，电源电压 u 主要用于平衡以下三个分量：$u_R = iR$，是电阻上的电压降；$u_\sigma = -e_\sigma$，是平衡漏磁电动势的电压分量；$u' = -e$，是与主磁电动势平衡的电压分量。

进一步考虑 u 是正弦电压时，上式中各量可视为正弦量，于是上式可用相量表示为

$$\dot{U} = -\dot{E} + -\dot{E}_\sigma + \dot{I}R = -\dot{E} + \mathrm{j}\dot{I}X_\sigma + \dot{I}R = \dot{U}' + \dot{U}_\sigma + \dot{U}_R \tag{8.3.3}$$

式中，漏磁感应电动势 $\dot{E}_\sigma = -\mathrm{j}\dot{I}X_\sigma$，其中的 $X_\sigma = \omega L_\sigma$ 称为漏磁感抗，它是由漏磁通引起的；R 是铁心线圈的电阻。

由于主磁电感或相应的主磁感抗不是常数，所以主磁感应电动势需要通过电磁感应定律计算。设主磁通按正弦规律变化，即

$$\Phi = \Phi_\mathrm{m} \sin \omega t \tag{8.3.4}$$

式中，Φ_m 为主磁通的最大值；ω 为电源角频率。主磁通所产生的感应电动势瞬时值为

$$e = -N\frac{\mathrm{d}\Phi}{\mathrm{d}t} = -N\frac{\mathrm{d}(\Phi_\mathrm{m}\sin \omega t)}{\mathrm{d}t}$$

$$= -N\omega\Phi_\mathrm{m}\cos \omega t = N\omega\Phi_\mathrm{m}\sin\left(\omega t - \frac{\pi}{2}\right) = E_\mathrm{m}\sin\left(\omega t - \frac{\pi}{2}\right) \tag{8.3.5}$$

其中 $E_\mathrm{m} = N\omega\Phi_\mathrm{m}$ 为主磁感应电动势的最大值，感应电动势的有效值为

$$E = \frac{E_\mathrm{m}}{\sqrt{2}} = \sqrt{2}\pi f N\Phi_\mathrm{m} = 4.44 f N\Phi_\mathrm{m} \tag{8.3.6}$$

通常由于线圈的电阻 R 和漏磁感抗 X_σ 较小，所以它们所产生的电压降也较小，与主磁电动势比较以后，可以忽略不计。于是

$$\dot{U} = -\dot{E} \tag{8.3.7}$$

$$U \approx E = 4.44fN\Phi_m \tag{8.3.8}$$

8.3.3 功率损耗

在交流铁心线圈中，有两类损耗，一类是线圈电阻 R 上的功率损耗 I^2R，通常称为铜损 ΔP_{Cu}；另一类是处于交变磁化下的铁心中的功率损耗，通常称为铁损 ΔP_{Fe}，铁损主要分为磁滞损耗(hysteresis loss)和涡流损耗(eddy loss)。

由磁滞所产生的铁损称为磁滞损耗 ΔP_h。磁滞损耗要引起铁心发热，为了减小磁滞损耗，应该选用磁滞回线狭小的磁性材料制造铁心，硅钢就是变压器和电机中常用的铁心材料，其磁滞损耗较小。

在图 8.3.1 中，当线圈中通有交流电流时，它所产生的磁通也是交变的，交变的磁通在铁心内会产生感应电流，该电流在垂直于磁通方向的平面内环流，也称为涡流。涡流有有害的一面，在某些场合也有有利的一面。例如，利用涡流效应来制造感应式仪器，制造涡流测距器，利用涡流的热效应来冶炼金属等。

由涡流所产生的铁损称为涡流损耗 ΔP_e。涡流损耗也要引起铁心发热。为了减小涡流损耗，在顺磁场方向铁心可以由彼此绝缘的钢片叠成，这样就可以限制涡流只能在较小的截面内流通。此外，通常所用的硅钢片中含有少量的硅(0.8% ~4.8%)，因此电阻率较大，这也可以使涡流减小。

在交变磁通的作用下，铁损差不多与铁心内的磁感应强度的最大值 B_m 的平方成正比，故 B_m 不宜选得过大，一般取 0.8 ~1.2T。

由上述可知，铁心线圈交流电路的有功功率为

$$P = UI\cos\varphi = I^2R + \Delta P_{Fe} \tag{8.3.9}$$

练习与思考

8.3.1 铁心中的磁滞和涡流损耗是怎样产生的？它们与哪些因素有关？

8.3.2 空心线圈的电感是常数，而铁心线圈的电感不是常数，为什么？

8.3.3 举例说明涡流损耗的利弊。

8.4 变压器

变压器(transformer)是一种静止的电气设备，它被广泛应用在电力系统、电工测量、控制等方面。虽然变压器品种繁多，但基本原理是一致的，就是利用电磁感应定律，实现交流电能的转换。

本节将以单相双绕组变压器为例，介绍变压器的基本结构和工作原理，并由此分析变压器的运行特性及其反映运行性能的几个主要技术指标，再进一步介绍几种特殊变压器。

8.4.1 变压器的类型和主要结构

1. 变压器的分类

变压器可按其用途、绕组数目、铁心结构、相数、冷却方式和冷却介质来进行分类。

按用途不同,变压器分为电力变压器(升压变压器、降压变压器、配电变压器等)、仪用互感器(电压互感器和电流互感器)、特种变压器(整流变压器、电炉变压器、电焊变压器等)和调压器等。

按绕组数目的多少,分为双绕组变压器、三绕组变压器和多绕组变压器以及自耦变压器。按铁心结构,分为心式和壳式变压器。按相数多少,分为单相和三相变压器等。按冷却方式和冷却介质的不同,分为空气冷却干式变压器、油冷却的油浸式变压器、六氟化硫变压器等。

由此可见,变压器的类型很多,它们在结构和性能上差异也很大,在具体使用时,可以根据不同的使用目的和工作条件选择合适的变压器类型。

2. 变压器的主要结构

不同类型的变压器在具体结构上有一定的差异,但其基本结构是一致的,本部分主要以油浸式电力变压器为例,介绍变压器的基本结构。

电力变压器一般都是油浸式,图 8.4.1 是一台油浸式变压器。油浸式变压器的主要组成部分有铁心、绕组、油箱和套管。铁心和绕组是变压器实现电磁感应的基本部分,称为器身;油箱盛载变压器油,起机械支撑、冷却散热和保护作用;套管主要起绝缘作用,穿过套管的引出线实现绕组和其他电气设备的连接。在油浸式变压器中,铁心和绕组都浸放在装满变压器油的油箱中,各绕组的端点通过绝缘套管引至油箱的外面,以便与外线路相连。以下主要对变压器实现电磁感应的铁心和绕组做扼要介绍。

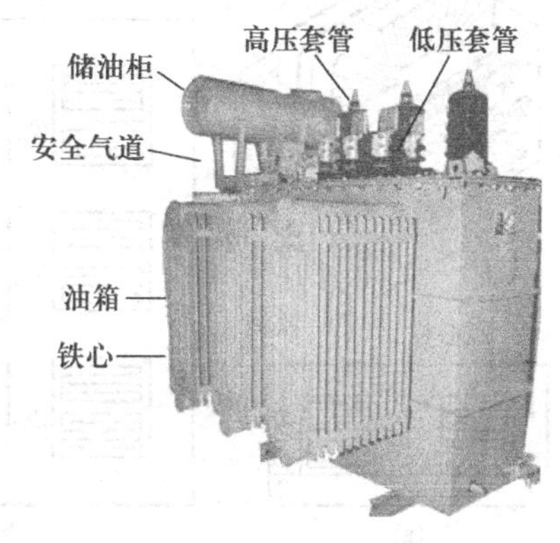

图 8.4.1 油浸式变压器

(1) 铁心(iron core):铁心是变压器的磁路部分,同时也是器身的机械骨架。铁心的基本组成部分分为铁心柱和铁轭两部分。套装绕组的铁心部分称为铁心柱,连接铁心柱使之形成闭合磁路的铁心部分称为铁轭。铁心按照结构的不同分为心式和壳式两种。铁轭靠着绕组的顶面和底面,不包围绕组侧面的是心式结构的铁心,如图 8.4.2 和图 8.4.3 所示。心式结构铁心比较简单,绕组的布置和绝缘也比较容易,因此电力变压器主要采用心式铁心结构。壳式结构的铁心中铁轭不仅包围绕组的顶面和底面,而且还包围绕组的侧面,如图 8.4.4 所示。壳式铁心机械强度好,但制造复杂。铁心的制作材料通常用厚度为 0.35 mm、表面涂绝缘漆的含硅量较高的硅钢片制成,目的是为了提高磁路的磁导率和降低铁心内的涡流损耗,而通常大型变压器和干式变压器的铁心都采用高磁导率、低损耗的单取向冷轧硅钢片制成。

(2) 绕组(transformer coil):绕组是变压器的电路部分,常用绝缘包铝线或铜线绕制而成,其外形通常采用不易变形的圆柱形,具有较好的机械性能,同时也便于线圈绕制。

变压器中,与交流电源连接的绕组,称为一次绕组,简称一次侧,或称为原绕组,如图 8.4.5 中的 U_1U_2;与负载连接的绕组,称为二次绕组,简称二次侧,或称为副绕组,如图 8.4.5 中的 u_1u_2。

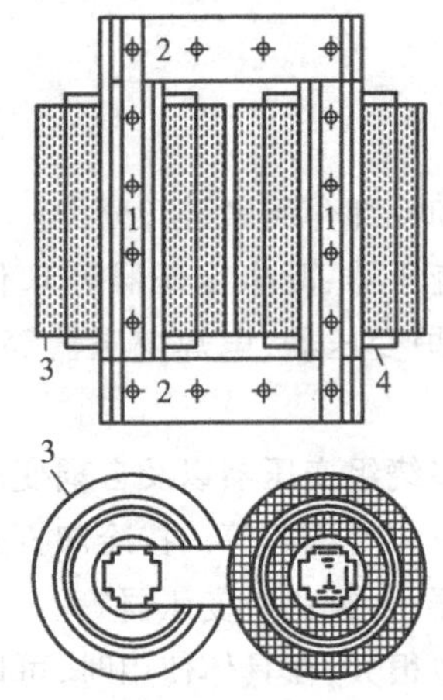

图 8.4.2 单相心式变压器的铁心

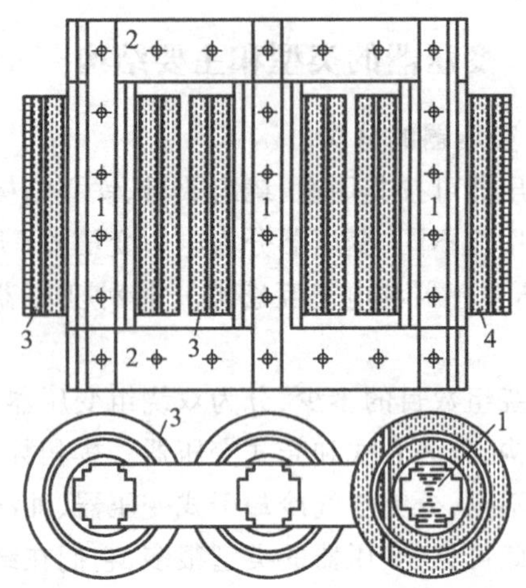

图 8.4.3 三相心式变压器的铁心

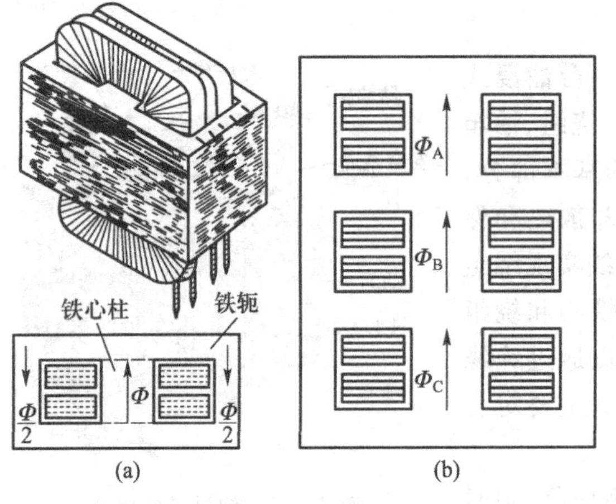

图 8.4.4 单相和三相壳式变压器的铁心

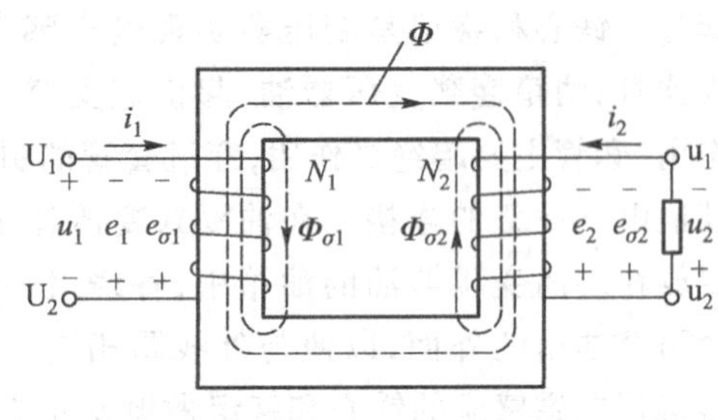

图 8.4.5 变压器的负载运行和各量正方向的规定

8.4.2 变压器的基本工作原理

1. 正向惯例

变压器中的电压、电流、电动势、磁势和磁通都是随时间交变的物理量，因此，在列电路方程时，需要先规定它们的正方向。正方向的规定，原则上是可以任意的，但是，若正方向规定的不同，则同一电磁过程所列出的公式或者方程中有关物理量的正、负号则不同。在分析变压器时，我们采用了电机学中惯例，对各物理量的正方向做如下规定（以图 8.4.5 为例）。

（1）一次绕组电流的正方向与电源电压的正方向取为一致（如由一次侧的 U_1 流向一次侧的 U_2），二次绕组电流的正方向与感应电动势的正方向一致。感应电动势的正方向为电位升的方向，如二次绕组电动势为由二次侧的 u_2 指向二次侧的 u_1，则二次绕组所接负载中电流的方向为由二次侧的 u_2 流向二次侧的 u_1。

（2）磁势的正方向与产生该磁势的电流的正方向之间符合右手螺旋定则。

(3) 磁通的正方向与磁势的正方向一致。

(4) 感应电动势的正方向(即电位升的方向)与产生该电动势的磁通的正方向之间符合右手螺旋定则。

根据(2)和(4),由交变磁通所感应的电动势,其正方向与绕组中电流的正方向一致,于是得到如图 8.4.5 所示的变压器各电量的正方向假设。

当变压器一次绕组接到电压 u_1上时,一次绕组电流 i_1和电压 u_1方向关联,由 i_1产生的磁通 Φ 符合右手螺旋定则,磁通 Φ 沿铁心分布,交变磁通 Φ 与一次绕组自身交链产生感应电动势 e_1,根据电磁感应定律,感应电动势 e_1与磁通的正方向符合右手螺旋定则,因此感应电动势 e_1的方向与电流 i_1的方向关联;磁通通过铁心闭合,与二次绕组也交链,在二次绕组上也会产生感应电动势 e_2,感应电动势 e_2的方向与 Φ 的也符合右手螺旋定则;如果一次绕组 $\mathrm{U_1U_2}$、二次绕组 $\mathrm{u_1u_2}$ 中 $\mathrm{U_1}$、$\mathrm{u_1}$ 是同极性端,则感应电动势 e_2的方向沿二次绕组 $\mathrm{u_2u_1}$ 方向,二次绕组若闭合,其中的电流 i_2与感应电动势 e_2同方向,负载上电压 u_2的方向与流过它的电流 i_2关联。

2. 变压器的基本工作原理

变压器的结构原则是:两个(或两个以上)互相绝缘的绕组通过一个共同的铁心,利用电磁耦合关系传递能量。

在外施电压作用下,一次绕组中有交流电流流过,交变电流产生交变磁通,交变磁通的频率和电压的频率一样,交变磁通的绝大部分通过铁心闭合,因此与一、二次绕组同时交链,根据电磁感应定律,在一、二次绕组内分别产生感应电动势,如果二次绕组通过负载组成闭合回路,则二次侧通过感应电动势向负载供电,实现了能量传递。如图 8.4.5 所示,可以看到变压器一、二次侧没有电的直接联系,能量通过耦合磁场来传递,这也是变压器的一个突出特点。

8.4.3 变压器的运行分析

本部分以单相双绕组变压器为例,首先分析变压器空载和负载运行的电磁过程,从而导出变压器运行中关于电压、电流以及阻抗变换的基本变换关系,并进一步讨论反映其运行性能的两个主要技术指标——电压变化率和效率。

本部分虽然是以单相变压器为例讨论上述问题,但所得结论完全适用于三相变压器在对称负载下运行时对每一相的分析。

1. 变压器的空载运行

空载运行是指变压器一次绕组接交流电源,二次绕组开路时的运行情况。单相变压器空载运行的示意图如图 8.4.6 所示。

一次绕组接到电压为 u_1的交流电源上,一次绕组有电流 i_0流过,电流 i_0称为变压器的空载电流,而此时,二次侧电流 $i_2=0$,$u_2=e_2$,即二次绕组开路,二次侧感应电动势 e_2 等于二次侧端电压 u_2。

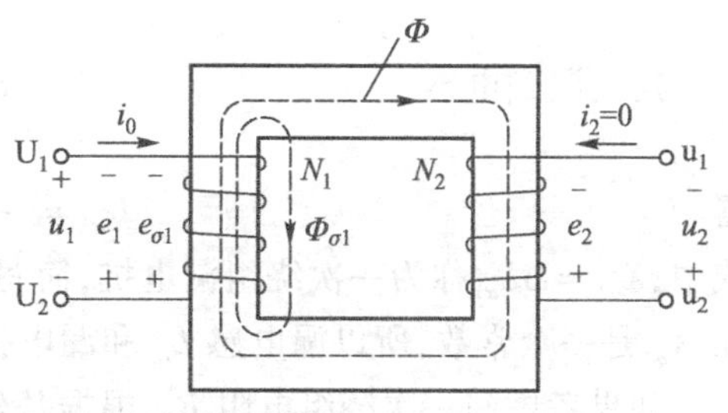

图 8.4.6 变压器的空载运行示意图

一次绕组中空载电流 i_0在 N_1匝的一次绕组中,产生空载磁势 i_0N_1,并建立起空载磁通,这个磁通分为两部分,其中大部分磁通沿铁心闭合,与一次、二次绕组都交链,称为主磁通 Φ,其路径称为主磁路,变压器即是通过主磁通来实现能量传递的。根据电磁感应定律,主磁通与一次、二次绕组交链,分别在一次、二次绕组中产生感应电动势 e_1 和 e_2,方向与电流 i_0 相同;另一部分磁通主要沿非磁性材料(变压器油、绝缘材料或空气)闭合,仅与一次绕组相交链,称为一次绕组的漏磁通 $\Phi_{\sigma 1}$。漏磁通仅与一次绕组交链,在一次绕组中产生漏磁感应电动势 $e_{\sigma 1}$,方向与电流 i_0 相同。

由此看出,在变压器空载运行时,主磁通仅由一次绕组中电流产生,但与一次、二次绕组都交链。

下面分别研究主磁通和漏磁通的具体情况。设主磁通按正弦规律变化,即

$$\Phi = \Phi_m \sin \omega t \tag{8.4.1}$$

式中,Φ_m 为主磁通的最大值,ω 为电源角频率。

主磁通在一次绕组中产生的感应电动势瞬时值为

$$\begin{aligned} e_1 &= -N_1 \frac{\mathrm{d}\Phi}{\mathrm{d}t} = -N_1 \omega \Phi_m \cos \omega t \\ &= N_1 \omega \Phi_m \sin\left(\omega t - \frac{\pi}{2}\right) = E_{1m} \sin\left(\omega t - \frac{\pi}{2}\right) \end{aligned} \tag{8.4.2}$$

式中,$E_{1m} = N_1 \omega \Phi_m$ 为一次绕组感应电动势的最大值,其感应电动势的有效值为

$$E_1 = \frac{E_{1m}}{\sqrt{2}} = \sqrt{2}\pi f N_1 \Phi_m = 4.44 f N_1 \Phi_m \tag{8.4.3}$$

同理,主磁通在二次绕组中所感应的电动势为

$$\begin{aligned} e_2 &= -N_2 \frac{\mathrm{d}\Phi}{\mathrm{d}t} = -N_2 \omega \Phi_m \cos \omega t \\ &= N_2 \omega \Phi_m \sin\left(\omega t - \frac{\pi}{2}\right) = E_{2m} \sin\left(\omega t - \frac{\pi}{2}\right) \end{aligned} \tag{8.4.4}$$

式中,$E_{2m} = N_2 \omega \Phi_m$ 为二次绕组感应电动势的最大值,其感应电动势的有效值为

$$E_2 = \frac{E_{2m}}{\sqrt{2}} = \sqrt{2}\pi f N_2 \Phi_m = 4.44 f N_2 \Phi_m \tag{8.4.5}$$

除了主磁通产生的感应电动势以外,漏磁通在一次绕组中产生的漏磁感应电动势

$$e_{\sigma 1} = -N_1 \frac{\mathrm{d}\Phi_{1\sigma}}{\mathrm{d}t} = N_1 \omega \Phi_{1\sigma m} \sin\left(\omega t - \frac{\pi}{2}\right) \tag{8.4.6}$$

式中,$\Phi_{\sigma m1}$ 为一次绕组漏磁通的最大值。将上式写为复数形式

$$\dot{E}_{\sigma 1} = -\mathrm{j} \frac{N_1 \omega \Phi_{\sigma m1}}{\sqrt{2}} \dot{I}_0 \tag{8.4.7}$$

定义漏磁电感

$$L_{\sigma 1} = \frac{N_1 \Phi_{\sigma m1}}{\sqrt{2}} \tag{8.4.8}$$

得

$$\dot{E}_{\sigma 1} = -\mathrm{j}\omega L_{\sigma 1} \dot{I}_0 = -\mathrm{j} \dot{I}_0 X_{\sigma 1} \tag{8.4.9}$$

式中,$X_{\sigma 1} = \omega L_{\sigma 1}$ 称为一次绕组漏电抗,简写为 X_1。由于漏电抗的大小正比于漏磁路的磁导 $\Lambda_{\sigma 1}$,而 $\Lambda_{\sigma 1}$ 是一个常数,所以漏电感 $L_{\sigma 1}$ 和漏电抗 X_1 均为常数。

如果考虑到一次绕组电阻 R_1,根据基尔霍夫电压定律,可得一次绕组电动势方程

$$u_1 = -e_1 - e_{\sigma 1} + i_0 R_1 \tag{8.4.10}$$

如果电压电流都为正弦量，且计及漏电抗 X_1，则可将上式写为复数形式

$$\dot{U}_1 = -\dot{E}_1 + \mathrm{j}\dot{I}_0 X_1 + \dot{I}_0 R_1 = -\dot{E}_1 + \dot{I}_0(R_1 + \mathrm{j}X_1) = -\dot{E}_1 + \dot{I}_0 Z_1 \tag{8.4.11}$$

式中，$Z_1 = R_1 + \mathrm{j}X_1$ 为一次绕组的漏阻抗。

对于一般电力变压器，空载电流在一次绕组的漏阻抗上产生的电压降很小，可以忽略不计，因此可以近似认为

$$\dot{U}_1 = -\dot{E}_1, \text{或 } u_1 = -e_1 \tag{8.4.12}$$

二次绕组侧，由于二次绕组开路电流为0，所以二次绕组上的空载电压就等于感应电动势

$$\dot{U}_2 = \dot{E}_2 \tag{8.4.13}$$

在变压器中，一次绕组电动势与二次绕组电动势之比称为变压器的变比，用 K 表示

$$K = \frac{E_1}{E_2} = \frac{4.44 f N_1 \Phi_m}{4.44 f N_2 \Phi_m} = \frac{N_1}{N_2} \tag{8.4.14}$$

上式表明，变压器的变比等于一次、二次绕组的匝数比，当变压器空载时，可以认为近似等于一次、二次绕组的电压之比

$$K = \frac{E_1}{E_2} \approx \frac{U_1}{U_2} \tag{8.4.15}$$

2. 变压器的负载运行

变压器的负载运行是指变压器一次侧施加额定电压，二次侧接入负载运行的情况。单相变压器负载运行的示意图如图 8.4.5 所示。

变压器负载运行时，一次绕组中的电流由空载时的 $\dot{I}_0$ 变为负载时的 $\dot{I}_1$，二次绕组中有感应电动势，接上负载组成闭合回路后，就会产生电流 $\dot{I}_2$，由 $\dot{I}_2$ 产生磁势 $\dot{F}_2 = \dot{I}_2 N_2$。此时，铁心中的主磁通由两部分磁势共同作用产生，一部分是一次绕组中的电流产生的磁势 $\dot{F}_1 = \dot{I}_1 N_1$，另一部分是由二次绕组中的电流产生的磁势 $\dot{F}_2 = \dot{I}_2 N_2$，这也是和变压器空载运行时的一个区别。一次、二次绕组电流共同作用产生的主磁通，与一次、二次绕组交链，分别在一次、二次绕组中产生感应电动势 e_1 和 e_2；一次绕组电流产生的仅与其自身交链的漏磁通，在一次绕组中产生漏磁感应电动势 $e_{\sigma 1}$；二次绕组电流产生的仅与其自身交链的漏磁通，在二次绕组中产生漏磁感应电动势 $e_{\sigma 2}$，它们的方向由电磁感应定律确定，标注于图 8.4.5 中。

用漏抗压降来表示漏磁感应电动势

$$\dot{E}_{\sigma 1} = -\mathrm{j}\dot{I}_1 X_1 \tag{8.4.16}$$

$$\dot{E}_{\sigma 2} = -\mathrm{j}\dot{I}_2 X_2 \tag{8.4.17}$$

二次电流 $\dot{I}_2$ 流过负载阻抗 Z_L 所产生的电压即为二次电压 $\dot{U}_2$

$$\dot{U}_2 = I_2 Z_L \tag{8.4.18}$$

由此，可得变压器一次电动势方程

$$\begin{aligned}\dot{U}_1 &= -\dot{E}_1 - \dot{E}_{\sigma 1} + \dot{I}_1 R_1 = -\dot{E}_1 + \mathrm{j}\dot{I}_1 X_1 + \dot{I}_1 R_1 \\ &= -\dot{E}_1 + \dot{I}_1(R_1 + \mathrm{j}X_1) = -\dot{E}_1 + \dot{I}_1 Z_1\end{aligned} \tag{8.4.19}$$

二次电动势方程

$$\dot{U}_2=\dot{E}_2+\dot{E}_{\sigma 2}-\dot{I}_2R_2=\dot{E}_2-\mathrm{j}\dot{I}_2X_2-\dot{I}_2R_2$$
$$=\dot{E}_2-\dot{I}_2(R_2+\mathrm{j}X_2)=\dot{E}_2-\dot{I}_2Z_2 \tag{8.4.20}$$

式中，$Z_2=R_2+\mathrm{j}X_2$为二次绕组的漏阻抗，其中R_2为二次绕组电阻，X_2为二次绕组漏电抗。

变压器负载时，一次绕组电流和二次绕组电流共同作用产生的合成磁势为

$$\dot{I}_1N_1+\dot{I}_2N_2 \tag{8.4.21}$$

由于变压器一次绕组的漏阻抗压降很小，于是可以近似地认为$\dot{U}_1\approx-\dot{E}_1$，假设$U_1$不变（代表外施电压不变），则$E_1$也应基本保持不变，因此主磁通的最大值也保持近似不变（$E_1=4.44fN_1\Phi_{\mathrm{m}}$），于是可以认为空载时和负载时的合成磁势不变（磁通不变原理），即

$$\dot{I}_1N_1+\dot{I}_2N_2=\dot{I}_0N_1 \tag{8.4.22}$$

或

$$\dot{I}_1N_1=\dot{I}_0N_1+(-\dot{I}_2N_2) \tag{8.4.23}$$

进一步，由上式可以导出

$$\dot{I}_1=\dot{I}_0+\left(-\frac{N_2}{N_1}\dot{I}_2\right)=\dot{I}_0+\left(-\frac{1}{K}\dot{I}_2\right) \tag{8.4.24}$$

通常铁心的磁导率高，变压器的空载电流很小，它的有效值在一次绕组额定电流的10%以内，因此可以忽略。于是，上式可以写成

$$\dot{I}_1N_1\approx-\dot{I}_2N_2$$

由此，一次、二次绕组的电流关系可以用下式表示

$$\frac{I_1}{I_2}\approx\frac{N_2}{N_1}=\frac{1}{K} \tag{8.4.25}$$

上式表明变压器一次、二次绕组的电流之比近似等于它们的匝数比的倒数。一次、二次边绕组虽然没有直接的联系，但是由于两个绕组共用一个磁路，共同交链一个主磁通，借助于主磁通的变化，通过电磁感应，一次、二次绕组间实现电压的变换及电功率的传递。

由此可见，二次电流I_2变化时，一次电流I_1也随之变化。二次绕组输出功率增大表现为I_2增大，根据变压器电流变换关系，I_1会相应增加，表示电源向变压器输出的功率增加。

由于磁路计算相对复杂，在实际工程计算中把变压器互感电路变换成无互感的并联电路，也就是说根据电路等效变换条件，变换前后变压器一次侧上$\dot{U}_1$、$\dot{I}_1$不变，即有同样的电流和功率流进一次侧，并且一次侧有同样的功率传递到二次侧，即保持一次绕组不变，而把实际具有匝数为N_2的变压器二次绕组，看作匝数为N_1（等于一次绕组匝数）的等效二次绕组Z_{L}'（即二次绕组用折算到一次绕组的等效阻抗表示），放置于原来一次绕组位置。

根据前边推导的电压电流关系

$$\frac{U_1}{I_1}=\frac{\dfrac{N_1}{N_2}U_2}{\dfrac{N_2}{N_1}I_2}=\left(\frac{N_1}{N_2}\right)^2\frac{U_2}{I_2} \tag{8.4.26}$$

由于
$$\frac{|U_1|}{|I_1|}=|Z'_L|,\frac{|U_2|}{|I_2|}=|Z_L|$$

因此
$$|Z'_L|=K^2|Z_L| \tag{8.4.27}$$

进一步,由折算前后二次绕组漏磁无功损耗应保持不变的原则,可得

$$X'_L=K^2X_L \tag{8.4.28}$$

由折算前后二次绕组中的电阻损耗应保持不变的原则,可得

$$R'_L=K^2R_L \tag{8.4.29}$$

式(8.4.27)说明二次绕组的阻抗(包括电阻及其漏电抗)折算到一次绕组的等效值为实际值乘以变比的平方,此时输入电路的电压、电流和功率不变。根据这种折算关系,我们可以将接在变压器二次绕组的负载阻抗 Z 用串联接入一次绕组的等效阻抗 Z' 来代替,代替以后,如图 8.4.7(a)中的点画线框部分可以用一个接在一次绕组的阻抗为 Z'_L 的等效阻抗来代替,如图 8.4.7(b)所示,值得注意的是等效阻抗代替了整个二次绕组和负载。

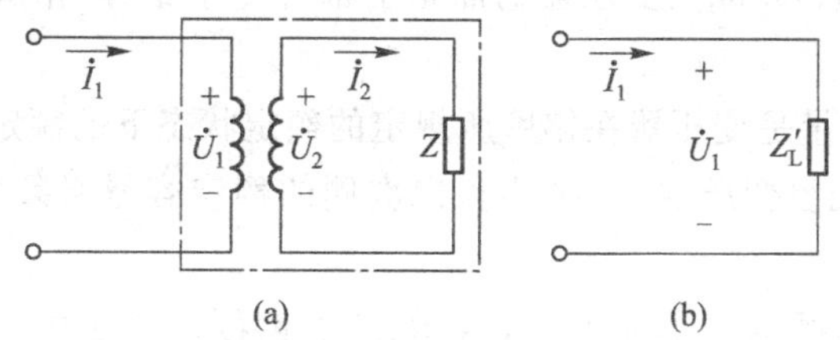

图 8.4.7 负载的阻抗变换

变压器的变比不同,负载阻抗折算到一次绕组的等效阻抗也不同,我们可以采用不同的变比,把负载阻抗变换为所需要的、较为合适的数值,这种做法称为阻抗匹配。在阻抗匹配中,常常用到一种匹配关系称为最大功率匹配,使负载阻抗折算以后的等效阻抗等于电源的内阻,这时负载获得最大功率。

综上所述,变压器在运行过程中,实现了三种变换关系:电压变换,电流变换和阻抗变换。它们的变换关系分别为:电压变换 $K=\frac{E_1}{E_2}\approx\frac{U_1}{U_{20}}$,电流变换 $\frac{I_1}{I_2}\approx\frac{N_2}{N_1}=\frac{1}{K}$,阻抗变换 $|Z'_L|=K^2|Z_L|$。

例 8.4.1 如图 8.4.8 所示理想变压器电路,已知 $R_0=25\ \Omega,R_1=100\ \Omega,R_2=5\ \Omega,\dot{E}_1=100\angle 0°\ \text{V}$。试求使电阻 R_2 获得最大功率时的变压器变比,此最大功率为多少?

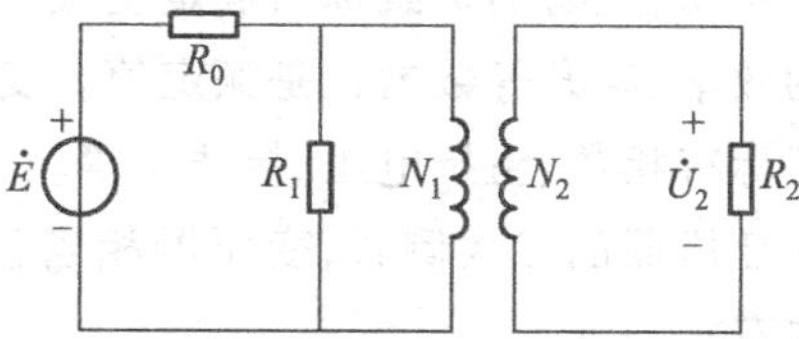

图 8.4.8 例 8.4.1 图

解:对 $\dot{E}_1,R_0,R_1$ 进行戴维宁等效,开路电压

$$E=\frac{\dot{E}_1}{R_0+R_1}\cdot R_1=\frac{100}{25+100}\times 100\ \text{V}=80\ \text{V}$$

短路电流 $$I=\frac{E_1}{R_0}=\frac{100}{25}\text{ A}=4\text{ A}$$

等效电阻 $$R_0'=20\ \Omega$$

设变压器的变比$\frac{N_1}{N_2}=K$所以一次侧等效负载阻抗

$$R_2'=K^2R_2$$

欲使电阻R_2获得最大功率，则

$$R_0'=R_2'=K^2R_2,\quad K=2$$

此时最大功率

$$P_2'=\left(\frac{E}{R_0'+R_2'}\right)^2\cdot R_2'=\left(\frac{80}{20+20}\right)^2\times 20\text{ W}=80\text{ W}$$

3. 变压器的运行特性

(1) 变压器的额定值(rating)：变压器的油箱上都有一个铭牌，铭牌上标明了变压器的各项额定值。

① 额定容量：额定容量是变压器在铭牌所规定的额定状态下的额定视在功率，用S_N表示，以kV·A为单位。对于双绕组变压器，一次侧和二次侧的额定容量必须相等。对于三相变压器，它是指三相总容量。

② 额定电压：一次侧额定电压常用U_{1N}表示，二次侧额定电压用U_{2N}表示，以V或kV为单位。二次侧额定电压U_{2N}，是当变压器一次侧外加额定电压U_{1N}的二次侧空载电压，也可用U_{20}表示。对三相变压器，额定电压指线电压。

③ 额定电流：一次侧额定电流用I_{1N}表示、二次侧额定电流用I_{2N}表示，以A为单位，额定电流是根据额定容量和额定电压计算出来的电流值。对三相变压器，额定电流指线电流。

对于单相变压器 $$I_{1N}=\frac{S_N}{U_{1N}}\quad I_{2N}=\frac{S_N}{U_{2N}} \tag{8.4.30}$$

对于三相变压器 $$I_{1N}=\frac{S_N}{\sqrt{3}U_{1N}}\quad I_{2N}=\frac{S_N}{\sqrt{3}U_{2N}} \tag{8.4.31}$$

④ 额定频率：以Hz为单位，我国规定为50 Hz。

当变压器接在额定频率、额定电压的电网上，一次侧电流为I_{1N}，二次侧电流为I_{2N}，并且功率因数为额定值时，称为额定运行状态，此时的负载称为额定负载。

此外，额定运行时变压器的效率、温升等数据也是额定值。变压器应能长期可靠地运行于额定状态。铭牌上除额定值外，还标有相数、阻抗电压、接线图等。

(2) 变压器的运行特性：从变压器的二次侧看，变压器相当于一台发电机，向负载输出电功率，所以变压器的运行特性主要有：

① 外特性是指一次侧外施电压和二次侧负载功率因数不变时，二次侧端电压随负载电流变化的规律，即$U_2=f(I_2)$，如图8.4.9所示。变压器的电压变化率体现了这个特性，并且是变压器的主要性能指标之一。

变压器带负载后，二次侧电压与空载电压不相等，通常用电压变化率来表示二次侧电压随负载变化的程度。变压器电压变化率ΔU是指：当一次侧接在额定频率和额定电压的电网上，空载

时的二次侧电压 U_{20} 与有负载时的二次侧电压 U_2 的差值与该空载电压 U_{20} 之比，即

$$\Delta U=\frac{U_{20}-U_2}{U_{20}}\times 100\% \tag{8.4.32}$$

常用的电力变压器，当负载电流为额定值，功率因数为 0.8（滞后）时，$\Delta U=5\%-8\%$。电压变化率反映了变压器供电电压的平稳能力，是表征变压器运行性能的重要数据之一。

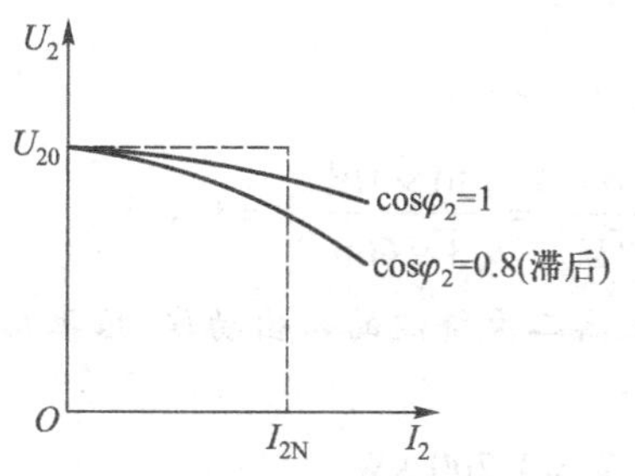

图 8.4.9 变压器的外特性曲线

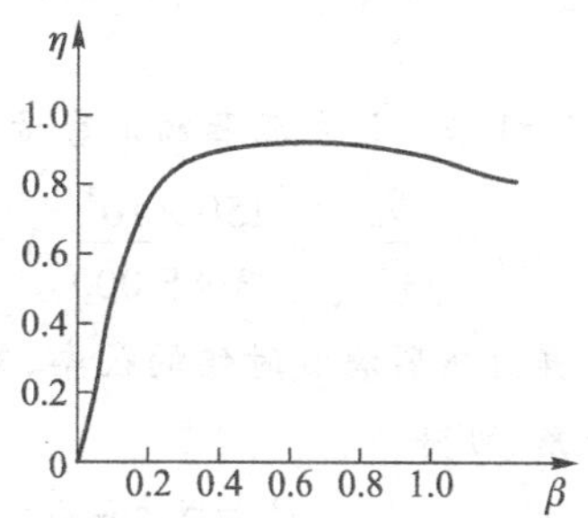

图 8.4.10 变压器的效率特性曲线

② 效率特性是指一次侧外施电压和二次侧负载功率因数不变时，变压器的效率随负载的负荷变化率 β 变化的规律，即 $\eta=f(\beta)$，如图 8.4.10 所示。变压器的效率体现了这个特性，并且也是变压器的主要性能指标之一。

变压器是作为一种转换电能的电气设备，在能量转换过程中，必然有损耗，变压器的总损耗可分成两大类型：铁损和铜损。

铁损包括基本铁损和附加铁损。基本铁损是变压器铁心中的磁滞损耗和涡流损耗，近似地与 U_1^2 成正比。附加铁损包括铁心叠片间由于绝缘损伤引起的局部涡流损耗、主磁通在结构部件中（夹板、螺钉等处）引起的涡流损耗以及高压变压器中的介质损耗等，也近似地与 U_1^2 成正比，附加铁损难以准确计算，一般为基本铁损的 15% ~20%。

铜损也包括基本铜损和附加铜损。基本铜损是绕组的直流电阻引起的损耗，它等于电流的平方和直流电阻的乘积，计算时电阻应换算到工作温度（75℃）下的电阻值；附加铜损包括由漏磁场引起的集肤效应使导线有效电阻变大而增加的铜损、多根导线并绕时内部环流的损耗，以及漏磁场在结构件与油箱壁等处引起的涡流损耗等。附加铜损和基本铜损一样，与负载电流的平方成正比。附加铜损也难以准确计算，在中小型变压器中，附加铜损为基本铜损的0.5% ~5%，在大型变压器中则可达到 10% ~20% 甚至更大。

由于变压器的损耗，变压器向负载的输出功率一定会小于电源向变压器的输入功率，输出功率对输入功率之比称为效率，即

$$\eta=\frac{P_2}{P_1} \tag{8.4.33}$$

效率高低反映了变压器运行的经济性，它是变压器运行性能的又一个重要指标。由于变压器是一种静止的电气设备，在能量转换过程中没有机械损耗，效率一般较高。中小型变压器的效率为 95% ~98%，大型变压器则可达 99% 以上。由于变压器的效率很高，所以输出功率和输入功率的差值不大，也难以用式（8.4.33）计算。因此，一般用间接法计算效率，即先测出各种损耗，然后用输出功率加总损耗得到输入功率

$$P_1=P_2+P_{Cu}+P_{Fe} \tag{8.4.34}$$

效率为
$$\eta=\frac{P_2}{P_1}=\frac{P_2}{P_2+P_{Cu}+P_{Fe}} \tag{8.4.35}$$

例 8.4.2 有一个带容性负载的三相变压器，负载的功率因数为 0.8，变压器的额定数据如下：$S_N=150\ \text{kV}\cdot\text{A}$，$U_{1N}=5\ 000\ \text{V}$，$U_{2N}=U_{20}=600\ \text{V}$，$f=50\ \text{Hz}$，绕组为 Y/Y 连接方式。由实验测得 $P_{Cu}=1\ 200\ \text{W}$，$P_{Fe}=600\ \text{W}$。求(1) 变压器一、二次绕组的额定电流；(2) 变压器满载时的效率。

解：(1) 根据三相变压器额定容量和电压、电流的关系，可得

$$I_{1N}=\frac{S_N}{\sqrt{3}U_{1N}}=\frac{150\times10^3}{\sqrt{3}\times5\ 000}\ \text{A}=17\ \text{A}\qquad I_{2N}=\frac{S_N}{\sqrt{3}U_{2N}}=\frac{150\times10^3}{\sqrt{3}\times600}\ \text{A}=144\ \text{A}$$

(2) 计算变压器满载时候的效率，需要先计算出变压器二次绕组的输出功率，根据功率和容量的计算关系，可得

$$P_2=S_N\cos\varphi=1\ 500\times10^3\times0.8\ \text{W}=1\ 200\ \text{kW}$$

再根据效率的计算公式可得

$$\eta=\frac{P_2}{P_1}=\frac{P_2}{P_2+P_{Cu}+P_{Fe}}=\frac{1\ 200\times10^3}{1\ 200\times10^3+1\ 200+600}\times100\%=99\%$$

4. 三相变压器及其并联运行

现代各国电力系统均采用三相制，所以实际上使用最广的电力变压器是三相变压器。由于三相变压器各相结构是相同的，当一次侧接对称三相电压、二次侧接对称负载时，各相电压、电流大小相等，相位互差 120°，这时，可将三相变压器的任意一相视为单相变压器分析，取其中一相进行分析。

单相变压器中，变比约等于额定电压比，对于三相变压器，变比仍指相电压之比，至于一次侧线电压和二次侧线电压之比，称为线电压比。

在三相变压器中，不论一次绕组或二次绕组，我国均主要采用三角形联结和星形联结两种。把一相绕组的末端和另一相绕组的始端连接在一起，这样绕组首尾依次相接构成一个三角形联结，用 Δ 表示。星形联结是把三相绕组的三个末端连接在一起形成星形的形状，用 Y 表示，有中性线的星形联结用 YN。表示。我国生产的电力变压器常用 Y/YN、Y/Δ 、YN/Δ 等联结，其中斜线上面的字母表示高压。

根据运行的可靠性、经济性，鉴于现代发电厂和变电所的容量增大，在实际运行的时候，常常采用多台变压器并联运行。变压器并联运行是指：两台或多台变压器的一次绕组和二次绕组的出线段分别并联在一起，各接在一次绕组和二次绕组的公共母线上共同对负载供电，如图 8.4.11 所示。并联运行的优点有：(1) 能提高供电的可靠性。并联后，当某台变压器因为各种原因退出并联运行时，其余的变压器仍然可以供给一定的负载。(2) 提高供电的灵活性。并联运行可以根据负载大小调整投入并联运行的变压器台数，以便提高运行效率，也可以根据用电需求，分批安装投入新变压器，减少总的备用容量。

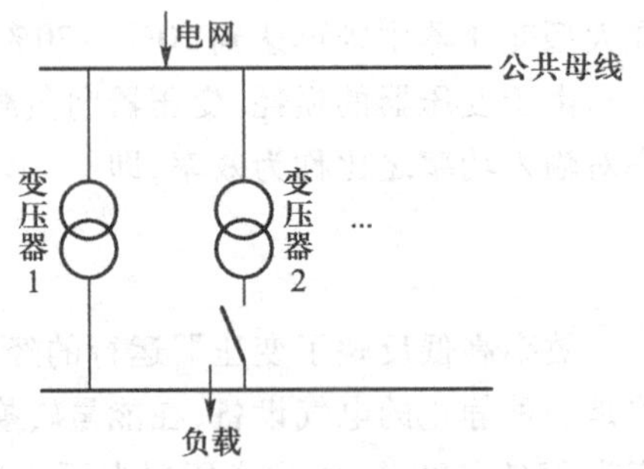

图 8.4.11 变压器的并联运行

8.4.4 特殊电力变压器及互感器

许多特殊用途的变压器,用于特殊条件下的使用。例如,在电力系统中,除了大量采用双绕组变压器外,还经常用到三绕组变压器,除此以外,自耦变压器也常常用于电力系统中。在测量系统中,为了安全和方便,还广泛采用仪用互感器用于高电压及大电流的测量。本部分将着重介绍三绕组变压器、自耦变压器和互感器。

1. 三绕组变压器(circuit transformer)

三绕组变压器可将发电厂中发出的一种电压等级的电能,转换为两种不同的电压等级输送到不同的电网中,这样,在发电厂和变电站内,通过变压器就可以把几种不同电压的输电系统联系起来了。

三绕组变压器的铁心一般为心式结构,铁心柱上都套着三个绕组,根据高压、中压、低压三个电压等级,三个绕组分别称为高压、中压和低压绕组。如果高压是一次绕组,低压和中压是二次绕组,则称为降压变压器。如果低压是一次绕组,中压和高压是二次绕组,称为升压变压器。为了绝缘方便,高压绕组都放在最外边。升压变压器中,常把中压绕组靠近铁心柱放置,低压绕组放在中间,如图 8.4.12(a)所示,这样使漏磁场和漏电抗分布均匀、分配合理,可以较好地提高运行效率。而在降压变压器中,中压绕组放在中间,低压绕组靠近铁心柱,如图 8.4.12(b)所示。这时如果采用图 8.4.12(b)布置,附加损耗增加很多,低压和高压绕组之间的漏磁通较大,变压器可能发生局部过热且降低效率。

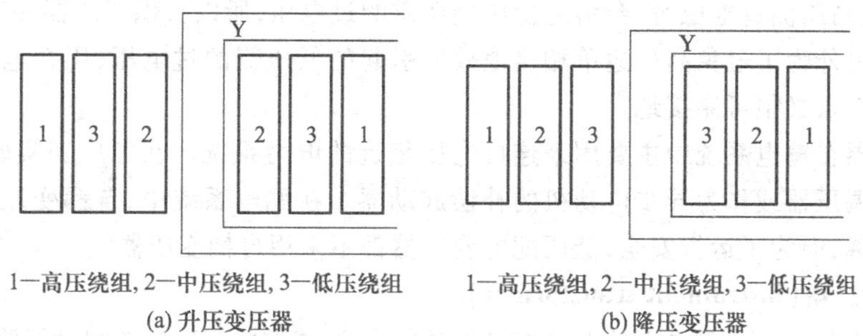

1—高压绕组, 2—中压绕组, 3—低压绕组
(a) 升压变压器

1—高压绕组, 2—中压绕组, 3—低压绕组
(b) 降压变压器

图 8.4.12 三绕组变压器绕组布置示意图

三绕组变压器的一次绕组和二次绕组的电压比仍然为

$$\frac{U_1}{U_2}=\frac{N_1}{N_2}=K_{12} \quad \frac{U_1}{U_3}=\frac{N_1}{N_3}=K_{13} \tag{8.4.36}$$

三绕组变压器中功率从一次侧传递到二次侧,即一次绕组的有功(无功)功率等于二次绕组的有功(无功)功率。实际生产的三绕组变压器,各绕组的容量(绕组的额定电压乘以额定电流)可以不相等。三绕组变压器的额定容量是指三个绕组中容量最大的一个绕组的容量。

2. 自耦变压器(autotransformer)

自耦变压器是指一次、二次绕组共用一个绕组的变压器,其中一次、二次绕组共用的绕组部分称为公共绕组。自耦变压器与普通双绕组变压器的区别在于:自耦变压器的一次、二次绕组之间不但有磁的耦合,还有电的直接联系。

自耦变压器可以通过一台双绕组变压器改接而成。如果双绕组变压器一、二次侧电压、电流相差不大,绕组的绝缘结构相近,则可以把一次、二次绕组串联起来作为新的一次侧,二次绕组仍为二次侧,即为一台降压自耦变压器。反之,也可构成升压自耦变压器。图 8.4.13 是调压器的外形和电路,图 8.4.14 是一个降压自耦变压器电路。

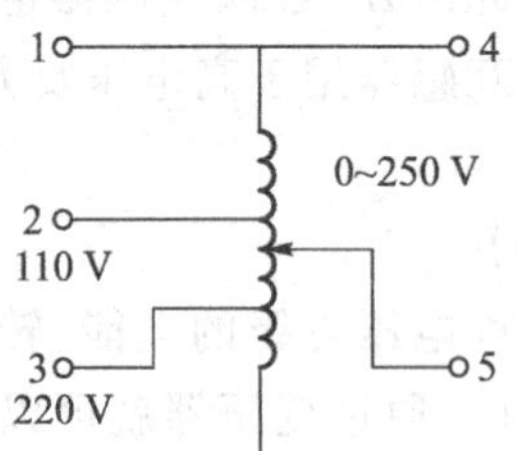

图 8.4.13 调压器的外形和电路

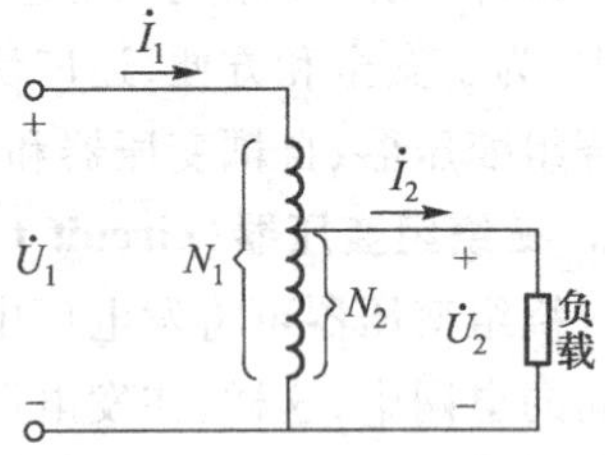

图 8.4.14 自耦变压器电路

自耦变压器的一次、二次绕组之间的电压比和电流比仍然为

$$\frac{U_1}{U_2}=\frac{N_1}{N_2}=K,\quad \frac{I_1}{I_2}=\frac{N_2}{N_1}=\frac{1}{K} \tag{8.4.37}$$

自耦变压器的主要特点如下:

(1) 自耦变压器的容量大于相应的双绕组变压器的容量,因此自耦变压器比普通变压器具有损耗少、效率高、材料省、体积小、重量轻、成本低、便于运输和安装的优点。

(2) 自耦变压器一次、二次侧都要装设避雷器。因为自耦变压器一次侧与二次侧之间有电的直接联系,当高压侧过电压时,会引起低压侧严重的过电压,所以自耦变压器一次、二次侧都要装上避雷器。另外为了避免高压边单相接地故障引起的低压侧的过电压,用在电网中的三相自耦变压器的中性点必须可靠接地。

自耦变压器在输电系统中主要用来连接电压相近的电力系统。在工厂和实验室里,自耦变压器常常用做调压器或作为异步电动机的补偿起动器。在配电系统中,自耦变压器主要用于补偿线路的电压降,但为了运行安全,低压配电变压器都不采用自耦变压器。

3. 仪用互感器(instrument transformer)

在电力系统中,为了保障工作人员和测试设备的安全,需要将二次侧的测量回路与一次侧被测量高压系统相隔离,另外,为了能利用常规仪器、仪表进行测量,扩大常规仪表的量程,即能用小量程电流表测量大电流,用低量程电压表测量高电压,因此在高/低压变电站、工厂供电系统以及发电厂等的输、配电线路上都安装有仪用互感器,以便将线路的一次侧高电压、大电流变换成二次侧的低电压、小电流来进行测量、运算与控制等。此外,在各种继电保护装置的测量中,也可由互感器直接带动继电器线圈,或经过整流变换成直流电压,为各类继电保护装置、控制系统或微机系统提供控制信号。

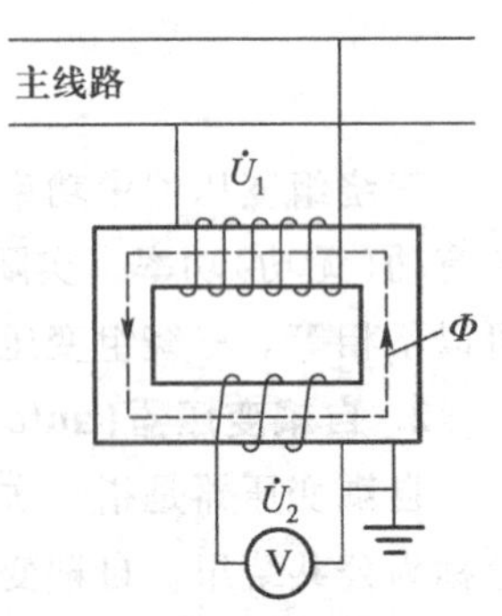

图 8.4.15 电压互感器的原理图

仪用互感器通常分为电压互感器和电流互感器,用来测量线路上的高电压、大电流的一类变换器。下面分别介绍如下:

(1) 电压互感器(voltage transformer):图 8.4.15 是电压互感器的原理图。它的一次、二次绕组套在一个闭合的铁心上,一次绕组并联接到被测量的电压线路上,二次绕组接到阻抗很大的测量仪表的

电压线圈上，所以电压互感器的运行情况相当于变压器的空载情况。电压互感器的工作原理和普通降压变压器相同。如果忽略漏阻抗，则有

$$\frac{U_1}{U_2}=\frac{N_1}{N_2}=K$$

由于一次侧匝数很多，二次侧匝数较少，于是利用一次、二次侧不同的匝数比，可将线路上的高电压变为低电压来测量。

在规格上，供测量系统使用的电压互感器，其二次侧额定电压都统一设计成 100 V。所以配合互感器使用的仪表量程，电压应该是 100 V，而作为控制用途的互感器，通常由设计人员根据需要自行设计，没有统一的规格。

在使用电压互感器时应特别注意：

① 二次绕组绝对不允许短路，否则会产生很大的短路电流，会引起绕组过热甚至烧坏绕组绝缘，从而导致一次回路的高电压侵入二次低压回路，危及人身和设备安全。

② 为安全起见，电压互感器的二次绕组的一端与铁心一起必须可靠接地。

③ 有时，根据测量要求，需要在被测的高压电路并联接入多个仪表，这时如果仪表个数不止一个，则各个测量仪表的电压线圈就应该并联在同一电压互感器的二次侧，但二次侧不宜接过多的仪表，以免由于电流过大引起较大的漏抗压降，影响互感器的准确度。

(2) 电流互感器(current transformer)：图 8.4.16 是电流互感器的原理图。它的一次绕组由较大截面积的导线构成，串联接入需要测量电流的电路中；二次侧的匝数较多，导线截面较小，并与阻抗很小的仪表(如电流表，功率表的电流线圈等)接成闭合回路，因此，电流互感器的运行情况相当于变压器的短路情况。电流互感器的工作原理和普通降压变压器相同，如果忽略漏阻抗，则有

$$\frac{I_1}{I_2}=\frac{N_2}{N_1}=\frac{1}{K}$$

由于一次侧匝数少，二次侧匝数多，于是利用一次、二次绕组匝数不同，可将线路上的大电流变为小电流来测量。

测流钳是电流互感器的一种变形。测流钳的外形如图 8.4.17 所示。它不必像普通电流互感器那样必须固定在一处，或者在测量时要断开电路而将一次绕组串联接入。利用测流钳可以

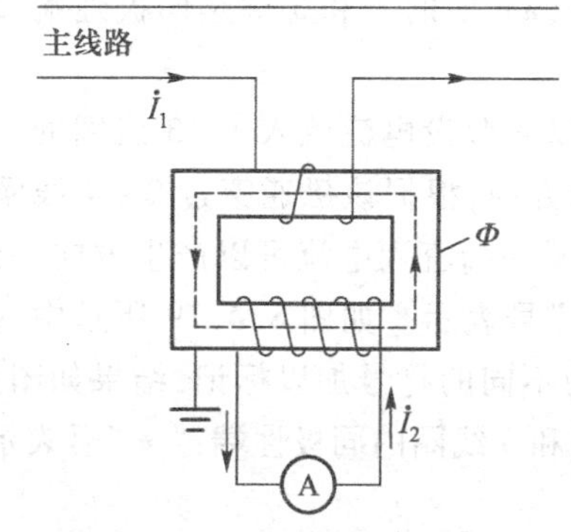

图 8.4.16 电流互感器的原理图

图 8.4.17 测流钳的外形

随时随地测量线路中的电流,它的铁心封闭在其内部,如同钳子一样,用弹簧压紧,二次绕组绕在铁心上与电流表接通,测量时,将钳压开而引入被测导线,这时,该导线就是一次绕组,这样,根据二次绕组所接的电流表读数,按照电流比关系得到实测电流值。

电流互感器的二次侧额定电流为 5 V 或 10 A,所以配合互感器使用的仪表量程,电流应该是 5 A 或 10 A,而作为控制用途的互感器,通常也需要由设计人员根据需要自行设计。

在使用电流互感器时应特别注意:

① 电流互感器的二次绕组绝对不容许开路。因为二次侧开路时,在运行过程中或者带电切换仪表时,互感器成为空载运行,所以一次侧电流全部成了励磁电流,且一次侧的电流不会因为二次绕组开路而减小,由于励磁电流增加很多倍,这会导致铁损大大增加,使铁心过热,影响电流互感器的性能,甚至把它烧坏。另一方面,增大的励磁电流和磁通密度,会使二次侧感应出很高的电压,可能使绝缘击穿,且有可能对测量人员的安全造成危害。

② 为了使用安全,电流互感器的二次绕组一端和铁心必须可靠接地,以防止由于绝缘损坏导致一次侧的高电压传到二次侧带来的不安全因素。

③ 和电压互感器一样,电流互感器的二次侧也不宜接过多仪表,以免影响互感器的准确度。

4. 变压器绕组的极性

实际使用变压器或者其他有磁耦合的互感线圈时,要注意线圈的正确连接。譬如,一台变压器有相同的两个一次绕组 1 – 2 和 3 – 4,如图 8.4.18(a) 中的 1 – 2 和 3 – 4,它们的额定电压均为 110 V。当接到 220 V 的电源上时,两个绕组需要串联,根据图中的绕组绕向,正确的连接方式应该为两个绕组的 2、3 端连在一起,如图 8.4.18(b)所示,如果连接错误,比如串联时将 2 和 4 连在一起,将 1 和 3 接在电源上,铁心中不产生磁通,则两个绕组的磁势就会相互抵消,绕组中也没有感应电动势,绕组中就会有很大的电流流过,这样将把变压器烧毁。而如果需要将两个绕组接到 110 V 的电源上时,两个绕组需要并联,根据图中的绕组绕向,正确的连接方式应该为两个绕组的 1、3 端连在一起,2、4 端连在一起,如图 8.4.18(c)所示。另一方面,工程中的线圈大多数是密封的,无法得知线圈的具体绕向,所以无法确定磁通的方向。为了解决这个矛盾,我们通常采用在线圈的端子上标上记号的方法,我们在线圈上标记“•”号,标有“•”号的线圈两端称为同极性端,而剩下的不作标记的线圈两端也互为同极性端。同极性端是指当电流从两个线圈的同极性端流入(或流出)的时候,产生的磁通的方向相同,或者当磁通变化(增大或减小)的时候,在同极性端产生的感应电动势的极性相同。如图 8.4.18(a) 中的 1 和 3 端是同极性端,2 和 4 端是同极性端。

根据同极性端的概念,在如图 8.4.18(a)所示中,可以先假设电流流入 1 – 3 线圈的一个端子,标上记号“•”,利用右手螺旋定则可以判断出磁通的方向,根据该磁通穿过 2 – 4 线圈的方向,再利用一次右手螺旋定则就可以判断出 2 – 4 线圈从哪一端流入电流可以产生方向一致、相互增强的磁通,从而得出 2 – 4 线圈的同极性端,也用“•”号表示。如图 8.4.19 所示中共有三个磁耦合线圈,判断同极性端时,应该一对、一对的线圈用不同的符号加以标记,结果如图所示。“•”号表示 1 线圈和 2 线圈的同极性端,“Δ”表示 1 线圈和 3 线圈的同极性端,“*”号表示 2 线圈和 3 线圈的同极性端。

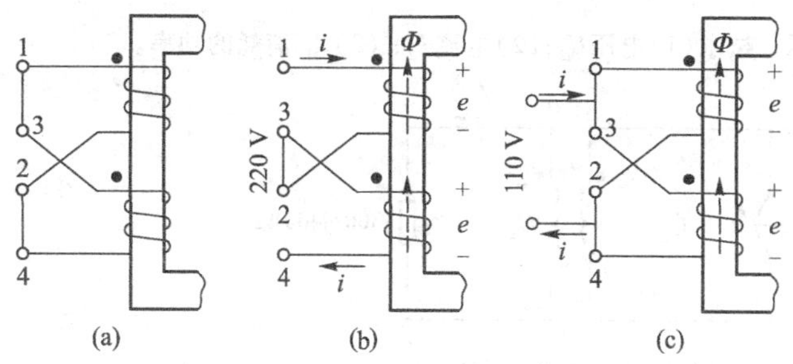

图 8.4.18 变压器绕组的正确连接

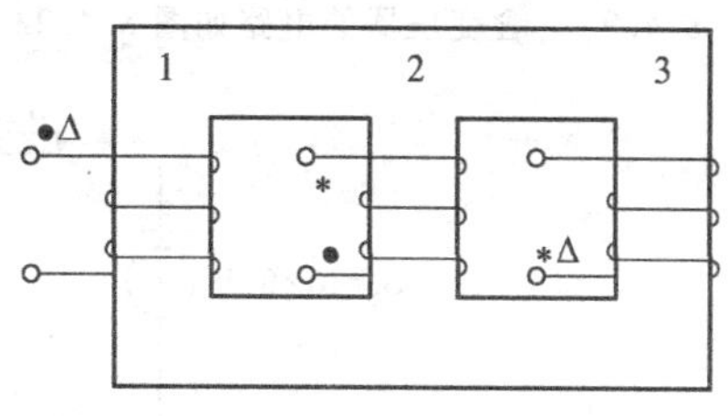

图 8.4.19 同极性端的标注

练习与思考

8.4.1 变压器由哪些基本部件组成？各起什么作用？

8.4.2 变压器铁心材料有何要求？用什么方法减少铁耗？

8.4.3 变压器的铁心起什么作用？不用铁心行不行？

8.4.4 变压器的额定容量指什么？铭牌数据上标示的额定容量为"kV · A"，不是"kW"，为什么？

8.4.5 变压器的损耗包括哪些？分别和哪些因素有关？

8.4.6* 图 8.4.20 所示电路中 $u_s(t)=28.8\cos\omega t\text{V}$，$i(t)=?$

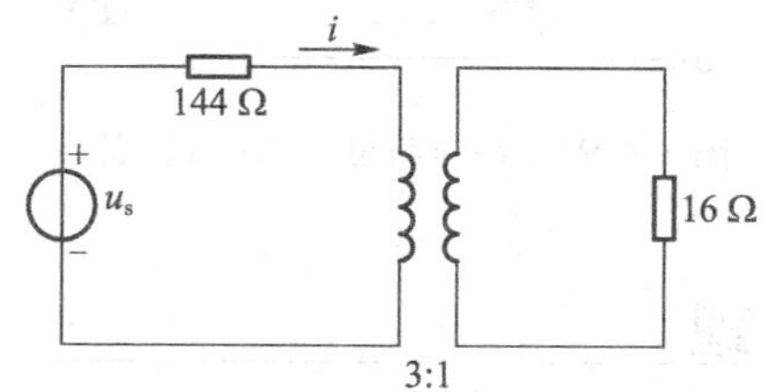

图 8.4.20 练习与思考 8.4.6* 的图

8.4.7 一台单相变压器的额定容量 $S_N=50\text{ kV}\cdot\text{A}$，额定电压为 10 kV/230 V，满载时二次电压为 220 V，则其额定电流 I_{1N} 和 I_{2N} 分别为多少？

8.4.8 在图 8.4.21 中，各图中耦合线圈所缺的同极性端黑点应标在：图(a)的端______；图(b)的端______；图(c)的端______；图(d)的端______。

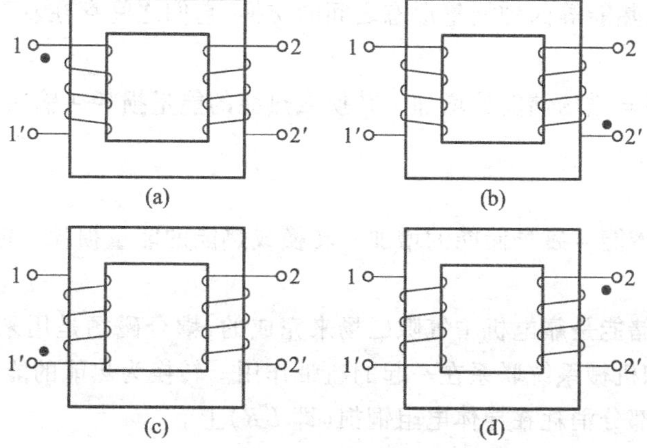

图 8.4.21 练习与思考 8.4.8 的图

8.4.9* 含变压器的电路如图8.4.22所示。试求(1)电压$\dot{U}_2$;(2)电流$\dot{I}_2$;(3)Z_L消耗的功率。

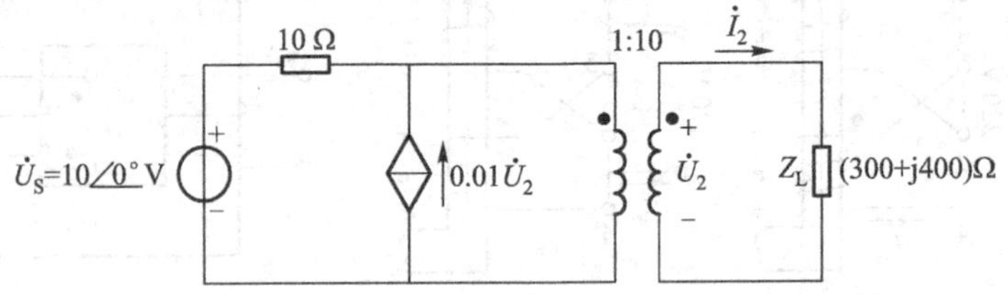

图8.4.22 练习与思考8.4.9*的图

8.4.10* 试求图8.4.23所示含变压器电路ab两端的输入阻抗Z_{ab}。

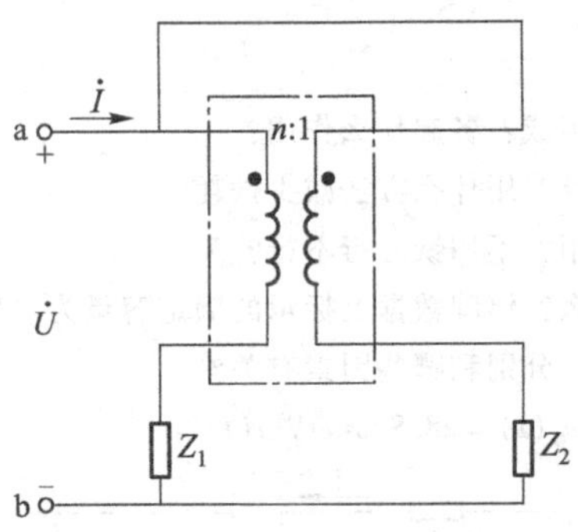

图8.4.23 练习与思考8.4.10*的图

8.5 机电能量转换原理

8.5.1 能量守恒原理

物理学中的能量守恒原理是指在物理系统内,如果质量不变,那么能量既不能凭空产生,也不会凭空消失,只可能改变其存在的形态,但能量总是守恒的。例如发电机在机电系统中把机械能转换为电能,而电动机把电能转换为机械能,都只是在电机内部进行能量形态的转换,即电能、机械能、磁场储能以及热能等四种能量形态之间的交换,它们之间存在着下列平衡关系。

对电动机来说

从电源输入电能 = 磁场储能的增加 + 转换成热能的能量损耗 + 输送出机械能到负载 (8.5.1)

对发电机来说

从原动机输入机械能 = 磁场储能的增加 + 转换成热能的能量损耗 + 输送出电能到负载 (8.5.2)

上两式中的磁场储能是靠电机中气隙磁场来完成的,耦合磁场是用来耦合电系统和机械系统的,起着把电系统和机械系统联系在一起的纽带作用。转换为热能的能量主要包括三部分:

(1) 电能中的一部分消耗在导体电阻铜损(即I^2R)上。

(2) 机械能中的一部分消耗在轴承摩擦、通风的机械损耗上。

(3) 磁场能中的一部分消耗在铁心中的磁滞和涡流损耗上。

这些转换为热能的能量在转换过程中是不可逆的，如果把上述三部分损耗分别计入电能、磁场能和机械能中，则能量平衡方程可以写成：

对电动机来说

输入的电能－电阻 I^2R 损耗＝磁场储能的增加＋铁心损耗＋输出的机械能加上机械损耗 (8.5.3)

上式也可以用图 8.5.1 来表示。

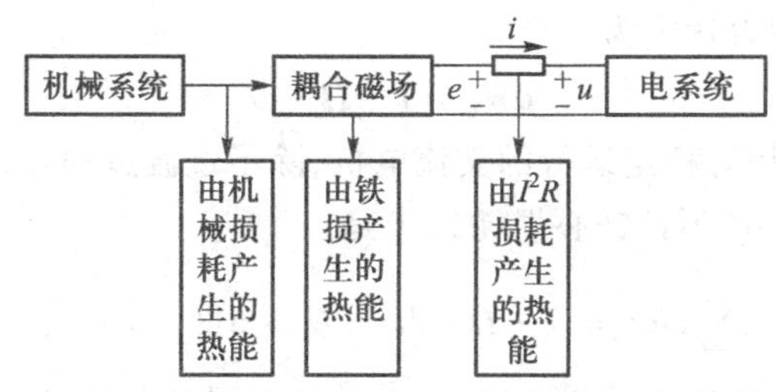

图 8.5.1 能量守恒示意图

对发电机也可以用以上分析方法得到相应的能量平衡表达式和能量平衡图。

用微分形式表示时，式(8.5.3)也可以改写为：

电动机

$$\mathrm{d}W_e = \mathrm{d}W_\Omega + \mathrm{d}W_m \tag{8.5.4}$$

式中，$\mathrm{d}W_e$为输入电机中的净电能(已扣除 I^2R 损耗)的微分；$\mathrm{d}W_\Omega$为变换为机械形式的总能量(包括机械损耗)的微分；$\mathrm{d}W_m$为磁场吸收的总能量(包括磁场储能的增量和铁心损耗)的微分。

发电机

$$\mathrm{d}W_\Omega = \mathrm{d}W_m + \mathrm{d}W_e \tag{8.5.5}$$

式中，$\mathrm{d}W_\Omega$为输入电机中净机械能(已扣除机械损耗)的微分；$\mathrm{d}W_m$为磁场吸收的总能量(包括磁场储能的增量和铁心损耗)的微分；$\mathrm{d}W_e$为变换为电形式的总能量(包括 I^2R 损耗)的微分。

8.5.2 耦合磁场是机电能量转换的枢纽

研究电机内部的机电能量转换过程的时候，我们可以忽略各种损耗，将研究的重点放在耦合磁场上。因为机电能量转换的关键就在于耦合磁场以及它对机械系统和电系统的作用和反作用。耦合磁场承担着从电源吸收电能或从原动机吸收机械能的作用，而耦合磁场这一功能的实现依赖于线圈产生的感应电动势。

就耦合磁场和电系统的作用来看，耦合磁场对电系统的反作用(电动机)或作用(发电机)表现在线圈感应电动势上，只有当线圈内产生有感应电动势时，电机才能从电系统吸收(电动机)或发出(发电机)电能。因此，产生感应电动势是耦合磁场从电源输入电能(电动机)或从原动机输入机械能(发电机)的必要条件。

当多个绕组接到电系统时，电能的变化关系可以写成

$$\mathrm{d}W_e = \sum_1^n ei\mathrm{d}t \tag{8.5.6}$$

式中，n 为接到电系统的绕组数目，相应的电磁功率表达式为

$$P_{em} = \frac{\mathrm{d}W_e}{\mathrm{d}t} = \sum_1^n ei \tag{8.5.7}$$

如果 e、i 按同频率正弦规律变化，则电磁功率的平均值为

$$P_{em} = \sum_{1}^{n} EI\cos\varphi \tag{8.5.8}$$

式中，E 和 I 分别为 e 和 i 的有效值，φ 是它们的相位差。

而耦合磁场对机械系统的作用(电动机)或反作用(发电机)表现在电磁转矩上，若磁场储能随着转子转角的变化而变化时，转子上就受到电磁转矩的作用，只有当电机内部产生有电磁转矩时，电机才能向机械系统送出(电动机)或吸收(发电机)机械能。在恒速运行情况下，转子的动能没有变化，机械能变化的表达式为

$$dW_{\Omega} = T \cdot \Omega \cdot dt \tag{8.5.9}$$

对于直流电机和三相相对稳定运行的交流电机，除了过渡过程外，气隙磁场的总储能在稳态运行中是不变的，即 $dW_m = 0$(不计铁心损耗)，于是

$$\sum_{1}^{n} ei\mathrm{d}t = T \cdot \Omega \cdot \mathrm{d}t \quad 或 \quad \mathrm{d}W_{\Omega} = \mathrm{d}W_e \tag{8.5.10}$$

上式表明，作为耦合场的恒定气隙磁场，一方面从电系统中吸收电能，另一方面又把等量的磁场储能转换为机械能，或者相反，一方面从机械系统中吸收机械能，另一方面又把等量的磁场储能转换为电能。完成上述等量转换过程是通过电磁功率和电磁转矩来实现的，而电磁功率和电磁转矩都需要通过起耦合机、电两个系统的气隙磁场的作用才能产生。因此，耦合磁场在机电能量转换过程中起着极其重要的枢纽作用。

练习与思考

8.5.1 想想还有哪些电器设备以耦合磁场作为机电能量转换的枢纽？说说它们是如何进行能量转换的。

8.6 应用实例：变压器的应用

在电力系统中，从经济角度考虑远距离输电常常采用高电压等级。这是因为，若发电厂欲将 $P = 3UI\cos\varphi$ 的电功率输送到用电区域，在 P、$\cos\varphi$ 为一定值时，采用的电压愈高，则输电线路中的电流愈小，这样可以大大减小输电线路上的损耗(与电流的平方成正比)，且节约导电材料。事实上，目前，交流输电的电压已达 500 kV 甚至以上的电压等级，这样高的电压，对发电侧和用电侧会产生什么样的影响呢？

就发电侧而言，无论从发电机的安全运行还是从制造成本方面考虑，都不适合也不允许由发电机直接产生高电压。考虑到发电机的输出电压一般有 3.15 kV、6.3 kV、10.5 kV 等几种，因此必须用升压变压器将电压升高才能实现电能的远距离输送。

就用电侧而言，由于多数用电器所需电压是 380 V、220 V，少数电机也采用 3 kV、6 kV 等。高电压的电能输送到用电区域后，为了适应用电设备的电压要求，还需通过各级变电站利用降压变压器将电压降低为各类电器所需要的电压值。

因此，构成电力系统的示意图通常如图 8.6.1 所示。

变压器可以通过改变绕组匝数的方法来调节输入电压与输出电压的关系。一个变压器有多个串联的绕组，将串联绕组的连接点接出的引线称为抽头或者分接头，从不同的分接头处可以得

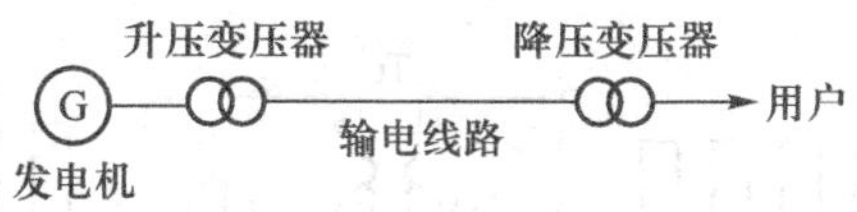

图 8.6.1 电力系统构成的示意图

出不同的电压。在电力变压器中,一般从双绕组变压器的高压绕组和三绕组变压器的高压绕组及中压绕组引出若干抽头,得到不同电压。如 $U\pm5\%$ 或 $U\pm2*2.5\%$,说明有 3 个或 5 个分接头可供选择。例如,图 8.6.2(a)中的变压器为一个 $220\pm2*2.5\%$ 型的变压器,主抽头电压为 220 kV,其他 4 个抽头的电压分别为:与额定电压偏差为 +5%(231 kV),+2.5%(225.5 kV),-2.5%(214.5 kV),-5%(209 kV)。选择在变压器的高压侧调压,而不是在低压侧调压,主要原因一方面是因为低压线圈被包在高压绕圈的里面,从低压侧抽出抽头很难;另一方面由于高压侧流过的电流小,可以使引出线和分接开关载流部分的截面小一些,发热的问题也较容易解决。

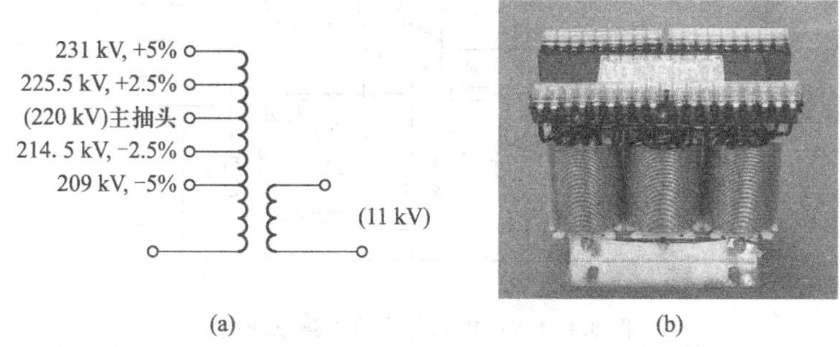

图 8.6.2 带抽头的变压器

目前,随着我国智能电网的建设,智能变电站和智能变压器也得到广泛的推广和应用。其中,智能变压器依靠通信光纤与控制系统相连,可及时掌握变压器状态参数和运行数据,在一定程度上降低运行管理成本,减少隐患,提高变压器运行可靠性。比如当运行方式发生改变时,设备根据数据提供的系统的电压、功率情况,决定是否调节分接头;当设备出现问题时,又会发出预警并提供状态参数等等,为变压器的经济、稳定、可靠运行提供保障。

此外,开关变压器(switching power transformer)一般工作于开关状态;当输入电压为直流脉冲电压时,称为单极性脉冲输入,如单激式变压器开关电源;当输入电压为交流脉冲电压时,称为双极性脉冲输入,如双激式变压器开关电源。为了简便起见,这里以单极性脉冲输入为例分析开关变压器的原理,但该分析对双极性脉冲输入同样有效,因为我们可以把双极性脉冲输入看成是两个单极性脉冲分别输入即可。

单激式变压器开关电源等效为如图 8.6.3 所示电路,我们把直流输入电压通过控制开关通、断的作用,看成是一个序列直流脉冲电压,即单极性脉冲电压,直接给开关变压器供电。开关变压器的原理和一般变压器原理基本类似,不同之处在于在一般的电源变压器电路中,当电源变压器两端的输入电压为 0 时,表示输入端是短路的,因为电源内阻可以看作为 0;而在开关变压器电路中,当开关变压器两端的输入电压为 0 时,表示输入端是开路的,因为电源内阻可以看作无限大。

开关变压器可用于手机充电器中。如图 8.6.4 是一个手机充电器的电路原理图。该充电器

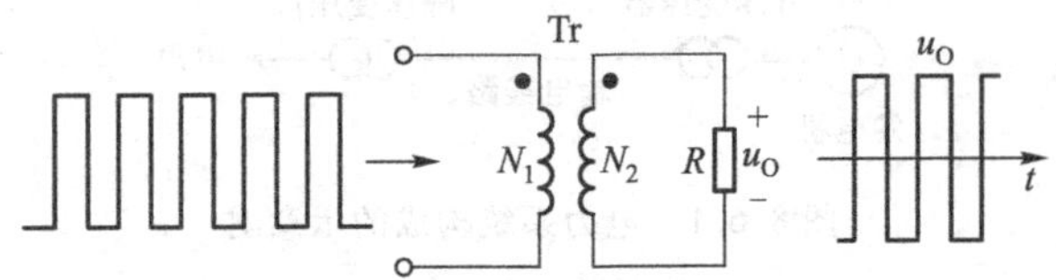

图 8.6.3 单激式变压器开关电源

电路主要由振荡电路(晶体管 T_2 及开关变压器 Tr_1 等)、充电电路、稳压保护电路(晶体管 T_1、稳压二极管 D_{Z_1} 等)等组成,其输入电压为220 V交流电,输出电压为4.2 V左右的直流电。在该电路的振荡电路中,变压器 Tr_1 作用为一个开关变压器。

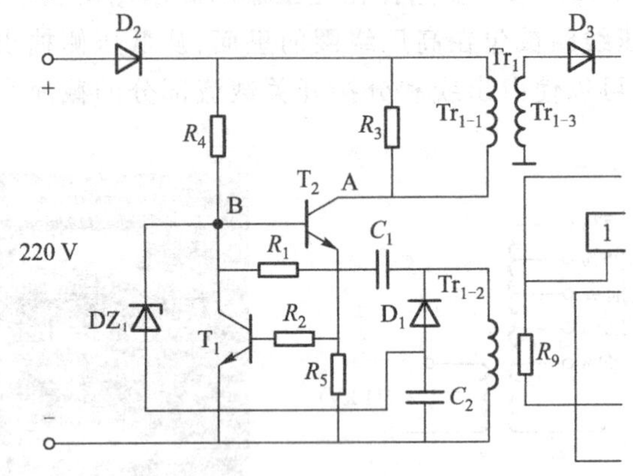

图 8.6.4 手机充电器的电路原理图

在该充电器电路的振荡电路部分,220 V交流电经二极管 D_2 半波整流后转换为直流电压。该直流电压经开关变压器 Tr_{1-1} 一次绕组加在晶体管 T_2 的集电极A上,形成 T_2 的偏置电压,同时,开关变压器 Tr_{1-1} 一次绕组中有电流流过,因此变压器 Tr_{1-2} 绕组中有感应电压产生,该电压加到 T_2 的基极B,使晶体管 T_2 的基极导通。随着电容 C_1 两端电压升高,变压器 Tr_{1-1} 一次绕组中产生的磁通量逐渐减少,在变压器 Tr_{1-2} 绕组感应出负反馈电压,使 T_2 截止,完成一个振荡周期。在 T_2 进入截止期间,变压器 Tr_{1-3} 绕组感应出交流电压,作为后级的充电电压。

隔离变压器(isolation transformer)也是一种应用广泛的变压器。隔离变压器一般是指1∶1的变压器,它的工作原理和普通变压器是一样的,都是利用电磁感应定律而工作,但由于隔离变压器一次绕组和二次绕组回路需要有较好的“隔离性”,因此在结构上,隔离变压器和一般变压器有一些不同。一般变压器一次、二次绕组之间虽也有隔离电路的作用,但在频率较高的情况下,两绕组之间的电容仍会使两侧电路之间出现静电干扰。为避免这种干扰,隔离变压器的一次、二次绕组一般分置于不同的铁心柱上,以减小两者之间的电容;也有采用一次、二次绕组同心放置的,但需要在绕组之间加置静电屏蔽,以获得较高的抗干扰特性。除了结构上的不同外,隔离变压器的二次绕组不和地相连,二次绕组任一根线与地之间没有电位差,因此使用安全。

正是隔离变压器的隔离性和安全性的特点,决定了隔离变压器的主要作用:使一次侧与二次侧的电气完全隔离,同时利用铁心的高频损耗大的特点,抑制高频杂波传入控制回路,从而保护设备;另外,隔离危险电压,保护人身安全。

具体来讲，我国的供电系统在供给低压用户时，一般采取三相四线制，中性线接地。连接到居民家的电线，一根是相线（火线），另一根是中性线，它是和大地同电位，当人体触及相线时，就会因为人体和大地构成回路，造成电流流过人体，发生触电危害。如果使用隔离变压器，因为一次绕组和二次绕组是通过磁场交换能量，没有物理上的实际连接，就算人体接触带电物品，也会因为人体和大地同电位，不会引起触电危害。又如在维修彩色电视机和其他一些家用电器时，因为有彩色电视机或家用电器的电源部分和电源连接，若维修人员不注意碰到了这部分电路，就会触电，而如果我们在电源和维修的家用电器间增加隔离变压器则有效地避免了触电危险。

另外，音乐发烧友常会在电源上加装隔离变压器，作用就是要把电源中的噪声减小。因为家庭用户的电器使用（如微波炉、电磁炉等），会在电源上以倍频方式将噪声传至各电源插座，而采用隔离变压器，利用硅铜片型的变压器对中高次波的吸收作用，改善电源中的噪声污染，达到音乐的保真。

除此之外，随着不间断电源（UPS）的大量应用，用户安装的某些负载（例如 IBM 服务器等）会对 UPS 输出零地电压有较高的要求，但在实际的使用时会发现，UPS 没开机时输出零地电压基本满足要求，而开机后 UPS 的输出零地电压会上升甚至可能超出要求的范围，使设备无法正常工作甚至损坏设备。为有效地降低输出的零地电压，常常加装隔离变压器以隔离输入和输出之间的电气连接，在变压器二次绕组零地短接，从而达到降低零地电压的目的。对于中小功率的 UPS，常常在输出端加装输出隔离变压器；对于大功率 UPS，常常在其旁路输入端加装旁路隔离变压器。

小结

1. 磁路计算关系可以和电路计算关系对应，对应关系如下。欧姆定律：磁路为 $F=\Phi R_m$，电路为 $E=IR$；基尔霍夫定律：磁路为 $\sum\Phi=0$ 和 $\sum NI=\sum Hl$，电路为 $\sum I=0$ 和 $\sum E=\sum IR=\sum U$；且关系式中磁路的物理量可以分别和电路的物理量对应。

2. 交流铁心线圈中电磁关系为外加电压产生电流，由电流产生磁通，磁通在线圈中感应出电动势，其中由主磁通所产生的感应电动势和外加电压的电压关系为：$U\approx E=4.44fN\Phi_m$。

3. 变压器的结构原则是：两个（或两个以上）互相绝缘的绕组通过一个共同的铁心，利用电磁耦合关系传递能量。

4. 变压器工作时存在电压变换、电流变换和阻抗变换关系，其中电压变换关系为 $K=\dfrac{E_1}{E_2}\approx\dfrac{U_1}{U_{20}}$，电流变换关系为 $\dfrac{I_1}{I_2}\approx\dfrac{N_2}{N_1}=\dfrac{1}{K}$，阻抗变换关系为 $|Z_L'|=K^2|Z_L|$。

5. 变压器的电压变化率和效率是它的两个主要运行参数，其中电压变化率为 $\Delta U=\dfrac{U_{20}-U_2}{U_{20}}\times100\%$，效率为 $\eta=\dfrac{P_2}{P_1}=\dfrac{P_2}{P_2+P_{Cu}+P_{Fe}}$。

6. 能量守恒原理体现在电力机械中（如电动机、发动机），即总能量不变但能量会在电能、机械能、磁场储能以及热能几种形态之间相互转换，能量形式转换的关键在于耦合磁场，而耦合磁场的实现依赖于线圈产生的感应电动势，后者则将电和磁联系起来了。

习题

8.2.1 有一个闭合铁心,截面积为 $9\times10^{-4}\ m^2$,磁路的平均长度为 0.3 m,铁心的磁导率为 $5\ 000\mu_0$,励磁绕组有 500 匝。求铁心中产生 1 Wb/m^2 的磁通密度时所需要的励磁磁势和励磁电流。

8.2.2 有一个线圈,其匝数 $N=1\ 500$,绕在由铸钢制成的闭合铁心上,铁心的截面积为 20 cm^2,线圈中通入 0.28 A 的直流电流,在铁心中产生大小为 0.002 Wb 的磁通。求铁心的平均长度。(铸钢在 $B=1T$ 时的 $H=0.8\times10^3$ A/m)

8.2.3 要绕制一个铁心线圈,已知电源电压 $U=220$ V, $f=50$ Hz,铁心截面积为 30.2 cm^2,铁心由硅钢片叠成,设叠片间隙系数为 0.91(一般取 0.9～0.93),硅钢片(D41)材料的 $B-H$ 曲线数据见下表。求(1)如取 $B_m=1.2T$,问线圈匝数应为多少;(2) 如磁路平均长度为 60 cm,问励磁电流应为多大?

B/T	0.5	0.6	0.7	0.8	0.9	1.0	1.1	1.2	1.3	1.4
H/(A/m)	85	108	135	175	330	290	380	530	760	1 120

8.2.4 一个铸钢制成的均匀螺线环,如图 8.1 所示。已知其截面积为 2 cm^2,平均长度 $l=40$ cm,线圈匝数 $N=800$ 匝,要求磁通 $\Phi=2\times10^{-4}$ Wb,铸钢材料的 $B-H$ 曲线数据见下表。求线圈中的电流 I。

B/T	0.5	0.6	0.7	0.8	0.9	1.0	1.2	1.3	1.4
H/(A/m)	380	470	550	680	800	920	1 280	1 570	2 080

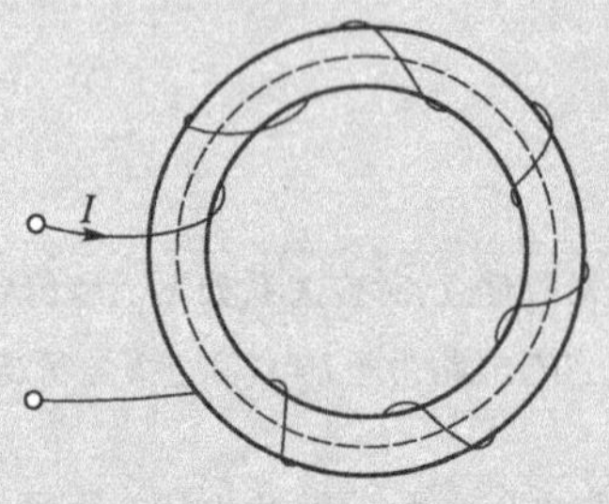

图 8.1 习题 8.2.4 的图

8.3.1 将一个空心线圈分别接到直流电源和交流电源上,然后在这个线圈中插入铁心,再接到上述的直流电源和交流电源上。如果交流电源电压的有效值和直流电源电压相等,在上述四种情况下,试比较通过线圈的电流和功率的大小,说明理由。

8.3.2 空心线圈的电感是常数,而铁心线圈的电感不是常数,为什么?如果线圈的尺寸、形状和匝数相同,有铁心和没有铁心时,哪个电感大?

8.3.3 为了求出铁心线圈的铁损,先将它接在直流电源上,测得线圈的电阻为 2.35 Ω,然后接在交流电源上,测得电压为 110 V,功率为 80 W,电流为 3 A。求铁损和线圈的功率因数。

8.3.4 一个交流线圈,接在频率为 50 Hz 的正弦电源上,现在在此铁心上再绕一个线圈,其匝数为 300,当此线圈开路时,测得其两端的电压为 432.9 V。求铁心中磁通的最大值。

8.3.5 将一个铁心线圈接在电压为 150 V,频率为 50 Hz 的正弦电源上,其电流为 6 A,功率因数为 0.8,如果将此线圈中的铁心抽出,再接在上述电源上,则线圈中的电流为 9 A,功率因数为 0.06。求此线圈在具有铁心时的铜损和铁损。

8.4.1 有一台电压为 330 V/110 V 的变压器,$N_1=9\ 000$,$N_2=3\ 000$,为了节约铜线,将匝数减为 600 和 200,是否可以,为什么?

8.4.2 有一台单相变压器，容量为 10 kV·A，电压为 3 300 V/220 V。今欲在二次绕组接上 80 W、220 V、功率因数为 0.8 的负载，如果要变压器在额定情况下运行，这种负载可接多少个？并求一、二次绕组的额定电流。

8.4.3 有一台三相变压器的铭牌数据为：额定容量 250kV·A，一次绕组额定电压为 11 kV，二次绕组额定电压为 330 V，电源频率为 50 Hz，连接方式为 Y/Y，每匝线圈感应电动势为 6.5 V。求(1) 一次、二次绕组的每相匝数；(2) 变压器的变比；(3) 一次、二次绕组的额定电流。

8.4.4 将 $R_L = 6\ \Omega$ 的扬声器接在一台单相变压器的二次绕组，已知 $N_1 = 300$，$N_2 = 100$，当信号源电动势 $E = 8$ V，信号源输出功率为 7.3 mW 时，试求信号源内阻。

8.4.5 一电源变压器，一次绕组有 330 匝，接 220 V 电压。二次绕组接有两个纯电阻负载：一个电压56 V，负载 86 W；一个电压 32 V，负载 26 W。试求两个二次绕组的匝数和一次侧电流 I_1。

8.4.6 某电源变压器电路如图 8.2 所示，已知一次电压有效值为 220 V，匝数为 $N_1 = 600$，为了满足二次电压有效值分别为 6.3 V、275 V 及 5 V 的要求，则二次侧各绕组的匝数分别为多少？

8.4.7 电路如图 8.3 所示，一个交流信号源 $U_s = 38.4$ V，内阻 $R_0 = 1\ 280\ \Omega$，对电阻 $R_L = 20\ \Omega$ 的负载供电，为使该负载获得最大功率。求(1)应采用电压变比为多少的输出变压器；(2)变压器一次、二次电压、电流各为多少；(3)负载 R_L 吸取的功率为多少。

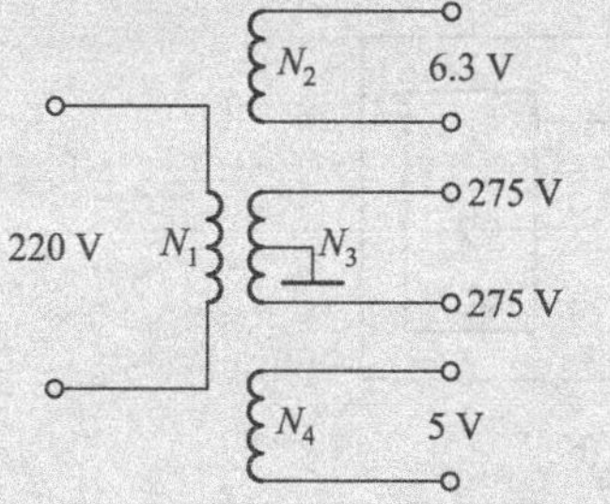

图 8.2 习题 8.4.6 的图

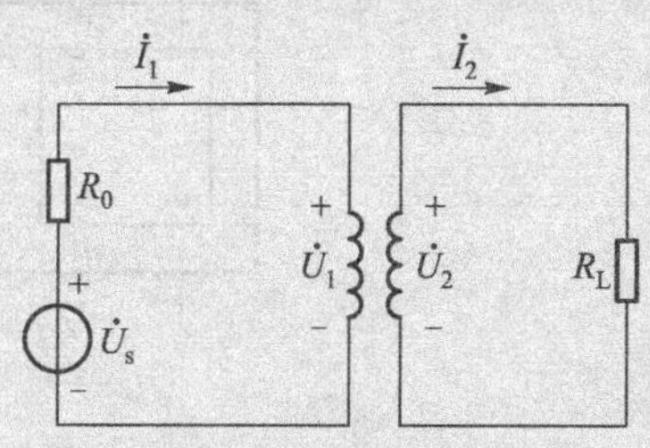

图 8.3 习题 8.4.7 的图

8.4.8 图 8.4 中交流信号源 $U_s = 120$ V，内阻 $R_0 = 800\ \Omega$，负载电阻 $R_L = 8\ \Omega$，当 R_L 折算到一次侧的等效电阻 $R_L' = R_0$ 时，求变压器的匝数比和信号源的输出功率。

8.4.9 图 8.5 中变压器的 $N_1 = 300$，$N_2 = 100$，信号源的 $U_s = 6$ V，内阻 $R_0 = 100\ \Omega$，$R_L = 8\ \Omega$。求信号源的输出功率。

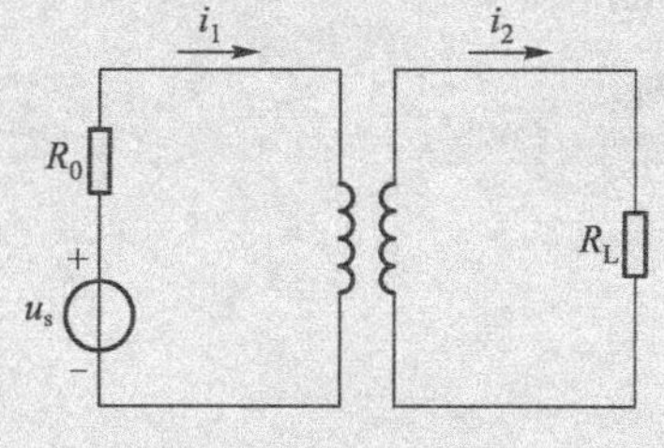

图 8.4 习题 8.4.8 的图

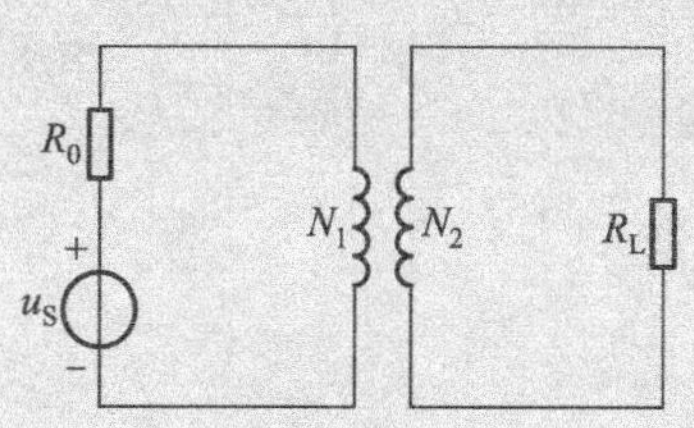

图 8.5 习题 8.4.9 的图

8.4.10 如何使用两个变压器使内阻为 4 000 Ω 的信号源与两个负载匹配，该两负载分别为 8 Ω 和 10 Ω 的电阻器，且 8 Ω 电阻器的功率为 10 Ω 电阻器的两倍，绘出变压器与负载相连的电路图，并确定两变压器各自所需的匝数比。

8.4.11 有一台 10 kV·A，10 000/230 V 的单相变压器，如果在二次绕组的两端加额定电压，在额定负载时，测得二次电压为 220 V。求(1)该变压器一次侧、二次侧的额定电流；(2)电压变化率。

8.4.12 某台变压器容量为 10 kV·A,铁损 $\Delta P_{Fe}=280$ W,满载铜损 $P_{Cu}=340$ W。求下列两种情况下变压器的效率。(1)在满载情况下给功率因数为 0.9(滞后)的负载供电;(2)在 75% 负载情况下,给功率因数为 0.8(滞后)的负载供电。

8.4.13 图 8.6 所示调压自耦变压器中,若电源电压 220 V(有效值)施加于线圈的 1/3 处,则其调压范围为多少?

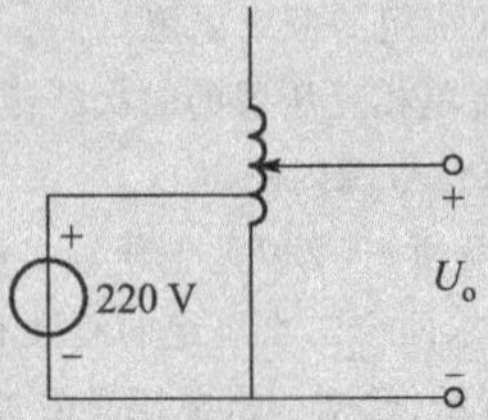

图 8.6 习题 8.4.13 的图

8.4.14 图 8.7 中各耦合线圈同极性端应为:图(a),端 1 与端__________;图(b),端 1 与端__________;图(c),端 1 与端__________;图(d) 端 1 与端__________。

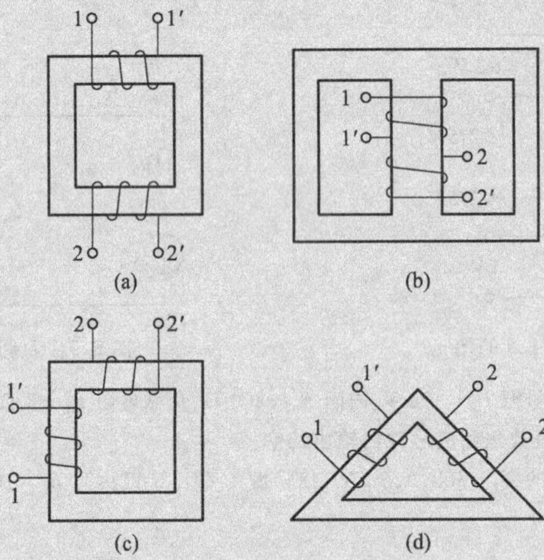

(a) (b) (c) (d)

图 8.7 习题 8.4.14 的图

第9章 交流电动机

电机是完成机械能与电能相互转换的机械，是电力系统与自动控制系统中非常重要的电器，在现代社会所有行业和部门中占据着非常重要的地位。对电力工业本身来说，电机是发电厂和变电站的主要设备。首先，火电厂利用汽轮发电机（水电厂利用水轮发电机）将机械能转换为电能，然后电能经各级变电站通过变压器改变电压等级，再进行传输和分配。此外，发电厂的多种辅助设备，如给水泵、鼓风机、调速器、传送带等，也都需要电动机驱动。在制造工业中，各类工作母机，尤其是数控机床，都需由一台或多台不同容量和形式的电动机来拖动和控制。各种专用机械也都需要电动机来驱动。在一切工农业生产、国防、文教、科技领域以及人们的日常生活中，电机的应用越来越广泛。电机发展到今天，早已成为提高生产效率和科技水平以及提高生活质量的主要载体之一。

电机的种类很多，分类的方法也很多。如按运动方式分，有直线电机和旋转电机，大多数电机为旋转电机，所以本章和以下两章主要讨论旋转电机；按其功能分，可分为发电机（generator）和电动机（Motor）。从原理上讲，同一电机既可作为发电机运行，也可作为电动机运行，称为电机的可逆性，只是从设计要求和综合性能考虑，其技术性和经济性不能兼得。针对非电类学生的需要，我们重点讨论电动机。电机按产生或消耗的是什么形式的电能，可分为直流电机（direct - current machine）和交流电机（alternating - current machine）；而交流电机按其运行速度与电源频率之间的关系又分为异步电机与同步电机两大类；直流电机则按励磁方式的不同有他励与自励之分。此外，还有进行信号的传递与转换，在控制系统中作为执行、检测和解算元件的微特电机，这类电机交直流均有，统称为控制电机。

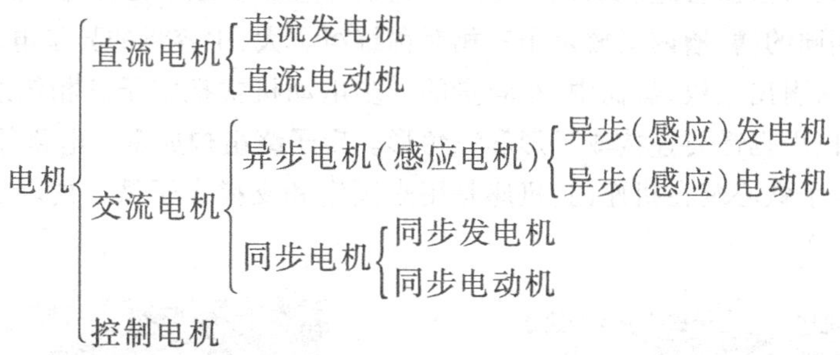

本章主要讨论交流电动机（alternating current motor），研究交流电动机的基本结构、工作原理、机械特性，及其起动、调速与制动方法，还有如何正确使用电动机。

交流电机中的同步电机主要用做发电机，同步发电机是发电站的主要设备。其次，同步电机还可用做电动机，或用做专门向电网发送无功功率的同步补偿机（或称同步调相机）。异步电机主要用做电动机，广泛用于工农业生产中，例如机床、水泵、冶金、矿山设备与轻工机械等都用它作为原动机，容量从几十瓦到几千千瓦。异步电机也可用作发电机，例如小水电站、风力发电机（采用异步发电机的数量很少）。

由于异步电动机具有结构简单、运行可靠、制造容易、价格低廉、坚固耐用，有较高的效率和相当好的工作特性的优点，异步电动机应用非常广泛，特别是笼型异步电动机，即使是用在周围环境较差、粉尘较大的场合,仍能很好地运行。异步电动机主要缺点:目前尚不能很经济地在较大范围内平滑调速以及它必须从电网吸收滞后的无功功率。随着现在各类晶闸管节能起动器应用的推广,这一问题得到有效解决,加之电网的功率因数也可用如在第5章所介绍的并联电容器等其他方法加以补偿,因此异步电动机的这一缺点对其广泛应用并无很大影响。但当负载要求电动机单机容量较大而电网功率因数又较低时,最好采用同步电动机来拖动。

异步电动机根据定子相数分为三相异步电动机(three - phase induction motor)和单相异步电动机(single - phase induction motor),本章主要讨论三相异步电动机,对单相异步电动机(single - phase induction motor)和同步电动机(synchronous motor)只作简单介绍。

学习目的:

1. 了解三相异步电动机的基本结构,理解其工作原理,掌握三相异步电动机的机械特性及其使用方法。
2. 了解单相异步电动机的基本结构及其工作原理。
3. 了解同步电机的基本结构及其工作原理。

9.1 三相异步电动机的构造

异步电动机主要由固定不动的定子(stator)和旋转的转子(rotor)两部分组成,定、转子之间有一个非常小的空气气隙将转子和定子隔离开,根据电动机的容量不同,气隙一般在0.4~4 mm的范围内。三相异步电动机的基本构造如图9.1.1所示。

电动机定子由定子铁心、定子绕组线圈以及支撑空心定子铁心的钢制机座组成。定子铁心是电机磁路的一部分,由涂有绝缘漆的0.5 mm硅钢片叠压而成。在定子铁心内圆周上均匀地冲制若干个形状相同的槽,槽内安放定子三相对称绕组。大、中容量的异步电动机的定子三相绕组常连接成星形,只引出三根线,而中、小容量的异步电动机常把定子三相绕组的六个出线头都引到接线盒中,可以根据需要连接成星形和三角形。定子绕组构成定子电路部分,其作用是产生旋转磁场。整个定子铁心装在机座内,机座是用来固定和支撑定子铁心的。三相异步电动机的定子构造见图9.1.2。

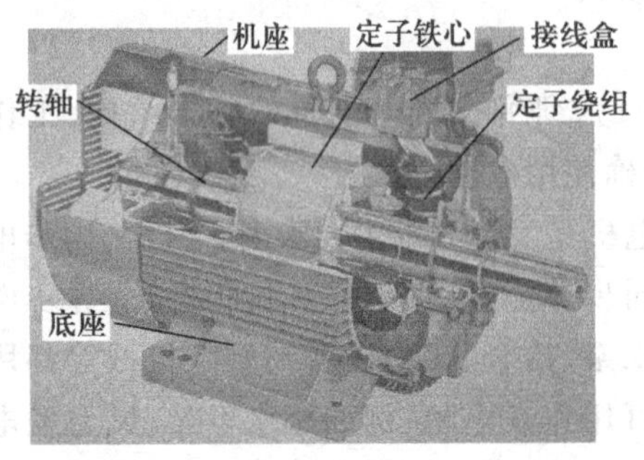

图9.1.1 三相异步电动机的基本构造

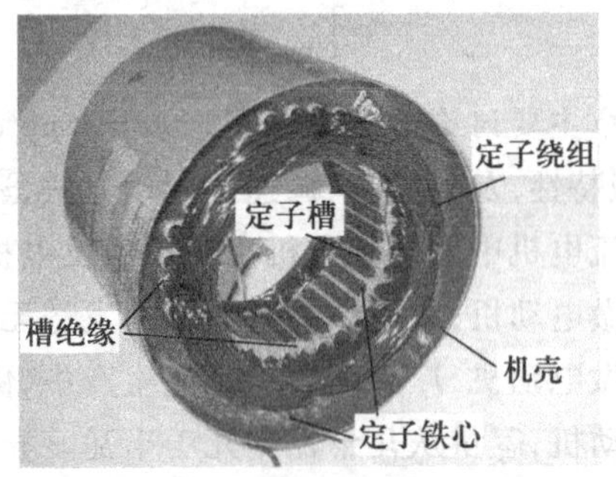

图9.1.2 三相异步电动机的定子构造

电动机转子由转子铁心、转子绕组和转轴组成。转子铁心也是电机磁路的一部分，由0.5 mm厚的表面冲槽的硅钢片叠成一圆柱形，铁心与转轴必须可靠地固定，以便传递机械功率。转子铁心的外表面有槽，用于安放转子绕组。按转子绕组的不同形式，转子可分成笼型和绕线型两种，如图 9.1.3、图 9.1.4 所示。转子铁心、气隙和定子铁心构成了一个电动机的完整磁路。

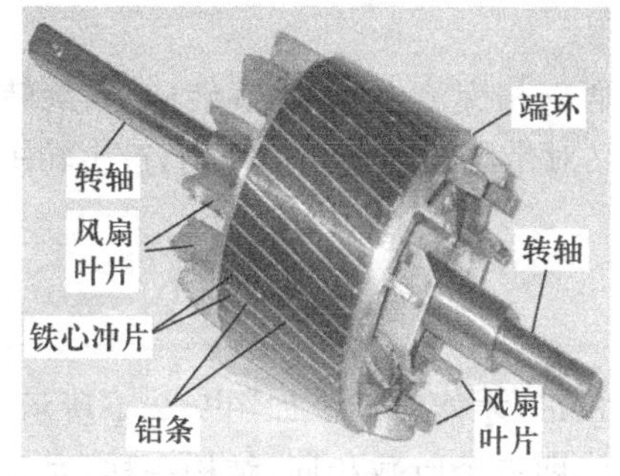

图 9.1.3　笼型异步电动机转子

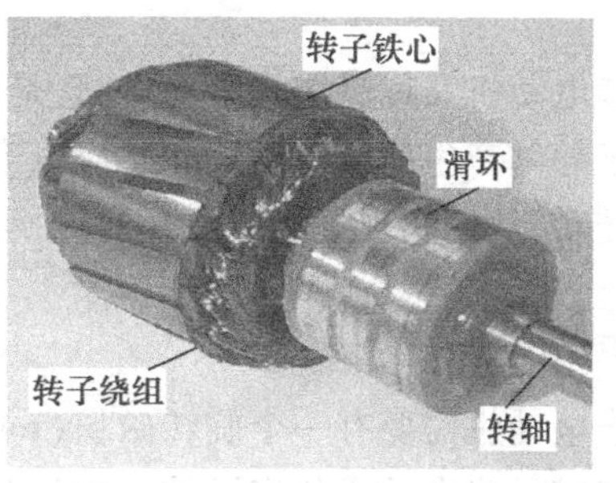

图 9.1.4　绕线型异步电动机转子

笼型转子（squirrel - cage rotor）是在转子铁心槽里插入铜条，再将全部铜条两端焊在两个铜端环上，以构成闭合回路。抽去转子铁心，剩下的铜条和两边的端环，其形状像个笼，故称之为笼型电动机。为了节省铜材，中小容量的笼型电动机是在转子铁心的槽中浇注铝液铸成笼形导体，以代替铜制笼体。如图 9.1.5 所示，铸铝转子把导条、端环和风扇一起铸出，所以笼型异步电动机结构简单、制造方便。

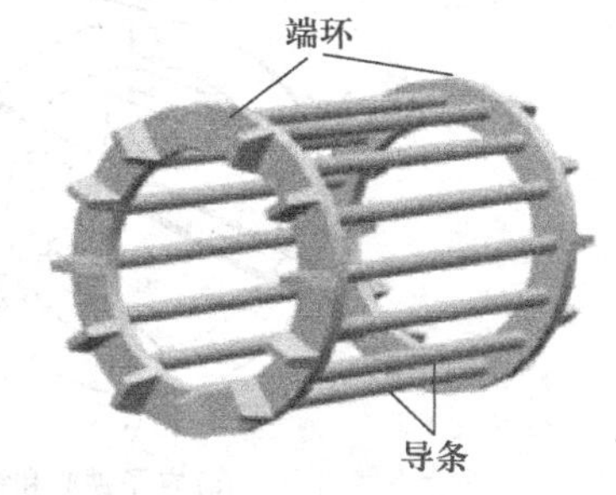

图 9.1.5　笼型异步电动机转子绕组

绕线型转子（slip - ring rotor）同电动机的定子一样，都是在铁心的槽中嵌入三相绕组，三相绕组一般接成星形，将三个出线端分别接到转轴上三个滑环上（如图 9.1.6所示），再通过电刷引出电流。绕线型转子的特点是在起动和调速时，可以通过滑环与电刷在转子回路中接入附加电阻（如图 9.1.7 所示），以改善电动机的起动性能，调节其转速。通常人们就是根据具有三个滑环的结构特点来辨认绕线型异步电动机。

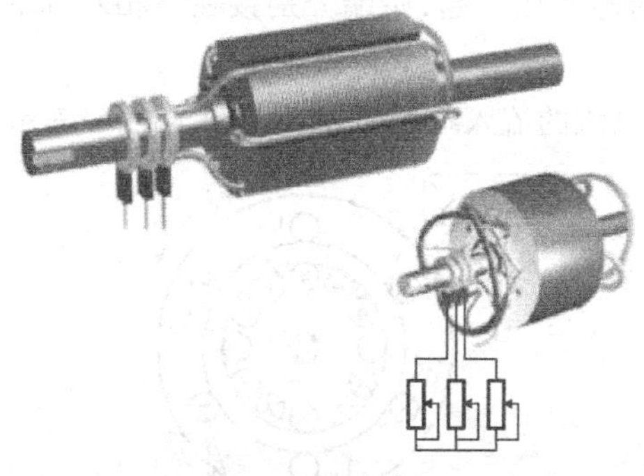

图 9.1.6　绕线型异步电动机转子结构

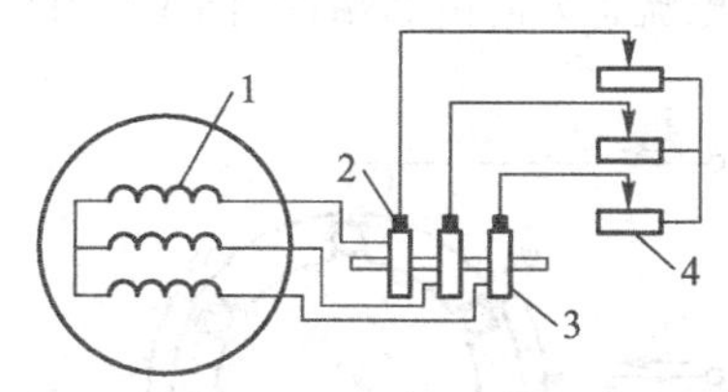

1—转子绕组，2—电刷，3—滑环，4—变阻器

图 9.1.7　绕线型异步电动机转子示意图

虽然笼型异步电动机同绕线型异步电动机在转子构造上有所不同，但它们的工作原理是一样的。

笼型异步电动机由于转子结构简单，价格低廉，工作可靠。在实际应用中，如果对电动机的起动和调速没有特殊的要求，一般采用笼型异步电动机。只在要求起动电流小，起动转矩大，或需平滑调速的场合使用绕线型异步电动机。

9.2 三相异步电动机的转动原理

异步电动机又称感应式电动机，它是靠给定子绕组通三相交流电，产生旋转磁场，旋转磁场切割转子导体产生感应电动势和感应电流，该旋转旋场又对带电的转子导体作用，产生转矩而带动转子转动，从而实现了机电能量的转换。

9.2.1 旋转磁场的产生

异步电动机需要有一个旋转磁场(rotating magnetic field)才能转动。如图 9.2.1 所示，通常我们在三相异步电动机的定子铁心中放置三相对称绕组(即三个匝数相同，结构一样，对称放置的绕组)。将三相绕组作星形联结或三角形联结，接在三相正弦交流电源上，在三相对称绕组中会产生三相对称电流，三相对称绕组在异步电动机里就能产生一个旋转磁场。

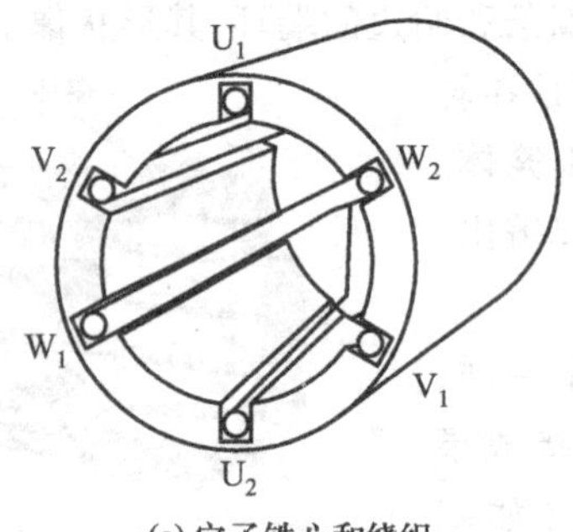

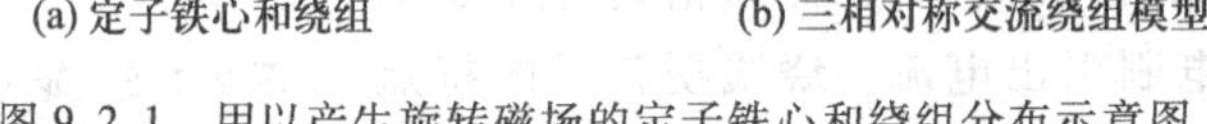
(a) 定子铁心和绕组　　(b) 三相对称交流绕组模型

图 9.2.1　用以产生旋转磁场的定子铁心和绕组分布示意图

假设每相绕组只有一个线圈，三个绕组分别嵌放在定子铁心内圆周内在空间位置上互差 120°对称分布的 6 个槽之中。U 相绕组的始端用 U_1来表示，末端用 U_2来表示。V 相和 W 相绕组的首末端分别为 V_1V_2和 W_1W_2。将三相绕组的末端连接在一起，始端分别接在三相对称的交流电源上，如图 9.2.2 所示，定子绕组为星形联结。

规定电流正方向由始端指向末端，图 9.2.3 中实际电流的流入端用⊗表示，流出端用⊙表示。

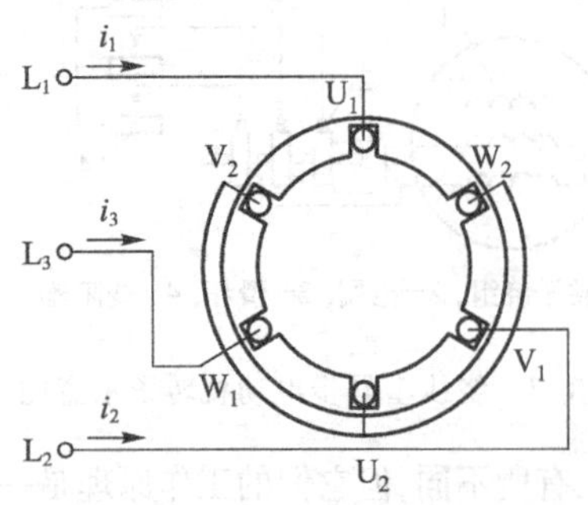

图 9.2.2　接成星形的三相定子绕组

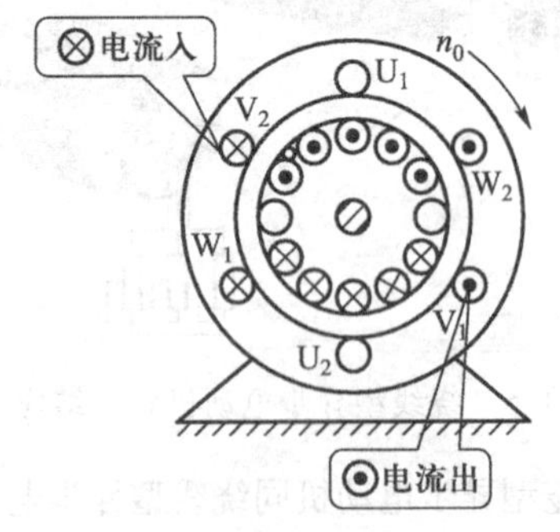

图 9.2.3　定子绕组中电流方向的表示

设三相定子绕组通入的对称三相电流为

$$i_1 = I_m \sin \omega t$$
$$i_2 = I_m \sin(\omega t - 120°)$$
$$i_3 = I_m \sin(\omega t + 120°)$$

三相电流的波形如图 9.2.4 所示，为了分析合成磁场的变化规律，我们任选几个特定时刻 $\omega t = 0°$，$\omega t = 60°$，$\omega t = 120°$进行分析。

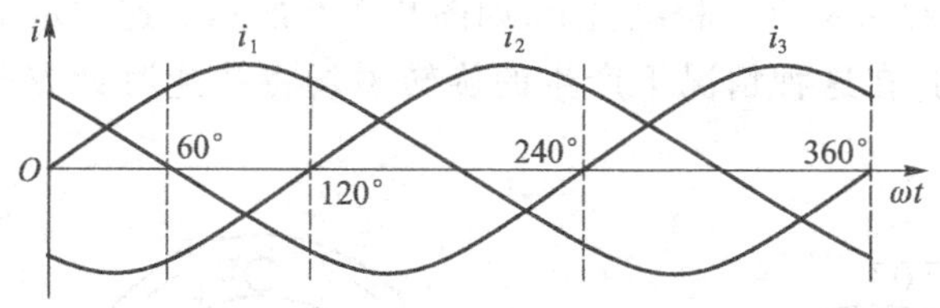

图 9.2.4 三相电流波形

如图 9.2.5(a)所示，当 $\omega t = 0°$时，U 相电流 $i_1 = 0$。W 相电流 i_3为正值，即从 W_1端流入，W_2端流出。V 相电流 i_2为负值，即从 V_2端流入，V_1端流出。根据定子铁心槽内电流的流向，应用右手螺旋定则可得，由 i_3和 i_2产生的合成磁场如图 9.2.5(a) 中虚线所示合成磁场轴线是自上而下。它具有一对(即两个)磁极(Poles)：N 极和 S 极。

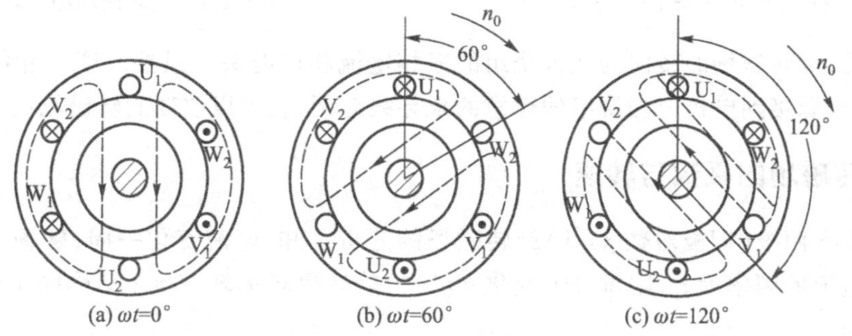

图 9.2.5 旋转磁场的形成

当 $\omega t = 60°$时，W 相电流 $i_3 = 0$。U 相电流 i_1为正值，即从 U_1端流入，U_2 端流出。V 相电流 i_2为负值，即从 V_2端流入，V_1端流出。由 i_1和 i_2产生的合成磁场如图 9.2.5(b)所示。可以看出，此时合成磁场同 $\omega t = 0°$时相比，按顺时针方向旋转了 60°。

当 $\omega t = 120°$时，V 相电流 $i_2 = 0$。U 相电流 i_1为正值，即从 U_1端流入，U_2端流出。W 相电流 i_3为负值，即从 W_2端流入，W_1端流出。由 i_1和 i_3产生的合成磁场如图 9.2.5(c)所示。合成磁场同 $\omega t = 0°$时相比，按顺时针方向旋转了 120°。

同理可得，当 $\omega t = 360°$时，合成磁场正好转了一周。三相电流产生的合成磁场是一旋转的磁场，即，一个电流周期，旋转磁场在空间转过 360°。

由此可知，当定子绕组中的对称三相电流随时间周期性变化时，由它们在电动机里所产生的合成磁场随电流的变化也在不断旋转着。

9.2.2 旋转磁场的转向

图9.2.2中，定子三相绕组 U_1-U_2、V_1-V_2、W_1-W_2 是按三相电流 i_1、i_2、i_3 的相序接到三相电源上的，则合成磁场的旋转方向便沿着U相绕组轴线、V相绕组轴线、W相绕组轴线的正方向旋转，即合成磁场的转向取决于电流的相序。

如果将电源接到定子绕组上的三根引线中的任意两根对调一下，例如将电源 L_2 接到原来的W相绕组上，电源 L_3 接到原来的V相绕组上，如图9.2.6所示。这时定子三相绕组中的电流相序就按逆时针方向排列，在这种情况下产生的旋转磁场将按逆时针方向旋转（如图9.2.7所示）。

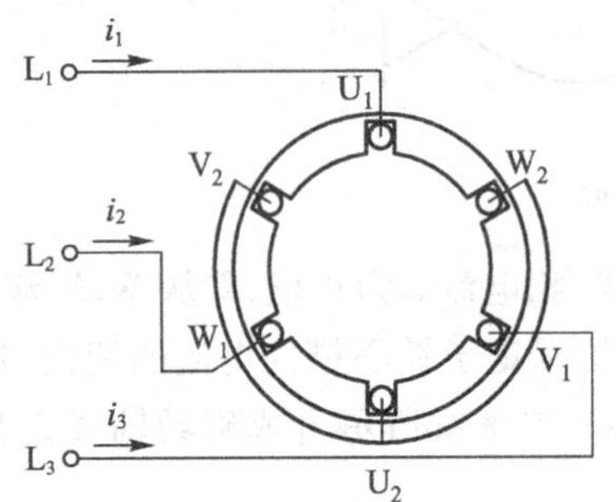

图9.2.6 将 V_1 相和 W_1 相的电源线对调

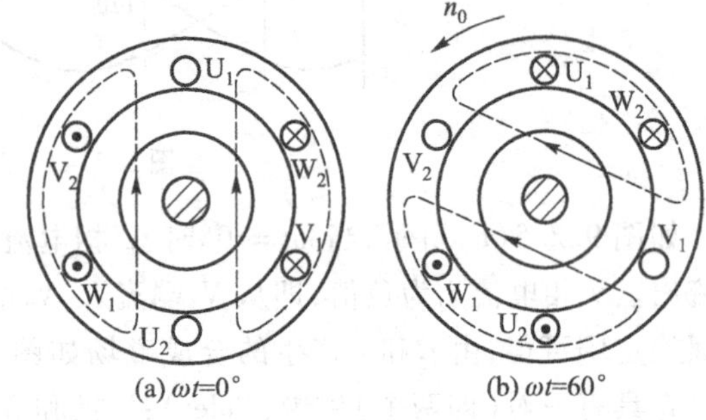

图9.2.7 旋转磁场的反转

由此可见，旋转磁场的转向与通入绕组的三相电流相序有关。只要改变三相绕组电流的相序，即把三相电源接到电机三相绕组的任意两根导线对调，就可以改变旋转磁场的方向。

9.2.3 旋转磁场的极数与转速

由图9.2.5两极（即极对数 $p=1$）旋转磁场的分析可知，电流变化一周，磁场也正好在空间旋转一周。电流的频率为 f_1，则每分钟变化 $60f_1$ 次，旋转磁场的转速 n_0（又称同步转速，synchronous speed）为

$$n_0=60f_1 \text{ r/min} \tag{9.2.1}$$

在我国，f_1 为50 Hz的工频交流电，则此时旋转磁场的转速为3 000 r/min。

在实际应用中，常使用极对数 $p>1$ 的多磁极电动机。而旋转磁场的极对数与定子绕组的连接有关。如果电动机绕组由原来的三个绕组增至六个绕组，每相绕组由两个线圈串联组成，如图9.2.8所示，每个绕组的始端（或末端）之间在定子铁心的内圆周上按互差60°的规律进行排列，则通入对称三相电流后便产生四极旋转磁场，即磁极对数为 $p=2$。

如图9.2.9所示，当电流从 $\omega t=0°$ 到 $\omega t=60°$ 经历了60°时，磁场在空间仅旋转了30°。由此可知，当电流经历了一个周期（360°），磁场在空间仅能旋转半个周期（180°），所以，两对磁极的磁场转速是一对磁极的磁场转速的一半，即

$$n_0=\frac{60f_1}{2} \text{ r/min}$$

由此可见，只要按一定规律安排和连接定子绕组，就可获得不同极对数的旋转磁场，产生不同的转速，其关系为

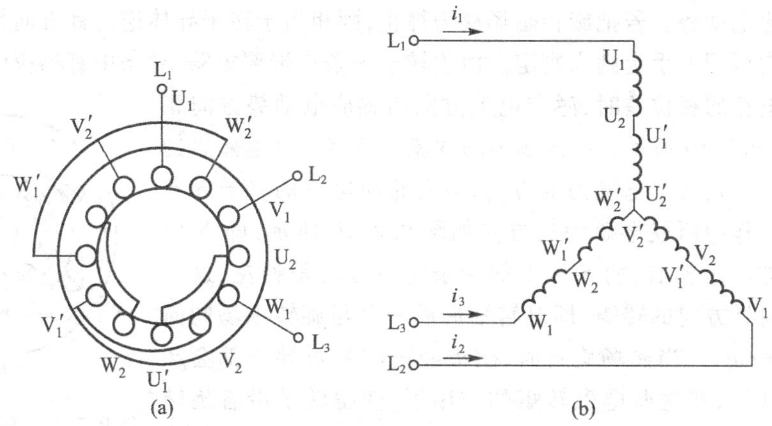

图 9.2.8 产生四极旋转磁场的定子绕组

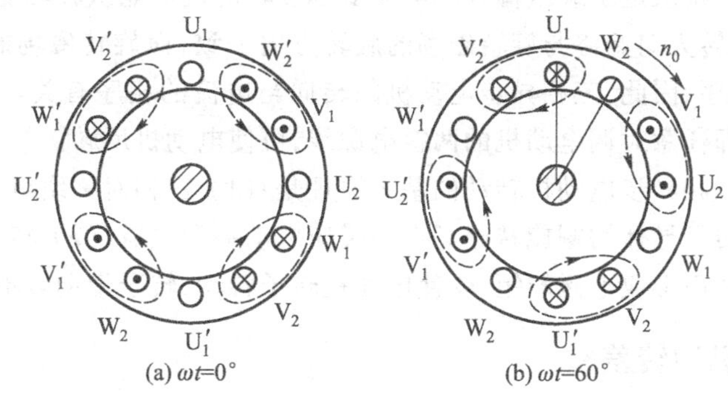

图 9.2.9 三相电流产生的旋转磁场($p=2$)

$$n_0=\frac{60f_1}{p}\ \text{r/min} \tag{9.2.2}$$

由式(9.2.2)可知,旋转磁场的转速 n_0 的大小与电流频率 f_1 成正比,与磁极对数 p 成反比。其中 f_1 是由异步电动机的供电电源频率决定的,而 p 由三相绕组的各相线圈的连接决定。通常对于一台具体的异步电动机,f_1 和 p 都是确定的,所以磁场转速 n_0 为常数。

在我国,工频交流电 $f_1=50$ Hz,不同磁极对数的旋转磁场转速如表 9.2.1 所示。

表 9.2.1 旋转磁场的转速 n_0 与磁极对数 p 的关系

磁极对数 p	1	2	3	4	5	6
磁场转速 n_0(r/min)	3 000	1 500	1 000	750	600	500

9.2.4 异步电动机的转动原理

三相异步电动机的转动原理是基于法拉第电磁感应定律和载流导体在磁场中会受到电磁力的作用。

三相异步电动机定子对称三相绕组接三相对称电源后,电机内便形成一个以同步转速 n_0 旋转的圆形旋转磁场。设其方向为顺时针,假设转子不转,转子笼型导条与旋转磁场有相对运动,导条中产生感应电动势。若把旋转磁场视为静止，则相当于转子导体逆时针方向切割磁力线，感应电动势的方向可用右手定则来判定。由于转子导条在端部短路，导条中有感应电流流过，若不考虑电动势与电流的相位差时，感应电流方向与感应电动势方向相同，其方向如图 9.2.10 所示。在磁场中的载流导体将受到电磁力的作用。根据左手定则确定电磁力的方向，载有感应电流的转子导条与旋转磁场相互作用所受电磁力的方向如图 9.2.10 所示，即 N 极下的导条受力方向是朝右，而 S 极下的导条受力方向是朝左，这一对力形成一顺时针方向的转矩，即对转轴形成一个与旋转磁场同向的电磁转矩(torque)。当磁场旋转时，磁极经过的每对导条都会产生这样的电磁转矩，在这些电磁转矩的作用下，使得转子沿着旋转磁场的方向以转速 n 旋转起来。拖着转子带动机械负载，顺着旋转磁场的旋转方向旋转，将从定子绕组输入的电能变成旋转的机械能从转轴上输出。

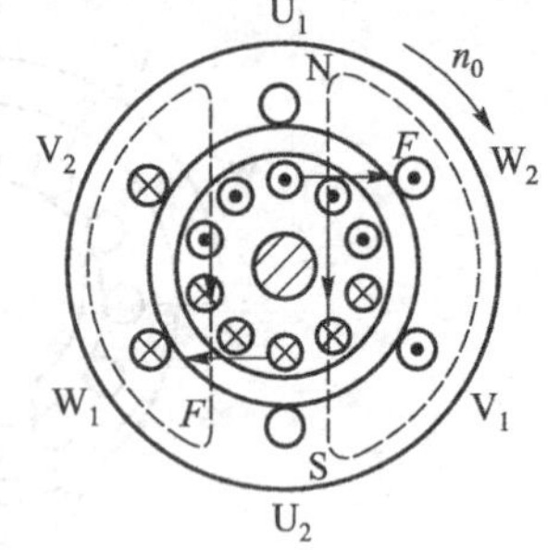

图 9.2.10 转子转动原理图

异步电动机的旋转方向始终与旋转磁场的旋转方向一致，而旋转磁场的方向又取决于异步电动机的三相电流相序，因此，三相异步电动机的转向与电流的相序有关。要改变转向，只需改变电流的相序即可，即任意对调电动机的两根电源线，可使电动机反转。

综上分析可知，三相异步电动机转动的基本原理是：(1) 三相对称绕组中通入三相对称电流产生旋转磁场；(2) 转子导体切割旋转磁场产生感应电动势和电流；(3) 转子载流导体在磁场中受到电磁力的作用，从而形成电磁转矩，驱使电动机转子转动，转子带动转轴上的负载转动。

9.2.5 异步电动机的转差率

转子的旋转速度 n(即电动机的旋转速度)比同步转速 n_0要低一些。这是因为如果这两种转速相等，转子和旋转磁场就没有了相对运动，转子的导条将不切割磁力线，便不能产生感应电动势，也就不能产生感应电流，这样就没有电磁转矩，转子将不会继续旋转。因此，若要转子旋转，旋转磁场和转子之间就一定存在转速差，即转子的旋转速度总要落后于旋转磁场的旋转速度，即 $n < n_0$。由于转子的旋转速度不同于且低于旋转磁场的转速，这就是称之为异步电动机的缘由。

同步转速与转子转速存在着转速差($n_0 - n$)，我们将这个转速差与同步转速 n_0之比称为转差率(又称为滑差，Slip)，用 s 表示。即

$$s = \frac{n_0 - n}{n_0} \tag{9.2.3}$$

转差率是反映异步电动机运行情况的一个重要物理量。在很多情况下用 s 表示电动机的转速要比直接用转速 n 方便得多，使很多运算大为简化。对异步电动机而言，当转子尚未转动(如起动瞬间)时，$n = 0$，三相电流已经流入，旋转磁场已经产生，这时的转差率最大，即转差率 $s = 1$；当转子转速接近同步转速(空载运行)时，$n \approx n_0$，此时转差率 $s \approx 0$，由此可见，异步电动机的转速在 $0 \sim n_0$范围内变化，转差率在 $0 < s \leqslant 1$ 范围内变化。一般情况下，运行中的三相异步电动机的额定转速与同步转速相近，所以转差率很小。通常不同容量的异步电动机在额定负载时的转差率约为 1% ~9% 。

异步电动机负载越大，转速就越慢，其转差率就越大；反之，负载越小，转速就越大，其转差率就越小。转差率直接反映了转子转速的快慢或电动机负载的大小。

例 9.2.1 已知一台异步电动机的额定转速为 $n_N = 970$ r/min，电源频率 f_1 为 50 Hz。求该电机的极数。额定转差率为多少？

解： 由于电动机的额定转速应接近于其同步转速，所以可知

$$n_0 = 1\ 000\ \text{r/min}$$

根据表 9.2.1 得 $p=3$，所以该电动机是 6 极电机。

额定转差率为
$$s_N = \frac{n_0 - n}{n_0} = \frac{1\ 000 - 970}{1\ 000} = 0.03$$

练习与思考

9.2.1 是异步电动机旋转时转子导条的感应电流大，还是电动机刚起动瞬间转子还处于静止时转子导条的感应电流大？解释原因。

9.2.2 为什么异步电动机的转速比它的旋转磁场的转速低？

9.2.3 什么是三相电源的相序？就三相异步电动机本身而言，有无相序？

9.3 三相异步电动机的电路分析

从电磁关系上来看，异步电动机同变压器的运行相似，即定子绕组相当于变压器的一次绕组，转子绕组（一般为短接）相当于二次绕组，异步电动机的工作原理及分析方法与变压器有很多相似之处。电动机运行时，旋转磁场是由定子绕组和转子绕组产生的合成磁场。所不同的是在电动机定子绕组和转子绕组中的感应电动势都是由旋转磁场作用产生的，异步电动机通过电磁感应把从定子绕组输入的电功率转换成转轴上的机械功率输出。

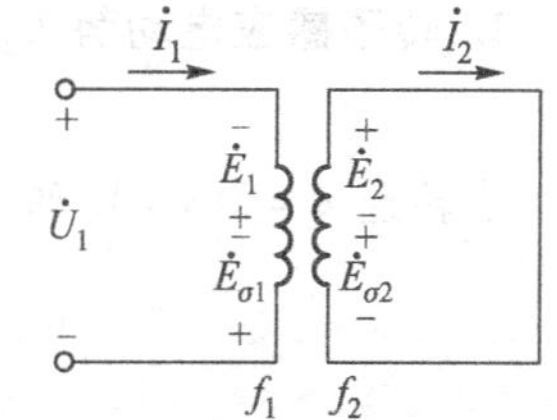

图 9.3.1 三相异步电动机的每相等效电路

三相异步电动机的每相等效电路如图 9.3.1 所示，当定子绕组接上三相电源电压（相电压为 $\dot{U}_1$）时，则有三相电流（相电流为 $\dot{I}_1$）通过。定子三相电流产生旋转磁场，旋转磁场在定子和转子每相绕组中分别感应出电动势 $\dot{E}_1$ 和 $\dot{E}_2$；漏磁通在定子绕组和转子每相绕组中分别感应出漏电动势 $\dot{E}_{\sigma1}$ 和 $\dot{E}_{\sigma2}$。N_1 和 N_2 分别为定子和转子绕组的匝数。

9.3.1 定子电路

根据图 9.3.1 所示三相异步电动机的每相等效电路，其电压方程为

$$\dot{U}_1 = R_1\dot{I}_1 + (-\dot{E}_{\sigma1}) + (-\dot{E}_1) = R_1\dot{I}_1 + \mathrm{j}X_1\dot{I}_1 + (-\dot{E}_1) \tag{9.3.1}$$

式中，R_1 和 X_1 分别为定子每相绕组的电阻和定子磁路漏磁通产生的感抗（漏磁感抗）。

旋转磁场切割定子导体产生感生电动势 $\dot{E}_1$，与变压器一次绕组电路类似

$$U_1 \approx E_1 = 4.44 f_1 N_1 \Phi_m \tag{9.3.2}$$

式中，Φ_m 为通过每相绕组的磁通最大值，为旋转磁场的每极磁通。

感应电动势的频率与旋转磁场和定子导体间的相对速度有关，异步电动机的定子绕组是静止的，所以旋转磁场与定子导体间的相对速度为 n_0，故定子感应电动势的频率为

$$f_1 \approx \frac{pn_0}{60}$$

即定子感应电动势的频率等于电源或定子电流的频率。

9.3.2 转子电路

转子每相电路的电压方程为

$$\dot{E}_2 = R_2 \dot{I}_2 + (-\dot{E}_{\sigma 2}) = R_2 \dot{I}_2 + \mathrm{j}X_2 \dot{I}_2 \tag{9.3.3}$$

式中,R_2和 X_2分别为转子每相绕组的电阻和漏磁感抗。

1. 转子电路的频率

当电动机旋转时,旋转磁场切割转子绕组导体,在绕组上产成的感应电动势应为交流电动势。感应电动势的频率取决于旋转磁场同转子的相对速度和磁极对数。旋转磁场切割转子绕组导体的速度为$(n_0 - n)$,转子绕组中电动势和电流的频率f_2为

$$f_2 = \frac{n_0 - n}{60} p = \frac{n_0 - n}{n_0} \times \frac{n_0 p}{60} = sf_1 \tag{9.3.4}$$

f_2又称为转差频率(slip frequency)。当电动机起动初始瞬间,$n = 0(s = 1)$,转子导体与旋转磁场间的相对速度最大,旋转磁场切割转子导体的速度最快,所以这时的f_2最高,$f_2 = f_1$。异步电动机在额定负载时,$s = 1\% \sim 9\%$,若$f_1 = 50$ Hz,则$f_2 = 0.5 \sim 4.5$ Hz。

2. 转子感应电动势 E_2

$$E_2 = 4.44 f_2 N_2 \Phi_m = 4.44 sf_1 N_2 \Phi_m \tag{9.3.5}$$

当转速 $n = 0(s = 1)$时,f_2最高,此时 E_2最大,记为 E_{20},有

$$E_{20} = 4.44 sf_1 N_2 \Phi_m \tag{9.3.6}$$

即

$$E_2 = sE_{20} \tag{9.3.7}$$

可见,转子感应电动势与转差率 s 有关。

3. 转子感抗 X_2

转子感抗 X_2与转子频率f_2有关,即

$$X_2 = 2\pi f_2 L_{\sigma 2} = 2\pi sf_1 L_{\sigma 2} \tag{9.3.8}$$

当转速 $n = 0(s = 1)$时,f_2最高,$f_2 = f_1$,此时 X_2最大,记为 X_{20},有

$$X_{20} = 2\pi f_1 L_{\sigma 2} \tag{9.3.9}$$

即

$$X_2 = sX_{20} \tag{9.3.10}$$

可见转子感抗 X_2与转差率 s 有关。

4. 转子电流 I_2

转子每相电路的感应电流由式(9.3.3)得

$$I_2 = \frac{E_2}{\sqrt{R_2^2 + X_2^2}} = \frac{sE_{20}}{\sqrt{R_2^2 + (sX_{20})^2}} \tag{9.3.11}$$

可见转子电流也与转差率 s 有关。当 s 增大,即转速 n 降低时,转子与旋转磁场间的相对转速 $n_0 - n$ 增加,转子导体切割磁场的速度提高,于是 E_2增加,I_2也增加。I_2随 s 变化的关系可用图 9.3.2 的曲线表示。当 $s = 0$,即 $n_0 - n = 0$ 时,$I_2 = 0$;当 $s = 1$ 时,$R_2 \ll sX_{20}$,有

$$I_2 = I_{2\max} = \frac{E_{20}}{\sqrt{R_{20}^2 + X_{20}^2}} \approx \frac{E_{20}}{X_{20}} = 常数 \tag{9.3.12}$$

5. 转子电路的功率因数 $\cos\varphi_2$

由于转子漏电感的存在，I_2滞后 E_2，相位差用 φ_2来表示，因此转子电路的功率因数为

$$\cos\varphi_2 = \frac{R_2}{\sqrt{R_2^2 + X_2^2}} = \frac{R_2}{\sqrt{R_2^2 + (sX_{20})^2}} \tag{9.3.13}$$

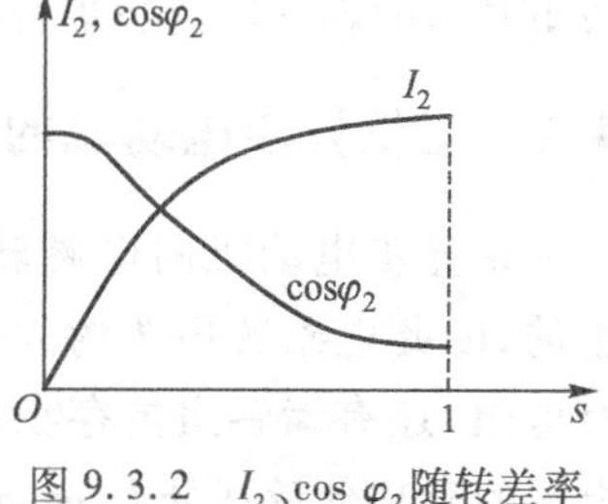

图 9.3.2 I_2、$\cos\varphi_2$随转差率 s 变化曲线

可见，功率因数与转差率有关。当 s 增大时，X_2也增大，φ_2增大，$\cos\varphi_2$减少。$\cos\varphi_2$随 s 的变化曲线如图 9.3.2 所示。

s 很小时 $R_2 \gg sX_{20}$，$\cos\varphi_2 \approx 1$

s 较大时 $R_2 \ll sX_{20}$，$\cos\varphi_2 \approx \dfrac{R_2}{sX_{20}}$

可见，由于转子是旋转的，转子转速不同时，转子绕组和旋转磁场之间的相对速度不同，所以转子电路中的各个量，如频率、电动势、感抗、电流和功率因数等都与转差率有关，即同电动机的转速有关，学习和分析三相异步电动机时应当注意这个重要特点。

例 9.3.1 试求例 9.2.1 中三相异步电动机在额定转速运行时，转子电动势的频率。

解： 额定转速运行时，转子电动势的频率为

$$f_2 = s_N f_1 = 0.03 \times 50\ \text{Hz} = 1.5\ \text{Hz}$$

例 9.3.2 某三相绕线型异步电动机，额定转速 $n_N = 940$ r/min，转子静止时每相感应电动势 $E_{20} = 130$ V，转子电阻 $R_2 = 0.1\ \Omega$，转子电抗 $X_{20} = 0.9\ \Omega$。在额定转速时，求：(1) 转子绕组中的感应电动势 E_2；(2) 转子电动势的频率 f_2；(3) 转子电流 I_{2N}。

解：(1) 由已知额定转速 $n_N = 940$ r/min 可知，电动机是六极的，即 $p = 3$，$n_0 = 1\ 000$ r/min

额定转差率为

$$s_N = \frac{n_0 - n_N}{n_0} = \frac{1\ 000 - 940}{1\ 000} = 0.06$$

转子绕组中的感应电动势为

$$E_2 = s_N E_{20} = 0.06 \times 130\ \text{V} = 7.8\ \text{V}$$

(2) 转子电动势的频率为

$$f_2 = s_N f_1 = 0.06 \times 50\ \text{Hz} = 3\ \text{Hz}$$

(3) 转子电流为

$$I_{2N} = \frac{E_2}{\sqrt{R_2^2 + (s_N X_{20})^2}} = \frac{7.8}{\sqrt{0.1^2 + (0.06 \times 0.9)^2}}\ \text{A} = 68.63\ \text{A}$$

练习与思考

9.3.1 比较变压器的一次、二次绕组电路和三相异步电动机的定子、转子电路的各个物理量及电压方程。

9.3.2 试解释为什么当转子的转速升高时，转子绕组的感应电动势和它的频率都下降。

9.3.3 在三相异步电动机起动瞬间，即 $s = 1$ 时，为什么转子电流 I_2大？而转子电路的功率因数 $\cos\varphi_2$小？此时定子电路的电流和功率因数大小如何？

9.3.4 有一台 $p = 3$ 的三相异步电动机接在频率为 50 Hz 的三相交流电源上，电机以额定速度运转时，转子绕组感应电动势的频率为 2.5 Hz。求该电动机的(1) 转差率；(2) 转子的转速。

9.4 三相异步电动机的电磁转矩与机械特性

异步电动机将电能转换为机械能,输送转矩和转速给生产机械。本节将讨论与电动机的电磁转矩有关的因素以及转矩与转速之间的关系。

9.4.1 三相异步电动机的电磁转矩

三相异步电动机的电磁转矩(electromagnetic torque)是由转子电流与旋转磁场相互作用产生的,因此电磁转矩 T 的大小与转子电流 I_2 以及旋转磁场每极磁通 Φ 成正比。转子电路不但有电阻,还有漏感阻抗存在,呈电感性,转子电流 I_2 滞后转子感应电动势 E_2 一个角度 φ_2,转子电流的有功分量部分 $I_2\cos\varphi_2$ 与旋转磁场相互作用而产生电磁转矩,所以电磁转矩同磁场和转子电流的关系为

$$T=K_T\Phi_m I_2\cos\varphi_2 \tag{9.4.1}$$

式中,K_T 是与电动机结构有关的常数;$\cos\varphi_2$ 为转子电路的功率因数。

将式(9.3.2)、式(9.3.11)和式(9.3.13)代入式(9.4.1)可得电磁转矩的参数表达式

$$T=K\frac{sR_2}{R_2^2+s^2X_{20}^2}U_1^2 \tag{9.4.2}$$

可见三相异步电动机的转矩与每相电压的有效值平方成正比,当电源电压变动时,对转矩的影响较大。电磁转矩与转子电阻也有关。当电压和转子电阻一定时,电磁转矩同转差率有关,$T=f(s)$ 或 $n=f(T)$ 的关系称为电动机的机械特性曲线(torque versus speed curve)。

9.4.2 三相异步电动机的机械特性

在一定的电源电压 U_1 和转子电阻 R_2 之下,可画出转矩与转差率的关系曲线 $T=f(s)$ 或转速与转矩的关系曲线 $n=f(T)$。根据式(9.4.2),以 T 为函数,以 s 为变量可做出如图 9.4.1 所示的 $T=f(s)$ 曲线;若将 $T=f(s)$ 曲线按顺时针方向旋转 90°,再将 T 轴下移,就可得到 $n=f(T)$ 的关系曲线,即机械特性曲线,如图 9.4.2 所示。

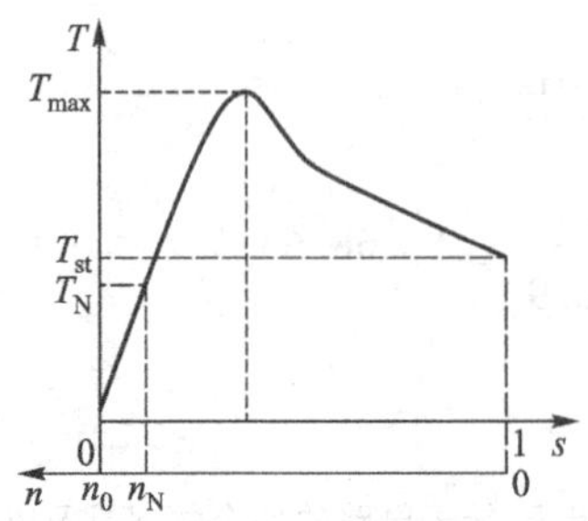

图 9.4.1 三相异步电动机的 $T=f(s)$ 曲线

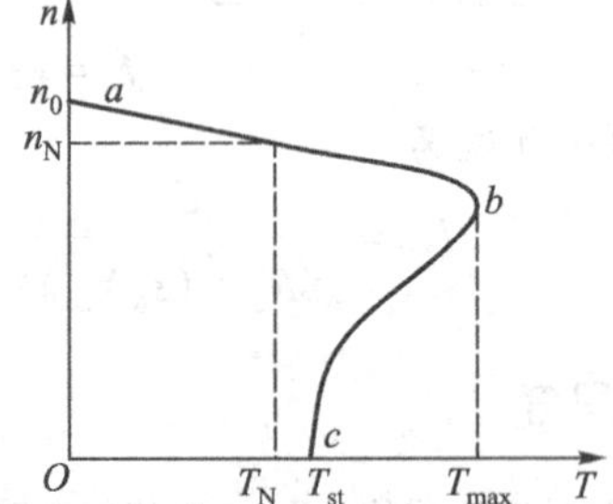

图 9.4.2 三相异步电动机的 $n=f(T)$ 曲线

为了研究机械特性,分析电动机的运行状态,下面主要讨论三个反映电动机工作状态的重要转矩。

1. 额定转矩 T_N

当三相异步电动机以转速 n 稳定运行时，电动机的驱动转矩——电磁转矩 T 必与阻转矩 T_C 相平衡，即

$$T = T_C$$

而阻转矩主要是机械负载转矩 T_2，另外，还包括空载损耗转矩 T_0（主要是机械损耗转矩和附加损耗转矩）。由于 T_0很小，可忽略，所以

$$T = T_C = T_2 + T_0 \approx T_2$$

由物理学公式 $P = T\Omega = T\dfrac{2\pi n}{60}$可得

$$T \approx T_2 = \frac{P_2(\mathrm{W})}{\dfrac{2\pi n}{60}} = 9550\,\frac{P_2(\mathrm{kW})}{n} \tag{9.4.3}$$

式中，P_2是电动机输出的机械功率。转矩的单位是 N · m（牛 · 米），转速的单位是 r/min（转/分）。

额定转矩 T_N是电动机制造商根据设计制造的情况和绝缘材料的耐热能力，规定的电动机在额定负载时的转矩。额定转矩可从电动机铭牌数据给出的额定功率 P_N和额定转速 n_N根据下式求得

$$T_N = 9550\,\frac{P_N(\mathrm{kW})}{n_N} \tag{9.4.4}$$

例 9.4.1 有两台额定功率都为 $P_N = 6$ kW 的三相异步电动机，一台 $U_N = 380$ V，$n_N = 970$ r/min，另一台 $U_N = 380$ V，$n_N = 1430$ r/min，求两台电动机的额定转矩。

解： 第一台 $T_N = 9550\dfrac{P_N}{n_N} = 9550 \times \dfrac{6}{970}$ N · m = 59.1 N · m

第二台 $T_N = 9550\dfrac{P_N}{n_N} = 9550 \times \dfrac{6}{1430}$ N · m = 40.1 N · m

2. 最大转矩 T_{max}

从机械特性曲线上看，电磁转矩有一个最大值，称为最大转矩，它表示电动机带动最大负载的能力，亦称为临界转矩。对应于最大转矩的转差率为 s_m，称为临界转差率，它由转矩公式对 s 进行求导，并令其导数等于零，即

$$\frac{\mathrm{d}T}{\mathrm{d}s} = 0$$

可得

$$s_m = \frac{R_2}{X_{20}} \tag{9.4.5}$$

代入转矩公式得

$$T_{max} = K\frac{U_1^2}{2X_{20}} \tag{9.4.6}$$

由式(9.4.5)、式(9.4.6)可见，最大转矩 T_{max}与电源电压 U_1的平方成正比，与 X_{20}成反比，而与 R_2无关；而临界转差率 s_m与 R_2成正比，与 X_{20}成反比。T_{max}与 U_1及 R_2的关系曲线分别如图 9.4.3 和图 9.4.4 所示。

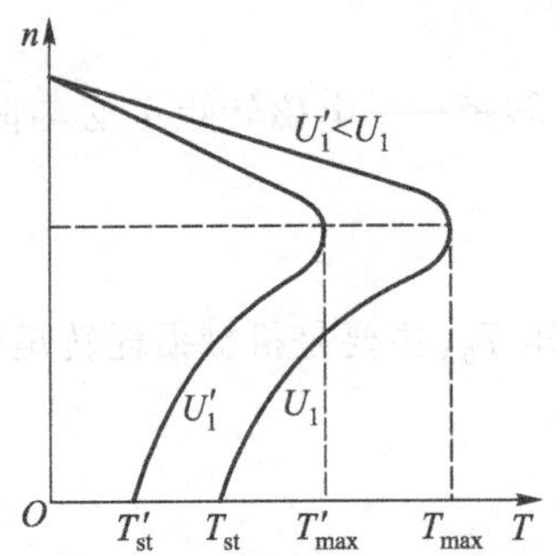

图 9.4.3 对应于不同电源电压 U_1 的 $n=f(T)$ 特性曲线(R_2为常数)

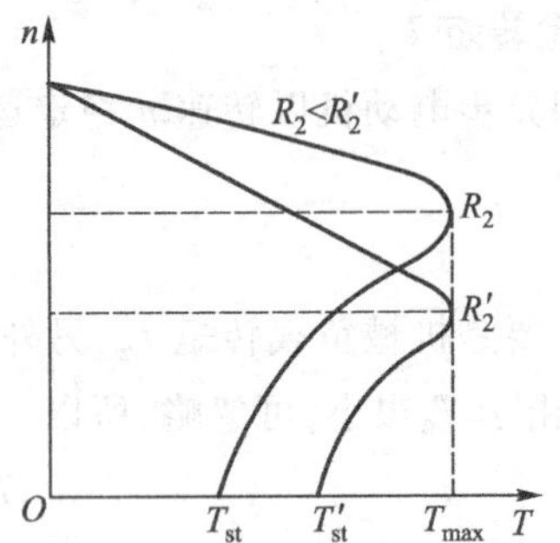

图 9.4.4 对应于不同转子电阻 R_2 的 $n=f(T)$ 特性曲线(U_1为常数)

故当转子回路电阻增加(如绕线型转子串入附加电阻,如图 9.4.4 中转子回路电阻增大至 R'_2)时,T_{max}虽然不变,但 s_m 增大,整个 $n=f(T)$ 曲线向下移动。

当负载转矩超过最大转矩时,电动机就带不动负载,发生"堵转"的现象,此时电动机的电流是额定电流的数倍,若时间过长,电动机严重发热,以致烧坏。电动机负载转矩超过 T_{max} 称为过载,常用过载系数 λ 来标定异步电动机的过载能力,即

$$\lambda=\frac{T_{max}}{T_N} \tag{9.4.7}$$

过载能力是异步电动机重要的性能指标之一。最大转矩越大,其短时过载能力越强。对于一般异步电动机,$\lambda=2.0\sim2.2$,起重机等机械专用电动机的 $\lambda=2.2\sim2.8$。

在选择电动机时,必须考虑可能出现的最大负载转矩,使所选电动机的最大转矩大于最大负载转矩。

3. 起动转矩 T_{st}

电动机刚起动时($n=0,s=1$)的转矩称为起动转矩,用 T_{st}表示。起动转矩 T_{st}是电动机运行性能的重要指标。因为起动转矩的大小将直接影响到电机拖动系统的加速度的大小和加速时间的长短,如果起动转矩小,电机的起动变得十分困难,有时甚至难以起动。

在电动机起动时,$n=0,s=1$,将 $s=1$ 带入式(9.4.2)可得

$$T_{st}=K\frac{R_2U_1^2}{R_2^2+X_{20}^2} \tag{9.4.8}$$

上式结合图9.4.4,当转子电阻 R_2适当加大时,最大转矩 T_{max}不变,但起动转矩 T_{st}会加大,这是因为转子电路电阻增加后,转子回路的功率因数提高,转子电流的有功分量增大,因而起动转矩增大。由式(9.4.5)、式(9.4.6)和式(9.4.8)可以推出,当 $R_2=X_{20}$时,$T_{st}=T_{max}$,$s_m=1$,但继续增大 R_2,T_{st}就要逐渐减小。

由式(9.4.8)还可以看出,异步电动机的起动转矩同电源电压 U_1 的平方成正比,如图 9.4.3 所示,当 U_1降低时,起动转矩 T_{st}明显降低。所以异步电动机对电源电压的波动十分敏感,运行时,如果电源电压降得太多,不仅会大大降低异步电动机的过载能力,还会大大降低其起动能力。

起动转矩必须大于负载转矩才能带动负载起动,通常将起动转矩与额定转矩之比称为起动能力,即

$$K_{st}=\frac{T_{st}}{T_N} \tag{9.4.9}$$

4. 电动机的机械特性

在电动机运行过程中,负载常会变化,如电动机机械负载增加时,在最初瞬间阻转矩大于电动机的电磁转矩,电动机的速度将下降,旋转磁场相对于转子的速度加大,切割转子导条的速度加快,感应电动势及转子电流 I_2 增大,从而电磁转矩增大,直到同阻转矩相等,达到一个新的平衡,这时电动机在一个略低于原来转速的速度下平稳运转。所以电动机有载运行一般工作在图 9.4.2 所示的机械特性较为平坦的 ab 段。在这段区间内,电动机能自动适应负载转矩变化而稳定地运转,故称为稳定运行区。电动机的电磁转矩可以随负载的变化而自动调整,这种能力称为自适应负载能力。自适应负载能力是电动机区别于其他动力机械的重要特点。但 $T_2>T_N$ 的过载情况下只能短时间运行,否则电动机将因温升太高而过热,影响寿命。

在图 9.4.2 的 ab 段稳定运行的电动机,若机械负载增加到 $T_2=T_{max}$,电动机立即减速,工作点会沿着 ab 段往下移,到达 b 点,因惯性作用,电动机不能稳定工作在 b 点,而是越过 b 点进入 bc 段。但在 bc 段电磁转矩随转速 n 的降低进一步减小,最终堵转,如不及时切断电源,电动机将烧毁,所以称 bc 段为电动机的非稳定运行区。

笼型异步电动机当负载在空载与额定值之间变化时,电动机的转速变化很小,这种特性称为硬的机械特性。笼型异步电动机的这种硬特性非常适合于一般金属切削机床。

绕线型异步电动机可通过外接附加电阻来改变转子回路的电阻,从而调节机械特性曲线的形状,达到增加起动转矩和向下调节转速的目的,机械特性较软(如图 9.4.4 所示),一般用于对起动性能和调速性能要求较高的场合。

练习与思考

9.4.1 三相异步电动机在一定的负载转矩下运行时,如果电源电压降低,电动机的转矩、电流及转速有无变化?

9.4.2 异步电动机带额定负载时,如果电源电压下降过多会产生什么后果?

9.4.3 三相笼型异步电动机在额定状态附近运行,当(1) 负载增大;(2) 电压升高;(3) 频率增高时,其电流和转速会如何变化?

9.4.4 异步电动机在接入电源时,如果转子卡住不能转动,试问这对电动机的电流有何改变?对电动机产生什么影响?会有什么现象发生?

9.4.5 某异步电动机的额定转速为 1440 r/min,当负载转矩只为额定转矩的 $\frac{2}{3}$ 时,电动机的转速大概为多少?

9.5 三相异步电动机的铭牌数据和技术数据

9.5.1 铭牌

电动机外壳上都有铭牌(nameplate),如图 9.5.1 所示,电动机铭牌提供了许多有用的信息,因为根据铭牌数据我们可以了解到有关这个电动机的结构、电气、机械等性能参数,所以要正确地选择和使用电动机，就必须看懂电动机铭牌。铭牌上各项内容及意义如下：

三相异步电动机

型号	Y132S-4	功率	5.5 kW	防护等级	IP44
电压	380 V	电流	11.6 A	功率因数	0.84
接法	Δ	转速	1440r/min	绝缘等级	B
频率	50 Hz	重量		工作方式	S_1

××××电机厂

图9.5.1 电动机的铭牌

1. 型号

为适应不同用途和不同工作环境的需要，电动机制成不同的系列，每个系列用不同的型号。型号包括产品名称代号、规格代号等，由汉语拼音大写字母或英语字母加阿拉伯数字组成，如：

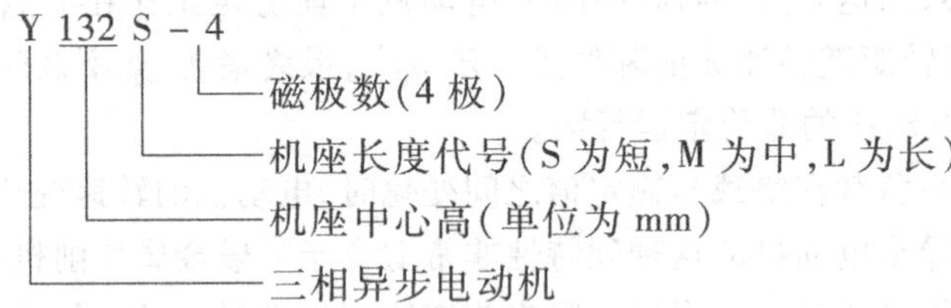

目前，我国生产的异步电动机的产品名称代号及其汉字意义摘录于表9.5.1中。Y系列新产品比J系列老产品在同样功率时，效率高，体积小，重量轻。

表9.5.1 异步电动机产品名称代号

产品名称	新代号	新代号的汉字意义	老代号
异步电动机	Y	异	J、JO
绕线型异步电动机	YR	异绕	JR、JRO
防爆型异步电动机	YB	异爆	JB、JBS
高起动转矩异步电动机	YQ	异起	JQ、JGQ

2. 额定电压 U_N 与接法

额定电压是指电动机在额定运行时定子绕组的线电压，用 U_N 表示，它与绕组接法有对应关系。例如：380/220 V、Y/Δ 是指线电压为380 V时采用Y形联结，线电压为220 V时采用Δ形联结。目前，Y系列异步电动机的额定电压都是380 V，3 kW以下的接成Y形，而4 kW以上的均接成Δ形。只有大功率的电动机才采用3 000 V和6 000 V的电压。

一般规定电源电压波动不应超过额定值的±5%，过高或过低对电动机的运行都是不利的。因为在电动机满载或接近满载情况下运行时，电压过高，磁通将增大（$U_1 \approx 4.44 f_1 N_1 \Phi_m$），励磁电流会增大，大于额定电流过热，从而使绕组过热；同时，磁通的增大也会使铁损增大，使定子铁心过热，易烧坏电机。当电压低于额定值，会引起转速下降，转差率增大，转子电流增加，定子电流增加，使电动机的电流大于额定值，从而使电动机过热；同时，由于异步电动机的转矩同电源电压的平方成正比，电动机的起动转矩和最大转矩也会因电压降低而降低，若降低到低于负载转矩，会使电机出现不能起动或堵转现象。

3. 额定电流 I_N

铭牌上所标的电流值是指电动机在额定运行情况下定子绕组的线电流，称为额定电流，用 I_N 表示。当电动机空载或轻载时，定子电流都小于额定电流。

例如：Y/Δ 6.73/11.64A，表示星形联结下电机的线电流为 6.73A，三角形联结下线电流为 11.64A。两种接法下相电流均为 6.73A，因此，功率相同。

4. 额定功率 P_N 与效率 η_N

铭牌上所标的功率值是指电动机在额定运行时从转轴上输出的机械功率，用 P_N 表示。额定功率总是小于电动机从电网输入的电功率 P_{1N}，其差值等于电动机本身的损耗功率，包括铜损、铁损及电动机轴承等的机械损耗等。

输入功率
$$P_1=\sqrt{3}U_lI_l\cos\varphi \tag{9.5.1}$$

电动机输出功率与电动机从电网输入电功率的比值称为电动机的效率，即

$$\eta=\frac{P_2}{P_1} \tag{9.5.2}$$

一般笼型电动机额定运行时效率为 72% ~93%。

5. 功率因数

电动机为电感性负载，定子相电流比定子相电压滞后一个角度 φ，$\cos\varphi$ 就是电动机的功率因数。由第三节可知，功率因数与转差率有关。三相异步电动机功率因数较低，在额定负载时为 0.7 ~0.9，而在轻载和空载时更低，空载时只有 0.2 ~0.3。因此，必须正确选择电动机的容量，使电动机能保持在满载下工作，防止出现“大马拉小车”的现象。

额定功率
$$P_N=P_{1N}\eta_N=\sqrt{3}U_NI_N\cos\varphi_N\eta_N \tag{9.5.3}$$

6. 工作特性

异步电动机的工作特性是指在额定电压、额定频率下异步电动机的转差率 s、效率 η、功率因数 $\cos\varphi$、输出转矩 T_2、定子电流 I_1 与输出功率 P_2 的关系曲线，如图 9.5.2 所示。异步电动机的工作特性可以用计算方法获得。在已知等效电路各参数、机械损耗、附加损耗的情况下，给定一系列的转差率 s，可以由计算得到工作特性。对于已制成的异步电动机，其工作特性也可以通过试验求得。

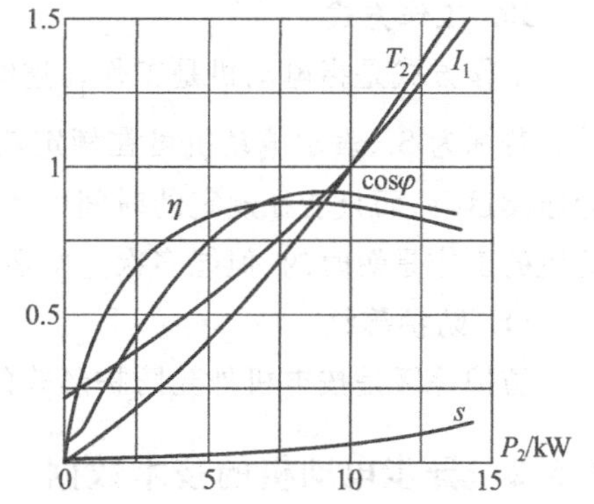

图 9.5.2 异步电动机的工作特性

7. 额定转速 n_N

额定转速是电动机在额定电压、额定容量、额定频率下运行时每分钟的转数。电动机所带负载不同转速略有变化。轻载时稍快，重载时稍慢，空载时接近同步转速。

8. 接法

接法是指定子三相绕组的联结方法。一般电动机定子三相绕组的首、尾端均引至接线板上，用符号 U_1、V_1、W_1 分别表示电动机三相绕组线圈的末端，用符号 U_2、V_2、W_2 分别表示电动机三相绕组线圈的末端。电动机的定子绕组可以接成 Y 形和 Δ 形，如图 9.5.3 所示。但必须按铭牌所

规定的接法联结,才能正常运行。通常,电机功率小于3 kW时,采用星形联结;电机功率大于或等于4 kW时,采用三角形联结。

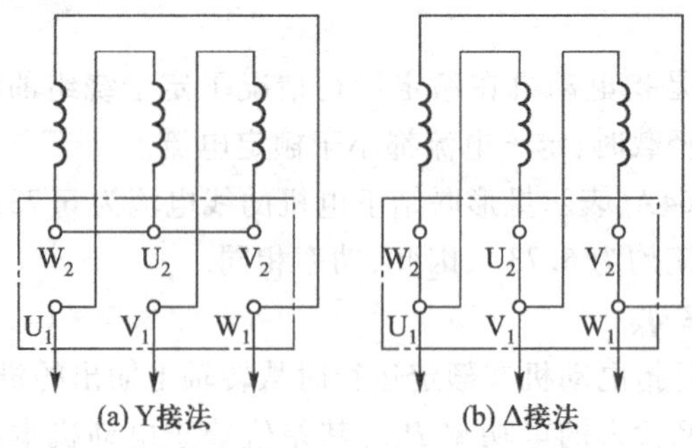

图9.5.3 定子绕组的星形联结和三角形联结

9. 绝缘等级

绝缘等级是指电动机所采用的绝缘材料的耐热等级。按绝缘材料在使用时允许的极限温度分为Y、A、E、B、F、H、C级。电动机的温度对绝缘影响很大。如电动机温度过高,则会使绝缘老化,缩短电机寿命。为使绝缘不至于老化,对电动机绕组的温度有一定的限制。异步电动机的允许温升是指定子铁心和绕组温度高于环境温度的允许温差。

不同等级绝缘材料绝缘等级和极限温度如表9.5.2所示。

表9.5.2 绝缘材料的绝缘等级和极限温度

绝缘等级	Y	A	E	B	F	H	C
极限温度/℃	90	105	120	130	155	180	>180

10. 工作方式

工作方式是指电动机是工作在连续工作制,还是短时或断续工作制,分别用代号S_1、S_2、S_3表示。若标为S_1,表示电动机可在额定功率下连续运行,绕组不会过热;若标为S_2,表示电动机不能连续运行,而只能在规定的时间内依照额定功率短时运行,绕组不会过热;若标为S_3,表示电动机的工作是短时的,但能多次重复运行。

11. 防护等级

防护等级是按电机外壳防护形式的不同来分级的。

9.5.2 异步电动机的技术数据

异步电动机除了铭牌上介绍的常用额定数据外,在产品目录或电工手册中,通常还列出了其他一些技术数据,如起动电流倍数,起动能力,过载系数和额定效率等。

例9.5.1 已知Y225M-2型三相异步电动机的有关技术数据如下:$P_N=45$ kW,$f_N=50$ Hz,$n_N=2970$ r/min,$\eta_N=91.5\%$,起动能力为2.0,过载系数$\lambda=2.2$。求该电动机的额定转差率、额定转矩、起动转矩、最大转矩和额定输入电功率。

解: 由型号知该电动机是两极的,其同步转速为$n_0=3000$ r/min(参见表9.2.1),所以额定

转差率为 $$s_N=\frac{n_0-n_N}{n_0}=\frac{3000-2970}{3000}=0.01$$

额定转矩为 $$T_N=9550\frac{P_N}{n_N}=9550\times\frac{45}{2970}\ \text{N}\cdot\text{m}=144.7\ \text{N}\cdot\text{m}$$

起动转矩为 $$T_{st}=2T_N=2\times144.7\ \text{N}\cdot\text{m}=289.4\ \text{N}\cdot\text{m}$$

最大转矩为 $$T_{max}=\lambda T_N=2.2\times144.7\ \text{N}\cdot\text{m}=318.3\ \text{N}\cdot\text{m}$$

额定输入电功率为 $$P_{1N}=\frac{P_N}{\eta_N}=\frac{45}{0.915}\ \text{kW}=49.18\ \text{kW}$$

例 9.5.2 由图 9.5.1 所示的电动机铭牌数据,求该电动机的输入电功率和额定效率。

解: 输入电功率为

$$P_{1N}=\sqrt{3}U_NI_N\cos\varphi_N=\sqrt{3}\times380\times11.6\times0.84\ \text{W}=6.41\ \text{kW}$$

额定效率为 $$\eta_N=\frac{P_N}{P_{1N}}=\frac{5.5}{6.41}\times100\%=85.8\%$$

练习与思考

9.5.1 电动机的额定功率是指输出机械功率还是输入电功率?额定电压是指线电压还是相电压?额定电流是指定子绕组的线电流还是相电流?功率因数 $\cos\varphi$ 的 φ 是指定子相电压与相电流间的相位差还是线电压与线电流间的相位差?

9.5.2 三相异步电动机铭牌上标有 380/220 V、Y/Δ 接法,表示什么意思?当根据需要采用 Y 联结或 Δ 联结时,电动机的额定值(功率、相电压、相电流、线电压、线电流、功率因数、转速等)有无变化?

9.6 三相异步电动机的起动

9.6.1 起动特点

异步电动机由静止状态过渡到稳定运行状态的过程称为异步电动机的起动(starting of induction motor)。起动是异步电动机应用中重要的物理过程之一。

当异步电动机直接投入电网起动时,其特点是起动电流大(4~7 倍额定电流),而起动转矩并不大。原因是:当异步电动机起动时,由于电动机转子处于静止状态,旋转磁场与转子绕组之间的相对速度最快,转子绕组的感应电动势是最高的,因而产生的感应电流也是最大的,电动机定子绕组的电流也非常大。同时起动时的磁通较正常工作时小,故起动转矩不大。

对异步电动机起动性能的要求,主要有以下两点。

1. 起动电流要小,以减小对电网的冲击

如果在额定电压下异步电动机直接起动时,普通异步电动机的起动电流较大。一般异步电动机起动过程时间很短,短时间过大的电流,从发热角度来看,电动机本身是可以承受的。但是,对于起动频繁的异步电动机,过大的起动电流会使电动机内部过热,导致电动机的温升过高,降低绝缘寿命。另外,直接起动的异步电动机需供电变压器提供较大的起动电流,这样会使供电变压器输出电压下降,对供电电网产生影响。如果变压器额定容量相对不够大时,电动机较大的起动电流会使变压器输出电压短时间下降幅度较大,超过了正常规定值,会影响到由同一台变压器供电的其他负载,使其他运行的异步电动机的转速和电磁转矩下降,电流增大,甚至可能使其最大转矩小于阻转矩,造成堵转。所以,当供电变压器额定容量相对电动机额定功率不是足够大时,三相异步电动机不允许在额定电压下直接起动,需要采取措施,减小起动电流。

2. 起动转矩足够大,以加速起动过程,缩短起动时间

电动机采用直接起动时,一方面较大的起动电流引起供电电网电压下降,另一方面电动机起动转矩也不大,对于轻载或空载情况下起动,一般没什么影响,当负载较重时,电动机可能起动不了。一般要求 $T_{st} \geq (1.1 \sim 1.2) T_2$,$T_{st}$越大于 T_2,起动过程所需要的时间越短。

异步电动机在起动时,电网对异步电动机的要求与负载对它的要求往往是矛盾的。电网从减少它所承受的冲击电流出发,要求异步电动机起动电流尽可能小,但太小的起动电流所产生的起动转矩又不足以起动负载;而负载要求有一定的起动转矩。下面讨论适用于不同电机容量、负载性质而采用的起动方法。

9.6.2 直接起动

直接起动(direct - on - line starting,缩写 DOL)适用于小容量电动机带轻载的情况,起动时,用闸刀开关和交流接触器将电机直接接到具有额定电压的电源上。直接起动法的优点是操作简单,无须很多的附属设备;主要缺点是起动电流较大。笼型异步电动机必须满足以下的条件才能直接起动:(1) 若是照明和动力共用同一电网时,电动机起动时引起的电网压降不应超过额定电压的5%;(2) 动力线路若是用专用变压器供电时,对于频繁起动的电动机,其容量不应超过变压器容量的20%;不经常起动的电动机,其容量不应大于变压器容量的30%。如不满足上述规定,则必须采用降压起动等措施以减小起动电流 I_{st}。直接起动一般只在小容量的笼型电动机中使用。通常在一般情况下,20 kW 以下的异步电动机允许直接起动。如果电网容量很大,也可允许容量较大的笼型电动机直接起动。

9.6.3 降压起动

降压起动的目的是限制起动电流。起动时,通过起动设备使加到电动机上的电压小于额定电压,待电动机转速上升到一定数值时,再使电动机承受额定电压,保证电动机在额定电压下稳定工作。

降压起动适用于容量大于或等于20 kW 并带轻载的情况。这种方法是用降低异步电动机端电压的方法来减小起动电流。由于异步电动机的起动转矩与端电压的平方成正比,所以采用此方法时,起动转矩同时减小。该方法只适用于对起动转矩要求不高的场合,即空载或轻载的场合。

常见的降压起动方式有三种:定子串联电阻或电抗起动、星形 - 三角形(Y - Δ)换接起动和自耦降压起动。

1. 定子串联电阻或电抗起动

在定子绕组中串联电抗或电阻都能降低起动电流,但串联电阻起动能耗较大,只适用于小容量电机中。采用定子串联电阻降压起动如图 9.6.1(a)所示。采用定子串联电抗降压起动如图 9.6.1(b)所示。由于电机的起动转矩与绕组端电压的平方成正比,所以起动转矩比起动电流降得更多。因此在选择电抗使起动电流满足要求时,还必须校核起动转矩是否满足要求。

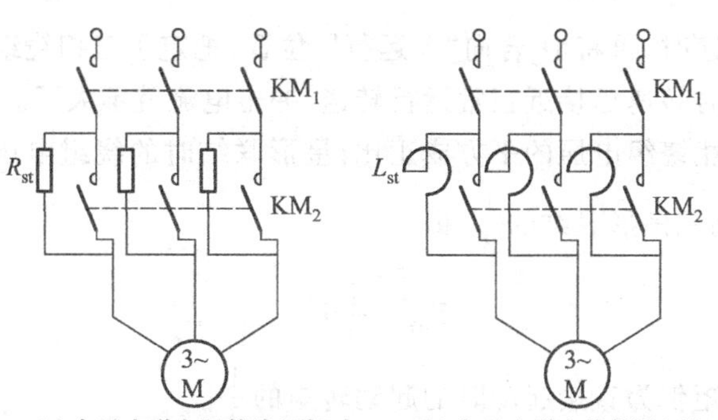

(a) 定子串联电阻的降压起动　(b) 定子串联电抗的降压起动

图 9.6.1　定子串联电阻或电抗降压起动时的接线

2. 星形－三角形(Y－Δ)换接起动

星形－三角形起动法适用于正常运行时定子绕组三角形联结且三相绕组首尾六个端子全部引出来的电动机。起动时，将正常运行时三角形联结的定子绕组改接为星形联结，起动结束后再换为三角形联结。这种方法只适用于中小型笼型异步电动机。

设电机起动时每相绕组的等效阻抗为 Z。当定子绕组为星形联结[图 9.6.2(a)]时，即降压起动时

$$I_{LY}=\frac{U_L}{\sqrt{3}|Z|}$$

当定子绕组为三角形联结[图 9.6.2(b)]时，即直接起动时

$$I_{L\Delta}=\sqrt{3}\frac{U_L}{|Z|}$$

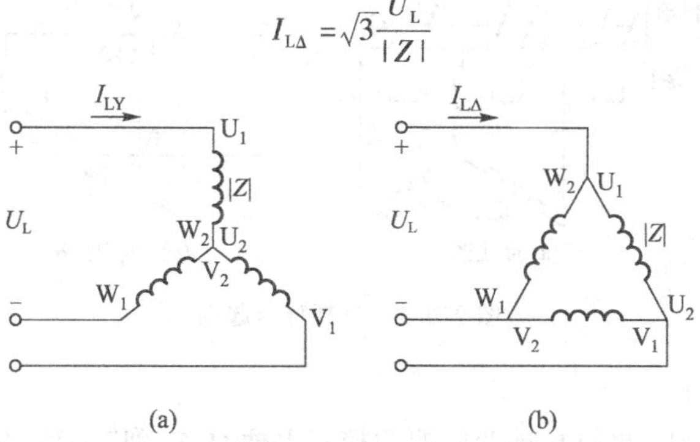

(a)　(b)

图 9.6.2　星形联结和三角形联结的起动电流

所以有

$$\frac{I_{LY}}{I_{L\Delta}}=\frac{1}{3} \tag{9.6.1}$$

即定子绕组星形联结时，由电源提供的起动电流仅为定子绕组三角形联结时的$\frac{1}{3}$。

星形－三角形(Y－Δ)换接起动可以用 Y－Δ 起动器(star－delta starter)实现，接线图如图9.6.3所示。先合上开关 Q_1，然后将 Q_2从中间位置投向“Y 起动”位置，这时定子三相绕组作 Y 形联结，电动机在低压下起动，待

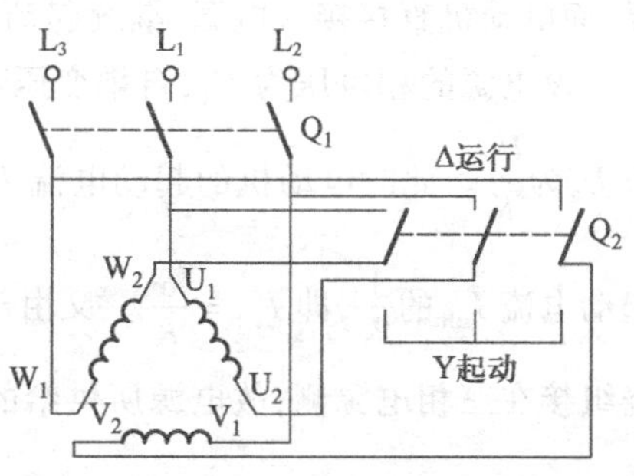

图 9.6.3　星－三角换接起动接线图

转速上升到接近额定转速时，再将 Q_2 合向"Δ 运行"位置，把定子三相绕组改成 Δ 形联结转入正常工作状态。由于切换时转速已接近正常运行转速，冲击电流就不大了。

由于起动转矩与每相绕组电压的平方成正比，星形联结时的绕组电压降低到三角形联结的 $\frac{1}{\sqrt{3}}$，所以起动转矩将降到三角形联结的 $\frac{1}{3}$，即

$$T_{stY}=\frac{1}{3}T_{st\Delta} \tag{9.6.2}$$

即星形起动时的起动转矩仅为直接起动时的起动转矩的 $\frac{1}{3}$。

Y－Δ 换接起动起动电流小、起动设备简单、价格便宜、操作方便，缺点是起动转矩小。它仅适用于小功率电动机空载或轻载起动。为了便于采用 Y－Δ 起动，国产 Y 系列 4 kW 以上电动机定子绕组都采用三角形联结。

3. 自耦降压起动

对于容量较大的或正常运行时为星形联结而不能采用 Y－Δ 换接起动的笼型异步电动机可采用自耦降压起动，如图 9.6.4 所示。

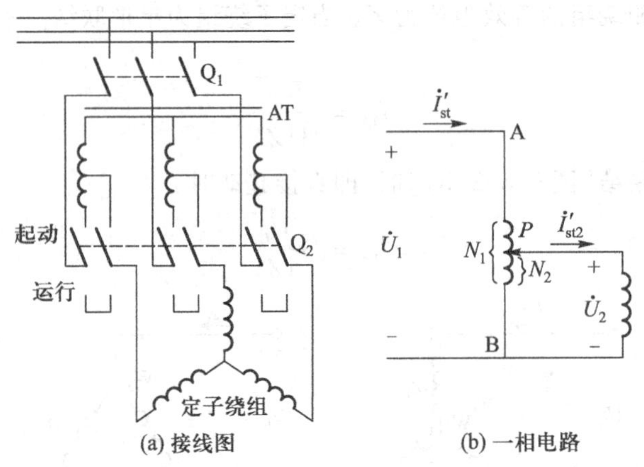

图 9.6.4 自耦降压起动

起动操作过程如下：

首先合上电源开关 Q_1，再将自耦变压器的控制手柄 Q_2 拉到"起动"位置作降压起动，最后待电动机接近额定转速时把手柄推向"运行"位置，使自耦变压器（autotransformer starter）脱离电源，而电动机直接接入电源，继续起动，但此时冲击电流已较小。

设电源的相电压为 U_1，自耦变压器的变比为 K，经过自耦变压器降压后，加在电动机上的电压 U_2 为 $\frac{U_1}{K}$。此时电动机的起动电流 I'_{st2} 便与电压成相同比例地减小，是原来在额定电压下直接起动电流 I_{stN} 的 $\frac{1}{K}$，即 $I'_{st2}=\frac{I_{stN}}{K}$。又由于电动机接在自耦变压器的二次绕组，自耦变压器的一次绕组接在三相电源侧，故电源所供给的起动电流为

$$I'_{st}=\frac{1}{K}I'_{st2}=\frac{1}{K^2}I_{stN} \tag{9.6.3}$$

由此可见，上述笼型异步电动机的降压起动，线路的起动电流是直接起动的起动电流的$\frac{1}{K^2}$。由于加到电动机上的电压为直接起动时的$\frac{1}{K}$，因此，同直接起动相比，起动转矩也同样减少了，为$T'_{st}=\frac{T_{st}}{K^2}$。

所以利用自耦降压起动的笼型异步电动机，在减小起动电流的同时也降低了起动转矩，所以一般只适用于空载或轻载起动。对于如起重机、锻压机等重载起动的生产机械就不适用，这时需要使用绕线型异步电动机等能重载起动的电动机。

通常把自耦变压器、接触器、保护设备等装在一起，组成一个自耦降压起动控制柜，为了便于调节起动电流和起动转矩，自耦变压器备有抽头来选择对应的起动电压，通常自耦变压器的抽头有73%、64%、55%或80%、60%、40%等规格。

以上介绍了几种笼型异步电动机的降压起动方式。在确定起动方法时，应根据电网允许的最大起动电流、负载对起动转矩的要求以及起动设备的复杂程度、价格等方面综合考虑。

9.6.4 采用起动性能改善的笼型异步电动机

笼型异步电动机降压起动虽能减小起动电流，但同时也使起动转矩减小，所以其起动性能不够理想。有些生产机械要求电动机具有较大的起动转矩和较小的起动电流，普通笼型异步电动机不能满足要求。为进一步改善起动性能，适应高起动转矩和低起动电流的要求，可以采用特殊的笼型异步电动机，即高转差率电动机、起重冶金笼型异步电动机、深槽及双笼电动机等。

9.6.5 绕线型异步电动机转子串联电阻起动

对于大中型电动机带重载起动的工作情况，可采用绕线型异步电动机。由于大型电动机容量大，起动电流对电网的冲击较大；又因带重载，负载要求电动机提供较大的起动转矩。

绕线型异步电动机的特点是可以在转子绕组电路中串入附加电阻。如果在绕线型异步电动机转子电路中串入适当的起动电阻R_{st}，如图9.6.5(a)所示。由公式(9.3.12)可知，这时I_2将减小，所以定子电流I_1也随着减小；同时，由图9.6.5(b)可见，当转子回路的阻值增大时，电动机的起动转矩变大，从而提高了电动机的起动性能。起动后，随着转速的上升逐渐减小起动电阻，最后将起动电阻全部短路，起动过程结束。因此在异步电动机转子回路接入适当的电阻，不仅可以使起动电流减小，而且可以使起动转矩增大，使电动机具有良好的起动性能。绕线型异步电动机适合于大功率重载起动的情况，也适用于功率不大，但需要频繁起动、制动和反转的负载。

我们从图9.6.5(b)也可以看出，虽然在转子回路串入电阻后获得了比较大的起动转矩，但电动机的机械特性也变“软”了，所以当电机起动到接近额定转速后，就把串在转子绕组中的起动电阻短路掉，使电动机恢复到原来的机械特性上。

转子回路串联电阻起动，若起动时串联电阻的级数少，在逐级切除起动电阻时也会产生较大的冲击电流和转矩，电动机起动不平稳；若起动时串联电阻的级数多，线路复杂，变阻器的体积较大，占地面积大，同时增加了设备投资和维修工作量。

应当指出的是，随着电力电子技术和控制技术的发展，各种针对笼型异步电动机发展起来的

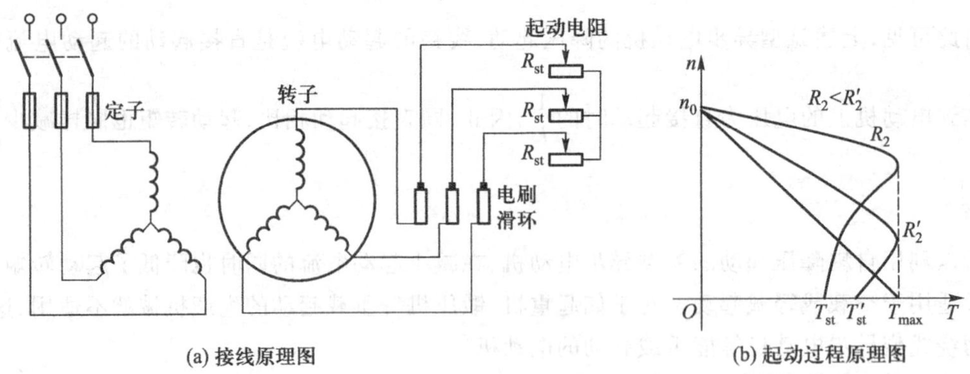

图 9.6.5 绕线型转子的串联电阻起动

电子型降压起动器、变频调速器等装置得到推广和使用，使得结构复杂，价格昂贵、维护困难的绕线型异步电动机的使用减少。

例 9.6.1 一台 Y 系列三相笼型异步电动机的技术数据为 $P_N=90$ kW，$U_N=380$ V，$\cos\varphi_N=0.89$，$\eta_N=0.925$，$n_N=2910$ r/min，三角形联结，起动电流倍数为 7，起动能力 $K_{st}=1.8$，过载能力 $\lambda=2.63$，电网允许的最大起动电流 $I_{stm}=1000$ A，起动过程中最大负载转矩 $T_{2m}=220$ N·m。(1) 是否能直接起动？(2) 能否采用 Y－Δ 换接起动？(3) 采用自耦降压起动，若取自耦变压器的抽头为 0.73，那线路的起动电流与电机的起动转矩为多少？电机能否起动？

解：(1) 采用直接起动方法

电动机的额定电流为

$$I_N=\frac{P_N}{\sqrt{3}U_N\cos\varphi_N\eta_N}=\frac{90\times10^3}{\sqrt{3}\times380\times0.89\times0.925}\text{ A}=166\text{ A}$$

直接起动时电网供给的起动电流为

$$I_{stN}=I_{st\Delta}=7I_N=7\times166\text{ A}=1163\text{ A}$$

$I_{st\Delta}>I_{stm}=1000$ A，不能采用直接起动。

(2) Y－Δ 换接起动的起动电流为

$$I_{stY}=\frac{1}{3}I_{st\Delta}=\frac{1}{3}\times1163\text{ A}=387.6\text{ A}$$

$I_{stY}<I_{stm}=1000$ A，满足电网对最大起动电流的限制。

电动机的额定转矩

$$T_N=9550\frac{P_N}{n_N}=9550\times\frac{90}{2910}\text{ N}\cdot\text{m}=295.4\text{ N}\cdot\text{m}$$

三角形联结直接起动的起动转矩为

$$T_{st}=T_{st\Delta}=K_{st}T_N=1.8\times295.4\text{ N}\cdot\text{m}=531.7\text{ N}\cdot\text{m}$$

Y－Δ 换接起动的起动转矩

$$T_{stY}=\frac{1}{3}T_{st\Delta}=\frac{1}{3}\times531.7\text{ N}\cdot\text{m}=177.2\text{ N}\cdot\text{m}$$

$T_{stY}<T_{2m}$，不能采用 Y－Δ 换接起动。

(3) 采用自耦变压器减压起动

取自耦变压器的抽头为0.73,即 $K=\frac{1}{0.73}$,降压起动时电动机的起动电流 I'_{st2} 为

$$I'_{st2}=\frac{1}{K}I_{st\Delta}=0.73\times1163\ \text{A}=849\ \text{A}$$

设降压起动时线路的起动电流为 I'_{st},则

$$I'_{st}=\frac{1}{K^2}I_{stN}=0.73^2\times1163\ \text{A}=620\ \text{A}$$

$I'_{st}<I_{stm}=1000\ \text{A}$,满足电网对最大起动电流的限制。

设降压起动时的起动转矩为 T'_{st},则

$$T'_{st}=\frac{1}{K^2}T_{st}=0.73^2\times531.7\ \text{N}\cdot\text{m}=283\ \text{N}\cdot\text{m}>T_{2m}=220\ \text{N}\cdot\text{m}$$

结论:采用自耦变压器减压起动,抽头为73%,可以满足起动要求。

练习与思考

9.6.1 为什么异步电动机直接起动时,起动电流非常大,但起动转矩却不大?

9.6.2 三相异步电动机在满载和空载两种情况下起动时,起动电流和转矩是否一样大?

9.6.3 对正常运行时是星形联结的笼型异步电动机是否可以采用Y-Δ换接起动?为什么?

9.6.4 绕线型异步电动机有无必要采用降压起动?为什么?

9.7 三相异步电动机的正反转

生产实践中,许多生产机械要求电动机能正反转,从而实现可逆运行,如机床中主轴的正反向运动、工作台的前后运动、起重机吊钩的上升和下降、电梯向上向下运行等。

由本章第2节介绍的三相异步电动机的转动原理可知,三相异步电动机的转动方向是由旋转磁场的方向决定的,而旋转磁场的转向取决于定子绕组中通入三相电流的相序。因此,要改变三相异步电动机的转动方向,只需将电动机三相供电电源中的任意两相对调(如图9.7.1所示),这样接到电动机定子绕组的电流相序被改变,旋转磁场的方向也被改变,电动机就实现了反转。

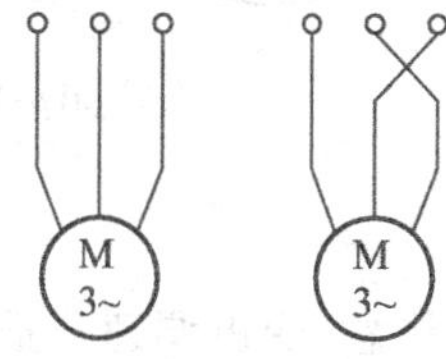

图9.7.1 三相异步电动机的正反转

三相异步电动机正反转控制可以通过传统的继电接触器系统来实现,另外也可采用可编程控制器来实现,我们将分别在第12章和第13章中讨论这两种方法实现三相异步电动机的正反转控制。

9.8 三相异步电动机的调速

调速就是电动机在同一负载下,人为地调节电动机的转速,以满足生产过程的需要。

异步电动机具有结构简单、价格便宜、运行可靠、维护方便等优点，但在调速性能上比不上直流电动机。近年来随着电力电子技术和计算机技术的发展，异步电动机交流调速技术有了很大的发展。由于交流调速系统克服了直流电机结构复杂、应用环境受限制、维护困难等缺点，异步电动机交流调速得到广泛的应用，打破了过去直流拖动在调速领域中的统治地位。

根据异步电动机的转速

$$n=(1-s)n_0=(1-s)\frac{60f_1}{p} \tag{9.8.1}$$

异步电动机的调速方式有三种：

(1) 变极调速。

(2) 变频调速。

(3) 改变转差率 s 调速。

9.8.1 变极调速

变极调速就是改变电动机旋转磁场的磁极对数 p，从而使电动机的同步转速发生变化而实现电动机的调速，通常通过改变电机定子绕组的连接实现。这种方法的优点是操作设备简单（转换开关），缺点是只能有级调速，调速的级数不可能多，因此只适用于不要求平滑调速的场合。

改变绕组的连接可以有多种形式，可以在定子上安装一套能变换为不同极对数的绕组，也可以在定子上安装两套不同极对数的单独绕组，还可以混合使用这两种方法以得到更多的转速。图9.8.1为双速电机变极调速时一相定子绕组接法示意图。

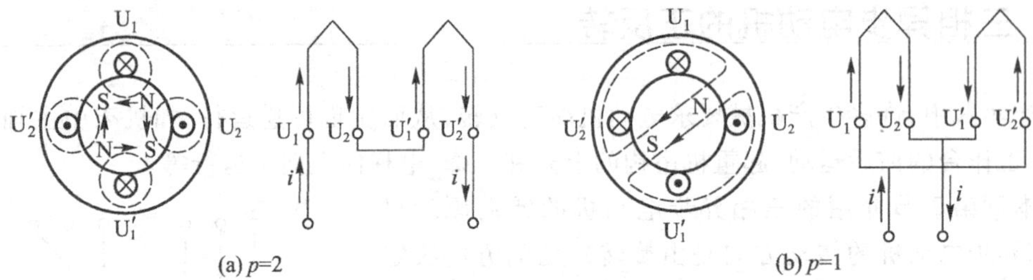

图9.8.1 变极调速的方法

需要注意，变极调速只适用于笼型异步电动机，因为笼型转子的磁极对数能自动随定子绕组磁极对数变化而变化。

变极调速方法简单、运行可靠、机械特性较硬，但只能实现有级调速。单绕组三速电机绕组接法已相当复杂，故变极调速不宜超过三种速度。

9.8.2 变频调速

异步电动机的转速 $$n=(1-s)n_0=(1-s)\frac{60f_1}{p}$$

当转差率变化不大时，n 近似正比于频率 f_1，可见改变电源频率就能改变异步电动机的转速。

为了实现变频调速（variable - frequency drives），可采用频率可调的变频电源。如图9.8.2所示的变频调速装置主要由整流器和逆变器两大部分构成。整流器将50 Hz的三相交流电变换为直流电，再由逆变器变换为频率 f_1 可调、电压可调的三相交流电，提供给笼型异步电动机。变频调速为无级调速，电动机具有较硬的机械特性。

在变频调速时，总希望主磁通 Φ_m 保持不变。若主磁通大于正常运行时的主磁通，则磁路过饱和而使电流增大，功率因数降低；若主磁通小于正常运行时的主磁通，则电机转矩下降。在忽略定子漏阻抗的情况下，有

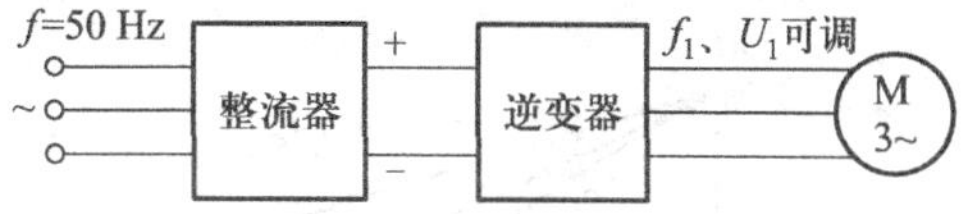

图 9.8.2 变频调速装置

$$U_1 \approx 4.44 f_1 N_1 \Phi_m$$

为了使变频时 Φ_m 维持不变，则 $\frac{U_1}{f_1}$ 应为定值。

1. 恒转矩调速

当电机变频前后额定电磁转矩相等，即恒转矩调速时，有：电压随频率成正比变化 $\left(\frac{U_1}{f_1}\right.$ 应为定值 $\left.\right)$，由 $U_1 \approx 4.44 f_1 N_1 \Phi_m$ 和 $T = K_T \Phi_m I_2 \cos\varphi_2$，则磁通 Φ_m 和转矩 T 都近似不变，电机在恒转矩变频调速前后性能都能保持不变。

2. 恒功率调速

在电机带有恒功率负载时，在变频前后，它的电磁功率相等。(1) 若要维持主磁通不变，即令电压随频率作正比变化，则电机过载能力随频率成正比变化；(2) 若保持过载能力不变，则主磁通要发生变化。

变频调速的优点是调速范围大，平滑性好，变频时电压按不同规律变化可实现恒转矩调速或恒功率调速，以适应不同负载的要求，这是异步电动机最有前途的一种调速方式。

9.8.3 改变转差率调速

根据电磁转矩公式(9.4.2)

$$T = K\frac{sR_2}{R_2^2 + s^2 X_{20}^2} U_1^2$$

可以看出，若保持转矩不变，当分别改变电源电压 U_1 和转子回路电阻 R_2 时，转差率 s 将改变，转差率的改变将引起电动机转速的改变。所以通过改变转差率达到调速的目的。

异步电动机的改变转差率调速包括异步电动机的定子调压调速、绕线型异步电动机的转子串联电阻调速。

1. 定子调压调速

改变异步电动机定子电压的机械特性如图 9.8.3 所示。可见 n_0、s_m 不变，T_{max} 随电压 U_1 的降低成平方的比例下降。对于负载转矩不变的情况（恒转矩负载）下，由负载线（图中垂直于横轴的直线）与不同电压下电动机机械特性的交点，可有以 a、b、c 点所决定的速度。可以看出，其调速范围很小，所以这种调速方法的调速范围是有限的，而且容易使电动机产生过电流。

2. 转子串联电阻调速

这种方法只适用于绕线型异步电动机。对于恒转矩负载，当改变转子电阻时，可以调节电动

机的转速(见图9.8.4)。当转子回路电阻 R_2 增大时,电动机的转速降低。最大转矩 T_{max} 不变,特性变“软”,而且这种方法转子回路消耗功率较大,不利节能。

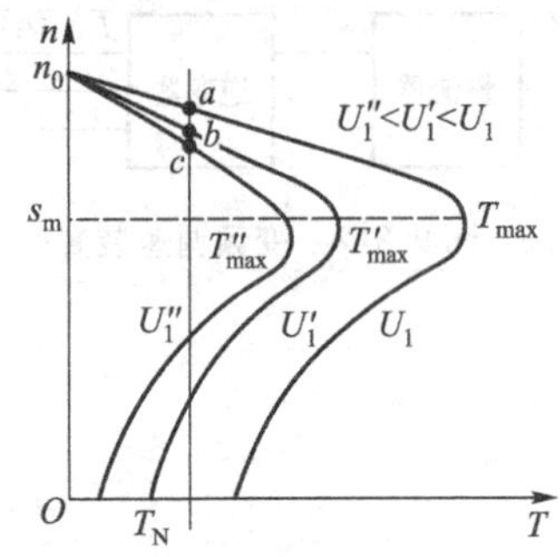

图9.8.3 定子调压调速的机械特性

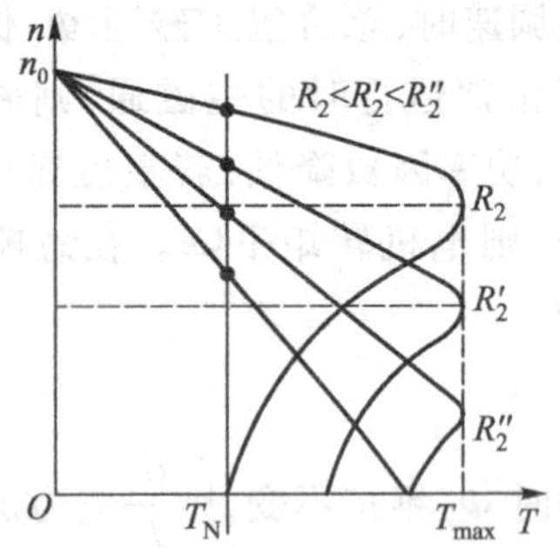

图9.8.4 调节转子电阻 R_2 调速

练习与思考

9.8.1 在负载不变的情况下,采用定子调压调速时,容易使电动机产生过电流,请思考原因。

9.8.2 对于恒转矩负载,增大绕线型异步电动机转子回路电阻时,电动机的转速和定子电流将如何变化?为什么?

9.9 三相异步电动机的制动

电动机在断开电源后,由于惯性会继续转动一段时间后才停转。在一些工业应用中,为了缩短辅助工时,提高生产率,保证安全,有些生产机械要求电动机能准确、迅速停车,这就需要用强制的方法迫使电动机迅速停车,称为电动机的制动。

制动的方法有机械制动和电气制动。机械制动是利用机械装置使电动机断开电源后迅速停转,常用的方法有电磁抱闸制动。电气制动就是使电动机产生一个与转动方向相反的电磁转矩,此时电动机的电磁转矩起制动作用,使电动机迅速停下来。这里只介绍电气制动。

9.9.1 能耗制动

如图9.9.1所示,将正在运行的电动机的定子绕组从电网断开,接到直流电源上,由于定子绕组流过直流电流,形成一恒定磁场,转子由于惯性继续转动,其导条切割定子的恒定磁场而在转子绕组中感应电动势、电流,转子导体电流又与磁场相互作用而产生同旋转方向相反的电磁制动转矩,使电动机迅速停车,由于这种方法将转子动能变成电能消耗在转子电阻上,使转子发热,当转子动能消耗完,转子就停止转动,所以这种制动方式称为能耗制动。

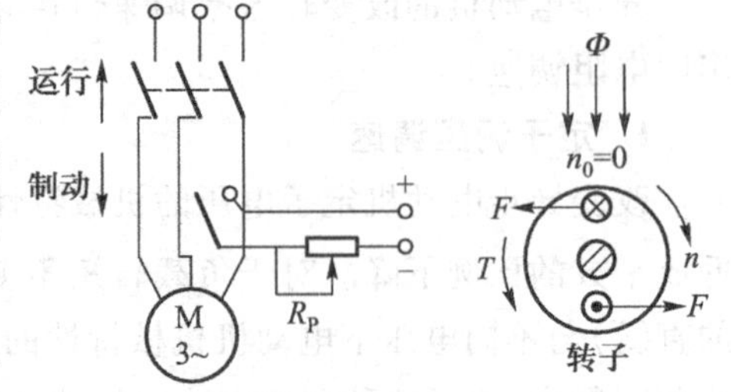

图9.9.1 能耗制动原理图

制动转矩的大小与直流电流的大小有关。直流电流的大小一般可调节为电动机额定电流的0.5~1倍。

能耗制动的优点是制动力强、制动平稳、无大的冲击，应用能耗制动能使生产机械准确停车，被广泛用于矿井提升和起重机运输等生产机械。其缺点是需要直流电源、低速时制动力矩小。电动机功率较大时，制动的直流设备投资大。

9.9.2 反接制动

反接制动就是当要求电动机停车时，将其连至定子电源线中的任意两相反接，电动机三相电源的相序突然转变，旋转磁场也立即随之反向，转子由于惯性的原因仍在原来方向上旋转，此时旋转磁场转动的方向同转子转动的方向相反，电磁转矩反向而起制动作用，原理如图 9.9.2 所示。由于电磁转矩对转子产生强烈制动作用，电动机转速迅速下降为零，使被拖动的负载快速刹车。当制动至转速接近于零时，应由速度继电器控制及时切断电源，否则电动机将反转。

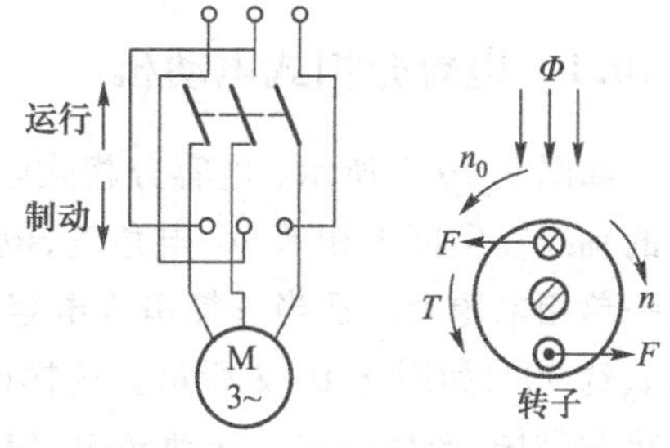

图 9.9.2 反接制动原理

反接制动的特点是制动时在转子回路产生很大的冲击电流，缺点是能量损耗大，对电机和电源产生的冲击大，也不易实现准确停车。为了限制电流，在制动时，常在笼型电动机定子电路串接电阻限流。这种制动方法的优点是简单、快速，但准确性较差。

9.9.3 发电反馈制动

当异步电机作电动机运行时，如果由于外部因素，转子转速 n 超过旋转磁场转速 n_0，电动机进入发电机制动状态，向电网反馈能量，转子所受的力矩迫使转子转速下降，起到制动作用（如图 9.9.3 所示）。例如起重机快速下放物体时，重物拖动转子，使其转速超过 n_0 时，转子受到制动，使重物等速下降，电动机进入发电机运行，将重物的位能转换为电能而反馈到电网里。另外，当变速多极电动机从高速挡调到低速挡时，旋转磁场转速突然减小，而转子具有惯性，转速尚未下降时，出现反馈制动。

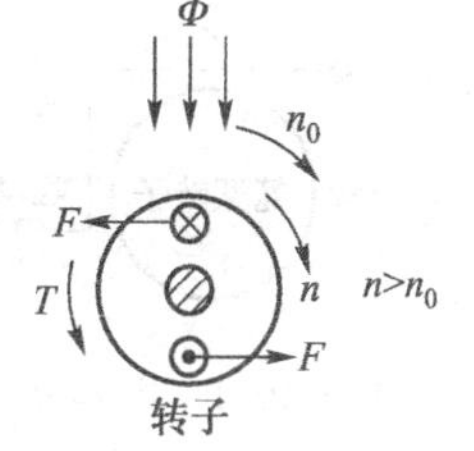

图 9.9.3 发电机反馈制动

发电机反馈制动的特点是经济性好，将负载的机械能转换为电能返送到电网，但应用范围不广。

练习与思考

9.9.1 说明三相异步电动机转差率为下列情况时电动机的运行状况。(1) $s=1$；(2) $0<s<1$；(3) $s=0$；(4) $s>1$；(5) $s<0$。

9.10 单相异步电动机

单相异步电动机只需要单相交流电源供电，在分类上属于驱动微电动机，在电动工具（如手电钻等）、家用电器（如电冰箱、电风扇、洗衣机等）、医疗器械、自动化仪表等设备中得到广泛应用。与同容量的三相异步电动机相比，单相异步电动机的体积较大，运行性能也稍差，因此单相异步电动机只做成几十瓦到几百瓦的小容量电机。

从结构上看,单相异步电动机与三相笼型异步电动机相似,其转子也为笼型,只是定子绕组为单相工作绕组,定子绕组中通入单相交流电后,形成的磁场是单相脉动磁场,无起动转矩,若不采取措施,将无法起动。

为了使单相异步电动机能够产生起动转矩,起动时应在电动机内部形成一个旋转磁场。根据获得旋转磁场方式的不同,单相异步电动机可分为电容分相式异步电动机和罩极式异步电动机两大类,它们都采用笼型转子,但定子结构不同。

9.10.1 电容分相式电动机

如图 9.10.1 所示,电容分相式电动机的定子上有两个绕组:工作绕组和起动绕组。两个绕组的轴线在空间上相差 90°电角度,电动机起动时,起动绕组串联电容后,再与工作绕组并联于同一单相电源上。适当选择串入电容 C 的大小,可以使起动绕组中电流 i_V 超前于工作绕组中电流 i_A 约 90°,如图 9.10.2 所示。这样两绕组磁动势可以在气隙中形成一个接近于圆形的旋转磁动势和磁场,产生一定的起动转矩,如图 9.10.3 所示。通常起动绕组是按短时工作制来设计的。当电动机转速达到同步转速的 70% ~80% 时,由离心开关将其从电源自动切除,正常工作时只有工作绕组在电源上运行。但也有一些电容电动机,运行时起动绕组仍接在电源上,这实质上相当一台两相电机,但由于是接在单相电源上,故仍称为单相异步电动机。

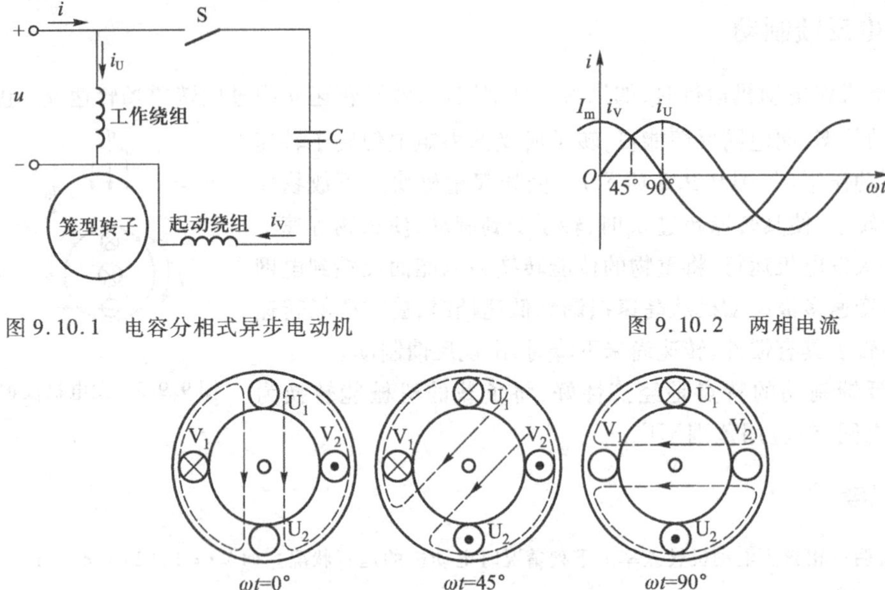

图 9.10.1 电容分相式异步电动机

图 9.10.2 两相电流

图 9.10.3 两相旋转磁场

也可在起动绕组回路串联电阻分相起动,起动绕组中电流 i_V 超前于工作绕组中电流 i_U 一定的相角。与串联电容分相比,串联电阻分相产生的起动力矩要小一些。电阻分相的优点是,一般起动绕组并不外串联电阻,只不过在设计起动绕组时,使其匝数多、导线截面积小,电阻就大了,因而运行时可靠性高。

单相异步电动机的旋转方向决定于起动时两个绕组合成磁动势的旋转方向,改变合成磁动势的旋转方向就可以改变单相异步电动机的旋转方向。为此,可以将起动绕组(或工作绕组)的两个出线端子的接线对调,即可实现反转。

9.10.2 罩极式电动机

罩极式电动机的转子也是笼型的,定子大多数做成凸极式的,由硅钢片叠压而成。定子磁极极身套装有集中的工作绕组,在磁极极靴表面一侧约占$\frac{1}{3}$的部分开一个凹槽,凹槽将磁极分成大小两部分,在较小的部分套装一个短路铜环,如图 9.10.4 所示。

罩极式电动机的工作绕组接通单相交流电源以后,产生的磁通分为两部分,如图 9.10.5 所示。其中,Φ_1不穿过短路环直接进入气隙,Φ_2穿过短路环进入气隙。当 Φ_2在短路环中会产生感应电动势与短路环电流。由于短路环中感应电流的阻碍作用,使得磁通 Φ_1与 Φ_2不仅在空间的位置不同,而且在时间上也有一定的相位差,Φ_1超前于 Φ_2,当 Φ_1 达到最大值时,Φ_2 还小;而当 Φ_1 减小时,Φ_2 增大到最大值。看起来就像磁场从没有短路环的部分向着有短路环的部分连续移动,这样的磁场称为移行磁场。移行磁场与旋转磁场的作用相似,能够使转子产生起动转矩。罩极式电动机总是由磁极没有短路环的部分向着有短路环的部分旋转,它的旋转方向不能改变。

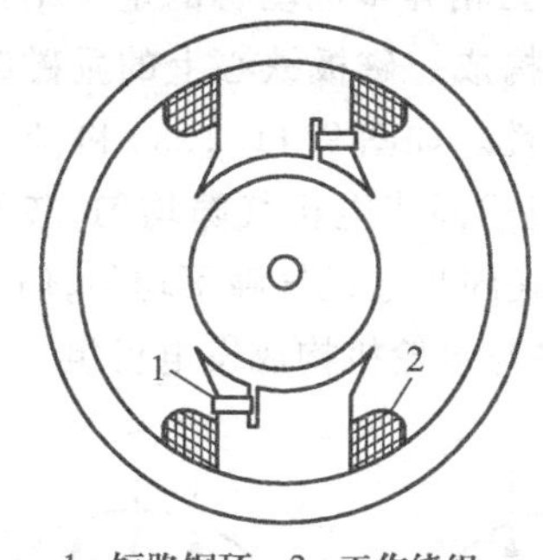

图 9.10.4 罩极式电动机的结构图

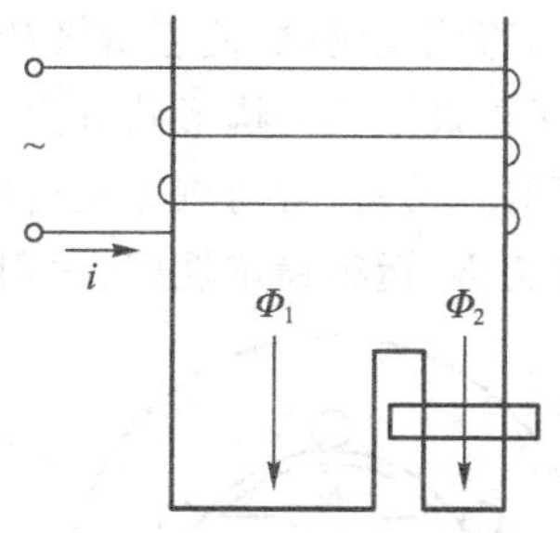

图 9.10.5 罩极式电动机的移动磁场

罩极式电动机具有结构简单、工作可靠、维护方便、价格低廉等优点,但起动转矩比较小并且铜环在电动机工作时有能量损失,因而罩极式单相异步机效率较低,容量也比较小,一般为几瓦或几十瓦,只能用于对起动转矩要求不高的小容量设备中,如小型风扇和电子仪器的通风设备中。电容起动电动机和电容电动机主要用于需要较大起动转矩的场合,如压气机、空气调节器中,一般容量为几十瓦到几千瓦;电阻起动电动机常用于医疗器械等场合,容量从几十瓦到几百瓦。

9.10.3 三相异步电动机的单相运行

三相异步电动机在运行过程中,若其中一相(如 U_1相)与电源断开,如图 9.10.6 所示,三相异步电动机定子的 V_1-V_2相绕组与 W_1-W_2相绕组成为串联,连接在线电压 $\dot{U}_{VW}$上,这两个绕组通入是同一个电流,就成为单相电动机运行。此时电动机仍将继续转动。若此时还带动额定负载,则定子电流势必超过额定电流,长时间单相运行将烧毁电动机绕组,在使用电动机时必须注意,但这种情况往往不易

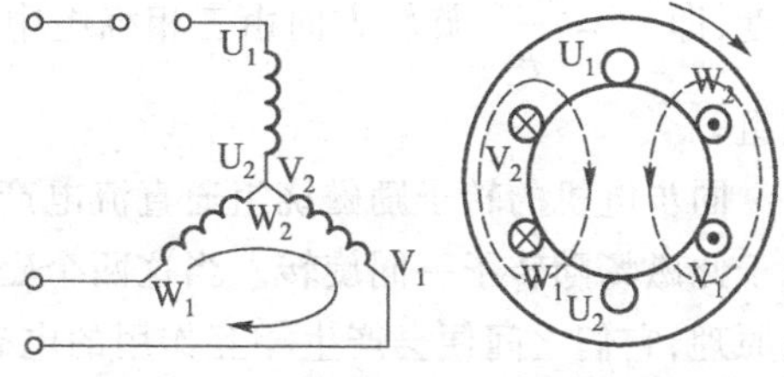

图 9.10.6 三相异步电动机的单相运行

察觉。如果三相异步电动机在起动前就断了一线，则不能起动，此时只能听到嗡嗡声，这时电流很大，时间长了，也会使电动机烧坏。

9.11 同步电机

除异步电机外，同步电机是另外一种交流电机。根据其用途，同步电机可分为同步发电机和同步电动机。同步发电机应用广泛，全世界的交流电能几乎都是由同步发电机提供的。目前电力系统中运行的发电机都是三相同步发电机。同步电动机的应用范围没有异步电动机广泛，但由于可以通过调节其励磁电流来改善电网的功率因数，所以在不需要调速的低速大功率机械中也得到较广泛的应用。随着变频技术的不断发展，同步电动机的起动和调速问题都得到了解决，从而进一步扩大了其应用范围。

9.11.1 同步电机的基本结构

同步电机的原理结构如图9.11.1所示。定子(电枢)与三相异步电动机的定子结构完全相同，也由铁心和三相绕组组成。转子磁极由铁心和励磁绕组构成。磁极铁心上的励磁绕组经滑环和电刷通入直流电励磁，使各磁极产生N、S交替排列的极性。如图9.11.2(a)和(b)所示，同步电机的转子磁极按其结构形状分为凸极式和隐极式。隐极式同步电机气隙均匀，转子机械强度高，适合于高速旋转，常与汽轮机构成汽轮发电机组；凸极式同步电机气隙不均匀，但制造工艺简单、过载能力强、运行稳定性好，适用于中速或低速旋转，多与水轮机构成发电机组。

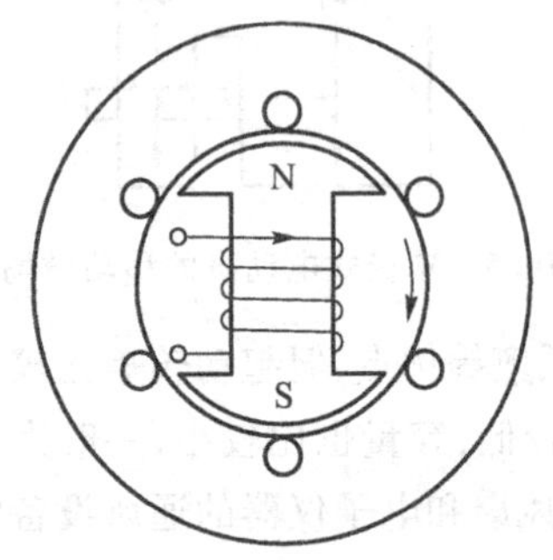

图9.11.1 同步电机的原理结构图

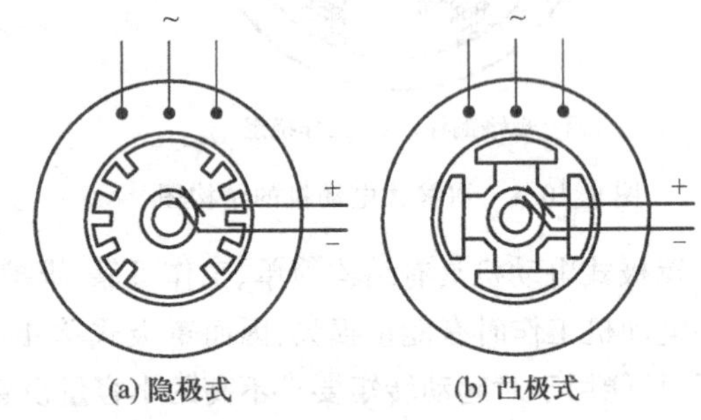

图9.11.2 旋转磁极式同步电机

9.11.2 同步电机的工作原理

当对称三相电流流过同步电机三相对称定子绕组时，将产生旋转磁场。其旋转速度为同步速度，即 $n_0=\dfrac{60f_1}{p}$，旋转方向由三相绕组中电流的相序决定，同步电机的定子绕组常被称为电枢绕组。

同步电机的转子励磁绕组通直流电产生磁极。转子旋转时，以机械方式形成另一旋转磁场。由于此磁场随转子一同旋转。当这两个磁场的空间位置不同时，由于磁极间同性相斥、异性相吸的原理，它们之间便会产生相互作用的电磁力。

同步电机的定子磁场和转子磁场均以同步转速旋转，但空间相位不同。当切割静止的定子绕组时,两旋转磁场在定子三相绕组中感应出频率相同、时间相位不同的感应电动势。绕组中的感应电动势的时间相位差与旋转磁场间的空间相位差相等。

同步电机的定子磁场和转子磁场之间没有相对运动。但是由于负载的影响,两个磁场之间的相对位置却是不同的。这个相对位置决定了同步电机的运行方式。当同步电机的转子在原动机的拖动下,转子磁场顺着旋转方向超前于电枢磁场运行时,定子磁场作用到转子上的转矩是制动转矩,原动机只有克服电磁转矩才能拖动转子旋转。这时,电机转子从原动机输入机械功率,从定子输出电功率,则同步电机工作于发电机运行方式。反之,当转子磁场顺着旋转方向滞后于定子磁场运行时,转子会受到与其转向相同的电磁转矩的作用。这时,电枢磁场作用到转子上的转矩是拖动转矩,转子拖动外部机械负载旋转,则同步电机工作于电动机运行方式。

当同步电机工作于电动机运行方式时,转子磁极被旋转磁场吸引以同步转速旋转,如图9.11.3所示。转速为

$$n = n_0 = \frac{60f_1}{p} \tag{9.11.1}$$

只要负载转矩不超过电动机的最大转矩,转子的转速总等于同步转速,与所带负载的大小无关。其机械特性为硬特性,如图9.11.4所示。

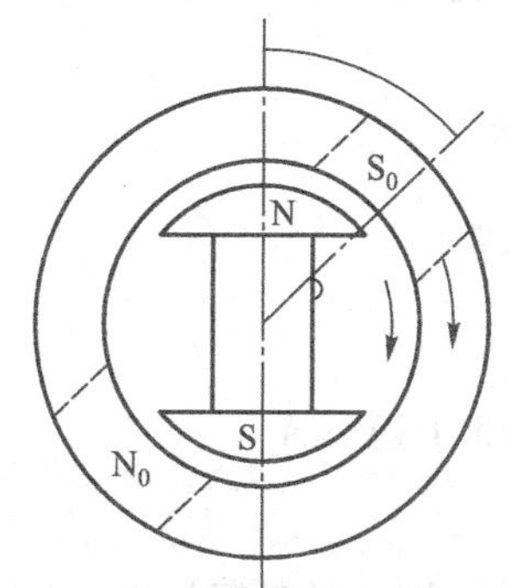

图9.11.3 同步电动机的工作原理

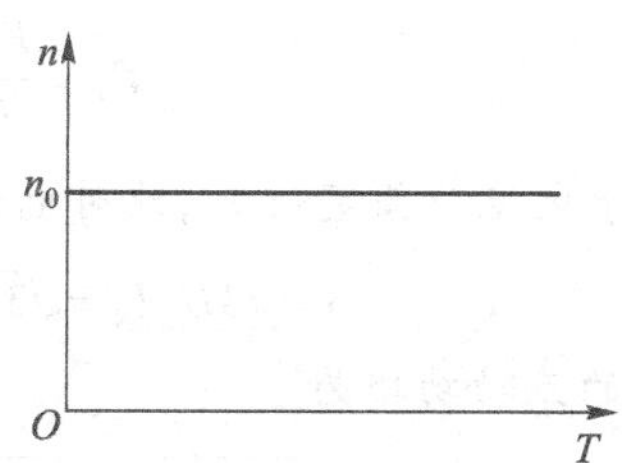

图9.11.4 同步电动机的机械特性曲线

同步电动机的一个很重要的特点是改变转子励磁电流的大小,可以调节电动机的功率因数。在定子电压和负载转矩不变的情况下,改变励磁电流的大小,会引起转子磁通和定子绕组中感应电动势的变化,从而引起定子电流和功率因数等的相应变化。定子相电流与相电压同相时的励磁状态称为正常励磁,此时 $\cos\varphi=1$,同步电动机为电阻性负载,仅从电网上吸取有功功率;当励磁电流小于正常励磁电流时,相电流滞后于相电压,电动机呈电感性,为欠励状态;当励磁电流大于正常励磁电流时,相电流领先于相电压,电动机呈电容性,称为过励状态。过励状态时,同步电动机在消耗有功功率的同时还向电网提供无功功率。因此在工业生产中同步电动机多在过励状态下运行,以改善接有电感性负载的供电系统的功率因数。

我们在第5章讨论过,为提高功率因数,可在电网上并联电力电容器,从电网上吸收其他设备滞后的无功功率。现在我们知道了同步电动机既可以作为原动机带负载,又可以改善电网的功率因数。

根据电网的负载情况,可以选择同步电动机的励磁电流:如果电网对同步电动机没有提出补偿功率因数的要求,调节励磁电流使功率因数 $\cos\varphi=1$,这时同步电动机具有最小的定子电流,

可以提高电动机本身的效率;如果电网需要同步电动机补偿电网的功率因数,应当调节励磁电流使之工作于过励状态,但要注意定子电流不能超过电机温升所允许的最大电流。如果只是为了改善电网的功率因数,同步电动机可不带负载,专门从电网吸取超前无功功率来补偿其他电力用户从电网吸取的滞后无功功率,这样运行的同步电动机称为同步补偿机。同步补偿机实质上是接在交流电网上空载运行的同步电动机,其作用是改善电网的功率因数。

总之,同步电动机主要用于大功率、恒速、长期连续运行的机械,如:鼓风机、水泵、球磨机等。或用于电网的无功功率补偿,以提高电网利用率。

例 9.11.1 某工厂变电所的设备容量为 1000 kV · A,该厂原有电力负载的有功功率 400 kW,无功功率 400 kvar,功率因数为滞后。现因生产需要,新添一台同步电动机来驱动有功功率为500 kW,转速为 370 r/min 的生产机械。同步电动机的技术数据如下:$P_N = 550$ kW,$U_N = 6000$ V,$I_N = 64$ A,$n_N = 375$ r/min,$\eta_N = 0.92$,绕组为 Y 接法。设电机磁路不饱和,并认为电动机效率不变,调节励磁电流 I_f 向电网提供感性无功功率。当调到定子电流为额定值时,试求(1) 同步电动机输入的有功功率、输入的无功功率和功率因数;(2) 此时电源变压器的有功功率、无功功率及视在功率。

解: (1) 同步电动机正常运行时,输出有功功率由负载决定,故

$$P_2 = 500 \text{ kW}, \eta_N = 0.92$$

当定子电流为额定值时,同步电动机从电网吸收的有功功率为

$$P_1 = \frac{P_2}{\eta_N} = \frac{500}{0.92} \text{ kW} = 543.5 \text{ kW}$$

调节 I_f 使定子电流为额定值 I_N,此时电动机的视在功率为

$$S = \sqrt{3} U_N I_N = \sqrt{3} \times 6000 \times 64 \text{ V} \cdot \text{A} = 665.1 \text{ kV} \cdot \text{A}$$

同步电动机的无功功率为

$$Q = \sqrt{S^2 - P_1^2} = \sqrt{665.1^2 - 543.5^2} \text{ kvar} = 383.4 \text{ kvar(超前)}$$

电动机功率因数为

$$\cos\varphi = \frac{P_1}{S} = 0.817\text{(超前)}$$

(2) 变压器输出的总有功功率为

$$P = (543.5 + 400) \text{ kW} = 943.5 \text{ kW}$$

变压器的无功功率为

$$Q = (400 - 383.4) \text{ kvar} = 16.6 \text{ kvar}$$

变压器的视在功率为

$$S = \sqrt{P^2 + Q^2} = \sqrt{943.5^2 + 16.6^2} \text{ kV} \cdot \text{A} = 943.6 \text{ kV} \cdot \text{A} < 1\,000 \text{ kV} \cdot \text{A}$$

增加负载后,变压器仍然能够正常运行。

例 9.11.2 某工厂用三相异步电动机拖动 300 kW 的负载,其平均功率因数为 0.6(感性),平均效率为 86%,为提高工厂用电的功率因数,将部分负载改用同步电动机拖动。(1) 将负载分出 120 kW 改用一台同步电动机拖动,该同步电动机效率为 92%,功率因数为 1,假如原三相异步电动机的平均效率和功率因数不变,求更换前和更换后工厂用电的视在功率和功率因数。

(2) 欲使工厂用电的功率因数提高到1,试问同步电动机的励磁应如何调整？功率因数为多大？视在功率为多大？

解:(1) 三相异步电动机的功率因数为

$$\cos\varphi=0.6$$

更换前,工厂所需视在功率

$$S=\frac{P}{\eta\cdot\cos\varphi}=\frac{300}{0.86\times0.6}\ \text{kV}\cdot\text{A}=581.4\ \text{kV}\cdot\text{A}$$

更换后,三相异步电动机输入的有功功率

$$P_1=\frac{300-120}{0.86}\ \text{kW}=209.3\ \text{kW}$$

三相异步电动机输入的视在功率

$$S_1=\frac{P_1}{\cos\varphi}=\frac{209.3}{0.6}\ \text{kV}\cdot\text{A}=348.8\ \text{kV}\cdot\text{A}$$

三相异步电动机输入的无功功率

$$Q_1=S_1\sin\varphi=348.8\times0.8\ \text{kVar}=279\ \text{kVar}$$

同步电动机输入的有功功率

$$P_2=\frac{120}{0.92}\ \text{kW}=130.4\ \text{kW}$$

同步电动机输入的无功功率

$$Q_2=0$$

工厂用电的视在功率

$$S_2=\sqrt{(P_1+P_2)^2+(Q_1+Q_2)^2}=\sqrt{(209.3+130.4)^2+(279+0)^2}\ \text{kV}\cdot\text{A}=439.6\ \text{kV}\cdot\text{A}$$

工厂用电的功率因数

$$\cos\varphi=\frac{P_1+P_2}{S'}=\frac{209.3+130.4}{439.6}=0.773$$

(2) 因工厂的功率因数调到1,同步电动机必须过励运行

同步电动机输入的无功功率为

$$Q_2=-Q_2=-S_1\sin\varphi=-348.8\times0.8\ \text{kVar}=-279\ \text{kVar}$$

同步电动机输入的视在功率为

$$S_2=\sqrt{P_2^2+Q_2^2}=\sqrt{130.4^2+(-279)^2}\ \text{kV}\cdot\text{A}=308\ \text{kV}\cdot\text{A}$$

同步电动机的功率因数为

$$\cos\varphi_2=\frac{P_2}{S_2}=\frac{130.4}{308}=0.423(\text{容性})$$

小结

1. 三相异步电动机主要由定子和转子两个基本部分组成。定子由机座和装在机座内的圆筒形铁心以及其中的三相定子绕组组成,转子由转子铁心、转子绕组和转轴组成。转子绕组可分为笼型和绕线型两种,笼型异步电动机结构简单、价格低廉、工作可靠,但不能人为改变电动机的机械特性,绕线型异步电动机结构复杂、价格较贵、维护工作量大,转子回路外加电阻可人为改变电动机的机械特性。

2. 三相异步电动机定子三相绕组通入三相交流电产生一旋转磁场,其旋转方向与通入定子绕组三相电流的相序有关,任意调换两根电源进线,则旋转磁场反转,旋转磁场的转速与频率 f_1 和极对数 p 有关,$n_0=\frac{60f_1}{p}$。转子在旋转磁场作用下,产生感应电动势或电流,电磁力和电磁转矩驱动电动机旋转,从而将从定子绕组上输入的电功率转变为机械功率从转轴上输出。三相异步电动机转子的转速必须低于旋转磁场转速。

3. 异步电动机的电磁转矩是由旋转磁场的每极磁通与转子电流相互作用产生的,与定子每相绕组电压成正比,当电源电压一定时,电磁转矩是转差率的函数,转子电阻的大小对电磁转矩有影响。绕线型异步电动机可外接电阻来改变转子回路电阻,从而改变转矩,改变电动机的机械特性。

4. 三相异步电动机直接起动,起动电流大,只适用于小容量的电机起动。为减小起动电流,笼型异步电动机常采用星形-三角形换接起动和自耦降压起动,但同时起动转矩也减小。对要求起动转矩大的生产机械可采用绕线型的异步电动机,转子电路串联电阻起动既可以降低起动电流,又可以增加起动转矩。

5. 任意调换电源的两根进线可使三相异步电动机反转。

6. 三相异步电动机调速方式有:变极调速,变频调速和变转差率调速。

7. 三相异步电动机的电气制动方式有:能耗制动、反接制动和发电反馈制动。

8. 单相异步电动机与三相笼型异步电动机的结构相似,定子工作绕组中通入单相交流电后,形成的单相脉动磁场无起动转矩。单相异步电动机可分为电容分相式异步电动机和罩极式异步电动机两大类,起动时在电动机内部形成一个旋转磁场,使单相异步电动机能够产生起动转矩。

9. 同步电机可分为同步发电机和同步电动机。全世界的交流电能几乎全部由三相同步发电机提供。同步电动机主要用于大功率、恒速、长期连续运行的机械,可改善电网的功率因数。同步电机的定子磁场和转子磁场均以同步转速旋转,但相对位置不同,这个相对位置决定了同步电机的运行方式。当同步电机的转子在原动机的拖动下,转子磁场顺着旋转方向超前于电枢磁场运行时,工作于发电机运行方式。当转子磁场顺着旋转方向滞后于定子磁场运行时,则工作于电动机运行方式。接在交流电网上空载运行的同步电动机,可从电网吸取超前无功功率来补偿其他电力用户从电网吸取的滞后无功功率,改善电网的功率因数,称为同步补偿机。

习题

9.2.1 一台三相异步电动机的磁极对数 $p=1$,其定子绕组接成 Y 形[如图 9.1(a)],三相电流的波形如图 9.1(b)所示,相序为正序。设 $i_2=I_m\sin\omega t$,$\omega=376.8$ rad/s,并规定从线圈始端流入的电流为正值,试画出 $\omega t=\pi$rad 和 $\omega t=\frac{11}{6}\pi$rad 瞬间定子合成磁场的方向,并指明旋转磁场的转速是多少?转向如何?

9.3.1 一台四极笼型三相异步电动机,已知 $n_N=1455$ r/min,接于 $f_1=50$ Hz 的三相电源上。求(1)定子旋转磁场转速 n_0;(2)转子电流频率 f_2;(3)转子旋转磁场相对转子的转速;(4)转子旋转磁场相对定子的转速。

9.4.1 某台三相异步电动机,铭牌数据如下:$P_N=45$ kW,$n_N=2960$ r/min,$f_1=50$ Hz。试求这台电动机的(1)额定转矩;(2)额定转差率;(3)定子旋转磁场相对定子的转速;(4)转子旋转磁场相对转子的转速;(5)定子旋转磁场相对转子旋转磁场的转速。

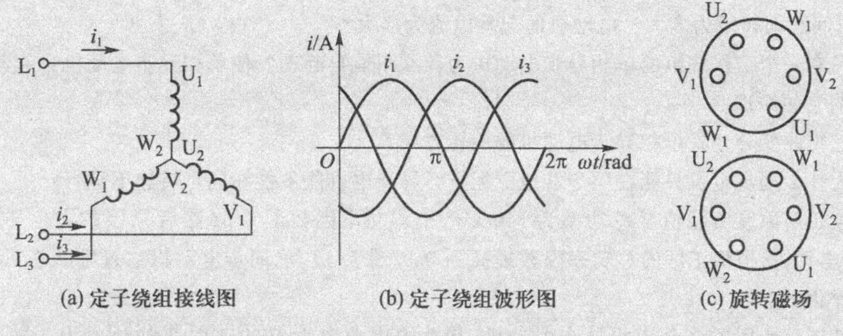

(a) 定子绕组接线图　　(b) 定子绕组波形图　　(c) 旋转磁场

图 9.1　习题 9.2.1 的图

9.5.1　额定功率均为 4 kW 的 Y112M－4 型和 Y160M－8 型三相异步电动机额定转速分别为 1440 r/min 和 720 r/min，其额定转差率和额定转矩各为多少？并说明电动机的极数、转速和转矩三者之间的大小关系。

9.5.2　已知一台三相六极异步电动机，在电源为 380 V、频率为 50 Hz 的电网上运行。电动机的输入功率为 44.6 kW，电流为 78 A，转差率为 0.04，轴上输出转矩为 398 N·m，求电动机的转速、功率因数、效率和输出功率。

9.5.3　某三相异步电动机，铭牌数据如下：$P_N=36$ kW，$U_N=380$ V，$n_N=2940$ r/min。试问这台三相异步电动机应采用哪种接法？其同步转速 n_0 和额定转差率 s_N 各是多少？当负载转矩为 110 N·m 时，与 s_N 相比，s 是增加还是减小？当负载转矩为 130 N·m 时，s 又有何变化？

9.5.4　已知 Y225M－8 型三相异步电动机的部分额定技术数据如下：

功率	转速	电压	效率	功率因数	I_{st}/I_N	T_{st}/T_N	T_{max}/T_N	f_1
22 kW	730 r/min	380 V	0.9	0.78	6.0	1.8	2.0	50 Hz

试求：(1) 额定转差率、额定电流和额定转矩；(2) 起动电流、起动转矩和最大转矩。

9.6.1　上题电动机当采用 Y－Δ 换接起动时的起动电流和起动转矩为多大？当负载转矩分别为额定转矩的 65% 和 50% 时，能否采用 Y－Δ 换接起动？当电源电压下降为额定电压的 80% 和 70% 时，能否带额定负载直接起动？

9.6.2　已知 Y100L－2 型三相异步电动机的额定技术数据如下：

功率	转速	电压	电流	效率	功率因数	I_{st}/I_N	T_{st}/T_N	T_{max}/T_N	f_1
3.0 kW	2880 r/min	380 V	6.4 A	82%	0.87	7.0	2.0	2.2	50 Hz

当电源线电压为 220 V 时，(1) 问这台电动机的定子绕组的连接是否需要调整？此时电动机的额定功率和额定转速为多少？(2) 这时起动电流和起动转矩为多少？(3) 若起动时将定子绕组接为 Y 形，起动电流和起动转矩又变为多少？

9.6.3　某台三相异步电动机的起动电流为 895 A、起动转矩为 536 N·m。为了使起动转矩大于 200 N·m，起动时线路上的电流小于 400 A，拟采用降压起动。今有一台抽头电压分别为一次电压 55%、64% 和 73% 的自耦降压起动器，试通过计算说明，电动机应接在它的哪一个抽头上？

9.6.4　某电动机的部分技术参数如下：$P_N=30$ kW，$U_N=380$ V，$T_{st}/T_N=1.2$，Δ 形联结。试问(1) 负载转矩分别为额定转矩的 70% 和 30% 时，电动机能否采用 Y－Δ 换接起动？(2) 若采用自耦变压器降压起动，要求起动转矩等于额定转矩的 75%，则自耦变压器的二次电压是多少？

9.6.5　有一台三相笼型异步电动机，其参数如下：$n_N=2940$ r/min，$U_N=380$ V，$I_N=56$ A，$\cos\varphi_N=0.91$，$\eta_N=89.5\%$，$I_{st}/I_N=7$，$T_{st}/T_N=1.2$。今用一台自耦降压起动器起动该电动机，起动时二次绕组抽头电压为一

次电压的55%，问起动转矩为多大？电动机的起动电流为多大？

9.10.1 只有一个工作绕组的单相异步电动机为什么不能自起动？使单相异步电动机自起动的方法有哪些？试分别说明它的原理。

9.10.2 怎样改变分相式单相异步电动机的旋转方向？

9.11.1 为什么同步电机只能在同步转速下运行？异步电机能不能在同步转速下运行？

9.11.2 某工厂原有负载消耗总功率为360 kW，平均功率因数为0.6（滞后），因扩大生产，需增加一台140 kW的同步电动机，拟将工厂的总功率因数提高到0.9（滞后）。求同步电动机在过励状态下的视在功率，无功功率和功率因数。

9.11.3 某工厂使用了多台三相异步电动机，其总输出功率为1000 kW，平均效率为74%，功率因数为0.76（滞后）。因扩大生产，需增加一台同步电动机，如果同步电动机的功率因数调到0.8时，全厂的总功率因数为1。试求该同步电动机输出的有功功率和励磁状态，应选多大容量的同步电动机？

第10章 直流电机

直流电机是输出或输入直流电能的旋转电机，也是最早的一种电能与机械能相互转换的旋转机械。将机械能转换为直流电能的电机叫直流发电机，将直流电能转换为机械能的电机称为直流电动机。同一台直流电机，可用作发电机，也可用作电动机，是可逆的。

直流电动机转速调节性能好，调速范围广，易于平滑而经济地调节；直流电动机起动转矩、制动转矩大，易于快速起动和停机，控制方便而且可靠。由于具有良好的起动和调速性能，因此在轧钢机、矿井提升机械、大型挖土机、电气机车、大中型龙门刨床、单板旋切机等要求调速范围大的生产机械上多使用直流电动机拖动。在以蓄电池作为电源的地方，如汽车、拖拉机上广泛使用直流电动机。直流发电机主要用作直流电源。此外，小容量直流电机大多在自动控制系统中以伺服电动机、测速发电机等形式作为测量、执行元件使用，这两种为控制电机，我们将在下一章中介绍。

直流电机的特点是结构复杂，消耗的有色金属多，成本高，工作可靠性较差，制造及维护困难，但其起动转矩大，调速极为方便。目前，虽然由晶闸管整流元件组成的静止固态直流电源设备已基本上取代了直流发电机，但直流电动机仍以其良好调速性能的优势在一些传动性能要求高的场合占据一定地位。

本章主要讨论换向器式直流电机的结构、工作原理、电动势和电磁转矩，并讨论其工作特性及使用方法。

学习目的：

1. 了解直流电机的基本结构，理解其工作原理，掌握直流电机的电动势和电磁转矩。
2. 掌握直流电动机的机械特性。
3. 了解直流电动机的使用。

10.1 直流电机基本结构

直流电机的结构形式很多，但总体上不外乎由定子和转子两大部分组成。图 10.1.1 即为普通直流电机的结构图，图 10.1.2 所示为直流电机的组成部件。直流电机的定子用于安放磁极和电刷，并作为机械支撑，它包括主磁极、换向极、电刷装置、机座等。转子一般称为电枢，主要包括电枢铁心、电枢绕组、换向器等。

10.1.1 定子

定子的作用是用来产生磁场和作电机的机械支撑，由机座、主磁极、换向极、电刷装置、端盖等组成。

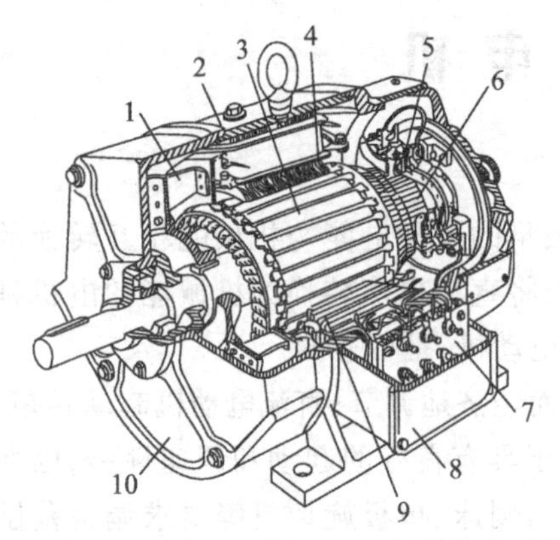

1—风扇，2—机座，3—电枢，4—主磁极，5—刷架，6—换向器，7—接线板，8—出线盒，9—换向极，10—端盖

图 10.1.1 直流电机的结构

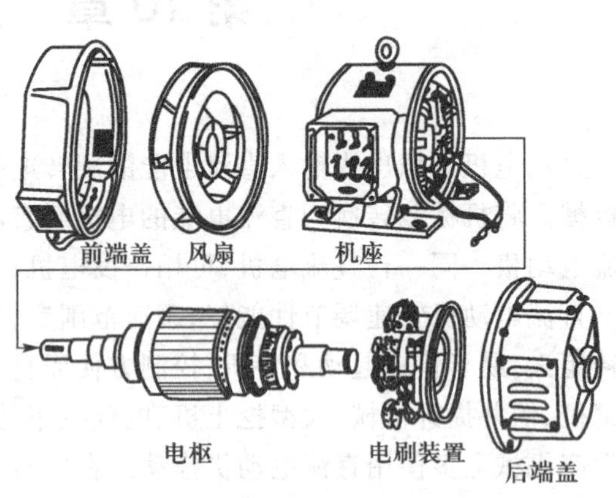

图 10.1.2 直流电机的组成部件

机座是直流电机磁路的一部分，也是电机的支撑体，通常用导磁性能和机械性能较好的铸钢制成或用厚钢板焊成。直流电机的剖面图如图 10.1.3 所示。

磁极用来在电机中产生磁场，使转子在此磁场中转动而感应电动势，磁极分为主磁极与换向磁极。主磁极简称主极，用于产生气隙磁场。绝大部分直流电机的主极除小型直流电机外都不用永久磁铁，而是图 10.1.3 所示的结构形式（主极铁心外套励磁绕组），即由励磁绕组通以直流电流来建立磁场。为降低电机运行过程中磁场变化可能导致的涡流损耗，主极铁心一般用 1 ~ 1.5 mm 厚的低碳钢板冲片叠压而成。主磁极由铁心和套在铁心上的励磁绕组两部分组成。在励磁绕组中通入直流励磁电流来建立磁场。换向极置于主磁极之间，用来减小电枢绕组换向时产生的火花。

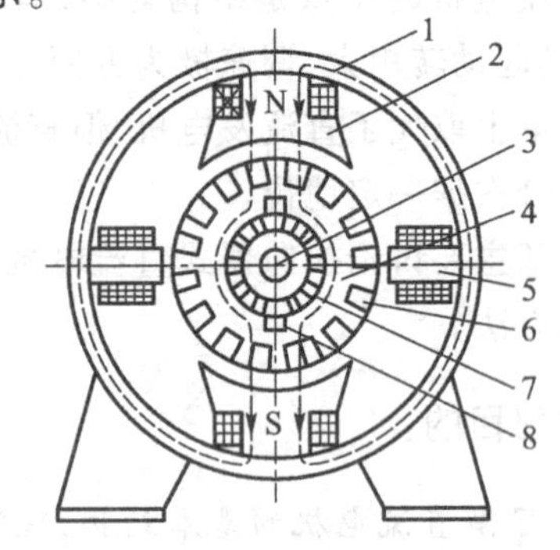

1—机座，2—主磁极，3—转轴，4—电枢铁心，5—换向磁极，6—电枢绕组，7—换向器，8—电刷

图 10.1.3 直流电机的剖面图

10.1.2 转子

转子又称为电枢，是电机中产生感应电动势的部分。直流电机的电枢是旋转的。电枢由电枢铁心、电枢绕组、换向器、风扇、转轴和支架等组成。电枢铁心是用来构成磁通路径并嵌放电枢绕组的。为了减少涡流损耗，电枢铁心一般用厚 0.35 ~ 0.5 mm 的涂有绝缘漆、外表面冲有均匀槽的硅钢片叠压而成。电枢绕组嵌放在电枢铁心的槽里，是用来感应电动势、通过电流并产生电磁力或电磁转矩，使电机能够实现机电能量转换的核心构件。电枢绕组由多个用绝缘导线绕制的线圈连接而成。

换向器（又称整流子）是直流电机的关键部件，其作用是把电枢绕组内部的交流电动势用机械换接的方法换成电刷间的直流电动势。换向器是由许多互相绝缘的上宽下窄的铜片（又叫换向器片）叠成的圆筒形，换向器的结构如图 10.1.4 所示。换向器的每一铜片，都通过引线按一定规律同电枢绕组相连，它的圆柱形表面上压放着电刷。当电枢转动时，转动的换向器与静止的电刷之间保持着良好导电的滑动接触。电刷的作用之一是把转动的电枢与外电路相连接，使电流经电刷进入或离开电枢;其二是与换向器配合作用而获得直流电压。电刷装置由电刷、刷握、刷杆和汇流条等零件构成。电刷安放在刷握内,而刷握又通过电刷架绝缘地固定在端盖上,如图10.1.5所示。

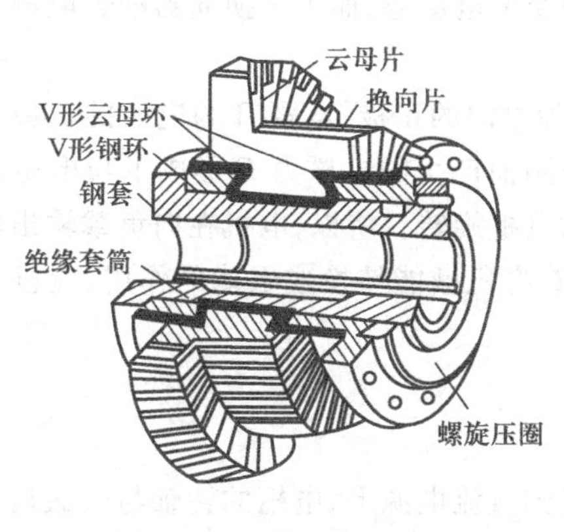

图 10.1.4 换向器的结构

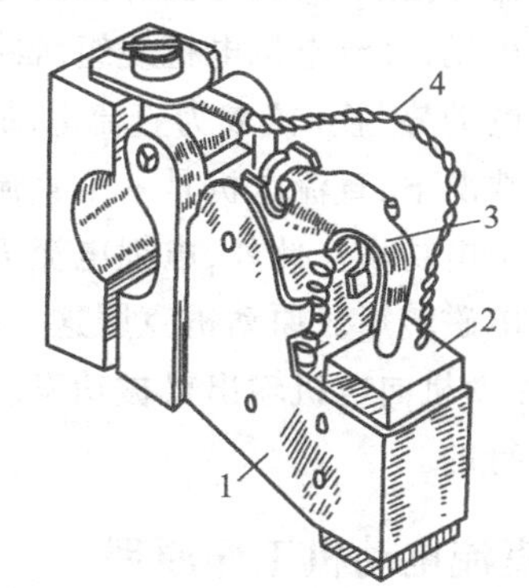

1—刷盒,2—电刷,3—压紧弹簧,4—铜丝辫

图 10.1.5 普通的刷握和电刷

10.2 直流电机基本工作原理

为了便于说明直流电机的工作原理,将复杂的直流电机结构简化为图10.2.1和图10.2.2所示的工作原理图。电机具有一对固定不动的磁极,电枢绕组是一个只有一匝线圈的元件,线圈两端分别连在两个半圆形换向器片上,换向器片上压着固定不动的电刷A和B。

10.2.1 直流发电机工作原理

直流电机作发电机运行时,将电枢绕组通过电刷接到一电气负载上,假定原动机驱动电枢在磁场中以恒定转速沿逆时针方向旋转,线圈边ab和cd切割磁力线而产生感应电动势e。由于感应电动势e的作用,在电枢绕组与负载所构成的闭合电路中产生电枢电流I_a。电流的方向与电动势的方向相同。如图10.2.1(a)所示,在电机内部,电流是沿着d→c→b→a的方向流动的,在电机外部是沿着电刷A→负载→电刷B的方向流动的。

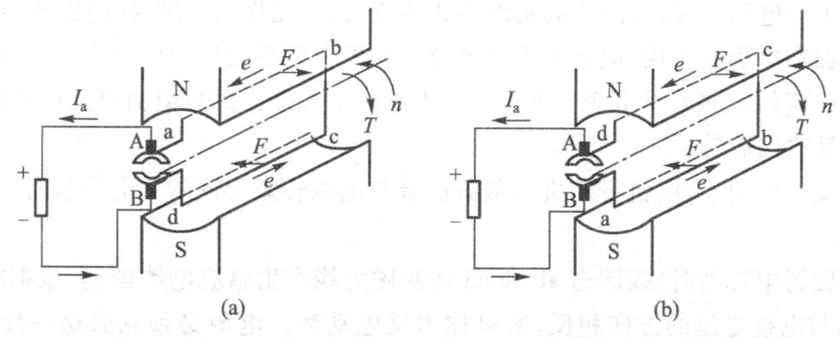

图 10.2.1 直流发电机的工作原理图

当电枢绕组转到图10.2.1(b)所示位置时,ab边转到了S极下,cd边转到了N极下。这时,

线圈中感应电动势 e 的方向发生了变化，使得电机内部电流的方向变成了沿 a→b→c→d 方向流动。由于电刷 A 总是同与 N 极下的一边相连的换向器片接触，而电刷 B 总是同与 S 极下的一边相连的换向器片接触，所以电机外部的电流方向没有改变，仍然是沿着电刷 A→负载→电刷 B 的方向。由此可见，直流电机电枢绕组所感应的电动势是交流电动势，而由于换向器配合电刷的作用才将交流电动势“换向”成为直流电动势。

在这种情况下，直流电机是一个直流电源，电刷 A 为电源的正极，电刷 B 为电源的负极。电机向负载输出电功率。此外，电枢电流 I_a 与磁场相互作用而产生的电磁力 F 形成了与电枢旋转方向相反的电磁转矩。原动机克服这一电磁转矩，带动电枢旋转。所以，电机在向负载输出电功率的同时，原动机向电机输出机械功率。可见，电机起着将机械能转换成电能的作用，电机是作为发电机运行的。

10.2.2 直流电动机工作原理

直流电机作电动机运行时，将电枢绕组通过电刷接到直流电源上，电枢的转轴与机械负载相连，如图 10.2.2(a)所示。绕组元件边 ab 在 N 极作用下，而 cd 在 S 极作用下。电枢电流 I_a 经电刷 A、换向器片，在电枢绕组中沿着 a→b→c→d 的方向流动，经换向器片、电刷 B 流出。根据安培定律，载流导体在磁场中受到电磁力的作用，电磁力的方向遵从左手螺旋定则，这一对电磁力形成的电磁转矩，使电枢沿逆时针方向旋转。

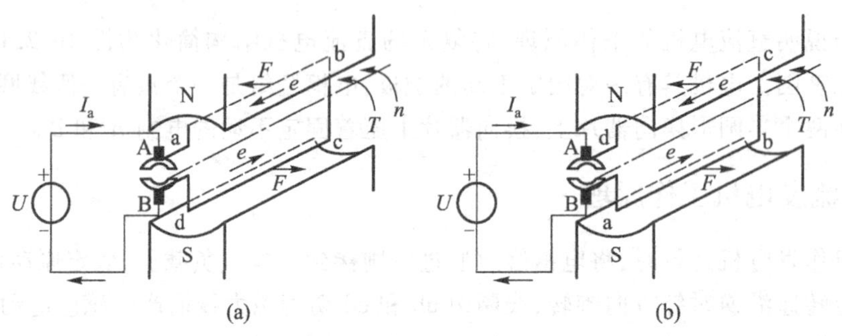

图 10.2.2 直流电动机的工作原理图

当电枢旋转半周，转动到如图 10.2.2(b)所示位置时，ab 边转到了 S 极下，cd 边转到了 N 极下。电枢电流 I_a 经电刷 A、换向器片从元件的 d 端流入，经元件的 a 端、换向器片经电刷 B 流出。可见由于换向器和电刷的作用，电源的直流电流 I_a 在电枢绕组元件中转换成交流，保持了磁场与磁场下导体中电流的方向关系不变。利用左手螺旋定则判断出的电磁力以及电磁转矩的方向仍然使电枢逆时针方向旋转。

在电磁转矩的作用下，电机带动机械负载沿着与电磁转矩相同的方向旋转时，电机向负载输出机械功率。

当电枢在磁场中转动时，线圈边 ab 和 cd 切割磁力线产生感应电动势 e。根据右手螺旋定则判定，e 的方向与电枢电流的方向相反，所以称为反电动势。电源必须克服这一反电动势，才能向电机输出电流。电机向负载输出的机械功率是由电源向电机输入的电功率转换而来的。可见，在这种情况下，电机起着将电能转换成机械能的作用，作为电动机运行。

10.2.3 直流电机按励磁方式分类

励磁绕组的供电方式称为励磁方式,励磁方式不同,电机性能也不同。

1. 他励方式

励磁绕组由其他直流电源供电,励磁绕组和电枢绕组不相连接,如图 10.2.3(a)所示。永磁式直流电机亦属这一类。

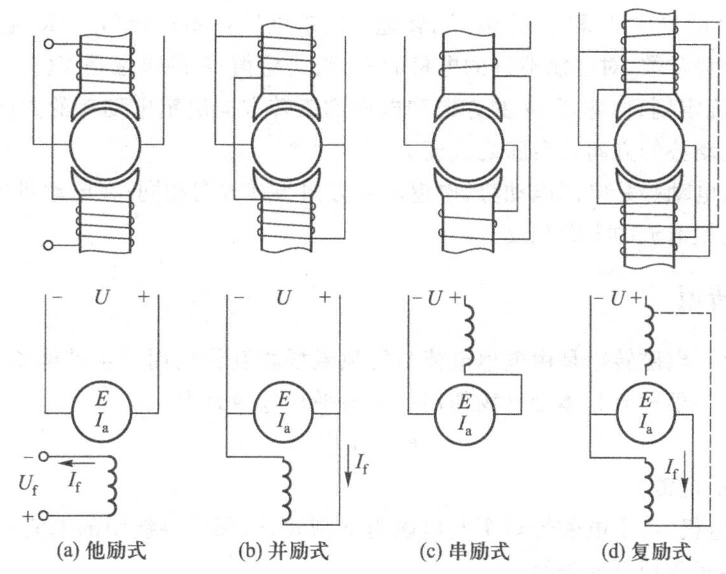

图 10.2.3 直流电机按励磁方式分类

2. 自励方式

电机自身供应励磁电流,称为自励方式。励磁绕组按一定关系与电枢绕组相连接。直流发电机分为并励、复励两种方式;直流电动机分为并励、串励与复励三种方式。

(1) 励磁绕组与电枢绕组并联的就是并励式,见图 10.2.3(b)。

(2) 励磁绕组与电枢绕组串联的就是串励式,见图 10.2.3(c)。

(3) 主磁极上装有两套励磁组,一套与电枢组并联,是并励组;另一套与电枢绕组串联,是串励组,合称复励。两套励磁绕组产生磁场方向相同的称和复励,两者方向相反的称差复励,见图 10.2.3(d)。

10.3 直流电机的电动势和电磁转矩

直流电机无论是作发电机运行,还是作电动机运行,电动势和电磁转矩是两个非常重要的物理量。

10.3.1 电动势

在直流电机中,电动势是由于电枢绕组切割磁力线而产生的,根据电磁感应定律,电枢绕组一根导线的平均感应电动势为

$$e_{av} = B_{av} l v$$

式中，B_{av}是气隙平均磁通密度；l 是导线的有效长度；v 是导线切割磁力线的速度。

电刷间的电动势 E 与每根导线中的感应电动势 e_{av}成正比，平均磁通密度 B_{av}与一个磁极的磁通 Φ 成正比，而导线的有效长度 l 在电机制成后，是一个不变的常数，线速度 v 与电枢的转速 n 成正比，所以，电动势 E 常用下式表示

$$E = K_E \Phi n \tag{10.3.1}$$

式中，每极磁通 Φ 的单位是 Wb（韦[伯]）；转速 n 的单位是 r/min（转/分）；K_E是与电机结构有关的常数，称为电动势常数，对已制造好的电机而言，K_E是定值；E 的单位是 V（伏[特]）。

根据右手螺旋定则，由磁通 Φ 的方向和电枢的旋转方向决定电动势的方向，两者之中任一个方向改变了，电动势的方向就会随之改变。

在发电机中，电动势是电源电动势，电枢电流方向与其方向相同；在电动机中，电动势是反电动势，其方向与电枢电流的方向相反。

10.3.2 电磁转矩

在直流电机中，电磁转矩是由电枢电流与气隙磁场相互作用而产生的电磁力 F 形成的。由电磁力定律可知，一根载流导体受磁场作用产生的平均电磁力为

$$F_{av} = B_{av} l i$$

式中，i 为导体中的电流。

对于给定的电机，由于电磁转矩 T 与电磁力 F 成正比，每根导线中的电流 i 与电枢电流 I_a成正比，所以电磁转矩常用下式表示

$$T = K_T \Phi I_a \tag{10.3.2}$$

式中，每极磁通 Φ 的单位是 Wb（韦[伯]）；电枢电流 I_a的单位是 A（安[培]）；K_T是与电机结构有关的常数，称为转矩常数，对已制造好的电机而言，K_T是定值；T 的单位是 N·m（牛·米）。

根据左手螺旋定则，由磁通 Φ 的方向和电枢电流 I_a的方向决定电磁转矩的方向，两者之中有一个方向改变了，电磁转矩的方向就会随之改变。

在直流发电机和直流电动机中，电磁转矩的作用是不同的。

在发电机中，电枢电流产生的电磁转矩的方向与电枢转动的方向或原动机的驱动转矩的方向相反，所以发电机中的电磁转矩是阻转矩。由电机本身机械摩擦等原因产生的阻转矩用 T_0表示，称为空载损耗转矩，则直流发电机在稳定运行时，原动机驱动电枢转动的转矩 T_1应与发电机的电磁转矩 T 和空载损耗转矩 T_0相平衡，故

$$T_1 = T + T_0 \tag{10.3.3}$$

上式称为发电机的转矩平衡方程式。

在电动机中，电磁转矩 T 是驱动转矩，它使电枢转动，因此必须与机械负载转矩 T_2和空载损耗转矩 T_0相平衡，电动机才能稳定运行，故

$$T = T_2 + T_0 \tag{10.3.4}$$

上式称为电动机的转矩平衡方程式。

10.4 直流电动机的机械特性

电动机拖动机械负载旋转，对于机械负载来说，最重要的是电动机的电磁转矩 T 和转速 n。在端电压 $U=U_N$，电枢回路电阻 R_a 和励磁回路电阻 R_f 保持不变时，$n=f(T)$ 的关系称为机械特性。

求取直流电动机机械特性的基本依据是：

（1）电枢回路的电压平衡方程式

$$U=E+I_aR_a$$

（2）感应电动势公式

$$E=K_E\Phi n$$

（3）电磁转矩公式

$$T=K_T\Phi I_a$$

联立求解以上三式得

$$n=\frac{U}{K_E\Phi}-\frac{R_a}{K_EK_T\Phi^2}T \tag{10.4.1}$$

对于他励和并励电动机，其 Φ 值可近似看作恒定，上式为

$$n=n_0-\Delta n=n_0-\beta T \tag{10.4.2}$$

式中，$n_0=\dfrac{U}{K_E\Phi}$ 为理想空载转速；$\Delta n=\dfrac{R_a}{K_EK_T\Phi^2}T=\beta T$ 为电动机带负载后的转速降；β 表示机械特性曲线的斜率。

式(10.4.2)所表示的机械特性可用图 10.4.1 中的直线 1 来表示。这条直线与纵坐标轴相交于 n_0。由于电枢电阻 R_a 很小，β 值也很小，转速下降量 Δn 并不大，直线 1 接近水平线。此种机械特性称为硬特性。另外，由于直线 1 是在电枢回路不串接其他电阻情况下的机械特性，故称为自然机械特性。

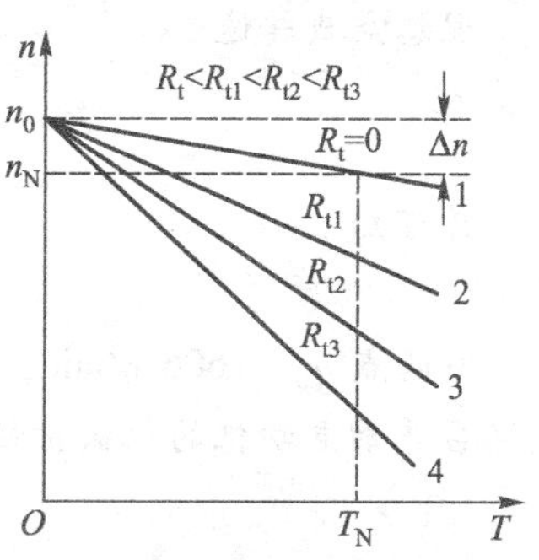

图 10.4.1 并励（他励）电动机的机械特性曲线

如果在电枢回路中串入不同值的电阻 R_t，则可得到不同斜率的机械特性，其斜率 β 将变为

$$\beta=\frac{R_a+R_t}{K_EK_T\Phi^2} \tag{10.4.3}$$

图 10.4.1 中的直线 2、3、4 分别表示在电枢回路中串联不同电阻 R_t 后的机械特性，这些串联外加电阻以后的机械特性称为人工机械特性。

对于串励电动机，当电磁转矩增大时，转速将迅速下降，这是由于 I_a 的增大引起 T 的增大。I_a 增大时，电枢电阻压降 I_aR_a 及磁通 Φ 均增大，而转速与磁通及电枢电阻压降的关系为

$$n=\frac{U-I_aR_a}{K_E\Phi} \tag{10.4.4}$$

从式中可以看出，I_aR_a 和 Φ 增大必然引起转速 n 的下降。这种当电磁转矩增大时，转速迅速下降的机械特性称为软特性。图 10.4.2 曲线 1 是串励电动机的自然机械特性，曲

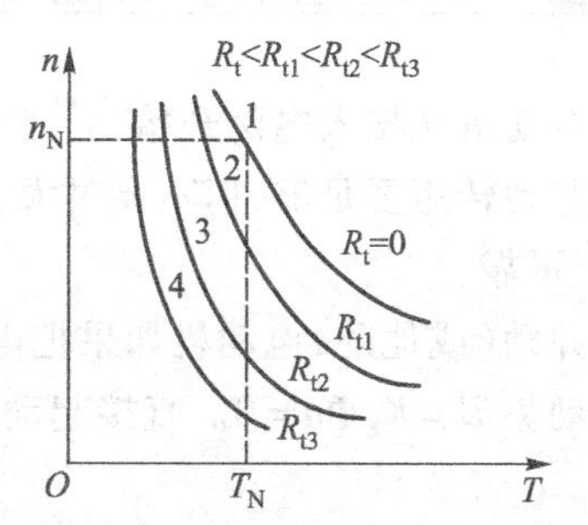

1—自然机械特性，2、3、4—人工机械特性

图 10.4.2 串励电动机机械特性

线2、3、4分别是当电枢回路串入不同阻值的电阻R_t后的人工机械特性。

例10.4.1 一台并励直流电动机，其额定功率$P_N=13$ kW，额定转速$n_N=1500$ r/min，额定电压$U_N=220$ V，额定电枢电流$I_{aN}=68.6$ A，电枢电阻$R_a=0.225$ Ω。(1) 计算额定转矩T_N；(2) 绘出其机械特性曲线；(3) 如果输出转矩$T=50$ N·m，计算此时的转速n。

解：(1) 额定转矩

$$T_N=9550\frac{P_N}{n_N}=9550\times\frac{13}{1500}\text{N}\cdot\text{m}=82.8\ \text{N}\cdot\text{m}$$

(2) 为了绘制机械特性曲线，利用如下机械特性方程

$$n=n_0-\beta T$$

在并励电动机中，反电动势

$$E=U-I_aR_a=(220-68.6\times0.225)\ \text{V}=205\ \text{V}$$

而$E=K_E\Phi n$，所以常数

$$K_E\Phi=\frac{E}{n}=\frac{205}{1500}=0.137$$

理想空载转速

$$n_0=\frac{U}{K_E\Phi}=\frac{220}{0.137}\ \text{r/min}=1606\ \text{r/min}$$

又可知

$$n_N=1500\ \text{r/min}$$

$$T_N=82.8\ \text{N}\cdot\text{m}$$

有两点$n_0=1606$ r/min，$T=0$；$n_N=1500$ r/min，$T_N=82.8$ N·m。此两点所确定的直线，就是这台并励电动机的机械特性曲线，如图10.4.1所示。将已知数代入得

$$1500=1606-82.8\beta$$

$$\beta=\frac{1606-1500}{82.8}=1.28$$

所以这台并励电动机的机械特性方程为

$$n=1606-1.28T$$

(3) 将$T=50$ N·m代入上述方程式中，解之得

$$n=(1606-1.28\times50)\ \text{r/min}=1542\ \text{r/min}$$

10.5 并励电动机的起动与反转

电动机从接入电网开始，转子由静止到稳定运行的过程称为起动。对起动的基本要求是：(1) 起动转矩要足够，但不要过大；(2) 起动电流小；(3) 起动时间要短；(4) 起动设备要简单、经济、可靠。

并励（或他励）电动机如果把电枢直接接入直流电源起动，由于电枢还没有转动，$n=0$，所以反电动势$E=K_E\Phi n=0$。直接起动电流近似为

$$I_{ast}=\frac{U}{R_a}\tag{10.5.1}$$

由于R_a很小，故I_{ast}很大，通常可达额定电流的10～20倍。

如此大的直接起动电流将在换向器上产生强烈的火花而损坏换向器。因为并励(或他励)电动机的转矩正比于电枢电流,所以它的起动转矩也太大,使电动机及其拖动的生产机械受到极大的电和机械的冲击,因此除容量很小的直流电动机外,必须设法减小起动电流。

从式(10.5.1)可以看出,降低电源电压或增加电枢回路电阻,都可以减小起动电流。对于采用公共直流电源供电的并励电动机,一般都采用在电枢电路中串联起动电阻 R_{st} 进行起动。这时电枢中的起动电流为

$$I_{ast}=\frac{U}{R_a+R_{st}} \tag{10.5.2}$$

而起动电阻则可由上式确定,即

$$R_{st}=\frac{U}{I_{ast}}-R_a \tag{10.5.3}$$

起动时,将起动电阻放在最大值处,待起动后,随着电动机转速的上升,把它逐段切除。起动电阻的阻值应将起动电流的初始值 I_{ast} 限制在额定电流的 1.5 ~ 2.5 倍范围内。

必须强调指出:直流电动机的励磁电路必须可靠地接通,决不能在起动或工作时让励磁回路断路,使励磁电流为零。否则电动机中只有很小的剩磁通,也就只能产生很小的电磁转矩($T=K_T\Phi I_a$)。此时,如果(1)电动机空载或轻载运行,它的转速将上升到接近理想空载转速,而此时的理想空载转速因只有剩磁通,将变得极高($n_0=\frac{U}{K_E\Phi'}$,Φ' 为剩磁通),造成电枢逸速(俗称“飞车”)而受机械损伤,而且因电枢电流过大而将绕组烧坏;或者(2)电动机负载较重,它将停转或不能起动,此时反电动势为零,使得电枢电流过大,电枢绕组和换向器有被烧毁的危险。

电动机的转动方向由电磁转矩方向确定。由转矩公式 $T=K_T\Phi I_a$ 可知,通过改变励磁电流方向或改变电枢电流方向来改变电动机的转动方向,即实现反转。

直流电动机如果同时改变励磁电流和电枢电流的方向,电动机的转动方向将不改变。

例 10.5.1 一台并励电动机,额定功率 $P_N=10$ kW,额定电压 $U_N=220$ V,额定电流 $I_N=53.8$ A,额定转速 $n_N=1500$ r/min,电枢电阻 $R_a=0.3\ \Omega$。试求(1)直接起动电流 I_{ast} 及其与额定电流 I_N 的比值;(2)若起动电流不得超过额定电流的 2 倍,电枢电路中应串联多大的起动电阻 R_{st}?

解:(1)直接起动电流(略去励磁电流)近似为

$$I_{ast}=\frac{U}{R_a}=\frac{220}{0.3}\ \text{A}=733\ \text{A}$$

其与额定电流的比值为

$$\frac{I_{ast}}{I_N}=\frac{733}{53.8}=13.6$$

(2)允许起动电流为

$$I_{ast}=2I_N=2\times 53.8\ \text{A}=107.6\ \text{A}$$

起动电阻应为

$$R_{st}=\frac{U}{I_{ast}}-R_a=\left(\frac{220}{107.6}-0.3\right)\Omega=1.74\ \Omega$$

10.6 并励(他励)电动机的调速

用人为的方法使电动机在同样的负载下得到不同的转速,称为调速。直流电动机具有良好的调速性能,能在宽广的范围内平滑而经济地调速,因此直流电动机在工业上得到广泛应用。根据并励(或他励)电动机的转速公式

$$n=\frac{U-I_aR_a}{K_E\Phi}$$

可知,影响电动机转速的因素有电动机端电压、主磁通及电枢回路电阻压降三个因素,因此可用以下三种方法调速。

10.6.1 改变主磁通调速(调磁调速)

改变主磁通也就是改变励磁电流。维持电源电压 U 不变,增大励磁调节电阻 R_f'(图 10.6.1 和图 10.6.2)以减小励磁调节电阻 R_f,使磁通 Φ 减少,由式 $n=\frac{U}{K_E\Phi}-\frac{R_a}{K_EK_T\Phi^2}T$ 可知,会使理想空载转速 $n_0=\frac{U}{K_E\Phi}$ 上升,但同时转速降 $\Delta n=\frac{R_a}{K_EK_T\Phi^2}T$ 增大更为显著($\Delta n\propto\frac{1}{\Phi^2}$),使相应的机械特性曲线变陡。所以,增加励磁调节电阻 R_f' 时,电动机的机械特性曲线将升高和变软,如图10.6.3所示,图中绘出了不同 R_f' 时的机械特性曲线。

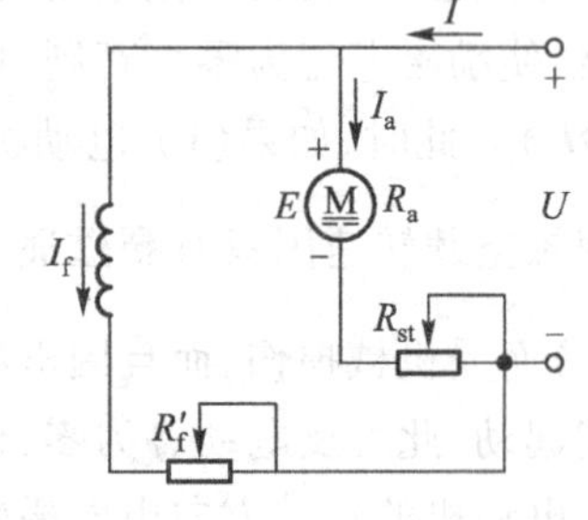

图 10.6.1 并励电动机电路图

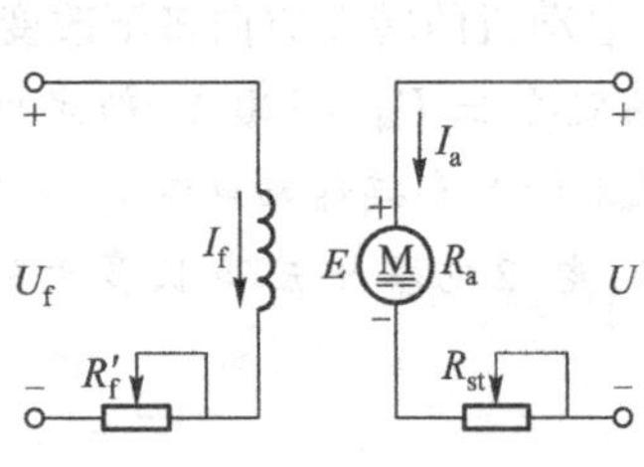

图 10.6.2 他励电动机电路图

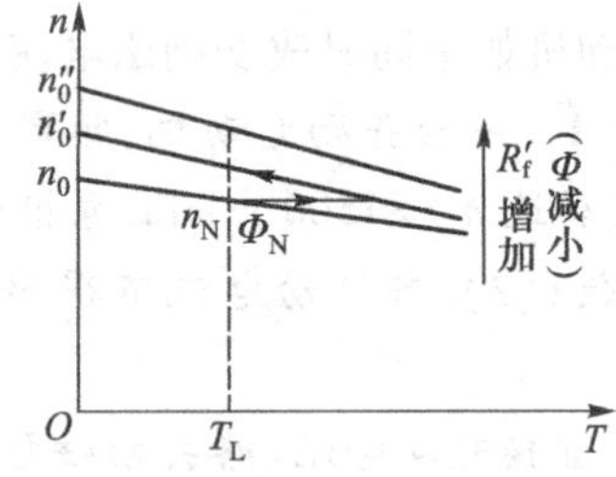

图 10.6.3 改变 Φ 时的机械特性曲线

这种调速方法,只能向升速方向调节。由于电动机在额定状态运行时,它的磁路已经有些饱和,增加励磁电流后,磁通 Φ 变化不大,因此对电动机转速的改变影响很小,所以通常只是减小磁通($\Phi<\Phi_N$),将转速往上调。

调速的物理过程是:当接入 R_f' 或 R_f' 加大瞬间,可以认为电磁量是迅速发生变化的,即 I_f 减小,主磁通 Φ 减小,由于机械惯性,这时转速来不及变化,于是反电动势 $E=K_E\Phi n$ 随 Φ 减小而下降,这就使电枢电流 $I_a=\frac{U-E}{R_a}$ 立即增加。而且由于电枢电阻 R_a 值很小,使得 I_a 的增加要比 Φ 的减小显著得多,所以电磁转矩 $T=K_T\Phi I_a$ 跟着增加而超过负载转矩 T_L,即 $T>T_L$(负载转矩是不变的),电枢随即加速。随着转速 n 上升,引起 E 的回升,I_a 及 T 将下降,直到 $T=T_L$ 时,电动机在

一个较原来高的转速下稳定运转。

这种调速方法的特点:

(1) 只能在原来的励磁回路中加入 R_f',使 I_f、Φ 减小,因此转速 n 只能在原来基础上向上调。由于受最高转速的限制(一般不能超过额定转速的 20%),调速范围较小。经过特殊设计的电动机调磁调速范围可达 4:1,甚至更高一些。因为 R_f'可设计得连续均匀调节,可以得到平滑的升速无级调速。

(2) 由于励磁电流很小,在 R_f上损耗的电能少,故调速效率高,经济性好,控制方便。

(3) 励磁绕组串入 R_f'之后,机械特性的硬度变化不大,且负载波动时,转速变化不大,电动机运行平衡,所以这种调速方法得到广泛应用。

例 10.6.1 一台他励电动机,其额定数据为 $U_N = 110\ V$,$I_{aN} = 23.67\ A$,$I_{fN} = 1.33\ A$,$n_N = 1500\ r/min$,$R_a = 0.4\ \Omega$。若采用减弱磁通调速,调速前后电动机的负载电流保持额定值的 85% 不变。试求当它磁通减少 10% 时,电动机的转速 n'。

解:在额定状态下的 $K_E\Phi$ 为

$$K_E\Phi = \frac{U_N - R_a I_{aN}}{n_N} = \frac{110 - 0.4 \times 23.67}{1500} = 0.06702$$

当磁通减弱 10% 时

$$K_E\Phi' = 0.9K_E\Phi = 0.9 \times 0.06702 = 0.06032$$

由于负载电流保持额定值的 85%,所以转速为

$$n' = \frac{U - 0.85R_a I_a}{K_E\Phi'} = \frac{110 - 0.85 \times 0.4 \times 23.67}{0.06032}\ r/min = 1690.2\ r/min$$

10.6.2 改变电源电压调速(调压调速)

这种调速方法的特点是励磁回路的电压、电阻都保持不变,也就是保持主磁通不变,而用改变电枢电压 U 的办法来调速。这就要求电枢绕组与励磁绕组各用一个单独的直源供电,所以这种调速方法只适用于他励直流电动机(图 10.6.2)。

由直流电动机的转速公式

$$n = \frac{U}{K_E\Phi} - \frac{R_a}{K_E K_T \Phi^2}T$$

可知,当改变电枢电压 U 时,理想空载转速 $n_0 = \dfrac{U}{K_E\Phi}$变化,如 U 降低,理想空载转速 n_0也随之降低,式中第二项与电枢电压 U 无关,保持不变,因此改变电枢电压表现在机械特性曲线上,就是一组平行的直线,如图 10.6.4 所示。对应同样的负载转矩 T_L,因为电枢端电压 $U_N > U' > U''$,从而可以得到不同的转速,且 $n_N > n' > n''$,通过改变电枢电压的办法,达到了调速的目的,电枢电压 U 越低,转速 n 也越低。

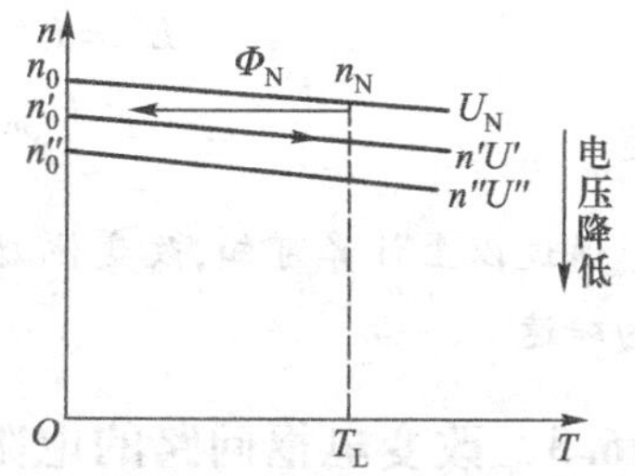

图 10.6.4 改变 U 时的机械特性曲线

调速的物理过程是:当电枢电压 U 减小瞬间,由于机械惯性,n 来不及变化,反电动势 $E = K_E\Phi n$ 暂不变化。于是

电枢电流 $I_a=\dfrac{U-E}{R_a}$因 U 下降而减小了，于是电磁转矩$T=K_T\Phi I_a$也减小了，使得 $T<T_L$，使转速 n 下降。随着 n 的降低，引起反电动势 E 下降和电枢电流 I_a的增加，促使 T 回升，直到 $T=T_L$时为止。这时 n 已下降，即在较低的转速下稳定运行了。

这种调速方法的特点：

(1) 电枢电压只能从额定值向下调，因此只能是降速调速。由于对应的机械物性硬度不变，调速稳定性好，易于得到较低的转速，所以调速范围宽广，可达10:1以上。由于晶闸管技术的发展，可调压直流电源性能很理想，所以易于实现平滑的无级调速。如果再与调磁调速相配合，调速范围更为宽广。

(2) 电能损耗小，比较经济。

(3) 需要专用的调压直流电源，初期投资高，因此调压调速多用于调速性能要求较高的设备上，如轧钢机、龙门刨床、造纸机、单板旋切机等。

例 10.6.2 一台他励电动机的额定电压 $U_N=220$ V，额定电枢电流 $I_{aN}=120$ A，电枢电阻 $R_a=0.15\ \Omega$，额定转速 $n_N=960$ r/min。今保持励磁电流不变，输出转矩保持额定值不变，改变电枢端电压 U 调速。计算当 U 分别等于 200 V、180 V、110 V 时，转速各是多少？

解： 因保持励磁电流不变，故主磁通 Φ 不变。又因保持输出转矩为额定转矩 T_N不变，根据公式 $T=K_T\Phi I_a$可知，电枢必须始终保持为额定值 $I_{aN}=120$ A 不变，则

$$E_N=U_N-I_{aN}R_a=(220-120\times0.15)\ \text{V}=202\ \text{V}$$

又知 $n_N=960$ r/min，根据 $E=K_E\Phi n$，有

$$K_E\Phi=\frac{E_N}{n_N}=\frac{202}{960}=0.21$$

在调节电枢电压过程中，$K_E\Phi$ 值保持不变。

今电枢电压 $U'=200$ V，则反电动势

$$E'=U'-I_{aN}R_a=(200-120\times0.15)\ \text{V}=182\ \text{V}$$

转速

$$n'=\frac{E'}{K_E\Phi}=\frac{182}{0.21}\ \text{r/min}=866.7\ \text{r/min}$$

同理，$U''=180$ V 时，反电动势

$$E''=U''-I_{aN}R_a=(180-120\times0.15)\ \text{V}=162\ \text{V}$$

转速

$$n''=\frac{E''}{K_E\Phi}=\frac{162}{0.21}\ \text{r/min}=771\ \text{r/min}$$

若 $U'''=110$ V，则对应反电动势

$$E'''=U'''-I_{aN}R_a=(110-120\times0.15)\ \text{V}=92\ \text{V}$$

转速

$$n'''=\frac{E'''}{K_E\Phi}=\frac{92}{0.21}\ \text{r/min}=438\ \text{r/min}$$

通过以上计算可知，改变他励电动机的电枢电压，可以在较大范围内，均匀平滑地调节电动机的转速。

10.6.3 改变电枢回路的电阻调速

这种调速方法是电源电压 U 保持不变，并励绕组回路的总电阻保持不变，这就使励磁电流 I_f

和主磁通 Φ 均不变，然后在电枢回路内串入附加调速电阻 R_{st}，使电枢回路总电阻为(R_a+R_{st})（图 10.6.1、图 10.6.2）。电动机的转速为

$$n=\frac{U}{K_E\Phi}-\frac{R_a+R_{st}}{K_EK_T\Phi^2}T$$

可以看出，电动机的理想空载转速 $n_0=\frac{U}{K_E\Phi}$不变，而$\beta=\frac{R_a+R_{st}}{K_EK_T\Phi^2}$增大，从而使机械特性曲线变陡，如图 10.6.5 所示，当负载转矩 T_L不变，电枢回路串入调速电阻 R_{st}之后，转速 n 下降，且 R_{st}越大，转速下降越多。

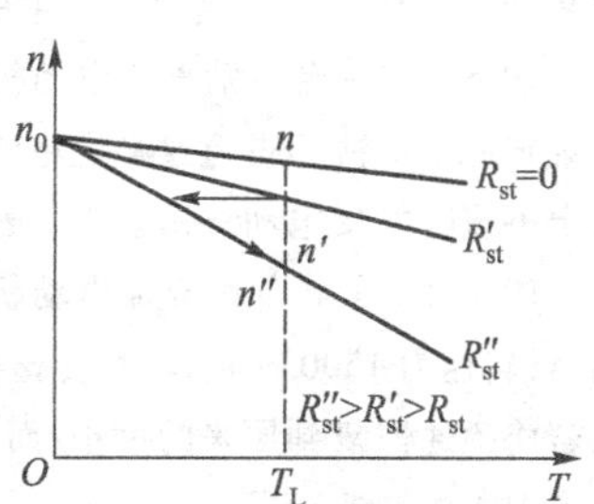

图 10.6.5 改变电枢回路电阻时的机械特性

这种调速方法的特点是：

(1) 电枢回路内只能串入调速电阻 R_{st}，使转速 n 只能向下调节，并使机械特性变软。所以 R_{st}的阻值不能太大，从而限制了它的调速范围，一般最高转速与最低转速比为 1.5∶1。

(2) 由于电枢电流 I_a较大，串入 R_{st}之后，损耗较大，使电动机效率大为降低。但是这种调速方法所需设备简单，操作方便，所以在调速范围要求不大的中、小容量电动机调速中，仍有较多使用，如起重机、电车等。应该注意的是电枢回路串入的调速电阻 R_{st}是长期工作的，而电枢回路串入起动电阻起动时，只是起动过程通电工作，是短时工作的，起动完毕，起动电阻被切除。因此，电枢回路串入的起动电阻不能当作调速电阻来使用。

小结

1. 直流电动机由定子和转子组成。定子用于安放磁极和电刷，并作为机械支撑，它包括主磁极、换向极、电刷装置、机座等。转子一般称为电枢，主要包括电枢铁心、电枢绕组、换向器等。

2. 直流电机按励磁方式分为他励、并励、串励和复励直流电机。

3. 直流发电机把电枢线圈中感应的交变电动势，靠换向器配合电刷的换向作用，使之从电刷端引出时变直流电动势。

4. 由于换向器和电刷的作用，电源的直流电流在直流电动机电枢绕组元件中转换成交流，保持了磁场与电流的方向关系不变，从而形成一种方向不变的电磁力以及电磁转矩，在电磁转矩的作用下，电机带动机械负载沿着和电磁转矩相同的方向旋转时，电机向负载输出机械功率。

5. 直流电机的电动势 $E=K_E\Phi n$，与磁极的磁通成正比，与电枢的转速 n 成正比；电磁转矩 $T=K_T\Phi I_a$，与磁极的磁通成正比，与电枢的转速成正比。

6. 直流电动机的机械特性 $n=\frac{U}{K_E\Phi}-\frac{R_a}{K_EK_T\Phi^2}T$，他励和并励电动机的机械特性曲线为直线，串励电动机具有电磁转矩增大时，转速迅速下降软特性的机械特性。

7. 直流电动机通过改变励磁电流方向或改变电枢电流方向来改变电动机的转动方向。

8. 并励（他励）电动机的调速方式有：调磁调速、调压调速和调电枢回路电阻调速。

习题

10.3.1 一台直流电动机产生的电磁转矩为 40 N·m。今工作情况发生变化，电枢电流增加了50%，主磁通减少了25%。计算这时所产生的电磁转矩。

10.5.1 一台并励直流电动机，其额定数据为：$P_N = 16$ kW，$U_N = 240$ V，$\eta_N = 0.88$，电枢电阻 $R_a = 0.2\ \Omega$。若规定起动电流不得超过额定电流的1.5倍，应加入多大的起动电阻（略去微小的励磁电流不计）？计算达到额定电流时的反电动势是多大（设起动电阻仍串接于电枢电路内）？

10.6.1 某台他励直流电动机，已知 $U = 220$ V，$R_a = 0.2\ \Omega$。当电动机带某负载工作时，电枢电流 I_a = 13 A，转速为 1500 r/min。若负载不变，电枢电压不变，只将磁通减少到原来的80%，这时电动机转速为多少？又若将磁通恢复到原来的大小，而将电枢电压降低到原来的20%，这时电动机转速为多少？并求综合上述两种情况下的调速范围。

10.6.2 某台他励直流电动机的额定数据为 $U_N = 110$ V，$I_{aN} = 23.7$ A，$I_{fN} = 1.3$ A，$n_N = 1500$ r/min，R_a = 0.4 Ω，$\eta_N = 85\%$。该电动机带恒转矩负载运行，现采用改变电枢电压进行调速。试求当电枢电压降低20%时的电动机转速和输出功率。

10.6.3 他励直流电动机在下述各种情况下，转速、电枢电流及电动势是否变化？如何变化？(1) 励磁电流和负载转矩不变，电枢电压降低；(2) 电枢电压和负载转矩不变，励磁电流减小；(3) 电枢电压、励磁电流和负载转矩均不变，而在电枢回路中串联适当电阻 R_t。

10.6.4 试回答关于并励直流电动机的下列问题：(1) 将接到电源的两根线对调一下，能否改变转动方向？为什么？(2) 是否可以采用降低电源电压方法来减少起动电流？为什么？(3) 是否可以采用改变电源电压方法进行调速？为什么？

10.6.5 一台并励直流电动机，额定数据是：$U_N = 230$ V，$n_N = 900$ r/min，$I_{aN} = 30$ A，电枢电阻 $R_a = 0.4\ \Omega$。在负载转矩不变的条件下，欲使转速 $n = 600$ r/min，应该在电枢回路中串入多大的 R_{st}？串入 R_{st} 之后，若负载转矩变化，使电枢电流变为 $I_a' = 20$ A，计算这时的转速 n'。

第 11 章 控制电机

前面两章我们所介绍的各种电机都是作为动力来使用的,其主要任务是能量的转换。而本章所介绍的各种控制电机(controlled motor)的主要任务是转换和传递控制信号的微特电机。控制电机和普通电机一样,也是利用电磁感应的原理进行机电能量转换,是一种电磁能量转换的电磁元件。

控制电机的类型很多,有直流、交流,同步、异步,电动机、发电机等多种形式。可根据在电气传动中所起的控制作用,将控制电机分为传递信息的信号元件和传递能量的功率元件两大类。其中信号元件有直流测速发电机、交流测速发电机、自整角电机和旋转变压器等,功率元件有交、直流伺服电动机、步进电动机以及低速同步电动机等。例如测速发电机将转速转换为电压,并传递到输入端作为反馈信号;自整角电机将转角差转换为电信号,并经过电子放大器放大后去控制伺服电动机;伺服电动机将电压信号转换为位移或角速度以驱动控制对象;步进电动机将电脉冲信号转换成与脉冲数成正比的角位移或直线位移。

对控制电机与普通电机的要求不同,控制电机在自动控制系统中起一个元件的作用,主要任务是完成信号的传递与转换;控制电机使用环境更广,需在各种恶劣的环境条件下仍能准确、可靠地工作,所以要求体积小、重量轻、耗电少、具有动作敏捷,准确度高及运行可靠等特点。

控制电机广泛地应用于航空航天、国防、工业、信息与电子产品、现代交通以及日常生活等方面。如卫星天线,太阳能电池飞机的方向舵、火炮自动瞄准、飞机军舰自动导航、导弹遥测遥控、雷达自动定位、机器人、机床加工过程自动控制与显示、计算机、移动通信、汽车电机、医疗设备、家用电器等都离不开各种各样的控制电机。

在本章只讨论常见的几种控制电机:伺服电动机,测速发电机和步进电动机。另外,再介绍电动机的选型与应用。

学习目的:

1. 了解伺服电动机,测速发电机、步进电动机的基本结构及工作原理。
2. 了解电动机的选型与应用。

11.1 伺服电动机

伺服电动机(servo motor)又称为执行电动机,在自动控制系统中作为执行元件。它是将电信号(控制电压或相位)转换成转轴上的位移或角速度的电动机。其转速和转向随着输入信号的变化而变化,并具有一定的负载能力。伺服电动机可控性好、响应迅速,在各类控制系统和计算机外围设备中广泛地作为执行元件。

伺服电动机按电流种类的不同,可分为交流和直流两种。交流伺服电动机(servo AC motor)的容量一般为 0.1 ~ 100 W,频率有 50 Hz、400 Hz 等多种。直流伺服电动机(servo DC motor)能用在功率稍大的系统中,其输出功率一般为 1 ~ 600 W,但也有的可达数千瓦。

11.1.1 交流伺服电动机

交流伺服电动机就是两相异步电动机。它的定子上装有两个绕组,一个是励磁绕组,另一个是控制绕组,它们在空间相隔90°。

交流伺服电动机的转子有笼型转子和杯型转子两种结构类型。其中笼型转子两相伺服电动机的工作原理与异步电动机相同,只是为了减小转动惯量而做得细长一些,并具有结构简单、牢固的优点,但由于定子和转子均有齿和槽,在低速运行时平稳性较差,且转子电阻较大,效率低,只适用于功率为100 W以下的小功率控制系统。杯型转子伺服电动机的结构如图11.1.1所示。杯型转子通常是用铝合金或铜合金制成的空心薄壁圆筒,故转动惯量小,此外,其定子分为内定子和外定子,杯型转子放在内、外定子之间,在空心杯型转子内放置固定的内定子,以减小磁路的磁阻。由于杯型转子伺服电动机没有齿和槽,具有转动惯量小、反应灵敏、调速范围大的特点,但其功率因数和效率都低,体积和重量也比较大。笼型转子结构简单、制造方便,除转动惯量较空心杯型转子大以外,其他性能指标都比较好,所以除要求运行平滑的场合(如积分电路等)采用杯型转子伺服电动机,主要采用笼型转子的交流伺服电动机。

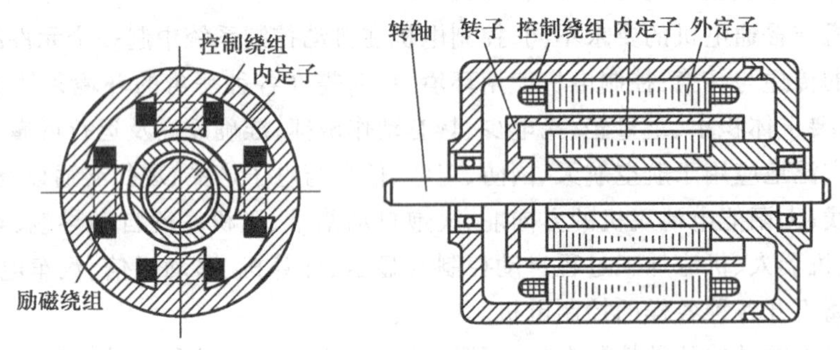

图 11.1.1 杯型转子伺服电动机的结构图

交流伺服电动机原理电路如图11.1.2所示。和电容分相式异步电动机相同,励磁绕组串联电容接到交流电源上用以分相产生两相旋转磁场,适当选择电容值,在理想的情况下,可使励磁电流 $\dot{I}_1$ 超前于电压 $\dot{U}$,并使励磁电压 $\dot{U}_1$ 与电源电压 $\dot{U}$ 有近90°的相位差。控制电压 $\dot{U}_2$ 与电源电压 $\dot{U}$ 频率相同,相位相同或相反。因此,$\dot{U}_1$ 与 $\dot{U}_2$ 频率也相同,相位差也近90°。从而励磁电流 $\dot{I}_1$ 与控制电流 $\dot{I}_2$ 的相位也互差约90°,它们共同在气隙中建立一个旋转磁场,从而在笼型转子的导条中或者在杯型转子的杯壁上感生转子电流,转子电流与旋转磁场相互作用产生电磁转矩,驱动转子旋转。

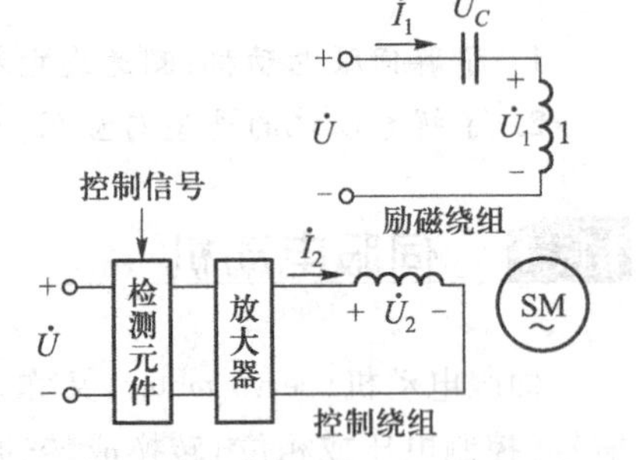

图 11.1.2 交流伺服电动机的原理电路

当电源电压 $\dot{U}$ 为一常数而信号控制电压 $\dot{U}_2$ 的大小变化时,则转子的转速相应变化。控制电压大,电动机转得快;控制电压小,电动机转得慢。旋转磁场的方向由电流 $\dot{I}_1$ 与 $\dot{I}_2$ 的相序决定。

只改变控制电压 $\dot{U}_2$与电源的接线,电动机便反转,由此控制电动机的转速和转向。图 11.1.3 为交流伺服电动机的相量图。

在运行时如果控制电压变为零,电动机立即停转。

图 11.1.4 是交流伺服电动机在不同控制电压下的机械特性曲线,U_2为额定控制电压。由图可见,在一定负载转矩下,控制电压愈高,则转速也愈高;在一定控制电压下,负载增加,转速下降。此外,由于转子电阻较大,机械特性曲线陡降较快,特性很软,不利于系统的稳定。

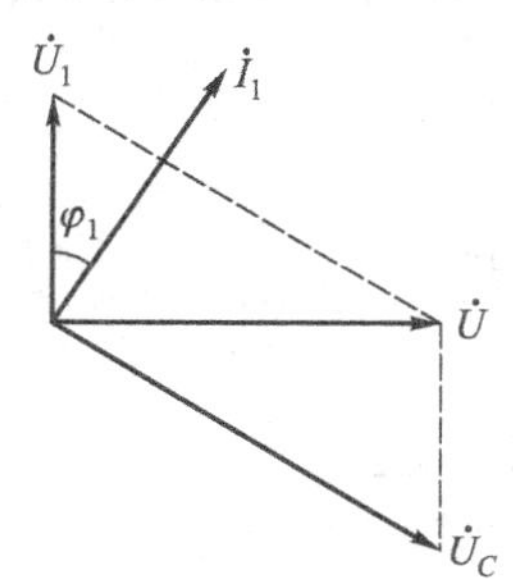

图 11.1.3 交流伺服电动机的相量图

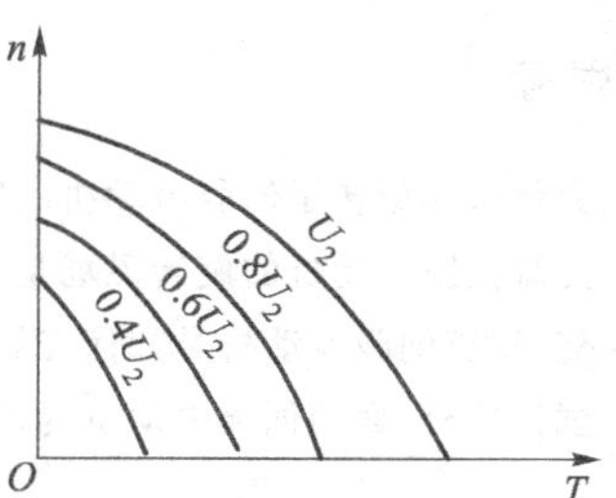

图 11.1.4 不同控制电压下的机械特性曲线 $n=f(T)$,U_1 = 常数

11.1.2 直流伺服电动机

直流伺服电动机的结构与普通小型直流电动机相同,也是由定子和转子两大部分组成。只是为了减小转动惯量而做得细长一些。按励磁方式的不同,可分为永磁式和电磁式两种。永磁式的励磁磁极是永久磁铁;与他励直流电动机相似,电磁式的直流电动机的磁极上装有励磁绕组,在绕组中通入直流电建立磁场。

由直流电机原理知道,直流伺服电动机有两种基本控制方式:电枢控制与磁极控制。电枢控制是改变电枢电压来控制转速,适用于电磁式和永磁式直流伺服电动机。磁极控制是调节磁通来控制转速,仅适用于电磁式直流伺服电动机,但因停转时电枢电流大,磁极绕组匝数多、电感大,时间常数大等缺点,故很少采用。

本书只介绍直流伺服电动机的电枢控制。电枢控制就是励磁电压 U_1一定,建立的磁通 Φ 也是定值,而将控制电压 U_2加在电枢上,其接线图如图 11.1.5 所示。

和第 10 章所述的直流电动机一样,直流伺服电动机的机械特性方程为

$$n=\frac{U_2}{K_E\Phi}-\frac{R_a}{K_E K_T\Phi^2}T \tag{11.1.1}$$

图 11.1.6 是直流伺服电动机在不同控制电压下(U_2为额定控制电压)的机械特性曲线 $n=f(T)$。由图可见,在一定负载转矩下,当磁通不变时,如果升高电枢电压,电机的转速就升高;反之,降低电枢电压转速就下降;当 $U_2=0$ 时,电动机立即停转。要电动机反转,可改变电枢电压的极性。直流伺服电动机的机械特性较交流伺服电动机硬。

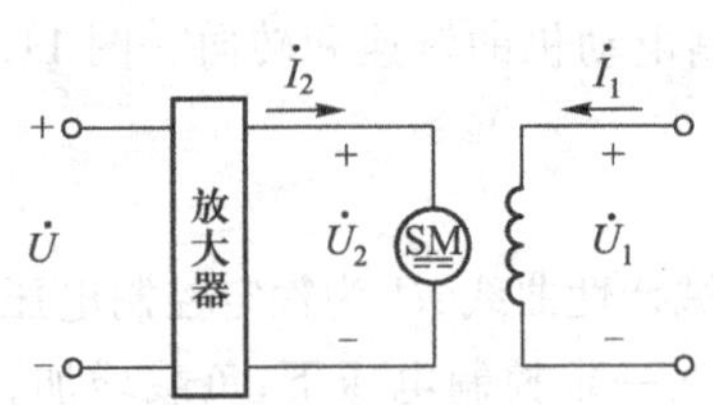

图 11.1.5 直流伺服电动机的接线图

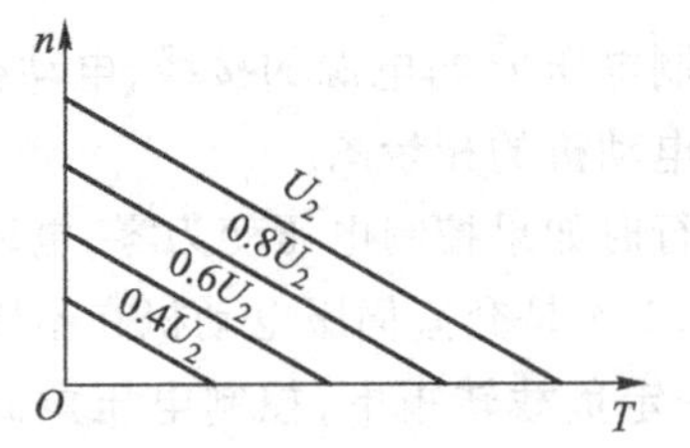

图 11.1.6 直流伺服电动机的机械特性

练习与思考

11.1.1 为什么杯型转子伺服电动机的定子要采用内、外定子的结构？

11.1.2 交流伺服电动机的旋转磁场是如何产生的？

11.1.3 交、直流伺服电动机是如何控制其转速与转向的？

11.1.4 试比较交、直流伺服电动机的机械特性。

11.2 测速发电机

测速发电机(tachogenerator)是一种检测机械转速的电磁装置。它能把机械转速变换成电压信号,其输出电压与输入的转速成正比关系。在自动控制系统和计算机装置中通常作为测速元件、校正元件、解算元件和角加速度信号元件等。自动控制系统对测速发电机的要求,主要是输出电压与转速成正比关系并保持稳定,还有精确度高、灵敏度高、可靠性好、体积小、重量轻、结构简单、工作可靠、对无线电通信的干扰小、噪声小等。

测速发电机按输出信号的形式,可分为交流测速发电机和直流测速发电机两大类。

11.2.1 交流测速发电机

交流测速发电机(AC tachogenerator)可分为同步测速发电机和异步测速发电机两大类。应用较多的是异步测速发电机。异步测速发电机按其结构可分为笼型转子和杯型转子两种,其结构与交流伺服电动机没有什么区别。笼型转子异步测速发电机输出斜率大,但线性度差,相位误差大,剩余电压高,一般只用在精度要求不高的控制系统中。空心杯转子异步测速发电机的精度较高,转子转动惯量也小,性能稳定。

如图 11.2.1 所示,交流测速发电机的定子上装有空间位置相差 90°电角度的两相绕组。一相绕组是励磁绕组,外加单相交流电源,产生磁场,另一相绕组是输出绕组,它输出与转速 n 成正比的频率与励磁绕组相同的交流电压,其原理图如图 11.2.2 所示。

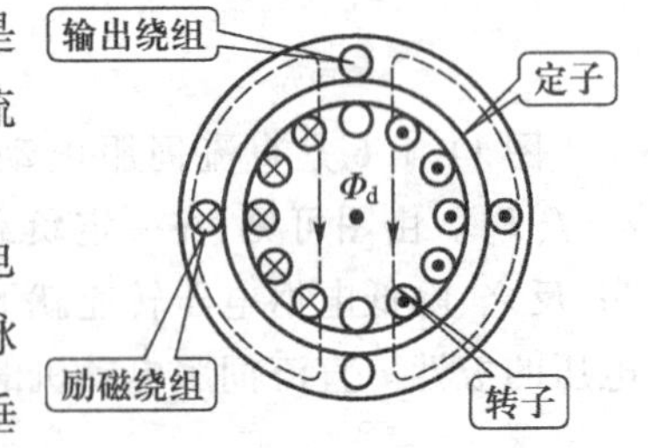

图 11.2.1 异步测速发电机的结构示意图

在测速发电机静止时,将励磁绕组接到交流电源上,励磁电压为 U_1,其值一定。这时在励磁绕组的轴线方向产生一个交变脉动磁通,其幅值设为 Φ_{1m},由于这脉动磁通与输出绕组的轴线垂直,故输出绕组中并无感应电动势,输出电压为零。

当测速发电机被转轴驱动而旋转时,励磁电压 U_1 与其产生的

交变脉动磁通 Φ_{1m}的关系为

$$U_1 \approx 4.44 f_1 N_1 \Phi_{1m} \tag{11.2.1}$$

所以，Φ_{1m}正比于 U_1。

杯型转子在旋转时切割 Φ_{1m}而在转子中感应出电动势 E_r和相应的转子电流 I_r。E_r和 I_r与磁通 Φ_{1m}及转速 n 成正比，即

$$I_r \propto E_r \propto \Phi_{1m} n \tag{11.2.2}$$

转子电流 I_r要产生磁通 Φ_r，其幅值 Φ_{rm}与转子电流成正比，即

$$\Phi_{rm} \propto I_r \tag{11.2.3}$$

磁通 Φ_{rm}与输出绕组的轴线一致，故在输出绕组上会感应电动势，产生一个输出电压 U_2。U_2正比于 Φ_{rm}，即

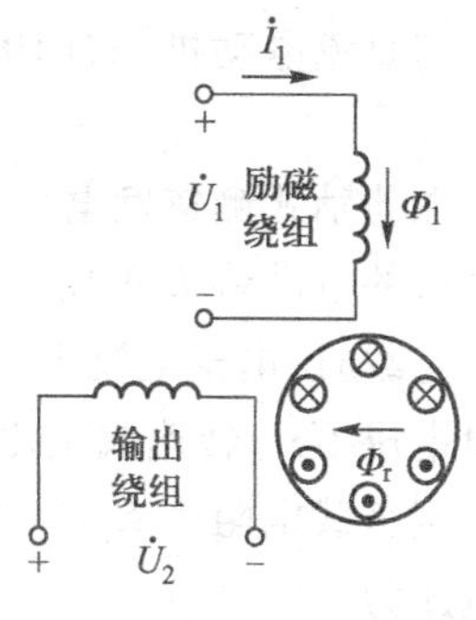

图 11.2.2 交流测速发电机的原理图

$$U_2 \propto \Phi_{rm} \tag{11.2.4}$$

根据上述关系就可得出

$$U_2 \propto \Phi_{rm} \propto I_r \propto E_r \propto \Phi_{1m} n \propto U_1 n \tag{11.2.5}$$

上式表明，当励磁绕组加上电源电压 U_1，测速发电机以转速 n 转动时，它的输出绕组中就产生输出电压 U_2，输出电压 U_2和励磁通电压 U_1的频率相同，U_2的大小和发电机的转速 n 成正比。当转动方向改变，U_2的相位也改变 180°。这样，就把转速信号转换为电压信号，输出给控制系统。输出电压 U_2的频率等于电源频率 f_1，与转速无关。

通常测速发电机和伺服电动机同轴相连，通过测速发电机的输出电压来测量伺服电动机的转速，以便控制伺服电动机。

实际上交流测速发电机是有线性误差的，主要由于铁心非线性的影响，Φ_{1m}并非常数，交流测速发电机的输出电压 U_2与 n 间存在着一定的非线性误差，使用时要注意加以修正。

11.2.2 直流测速发电机

直流测速发电机(DC tachogenerator)是一种微型直流发电机。它的定、转子结构均与直流伺服电动机基本相同，也由装有磁极的定子，转动的电枢和换向器等组成。按励磁方式的不同，分为永磁式和电磁式(他励式)两大类。永磁式[如图 11.2.3(a)所示]的定子磁极是由永磁材料做成，具有结构简单，使用方便等特点，但永磁材料的价格较贵。电磁式的接线图如图 11.2.3(b) 所示，励磁绕组上加电压 U_f，产生励磁电流 I_f，电枢接负载，当电枢被带动时，其中产生电动势，输出电压 U_a。

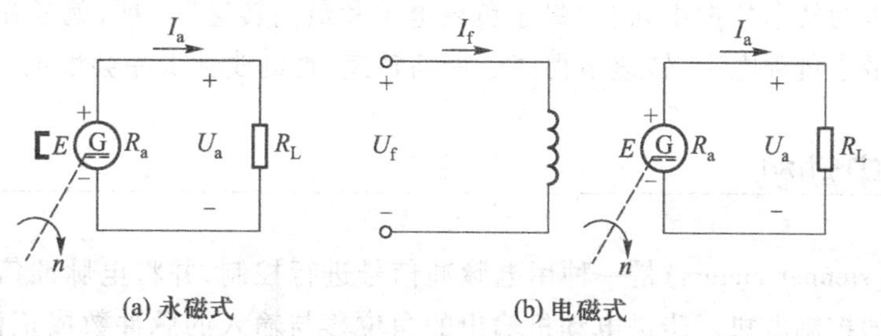

图 11.2.3 直流测速发电机

直流测速发电机的主要特性也是输出电压正比于转速。

与直流电动机[式(10.3.1)]一样,直流测速发电机的电动势 E 为

$$E=K_E\Phi n$$

在他励式测速发电机中,如果保持励磁电压 U_f为定值,则磁通 Φ 也是常数,因此,直流测速发电机的电动势 E 正比于转速 n。

空载时,电枢电流 $I_a=0$,直流测速发电机的输出电压和电枢感应电动势相等。由上式可知,输出电压 U_a与转速成正比。

当负载电阻为 R_L时,电枢向负载输出电流 I_a,则 I_a可引起电枢电阻 R_a电压降,则负载的电枢端电压为

$$U_a=E-R_aI_a=K_E\Phi n-R_aI_a \tag{11.2.6}$$

而

$$I_a=\frac{U_a}{R_L} \tag{11.2.7}$$

于是

$$U_a=\frac{K_E\Phi n}{1+\dfrac{R_a}{R_L}}=Kn \tag{11.2.8}$$

式中,$K=\dfrac{K_E\Phi}{1+\dfrac{R_a}{R_L}}$,$K$ 为测速发电机输出特性斜率。

由上式可以看出,只要保持 Φ、R_a和 R_L为常数,斜率 K 也就为常数。直流测速发电机负载时的输出电压 U_a就与转速 n 成正比,而输出电压的极性可反映转速的方向。这样,发电机就把被测装置的转速信号转变成了电压信号,输出给控制系统。

对于不同的负载电阻 R_L,测速发电机输出特性的斜率也不同,它将随负载电阻的增大而增大,如图 11.2.4 所示的是直流测速发电机的输出特性曲线 $U_a=f(n)$。

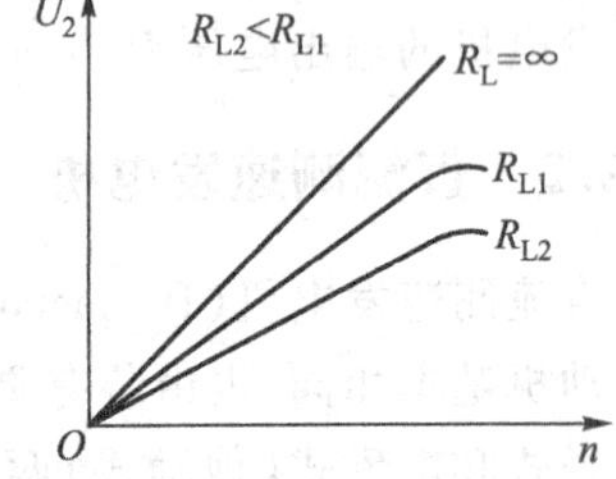

图 11.2.4 直流测速发电机的输出特性曲线

如图 11.2.4 所示,当 R_L减小时,线性误差就增加,特别在高速时。线性误差主要是由于电枢反应、电刷接触压降、电刷位置以及温度影响产生的。R_L越小、n 越大,误差越大。所以在直流测速发电机的技术数据中列有“最小负载电阻和最高转速”一项,就是在使用时所接的负载电阻不得小于最小负载电阻,转速不得高于最高转速,否则线性误差会增加。

11.3 步进电动机

步进电动机(stepper motors)是一种用电脉冲信号进行控制,并将电脉冲信号转换成相应的角位移或线位移的控制电机。步进电动机输出的角位移与输入的脉冲数成正比,转速与脉冲频率成正比。步进电动机具有定位精度高、同步运行特性好、调速范围宽、反应速度快、结构简单等特点,广泛应用于数控机床、绘图机、卫星天线、自动记录仪及数/模转换器等设备上。

步进电动机有反应式(磁阻式)(variable reluctance)、永磁式(permanent magnet)和永磁感应式(Hybrid)等几种,此外步进电动机还可做成直线型和平面型两种。反应式步进电动机转子惯性小、反应快、转速高,性能优良。本节以反应式步进电动机为例,分析步进电动机的工作原理。

图 11.3.1 是一台三相六极反应式步进电动机的结构示意图。它的定、转子铁心由硅钢片叠成。定子具有均匀分布的六个磁极,两个相对的磁极为一相,绕有三相控制绕组,为简明起见,图中只画了一个具有 4 个均匀分布的齿的转子,齿宽与定子极靴相等,转子上没有绕组。

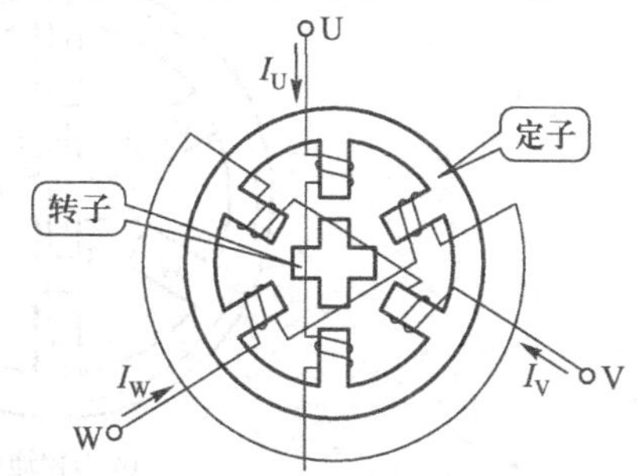

图 11.3.1 反应式步进电动机的结构示意图

三相反应式步进电动机有三相单三拍运行、三相单、双六拍运行和三相双三拍运行三种运行方式。"三相"是指步进电机的相数;"单"是指每次只给一相绕组通电,"双"则是指每次同时给两相绕组通电;定子控制绕组每改变一次通电状态,称为"一拍","三拍"是指通电三次完成一个循环。

下面介绍单三拍,单、双六拍及双三拍三种工作方式的基本原理。

11.3.1 三相单三拍运行

步进电动机工作时,由专用的脉冲电源将脉冲信号电压按一定的顺序轮流加在定子的各相绕组上。当只给 U 相绕组通电时,由于磁力线力图通过磁阻最小的路径,故转子齿 1、3 分别与定子 U 相的两个磁极对齐,如图 11.3.2(a)所示。当 U 相断电、V 相通电以后,在反应转矩作用下,转子顺时针转过 30°,转子齿 2、4 与 V 相磁极对齐,如图 11.3.2(b)所示。当 V 相断电、W 相通电后,转子又转过 30°,转子齿 3、1 与 W 相磁极对齐,如图 11.3.2(c)所示。由此可得,按 U-V-W顺序通电,转子顺时针一步步旋转。当按 U-W-V 顺序通电,转子将逆时针一步步旋转。定子控制绕组每改变一次通电状态为一拍,电机转子所转过的空间角度称为步距角,所以该三相单三拍通电方式的步距角为 30°。

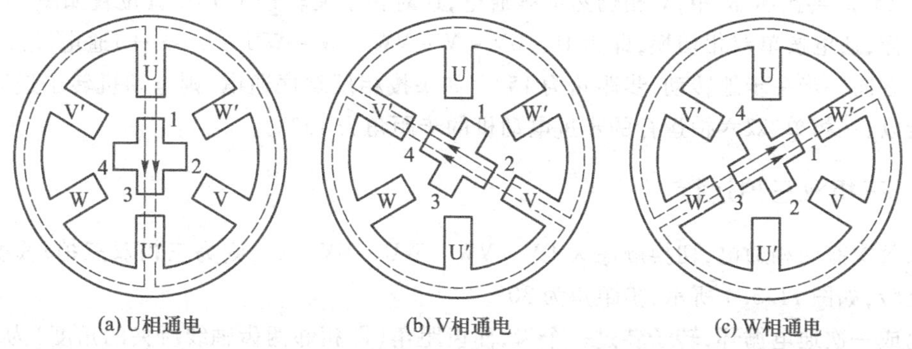

图 11.3.2 三相单三拍通电方式时转子的位置

11.3.2 三相单、双六拍运行

三相单、双六拍运行方式是按 U-UV-V-VW-W-WU-U 或相反顺序通电,即需要六拍才完成一个通电循环。

如图 11.3.3(a)所示，U 相首先通电，转子齿 1、3 和定子 U 相的两个磁极对齐。然后在 U 相

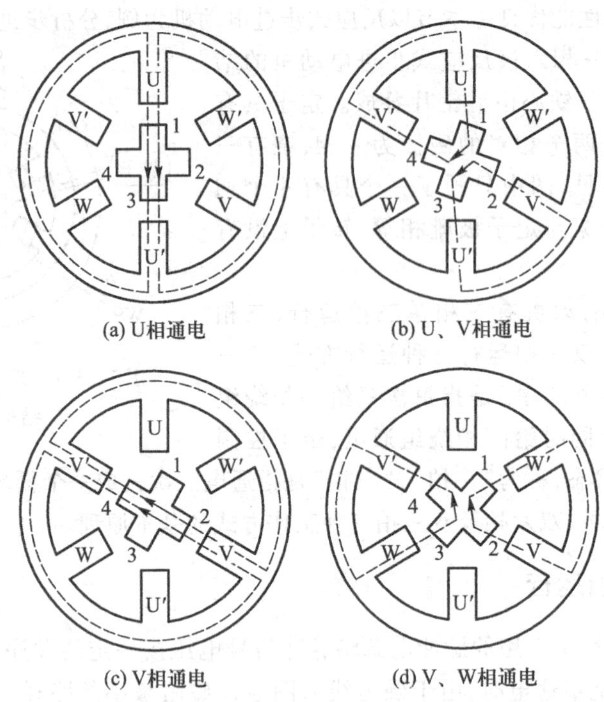

(a) U相通电　(b) U、V相通电

(c) V相通电　(d) V、W相通电

图 11.3.3　三相单、双六拍通电方式时转子的位置

继续通电的情况下接通 V 相。这时定子 V 相的两个磁极对转子齿 2、4 也有磁拉力，使转子顺时针方向转动，但是 U、U′极继续拉住齿 1、3。因此，转子转到两个磁拉力平衡时为止。这时转子的位置如图 11.3.3(b)所示，即转子从图 11.3.3(a) 的位置顺时针方向转过了 15°。接着 U 相断电，V 相继续通电。如图 11.3.3(c)所示，这时转子齿 2、4 和定子 V 相的两个磁极对齐，转子又转过了 15°。再接通 W 相，V 相仍然继续通电，这时转子又转过了 15°，其位置如图 11.3.3(d)所示。这样，通电按单双相切换，即为 U－UV－V－VW－W－WU－U－…的通电顺序，则转子按顺时针方向一步一步地转动，步距角为 15°。如果按相反顺序通电，则电动机转子逆时针方向转动。所以，三相单、双六拍运行的步进电动机的步距角为 15°。

11.3.3　三相双三拍运行

如果每次有两相通电，切换顺序为 UV－VW－WU－UV－…，则为三相双三拍，改变通电顺序可以反转，如图 11.3.4 所示，步距角为 30°。

每完成一次通电循环，转子转过一个齿，而齿距角(即相邻两齿轴线所夹的角度)为

$$\theta_t = \frac{360°}{Z_r} \tag{11.3.1}$$

式中，Z_r是转子齿数。

所以步距角等于转子齿距角除以拍数，即

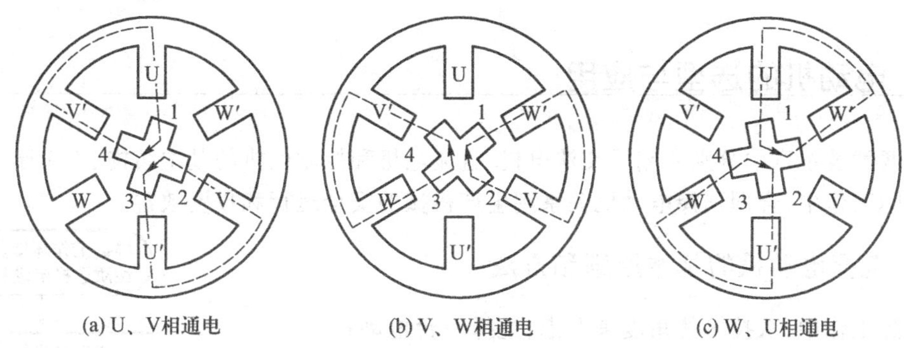

图 11.3.4 三相双三拍通电方式时转子的位置

$$\theta_s = \frac{\theta_t}{N} = \frac{360^\circ}{Z_r N} \tag{11.3.2}$$

式中，N 是一个通电循环中的拍数。

由于转子每经过一个步距角相当于转了 $\frac{1}{Z_r N}$ 圈，若脉冲频率为 f，则转子每秒钟相当于转了 $\frac{f}{Z_r N}$ 圈，所以转子转速为

$$n = \frac{60f}{Z_r N} \tag{11.3.3}$$

上述结构的步进电动机具有较大的步距角，如使用在数控机床中会影响加工工件的精度。为了提高步进电动机的控制精度，通常采用较小的步距角，例如 3°、1.5°、0.75°等。此时转子需要较多齿数（齿距角较小），并需在定子磁极上制作许多相应的小齿。如图 11.3.5 所示的小步距角三相反应式步进电动机，定子上有六个磁极，装有三相控制绕组，转子有 40 个齿，为了让转子齿和定子齿对齐，两者的齿宽和齿距必须相等（齿距角相同）。因此，定子上除了六个磁极以外，在每个磁极的极靴上有 5 个和转子齿一样的小齿。

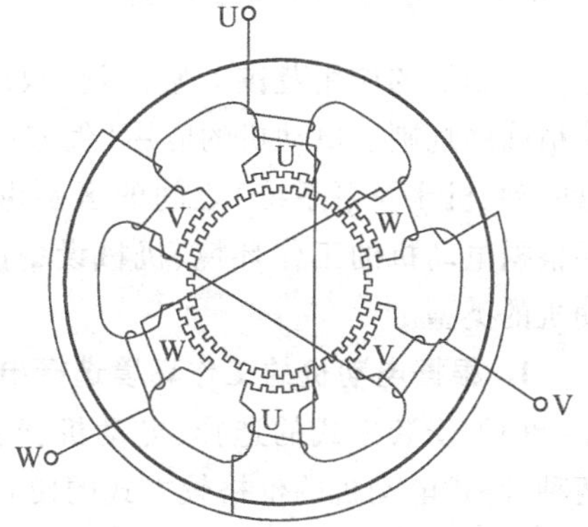

图 11.3.5 小步距角的三相反应式步进电动机

齿距角为 $\theta_t = \frac{360^\circ}{Z_r} = \frac{360^\circ}{40} = 9^\circ$

若采用三相单三拍，步距角为 $\theta_s = \frac{360^\circ}{Z_r N} = 3^\circ$

若采用三相单、双六拍运行，步距角为 1.5°。

可见，步进电机的转速与输入脉冲频率成正比，转角与输入脉冲数成正比，因而不受电压、负载及环境变化的影响。步进电机的这种工作特性正好符合数字控制系统的要求，因而日益广泛地应用于数控机床、自动记录仪表、数模交换装置和计算机等数字控制系统中。

11.4 电动机的选型与应用

在前两章及本章中分别介绍了交流电机、直流电机和控制电机的基本结构、工作原理及使用等。在实际工作中,合理选择电动机关系到生产机械的安全运行和投资效益。

11.4.1 选择电动机的基本原则和方法

在实际工作中,从技术的角度来考虑,选择一台电动机通常从以下几个方面进行:

(1) 根据工作环境选择电动机的结构形式,根据生产机械对调速、起动的要求选择电动机的类型,根据生产机械所需功率选择电动机的容量。

(2) 在以上前提下优先选用结构简单、运行可靠、维护方便又价格合理的电动机。

选择电动机的方法和主要步骤如图 11.4.1 所示。

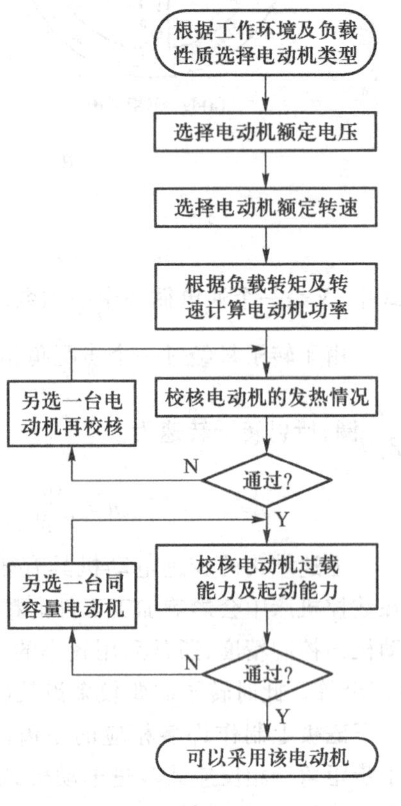

图 11.4.1 选择电动机的方法和步骤

11.4.2 电动机类型的选择

电动机的应用范围非常广泛,很难对它的选型给出一个精确的规则。电动机的应用(例如:机械拖动、机器人、磁盘驱动、机床及泵系统)之间的区别也是非常大的,一般需要根据电动机的工作环境、机械设备的负载性质来选择电动机的类型。

1. 根据电动机的工作环境选择电动机类型

(1) 安装方式的选择:电动机安装方式有卧式和立式两种,卧式电动机的价格较立式的便宜,所以通常情况下多选用卧式电动机,一般只在为简化传动装置且必须垂直运转时才选用立式电动机。

(2) 防护形式的选择:由于生产机械种类繁多,它们的工作环境也各不相同。如果电动机在潮湿或含有酸性气体的环境中工作,则绕组的绝缘将很快受到破坏。若在灰尘大的环境里工作,电动机很容易脏污,致使散热条件恶化。所以要正确地选择电动机的防护形式。

电动机防护形式有开启式、封闭式、防护式和防爆式四种。

① 开启式电动机在构造上无特殊防护装置,在定子两侧与端盖上有较大的通风口,散热条件好,价格便宜,但水气、尘埃等杂物容易进入,因此只在清洁、干燥的环境下使用。

② 封闭式电动机又可分为自扇冷式、他扇冷式和密封式三种。自扇冷式和他扇冷式可在潮湿、多尘埃、高温、有腐蚀性气体或易受风雨的环境中工作。密封式可浸入液体中使用,如工作在油井里的潜油电泵电机对密封要求很高。

③ 防护式电动机在机座下方开有通风口,散热较好,能防止水滴铁屑等杂物从上方落入电动机,但不能防止尘埃和潮气入侵,所以适宜于较清洁干净的环境中。

④ 防爆式电动机也采用密闭式结构。此外,电机骨架被设计成能够承受巨大的压力。能够

将电机内部的火花、绕组电路短路,打火等完全与外界隔绝。这种电机用在一些高粉尘、有爆炸气体、燃烧气体环境的场合,如油库、矿井等。

2. 根据机械设备的负载性质选择电动机类型

(1)一般调速要求不高的生产机械应优先选用交流电动机。由于通常生产场所使用的是三相交流电源,故若无特殊要求,一般都采用三相交流电动机。除了在大功率、不需调速和长期工作的各种生产机械使用同步电动机外,一般都采用三相异步电动机。笼型三相异步电动机结构简单、工作可靠、价格低廉、机械特性较硬、维护方便等,对负载平稳、长期稳定工作的设备,如切削机床、水泵、通风机、轻工业用器械及其他一般机械设备,应采用一般笼型三相异步电动机。

(2)绕线型异步电动机起动性能较好,可以在一定范围内平滑地调速,但由于它转子的结构较复杂,价格较高,维护起来也不方便,所以只是对起动、制动较频繁及对起动、制动转矩要求较大的生产机械,如起重机、矿井提升机、不可逆轧钢机等,选用绕线型异步电动机。

(3)对要求调速不连续的生产机械,可选用多速笼型电动机。

(4)要求调速范围大、调速平滑、位置控制准确、功率较大的机械设备,如龙门刨床、高精度数控机床、可逆轧钢机、造纸机等,多选用他励直流电动机。

(5)要求起动转矩大、恒功率调速的生产机械,应选用串励或复励直流电动机。

(6)要求恒定转速或改善功率因数的生产机械,如大中容量空气压缩机、各种泵等,可选用同步电动机。

(7)特殊场合下使用的电动机,如有易燃易爆气体存在或尘埃较多时,宜选用防护等级相宜的电动机。

(8)要求调速范围很宽,调速平滑性不高时,选用机电结合的调速方式比较经济合理,即同时采用电动机调速和机械齿轮变速(采用机械齿轮减速,增大输出转矩,并利用齿轮换挡扩大了调速范围)两种方法。

3. 电动机额定电压的选择

电动机电压等级的选择,要根据电动机的类型,功率以及使用地点的电源电压来决定。电动机额定电压一般选择与供电电压一致。普通工厂的供电电压为 380 V 或 220 V,因此中小型交流电机的额定电压大多为 380 V 或 220 V。大中容量的交流电动机可以选用 3 kV 或 6 kV 的高压电源供电,这样可以减小电动机体积并可以节省铜材。

直流电动机无论是由直流发电机供电,还是由晶闸管变流装置直接供电,其额定电压都应与供电电压相匹配。普通直流电动机的额定电压有 440 V、220 V、110 V 三种,新型直流电动机增设了 1600 V 的电压等级。

4. 电动机额定转速的选择

一般电机速度的选择依赖于所驱动的机械负载速度。功率一定时,电动机的转速越低,其体积越大。对于速度较低的机械设备,宁可使用机械变速装置而选用速度较高的电动机,而不使用低速电动机进行直接驱动,因为这样虽然使用了变速箱,但电动机的体积小得多,效率和功率因数也比较高,而且在相同的功率下,高速电动机的起动转矩要比低速电动机大得多。

所以电动机的额定转速一般根据生产机械的具体情况按以下原则来选择。

(1)不要求调速的中高转速生产机械应尽量不采用减速装置,而应选用与生产机械相应转速的电动机直接传递转矩。

(2) 要求调速的生产机械上使用的电动机额定转速的选择应结合生产机械转速的要求,选取适合传动比的减速装置。

(3) 低转速的生产机械一般选用转速适当偏低的电动机,再经过减速装置传动;大功率的生产机械中需要低速传动时,注意不要选择高速电动机,以减少减速器的能量损耗。

(4) 一些低速重复,短时工作的生产机械应尽量选用低速电动机直接传动,而不用减速器。

(5) 要求重复、短时、正反转工作的生产机械,除应选择满足工艺要求的电动机额定转速外,还要保证生产机械达到最大的加、减速度的要求而选择最恰当的传动装置,以达到最大生产率或最小损耗的目标。

5. 电动机功率的选择

功率的选择实际上也就是容量的选择,选择太大,虽能保证正常运行,但容量没得到充分利用,既增加投资,也会因电动机经常不在满载下运行,其效率和功率因数较低,增加运行费用。如选得过小,电动机会长期在满载甚至过载状况下工作,电动机的温升过高,影响寿命,严重时,还可能会烧毁电动机。

确定电动机额定功率的方法和步骤如下:① 根据生产机械的静负载功率、负载图或其他给定条件计算负载功率 P_L;② 参照电动机的技术数据表预选电动机型号,使其额定功率 $P_N \geqslant P_L$,并且使 P_N尽量接近于 P_L;③ 校核预选电动机的发热情况、过载能力及起动能力,直到合适为止。

(1) 按生产机械的工作方式预选电动机额定功率:一般对于长期运行(长时工作制)的电动机,可选其额定功率 P_N等于或略大于生产机械所需的功率 P_L;在很多场合下,电动机所带的负载是经常随时间变化的,要计算其等效功率比较复杂,可以采用统计分析法,即将各国同类型先进的生产机械所选用的电动机功率进行类比和统计分析,寻找出电动机功率与生产机械主要参数间的关系。

对于短时制或重复短时制工作的电动机,可以选择专门为这类工作制设计的电动机,也可选择常连续运行的电动机。由于发热惯性,在短时运行时可以容许过载。根据间歇时间的长短,电动机功率的选择要比生产机械负载所要求的功率小一些。工作时间越短,则过载可越大,但电动机的过载要受限制。所以,根据过载系数 λ 来选择短时制工作电动机的功率。

(2) 电动机的发热校核:计算出电动机的额定功率后,通常要对选择的电动机进行发热校核,即限制电动机的温升(电机温度与环境温度之差)以保证电动机的寿命及安全。

电动机发热校核的具体方法见有关手册。

11.5 应用实例:电动汽车

11.5.1 电动汽车发展的必要性

随着能源和环境问题日益受到重视,电动汽车(electric vehicle,简称 EV)以其清洁无污染、能量效率高、低噪声、能源多样化等优点发展迅速。

电动汽车是指以电能作为驱动能源,以电动机作为行驶用原动机的车辆。从汽车发展的历史来看,电动汽车其实比燃油汽车还要早诞生几年,早在 1873 年就问世了。虽然,电动汽车蓄电池能量和功率密度一直不如汽油或柴油,但是,由于它具有自起动能力,电动汽车仍然与后来的燃油汽车共同存在,特别是在城郊地区。然而,大约在1910年,供燃油汽车使用的电起动装置发明后,加之燃油汽车的不断改进,以及电动汽车本身受电池和驱动控制技术的局限,其发展却远远落后于燃油汽车,使电动汽车逐步失去了市场竞争能力。

燃油汽车在给经济带来发展、给人类带来方便的同时,也给人类带来了巨大的灾害。目前,全球汽车保有量超过十亿,未来三十年,全球汽车保有量将增加一倍,所带来的空气污染和能源紧缺问题会越来越严重,因而当今汽车工业势必寻求低噪声、零排放、综合利用能源。

由于电动汽车本质上使用效率高和无污染的优点,使电动汽车的研究和发展一直持续着。从20世纪60年代人们对大气污染的关注,到20世纪70年代的石油危机,都促使电动汽车的研究不断深入。特别是到了20世纪90年代,人类对生存空间严重的环境污染问题和对全球大气温室效应的日益关注,电动汽车再次成为研究和发展的热点。近年来,世界各国,特别是欧美日等发达工业国家,纷纷投以巨资进行电动汽车的研究和开发工作,电力公司也相应地着手研究应用于电动汽车的基础设施。一些国家还从法律上逐步限制或禁止在重要城市使用燃油汽车。电动汽车作为21世纪的重要交通工具,以其节约石油资源、减少大气污染等优势,越来越受到重视。

电动汽车技术提供了对大气污染问题的一种解决方法,它不产生尾气排放,运行时几乎不产生污染,是一种真正意义上的零污染汽车。唯一使电动汽车产生污染的是为电动汽车提供能量、需要不断充电的蓄电池。而蓄电池的废弃物主要以无机物为主,是有形的和易于收集的,人们利用现有的成熟技术可以对其进行处理,以达到零污染排放的目的。由于电动汽车具有舒适干净、噪声低、不污染环境、操作简单可靠及使用费用低等优点,被称为绿色汽车。

11.5.2 电动汽车的关键技术——电机技术

电动汽车电气驱动系统是电动汽车的心脏,它主要由3大部分组成:电机、电力电子和控制技术,而电机又是电气驱动系统的核心。电机的性能直接影响电动汽车的性能,此外,电机的尺寸、重量也影响到汽车的整体效率。电动汽车对电动机的主要性能要求是:使用寿命长、输出扭矩与转动惯量之比较大、过载系数应为3~4、高速操纵性能好、少维修或不维修、外形尺寸小自身质量轻、容易控制、成本低廉,在电动汽车上应用的电动机最高输出功率为50~100 kW。

作为电动汽车驱动单元的电机,它的技术性能直接影响车辆运行的动力性和经济性,所以要选择设计符合电动汽车运行要求的电机,即具有调速范围宽、起动转矩大、后备功率高、效率高、功率密度大和可靠性高的特性。如对感应电机,要求提高额定工作点(基频100 Hz以上)和工作电流密度,降低铜耗(高导电率材料)和铁耗(高磁导率)。而且,电机采用液体冷却提高热容量,减少体积和质量。随着电机技术与电力电子技术、微电子技术和控制技术的结合,最后发展成为可靠、易维护、高功率高密度、高集成度的智能电机。应用在电动汽车上的电机主要包括直流电机、笼型异步电机、永磁同步电机(包括永磁无刷同步电机)和开关磁阻电机。各种汽车电机的性能比较见表11.5.1。

表11.5.1 各种汽车电机的性能比较

	直流电机	永磁同步电机	交流异步电机	开关磁阻电机
功率密度	低	高	中高	中
效率/%	90	85~92	80~87	80~87

续表

	直流电机	永磁同步电机	交流异步电机	开关磁阻电机
最大转速/(r/min)	4000~8000	4000~10000	12000~15000	>15000
可靠性	中等	好	优良	好
成本/(美元/kW)	10	10~15	8~12	6~10

1. 直流电机驱动系统

由于直流电机具有起步转矩大,控制系统较为简单,技术成熟,有交流电动机不可比拟的优良控制特性等优点,在过去的几十年里,电动汽车普遍采用直流变速驱动。直流电机分串励直流电机和他励直流电机两种类型。串励直流电机的优点是只用一个斩波器,缺点是线路要增加接触器切换励磁绕组才能实现牵引与制动的转换。他励直流电机的优点是线路无须切换即可实现牵引与制动的转换,带载能力强,防空转性能好,缺点是多采用一个磁场斩波器。根据德国电动大客车的试验,采用串励直流电机比采用他励直流电机的再生制动作用低5%,能量消耗高19%。尽管他励直流电机需要复杂的斩波调速装置,但是由于使用比较方便,国外大部分电动汽车均采用了他励直流电机。

虽然直流电机易于控制,但是由于采用机械换向结构,结构复杂,故障率高,维护困难,并要产生火花,尤其是对无线电的干扰,这对高度智能化的未来电动汽车是致命的弱点。另外,直流电机及其驱动系统体积大,制造成本高,速度范围有限,重量重,功率密度较低,所有这些因素都限制和妨碍了直流电机在电动汽车中的进一步应用。直流电机驱动系统在电动汽车中的地位将逐渐下降,目前只是在老式电动车和低价位的电瓶车上使用。

2. 交流电机驱动系统

随着电力电子技术,大规模集成电路和计算机技术的发展以及新材料的出现和现代控制理论的应用,使得机电一体化的交流电机驱动系统的研究和开发不断取得新的突破,交流驱动系统显示了它的优越性,如效率高、体积小、重量轻、效率高、维护简单、有效的再生制动、工作可靠和几乎无须维护等,使得交流驱动系统开始越来越多地应用于电动汽车中,交流电机驱动系统成为21世纪电动汽车驱动系统的主流。

在电动汽车驱动系统中,常用的交流电机可分为异步电机、永磁同步电机和开关磁阻电机三大类。

(1) 异步电机驱动系统:目前,大多数电动汽车都采用异步电机进行驱动。异步电机结构简单,坚固耐用,成本低廉,运行可靠,低转矩脉动,低噪声,不需要位置传感器,转速极限高,其控制调速技术比较成熟,使得异步电机驱动系统具有明显的优势,因此被较早应用于电动汽车的驱动系统,目前仍然是电动汽车驱动系统的主流产品(尤其在美国)。

但异步电机最大缺点是驱动电路复杂,成本高;相对永磁电机而言,异步电机效率和功率密度偏低,将被其他新型无刷永磁牵引电机驱动系统逐步取代。

(2) 永磁同步电机驱动系统:高性能永磁材料的出现使得永磁电机获得了人们的青睐。永磁同步电机由于采用高磁能稀土永磁制成,具有很高的能量密度,体积小、重量轻、效率高、调速范围宽,在电动汽车中也有很好的应用前景。但永磁材料价格昂贵。目前已应用的永磁同步电机主要有无刷永磁同步电机、内置式永磁同步电机(混合式永磁磁阻电机)、表面凸出式永磁同步电机(永磁转矩电机),另外,位置传感器永磁同步电机驱动系统将成为永磁同步电机驱动系统的发展趋势之一。

(3) 开关磁阻电机驱动系统:开关磁阻电机是一种新型电机,可以看成是大步距角的步进电机,它结构简单,运行可靠,效率高,其调速系统运行性能和经济指标比普通的交流调速系统好,驱动电路成本低,具有较宽的调速范围。但开关磁阻电机转矩脉动大、噪音大,相对同步电机来说功率密度和效率低,所以目前应用还受到限制。

电动汽车电机向着高功率密度、高可靠性及耐久性、低制造成本发展,其驱动控制系统向高效、集成化与一体化集成发展。

总之,电动汽车由于整机的电气化而具有易于智能化以及操作简单、使用可靠、安全性能好等方面的极大优势,成为当前科学技术研究和开发的前沿课题之一。随着人类对生存环境要求的提高,合理利用能源意识的增强,作为一种清洁和高效率的现代化交通工具,电动汽车将在21世纪得到全面的发展。

小结

1. 控制电机是转换和传递控制信号的微特电机。可根据在电气传动中所起的控制作用,将微型控制电机分为传递信息的信号元件和传递能量的功率元件两大类。其中信号元件有直流测速发电机、交流测速发电机、自整角电机和旋转变压器等,功率元件有交、直流伺服电动机、步进电动机以及低速同步电动机等。

2. 伺服电动机将电压信号转换为转角或转速以驱动控制对象,通过信号控制电压的大小和方向来控制电动机的转速和转向,分为交流和直流两种。交流伺服电动机结构简单,运行可靠,电磁转矩较小,效率较低,容量较小。直流伺服电动机体积小,重量轻,效率高,能用在功率稍大的系统中使用,机械特性较直流伺服电动机硬。

3. 测速发电机是一种检测机械转速的电磁装置。它能把机械转速变换成电压信号,其输出电压与输入的转速成正比关系。在自动控制系统和计算装置中通常作为测速元件、校正元件、解算元件和角加速度信号元件等,按输出信号的形式,可分为交流测速发电机和直流测速发电机两大类。

4. 步进电动机是一种用电脉冲信号进行控制,并将电脉冲信号转换成相应的角位移或线位移的控制电机。步进电动机输出的角位移与输入的脉冲数成正比,转速与脉冲频率成正比。步进电动机有反应式(磁阻式)、永磁式和永磁感应式等数种。

习题

11.1.1 直流伺服电动机的基本控制方式有哪些?

11.1.2 改变交流伺服电动机的转动方向的方法有哪些?

11.2.1 直流测速发电机按励磁方式分为哪几种?各有什么特点?

11.2.2 直流测速发电机的输出特性,在什么条件下是线性特性?产生误差的原因和改进的方法是什么?

11.2.3 为什么直流测速发电机在使用时转速不宜超过规定的最高转速?而负载电阻不能小于规定值?

11.2.4 异步测速发电机的励磁绕组与输出绕组在空间位置上互差90°电角度,没有磁路的耦合作用。为什么励磁绕组接交流电源,电机转子转动时,输出绕组会产生电压?为何输出电压的频率却与转速无关?若把输出绕组移到与励磁绕组在同一轴线上,电机工作时,输出绕组的输出电压有多大?与转速有关吗?

11.3.1 什么是步进电机的步距角？可以通过何种途径来减小步进电动机的步距角？什么是单三拍、六拍及双三拍工作方式？

11.3.2 三相反应式步进电动机通电方式为 U－V－W－U 时，电动机顺时针转，步距角为 1.5°。（1）要使步距角为 0.75°，逆时针转，应怎样通电？（2）要使步距角为 0.75°，顺时针转，应怎样通电？（3）要使步距角为 1.5°，逆时针转，应怎样通电？

第 12 章　继电接触器控制系统

在工业生产中，现代机床或其他生产机械，其运动部件大多是由电动机来带动的。因此，在生产过程中要求对电动机进行自动控制，使生产机械各部件的动作按顺序进行，以保证生产过程和加工工艺合乎预定要求。用继电器、接触器等有触点电器构成的控制系统，称为继电器 - 接触器控制系统，简称继电接触器控制系统。在电气传动控制系统中，继电接触器控制系统是最简单，最基本，但也是使用最广泛的控制系统。它是一种有触点的断续控制，即通过继电器、接触器的触点接通和断开的方式对电路进行控制。由于继电接触器控制系统所用的控制电器结构简单，投资小，满足一般工艺要求，因此在一些比较简单的自动控制系统中应用仍然广泛。学好本章内容，对学习和理解下一章 PLC 控制器会有很大的帮助。

学习目的：

1. 了解常用控制电器（断路器、组合开关、按钮、行程开关、交流接触器、热继电器、中间继电器、时间继电器）。
2. 掌握继电接触器控制系统的基本控制电路（直接起动、正反转、顺序控制）等。

12.1　引例：C650 卧式车床控制线路

卧式车床是应用极为广泛的金属切削机床。主要用于车削外圆、内圆、端面、螺纹和成形表面，也可用钻头、铰刀、镗刀等进行加工。

车床的切削加工包括主运动、进给运动和辅助运动。主运动为工件的旋转运动：由主轴通过卡盘或顶尖带动工件旋转。进给运动为刀具的直线运动：由进给箱调节加工时的纵向或横向进给量。辅助运动为刀架的快速移动及工件的夹紧、放松等。

根据切削加工工艺的要求，对电气控制提出下列要求：主拖动电动机采用三相笼型异步电动机，主轴的正、反转由主轴电动机正、反转来实现。调速采用机械齿轮变速的方法。中小型车床采用直接起动方法（容量较大时，采用星形 - 三角形换接降压起动）。为实现快速停车，一般采用机械制动或电气反接制动。控制线路具有必要的保护环节和照明装置。

图 12.1.1 为 C650 卧式车床的实物照片。图 12.1.2 为 C650 卧式车床的电气控制原理图。车床共有三台电动机：M_1 为主轴电动机，拖动主轴旋转，并通过进给机构实现进给运动；M_2 为冷却泵电动机，提供切削液；M_3 为快速移动电动机，拖动刀架的快速移动。

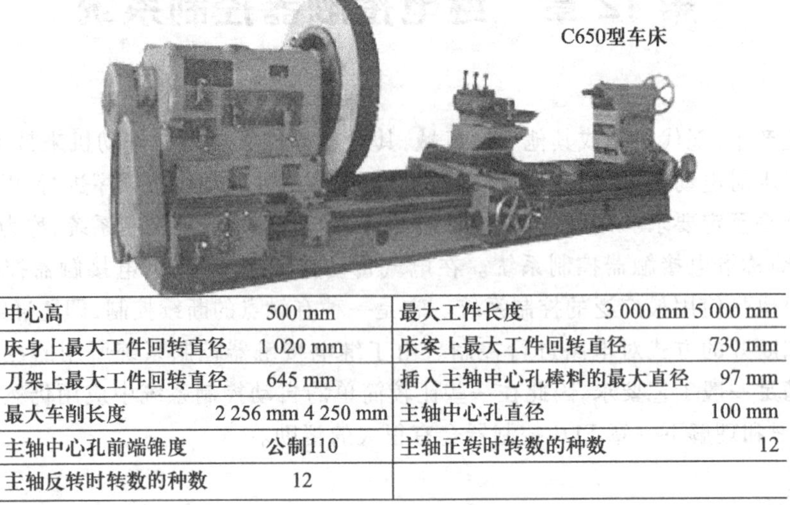

中心高	500 mm	最大工件长度	3 000 mm 5 000 mm
床身上最大工件回转直径	1 020 mm	床案上最大工件回转直径	730 mm
刀架上最大工件回转直径	645 mm	插入主轴中心孔棒料的最大直径	97 mm
最大车削长度	2 256 mm 4 250 mm	主轴中心孔直径	100 mm
主轴中心孔前端锥度	公制110	主轴正转时转数的种数	12
主轴反转时转数的种数	12		

图 12.1.1 C650 卧式车床的实物照片

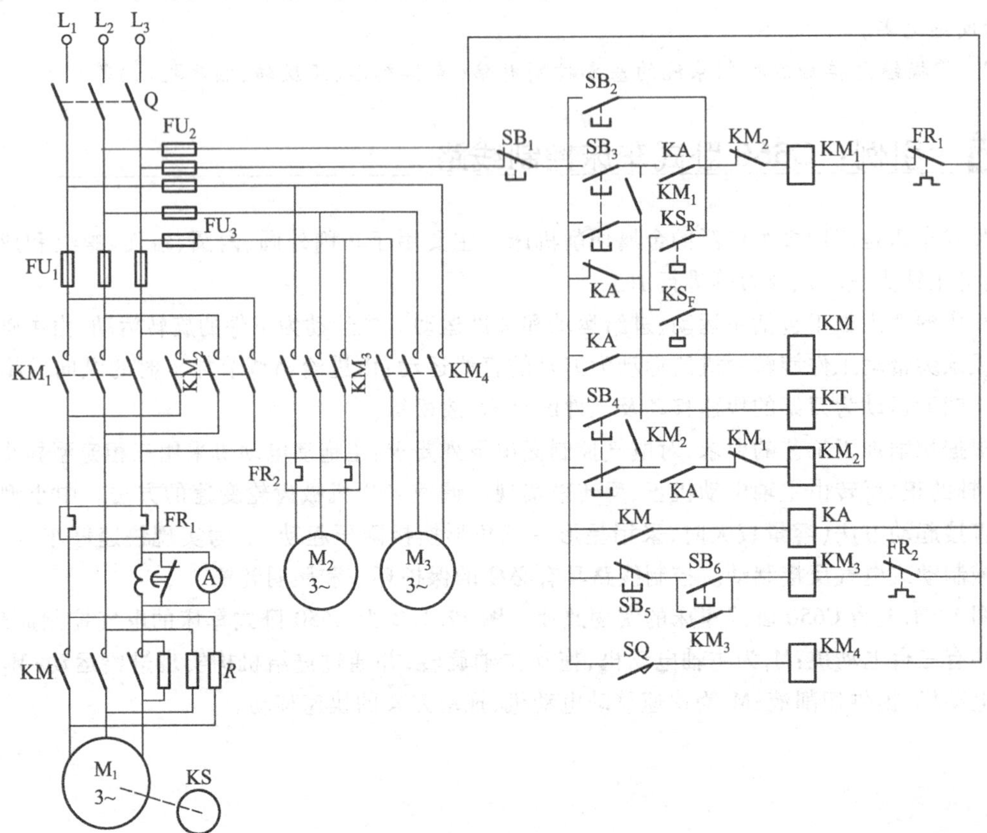

图 12.1.2 C650 卧式车床的电气控制原理图

12.2　常用低压控制电器

凡是自动或手动接通和断开电路,以及能实现对电路或非电对象进行切换、控制、保护、检测、变换和调节操作的电气元件统称为电器。

电器按其工作电压分为低压电器和高压电器。低压电器是指工作电压在交流 1 200 V 或直流 1 500 V 以下的各种电器;反之,则为高压电器。电器按其职能又可分为控制电器和保护电器。用于各种控制电路和控制系统的电器,称为控制电器,如开关、按钮、接触器等;用于保护电路及用电设备的电器称为保护电器,如熔断器、热继电器等。控制电器的种类很多,按其动作方式可分为手动和自动两类。手动电器的动作是由工作人员手动操纵的,如刀开关、组合开关、按钮等;自动电器的动作是根据指令、信号或某个物理量的变化自动进行的,如各种继电器、接触器、行程开关等。

低压电器通常分为如下几类。

开关电器:包括刀开关、转换开关、自动开关等。

主令电器:包括按钮、行程开关和接近开关等。

执行电器:包括接触器和各类继电器。

保护电器:熔断器、漏电保护器和各种过载、过电压、过电流、短路等保护电器。

部分常用电机、电器的图形符号见表 12.2.1。

表 12.2.1　部分常用电机、电器的图形符号

名称	符号	名称		符号
电机的一般符号 * 必须用字母代替,如: G 电机 M 电动机 SM 伺服电动机	*	按钮触点	动合	
			动断	
同步电动机	MS	接触器与继电器的线圈		
三相笼型异步电动机	M 3~	接触器的主触点	动合	
			动断	

续表

名称	符号	名称		符号
三相绕线型异步电动机	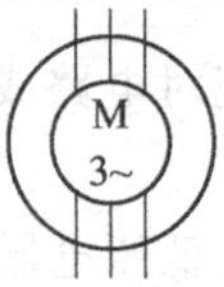 M 3~	继电器的触点与接触器的辅助触点	动合	
			动断	
双绕组变压器	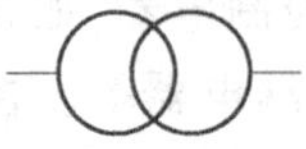	时间继电器触点	延时闭合动合	
			延时断开动断	
三极开关的一般符号(多线表示)	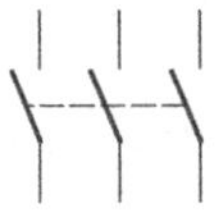		延时断开动合	
			延时闭合动断	
照明灯 信号灯		行程开关的触点	动合	
			动断	
熔断器		热继电器	动断触点	
			发热元件	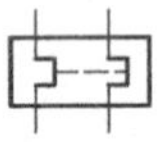

12.2.1 刀开关

刀开关又叫刀闸开关,简称刀开关,实用中有胶盖刀开关和铁壳刀开关,用于隔离电源和负载。由于刀开关一般不设置灭弧装置,灭弧能力较低,所以只能用于小容量(5.5 kW 以下)电动机的直接起、停控制。刀开关由刀闸(动触点)、静插座(静触点)、手柄和绝缘底板等组成,其极数(刀片数)分为单极、双极、三极和多极以满足不同的需要。

刀开关一般与熔断器串联使用,以便在短路时自动切断电路。

刀开关的技术数据主要是刀闸的额定电压和额定电流。在选择刀闸开关时要考虑电动机的起动电流,一般刀闸的额定电流应是电动机额定电流的3~5倍。

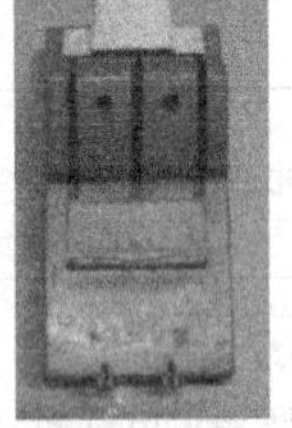

(a) 三极

(b) 双极

图12.2.1 刀开关外形图

图12.2.1所示为刀开关的外形图,图12.2.2为其结构图,图12.2.3为其图形符号和文字符号。

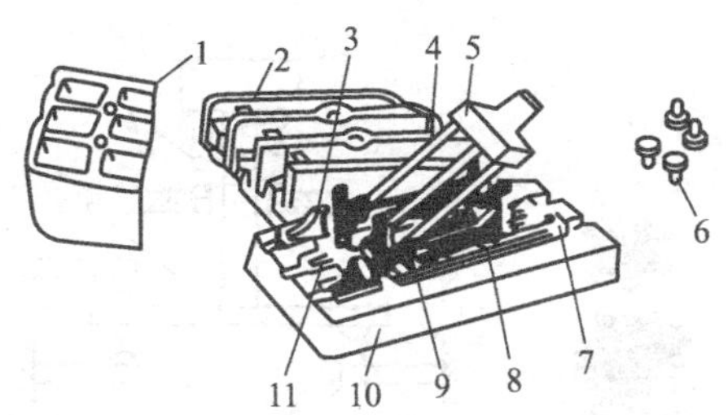

1—上胶盖，2—下胶盖，3—静插座，4—刀闸，5—瓷手柄，6—胶盖紧固螺母，
7—出线座，8—熔丝，9—触刀座，10—瓷底板，11—进线座

图 12.2.2 塑壳刀开关结构图

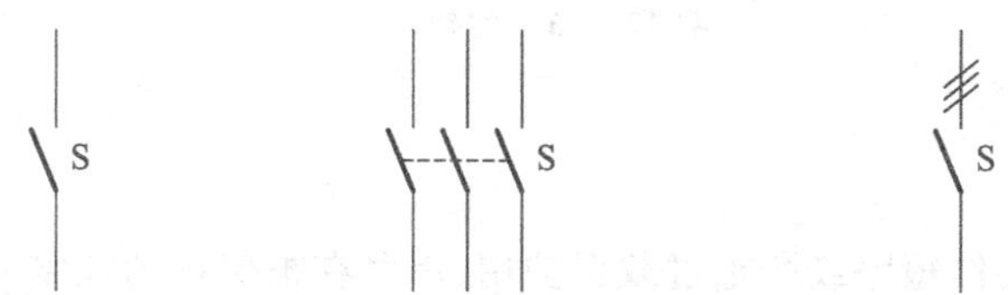

(a) 开关一般符号 (b) 三极开关符号，多线表示 (c) 多极开关一般符号，单线表示

图 12.2.3 刀开关图形符号和文字符号

12.2.2 组合开关

组合开关又称为转换开关，是一种转动式的刀闸开关，主要用于接通或切断电路、换接电源、控制小型笼型三相异步电动机的起动、停止、正反转或局部照明。组合开关有若干个动触片和静触片，分别装于数层绝缘件内，静触片固定在绝缘垫板上，动触片装在转轴上，随转轴旋转而变更通、断位置，其外形图如图 12.2.4(a)所示。转换开关具有一定的灭弧能力，其图形符号和文字符号如图 12.2.4(b)所示。

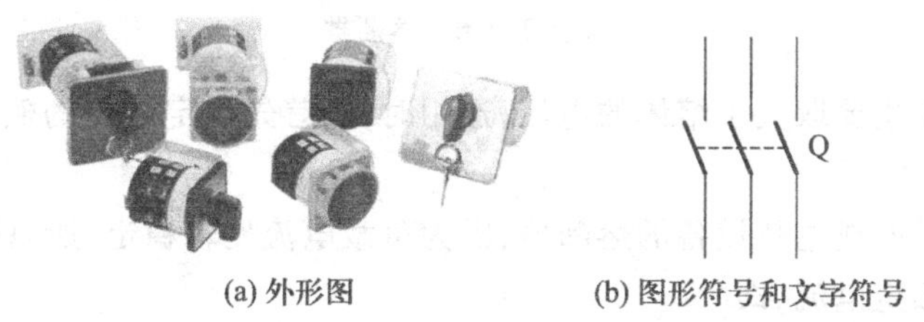

(a) 外形图 (b) 图形符号和文字符号

图 12.2.4 组合开关

12.2.3 按钮

按钮是用来发出指令信号的手动电器，主要用于接通或断开小电流的控制电路，从而控制电动机或其他电气设备的运行。

按钮由外壳、按钮帽、触点和复位弹簧组成，其外形图和结构示意图如图 12.2.5(a)、(b)所示。按钮的触点分动断触点(常闭触点)和动合触点(常开触点)两种。对于复合按钮，按下时，动断触点先断开，动合触点后闭合；松开时，动合触点先复位(断开)，动断触点后复位(闭合)。

按钮的图形符号和文字符号如图 12.2.5(c)所示。

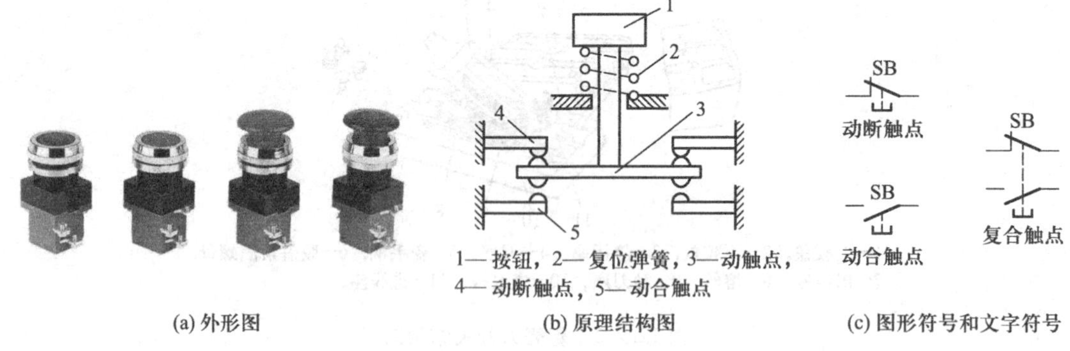

(a) 外形图 (b) 原理结构图 (c) 图形符号和文字符号

图 12.2.5 按钮

12.2.4 熔断器

熔断器俗称保险,主要作短路或严重过载保护用,串联在被保护的线路中。线路正常工作时如同一根导线,起通路作用;当线路短路或严重过载时熔断器熔断,断开电源和负载,起到保护电源线路和电气设备的作用。刀开关的出线端常串有熔断器。图 12.2.6(a)、(b) 为熔断器的外形图,图 12.2.6(c) 为其图形符号和文字符号。

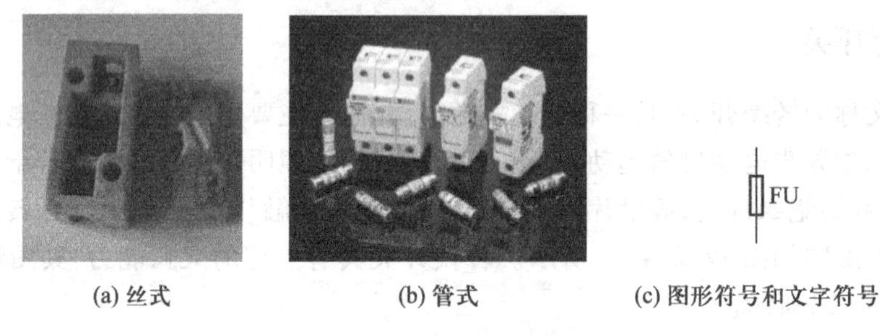

(a) 丝式 (b) 管式 (c) 图形符号和文字符号

图 12.2.6 熔断器

熔断器在使用中主要取决于熔体的电流,选用时,应首先确定熔体的额定电流 I_{NR},确定方法如下:

(1) 用于保护照明或电热设备的熔断器,因为负载电流比较稳定,所以熔体的额定电流应等于或稍大于负载的额定电流,即

$$I_{NR} \geqslant I_{NL}\text{（}I_{NL}\text{为负载的额定电流）}$$

(2) 用于保护单台长期工作电动机的熔断器,其熔体额定电流选为

$$I_{NR} \geqslant (1.5 \sim 2.5) I_N\text{（}I_N\text{为电动机的额定电流）}$$

(3) 用于保护频繁起动电动机的熔断器,其熔体电流选为

$$I_{NR} \geqslant (3 \sim 3.5) I_N$$

(4) 用于保护多台电动机(即供电干线)的熔断器,其熔体额定电流应满足下述关系

$$I_{NR} \geqslant (1.5 \sim 2.5) I_{Nmax} + \sum I_N$$

式中,I_{Nmax} 为容量最大的一台电动机额定电流,$\sum I_N$ 为其余电动机额定电流之和。

12.2.5 空气断路器

空气断路器又称自动空气开关,它的主要特点是具有自动保护功能,当发生短路、过载、过压、欠压等故障时能自动切断电源,图 12.2.7(a)为自动空气开关的外形图,图 12.2.7(b) 是其图形符号和文字符号。

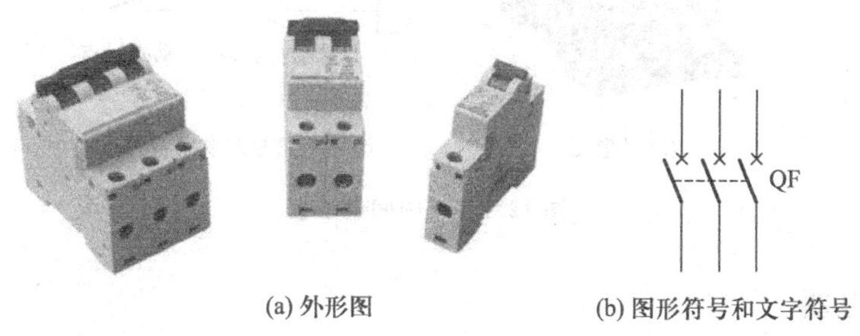

图 12.2.7 自动空气开关

12.2.6 交流接触器

交流接触器是利用电磁原理制成的一种自动电器,是继电接触器控制系统中最重要和最常用的电器。额定电流在 10 A 以上的接触器都有灭弧装置,因此能频繁地接通、断开主电路,实现远距离的自动控制。当线圈电压低于设定值时,它的触点能自动复位,从而可实现欠压、零压保护。交流接触器主要由电磁铁、触点和灭弧装置三部分组成,其外形、原理结构及图形符号和文字符号如图 12.2.8(a)、(b)、(c)所示。

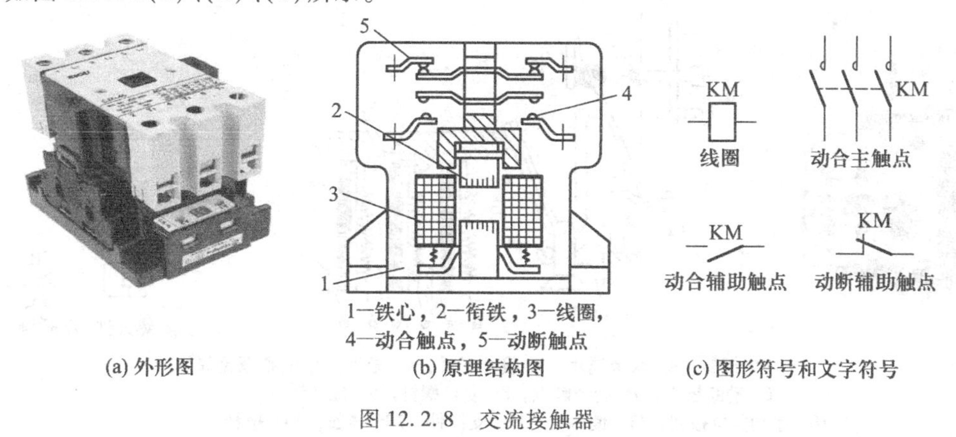

图 12.2.8 交流接触器

12.2.7 中间继电器

中间继电器通常用来传递信号和同时控制多个电路。中间继电器的结构和工作原理与交流接触器基本相同,与交流接触器的主要区别在于它只有辅助触点,触点数目较多。因此,中间继电器只能用于控制电路中。其外形图及图形符号、文字符号如图 12.2.9 所示。

一般的接触器只有三个动合主触点,两对动合辅助触点和两对动断辅助触点,当控制电路较复杂、辅助触点不够用时,中间继电器可用于扩展辅助触点。

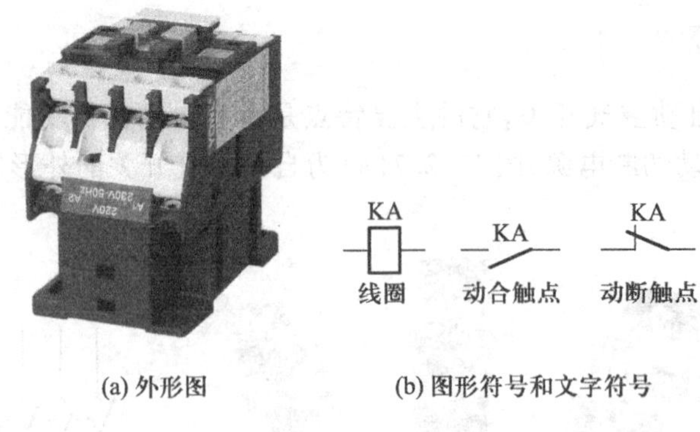

(a) 外形图 (b) 图形符号和文字符号

图 12.2.9 中间继电器

12.2.8 热继电器

热继电器是一种过载保护电器,它是利用电流热效应原理实现电动机的过载保护。图 12.2.10(a)、(b)所示为热继电器的外形图及原理结构图。在原理结构图 12.2.10(b) 中,热继电器的发热元件 3 串接在主电路中,当主电路通过的电流超过允许值时,发热元件使双金属片 2 受热变形弯曲,推动导板 4,并通过补偿双金属片 5 与推杆 14 将串接在控制回路中的推杆触点 9 和动断触点 6 分开,使控制电路断开电源,交流接触器线圈失电,从而使交流接触器的主触点复位,断开电动机主电源以保护电动机。

故障排除后,可按下手动复位按钮 10,热继电器即可复位。图 12.2.10(c) 为其图形符号和文字符号。

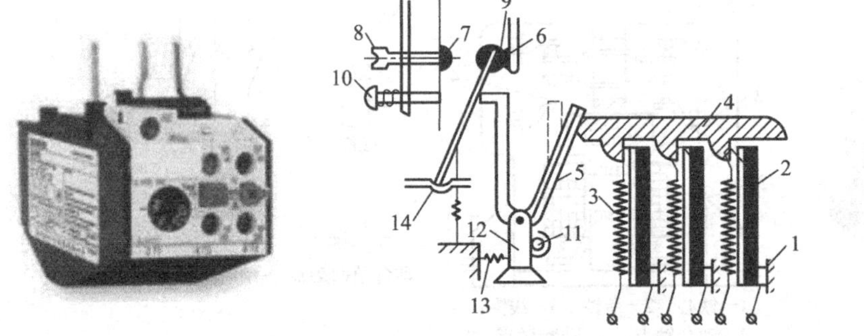

FR 热元件　FR 动断触点　FR 动合触点

1—固定螺钉,2—双金属片,3—发热元件,4—导板,5—补偿双金属片,
6—动断触点,7—动合触点,8—复位螺钉,9—推杆触点,
10—手动复位按钮,11—偏心轮,12—支撑件,13—压簧,14—推杆

(a) 外形图 (b) 原理结构图 (c) 图形符号和文字符号

图 12.2.10 热继电器

12.2.9 时间继电器

时间继电器是在获得电信号后,经过人为设定的延时时间,使控制电路接通或断开的自动电器。时间继电器按其工作原理可分为电磁式、空气阻尼式、电动式和电子式。目前,在交流电路中广泛采用空气阻尼式。

时间继电器由触点系统和电磁铁系统两部分构成,有通电延时和断电延时两种。通电延时是指时间继电器的延时触点在其线圈通电后延时动作,在线圈断电时,立即恢复自然状态;断电延时是指时间继电器的所有触点在其线圈通电时马上动作,而当线圈断电时,其延时触点延时恢复到自然状态。

图 12.2.11(a) 为时间继电器的外形图,图 12.2.11(b) 为其图形符号和文字符号。图 12.2.11(c) 为空气阻尼式通电延时型的原理结构图。其动作过程为:当线圈 1 得电后,动铁心 3 被吸合,推板与反力弹簧一起随动铁心上移,微动开关 16 立即动作,动合触点闭合,动断触点断开。与此同时,活塞杆 6 在塔形弹簧 8 作用下带动活塞 12 及橡皮膜 10 向上移动,橡皮膜下方空气室空气变得稀薄,形成负压,活塞杆只能缓慢移动,其移动速度由进气孔气隙大小决定。经过一段延时后,活塞杆通过杠杆 7 压住微动开关 15,使其触点动作,动合触点延时闭合,动断触点延时断开,起到通电延时作用。当线圈断电后,动铁心 3 被释放,所有触点被立即复位。时间继电器除延时触点外,还设置有瞬时触点,其动作原理及图形符号与中间继电器相同。

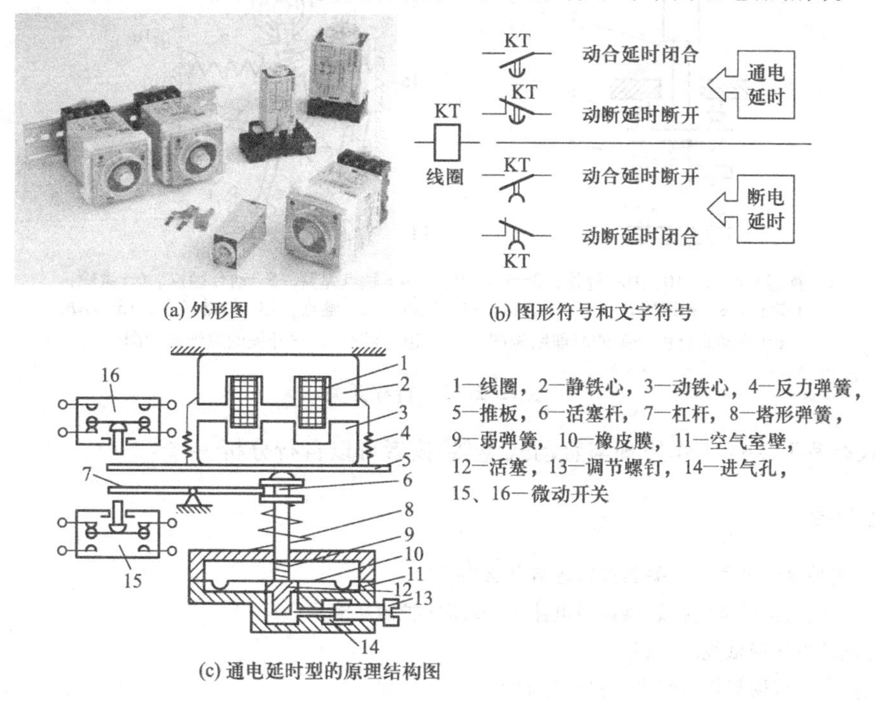

(a) 外形图　　(b) 图形符号和文字符号

(c) 通电延时型的原理结构图

图 12.2.11　时间继电器

12.2.10　行程开关

行程开关是将机械运动部件的行程、位置信号转换成电信号的自动电器。行程开关种类很多,本小节主要介绍有触点的行程开关及其控制。图 12.2.12(a) 为行程开关的外形图,图 12.2.12(b) 为行程开关的图形符号和文字符号。图 12.2.12(c)、(d) 为直动式和滚轮式两种行程开关的原理结构图,直动式行程开关的工作原理与按钮类似。当电动机带动的机械设备上安装的挡块撞击到行程开关的触(顶)杆时,行程开关触点动作,其动断触点断开,动合触点闭合,当挡块离开后,行程开关的触点复位。

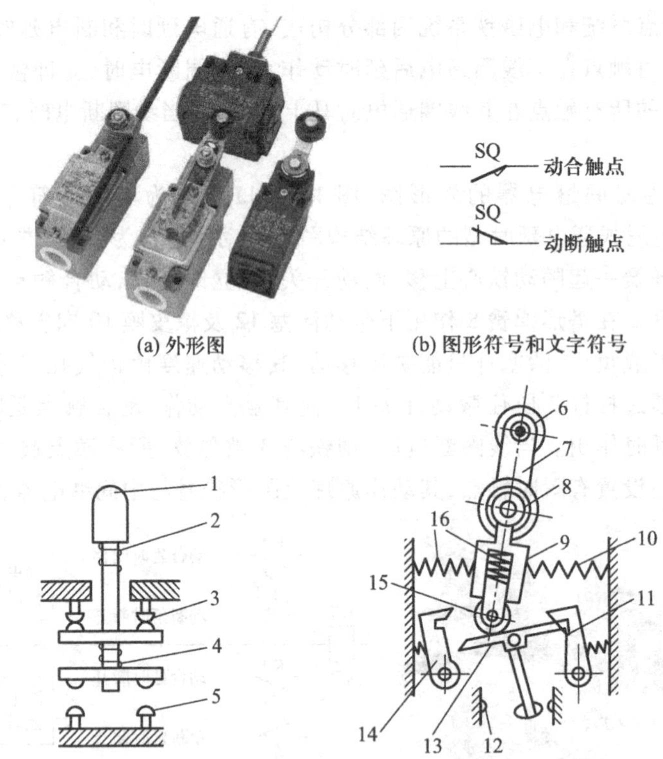

(a) 外形图　　(b) 图形符号和文字符号

1—触(顶)杆，2、10、16—弹簧，3—动断触点，4—触点弹簧，5—动合触点，6—滚轮，7—上轮臂，8—动滚轮，9—套架，11、14—压板，12—触点，13—推动触点，15—小滑轮

(c) 直动式行程开关的原理结构图　　(d) 滚轮式行程开关的原理结构图

图 12.2.12　行程开关

滚轮式行程开关的工作原理与直动式类似，读者可以自行分析。

练习与思考

12.2.1　两种手动电器刀开关和按钮各有什么特点？

12.2.2　在电动机的继电接触器控制电路中，零压保护的功能是（　　）。

A. 防止电源电压降低烧坏电机

B. 防止停电后再恢复供电时电动机自行起动

C. 实现短路保护

12.2.3　在电动机的继电接触器控制电路中，热继电器的功能是实现（　　）。

A. 短路保护　　B. 零压保护　　C. 过载保护

12.2.4　熔断器额定电流是指熔体在大于此电流下（　　）。

A. 立即烧断　　B. 过一段时间烧断　　C. 永不烧断

12.3　基本控制电路

一个复杂的控制系统，通常是在基本控制电路的基础上进行修改、综合与完善的。因此，本节内容是继电接触器控制系统中的基础和重点，应熟练掌握。在分析、绘制控制系统的电气原理

图时,应遵循以下原则:

(1) 主电路(动力电路,通过大电流)位于图面的左侧或上方;控制电路(辅助电路,通过小电流)是为主电路服务的,位于图面的右侧或下方。[①]

(2) 一般交流接触器线圈的工作电压为380 V或220 V,即民用供电的电压。因此,当接触器线圈额定电压为380 V时,控制电路的电源线可以与主电路相连接,主、控电路绘制在一个图面,分别左、右绘制。

(3) 分析、绘制电气原理图时按从上到下、从左至右的顺序进行。图中,线圈是处于未带电状态,触点、按钮均未受到外力的作用,即各电器处于自然状态。

(4) 同一电器的不同部件不论在什么位置,都用同一文字符号标注。

12.3.1 点动控制

图12.3.1为三相异步电动机的点动控制电路原理图,其工作原理是:首先合上开关Q,为电动机的起动做好准备;按下起动按钮SB,交流接触器KM线圈通电,其动合主触点闭合,电动机通电起动运行;松开按钮,KM线圈失电,主触点断开,电动机M断电停车,实现了一点就动,松手就停的控制过程。

点动控制通常用于电动机检修后试车或生产机械的位置调整。

12.3.2 直接起停控制

所谓直接起停控制,就是要求按下起动控制按钮后,电动机就单方向地持续运转,要使电动机停车,按下停止按钮即可。为了保护线路和电气设备,原理图中还应考虑各种异常情况下的保护措施。在点动控制的基础上进行修改、补充,得图12.3.2所示的单向直接起停控制电路原理

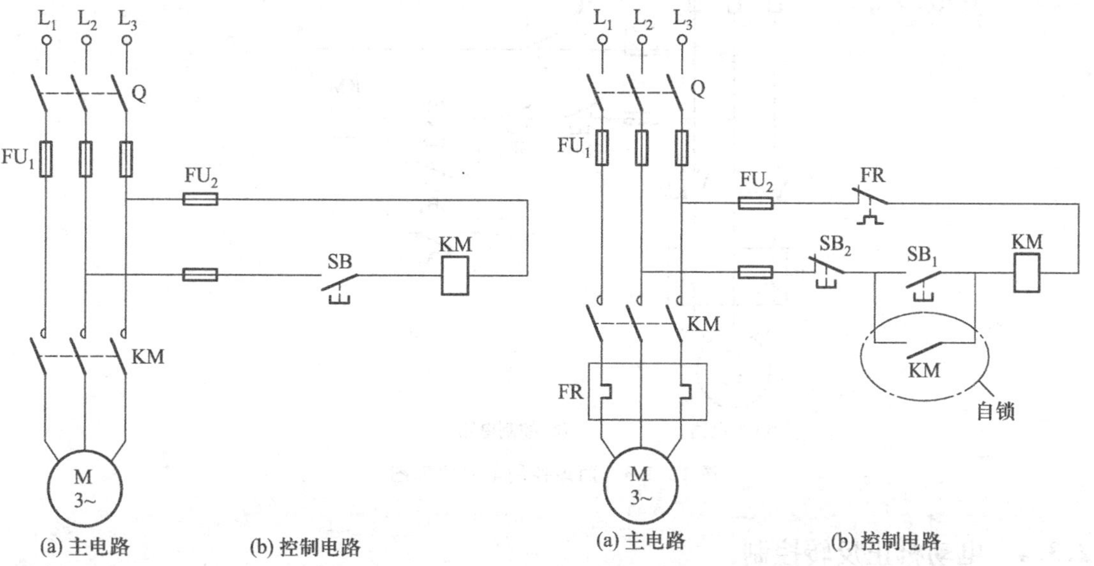

(a) 主电路 (b) 控制电路

图 12.3.1 点动控制电路原理图

(a) 主电路 (b) 控制电路

图 12.3.2 单向直接起停控制电路原理图

① 工程制图中,主电路一般用粗实线画出,控制电路用细实线画出。

图,图中在起动按钮 SB_1 的下方并联了一个交流接触器 KM 的动合辅助触点,以保证起动后 KM 线圈持续带电,电动机持续运转,这种由 KM 的辅助触点闭合保证 KM 线圈得电的作用称为自锁,因而 SB_1 下方的 KM 动合辅助触点称为自锁触点。要使电动机停车,按下停止按钮 SB_2 即可。

原理图中,熔断器 FU_1、FU_2 作为短路保护。一旦发生短路事故,熔体立即熔断,电动机停车。

热继电器 FR 做过载保护。当电动机过载时,FR 的热元件发热到一定时间,其动断触点断开,使控制回路断电,则接触器线圈失电,其主触点复位断开,电动机断电停车,避免了电动机遭受长期过载的危险。

交流接触器 KM 自身还具有零压(失压)和欠压保护的功能。即当电源突然断电或电压严重下降时,交流接触器的电磁系统吸力不够,动铁心释放而使其各触点复位,则 KM 动合主触点断开,使电动机从电源切除,这时动合辅助自锁触点也复位,当电源电压恢复正常后必须重新起动电动机,否则电动机不能自行起动,从而避免了设备损坏或人员伤害等事故。

12.3.3 两地控制

在实际应用中,常常需要在两地(如现场和控制室)对同一电动机进行起、停控制,即两地控制。因此,控制电路中应有两套起、停按钮,按任何一个起动按钮,电动机都要起动,则两个起动按钮应并联;按任何一个停止按钮,电动机都要停车,则两个停止按钮应串联。于是在单向直接起停控制电路上进行补充,得图 12.3.3 所示两地控制电路原理图。

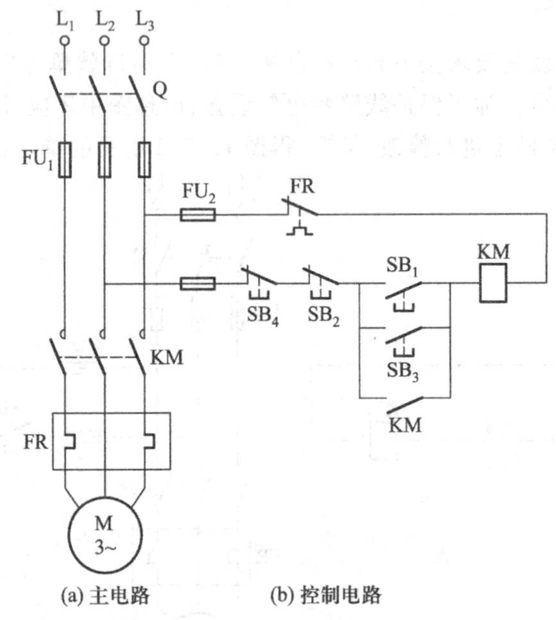

(a) 主电路　　(b) 控制电路

图 12.3.3 两地控制电路原理图

12.3.4 电动机正反转控制

机械设备左右、前后、上下的移动,均涉及电动机的正反转。要使三相异步电动机由正转变为反转,只需将接入的三相电源的任意两根相线对调位置即可,反之亦然。因此,需要有两个交流接触器 KM_1、KM_2 分别控制电动机的正反转,如图 12.3.4(a)所示主电路。显然 KM_1、KM_2 这两组主触点不能同时闭合，否则会造成主电路电源短路，即要求 KM_1、KM_2 这两个接触器不能同时得电，在任意时刻都只能有一个接触器线圈带电，这种功能称为互锁功能。在单向直接起停控制电路的基础上进行改进，得到图 12.3.4(b) 所示的电动机正反转控制电路原理图。图中在 KM_1 线圈回路中串入了 KM_2 的动断辅助触点，在 KM_2 线圈回路中串入了 KM_1 的动断辅助触点，这两个动断触点是起互锁功能的，因此称为互锁触点。

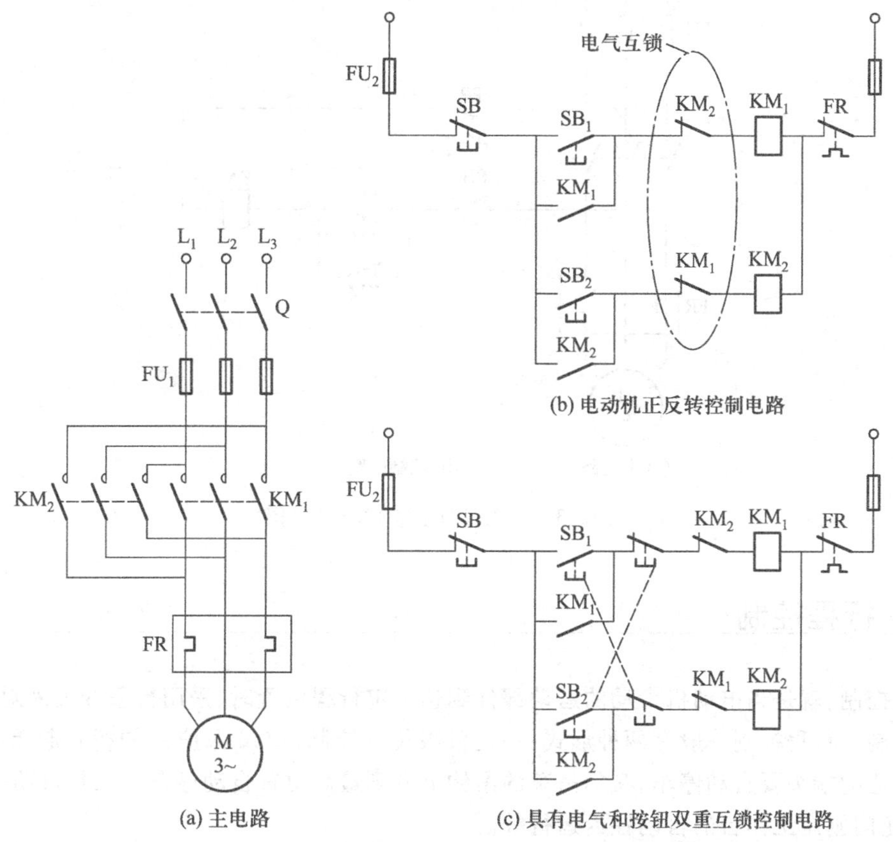

(a) 主电路

(b) 电动机正反转控制电路

(c) 具有电气和按钮双重互锁控制电路

图 12.3.4 电动机正反转控制电路原理图

图 12.3.4(b) 所示控制电路有一个缺陷，就是当 KM_1 线圈得电，电动机处于正转过程中，要切换到反转即 KM_2 线圈得电，必须首先按下停止按钮 SB，使 KM_1 线圈断电而使其触点复位，然后再按反转起动按钮 SB_2，KM_2 线圈得电，电动机才能反转，带来操作上的不方便。为了直接切换，控制电路中除了有电气互锁外，还要加按钮互锁，于是得图 12.3.4(c) 所示控制电路。

练习与思考

12.3.1 指出下列图形符号的意义：

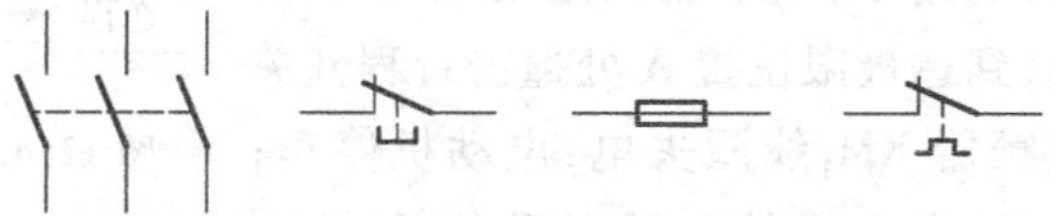

12.3.2 什么是自锁、互锁？正反转控制电路中必备的保护环节有哪些？各用什么电气元件实现？

12.3.3 试画出既能连续运行又能实现点动的控制电路。

12.3.4 指出并改正图 12.3.5 所示电路中的错误。

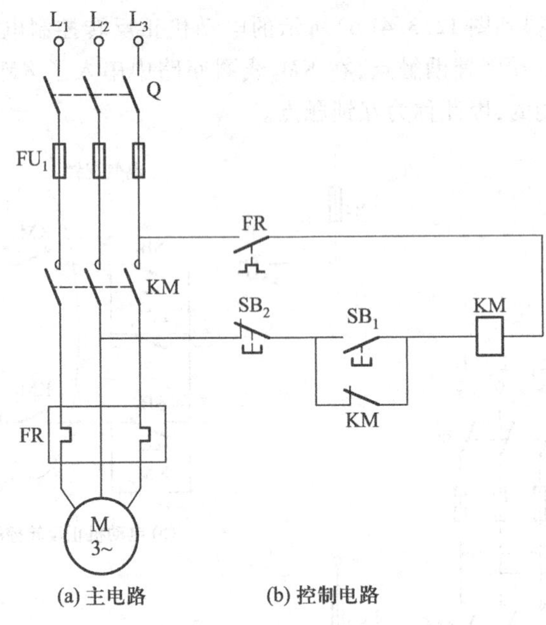

图 12.3.5 练习与思考 12.3.4 的图

12.4 行程控制

行程控制,就是当电动机带动的运动部件到达一定行程位置时,采用行程开关来对电动机进行自动控制。行程控制一般有两种形式:一是极限位置控制(终端保护),如桥式起重机(行车)运行到轨道的端头要自动停车,又如吊车的吊钩上升到最高位置自动停车。二是自动往返控制,如铣床、龙门刨床工作台的自动往返运行等。

12.4.1 限位行程控制

在图 12.4.1 所示限位行程控制示意图中,要求行车既能正向行驶又能反向行驶,到达 A、B 两终端位置时能自动停车,且在行车运行过程中任意时刻均可人为停车。要实现这样的控制功能,在终端位置 A、B 两处分别安装行程开关 SQ_A 和 SQ_B,则在电动机正反转控制电路的基础上增加行程开关即可。其控制电路如图 12.4.2 所示。

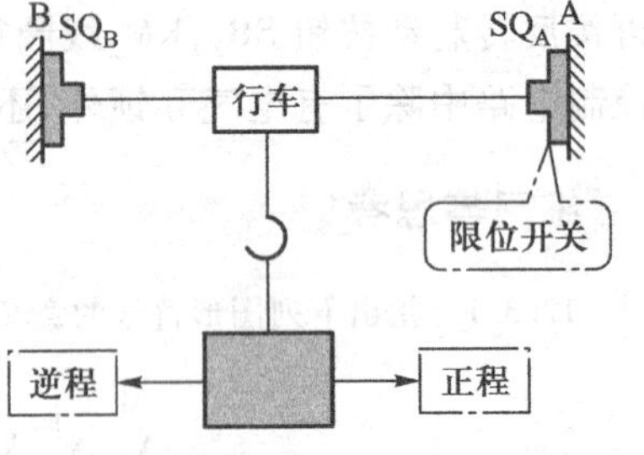

图 12.4.1 限位行程控制示意图

在图 12.4.2 所示控制电路中,按下正向起动按钮 SB_1,电动机带动行车正向行驶,到达极限位置 A 处撞击行程开关 SQ_A,其动断触点断开,接触器 KM_1 线圈失电,电动机停车;当按下反向起动按钮 SB_2后,电动机带动行车反向行驶,到达极限位置 B 处停下;在正、反向行驶过程中,按下停止按钮 SB,电动机均可停车。

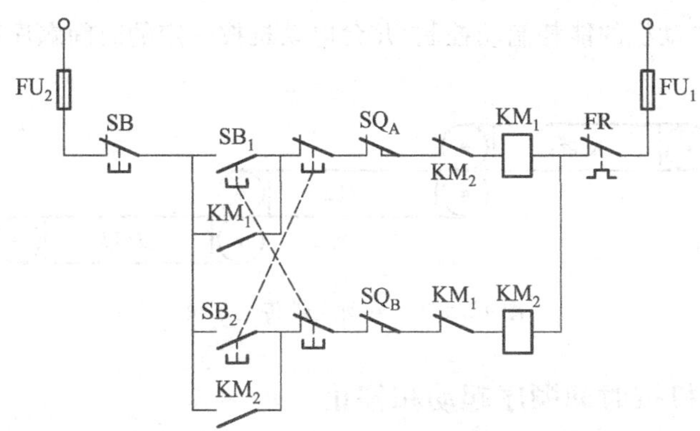

图 12.4.2 限位行程控制电路

12.4.2 自动往返控制

铣床、龙门刨床等工作台的自动往返控制电路是将图 12.4.2 限位行程控制电路中的 SQ_A、SQ_B触点换为复合触点。SQ_A的动合触点与 SB_2并联，SQ_B的动合触点与 SB_1并联，这样就实现了自动往返运行，要停车时，按下停止按钮 SB 即可。工作台自动往返运行的示意图及控制电路如图 12.4.3 所示，其工作原理简述如下：

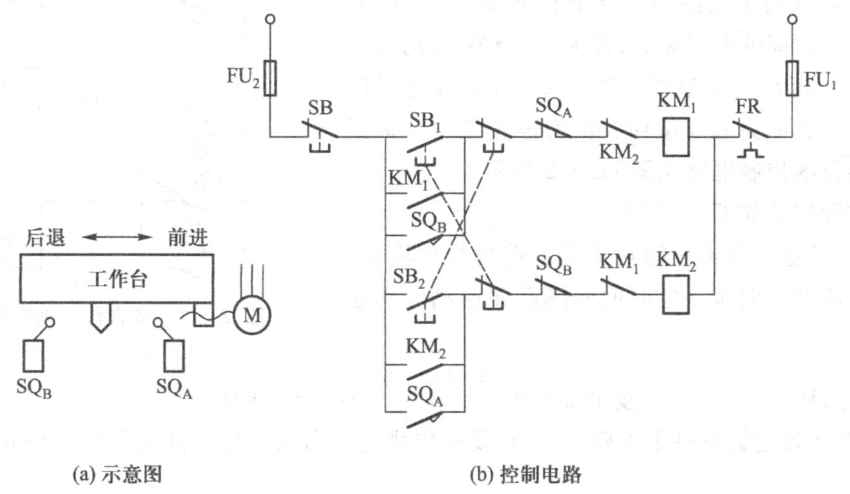

(a) 示意图　　(b) 控制电路

图 12.4.3 自动往返控制

起动：按 SB_1→KM_1得电，电动机正转，工作台前进→到位，碰 SQ_A→断开 KM_1，接通 KM_2，电动机反转，工作台后退，SQ_A复位→后退到位，碰 SQ_B→断开 KM_2，接通 KM_1，电动机再次正转，工作台前进……如此循环，实现往返运动。

停车：按 SB。

12.5 时间控制

时间控制，就是利用时间继电器的延时功能进行的延时控制。例如电动机的星形－三角形换接降压起动控制，电动机的能耗制动控制，几台电动机按一定的时间顺序起停控制等都需要采用时间继电器。

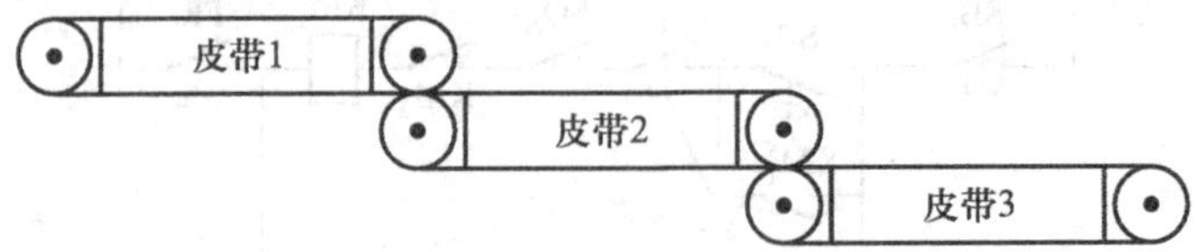

图 12.5.1 自动皮带传送系统

12.5.1 异步电动机按时间顺序起动和停止

在实际应用中，常常有需要按照时间顺序起动和停止的工作要求。例如，自动皮带传送系统如图 12.5.1 所示，系统要求：开机时，皮带 3 先起动；10 s 后，皮带 2 再起动；再过 10 s，皮带 1 才起动，停止的顺序正好相反。试设计该系统的控制电路。

该系统为典型的时间顺序控制系统，根据所给要求，系统只需要一个起动按钮和一个停车按钮即可。但是，三条皮带的起动和停止是按时间顺序工作的，所以，系统中必须有时间继电器。

三台电动机的主电路与直接起停控制相同，控制电路则需要用时间继电器完成，设 KM_1 ~ KM_3分别为控制三台电动机运行的接触器，KT_1 ~ KT_4分别为延时用的时间继电器，SB_1为起动按钮，SB_2为停止按钮。根据题给要求涉及的控制电路如图 12.5.2 所示。

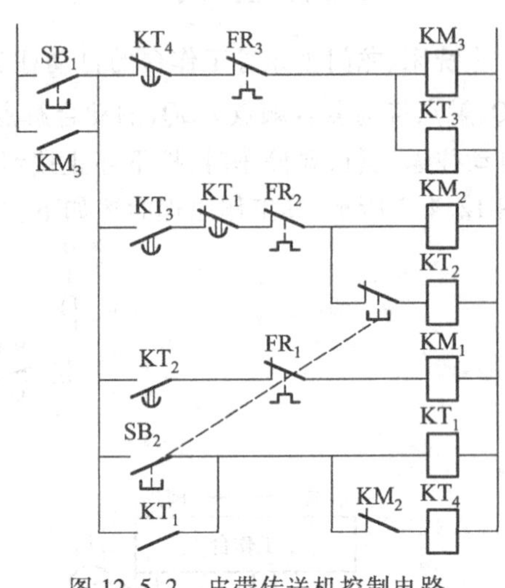

图 12.5.2 皮带传送机控制电路

工作过程简述如下：

起动：为了避免在前段运输皮带上造成物料堆积，要求逆物料流动方向按一定时间间隔顺序起动。其起动顺序为

$$\text{皮带 3}, KM_3 \xrightarrow{\text{延时 10 s}, KT_3} \text{皮带 2}, KM_2 \xrightarrow{\text{延时 10 s}, KT_2} \text{皮带 1}, KM_1$$

停止：为了使运输皮带上不残留物料，要求顺物流方向按一定时间间隔顺序停止，其停止顺序为

$$\text{皮带 1}, KM_1 \xrightarrow{\text{延时 10 s}, KT_1} \text{皮带 2}, KM_2 \xrightarrow{\text{延时 10 s}, KT_4} \text{皮带 3}, KM_3$$

12.5.2 笼型异步电动机的星形 - 三角形换接降压起动控制

星形 - 三角形换接降压起动控制，要求在起动时电动机采用星形联结，经过一段延时，当电动机的转速上升到一定值时，再将其换接成三角形联结。其控制电路如图 12.5.3 所示。

工作原理简述：首先合上开关 Q，为电动机起动做好准备。按下 SB_1，线圈 KM_1、KT、KM_2同时得电，主触点 KM_1、KM_2闭合，接通电动机，在星形联结下降压起动。经过设定的延时，KT 动断触点断开，KT 动合触点闭合，线圈 KM_2失电，主触点 KM_2断开，KM_2互锁触点复位闭合，线圈 KM_3得电，主触点 KM_3闭合，电动机换接成三角形联结，全压运行。

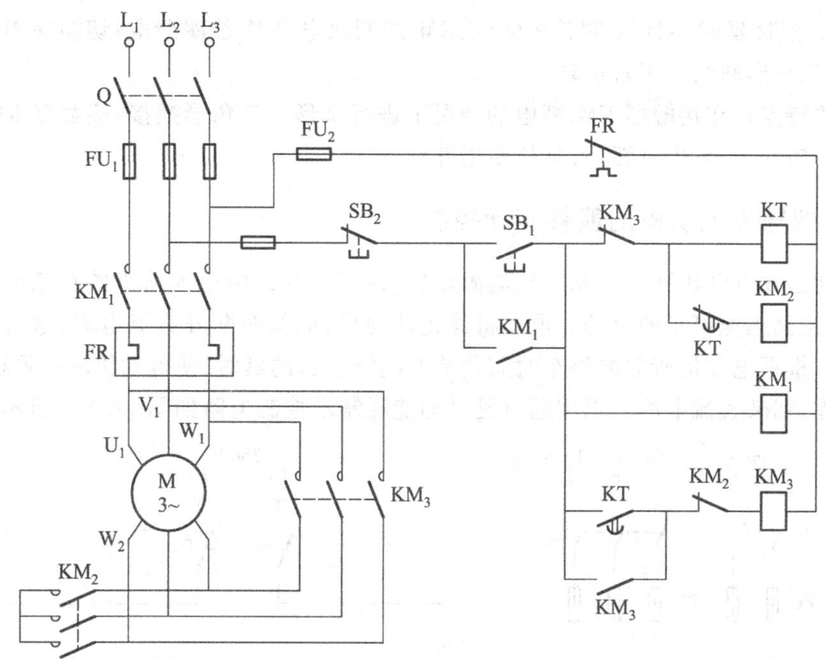

图 12.5.3 星形-三角形换接降压起动控制电路 1

线圈 KM_3得电后，KT 线圈即失电，避免时间继电器长期带电。要停车，按下停止按钮 SB_2即可。

在图 12.5.3 所示控制电路中，KM_2与 KM_3是带电切换，容易产生电弧。为了保证星形-三角形换接降压起动是在断电条件下进行，可采用图 12.5.4 所示控制电路。该电路工作过程简述如下：首先合上开关 Q，为电动机起动做好准备。按下 SB_1，KM_1线圈、KT 线圈、KM_2线圈通电，

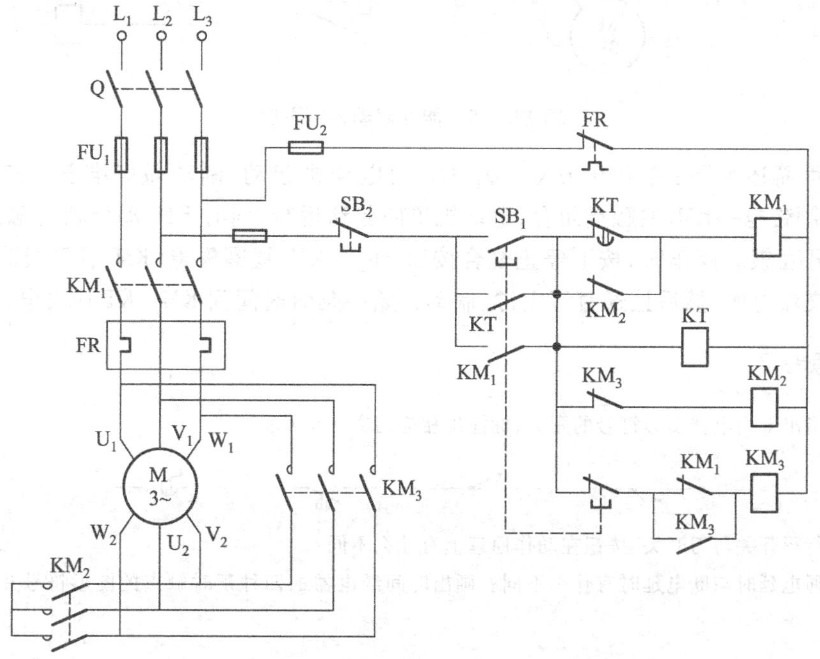

图 12.5.4 星形-三角形换接降压起动控制电路 2

KM_3线圈断电，经过延时，KM_1线圈首先断电，KM_3线圈通电，KM_2线圈断电，切换完毕后KM_1再通电，电动机在三角形联结下正常运转。

本线路的特点是在接触器KM_1断电的情况下进行星形－三角形换接；接触器KM_2的动合主触点在无电下断开，不发生电弧，可延长使用寿命。

12.5.3 笼型异步电动机的能耗制动控制

能耗制动是在电动机断开三相交流电源以后，在定子绕组中通入适当的直流电产生一个制动转矩，从而达到迅速停车的目的。电动机停止转动后，应及时断开直流电源，这可以用时间继电器来实现。根据电动机所需的停车时间调节时间继电器的延时，使电动机刚一停稳，继电器延时触点就动作，切断直流电源。采用通电延时的能耗制动控制电路如图12.5.5所示。

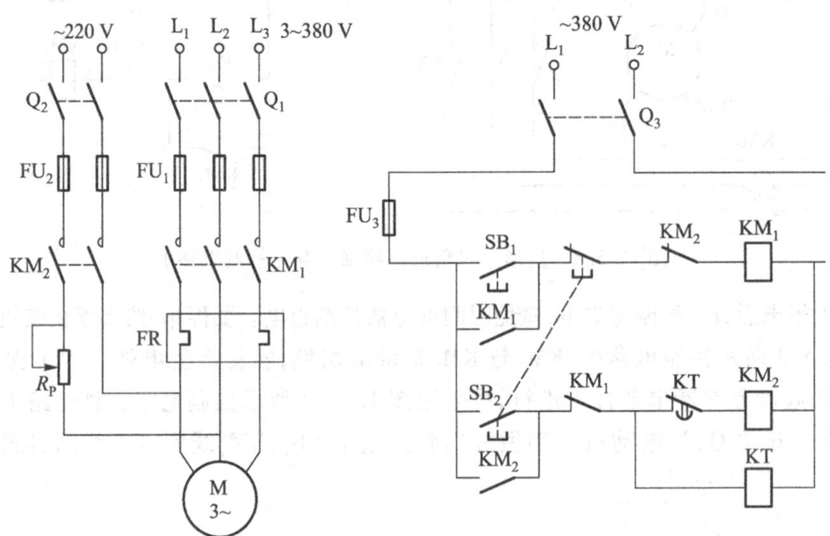

图12.5.5 能耗制动控制电路

工作过程简述如下：合上开关Q_1、Q_2、Q_3，为电动机起动、制动做好准备。按下起动按钮SB_1→KM_1线圈带电→KM_1主触点闭合，电动机单向起动运行，同时KM_1动合辅助触点闭合自锁，动断触点断开互锁。停车时，按下停止复合按钮SB_2→KM_1线圈失电，KM_2、KT线圈得电→电动机断开三相交流电源，然后接通直流电源，制动开始→延时时间到KM_2、KT均失电，制动结束。

练习与思考

12.5.1 指出下列电器图形符号的意义，标注出相应的文字符号：

12.5.2 行程开关与刀开关、按钮在动作原理上有什么不同？

12.5.3 通电延时与断电延时有什么不同？画出时间继电器的四种延时触点的图形符号并说明它们各自的含义。

12.6 继电接触控制器控制电路图的阅读方法

采用继电器、接触器、主令电器等低压电器组成有触头控制系统称为继电接触控制器。例如,对电动机的起动、制动、反转和调速进行控制。

控制电路图是用图形符号和文字符号表示,为完成一定控制目的的各种电器连接的电路图。要读懂一幅控制电路图除了要具备各种电机、电器的必要知识外,还要注意以下几点:

(1) 应了解机械设备和工艺过程,掌握生产过程对控制电路的要求。

(2) 要掌握控制电路构成的特点,通常一个系统的总控制电路分为主电路和控制电路两部分。其中主电路的负载是电动机、照明或电加热等设备,通过的电流较大。要用接通和分断能力较大的电器(接触器、断路器等)来操作。此外,在主电路中需设有各种保护电器如熔断器、热继电器等,以保证电源和负载的运行安全。控制电路则为实现生产工艺过程、对负载的运行情况如起动、停车、制动、调速、反转等进行控制,一般是通过按钮、行程开关等主令电器发出指令,控制接触器吸引线圈的工作状态来完成。需要时,还要配合其他辅助控制电器如中间继电器、时间继电器等。

(3) 为表达清楚,识图方便,在一份总电路图中,同一电器的各个部件经常不画在一起,而是分布在不同地方,甚至不在一张图上。例如,一个接触器的主触头在主电路图中,而它的吸引线圈和辅助触头在控制电路图中,但同一电器的不同部件都用同一文字符号标明。

(4) 电路图中所有电器的触头的状态均为常态,即吸引线圈不带电、按钮没按下的情况等。

(5) 一般控制电路,其各条支路的排列常依据生产工艺顺序的先后,由上至下排列。

12.7 应用实例:C650 卧式车床的电气控制分析

C650 卧式车床由 3 台电动机控制:M_1为主轴电动机,拖动主轴旋转并通过进给机构实现进给运动;M_2为冷却泵电动机,提供切削液;M_3为快速移动电动机,拖动刀架快速移动。C650 车床继电器 - 接触器电气控制电路如图 12.7.1 所示。

12.7.1 C650 车床主电路分析

电动机 M_1的电路分 3 个部分进行控制:① 正转控制交流接触器 KM_1和反转控制交流接触器 KM_2的两组主触点构成 M_1电动机的正反转;② 电流表 A 经电流互感器 TA 接在主电动机 M_1的主回路上,以监视电动机工作时的电流变化,为防止电流表被起动电流冲击损坏,应利用时间继电器 KT 的延时动断触点在起动短时间内将电流表暂时短接掉;③ 交流接触器 KM_3的主触点控制限流电阻 R 的接入和切除,在进行点动调整时,为防止连续的起动电流造成电动机过载,应串入限流电阻 R,以保证电路设备正常工作。速度继电器 KS 的速度检测部分与电动机的主轴同轴相连,在停车制动过程中,当主电动机转速低于 KS 的动作值时,其动合触点可将控制电路中反接制动的相应电路切断,完成停车制动。

电动机 M_2由交流接触器 KM_4的主触点控制其主电路的接通和断开,电动机 M_3由交流接触器 KM_5的主触点控制。

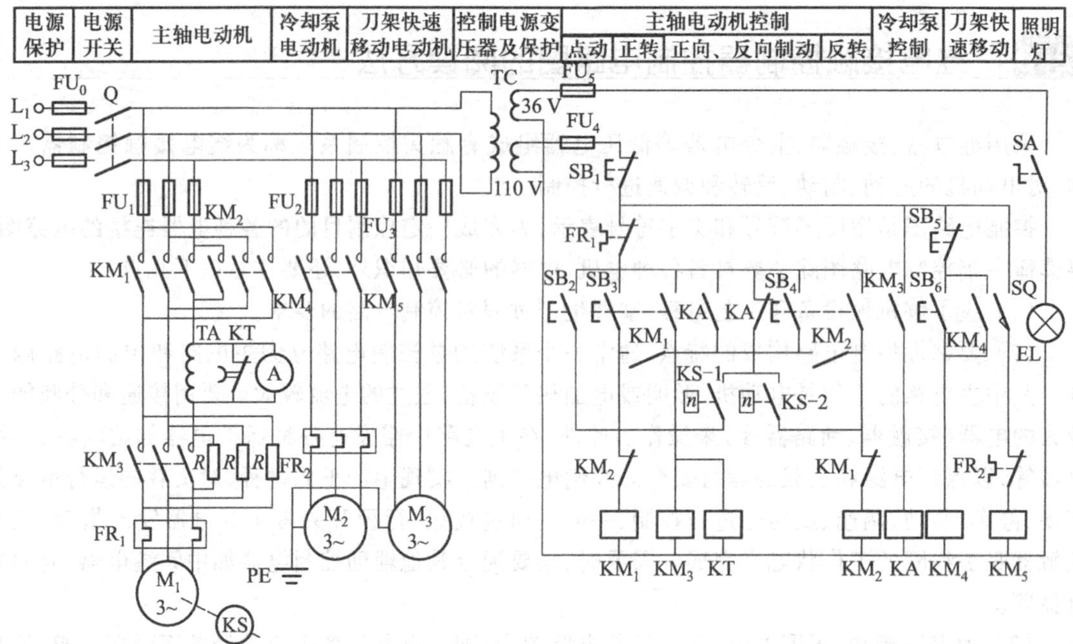

图 12.7.1 C650 车床继电器 - 接触器电气控制电路图

为保证主电路的正常运行，主电路中还设置了熔断器的短路保护环节和热继电器的过载保护环节。

12.7.2 C650 车床控制电路分析

C650 车床控制电路可分为主电动机 M_1 的控制电路和电动机 M_2 及 M_3 的制动电路两部分。由于主电动机控制电路比较复杂，因而还可进一步将主电动机控制电路分为正、反转起动，点动和反按制动等局部控制电路。

1. 主电动机正、反转起动控制

按下正转起动按钮 SB_3 时，其两动合触点同时闭合，一对动合触点接通交流接触器 KM_3 的线圈电路和时间继电器 KT 的线圈电路，时间继电器的动断触点在主电路中短接电流表 A，以防止电流对电流表的冲击，经延时断开后，电流表接入电路正常工作。KM_3 的主触点将主电路中限流电阻短接，其辅助动合触点同时将中间继电器 KA 的线圈电路接通，KA 的动断触点将停车制动的基本电路切除，其动合触点与 SB_3 的动合触点均在闭合状态，控制主电动机的交流接触器 KM_1 的线圈电路得电工作并自锁，其主触点闭合，电动机正向直接起动并结束。KM_1 的自锁回路由其动合辅助触点和 KM_3 线圈上方的 KA 的动合触点组成自锁回路，使电动机保持在正向运行状态。当按下反转起动按钮 SB_4 时，电动机将反向直接起动并运行。

2. 主电动机点动控制

按下点动按钮 SB_2，KM_1 线圈得电，电动机 M_1 正向直接起动，这时 KM_3 线圈电路并没有接通，因此其主触点不闭合，限流电阻 R 接入主电路限流，其辅助动合触点不闭合，KA 线圈不能得电工作，从而使 KM_1 线圈电路不能形成自锁，松开按钮，KM_1 线圈失电，电动机 M_1 停转。

3. 主电动机反接制动控制

C650 卧式车床采用反接制动方式进行停车，按下停车按钮后开始制动过程。电动机转速接近零时，速度继电器的触点断开，结束制动。当电动机正进行正向运行时，速度继电器 KS 的动合触点 KS_1 闭合，制动电路处于准备状态。若按下停车按钮 SB_1，将切断控制电源，使 KM_1、KM_3、KA 线圈均失电，此时控制反接制动电路工作，与不工作的 KA 的动断触点恢复原始状态闭合，与 KS_1 触点一起将反向起动交流接触器 KM_2 的线圈电路接通。电动机 M_1 接入反相序电流，反向起动转矩将平衡正向惯性转矩，强迫电动机迅速停车。当电动机速度趋近于零时，速度继电器触点 KS_2 复位断开，切断 KM_2 的线圈电路，完成正转的反接制动。在反接制动过程中，KM_3 失电，所以限流电阻 R 一直起限流反接制动电流的作用。反转时的反接制动工作过程相似，反转状态下，KS_2 触点闭合，制动时接通交流接触器 KM_1 的线圈电路，进行反接制动。

4. 冷却泵电动机 M_2 的控制

冷却泵电动机 M_2 由起动按钮 SB_6、停止按钮 SB_5 和交流接触器 KM_4 进行控制。按下起动按钮 SB_6，KM_4 线圈得电，其动合辅助触点闭合，形成自锁，其主触点闭合，冷却泵电动机 M_2 起动运行。

5. 刀架快速移动电动机 M_3 的控制

刀架快速移动是由刀架手柄压动位置开关 QS，接通快速移动电动机 M_3 的控制接触器 KM_5 的线圈电路，KM_5 的主触点闭合，M_3 电动机起动运行，经传动系统驱动溜板带动刀架快速移动。

6. 照明灯控制

照明灯由控制变压器 TC 二次绕组输出的 36 V 安全电压供电，扳动转换开关 SA 时，照明灯 EL 亮，熔断器 FU_5 作短路保护。

12.8 应用设计

下面通过 C534J1 立式车床横梁升降机构装置电器控制电路的设计实例，进一步说明经验设计法的设计过程，这种机构无论在机械传动或电力传动控制的设计中都具有普通意义，在立式车床、摇臂钻床、龙门刨床等设备中均采用类似的电力驱动和电控方法。

12.8.1 立式车床横梁升降装置对电器控制电路的要求

(1) 采用短时工作的电动控制。

(2) 横梁上升控制动作过程：按上升按钮→横梁放松（夹紧电动机反转）→压下放松位置（行程）开关→停止放松→横梁自动上升（升/降电动机正转）→到位时松开上升按钮→横梁停止上升→横梁自动夹紧（夹紧电动机正转）→放松位置开关释放复位，夹紧位置开关压下，达到一定夹紧紧度→上升过程结束。

(3) 横梁下降控制动作过程：按下降按钮→横梁放松→压下放松位置开关→停止放松，横梁自动下降→到位时松开下降按钮→横梁停止下降并自动短时回升（升/降电动机短时正转）→横梁自动夹紧→放松位置开关释放复位，夹紧位置开关压下并夹紧至一定紧度→下降过程结束。

可见下降与上升控制的区别在于到位后多了一个自动的短时回升动作，其目的在于消除移动螺母上端面与丝杠的间隙，以防止加工过程中因横梁倾斜造成的误差，而上升过程中移动螺母上端面与丝杠之间不存在间隙。

(4) 横梁升降动作应设置上、下限位保护。

(5) 横梁正反向运动之间以及横梁夹紧与移动之间要有必要的互锁与连锁。

12.8.2 立式车床横梁升降装置电器控制电路的设计

依据横梁升降装置对电器控制电路所提出的要求,按照经验设计法的基本设计原则、方法与步骤,首先确定电力驱动方式及所用电动机型号,从而设计出该控制电路的主回路。然后根据主回路的相关要求,设计出控制回路,最后进行修改、完善和校核。

1. 力驱动运作及其控制方式

为适应不同电力高度工件加工时对刀的需要,要求安装有左、右立刀架的横梁能通过丝杠传动快速作上升下降的调整运动,丝杠的正反转由一台 2JH61 – 4 型三相交流异步电动机驱动,同时,为了保证零件的加工精度,当横梁移动到需要的高度后应立即通过夹紧机构将横梁夹紧在立柱上。每次移动前要先放松夹紧装置,因此设置另一台 JD42 – 4 型三相交流异步电动机驱动夹紧放松机构,以实现横梁移动前的放松和到位后的夹紧动作。在夹紧、放松机构中设置两个行程开关 SQ_1 与 SQ_2(见图 12.8.1)分别检测放松与夹紧信号。

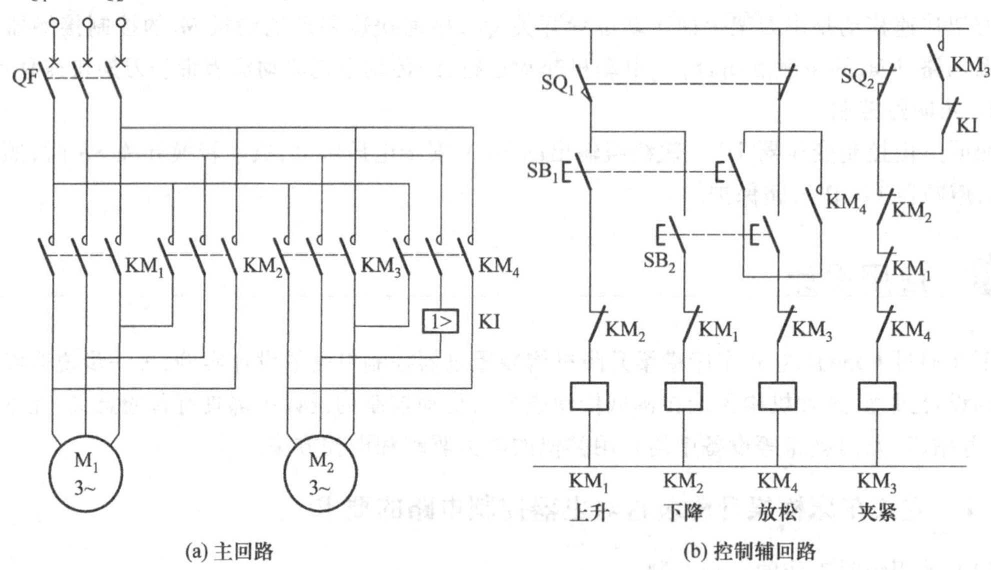

(a) 主回路 (b) 控制辅回路

图 12.8.1 主回路及控制回路草图之一

2. 设计的主要过程及步骤

(1) 设计主回路:依据横梁能上下移动和能夹紧放松的要求,需要用两台电动机驱动,且电动机要正反向运转。由于升、降电动机 M_1 与夹紧放松电动机 M_2 都需要正反转,所以分别采用 KM_1 和 KM_2 以及 KM_3 和 KM_4 这两对接触器主触点变换这两台电动机的电源相序,以实现他们各自的正反转。

考虑到横梁夹紧时有一定的紧度要求,故在 M_2 正转即 KM_3 动作,M_2 中一相定子绕组串联过电流继电器 KI 检测电流信号,当 M_2 处于堵转状态,电流增长至动作值时过电流继电器 KI 动作,使夹紧动作结束,以保证每次夹紧紧度相同。据此便可以设计出如图 12.8.1(a)所示的主回路。

(2) 设计控制辅回路:如果暂不考虑横梁下降控制的短时回升,则上升与下降控制过程完全相同,当发出“上升”或“下降”指令时,首先是夹紧放松电动机 M_2 反转(KM_4 吸合),由于平时横梁总是处于夹紧状态,行程开关 SQ_1(检测放松信号)不受压,SQ_2 处于受压状态(检测夹紧信号),将 SQ_1 动合触点串在横梁升降控制回路中,动断触点串于放松控制回路中(SQ_2 动合触点串在立车工作台转动控制回路中,用于连锁控制),因此在发出“上升”或“下降”指令时(按 SB_1 按钮或按 SB_2 按钮),必然是先放松(SQ_2 立即复位,夹紧解除),当放松动作完成时 SQ_1 受压,KM_4 释放,KM_1(或 KM_2)自动吸合实现横梁自动上升(或下降)。上升(或下降)到位时,放开 SB_1(或 SB_2)停止上升(或下降),再通过 KI 的动断触点与 KM_3 的动合触点串联的自锁回路继续夹紧至 KI 动作(达到一定的夹紧紧度),控制过程自动结束,按此思路设计的控制回路草图如图 12.8.1(b)所示。

(3) 改进控制辅回路的设计:图 12.8.1 所示草图功能不完善,主要是未考虑下降的短时回升。下降到位的短时自动回升,是满足一定条件下的结果,此条件与上升指令是**或**的逻辑关系,因此它相当于与 SB_1 并联,应该是下降动作结束即用 KM_2 动断触点与一个短时延时断开的时间继电器 KT 的触点串联组成,回升时间由时间继电器控制,于是便可设计出如图 12.8.2 所示的设计草图之二。

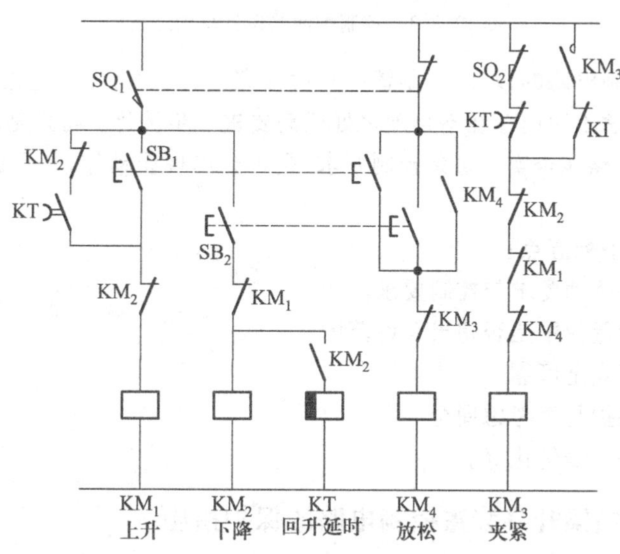

图 12.8.2 控制辅回路设计草图之二

(4) 完善控制辅回路的设计:检查图 12.8.2 所示控制辅回路设计草图之二,在控制功能上已达到上述控制要求,但仔细检查会发现 KM_2 的辅触点使用已超出接触器拥有数量,同时考虑到一般情况下不采用二动合二动断的复合式按钮,因此可以采用一个中间继电器 KA 来完善设计,如图 12.8.3 所示控制辅回路设计草图之三。其中只有触点 L-M 为工作台驱动电动机 M 正反转连锁触点,即保证了机床进入加工状态时不允许横梁移动。反之横梁放松时就不允许工作台转动,是通过行程开关 SQ_2 的动断触点串联在 R-M 和 L-M 的控制辅回路中来实现。另一方面在完善控制电路设计过程中,进一步考虑横梁的上、下极限位置保护,采用限位开关 SQ_3(用做上限位)与 SQ_4(用做下限位)的动断触点串联在上升与下降控制辅回路中。

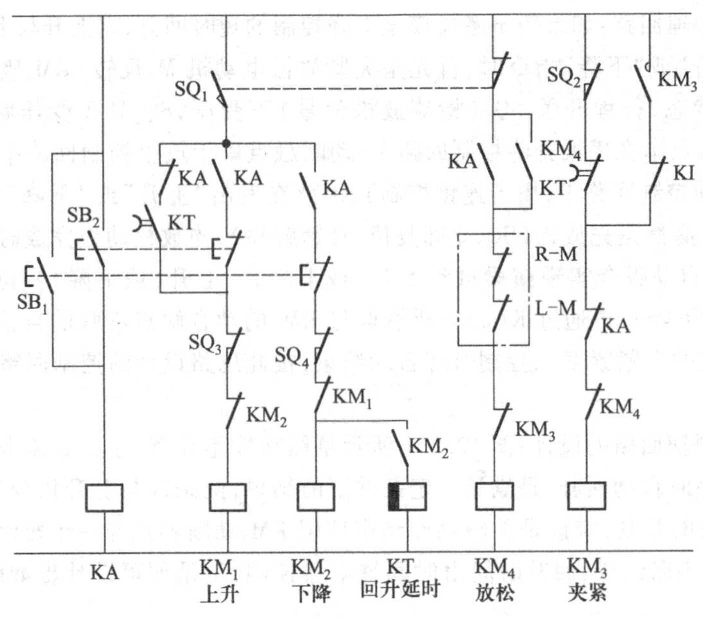

图 12.8.3 控制辅回路设计草图之三

(5) 检验整个控制电路的设计:控制辅回路设计完毕,最后必须经过总体校核检验,因为经验法设计往往会因考虑不周而存在不合理之处或需要进一步优化。特别是对工艺要求需要反复考究,所设计的控制电路能否实现每条控制要求,是否会出现误动作,是否保证了设备和人身安全等。

主要检查内容有下列五点:

① 是否满足电力驱动要求与控制要求。

② 触点数量和容量使用是否超出允许范围。

③ 电路工作是否安全可靠。

④ 互锁与连锁保护是否考虑周全。

⑤ 是否还可以进一步优化等。

12.8.3 立式车床横梁升降装置控制电路的保护措施

任何电器控制电路都应具备完备的保护措施,以确保控制电路安全可靠地运作,万无一失。该升降装置的控制电路亦不例外,设计了完善的保护装置,其主要保护设施有短路保护,过载保护,零压欠压保护,限位保护,夹紧过扭保护,运动之间的互锁保护等,下面分别进行简要介绍。

(1) 短路保护:立式车床横梁升降装置控制电路的主回路和控制辅回路都设有用熔断器进行短路保护的装置(图中省略未画)。

(2) 过载保护:此控制电路的过载保护装置同普通过载保护装置一样,仍然是采用热继电器进行过载保护的,为了突出其他控制与环保环节,图中没有画出过载保护环节。

(3) 零压欠压保护:此控制电路的零压欠压保护设施亦同通常作法一样,依靠所用接触器和继电器吸引线圈的固有功能来实现。

(4) 限位保护:此控制电路的限位保护设施分别采用限位开关 SQ_3 和 SQ_4 实行横梁的上限位

与下限位保护。

(5) 夹紧过扭保护：此控制电路的夹紧过扭保护设施是依靠过电流继电器 KI 来实现的，即随着夹紧运动的进行，电动机 M_2 的电流越来越大，因此串联在 M_2 定子电路中的过流继电器 KI 中的电流亦随之不断增大，当夹紧到指定程度时，KI 中的电流已达到动作值，其动断触点断开，接触器 KM_3 失电释放，M_2 停转，夹紧运动停止。

(6) 互锁保护：此控制电路的互锁保护设施较多，诸如按钮 SB_1 和 SB_2 的动断触点，接触器 KM_1 和 KM_2 的动断触点，接触器 KM_3 和 KM_4 的动断触点等，其工作原理在前面有关章节的许多地方都曾论述过，这里不再叙述，请读者自行分析。

除上述各种保护设施外，此控制电路还设计了不少连锁保护设施，如中间继电器 KA 的动断触点，行程开关 SQ_1 的动断触点，时间继电器 KT 的延时断开动断触点等。

小结

1. 本章主要介绍了手动、自动控制电器的工作原理及各种电器的图形符号和文字符号，它们是绘制继电接触器控制电路原理图的基础。

2. 其次介绍了电动机的基本控制电路，如点动、直接起停控制、正反转控制等的工作原理，给出了各种控制电路的设计和绘制控制电路原理图的方法，以及短路、过载、零压(失压)保护的实现。

3. 再次介绍了行程控制和时间控制的工作原理，各种时间继电器通电延时和断电延时触点的控制关系，应按照自上而下、从左到右的顺序进行控制原理图的解读。

4. 在设计控制电路原理图时，应注意以下几点：

(1) 主电路、控制电路分开设计。

(2) 同一电器的线圈、触点等不同部件，不论在什么位置都要用同一文字符号标注(可用系数后缀区分)。

(3) 原理图中所有电器，必须按国家统一符号标注，且均按自然状态表示。

(4) 接触器、继电器等器件的线圈不能串联。

5. 最后介绍了几种常用的控制系统电路构成与工作原理。

习题

12.3.1 单项选择题

(1) 在机床电力拖动中要求油泵电动机起动后主轴电动机才能起动。若用接触器 KM_1 控制油泵电动机，KM_2 控制主轴电动机，则在此控制电路中必须(　　)。

A. 将 KM_1 的动断点串入 KM_2 的线圈电路中

B. 将 KM_2 的动合触点串入 KM_1 的线圈电路中

C. 将 KM_1 的动合触点串入 KM_2 的线圈电路中

(2) 在电动机的继电器接触器控制电路中，热继电器的正确连接方法应当是(　　)。

A. 热继电器的发热元件串联接在主电路内，而把它的动合触点与接触器的线圈串联接在控制电路内

B. 热继电器的发热元件串联接在主电路内，而把它的动断触点与接触器的线圈串联接在控制电路内

C. 热继电器的发热元件并联接在主电路内，而把它的动断触点与接触器的线圈并联接在控制电路内

(3) 在图 12.1 所示的控制电路中，按下 SB_2，则(　　)。

A. KM_1、KT 和 KM_2 线圈同时通电，按下 SB_1 后经过一定时间，KM_2 线圈断电

B. KM_1、KT 和 KM_2 线圈同时通电，经过一定时间，KM_2 线圈断电

C. KM_1和KT线圈同时通电,经过一定时间,KM_2线圈通电

(4) 在图12.2所示电路中,SB是按钮,KM是接触器,若先按SB_1,再按SB_2,则(　　)。

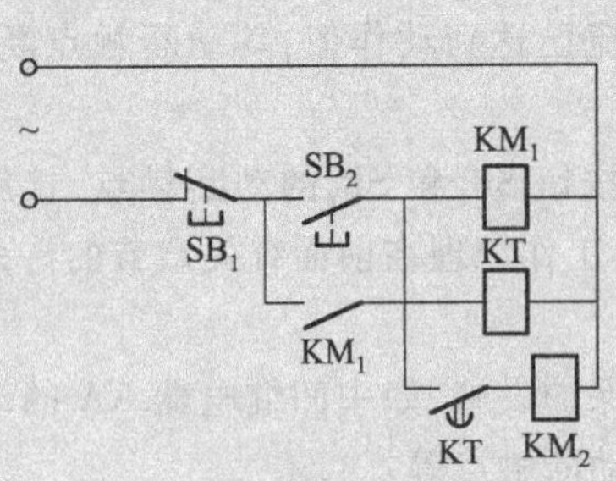

图12.1　习题12.3.1(3)图

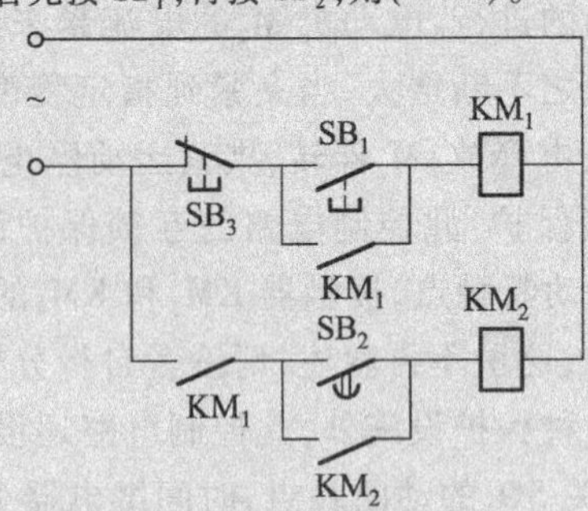

图12.2　习题12.3.1(4)图

A. 只有接触器KM_1通电运行

B. 只有接触器KM_2通电运行

C. 接触器KM_1和KM_2都通电运行

(5) 在图12.3所示的控制电路中,SB是按钮,KM是接触器,KM_1控制电动机M_1,KM_2控制电动机M_2,若要起动M_1和M_2,其操作顺序必须是(　　)。

A. 先按SB_1起动M_1,再按SB_2起动M_2

B. 先按SB_2起动M_2,再按SB_1起动M_1

C. 先按SB_1或SB_2均可

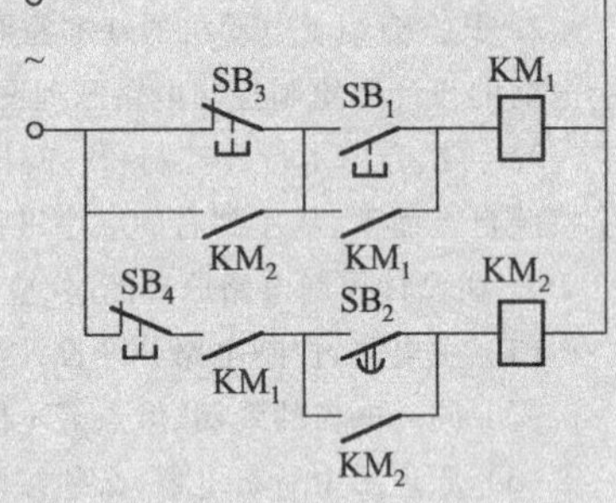

图12.3　习题12.3.1(5)图

(6) 在图12.4所示的控制电路中,具有(　　)保护功能。

A. 短路和过载

B. 过载和零压

C. 短路,过载和零压

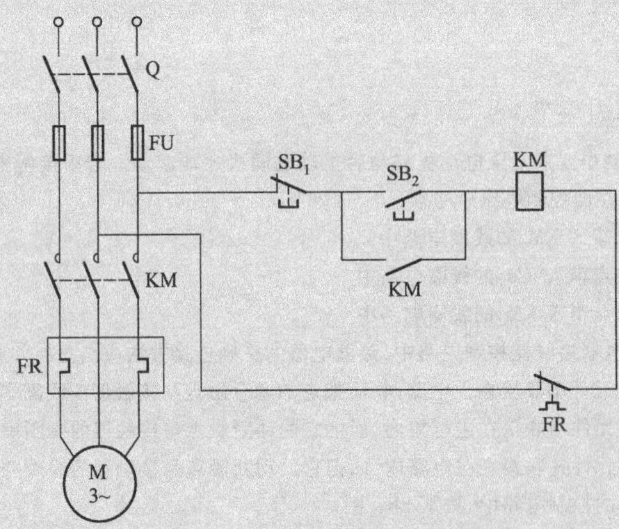

图12.4　习题12.3.1(6)图

12.3.2 根据图 12.5 接线做实验，将开关 Q 合上后按下起动按钮 SB_2，发现有下列现象，分析和处理故障。(1) 接触器 KM 不动作；(2) 接触器 KM 动作，但是电动机不转动；(3) 电动机转动，但是一松手电动机就不转；(4) 接触器动作，但是吸合不上；(5) 接触器触头有明显的颤动，噪声很大；(6) 接触线圈冒烟甚至烧坏；(7) 电动机不转动或者转动得极慢，并有“嗡嗡”声。

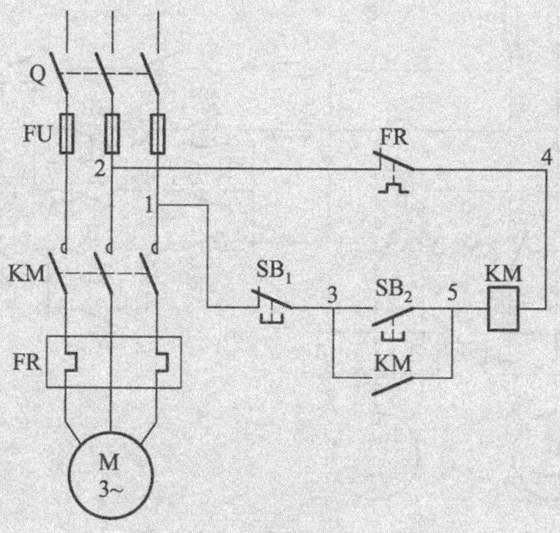

图 12.5 习题 12.3.2 图

12.3.3 有两台电动机 M_1、M_2，控制要求：(1) 开机时先开 M_1，M_1开机 20 s 之后才允许 M_2开机；(2) 停机时，先停 M_2，M_2停机 10 s 后 M_1自动停机；(3) 如不满足电动机起、停顺序要求，电路中的报警电路应发报警信号(如红灯指示或电铃报警等)。画出控制电路原理图。

12.3.4 题图 12.6 为两台笼型三相异步电动机同时起、停和单独起、停的单向运行控制电路。(1) 说明各文字符号所表示的元器件名称。(2) 说明 QS 在电路中的作用。(3) 简述同时起、停的工作过程。

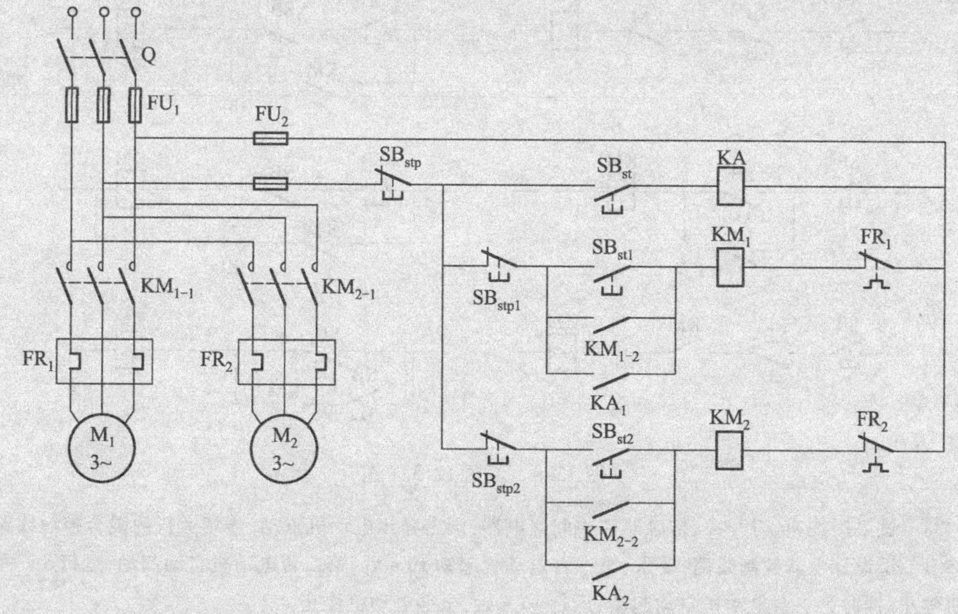

图 12.6 习题 12.3.4 图

12.3.5 请分析图 12.7 所示电路的控制功能,并说明电路的工作过程。

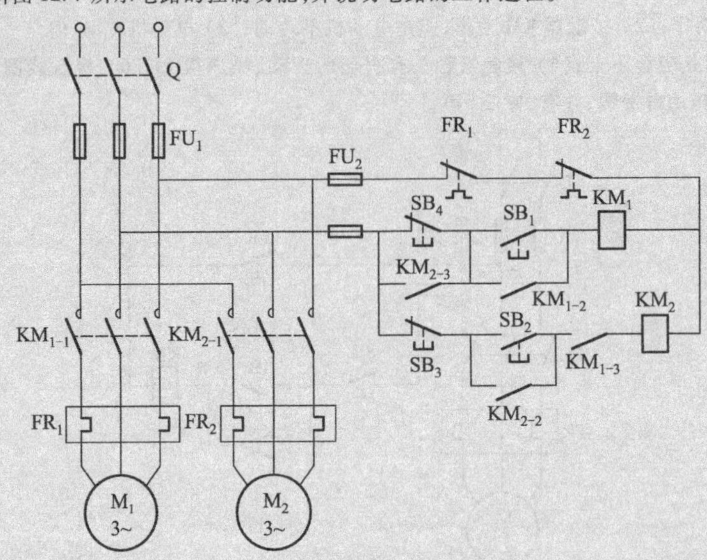

图 12.7 习题 12.3.5 图

12.3.6 小型梁式吊车上有三台电动机:横梁电动机 M_1,带动横梁在车间前后移动;小车电动机 M_2,带动提升机构的小车在横梁上左右移动;提升电动机 M_3,升降重物。三台电动机都采用点动控制。在横梁一端的两侧装有行程开关作终端保护用,即当吊车移到车间终端时,就把行程开关撞开,电动机就停下来,以免撞到墙上而造成重大人身和设备事故。在提升机构上也装有行程开关作提升终端保护。根据上述要求试画出控制电路。

12.3.7 分析题图 12.8 所示电路中,哪种线路能实现电动机正常连续运行和停止,哪种不能?为什么?

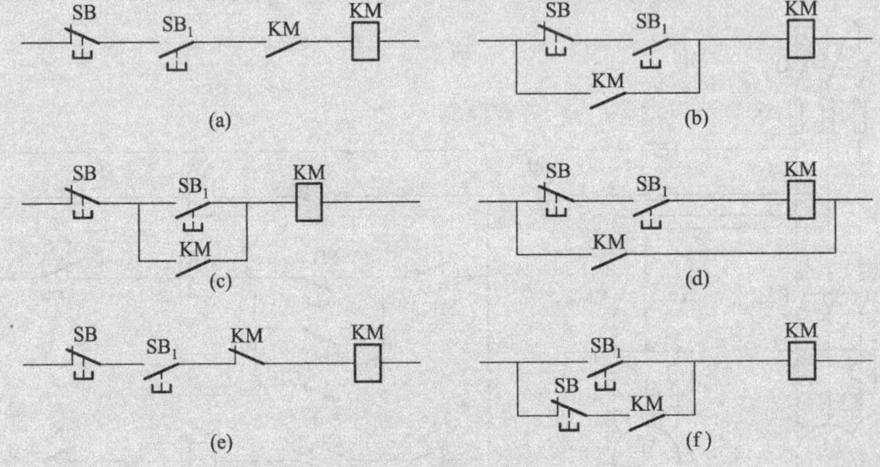

图 12.8 习题 12.3.7 图

12.3.8 试采用按钮、刀开关、接触器和中间继电器,画出异步电动机点动、连续运行的混合控制线路。

12.5.1 试设计电器控制线路,要求:第一台电动机起动 10 s 后,第二台电动机自动起动,运行 5 s 后,第一台电动机停止,同时第三台电动机自动起动,运行 15 s 后,全部电动机停止。

12.7.1 试分析 C650 型车床主轴正反转控制和正反转反接制动的工作过程。

12.8.1 试述 C534J1 立式车床横梁升降机构装置电器控制电路的工作过程。

第 13 章　可编程控制器及其应用

本章主要介绍可编程控制器的基本概念、组成和工作原理，并以西门子公司的 S7 - 200 型 PLC 为例，讲述了 PLC 的编程语言及编程基本方法，结合上一章的继电接触器电机控制，用 PLC 编程实现相应控制。

学习目的：

1. 了解 PLC 的组成和工作原理。
2. 掌握常用的编程指令和基本编程方法。
3. 会编制简单的控制程序。

13.1　引例：交通灯控制

控制要求分析。按下起动按钮后，红绿黄灯按图 13.1.1 所示的顺序循环点亮和熄灭。

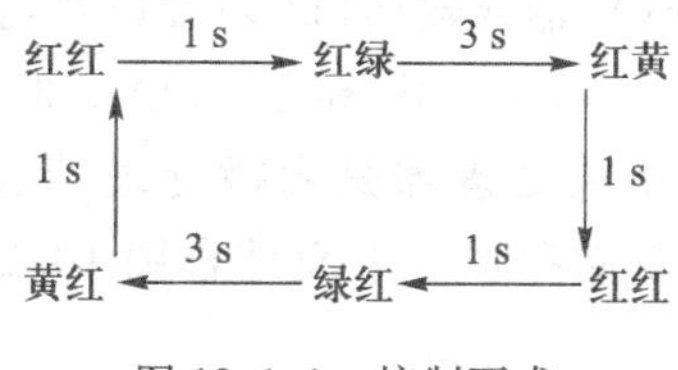

图 13.1.1　控制要求

13.2　概述

13.2.1　PLC 产生与发展

PLC 产生以前，以各种继电器为主要元件的电气控制线路，承担着生产过程自动控制的艰巨任务。这样的控制系统，需要大量的导线，大量的控制柜，占据大量的空间，消耗大量的电能。为保证控制系统的正常运行，需要安排大量的电气技术人员进行维护，尤其是在生产工艺发生变化时，甚至可能需要重新设计组装控制系统。

1969 年，美国数据设备公司（DEC）研制开发出世界上第一台可编制程序控制器，并在 GM 公司汽车生产线上首次应用成功，取得了显著的经济效益。当时人们把它称为可编程逻辑控制器（programmable logic controller，PLC）。

20 世纪 70 年代后期，随着微电子技术和计算机技术的发展，可编程逻辑控制器更多的具备计算机功能，不仅用逻辑编程取代硬接线逻辑，还增加了运算、数据传送和处理等功能。

从此 PLC 真正成为一种电子计算机工业控制装备，而且做到了小型化和超小型化。这种采用微型计算机技术的工业控制装置的功能远远超出逻辑控制、顺序控制的范围，故称为可编程控制器，简称 PC（programmable controller）。但由于 PC 容易和个人计算机（personal computer）混淆,故人们仍习惯地用 PLC 作为可编程控制器的英文缩写。

进入 20 世纪 80 年代以来,随着大规模和超大规模集成电路等微电子技术的迅猛发展,以 16 位和 32 位微处理器构成的微机化 PLC 也得到了惊人的发展,使 PLC 在概念、设计、性能价格比以及应用等方面都有了新的突破。不仅控制功能增强,功耗、体积减小,成本下降,可靠性提高,编程和故障检测更为灵活方便,而且远程 I/O 和通信网络、数据处理以及图像显示也有了长足的发展。所有这些已经使 PLC 应用于连续生产的过程控制系统,使之成为今天自动化技术的四大支柱之一。

可编程控制器是一种数字运算操作的电子系统,抗干扰能力强,专为工业环境而设计。它采用了可编程的存储器,用来在其内部存储执行逻辑运算、顺序控制、定时、计数和算术运算等操作的指令,并通过数字式和模拟式的输入和输出,控制各种类型机械的生产过程。而有关的外围设备,都应按易于与工业系统连成一个整体,易于扩充其功能的原则设计。

13.2.2 可编程控制器的结构和工作原理

1. PLC 的硬件结构

从 PLC 的定义可知,PLC 也是一种计算机,它有着与通用计算机类似的结构,即 PLC 也是由中央处理器(CPU)、储存器(memory)、输入输出(I/O)接口及电源组成的。

PLC 的基本结构图如图 13.2.1 所示。由图可知,由 PLC 作为控制器的自动控制系统,就是工业计算机控制系统。PLC 的中央处理器是由微处理器、单片机或位片式计算机组成的。PLC 还具有各种功能的 I/O 接口及储存器。下面结合图 13.2.1 说明 PLC 各个组成部分及其功能。

(1) 中央处理器(CPU):中央处理器(CPU)是 PLC 的核心。它按照系统程序(操作系统)赋予的功能完成的主要任务是:

① 接收与储存用户程序和数据。

② 检查编程过程中的语法错误,诊断电源及 PLC 内部的工作故障。

③ 用扫描方式工作,接收来自现场的输入信号,并输入到输入映像寄存器和数据存储器中。

④ 在进入运行方式后,从存储器中逐条读取并执行用户程序,完成用户程序所规定的逻辑运算、算术运算及数据处理等操作。

⑤ 根据运算结果更新有关标志位的状态,刷新输出映像寄存器的内容。再经输出部件实现输出控制、打印制表或数据通信等功能。

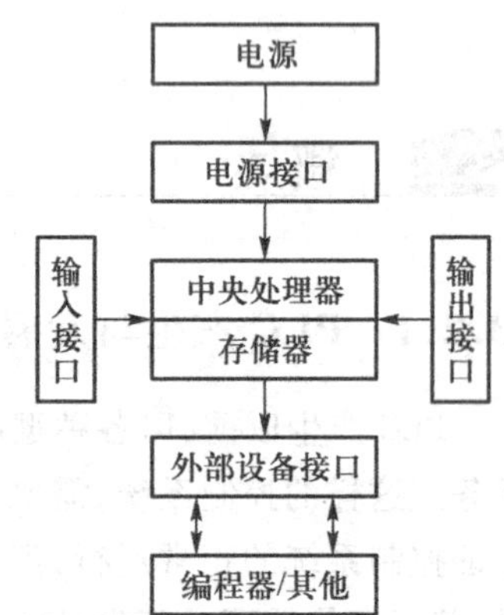

图 13.2.1 PLC 的基本结构

(2) 存储器:PLC 配有两种存储器,即用于存放系统程序存储器和存放用户程序的用户程序存储器。

系统程序存储器主要用来储存 PLC 内部的各种信息。系统程序是由 PLC 生产厂家编写的系统监控程序,不能由用户直接存取。系统程序存储器一般用 PROM 或 EPROM 构成。

用户程序是由用户编写的程序,也称为应用程序。用户程序存放在用户程序存储器中,主要存储 PLC 内部的输入输出信息,以及内部继电器、移动寄存器、累加寄存器、数据寄存器、定时器和计数器的动作状态。小型 PLC 的存储容量一般只有几个 KB 的容量(不超过 8KB)。一般讲 PLC 的内存大小,是指用户程序存储器的容量,用户程序存储器常用 RAM 构成。

PLC 存储器的存储结构如表 13.2.1 所列。

表 13.2.1 PLC 存储器的存储结构

<table>
<tr><th>存储器</th><th colspan="2">存储内容</th></tr>
<tr><td>系统程序存储器</td><td colspan="2">系统监控程序</td></tr>
<tr><td rowspan="2">用户程序存储器</td><td>程序存储区</td><td>用户程序(如梯形图,语句表等)</td></tr>
<tr><td>数据存储区</td><td>I/O 及内部器件的状态</td></tr>
</table>

(3) 输入部件及接口(数字量):来自现场的主令元件信号(多数是指控制按钮信号),检测元件的信号(来自各种传感器、限位开关、继电器等的触点)经输入接口进入到 PLC。

(4) 输出部件及接口(数字量):由 PLC 产生的各种输出控制信号经输出接口去控制和驱动负载(如接触器继电器线圈、电磁阀、指示灯、报警器等)。

输出接口的输出方式分为晶体管输出型,双向晶闸管输出型及继电器输出型。晶体管适合直流负载或 TTL 电路,双向晶匣管适合交流负载,而继电器既可用于直流负载,又可用于交流负载,使用时,只要外接一个与负载相符的电源即可。因而采用继电器输出型,对用户显得方便和灵活,但由于它是由触点输出,所以,它的工作频率不能很高,工作寿命不如无触点的半导体元件长。

(5) 模拟量输入/输出接口模块:PLC 发展到今天,不仅仅只是处理数字量信号(开关量信号、断续量信号),也能够处理模拟量信号(连续变化的信号)。像温度、压力、速度、位移、电流、电压等在生产设备上都是连续变化的。以往这种信号都是通过仪表来控制,现在用 PLC 就完全可以控制。

模拟量输出接口模块的任务是将 CPU 送来的数字量转换成模拟量,用以驱动执行机构,实现对生产过程过装置的闭环控制。

(6) 扩展接口与通信接口:PLC 主机上除了输入接口与输出接口外,还有扩展接口与通信接口。

(7) 编程器:编程器是人们以往最常用的编程设备,用它可以进行用户程序的输入、编辑、调试和监视,还可以通过键盘去调用和显示 PLC 的一些内部继电器状态和系统参数,经过 PLC 上专用接口与 CPU 联系,完成人机对话。

2. PLC 的工作原理

继电器控制系统是一种“硬件逻辑系统”,它所采用的是并行工作方式,也就是条件一旦形成,多条支路可以同时动作,PLC 是在继电器控制系统逻辑关系基础上发展演变的。而 PLC 是一种专用的工业控制计算机,其工作原理是建立在计算机工作原理基础上的。为了可靠地应用在工业环境下,便于现场电器技术人员的使用和维护,应有大量的接口器件、特定的监控软件和专用的编程器件。这样一来,不但其外观不像计算机,其操作使用方法、编程语言及工作过程与计算机控制系统也是有区别的。

实现的工作原理是通过执行反映控制要求的用户程序，PLC 的 CPU 是以分时操作方式来处理各项任务的。计算机在每一瞬间只能做一件事，所以，程序的执行是按程序顺序依次完成相应段落上的任务，所以，它属于串行工作方式。

(1) PLC 的等效工作电路：PLC 是一种微机控制系统，其工作原理也与微机相同，但在应用时，可不必用计算机的概念去做深入的了解，只需将它看成是由普通的继电器、定时器、计数器、移位器等组成的装置，从而把 PLC 等效成输入、输出和内部控制电路三部分，如图 13.2.2 所示。

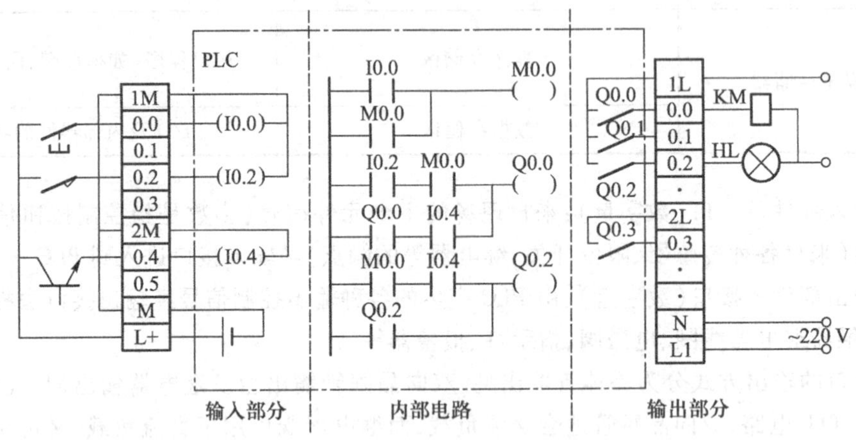

图 13.2.2 PLC 的等效工作电路

① 输入部分：这部分的作用是接受被控设备的信息或操作命令等外部输入信息。输入接线端是 PLC 与外部的开关、按钮、传感器转换信号等连接的端口。每个端子可等效为一个内部继电器线圈，线圈号即输入接点号。这个线圈由接到的输入端的外部信号来驱动，其驱动电源可由 PLC 的电源部件提供(如直流 24 V)，也可由独立的交流电源供给。每个输入继电器可以有无穷多个内部触点(动合、动断形式均可)，即内存可以多次调用，供设计 PLC 的内部控制电路(即编制 PLC 控制程序)时使用。

② 内部控制电路：这部分的作用是运算和处理由输入部分得到的信息，并判断应产生哪些输出。内部控制电路实际上也就是用户根据控制要求编制的程序。PLC 程序一般用梯形图形式表示。而梯形图是从继电器控制的电气原理图演变而来的，PLC 程序中的动合、动断触点，线圈等概念均与继电器控制电路相同。

在 PLC 内部还设有定时器、计数器、移位器、保持器、内部辅助继电器等继电器控制系统的器件，它们的线圈及动合、动断触点只能在 PLC 内部控制电路中使用，而不能与外部电路相连。

③ 输出部分：这部分的作用是驱动外部负载。在 PLC 内部，有若干能与外部设备直接相连的输出继电器(有继电器、双向晶闸管、晶体管三种形式)，它也有无限多软件实现的动合、动断触点，可在 PLC 内部控制电路中使用；但对应每一个输出端只有一个硬件的动合触点与之相连，用以驱动需要操作的外部负载；驱动外部负载的驱动电源必须由外部电源供给，负载的驱动电源接在 PLC 输出公共端(COM)上。

总之，在使用 PLC 时，可以把输入端等效为一个继电器线圈，其相应的继电器接点(动合或动断)可在内部控制电路中使用;而输出端又以等效为内部输出继电器的一个动合触点驱动外部设备。

(2) 循环扫描工作方式:PLC 采用循环扫描工作方式,这个过程可分为输入采样、程序执行、输出刷新三个阶段,整个过程扫描并执行一次所需的时间称为扫描周期。如图 13.2.3 所示。

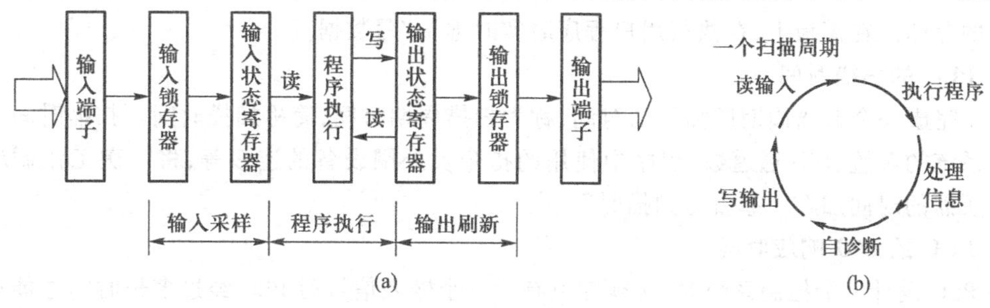

图 13.2.3 循环扫描工作方式

① 输入采样阶段:PLC 在输入采样阶段,以扫描方式顺序读入所有输入端的通/断状态或输入数据,并将此状态存入输入状态寄存器,即输入刷新。接着转入程序执行阶段。在程序执行期间,即使输入状态发生变化,输入状态寄存器的内容也不会改变,只有在下一个扫描周期的输入处理阶段才能被读入。

在图 13.2.4(a) 中给出了西门子 S7 - 200 CPU 226 的输入状态寄存器的分配情况。S7 - 200 CPU 226 单元本身有 24 个数字输入结点(I 0.0 ~ I 2.7)。

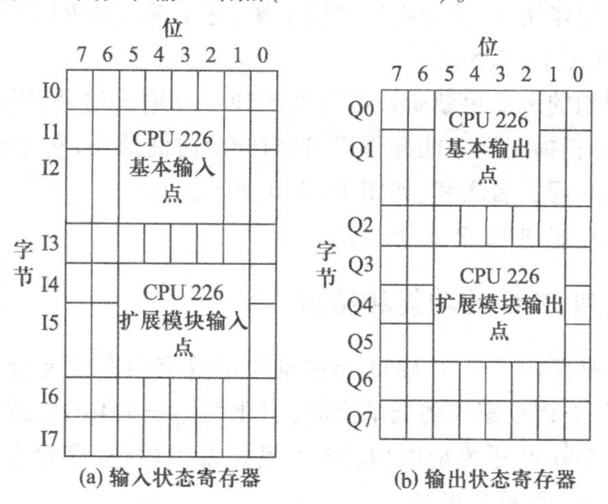

图 13.2.4 输入输出状态寄存器

② 程序执行阶段:根据 PLC 循环扫描工作方式,按先左后右先上后下的步序,逐句扫描,执行程序。遇到程序跳转指令,根据跳转条件是否满足来决定程序的跳转地址。当用户程序涉及输入输出状态时,PLC 从输入状态寄存器中读出上一阶段采入的对应输入端子状态,从输出状态寄存器读出对应通/断状态,根据用户程序进行逻辑运算,运算结果再存入有关的状态寄存器中。

③ 输出刷新阶段:在所有指令执行完毕后,将各物理继电器对应的输出状态寄存器的通/断状态,在输出刷新阶段转存到输出锁存器,这才成为实际的 CPU 输出。通过隔离电路,驱动功率放大电路,使输出端子向外界输出控制信号,驱动外部负载 S7 - 200 CPU 226 输出寄存器的分配

如图 13.2.4(b)所示,基本输出结点有 16 个(Q0.0 ~ Q1.7)

需要强调的一点是,PLC 在每个扫描周期中,对输入信号的读取和输出信号的刷新都是针对数字量而言的。因为这种自动操作是针对输入/输出映像区操作的,而模拟量的输入/输出信号是不进入输入/输出映像区的,模拟量输入或输出的模数、数模转换是实时地在模板上进行的,所以对应的存储区在模板上,在执行用户程序时实时地读/写数据。

3. PLC 的扫描时间

PLC 完成一个扫描周期所需要的时间,称为扫描周期时间,简称扫描时间。扫描时间的长短取决于系统的配置、I/O 通道数、程序中使用的指令及外围设备的连接等,将一次工作循环中每个阶段所需的时间加在一起就是扫描时间。

4. PLC 的 I/O 响应时间

用 PLC 设计一个控制系统时,必须知道有了一个输入信号后 PLC 经过多长时间才能有一个对应的输出信号,否则,就不能正确地解决系统各部件之间的配合问题。从 PLC 的工作过程可知:当 PLC 工作在程序执行阶段时,即使输入状态发生了变化,即输入状态寄存器的内容发生变化,CPU 执行的输入信号也不会变化,而要到下一个周期的输入、输出更新阶段,才能有效。同理,暂存在输出状态寄存器中的输出信号,也要等到下一个扫描周期的输入、输出更新阶段,才能集中输出给输出部件。从 PLC 收到一个输入信号到 PLC 向输出端输出一个控制信号所需的时间,就是 PLC 的 I/O 响应时间。

响应时间是可变的,例如,在一个扫描周期的 I/O 更新阶段开始前瞬间收到一个输入信号,则在本周期内该信号就起作用了,这个响应时间最短,它是输入延迟时间、一个扫描周期时间、输出延迟时间三者之和,如图 13.2.5 所示。

如果在一个扫描周期的 I/O 更新阶段刚过就收到一个输入信号,则该信号在本周期内不能起作用,必须等到下一个扫描周期才能起作用,这时响应时间最长,它等于输入延迟时间、两个扫描周期时间与输出延迟时间三者之和,如图 13.2.5 所示。

PLC 的扫描工作过程如图 13.2.6 所示。

13.2.3 S7-200 系列 PLC 的功能和特点

S7-200 系列 PLC 是西门子公司 1995 年底推出的具有很高性能价格比的微型 PLC。S7-200 的产品定位是 S7 系列 PLC 家族的低端产品,但比西门子 LOGO! 系列智能继电器的定位要高。通常 S7-200 用于 200 点开关量以内,35 点模拟量以内,程序量在 16K 以内的应用场合。S7-200 外形小巧,功能强,性价比极高。

S7-200 具有四种不同配置的 CPU,有 CPU221、CPU222、CPU224、CPU226,如图 13.2.7 所示。

1. S7-200 结构特点

(1) 机械结构特点:体积小,重量轻,结构紧凑,可直接接线,也可用接线端子排接线,且接线端前带有面罩保护,可垂直或水平方向安装。

(2) 电气结构特点:

① 免维护性:S7-200CPU 中配有 E^2PROM,可永久保存用户程序和一些重要参数,另外它还安有大容量电容,供长时间存储数据,而不需要后备电池。

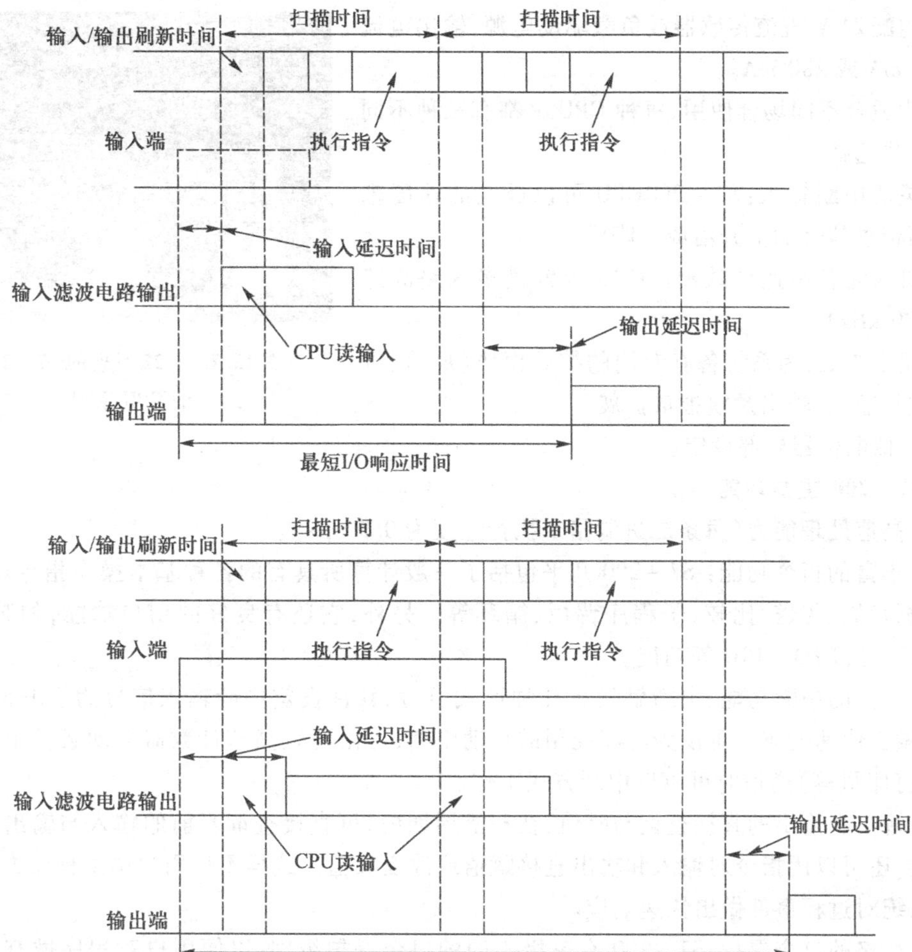

图 13.2.5 PLC 的 I/O 响应时间

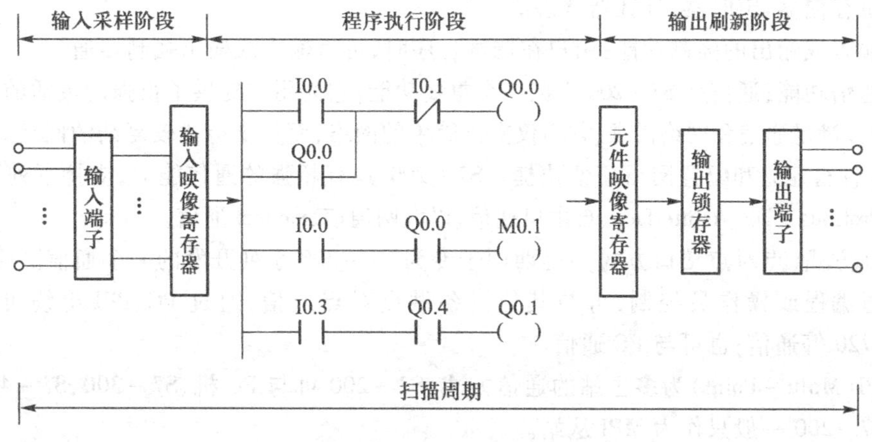

图 13.2.6 PLC 扫描工作过程

② 内配24 V直流传感器或负载驱动电源，输出电流可达180 mA或280 mA。

③ 为适合不同场合使用，每种CPU又都有三种不同的类型可供选择。

④ 灵活中断输入：S7－200CPU可以极快的速度来响应中断请求信号的上升沿或下降沿。

⑤ 机内配有高速计数器。CPU内置最多六路高速计数器（30 kHz）。

⑥ 便于扩展：为系统备有专用的扩展模块（EM），可方便地进行输入、输出及模拟量扩展。

图13.2.7 22系列的S7－200的CPU系列

⑦ 模拟电位器外部设定。

2. S7－200主要功能

（1）高速处理能力（每条二进制指令执行速度为0.37 μs）。

（2）丰富的指令功能：S7－200几乎包括了一般计算所具有的各种基本操作指令。如变量赋值、数据存储、传送、比较、子程序调用、循环等。另外，它还有良好的用户功能，如脉宽调制（PWM）、位控（PTO）、PID等功能。

（3）灵活的中断功能：中断触发有几种形式，可用软件设定中断输入信号为上升沿或下降沿，以便做出快速响应。可设为时间控制的自动中断，可由内置高速计数器自动触发中断，在与外设（如打印机等）通信时可以以中断方式工作。

（4）输入和输出的直接查询与赋值：在扫描周期内，可直接查询当前的输入与输出信号，在必要时候，还可以用指令对输入和输出直接赋值或改变其值。这样不仅用户调试程序方便，同时也可使系统对过程事件做出快速响应。

（5）严格的口令保护：S7－200有三级不同的口令保护级别，以便用户对程序做有效保护。三级口令分别是自由存取、只可读取、完全保护。

（6）友好的调试和故障诊断功能：整个用户程序可在用户规定的周期数内做运行和分析，同时可记录位存储器、定时器、计数器状态。

（7）输入或输出的强制功能：用户在调试程序时，可对输入或输出强制接通。

（8）通信功能：通信是S7－200上的一个重要功能，它为用户提供了很强的灵活的通信功能。S7－200可以满足通信和网络需求，它不仅支持简单的网络，而且支持比较复杂的网络。STEP 7－Micro/WIN使得建立和配置网络简便快捷。S7－200具有超强的通信能力，支持下列通信方式：PPI、MPI、Profibus－DP、Asinterface、自由口通信、以太网通信、modem通信。

① PPI方式（点对点接口方式）：是西门子专为S7－200系列开发的一个通信协议，为主/从协议。通过编程或操作员控制，可与其他设备做点对点通信；通过PC/PPI电缆可与编程器PG702/PG720等通信；也可与PC通信。

② MPI（Multi－Point）为多主站的通信方式：S7－200可与PC机、S7－300、S7－400等建立MPI网。S7－200一般只作为MPI从站。

③ Profibus－DP：用于分布式的I/O设备通信，该协议定义了主站和从站，支持单主或多主系统，各主站间为令牌传递，主站与从站间为主/从传送，主站周期地读取从站的输入信息并周期

地向从站发送输出信息。

3. 扩展模块与系统扩展

S7－200 是模块式结构，CPU 上已提供了一定数量的输入和输出接点，但如用户需要多于 CPU 单元 I/O 点时，必须对系统做必要的扩展，可以通过配接各种扩展模块来达到扩展功能、扩大控制能力的目的。CPU 的扩展能力如图 13.2.8 所示。CPU 221：不能扩展；CPU 222：最大两个模块；CPU 224：最大七个模块；CPU 226（XM）：最大七个模块。

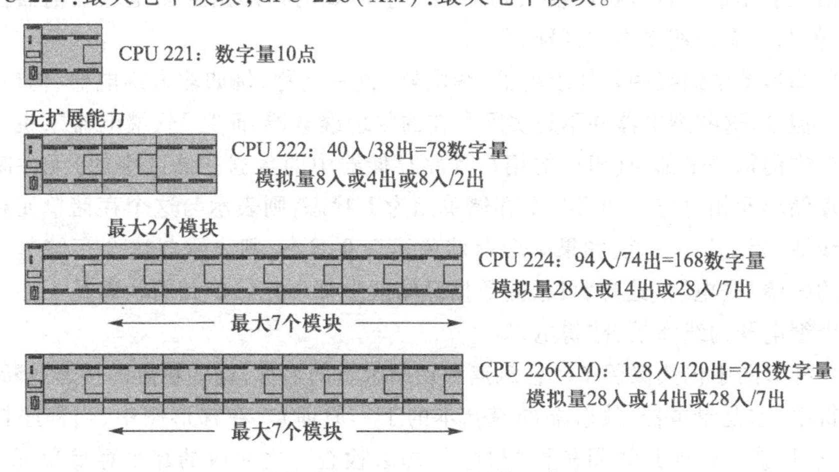

图 13.2.8　S7－200 的扩展能力

上述模块包括 I/O 模块，也包括智能模块，如 EM277，EM241，EM253，CP243－1。CPU 的实际扩展能力与所能带的最多模块数有关，同时还取决于 CPU 的带负载能力，即 5 V 供电能力，所以 CPU 224 与 CPU 226 虽然都可以带 7 个扩展，但实际的可扩展 I/O 点数不同，因为 CPU 224 的 5 V 供电能力 660 mA 低于 CPU 226 的 1000 mA。

练习与思考

13.2.1　PLC 的定义是什么？PLC 有哪些特点？简述 PLC 的发展概况和发展趋势？

13.2.2　构成 PLC 的主要部分有哪些？各部分主要作用是什么？

13.2.3　PLC 与继电接触器控制比较有何特点？与计算机控制系统相比又有何特点？

13.2.4　PLC 的工作原理是什么？简述 PLC 的扫描工作过程。

13.2.5　什么是 PLC 的扫描周期？其长短主要受什么影响？

13.3　S7－200 可编程控制器的程序编制

13.3.1　PLC 的编程语言

PLC 为用户提供了完整的编程语言，以适应编程用户程序的需要。PLC 提供的编程语言通常有以下几种：梯形图、语句表、顺序功能图和功能块图。

1. 梯形图（LAD）

梯形图是一种图形编程语言，是从继电器控制原理图的基础上演变而来的。PLC 的梯形图与继电器控制系统原理图的基本思想一致，它沿用继电器的触点（触点在梯形图中又常称为结点）、线圈、串/并联等术语和图形符号，同时还增加了一些继电接触器控制系统中没有的特殊功能符号。对于熟悉继电器控制线路的电气技术人员来说，很容易被接受，且不需要学习专门的计算机知识。因此，在PLC应用中，应使用的是最基本的、最普遍的编程语言。需要说明的是，这种编程方式只能用编程软件通过计算机下载到PLC当中去。如果使用编程器编程，还需要将梯形图转变为语气表用助记符将程序输入到PLC中。PLC的梯形图虽然是从继电器控制线路图发展而来的，但与其有一些本质的区别。

（1）PLC梯形图中的某些元件沿用了“继电器”这一名称，例如输入继电器、输出继电器、中间继电器等。但是，这些继电器并不是实际存在的物理继电器，而是“软继电器”，也可以说是存储器。它们当中的每一个都与（PLC的用户程序存储器中的数据存储区中的）元件映像寄存器的一个具体存储单元相对应。如果某个存储单元为**1**状态，则表示与这个存储单元相对应的那个继电器的线圈“得电”。反之，如果某个存储单元为**0**状态，则表示与这个存储单元相对应的那个继电器的线圈“失电”。这样，可根据数据存储区中某个存储单元的状态是**1**还是**0**判断与之对应的那个继电器的线圈是否“得电”。

（2）PLC梯形图中仍然保留了动合触点和动断触点的名称，这些触点的接通或断开，取决于其线圈是否得电（这是继电器、接触器的最基本的工作原理）。在梯形图中，当程序扫描到某个继电器的触点时，就去检查其线圈是否“得电”，即去检查与之对应的那个存储单元的状态是**1**还是**0**。如果该触点是动合触点，就取它的原状态，如果该触点是动断触点，就取它的反状态。

（3）PLC梯形图中的各种继电器触点的串联并联连接，实质上是将这些基本单元的状态依次取出来，进行逻辑**与**和逻辑**或**等逻辑运算。而计算机对进行这些逻辑运算的次数是没有限制的，因此，可在编制程序时无限次使用这些触点。并且可以根据需要采用动合和动断的形式。特别需要注意的是，在梯形图程序中同一个继电器号的线圈一般只能使用一次。

（4）图13.3.1是典型的梯形图示意图，左右两条垂直的线称为母线。母线之间是触点的逻辑连线和线圈的输出。

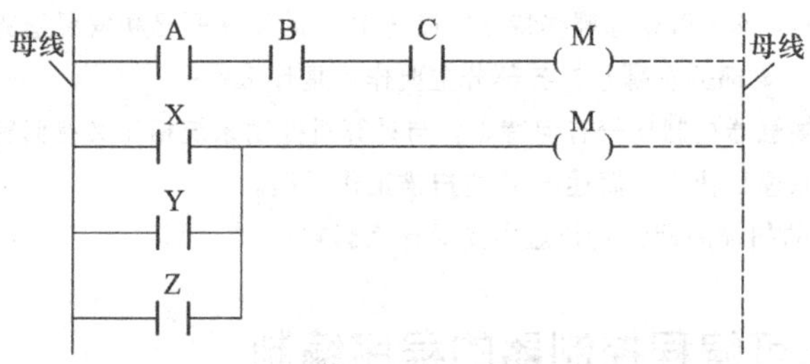

图13.3.1 典型的梯形图示意图

梯形图的一个关键概念是“能流”（POWER FLOW），这只是概念上的“能流”。图13.3.1中，把左边的母线假想为电源中的“零线”。如果有“能流”从左至右流向线圈，则线圈被激励。要强调的是，引入“能流”的概念，仅仅是为了和继电接触器控制系统相比较，使我们对梯形图有一个深入的认识，其实“能流”在梯形图中是不存在的。

有的PLC的梯形图有两根母线，但大部分PLC现在只保留左边的母线了。在梯形图中，触点代表逻辑“输入”条件，如开关、按钮和内部条件等；线圈通常代表逻辑“输出”结果，如灯、电动机接触器、中间继电器等。

梯形图语言简单明了，易于理解，是所有编程语言的首选。

2. 语句表(statements list，STL)

语句表就是用助记符来表达 PLC 的各种功能，类似于计算机的汇编语言，但比汇编语言通俗易懂，它是 PLC 最基础的编程语言。所谓语句表编程，是用一个或几个容易记忆的字符来代表 PLC 的某种操作功能。这种编程语言可使用简易编程器编程，尤其是在未开发计算机软件时，就只能将已编好的梯形图程序转换成语句表的形式，再通过简易编程器将用户程序逐条输入到 PLC 的储存器中进行编程。通常每条指令由地址、操作码(指令)和操作数(数据或器件编码)这三部分组成。编程设备简单，逻辑紧凑，系统化，连接范围不受限制；但比较抽象，一般与梯形图语言配合使用，互为补充。目前，大多数 PLC 都有语句表编程功能。

3. 顺序功能图(sequence function chart，SFC)

顺序功能图编程方式采用画工艺流程图的方法编程，亦称功能图。只要在每一个工艺方框的输入和输出端，标上特定的符号即可。对于在工厂中搞工艺设计的人来说，用这种方法编程，不需要很多的电气知识，非常方便。

4. 功能块图(function block diagrams，FBD)

这是一种由逻辑功能符号组成的功能块图来表达命令的编程语言，这种编程语言基本上沿用半导体逻辑电路的逻辑方块图。对每一种功能都使用一个运算方块，其运算功能由方块内的符号确定。常用**与**、**或**、**非**等逻辑功能表达控制逻辑。和功能方块有关的输入画在方块的左边，输出画在方块的右边。利用 FBD 可以查到像普通逻辑门图形的逻辑盒指令。它没有梯形图编程器中的触点和线圈，但有与之等价的指令，这些指令是作为盒指令出现的。程序逻辑由这些盒指令之间的链接决定。采用这种编程语言，不仅能简单明确地表达逻辑功能，还能通过对各种功能块的组合，实现加法、乘法、比较等高级功能。所以，它也是一种功能较强的图像编程语言。对于熟悉逻辑电路和具有逻辑代数基础的人来说，是非常方便的。图 13.3.2 为实现电动机起、停、保控制的三种编程语言的表达方式。

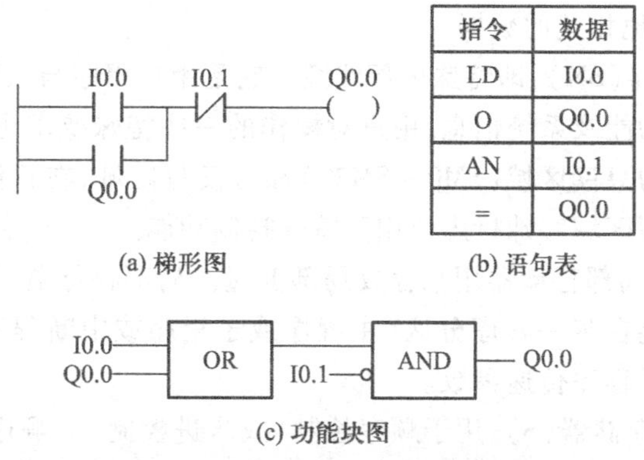

指令	数据
LD	I0.0
O	Q0.0
AN	I0.1
=	Q0.0

(a) 梯形图　(b) 语句表

(c) 功能块图

图 13.3.2　三种编程语言举例

目前，各种类型的 PLC 基本上都同时具备两种以上的编程语言。其中，以同时使用梯形图和语句表的占大多数，而梯形图与语句表在表达方式上，不同厂家、不同型号的 PLC，都还有些差异，使用符号也不尽相同，配置的功能也各有千秋。因此、各个厂家、不同系列、不同型号的 PLC

是互不兼容的,但基本的逻辑思想与编程原理是一致的。

13.3.2 S7-200 存储空间及地址格式

S7-200 存储空间大致分三个,即程序空间,数据空间和参数空间。

1. 程序空间

程序空间主要用于存放用户应用程序,程序空间容量在不同的 CPU 中是不同的。

2. 数据空间

主要用于存放工作数据,被称为数据存储器,另外有一部分作寄存器使用,被称为数据对象。

(1) 数据存储器:它包括输入映像存储器(I)(输入信号缓冲区),输出映像存储区(Q)(输出信号缓冲区),变量存储器(V),内部标志位存储器(M)(又称内部辅助继电器),特殊标志位存储器(SM),局部存储器(L),顺序控制继电器存储器(S)。除特殊标志位外,其他部分都能以位、字节、双字的格式自由读取或写入。

① 输入映像存储器(I):它是以字节为单位的寄存器,它的每一位对应于一个数字量输入结点。在每个扫描周期开始,PLC 依次对各个输入结点采样,并把采样结果送入输入映像存储器。PLC 在执行用户程序过程中,不再理会输入结点的状态,它所处理的数据为输入映像存储器中的值。

② 输出映像存储器(Q):它是以字节为单位的寄存器,它的每一位对应于一个数字输出量结点。PLC 在执行用户程序的过程中,并不把输出信号随时送到输出结点,而是送到输出映像存储器,只有到了每个扫描周期的末尾,才将输出映像存储器的输出信号几乎同时送到各输出结点。

③ 变量存储器(V):存放全局变量,存放程序执行过程中控制逻辑操作的中间结果或其他相关的数据。变量存储器是全局有效。全局有效是指同一个存储器可以在任一程序分区(主程序、子程序、中断程序)被访问。变量存储器的内容可在 PLC 与编程设备上双向传送。

④ 内部标志位存储器(M):也称内部线圈,是模拟继电器控制系统中的中间继电器,它存放中间操作状态,或存储其他相关的数据。

⑤ 特殊标志位存储器(SM):即特殊内部线圈。它是用户程序与系统程序之间的界面,为用户提供一些特殊的控制功能及系统信息,用户对操作的一些特殊要求也通过特殊标志位通知系统。特殊标志位区域分为只读区域(SM0 ~ SM29)和可读写区域,在只读区域特殊标志位,用户只能利用其触点。可读写区域特殊标志位用于特殊控制功能。

⑥ 局部存储器(L):局部存储器用来存放局部变量。局部存储器是局部有效的。局部有效是指某一局部存储器只能在某一程序分区(主程序或子程序或中断程序)中使用。局部存储器可用作暂时存储器或为了程序传递参数。

⑦ 顺序控制继电器存储器(S):用于顺序控制(或步进控制)。顺序控制继电器(SCR)指令基于顺序功能图(SFC)的编程方式,将控制程序的逻辑分段,从而实现顺序控制。

(2) 数据对象:包括定时器、计数器、高速计数器、累加器、模拟量输入/输出映像寄存器(AI)。

① 定时器(T):定时器是模拟继电器控制系统中的时间继电器。S7-200 定时器的定时精度分为 1 ms、10 ms 和 100 ms 三种,根据精度需要由编程者确定。

② 计数器(C):计数器是累计其计数输入端脉冲电平由低到高的次数,有三种类型:增计数、减计数、增减计数。通常计数器的设定值由程序赋予,需要时也可在外部设定。计数器的个数与定时器个数相同。

③ 高速计数器(HC):与一般计数器不同之处在于,计数脉冲频率更高,可达 2 kHz/7 kHz,当高速脉冲信号的频率比 CPU 扫描速率更快时,必须要用高速计数器计数。计数容量大,一般计数器为 16 位,而高速计数器为 32 位,一般计数器可读可写,而高速计数器一般只能做读操作。

④ 累加器(AC):累加器是用来暂时存储计算中间值的存储器,也可向子程序或任何带参数的指令和指令块传递参数或返回参数。S7－200CPU 提供了 4 个 32 位累加器(AC_0、AC_1、AC_2、AC_3)。

⑤ 模拟量输入/输出映像寄存器(AIW/AQW):模拟量输入模块将外部输入的模拟信号的模拟量转换成 1 个字长(16 位)的数字量。存放在模拟量输入映像寄存器(AI)中,供 CPU 运算处理。模拟量输入的值为只读值。CPU 运算的结果存放在模拟量输出映像寄存器(AQ)中,供 D/A 转换器将 1 个字长(16 位)的数字量转换为模拟量,以驱动外部模拟量控制的设备。模拟量输出映像寄存器中的数字量为只写值。

S7－200 存储器范围见表 13.3.1

表 13.3.1 S7－200 存储器范围

存取方式	元器件	CPU 221	CPU 222	CPU 224,CPU 226	CPU 226XM
位存取(字节,位)	V	0.0～2047.7		0.0～5119.7	0.0～10239.7
	I	0.0～15.7			
	Q	0.0～15.7			
	M	0.0～31.7			
	SM	0.0～179.7	0.0～299.7	0.0～549.7	
	S	0.0～31.7			
	T	0～255			
	C	0～255			
	L	0.0～59.7			
字节存取	VB	0～2047		0～5119	0～10239
	IB	0～15			
	QB	0～15			
	MB	0～31			
	SMB	0～179	0～299	0～549	
	SB	0～31			
	LB	0～59			
	AC	0～3			
	常数	常数			

续表

存取方式	元器件	CPU 221	CPU 222	CPU 224,CPU 226	CPU 226XM
字存取	VW	0~2046		0~5118	0~10238
	IW	0~14			
	QW	0~14			
	MW	0~30			
	SMW	0~178	0~298	0~548	
	SW	0~30			
	T	0~255			
	C	0~255			
	LW	0~58			
	AC	0~3			
	AIW	0~30		0~62	
	AQW	0~30		0~62	
	常数	常数			
双字存取	VD	0~2044		0~5116	0~10236
	ID	0~12			
	QD	0~12			
	MD	0~28			
	SMD	0~176	0~296	0~546	
	SD	0~28			
	LD	0~56			
	AC	0~3			
	HC	0,3,4,5		0~5	
	常数	常数			

3. 参数空间

用于存放有关 PLC 配置结构参数的区域。如保护口令、PLC 站地址、停电记忆保持区、软件滤波、强制操作的设定信息等,存储器为 E^2PROM。

4. 数据区存储器的地址表示格式

在 S7-200 中所处理数据有三种,即常数、数据存储器中的数据和数据对象中的数据。

(1) 常数及类型:在 S7-200 的指令中可以使用字节(8 位)、字(16 位)、双字(32 位)类型的常数,常数的类型可指定为十进制、十六进制、二进制或 ASCII 字符。

注意:PLC 不支持数据类型的处理和检查,因此在有些指令隐含规定字符类型的条件下,必须注意输入数据的格式。

(2) 数据存储器的数据的地址表示格式:存储器是由许多存储单元组成的,每个存储单元都有唯一的地址,可以依据存储器地址来存取数据。数据存储器地址的表示格式有位、字节、字、双字地址格式。

① 位地址格式:数据区空间存储器区域的某一位的地址格式是由存储器区域标识符、字节地址及位号构成。

一般由两部分组成,格式为

A a1. a2

其中,A 为数据在数据存储器中的区域地址,有 I、Q、M、SM、V 五部分;a1 为该数据在区域的首字节地址,它可能的范围见表 13.3.2;a2 是该数据的地址,即表明该数据位在字节中的位置(0 ~ 7),其中 0 为最低位(LSB),7 为最高位(MSB),它可能的范围见表 13.3.3。

表 13.3.2 数据首字节地址 a1 的范围

数据区域	CPU 212			CPU 226		
	字节	字	双字	字节	字	双字
I	I0 ~ I7	I0 ~ I6	I0 ~ I4	I0 ~ I15	I0 ~ I14	I0 ~ I12
Q	Q0 ~ Q7	Q0 ~ Q6	Q0 ~ Q4	Q0 ~ Q15	Q0 ~ Q14	Q0 ~ Q12
M	M0 ~ M15	M0 ~ M14	M0 ~ M12	M0 ~ M31	M0 ~ M30	M0 ~ M28
SM	SM0 ~ SM45	SM0 ~ SM44	SM0 ~ SM42	SM0 ~ SM549	SM0 ~ SM548	SM0 ~ SM546
V	V0 ~ V1023	V0 ~ V1022	V0 ~ V1020	V0 ~ V5119	V0 ~ V5118	V0 ~ V5116

表 13.3.3 位寻址范围

数据区域	CPU 212	CPU 226
I	I0.0 ~ I7.7	I0.0 ~ I15.7
Q	Q0.0 ~ Q7.7	Q0.0 ~ Q15.7
M	M0.0 ~ M15.7	M0.0 ~ M31.7
SM	SM0.0 ~ SM45.7	SM0.0 ~ SM549.7
V	V0.0 ~ V1023.7	V0.0 ~ V5119.7

例如 I5.5 表示图 13.3.3 中黑色标记的位地址。I 是变量存储器的区域标识符,第 1 个 5 是字节地址,第 2 个 5 是位号,在字节地址 5 与位号 5 之间用点号“.”隔开。

② 字节、字、双字地址格式:数据存储器的数据类型还有字节、字、双字三种,其地址格式由区域标识符、数据长度以及该字节、字或双字的起始字节地址构成。图 13.3.4 中,用 VB1 00、VW100、VD100 分别表示字节、字、双字的地址。VW100 由 VB100、VB 101 两个字节组成,VD100 由 VB100 ~ VB103 四个字节组成。

由上例可以看出,同一个地址,在使用不同的数据类型后,所取出数据占用的内存量是不同的,这一点在编程时一定要加以注意。

(3) 数据对象的地址格式:基本格式为

$$An$$

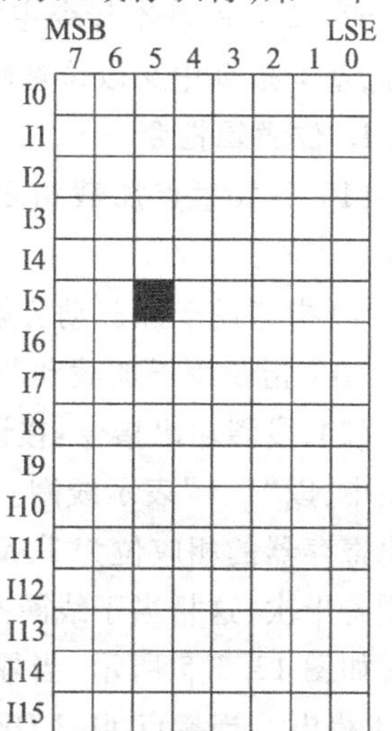

图 13.3.3 存储器中的位地址

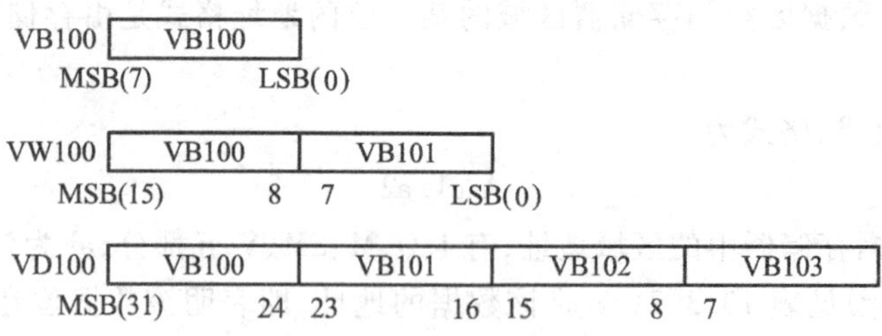

图 13.3.4 存储器中的字节、字、双字地址

其中 A 为该数据对象所在的区域标识符，也即数据对象的名称，在 S7－200 中 A 共有 6 种，见表 13.3.4；n 为元件号，指明 A 区域的第 n 个器件数据。例 T24 表示某定时器的地址，T 是定时器的区域标识符，24 是定时器号。

表 13.3.4 数据对象的名称及范围

数据对象名	区域地址名	可取的范围		
		CPU212	CPU214	CPU226
定时器	T	T0 ~ T63	T0 ~ T127	T0 ~ T225
计数器	C	C0 ~ C63	C0 ~ C127	C0 ~ C255
高速计数器	HC	HC0	HC0 ~ HC2	HC0 ~ HC5
累加器	AC	AC0 ~ AC3	AC0 ~ AC3	AC0 ~ AC3
模拟量输入	AIW	* AIW0 ~ AIW30	* AIW0 ~ AIW30	* AIW0 ~ AIW62
模拟量输出	AQW	* AQW0 ~ AQW30	* AQW ~ AQW30	* AQW ~ AQW62

注意：* 表示序号以 2 递增，且必为偶数。

13.3.3 S7－200 的基本编程指令

S7－200 的基本指令主要包括位逻辑指令、定时器指令、计数器指令、比较指令、程序控制指令等，基本指令中又以位逻辑、定时器、计数器指令为主。

1. 位逻辑指令

（1）开关触点加载指令：在每一条逻辑母线表示的开始程序段都要使用 LD 指令或 LDN 指令。

LD 指令用于加载动合触点“| |”的开关信息。

LDN 指令用于加载动断触点“|/|”的开关信息。

（2）线圈输出指令：在语句表中，输出指令为“＝”。在梯形图中，以“( )”表示线圈。当执行输出指令时，线圈被激励，输出寄存器的相应位为 **1**，反之为 **0**。线圈输出指令可以连续使用若干次，这相当于线圈并联。

I0.0 Q0.1
I0.2 Q1.0
Q1.1

LD I0.0
= Q0.1
LDN I0.2
= Q1.0
= Q1.1

图 13.3.5 开关触点加载时线圈输出指令示例

如图 13.3.5 所示，当输入接点 I0.0 ON 时，输出继电器 Q0.1 得电。当接点 I0.2 OFF 时，继电器 Q1.0、Q1.1 均得电；当接点 I0.2 ON 时，反会使继电器 Q1.0、Q1.1 均失电。

（3）**与**指令 A/AN：A(And)或 AN(And Not)指令应用于单个触点的串联(动合或动断触点)，可连续多次使用。A 指令表示动合触点串联编程，即跟动合触点的**与**逻辑联系；AN 指令表示动断触点串联编程，即跟动断触点的**与**逻辑联系。

（4）**或**指令 O/ON：O(Or)或 ON(Or Not)指令应用于单个触点的并联(动合或动断触点)，可连续多次使用。O 指令表示动合触点并联编程，即动合触点的**或**逻辑联系；ON 指令表示动断触点并联编程，即跟动断触点的**或**逻辑联系。

与或指令的用法如图 11.3.6 所示。当输入条件 I1.0 为 ON 或 I1.1 为 OFF 时，M1.0 为 ON，然后 M1.0 触点 ON。当输入条件 I0.0 且 M1.0 触点为 ON，I1.1 为 OFF 时，或 I0.1 为 ON，则 Q0.1 得电，并且 Q0.1 触点 ON。

（5）块串联指令 ALD 与块并联指令 OLD：块串联指令 ALD 表示两个或两个以上的触点组合块的串联关系。块并联指令 OLD 表示两个或两个以上的触点组合块的并联关系。块串联指令 ALD 与块并联指令 OLD 编程举例如图 13.3.7 所示。

```
LD  I1.0
ON  I1.1
O   M1.0
=   1.0
LD  I0.0
A   M1.0
O   Q0.1
AN  I1.1
O   I0.1
=   Q0.1
```

图 13.3.6　**与或**指令示例

```
LD   I0.0
A    I0.1
LD   I1.0
A    I1.1
LD   I2.0
A    I2.1
OLD
OLD
=    Q0.0
LD   I3.1
O    I3.3
LD   I3.2
O    I3.4
ALD
=    Q0.1
```

图 13.3.7　块串联、块并联指令 OLD 示例

（6）置位和复位指令：置位 S(set)和复位 R(reset)指令，即将指令操作数指定的地址(位地址)开始的连续 *N* 个物理输出点都置位或复位。置位或复位的点数 *N* 可以是 1～255。

在梯形图中，执行置位指令时，把从指令操作数指定的位地址开始的 *N* 个点都置位并且保持置位状态；执行复位指令时，把从指令操作数指定的位地址开始的 *N* 个点都复位并且保持复位状态。如图 13.3.8 所示，I1.0“ON”时，Q0.1、Q0.2 置位为 **1**，当 I1.1“ON”时，Q0.1、Q0.2 复位为 **0**。

（7）取反指令 NOT：该指令用于将指令左端的逻辑运算结果取反。能流到达取反触点时，能流就停止；能流未到达取反触点时，能流反而通过。梯形图中，取反指令用取反触点表示。NOT 指令无操作数。取反指令编程举例如图 13.3.9 所示。

图 13.3.8　置位、复位指令示例

```
LD   I1.0
O    I1.1
A    I1.2
NOT
=    Q0.0
```

图 13.3.9　NOT 指令梯形图及指令表

(8) 空操作指令 NOP N:NOP 指令对运算结果和用户程序执行无任何影响,也不影响线圈输出。空操作指令的指令格式为 NOP *N*,操作数 *N* 的取值范围为 0 ~ 255 的常数。空操作指令主要是为了方便对程序的检查和修改,预先在程序中设置一些 NOP 指令,在修改和增加指令时,可减少程序地址更改量。

(9) 边沿触发指令:边沿触发指令包括上升沿触发指令、下降沿触发指令,可以用该指令检测上升沿/下降沿信号。梯形图中上升沿/下降沿触发指令用上升沿/下降沿触点("|**P**|"/"|**N**|")表示;语句中上升沿触发指令由 EU(Edge Up)表示,一旦有上升沿触发,线圈即置 **1**,并持续一个扫描周期时间;下降沿触发指令由 ED(Edge Down)来表示,一旦有下降沿触发,线圈即置 **1**,并持续一个扫描周期时间。EU,ED 指令无操作数。

边沿触发指令编程举例如图 13.3.10 所示。

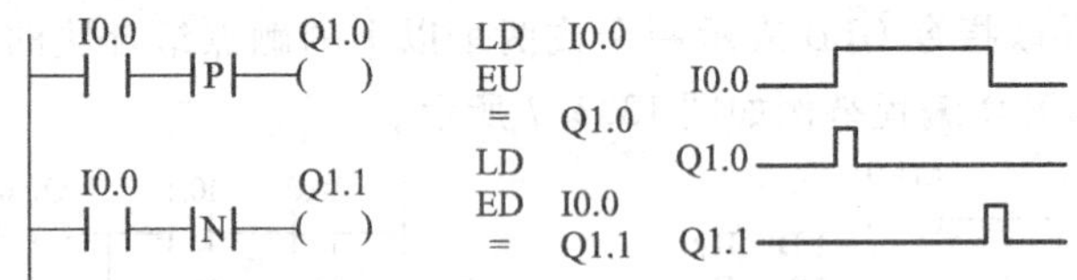

图 13.3.10 边沿触发指令示例

2. 定时器指令

S7-200 的定时器有 3 种类型:通电延时定时器(TON)、断电延时定时器(TOF)和保持型通电延时定时器(TONR)。定时器定时精度分为 3 个等级:1 ms、10 ms、100 ms。定时器的分辨率与定时器号配套,对应使用,如表 13.3.5 所列。

表 13.3.5 定时器与定时精度

定时器类型	分辨率/ms	计时范围/s	定时器号
TONR	1	32.767	T0,T64
	10	327.67	T1 ~ T4,T65 ~ T68
	100	3276.7	T5 ~ T31,T69 ~ T95
TON/TOF	1	32.767	T32,T96
	10	327.67	T33 ~ T36,T97 ~ T100
	100	3276.7	T37 ~ T63,T101 ~ T255

每个定时器有两个寄存器(16bit)变量:当前值、设定值,它们的最大值均为 32767。定时器的定时时间为 T = 设定值(PT) × 分辨率(S),当定时器当前值等于或大于设定值时,该定时器位被置为 **1**。

(1) 通电延时定时器(TON):通电延时定时器(TON)有 2 个输入信号,IN 为启动定时器输入使能端,PT 为定时器的设定值输入端。当输入端(IN)输入有效后,通电延时定时器(TON)开始计时,当定时器的当前值等于或大于设定值(PT)时,该定时器位被置为 **1**。定时器(TON)累计值达到设定时间后,继续计时,一直计到最大值 32767。当输入端断开或不使能时,定时器(TON)复位,即当前值为 0,定时器输出为 **0**。TON 指令应用示例如图 13.3.11 所示。

当定时器(TON)T32 的输入端(I1.0)输入有效,T32 开始计时,当 T32 的当前值达到设定值

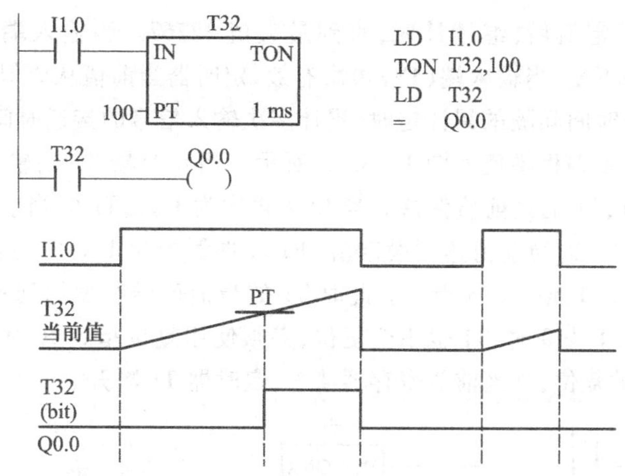

图 13.3.11 TON 指令应用示例

PT(如图 100×1 ms＝0.1 s)时,T32 的动合触点为闭合,使得 Q0.0 得电,之后 T32 的当前值继续累加到最大值或 T32 复位。当 I1.0 无效时,T32 马上复位,定时器的状态位清零,同时当前值寄存器清零。在程序中可用复位指令 R 使定时器复位,定时器复位后,它的状态位为 **0**,当前值为 0。

(2) 断电延时定时器(TOF):断电延时定时器(TOF)输入端(IN)无效后,定时器开始计时,当断电延时定时器(TOF)的计时当前值等于设定时间时,定时器位断开为 **0**,并且停止计时。

断开延时定时器(TOF)指令编程举例如图 13.3.12 所示。当允许输入 I1.0 为 **1** 时,定时器的状态位为 **1**;当 I1.0 由 **1** 到 **0** 时,当前值从 0 计时增加,直到达到设定值(PT),定时器的状态位为 **0**,当前值等于设定值,停止累加计数。在程序中也可以使用复位指令 R 使定时器复位。定时器复位后,它的状态位为 **0**,当前值为 0。

注意,不能把一个定时器号同时用做断电定时器(TOF)和通电延时定时器(TON)。

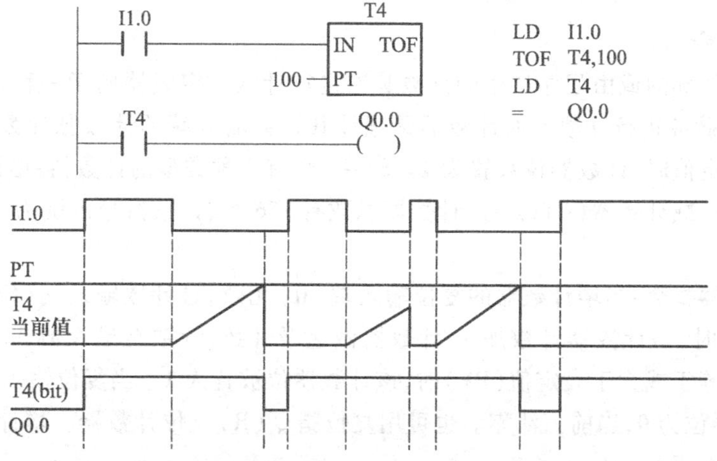

图 13.3.12 TOF 指令编程示例

(3) 保持型通电延时定时器(TONR):保持型通电延时定时器(TONR)的输入端(IN)有效后开始计时。当定时器(TONR)的当前值等于或大于设定值时,该定时器位被置为 **1**,定时器

(TONR)累计值达到设定值后,继续计时,直到最大值 32767。当输入端(IN)无效时,定时器(TONR)的当前值保持不变,当输入端(IN)再次有效,定时器当前值从原保持值继续计时。定时器(TONR)可用于多个时间间隔的累计定时,累计多次输入信号的接通时间。

定时器(TONR)指令编程举例如图 13.3.13 所示。当定时器 T1 的输入 I0.1 为 **1** 时,T1 开始计时;当 I0.1 为 **0** 时,T1 的当前值保持。当 I0.1 再次为 **1** 时,T1 的当前值寄存器在保持值的基础上继续累加,直到 T1 的当前值达到设定值(PT)(本例中为 1 s)时,定时器动作,T1 的状态位为 **1**,T1 的动合触点为 **1**,使 Q0.3 得电。此时 T1 的当前值继续累加到最大值或 T1 复位。当定时器动作后,即使 I0.1 为 **0** 时,T1 也不会复位,必须使用复位指令 R,才能使 TONR 复位。即当 I0.2 为 **1** 时,T1 才被复位,其当前值寄存器清零,定时器 T1 断开。

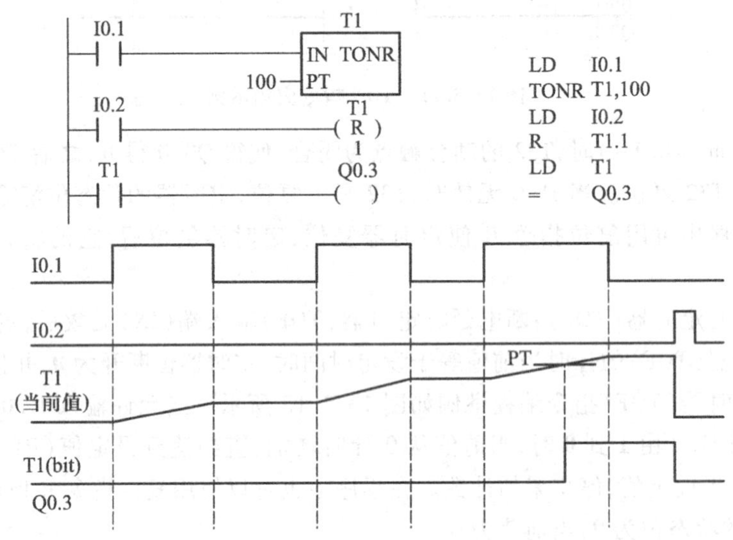

图 13.3.13 TONR 指令编程示例

3. 计数器指令

计数器是对外部的或由程序产生的计数脉冲进行计数。定时器属于一种特殊的计数器,是对 PLC 内部时钟脉冲进行计数。而计数器是累计其计数输入端的计数脉冲数的。计数器当前值等于或大于设定值时,计数器位被置为 **1**。S7－200 有 3 种类型的计数器:增计数器(CTU)、减计数器(CTD)、增/减计数器(CTUD)。计数器总数有 256 个,计数器号范围为(0～255),最大计数值 32767。

(1) 增计数器指令:当增计数器的复位输入端(R)无效,且计数输入端(CU)有一个计数脉冲的上升沿信号时,增计数器计数加 1,计数器做递增计数,计数至最大值 32767 时停止计数。当计数器当前值等于或大于设定值(PV)时,该计数器位被置为 **1**。当复位输入端(R)有效时,计数器复位,计数器位为 **0**,当前值清零。也可用复位指令(R)复位计数器。增计数器指令编程的例子如图 13.3.14 所示。

(2) 减计数器指令:减计数器的装载输入(LD)有效时,计数器复位并把设定值(PV)装入当前值寄存器(CV)中。当减计数器的计数输入端(CD)有一个计数脉冲的上升沿信号时,计数器从设定值开始做递减计数,直至等于 0 停止计数,同时计数器位被置位。减计数器(CTD)指令无

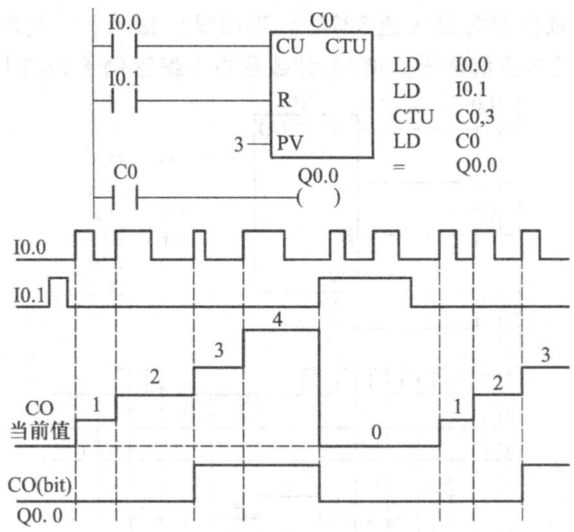

图 13.3.14 CTU 指令编程示例

复位端，当装载输入(LD)有效时，会将计数器复位并把设定值装入当前值寄存器中。减计数器指令编程例子如图 13.3.15 所示。

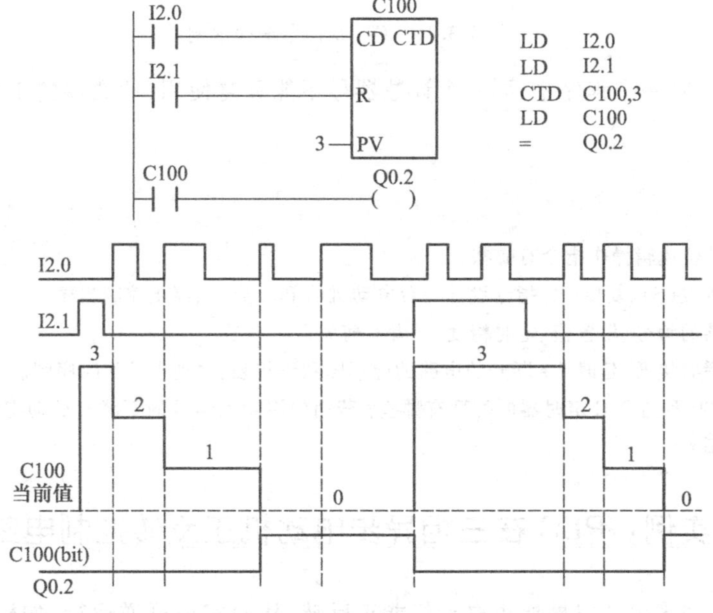

图 13.3.15 CTD 指令编程示例

(3) 增/减计数器指令：当增/减计数器的增计数输入端(CU)有一个计数脉冲的上升沿信号时，计数器做递增计数；当增/减计数器的减计数输入端(CD)有一个计数脉冲的上升沿信号时，计数器做递减计数。当计数器当前值等于或大于设定值(PV)时，该计数器位被置位。当复位输入端(R)有效时，计数器被复位。计数器在达到计数最大值 32767 后，CU 输入端下一个计数脉冲上升沿将使计数值变为最小值 －32768，同样在达到最小计数值 －32768 后，CD 输入端下一个计数脉冲上升沿将使计数值变为最大值 32767。当用复位指令(R)复位计数器时,计数器位被复位,计数器位为 **0**,并且当前值清零。增/减计数器指令编程例子如图 13.3.16 所示。

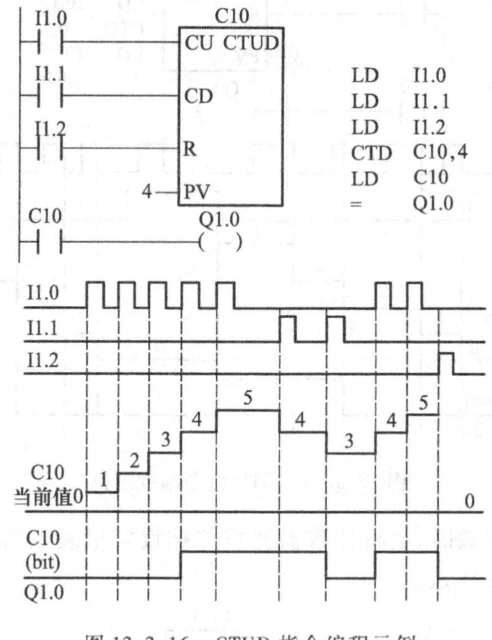

图 13.3.16 CTUD 指令编程示例

最后,请注意:在一个程序中,同一个计数器号不能重复使用,计数器的工作类型一旦确定,也不可更改。

练习与思考

13.3.1 PLC 的位逻辑操作指令有哪些?

13.3.2 试用置位(S)、复位(R)指令设计一台电动机的 PLC 启动、停止控制程序。

13.3.3 定时器的编号、设置值、定时精度,三者有何关系?

13.3.4 编制瞬时接通、延时 5 s 断开的电路的梯形图和语句表,并画出动作时序图。

13.3.5 S7-200 系列 PLC 定时器的类型有哪些?若期望用输入信号的下降沿启动定时器工作,应采用哪种类型计数器更合适?

13.4 应用实例:PLC 在三相异步电动机正反转控制电路中的应用

生产实践中,许多生产机械要求电动机能正反转,从而实现可逆运行,如机床中主轴的正反向运动、工作台的前后运动、起重机吊钩的上升和下降、电梯向上向下运行等。要实现三相异步电动机的正反转,只需改变电动机定子绕组的电源相序即可。

可逆运行控制线路实质上是两个方向相反的单向运行线路的组合。但为了避免误操作引起电源相间短路,必须在这两个相反方向的单向运行线路中加设连锁机构。按照电动机正反转操作顺序的不同,分为“正—停—反”和“正—反—停”两种控制线路。

13.4.1 “正—停—反”控制线路

传统继电器-接触器的“正—停—反”控制线路如图13.4.1所示。合上闸刀开关QS,按下正向起动按钮SB_2时,KM_1线圈得电,主触点闭合,电动机正向旋转,KM_1的动合辅助触点闭合,形成自锁;KM_1的动断辅助触点断开,形成互锁,防止误操作时KM_2线圈得电而引起电源相间短路。电动机若需反转时,必须先按下停止按钮SB_1切断电动机的正相电源,再按下反转起动按钮SB_3,电动机才能进行反转。

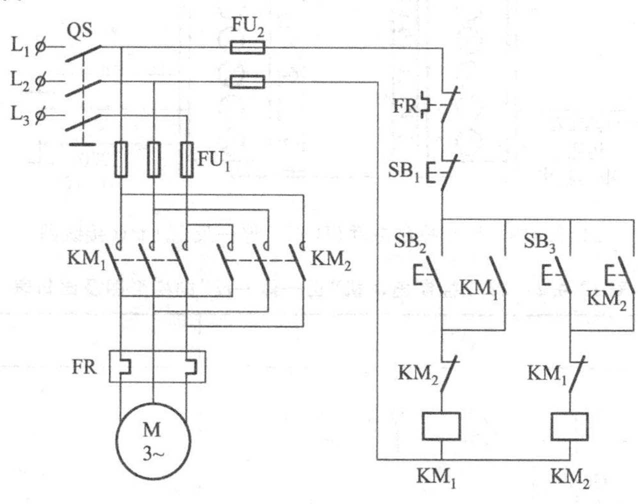

图13.4.1 传统继电器-接触器“正—停—反”控制线路

采用PLC控制电动机的“正—停—反”,需要3个输入点和2个输出点,其输入/输出分配表如表13.4.1所示。

表13.4.1 PLC控制电动机“正—停—反”的输入/输出分配表

输入			输出		
功能	元件	PLC地址	功能	元件	PLC地址
停止按钮	SB_1	I0.0	正向控制接触器	KM_1	Q0.0
正向起动按钮	SB_2	I0.1	反向控制接触器	KM_2	Q0.1
反向起动按钮	SB_3	I0.2			

使用PLC对三相异步电动机实行“正—停—反”控制的I/O接线图如图13.4.2所示。

PLC控制电动机“正—停—反”的梯形图(LAD)及语句表(STL),见表13.4.2。

网络1为正向控制,按下正向起动按钮SB_2时,I0.1动合触点闭合,Q0.0线圈输出,控制KM_1线圈得电,使电动机正向起动运转,Q0.0动合触点闭合形成自锁;按下停止按钮SB_1,I0.0动断触点打开,Q0.0没有输出,KM_1线圈失电,电动机停止正向运转。网络2为反向控制,其控制过程与网络1类似。

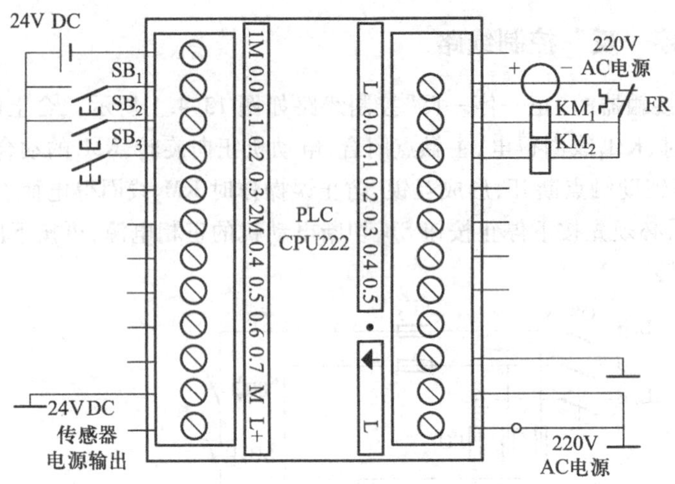

图 13.4.2 PLC 控制电动机“正—停—反”的 I/O 接线图

表 13.4.2 PLC 控制电动机“正—停—反”的梯形图及语句表

网　　络	LAD	STL
网络 1	I0.1 I0.0 Q0.1 Q0.0 Q0.0	LD　I0.1 O　Q0.0 AN　I0.0 AN　Q0.1 =　Q0.0
网络 2	I0.2 I0.0 Q0.0 Q0.1 Q0.1	LD　I0.2 O　Q0.1 AN　I0.0 AN　Q0.0 =　Q0.1

13.4.2 “正—反—停”控制线路

传统继电器－接触器的“正—反—停”控制线路如图 13.4.3 所示。合上闸刀开关 QS，按下正向起动按钮 SB_2时，KM_1线圈得电，主触点闭合，电动机正向起动运行。若需反向运行时，按下反向起动按钮，其动断触点断开，切断 KM_1线圈电源，电动机正向运行电源切断，同时 SB_3的动合触点闭合，使 KM_2线圈得电，KM_2的主触点闭合，改变了电动机的电源相序，使电动机反向运行。电动机需要停止运动时，只需按下停止按钮 SB_1即可实现。

采用 PLC 控制电动机的“正—反—停”，其输入/输出分配表与表 13.4.1 完全相同，I/O 接线图也与图 13.4.2 完全相同。

PLC 控制电动机“正—反—停”的梯形图(LAD)及语句表(STL)见表 13.4.3。

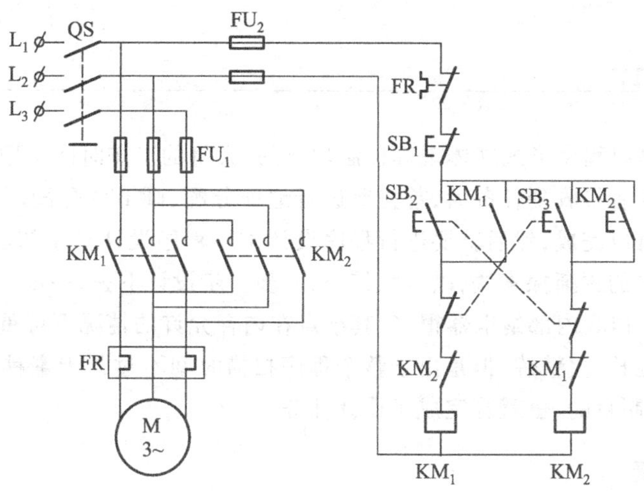

图 13.4.3 继电器-接触器“正—反—停”控制线路

表 13.4.3 PLC控制电动机“正—反—停”的梯形图及语句表

网　　络	LAD	STL
网络 1	I0.1 I0.0 I0.2 Q0.1 Q0.0 Q0.0	LD　I0.1 O　Q0.0 AN　I0.0 AN　I0.2 AN　Q0.1 =　Q0.0
网络 2	I0.2 I0.0 I0.1 Q0.0 Q0.1 Q0.1	LD　I0.2 O　Q0.1 AN　I0.0 AN　I0.1 AN　Q0.0 =　Q0.1

网络1为正向运行控制,按下正向起动按钮 SB_2,I0.1触点闭合,Q0.0线圈输出,控制 KM_1 线圈得电,使电动机正向起动运行,Q0.0的动合触点闭合,形成自锁。

网络2为反向运行控制,按下反向起动按钮 SB_3,I0.2的动合触点闭合,I0.2的动断触点断开,使电动机反向起动运行。

不管电动机是在正转还是反转,只要按下停止按钮 SB_1,I0.0动断触点断开,都将切断电动机的电源。

13.5 应用设计

PLC 控制系统是以程序形式来体现其控制功能的，大量的工作时间将用在软件设计，也就是程序设计上。当设计者接收到任务后，首先要进行地址分配，画 I/O 分配图，但是这两项工作只需要很短的时间就可以完成，然后就要进行程序设计了。程序设计对于初学者来说通常采用继电器系统设计方法中的逐渐探索法，以步为核心，一步一步设计下去，一步一步修改调试，直到完成整个程序的设计。PLC 内部继电器很多，其结点在内存允许的情况下可重复使用，尽管初学者也许把程序设计得冗长，欠精炼，但是由于整个程序扫描时间不过几十毫秒，只要能够准确地实现控制要求，达到控制目的，也就算完成了设计任务。

13.5.1 设计步骤

PLC 程序设计可遵循以下 6 步进行：

(1) 确定被控制系统必须完成的动作及完成这些动作的顺序。

(2) 分配输入输出设备，即 I/O 分配，将信号与 PLC 的 I/O 口对应到位。

(3) 设计 PLC 程序，通常是画梯形图。

(4) 使用计算机编程软件，上机编写梯形图。

(5) 将程序下载至 PLC，进行调试（模拟或现场）。

(6) 正常运行后保存已完成的程序。

显然，在建立一个 PLC 控制系统时，必须首先把系统需要的输入、输出数量确定下来，然后按照需要确定各种控制动作的顺序和各个控制装置彼此之间的相互关系。确定控制上的相互关系后，就可以进行编程的第二步——分配输入、输出设备，在分配了 PLC 的输入输出点、内部辅助继电器、定时器、计数器及特定功能块之后，就可以设计 PLC 程序，画出梯形图。在画梯形图时要注意每个从左边母线开始的逻辑行必须终止于一个继电器线圈或定时器、计数器、功能块等，这与实践的电路图是有区别的。梯形图画好后，使用编程软件直接把梯形图输入计算机并下载到 PLC 进行模拟调试，直至符号符合控制要求。这便是程序设计的整个过程。

13.5.2 设计实例——PLC 改造 C650 车床的设计

根据 12.7 所述，将 C650 车床传统继电器－接触器电气控制线路重画如图 13.5.1 所示。

针对以上电气控制线路，现提出 PLC 改造 C650 车床控制线路的设计。

1. PLC 改造 C650 车床控制线路的输入/输出分配表

PLC 改造 C650 车床控制线路时，照明开关可使用普通的按钮开关代替。PLC 改造 C650 车床的输入/输出分配表如表 13.5.1 所示。

2. PLC 改造 C650 车床控制线路的 I/O 接线图

PLC 改造 C650 车床控制线路时，需要 12 个输入点和 7 个输出点，因此 PLC 可选用 S7－200 系列 PLC——CPU 226。PLC 改造 C650 车床控制线路的 I/O 接线图如图 13.5.2 所示，图中 EL 串联合适规格的电阻以降低其工作电压。

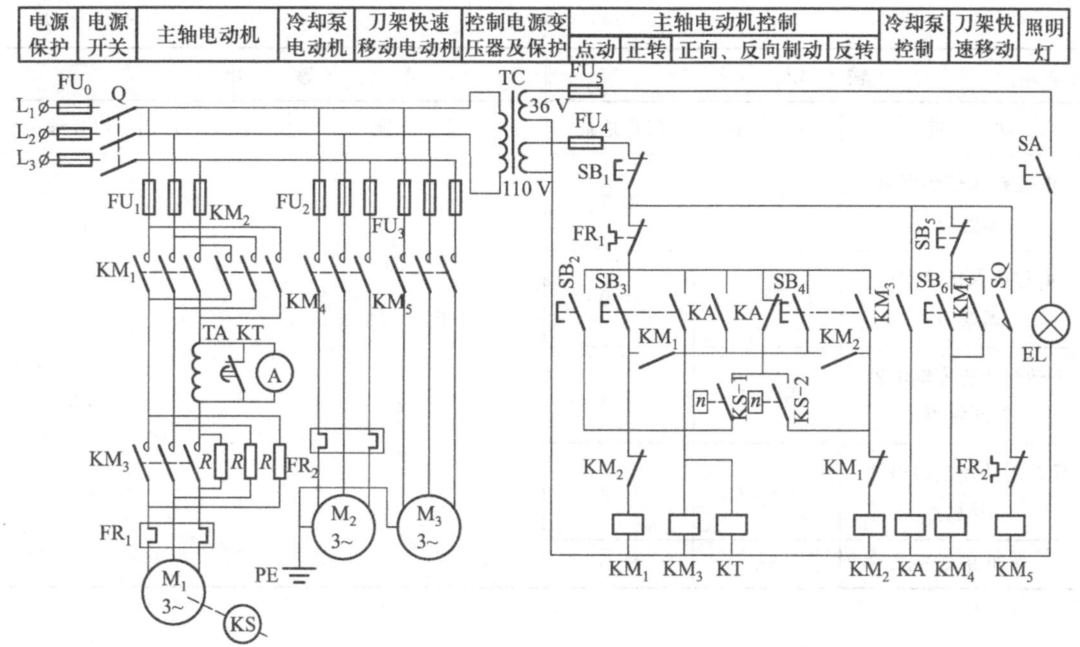

图 13.5.1 C650 车床传统继电器－接触器电气控制线路

表 13.5.1 PLC 改造 C650 车床的输入/输出分配表

输入			输出		
功能	元件	PLC 地址	功能	元件	PLC 地址
总停按钮	SB_1	I0.0	主电动机 M_1 正转控制	KM_1	Q0.0
主电动机 M_1 正向点动按钮	SB_2	I0.1	主电动机 M_1 反转控制	KM_2	Q0.1
主电动机 M_1 正向起动按钮	SB_3	I0.2	短接限流电阻 R 控制	KM_3	Q0.2
主电动机 M_1 反向起动按钮	SB_4	I0.3	冷却泵电动机 M_2 控制	KM_4	Q0.3
冷却泵电动机 M_2 停止按钮	SB_5	I0.4	快速移动电动机 M_3 控制	KM_5	Q0.4
冷却泵电动机 M_2 起动按钮	SB_6	I0.5	电流表 A 短接控制	KM_6	Q0.5
快速移动电动机 M_3 位置开关	SQ	I0.6	照明灯控制	EL	Q0.6

续表

输 入			输 出		
功 能	元 件	PLC 地址	功 能	元 件	PLC 地址
M_1过载保护热继电器触点	FR_1	I0.7			
M_2过载保护热继电器触点	FR_2	I1.0			
正转制动速度继电器常开触点	KS－1	I1.1			
反转制动速度继电器常开触点	KS－2	I1.2			
照明开关 SA	SA	I1.3			

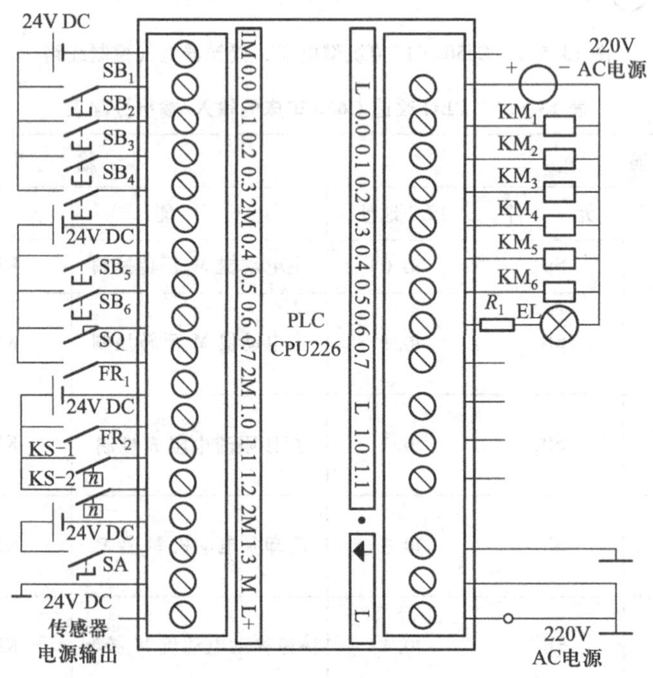

图 13.5.2 PLC 改造 C650 车床控制线路的 I/O 接线图

3. PLC 改造 C650 车床控制线路的程序设计

PLC 改造 C650 车床控制线路的梯形图(LAD)及语句表(STL)如表 13.5.2 所示。

表 13.5.2 PLC 改造 C650 车床控制线路的梯形图及语句表

网　　络	LAD	STL
网络 1	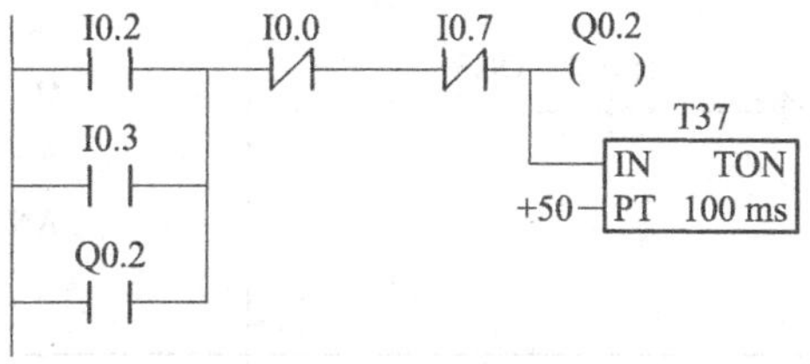 I0.2 I0.0 I0.7 Q0.2 I0.3 Q0.2 T37 IN TON +50 PT 100 ms	LD I0. 2 O I0. 3 O Q0. 2 AN I0. 0 AN I0. 7 = Q0. 2 TON T37, +50
网络 2	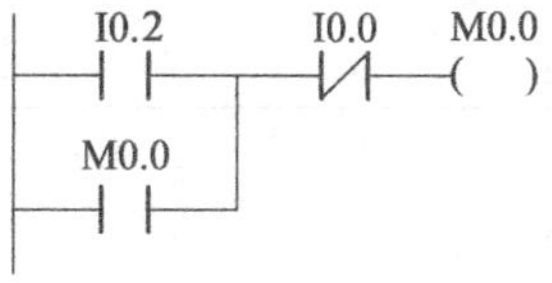 I0.2 I0.0 M0.0 M0.0	LD I0. 2 O M0. 0 AN I0. 0 = M0. 0
网络 3	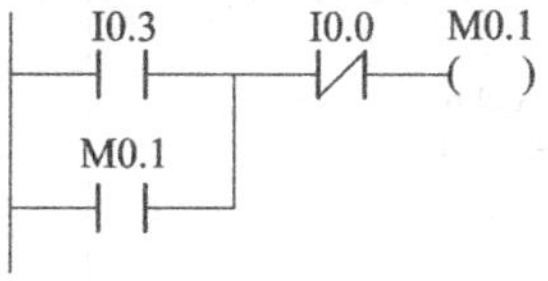 I0.3 I0.0 M0.1 M0.1	LD I0. 3 O M0. 1 AN I0. 0 = M0. 1
网络 4	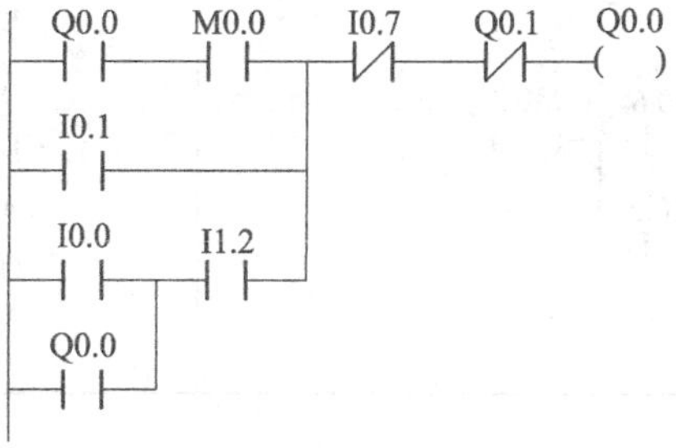 Q0.0 M0.0 I0.7 Q0.1 Q0.0 I0.1 I0.0 I1.2 Q0.0	LD Q0. 0 A M0. 0 O I0. 1 LD I0. 0 O Q0. 0 A I1. 2 OLD AN I0. 7 AN Q0. 1 = Q0. 0
网络 5	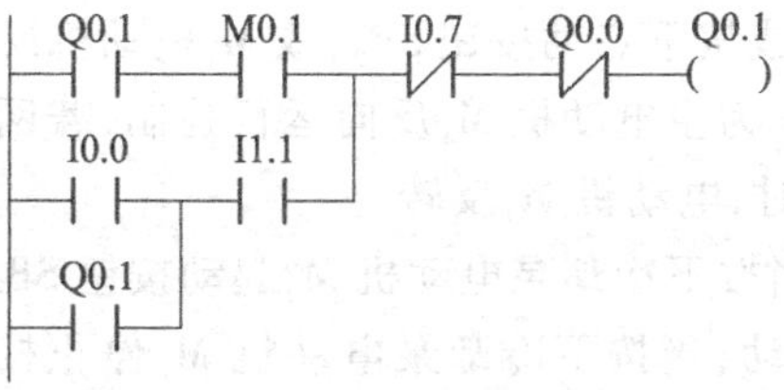 Q0.1 M0.1 I0.7 Q0.0 Q0.1 I0.0 I1.1 Q0.1	LD Q0. 1 A M0. 1 LD I0. 0 O Q0. 1 A I1. 1 OLD AN I0. 7 AN Q0. 0 = Q0. 1

续表

网　络	LAD	STL
网络6	I0.5 I0.4 I1.0 Q0.3 Q0.3	LD I0.5 O Q0.3 AN I0.4 AN I1.0 = Q0.3
网络7	I0.6 Q0.4	LD I0.6 = Q0.4
网络8	T37 Q0.5	LDN T37 = Q0.5
网络9	I1.3 M0.2 Q0.6 I1.3 Q0.6	LD I1.3 AN M0.2 LDN I1.3 A Q0.6 OLD = Q0.6
网络10	I1.3 Q0.6 M0.2 I1.3 M0.2	LDN I1.3 A Q0.6 LD I1.3 A M0.2 OLD = M0.2

4. PLC改造C650车床控制线路的程序设计说明

网络1为短接限流电阻 R 控制，当按下正向起动按钮 SB_3 或反向起动按钮 SB_4 时，I0.2或I0.3动合触点闭合，输出线圈Q0.2有效，为主电动机 M_1 的正、反转起动控制做好准备。

网络2为主电动机 M_1 正转起动控制，网络3为主电动机 M_1 反转起动控制。网络4为主电动机 M_1 正向运行控制，若网络2有效，或按下点动按钮 SB_2，或 M_1 电动机反转KS-2触点闭合进行制动停车时，电动机 M_1 正转。网络5为主电动机 M_1 反向运行控制，若网络3有效，或 M_1 电动机正转KS-1触点闭合进行制动停车时，电动机 M_1 反转。

网络6为冷却泵电动机 M_2 控制，当按下冷却泵电动机 M_2 起动按钮 SB_6 时，动合触点I0.6闭合，输出线圈Q0.3有效，电动机 M_2 起动；当按下冷却泵电动机 M_2 停止按钮 SB_5 时，电动机 M_2 停止。

网络7为快速移动电动机 M_3 控制，当刀架手柄压动位置开关SQ时，M_3 电动机起动运行，经传动系统驱动溜板带动刀架快速移动。

网络 8 为电流表 A 短接控制，电动机 M_1 在正转或反转起动时，先短接电流表 A，经 T37 延时片刻后才将电流表接入电路中。

网络 9 和网络 10 为 EL 照明控制，照明开关 SA 接下奇数次时，EL 亮；照明开关 SA 按下偶数次时，EL 熄灭。

练习与思考

13.5.1　简述在什么情况下可以采用 PLC 构成控制系统。

13.5.2　简述 PLC 系统设计的基本原则。

13.5.3　如何进行 PLC 机型选择？

13.5.4　简述 PLC 控制系统的一般设计步骤。

小结

1. 可编程序控制器概述。

可编程序控制器（PLC）是一种数字运算操作的电子系统，专为工业环境而设计。PLC 主要由 CPU、电源、存储器和输入输出接口电路等组成，采用“顺序扫描并循环”的工作方式，工作过程可分为输入采样，程序执行、输出刷新三个阶段，整个过程扫描并执行一次所需的时间为一扫描周期。PLC 通过改变存储在里面的指令的方法来改变的控制流程，相比继电器控制系统具有很强的灵活性。PLC 已广泛应用于冶金、矿业、机械、轻工等领域。

2. 西门子公司 S7－200 小型可编程序控制器简介。

（1）S7－200 可编程序控制器的系统包括基本单元、扩展单元、功能模块。

（2）编程语言：梯形图（LAD）、语句表（STL）、顺序功能图（SFC）等。

（3）编程元件包括：输入元件（I）；输出元件（Q）；通用辅助寄存器（M）；特殊标志寄存器（SM）；变量存储器（V）；定时器（T）；计数器（C）等。

（4）基本程序指令：位逻辑指令；定时器指令、计数器指令等。

3. S7－200 小型可编程序控制器应用设计。

习题

13.3.1　如图 13.1（a）、（b）所示，根据梯形图，写出语句表。

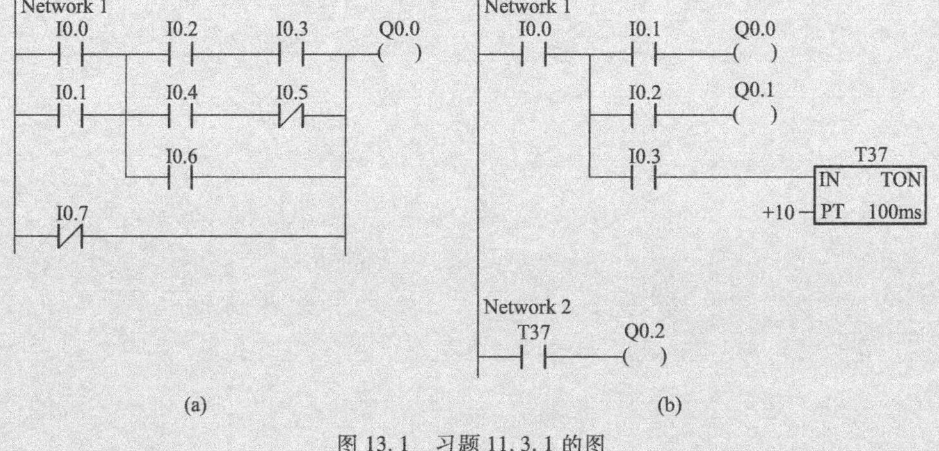

图 13.1　习题 11.3.1 的图

13.3.2 零件加工过程分三道工序，共需 20 s，其时序要求如图 13.2 所示。控制开关用于控制加工过程的起动、运行和停止。每次起动皆从第 1 道工序开始。试编制完成上述控制要求的梯形图。

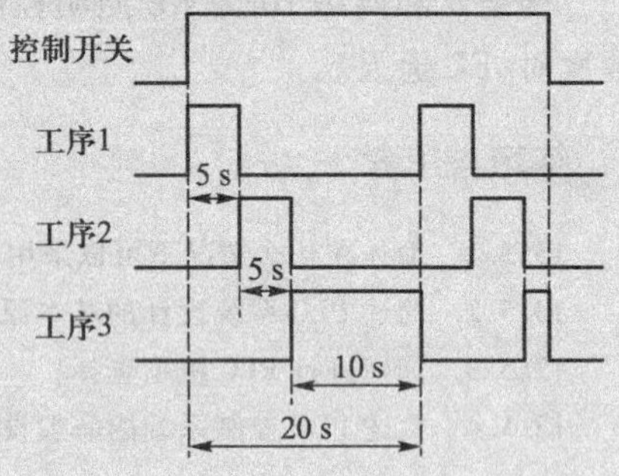

图 13.2 习题 11.3.2 的图

13.3.3 试编制实现下述控制要求的梯形图。用一个开关 X_0 控制三个灯 Y_1、Y_2、Y_3 的亮灭：X_0 闭合一次灯 1 点亮，闭合两次灯 2 点亮，闭合三次灯 3 点亮，再闭合一次三个灯全灭。

13.3.4 有两台三相笼型电动机 M_1 和 M_2。今要求 M_1 先起动，经过 5 s 后 M_2 起动；M_2 起动后，M_1 立即停车。试用 PLC 实现上述控制要求，画出梯形图，并写出语句表。

13.3.5 有三台笼型电动机 M_1，M_2 和 M_3，按一定顺序起动和运行。(1) M_1 起动 1 min 后 M_2 起动；(2) M_2 起动 2 min 后 M_3 起动；(3) M_3 起动 3 min 后 M_1 停车；(4) M_1 停车 30 s 后 M_2 和 M_3 立即停车；(5) 备有起动按钮和总停车按钮。试编制用 PLC 实现上述控制要求的梯形图。

13.3.6 使用置位、复位指令编写两套电动机（两台）的控制程序，两套程序要求如下：

(1) 起动时，先起动电动机 M_1，才能起动电动机 M_2，停止时，电动机 M_1，M_2 同时停止。

(2) 起动时，电动机 M_1，M_2 同时起动，停止时，只有在电动机 M_2 停止时，电动机 M_1 才能停止。

13.5.1 进行笼型电动机的可逆运行控制，要求：

(1) 起动时，可以根据需要选择旋转方向。

(2) 可随时停车。

(3) 需要反向旋转时，按反向起动按钮，但是必须等待 6 s 后才能自动接通反向旋转的主电路。

13.5.2 有 3 台电动机，要求起动时，每隔 10min 依次起动 1 台，每台运行 8h 后自动停机。在运行中可用停止按钮将 3 台电动机同时停机。

参考文献

[1] Allan R. Hambley. Electrical Engineering Principles and Applications[M]. 4th Ed. Pearson, 2005.

[2] Giorgio Rizzoni. Principles and Applications of Electrical Engineering[M]. 4th Ed. McGraw - Hill, 2004.

[3] James W. Nilsson, Susan A. Riedel Electric Circuits[M]. 6th Ed. Pearson, 2001.

[4] William H. Hayt. Engineering Circuit Analysis[M]. 6th Ed. McGraw - Hill, 2002.

[5] Richard C. Dorf. Electric Circuits[M]. 5th Ed. John Wiley & Sons, 2001.

[6] Charles K. Alexander, Matthew N. O. Sadiku. Fundamentals of Electric Circuits[M]. 3th Ed. McGraw - Hill, 2005.

[7] Charles K. Alexander, Matthew N. O. Sadiku. Fundamentals of Electric Circuits[M]. 5th Ed. McGraw - Hill,2013.

[8] Thomas L. Floyd. 罗伟雄,等译. Principles of Electric Circuits[M]. 7th Ed. 北京: 电子工业出版社,2005.

[9] David M. Buchla, Thomas L. Floyd. 电子学:电路分析基础[M]. 北京:清华大学出版社,2006.

[10] 秦曾煌. 电工学(上册)——电工技术[M]. 6 版. 北京:高等教育出版社,2004.

[11] 唐介. 电工学[M]. 3 版. 北京:高等教育出版社,2009.

[12] 朱承高. 电工学概论[M]. 2 版. 北京:高等教育出版社,2008.

[13] 黄远寿,刘光丽. 电路基础(上册)[M]. 成都:成都科技大学出版社,1993.

[14] 邱关源,罗先觉. 电路[M]. 5 版. 北京:高等教育出版社,2006.

[15] 孙骆生. 电工学基本教程(上册)[M]. 3 版. 北京:高等教育出版社,2003.

[16] 林孔元. 电气工程学概论[M]. 北京:高等教育出版社,2008.

[17] 侯世英. 电工学 I——电路与电子技术[M]. 北京:高等教育出版社,2007.

[18] 侯世英. 电工学 Ⅱ——电机与电气控制[M]. 北京:高等教育出版社,2008.

[19] 王英. 电工技术基础(电工学 Ⅰ)[M]. 北京:机械工业出版社,2008.

[20] 朱伟兴. 电路与电子技术(电工学 Ⅰ)[M]. 北京. 高等教育出版社,2008.

[21] B. C 波波夫. 林海明,译. 电工学[M]. 8 版. 北京:高等教育出版社,1953.

[22] 龙莉莉,肖铁岩. 建筑电工学[M]. 重庆:重庆大学出版社,2008.

[23] 清华大学电子学教研组. 模拟电子技术基础简明教程[M]. 北京:高等教育出版社,1985.

[24] 许实章. 电机学[M]. 3 版. 北京:机械工业出版社,1996.

[25] 吴玉香. 电机及拖动[M]. 北京:化学工业出版社,2008.

[26] 王居荣. 电工技术[M]. 修订版. 哈尔滨:哈尔滨工业大学出版社,1998.

[27] 谢应璞. 电机学[M]. 成都:成都科技大学出版社,1994.

[28] 王正茂,等. 电机学[M]. 西安:西安交通大学出版社,2000.

[29] 雷勇.电工学实验[M].北京:高等教育出版社,2009.
[30] 陈立定.电气控制与可编程序控制器的原理及应用[M].北京:机械工业出版社,2009.
[31] 陈忠平,等.西门子 S7-200 系列 PLC 自学手册[M].北京:人民邮电出版社,2008.
[32] 李中年.控制电器及应用[M].北京:清华大学出版社,2006.
[33] 孟庆涛,郑凤翼.例说识读 PLC 梯形图的方法与技巧[M].北京:电子工业出版社,2010.
[34] 李辉.S7-200PLC 编程原理与工程实训[M].北京:北京航空航天大学出版社,2008.
[35] 冯新宇,车向前,穆秀春.ADS2009 射频电路设计与仿真[M].北京:电子工业出版社,2010.

郑重声明

网络增值服务使用说明

一、注册/登录

访问http://abook.hep.com.cn/，点击“注册”，在注册页面输入用户名、密码及常用的邮箱进行注册。已注册的用户直接输入用户名和密码登录即可进入“我的课程”页面。

二、课程绑定

点击“我的课程”页面右上方“绑定课程”，正确输入教材封底防伪标签上的20位密码，点击“确定”完成课程绑定。

三、访问课程

在“正在学习”列表中选择已绑定的课程，点击“进入课程”即可浏览或下载与本书配套的课程资源。刚绑定的课程请在“申请学习”列表中选择相应课程并点击“进入课程”。

如有账号问题，请发邮件至：abook@hep.com.cn。